Geotechnics of Roads: Fundamentals

道路岩土工程

[哥伦比亚] 贝尔纳多 · 凯塞多 著

钱国平 李 希 于华南
龚湘兵 蔡 军 周洪宇 译

人民交通出版社股份有限公司

北 京

内 容 提 要

本书共包括7章，从分析材料的力学特性和连续力学的基本力学关系入手，重点讨论岩土材料、路基材料及修筑技术等，以期为路基施工提供新的技术方案和理论支撑，内容包括：引言、道路内应力和应变分布特征、非饱和土力学在道路工程中的应用、土体压实、公路路堤、岩土材料的力学特性、气候因素对路基的影响、道路无损检测和反演方法等。

本书可供道路工程科研设计人员参考使用，亦可作为高等院校相关专业研究生的教学参考书。

图书在版编目(CIP)数据

道路岩土工程 / (哥伦) 贝尔纳多·凯塞多著；钱国平等译. — 北京：人民交通出版社股份有限公司，2021.12

ISBN 978-7-114-17638-8

Ⅰ.①道… Ⅱ.①贝… ②钱… Ⅲ.①道路工程—岩土工程 Ⅳ.①TU4

中国版本图书馆 CIP 数据核字(2021)第 190448 号

著作权合同登记号：图字 01-2021-7355

Daolu Yantu Gongcheng

书　　名：道路岩土工程

著 作 者：[哥伦比亚]贝尔纳多·凯塞多 著

钱国平　李　希　于华南　龚湘兵　蔡　军　周洪宇　译

责任编辑：刘永超　石　遥

责任校对：席少楠

责任印制：刘高彤

出版发行：人民交通出版社股份有限公司

地　　址：(100011)北京市朝阳区安定门外外馆斜街3号

网　　址：http://www.ccpcl.com.cn

销售电话：(010)59757973

总 经 销：人民交通出版社股份有限公司发行部

经　　销：各地新华书店

印　　刷：北京印匠彩色印刷有限公司

开　　本：787×1092　1/16

印　　张：22.25

字　　数：530千

版　　次：2021年12月　第1版

印　　次：2021年12月　第1次印刷

书　　号：ISBN 978-7-114-17638-8

定　　价：120.00元

译者前言

近年来,岩土工程相关研究获得了长足发展,对推动我国道路路基建设具有重要的参考意义。本书总结了当前道路路基领域的一些新进展、新方法中的基本理论,既可以为道路工程施工提供理论依据,又可以抛砖引玉,为相关科研人员提供有益参考。本书由七章组成,依次介绍道路内应力应变的分布特征、非饱和土力学在道路工程中的应用、土体压实、公路路堤、岩土材料力学特性、气候因素对路基的影响及道路无损检测和反演方法等。

本书由长沙理工大学交通运输工程学院钱国平、李希统稿,于华南参与了第1章的翻译工作,龚湘兵参与了第2章的翻译工作,蔡军参与了第3章的翻译工作,周洪宇参与了第4章的翻译工作,李希参与了第5~7章的翻译工作,研究生杨慧、张静宇、袁宏伟、钟一雄、苏敏参与了全书中文初稿与文本格式整理工作。

本书受以下项目课题联合资助:国家重点研发计划(2018YFB1600100),国家自然科学基金(51908066,52008043,52008042),湖南省自然科学基金(2020JJ5576),湖南省教育厅科学研究项目(19B030),湖南省科技创新计划(2020RC4048)。

限于作者知识结构、认知水平与外语水平的限制,难免出现谬误之处,恳请有关同行及读者批评指正,提出宝贵意见,以便作者及时修订和完善。

译　者

2021年8月14日于云影湖旁

数学符号含义

以下列出了本书中使用的主要数学符号及其含义。需要注意的是,有时同一个符号有多种含义,因此,读者还需要结合上下文才能完全确定方程内字母或符号的含义。

拉丁字母

符号	含义
A_i	Burmister 常数
a_v	压缩系数
B_i	Burmister 常数
b	中间主应力参数
C_i	Burmister 常数
C_{11}, C_{12}, C_{13} C_{14}, C_{15}, C_{16} C_{21}, C_{22}, C_{23}	弹性应力张量常数
C_α	二次压缩系数
C_c	单轴压缩试验所得压缩系数
C_r	再压缩系数
C_u	不均匀系数
c	总黏聚力
c	阻尼
c'	有效黏聚力
c_H	比热容
c_h	水平固结系数
c_p	压缩波波速
c_{pa}	干燥空气的比热容
c_{pv}	蒸汽的比热容
c_R	瑞利波波速
c_s	剪切波波速

c_u	饱和状态下不排水剪切强度
c_v	竖向固结系数
D_a	空气的扩散系数
D_i	Burmister 常数
D_H	热扩散系数
D_θ	水扩散系数
d_x	通过率为 x 对应的筛孔尺寸
E	杨氏模量
E	潜在蒸散率
E^*	等效杨氏模量
E_r	回弹模量
e	空隙比
G	剪切模量
g	重力加速度
I_0	太阳常数
I_1, I_2, I_3	应力不变量
I_L	液性指数
$I(\lambda)$	单色辐照度
i	水力梯度
J	土工合成材料拉伸刚度
K	体积压缩系数
K_p	朗肯被动土压力系数
k_c	BBM 模型参数
k_H	导热系数
k_w	渗透系数
L_f	熔化潜热
L_v	汽化潜热
M	压缩模量
M	p-q 平面中临界状态线斜率
M_i	物质 i 的摩尔质量
m	质量
$N(0)$	平均净应力 p^c 在饱和状态下的比体积
$N(s)$	平均净应力 p^c 在非饱和状态下的比体积
N_u	Nusselt 数
n	孔隙率
P_{200}	美国 200#标准筛通过率

PI	塑性指数
P_r	Prandtl 数
p	平均正应力
p_0	赫兹接触理论最大应力
p_a, p_{atm}	大气压力
p_c	循环平均应力
p^c	BBM 模型的参考应力
q	偏应力
q_c	循环偏应力
R	理想气体常数
R_a	瑞利数
R_e	雷诺数
r	BBM 模型常数
S_r	饱和度
s	基质吸力
s	MIT 系统中平均应力
s_b	进气吸力
T	温度
T_{sky}	身体周围的温度
T_d	露点温度
t	时间
t	MIT 系统剪应力
$U(t)$	t 时刻固结度
u	x 轴方向位移
u_a	孔隙气压
u_{gi}	气体 i 分压
u_{da}	干燥空气分压
u_v	水蒸气分压
u_{vs}	饱和蒸汽压
u_w	孔隙水压力
v	y 轴方向位移
v	总体积($v = 1 + e$)
w	z 轴方向位移
x	笛卡尔坐标参数
y	笛卡尔坐标参数
z	笛卡尔坐标参数

希腊字母

符号	含义
$\alpha(\lambda)$	单色吸收系数
β	BBM 基本模型参数
χ	有效应力参数
χ_s	溶液中水的摩尔分数
δ	相位角
ε	辐射系数
ε_{oct}	八面体应变
ε_v	体积应变
$\varepsilon_{r,n}$	第 n 层的介电常数
$\varepsilon_x,\varepsilon_y,\varepsilon_z$	法向应变
γ	重度
γ_i	层状体系中第 i 界面的反射系数
γ_{oct}	八面体剪切应变
γ_{xy}, γ_{xz}, γ_{yx} γ_{yz}, γ_{zx}, γ_{zy}	剪切应变
η_0	自由空间的波阻抗
$\Phi(x,z)$	Airy 应力函数
Φ'	有效应力下的摩擦角
Φ^b	根据基质吸力增加剪切强度的参数
κ	压缩系数
κ_s	BBM 基本模型参数
λ	第一拉梅常数
λ	波长
λ	Burmister 解的标准化深度
$\lambda(0)$	饱和材料压缩系数
$\lambda(s)$	非饱和材料压缩系数
μ	黏性系数
ν	泊松比
Θ_n	标准体积含水率
θ	体积含水率
θ_c	接触角
θ_{res}	残余体积含水率

θ_{sat}	饱和体积含水率
ρ	柱面坐标系中的径向距离
ρ_c	主固结沉降
ρ_d	干密度
ρ_H	Burmister 解的归一化径向距离
ρ_i	i 的密度
ρ_i	瞬时沉降
ρ_{sc}	次固结沉降
ρ_w	水的密度
σ	总应力
σ	Stefan-Boltzmann 常数
σ_1，σ_2，σ_3	主应力
σ_x，σ_y，σ_z	笛卡尔坐标系中的法向应力
σ_s^{LS}	液体-固体表面张力
σ_s^{LG}	液体-气体表面张力
σ_m	平均应力
σ_n	第 n 层的电导率
σ_{net}	净应力
σ_{oct}	八面体应力
σ_ρ，σ_θ	柱坐标系中的法向应力和切向应力
σ_s^{SG}	固体-气体表面张力
σ_x，σ_y，σ_z	正应力
τ_{oct}	八面体剪应力
$\tau_{\rho z}$	柱坐标系中的剪应力
τ_{xy}，τ_{xz}，τ_{yx} τ_{yz}，τ_{zx}，τ_{zy}	剪应力
Ω, ω	角频率
ω_d	阻尼固有角频率
ω_n	无阻尼固有角频率
Ω_x，Ω_y，Ω_z	刚性旋转角
ξ	黏性阻尼系数
ξ	*Fröhlich* 集中系数
ξ_m	微观结构状态变量
Ψ	水势

目录

引言

在20世纪下半叶，北美和欧洲的一些国家开始实现道路通信网络现代化，给道路工程带来了重大机遇，进一步提高对道路基本特性的认识已经成为行业发展的必然。目前业界存在两种不同的方法，一种方法是开展大量的试验，探究影响公路性能的各个参数，建立参数与路用性能的经验关系式；另一种方法是从材料的力学性能出发，应用材料力学和连续介质力学理论建立可靠的评价体系。

一些国家迅速实施了第一种方法。然而，所得结论往往仅适用于特定的试验条件和环境，一旦超出试验条件范围，其适用性难以得到保证。相反的，力学方法理论上适用于各类材料和结构，因为它们是以材料的力学特性和连续力学的基本力学关系为基础。因此，力学方法可以为开发新的技术解决方案提供支撑，且这些解决方案在自然资源利用方面也更具有可持续性。尽管如此，理论方法若想成功，仍需要对材料的力学行为有深刻的认识，需要我们对最新的研究进展有清晰、系统的认识。

考虑到道路工程的基本材料构成，尤其是土的力学特性对其上部结构服役性能的重要影响，本书重点讨论岩土材料和道路路基。当然，沥青材料对柔性路面性能也起着重要作用，这一内容将在另一出版物中进行讨论。

本书各章节内容如下所示：

第1章主要介绍道路结构内应力和应变分布特征。首先讨论将颗粒材料假设为连续介质的有效性，接着回顾了连续介质中应力和应变的定义，提出了在弹性半空间中获得边界值弹性解的基本假设，最后给出了各向异性材料弹性性质的简明力学描述。

在反复加载卸载条件下，为使公路结构不至于产生永久变形，就要求其始终处于弹性变形范围内。然而，有时应力也会超过材料的弹性极限。因此，本章介绍了弹性极限的物理意义，并总结了土力学中常见屈服准则。

考虑到岩土工程相关书籍和文章通常对材料之间的接触关系考虑不足，包括颗粒之间的接触、压实机械和土体之间的接触以及轮胎和路面之间的接触等，本章也介绍了道路工程常见的接触问题及其基本概念。

道路结构实际上是一个弹性层状体系，荷载作用下的应力和应变分布可以由 Burmister 方法获取,也将在本章中介绍。

本章也会介绍一些道路工程中弹性动力学问题的解决方法,这些方法对确定土体动力响应规律,如滚筒压路机的压实和基于动态荷载的无损检测具有一定参考价值。

第2章主要介绍非饱和土力学在道路工程中的应用。公路在修建过程中需要对材料分层压实,尤其是岩土材料,压实过程中还需要合适的含水率。近几十年来,非饱和土力学的发展可以让我们更好地分析层内和层间水的迁移,以及水对材料强度和变形特性的影响。本章将介绍与道路工程相关的一些非饱和土力学基本理论。

考虑到非饱和土力学结合了热力学和经典土力学理论,本章将以热力学原理为起点,介绍非饱和土力学理论与道路工程材料的重要关系,包括含水率和孔隙水压力之间的关系,道路结构中水、热迁移规律和相关理论,以及水对道路材料剪切强度的影响等。本章还将介绍巴塞罗那基本模型(BBM)的应用情况,这是非饱和土力学理论中的重要弹塑性本构模型。水对道路材料变形特性的影响将在第5章讨论。

第3章主要介绍土体压实。土体的压实是道路工程建设中的一项重要工作,它在工程预算中只占较小的比例,但对道路工程的长期服役特性具有决定性的影响。此外,一旦工程建成,再对下层结构中的压实缺陷进行修复也存在巨大难度。

将岩土材料充分压实是全球岩土工程师普遍采用的方法,也是道路工程建设的基础工作。压实的主要目的是通过施加机械作用来增加土体密度。1933年,Proctor首次在试验室中尝试用一种基于控制机械能的方法来去除土体空隙中的水,对现场压实过程进行模拟[337]。

Proctor较早地提出了压实度的定义,它将干密度ρ_d与含水率w相关联。后来的研究证实了该定义可以有效表征任意土体的压实状态,并一直沿用至今。

从力学角度来看,压实的本质是通过对土体施加静态或动态作用力,使其产生不可逆体积应变的过程。由于受压时土体多处于非饱和状态,促使土体产生塑性应变的应力水平取决于含水率和基质吸力。压实理论在过去20年中取得了巨大进步,使得人们对土体塑性体积应变有了更深入的认识,从初始的松散状态直到最终强度和刚度达到峰值的密实状态。即使压实后,土体也会根据压实过程中的应力路径和水力路径进一步发生膨胀或收缩,这取决于密度、含水率、基质吸力和应力历史等。

在压实工艺选择和压实机械设计过程中,人们往往对压实本质的认识不足,鉴于此,本章将着重介绍新的压实设备及理论成果,以便更好地理解和处理土体压实问题。

第4章主要介绍公路路堤。工程上为了提高路面高度常常需要修建路堤;当道路穿过洪水泛滥、地形低洼和接近桥梁的区域时,也需要修筑路堤。这些路堤的修筑有两个主要技术问题:软土地基上的过度变形和由于填料的收缩或膨胀特性而产生的体积变形。

当道路穿过冲积物或湖泊沉积物时,路堤位于软土地基上,因而容易产生变形。在这种情况下,地基土可能承受路堤产生的高剪切应力,这意味着必须想办法提高路基抗剪切应力破坏的能力。另一方面,在软土地基上修建的路堤沉降量可能很大,因此在施工前要仔细估算,以便确定合适的填土高度。此外,当道路穿过洪水泛滥的区域时,由于压实土体变湿而产生沉降,可能会导致路堤坍塌。

本章将介绍分析软土地基上路堤稳定性和沉降的方法,还将介绍几种在软土地基上修筑路堤的方法。

压实特性是影响路堤湿润条件下填土永久变形的关键参数之一。本章将探讨如何利用非饱和土力学理论研究路堤的特性来优化压实过程，以保证更好的路堤稳定性，降低路基不均匀沉降的风险。

第5章主要介绍岩土材料力学特性。道路工程师多年来一直在探讨传统道路结构设计的优化方法，但往往只是经验性的。这些经验方法的局限性主要在于不能准确地推广至其他工程，因为经验方法只有在特定条件才下成立。相比之下，力学方法可以考虑影响道路性能的不同荷载环境和气候条件。然而，这种设计方法获得成功的一个先决条件是需要充分了解用作基层和底基层的粗粒土、路堤或路基中的细粒土等组成材料的特性，以及水的影响等。

本章将从弹性响应（可逆）和永久变形（不可逆）两方面研究粗粒土和细粒土的特性。首先从颗粒特性与其宏观力学特性的关联性角度对这两个问题进行分析，然后介绍了测试道路材料力学特性的试验方法，接着根据弹性响应和永久应变积累对道路材料特性进行理论建模，最后介绍了基于宏观力学特性而非经验对道路材料进行分类和排序的方法。

第6章主要介绍气候因素对路基的影响。道路结构的力学行为与环境条件密切相关，因为气候作用会改变道路内部的湿度和温度，从而使得材料力学性能发生变化。事实上，影响沥青材料力学性能最重要的环境因素是温度，而基质吸力和含水率对颗粒状和路基材料性能的影响较大。因此，准确预测道路结构内的温度和水分分布对评估其服役性能至关重要。

道路结构内温度和湿度的演变均涉及复杂的热量和质量传递。这与太阳辐射、气温、气压、风速、降雨强度和湿度等大气和环境因素的相互作用有关。这些环境因素相互作用，大大增加了问题的复杂程度。此外，当材料因含水率变化而发生体积变化时，会产生一个完全耦合的热-水-力学问题，通常称之为THM问题。

本章将介绍影响道路结构温度和含水率的主要环境因素。首先介绍路面结构中热和水传输过程的热力学原理，然后介绍可应用于路面结构的热-水-力学建模的基本框架，包括霜冻作用，最后将介绍道路结构排水的基本原则。

第7章主要介绍道路无损检测和反演方法。为了保证道路在整个设计生命周期内都具有良好的使用性能，需要在施工过程中进行严格的质量控制。一旦道路投入运营，早期损坏识别对于路用性能的维持是至关重要的，只有识别早期损坏后，才能在道路病害进一步恶化之前采取维护措施。然而，由于道路覆盖面积大，涉及的材料多，在材料质量、路基物理力学特性和道路结构层厚度等方面难以保证完全一致。

虽然室内试验或现场测试可以识别道路薄弱区域，但是该方法可以检测的区域非常有限，难免造成遗漏。为了避免这类方法的局限性，需要一种能够实现连续监测和质量控制的方法。

连续控制方法多基于无损检测来评估道路响应信号，并根据一般的物理力学原理分析道路结构的服役状态。该方法的主要优点是覆盖面广、快速连续，其局限性是使用间接方法来评估材料的特性。

本章将介绍几种道路无损检测和评价方法，以及几种推断材料特性的反演方法；并将介绍基于静态或动态挠度测量方法的原理，以及基于力学或电磁波传播的方法；最后将介绍基于连续压实控制（CCC）的方法，这是一种功能强大的技术，可以实现道路结构压实质量的实时控制。

第1章 道路内应力和应变分布特征

从早期的罗马帝国至今,道路均是由颗粒材料分若干层铺筑的,这些颗粒材料具有不同尺寸和形状,有些具有黏结性而有些不具有黏结性。道路结构力学研究的基本原理是分析各种材料的应力和应变特性。尽管目前对单一颗粒材料及其接触特性的研究取得了巨大的进展,但道路结构设计中仍采用连续介质力学进行理论分析。

将道路结构视为连续介质可以简化材料性能差异,但要准确确定道路结构中的应力和应变还必须考虑材料具有的以下复杂特性:三维结构[34]、非线性[206]、弹塑性[95,201]、黏弹性[10]、各向异性[402,142]、非饱和性[78,85]、因压实而产生的残余应力[81]、颗粒破碎[122]、应力旋转作用[55,80]等。但是,如果能正确认识每种材料的力学特征,基于弹性理论开展道路结构力学分析也可以得到较准确的结果。

1.1 基本关系和定义

1.1.1 颗粒介质中的应力

道路材料本质上是由众多不同形状、大小和方向的颗粒相互作用形成的离散介质。尽管在离散颗粒材料中应力和应变的计算技术取得了巨大的进步,但在设计中仍不得不假定道路材料是一个连续体。连续介质的假设有利于计算道路结构的应力和应变,但这一假设的有效性取决于最大粒径与被分析层厚度之间的相对关系。

Gourves[176,175]研究了在颗粒介质分析过程中用平均应力替代计算应力的适用条件。Gourves[176,175]利用 Schneebeli 的类比模型进行了一系列室内试验,该模型使用不同直径的杆来模拟颗粒材料,通过一系列刚性板压实试验,发现要使得平均应力的变异系数 CV_σ 低于10%,则所用压实板尺寸需要比样品中最大颗粒粒径大 10 倍以上。

用离散元数值方法也可以进行类似的分析。Ocampo[313] 利用颗粒流软件 PFC2D 对良好级配颗粒试样进行压缩试验并分析其应力分布,模型如图 1-1 所示。

图 1-1c)显示了其中一组颗粒对加载板的反力。通过分析和计算这些力的分布和大小,可以确定板上特定长度 l 的平均应力 $\overline{\sigma}(l)$,如式(1-1)所示:

$$\overline{\sigma}(l) = \frac{\int_0^l F_i \mathrm{d}x}{l} \tag{1-1}$$

式中，l 为沿板长度方向上力的积分长度。

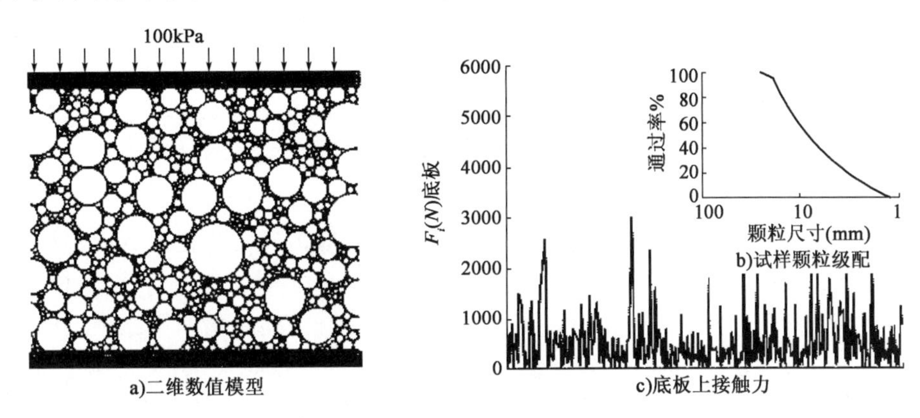

图 1-1　离散元压缩试验[313]

需要注意的是，当试样性质接近连续介质时，板上应力应该是恒定的，与所测面积无关。对离散介质材料，计算得到的平均应力与板长度关系曲线先是出现波动，但随着积分长度的增加，平均应力逐渐趋于一个恒定值，如图 1-2 所示。

平均应力变异系数 cv_σ 可以用与宏观应力 $\overline{\sigma}_{macro}$ 有关的式(1-2)计算，该系数可用于确定将离散介质的平均应力近似等于连续介质的平均应力时所需平板的长度。

$$cv_\sigma(l) = \frac{1}{\overline{\sigma}_{\mathrm{macro}}} \sqrt{\frac{1}{l} \int_0^l [\sigma(x) - \overline{\sigma}_{\mathrm{macro}}]^2 \mathrm{d}x} \tag{1-2}$$

图 1-3 为 60 个不同级配试样应力变异系数的数值模拟结果。数值模型得到的最大变异系数包络线与 Gourves[176] 的试验结果一致。这两个结果都表明，最小积分长度至少为最大粒径的 10 倍，才能使得应力变异系数小于 10%。

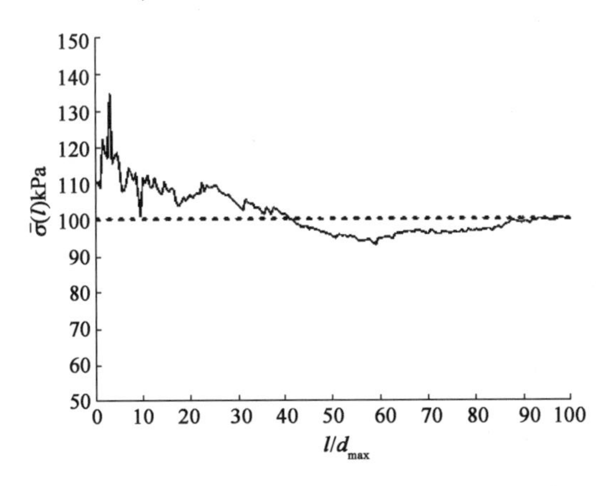

图 1-2　板的平均应力与积分长度 l 和最大颗粒尺寸 d_{max} 之间的关系[313]

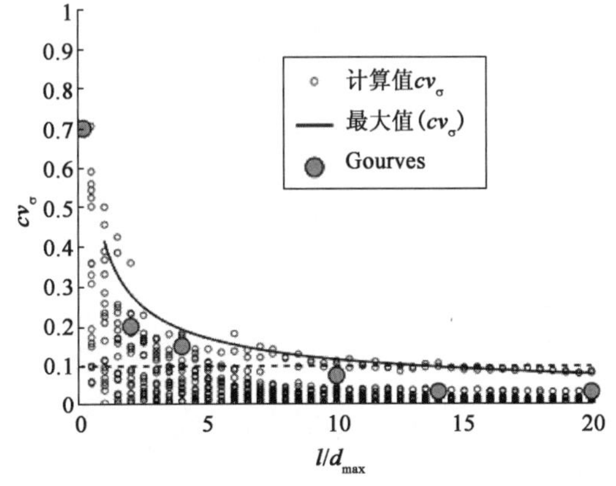

图 1-3　应力变异系数 $cv_\sigma(l)$ 与最大颗粒尺寸的比值 l/d_{max} 的关系

1.1.2 连续介质应力的表示方法

如上所述,从细观角度来看,应力是由颗粒间的接触力产生的。尽管最新研究在土体离散化方面取得了重要进展,但在颗粒的数量、颗粒的形状以及颗粒材料内部复杂的相互作用方面仍然存在不足。因此,将土体抽象为连续介质的方法仍然广泛地用于道路结构的分析和设计过程中。

连续介质力学可以对各种应力-应变问题进行数学处理,其中首先要做的就是定义某一点的应力。应力是力和表面积之间的关系,是指当表面积接近于一点时,荷载作用于该表面积上的力。

图1-4说明了某一点应力的定义。在岩土工程中,压应力通常为正。剪应力用两个下标表示:第一个下标表示与剪应力作用面法线方向一致的坐标轴,第二个下标表示剪应力作用方向的坐标轴。如果剪应力作用于第一个下标确定的正坐标面,同时指向第二个下标确定的正方向,则认为剪应力为正。例如:τ_{xy}如果作用于$+x$的面,并且指向$+y$方向,则τ_{xy}为正。

柯西应力张量$\boldsymbol{S}$有助于对一组应力进行数学处理。三维柯西应力张量如式(1-3)所示。

$$\boldsymbol{S}=\begin{bmatrix}\sigma_x & \tau_{xy} & \tau_{xz}\\ \tau_{yx} & \sigma_y & \tau_{yz}\\ \tau_{zx} & \tau_{zy} & \sigma_z\end{bmatrix} \tag{1-3}$$

如图1-5所示,作用在单元体相对两侧的剪应力产生的力矩平衡方程,可以证明$\tau_{zy}=\tau_{yz}$。同理,其他面也是这样,从而证明柯西应力张量具有对称性:

$$\tau_{xy}=\tau_{yx},\tau_{xz}=\tau_{zx},\tau_{zy}=\tau_{yz} \tag{1-4}$$

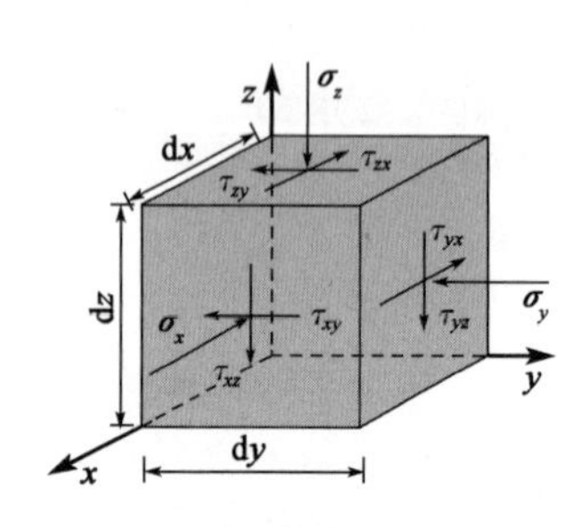

图1-4 单元体中的应力分量

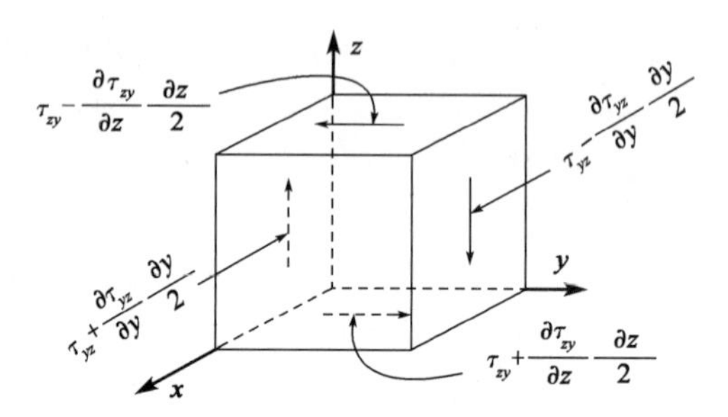

图1-5 单元体中的动量平衡

一种直接分析某点应力状态的方法是计算在没有剪应力的情况下作用于单元体三个正交面法线方向上的主应力。

主应力可以通过旋转单元体得到,如图1-6所示。从数学角度看,这种旋转需要求解如下方程的特征值:

$$\begin{bmatrix}\sigma_x & \tau_{xy} & \tau_{xz}\\ \tau_{yx} & \sigma_y & \tau_{yz}\\ \tau_{zx} & \tau_{zy} & \sigma_z\end{bmatrix}\begin{bmatrix}n_x\\ n_y\\ n_z\end{bmatrix}=\sigma\begin{bmatrix}n_x\\ n_y\\ n_z\end{bmatrix} \tag{1-5}$$

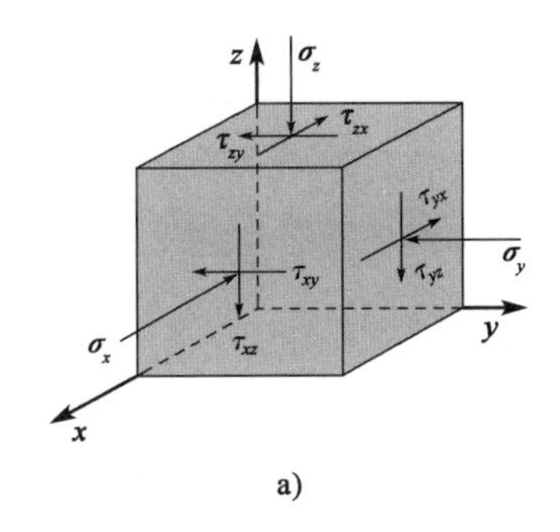

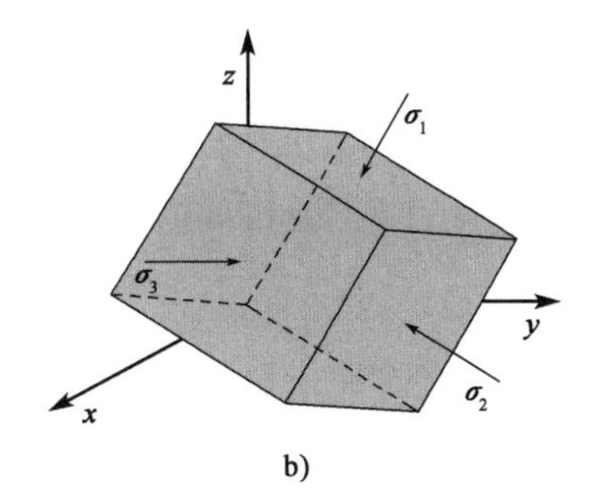

图1-6　单元体中的主应力

式(1-5)得到如下三次方程[36]。

$$\sigma^3 - I_1\sigma^2 + I_2\sigma - I_3 = 0 \tag{1-6}$$

式中,I_1、I_2、I_3 为应力不变量,定义如下:

$$I_1 = \sigma_x + \sigma_y + \sigma_z = \sigma_1 + \sigma_2 + \sigma_3 \tag{1-7}$$

$$I_2 = \sigma_x\sigma_y + \sigma_x\sigma_z + \sigma_y\sigma_z - \tau_{xy}^2 - \tau_{xz}^2 - \tau_{yz}^2 = \sigma_1\sigma_2 + \sigma_1\sigma_3 + \sigma_2\sigma_3 \tag{1-8}$$

$$I_3 = \sigma_x\sigma_y\sigma_z - \sigma_x\tau_{yz}^2 - \sigma_y\tau_{zx}^2 - \sigma_z\tau_{xy}^2 + 2\tau_{xy}\tau_{yz}\tau_{zx} = \sigma_1\sigma_2\sigma_3 \tag{1-9}$$

主应力由式(1-10)~式(1-12)给出[36]:

$$\sigma_1 = \frac{I_1}{3} + \frac{2}{3}\sqrt{I_1^2 - 3I_2}\cos\theta \tag{1-10}$$

$$\sigma_2 = \frac{I_1}{3} + \frac{2}{3}\sqrt{I_1^2 - 3I_2}\cos\left(\frac{2\pi}{3} - \theta\right) \tag{1-11}$$

$$\sigma_3 = \frac{I_1}{3} + \frac{2}{3}\sqrt{I_1^2 - 3I_2}\cos\left(\frac{2\pi}{3} + \theta\right) \tag{1-12}$$

式中,θ 可以从式(1-13)得到:

$$\cos 3\theta = \frac{2I_1^3 - 9I_1I_2 + 27I_3}{2\ (I_1^2 - 3I_2)^{\frac{3}{2}}} \tag{1-13}$$

分析某一点应力状态的主应力可以有多种表示方式。如图1-7a)所示,用直接法表示主应力平面。在该平面中,由矢量 $\boldsymbol{S}$ 表示的应力状态可以分解为平均应力 σ_m;矢量 $\boldsymbol{OM}$ 遵循等应力线 $\sigma_1 = \sigma_2 = \sigma_3$;另一个向量 $\boldsymbol{MS}$ 位于与等应力线 $\sigma_1 = \sigma_2 = \sigma_3$ 正交的八面体 π 平面上,如图1-7b)所示。

平均法向应力 σ_m 或 p,也称为球形、流体静应力或八面体应力 σ_{oct},由式(1-14)给出:

$$\sigma_m = p = \sigma_{oct} = \frac{\sigma_1 + \sigma_2 + \sigma_3}{3} \tag{1-14}$$

另一方面,八面体剪应力 τ_{oct} 为:

$$\tau_{oct} = \frac{1}{3}\sqrt{(\sigma_1 - \sigma_2)^2 + (\sigma_2 - \sigma_3)^2 + (\sigma_3 - \sigma_1)^2} \tag{1-15}$$

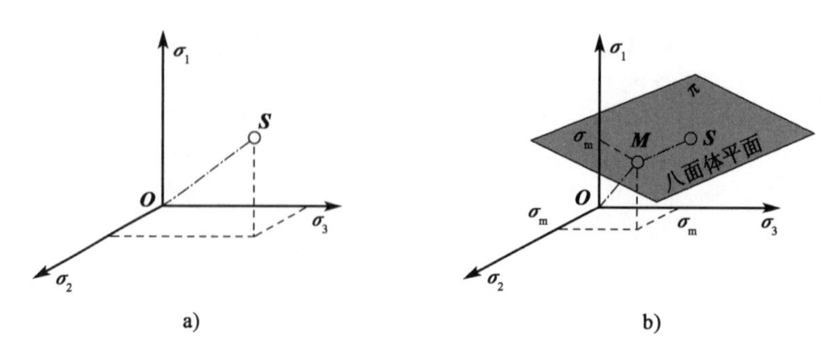

图 1-7　主应力平面内应力张量的表示

偏应力 q 为：

$$q=\sqrt{\frac{1}{2}[(\sigma_1-\sigma_2)^2+(\sigma_2-\sigma_3)^2+(\sigma_3-\sigma_1)^2]} \tag{1-16}$$

式(1-3)给出的应力张量可以表示为两个张量之和，即平均应力张量和偏应力张量，如下：

$$S=\begin{bmatrix}\sigma_x & \tau_{xy} & \tau_{xz}\\ \tau_{yx} & \sigma_y & \tau_{yz}\\ \tau_{zx} & \tau_{zy} & \sigma_z\end{bmatrix}=\begin{bmatrix}\sigma_m & 0 & 0\\ 0 & \sigma_m & 0\\ 0 & 0 & \sigma_m\end{bmatrix}+\begin{bmatrix}\sigma_x-\sigma_m & \tau_{xy} & \tau_{xz}\\ \tau_{yx} & \sigma_y-\sigma_m & \tau_{yz}\\ \tau_{zx} & \tau_{zy} & \sigma_z-\sigma_m\end{bmatrix}$$

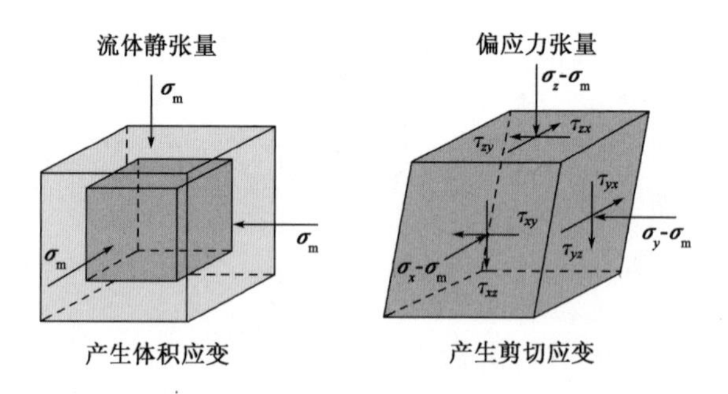

将应力张量分解为平均应力张量和偏应力张量是研究土体各类本构模型的基础，这些本构模型也同样适用于道路材料。在大多数本构模型中，平均应力产生体积应变，偏应力产生剪切应变。

莫尔平面是表示应力的另一种方法。在莫尔平面中，正应力和剪应力(σ,τ)表征了物体某一点的应力状态。图 1-8a)显示了物体内的一个面，其方向由图 1-8b)所示的单位法向量 $\boldsymbol{n}=(n_x,n_y,n_z)$ 表示。

应力矢量 $\boldsymbol{f}$ 作用该面上，是柯西张量和法向量的乘积，即 $\boldsymbol{S}\cdot\boldsymbol{n}$：

$$\begin{bmatrix}f_x\\ f_y\\ f_z\end{bmatrix}=\begin{bmatrix}\sigma_x & \tau_{xy} & \tau_{xz}\\ \tau_{yx} & \sigma_y & \tau_{yz}\\ \tau_{zx} & \tau_{zy} & \sigma_z\end{bmatrix}\begin{bmatrix}n_x\\ n_y\\ n_z\end{bmatrix}=\begin{bmatrix}\sigma_x n_x+\tau_{xy}n_y+\tau_{xz}n_z\\ \tau_{yx}n_x+\sigma_y n_y+\tau_{yz}n_z\\ \tau_{zx}n_x+\tau_{zy}n_y+\sigma_z n_z\end{bmatrix} \tag{1-17}$$

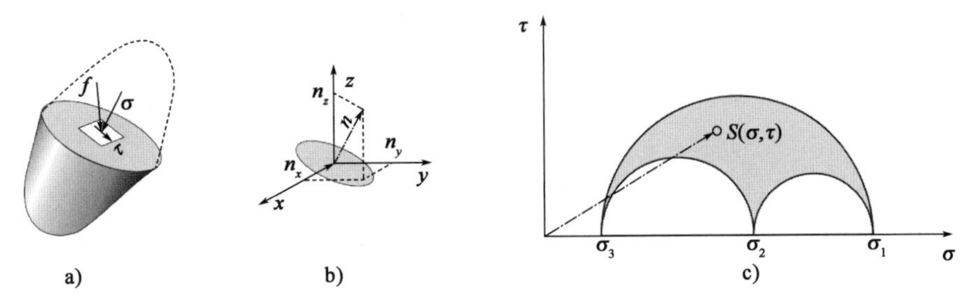

图1-8 莫尔平面中三维应力的表示

或者,就主应力而言:

$$\begin{bmatrix} f_x \\ f_y \\ f_z \end{bmatrix} = \begin{bmatrix} \sigma_1 & 0 & 0 \\ 0 & \sigma_2 & 0 \\ 0 & 0 & \sigma_3 \end{bmatrix} \begin{bmatrix} n_x \\ n_y \\ n_z \end{bmatrix} = \begin{bmatrix} \sigma_1 n_x \\ \sigma_2 n_y \\ \sigma_3 n_z \end{bmatrix} \tag{1-18}$$

作用在物体表面的正应力和剪应力现在可以用两个等式推导出来;第一个等式给出 σ 作为 $\boldsymbol{f}$ 在法向单位向量 $\boldsymbol{n}$ 上的投影,$\boldsymbol{f} \cdot \boldsymbol{n}$。而第二个等式将向量$(\sigma,\tau)$的范数等同于向量 $\boldsymbol{f}$ 的范数。式(1-21)表示单位向量,并补充式(1-19)和式(1-20)。

$$\sigma = \sigma_1 n_x^2 + \sigma_2 n_y^2 + \sigma_3 n_z^2 \tag{1-19}$$

$$\tau^2 + \sigma^2 = \sigma_1^2 n_x^2 + \sigma_2^2 n_y^2 + \sigma_3^2 n_z^2 \tag{1-20}$$

$$1 = n_x^2 + n_y^2 + n_z^2 \tag{1-21}$$

如果已知作用面的方向和主应力,就可以用式(1-19)和式(1-20)求得法向应力和剪应力。

当等式右侧的 σ 被设为每个主应力时,通过求解等式(1-5)可以得到每个主应力作用面的方向。另一方面,如果使用式(1-22)~式(1-24)找到主应力组,则也可以获得任何一组法向应力和剪应力作用面的方向。

$$n_x^2 = \frac{\tau^2 + (\sigma - \sigma_2)(\sigma - \sigma_3)}{(\sigma_1 - \sigma_2)(\sigma_1 - \sigma_3)} \tag{1-22}$$

$$n_y^2 = \frac{\tau^2 + (\sigma - \sigma_3)(\sigma - \sigma_1)}{(\sigma_2 - \sigma_3)(\sigma_2 - \sigma_1)} \tag{1-23}$$

$$n_z^2 = \frac{\tau^2 + (\sigma - \sigma_1)(\sigma - \sigma_2)}{(\sigma_3 - \sigma_1)(\sigma_3 - \sigma_2)} \tag{1-24}$$

式(1-22)~式(1-24)需要额外的限制条件,即 $n_x^2 > 0, n_y^2 > 0, n_z^2 > 0$。这些限制条件可以得到由式(1-25)~式(1-27)表示的不等式,其中假定 $\sigma_1 > \sigma_2 > \sigma_3$。通过这些不等式我们可以得出结论,在莫尔平面中三维应力 $\boldsymbol{S}$ 位于由三个圆圈界定的区域内,如图1-8c)所示,这被称为莫尔三圆图。

$$\tau^2 + (\sigma - \sigma_2)(\sigma - \sigma_3) > 0 \tag{1-25}$$

$$\tau^2 + (\sigma - \sigma_3)(\sigma - \sigma_1) < 0 \tag{1-26}$$

$$\tau^2 + (\sigma - \sigma_1)(\sigma - \sigma_2) > 0 \tag{1-27}$$

实际上,莫尔平面的三维表示因其复杂性而不实用。然而,在以下情况中可以缩小到二维:

(1)当中间应力 σ_2 等于对应于轴对称应力的次应力 σ_3 时,三个圆收缩成由 σ_1 和 σ_3 界定的单个圆。

(2)即使中间应力 σ_2 不同于 σ_3,该组最大剪切应力也由较大的圆圈界定。因此,一些本构模型忽略了中间主应力 σ_2 的影响,只考虑了最大应力和最小应力(σ_1,σ_3)的作用。

假设 $n_x=0$,主应力作用于二维面的方向由式(1-5)得到,如图 1-9b)所示。

$$\begin{bmatrix}\sigma_y & \tau_{yz}\\ \tau_{zy} & \sigma_z\end{bmatrix}\begin{bmatrix}n_y\\ n_z\end{bmatrix}=\sigma\begin{bmatrix}n_y\\ n_z\end{bmatrix} \tag{1-28}$$

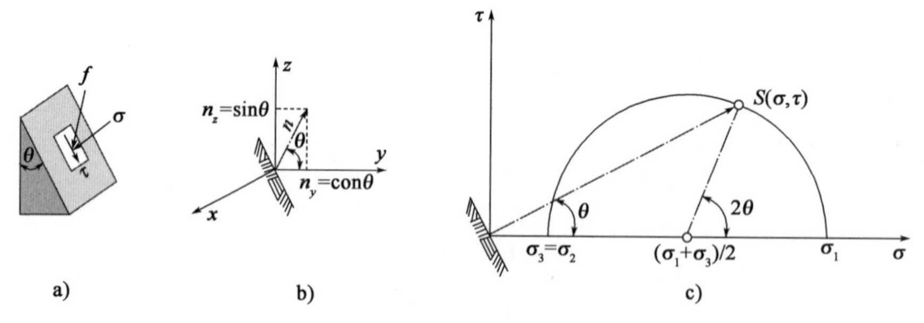

图 1-9　莫尔平面应力的二维表示

在三维情况下,主应力由式(1-28)的特征值得到,从而得到二次方程式(1-29)。

$$\sigma^2-\sigma(\sigma_y+\sigma_z)+\sigma_y\sigma_z-\tau_{yz}^2=0 \tag{1-29}$$

解式(1-29)得到如下主应力:

$$\sigma_1=\frac{\sigma_y+\sigma_z}{2}+\sqrt{\frac{1}{4}(\sigma_y-\sigma_z)^2+\tau_{yz}^2} \tag{1-30}$$

$$\sigma_3=\frac{\sigma_y+\sigma_z}{2}-\sqrt{\frac{1}{4}(\sigma_y-\sigma_z)^2+\tau_{yz}^2} \tag{1-31}$$

通过式(1-28)中将 σ 设为 σ_1 和 σ_3 并求解 n_y 和 n_z,可得到主应力作用面的方向。

作用在任何作用面上的单位矢量($\cos\theta,\sin\theta$)的法向应力和剪应力可以由式(1-19)和式(1-20)得出,如图 1-9a)和 b)所示。

$$\sigma=\sigma_1\cos^2\theta+\sigma_3\sin^2\theta \tag{1-32}$$

$$\tau^2+\sigma^2=\sigma_1^2\cos^2\theta+\sigma_3^2\sin^2\theta \tag{1-33}$$

式(1-32)和式(1-33)可以写成:

$$\sigma=\frac{\sigma_1+\sigma_3}{2}+\frac{\sigma_1-\sigma_3}{2}\cos2\theta \tag{1-34}$$

$$\tau=\frac{\sigma_1-\sigma_3}{2}\sin2\theta \tag{1-35}$$

式(1-34)和式(1-35)表示莫尔平面上的一个圆,其圆心在$\frac{\sigma_1+\sigma_3}{2}$处,半径为$\frac{\sigma_1-\sigma_3}{2}$,如图1-9c)所示,被称为莫尔圆。式(1-34)和式(1-35)也表明了莫尔圆一个有趣的特性:与物体成θ角度的应力等于莫尔圆中围绕其圆心旋转2θ的应力。

由于式(1-34)也是极坐标中椭圆的等式,所以可以将作用在物体某一点上的一组法向应力绘制为应力椭圆。该椭圆的最大轴和最小轴与主应力方向一致,如图1-10所示。

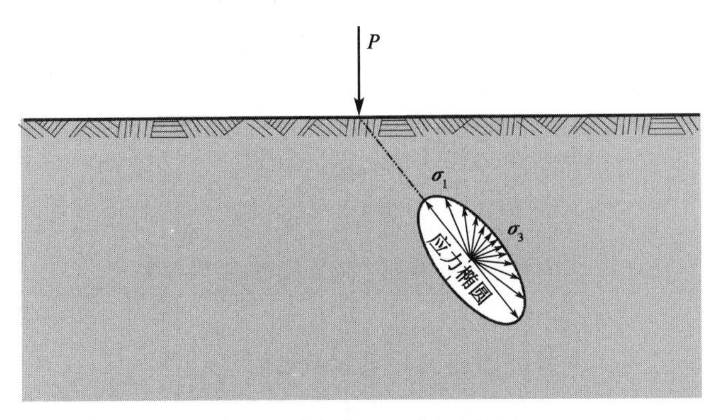

图1-10　物体某一点的应力椭圆

另外两种可以表示应力的形式被称为麻省理工学院应力体系和剑桥应力体系。麻省理工学院应力体系使用应力变量s和t分别对应于莫尔圆的圆心和半径。相比之下,剑桥应力体系采用八面体应力p、偏应力q和八面体剪应力τ_{oct}。表1-1总结了轴对称条件下的两种应力体系。需要注意的是,当剑桥应力体系与式(1-14)和式(1-16)一起使用时,可以用于分析三维应力。

麻省理工学院和剑桥应力表示系统　　表1-1

	麻省理工学院应力系统	剑桥应力系统
静水压力	$s=\frac{\sigma_1+\sigma_2}{2}$	$p=\frac{\sigma_1+2\sigma_3}{3}$
剪应力	$t=\frac{\sigma_1-\sigma_2}{2}$	$q=\sigma_1-\sigma_3$

中间主应力的作用由Habib[181]提出的参数b表征,由式(1-36)给出:

$$b=\frac{\sigma_2-\sigma_3}{\sigma_1-\sigma_3} \tag{1-36}$$

1.1.3　应变的几何关系

评价材料在荷载下的特性不仅需要定义应力,还需要基于几何关系定义应变。图1-11a)中每个点分别在x、y和z方向上有位移u、v和w。

如图1-11b)所示,$OABC$点所划分的材料基本区域变形后转化为$O''A''B''C''$。表1-2为变形前后各点的位置。这些位置可以计算区域的应变。

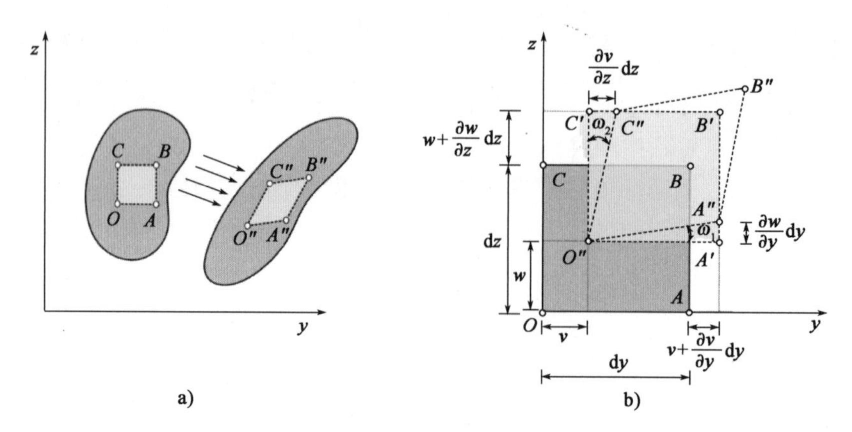

图 1-11　应变的几何关系

变形前后物体基本区域的初始和最终位置　　表 1-2

点	初始位置		变形的位置	
	y	z	y	z
O	0	0	v	w
A	$\mathrm{d}y$	0	$\mathrm{d}y+v+\frac{\partial v}{\partial y}\mathrm{d}y$	$w+\frac{\partial w}{\partial y}\mathrm{d}y$
B	$\mathrm{d}y$	$\mathrm{d}z$	$\mathrm{d}y+v+\frac{\partial v}{\partial y}\mathrm{d}y+\frac{\partial v}{\partial z}\mathrm{d}z$	$\mathrm{d}z+w+\frac{\partial w}{\partial z}\mathrm{d}z+\frac{\partial w}{\partial y}\mathrm{d}y$
C	0	$\mathrm{d}z$	$v+\frac{\partial v}{\partial z}\mathrm{d}z$	$\mathrm{d}z+w+\frac{\partial w}{\partial z}\mathrm{d}z$

正应变 $\varepsilon_x,\varepsilon_y,\varepsilon_z$ 定义为每个方向上单位长度的伸长率。例如，在 y 方向的情况下，正应变为：

$$\varepsilon_y=\frac{\Delta OA}{OA}=\frac{(O''A''-OA)-\mathrm{d}y}{OA}=\frac{\left[(\mathrm{d}y+v+\frac{\partial v}{\partial y}\mathrm{d}y)-v\right]-\mathrm{d}y}{\mathrm{d}y}=\frac{\partial v}{\partial y} \tag{1-37}$$

类似地，三组正应变为：

$$\varepsilon_x=\frac{\partial u}{\partial x},\varepsilon_y=\frac{\partial v}{\partial y},\varepsilon_z=\frac{\partial w}{\partial z} \tag{1-38}$$

剪切应变是由区域内相邻的两条正交线的角度变形定义的。剪切应变可以从图 1-11b）中的角度 ω_1 和 ω_2 计算，如式（1-39）所示：

$$\omega_1\approx\tan\omega_1=\frac{A''A'}{A'O''}=\frac{(\omega+\frac{\partial\omega}{\partial y}\mathrm{d}y)-\omega}{(\partial y+v+\frac{\partial v}{\partial y}\mathrm{d}y)-v}=\frac{\partial\omega}{\partial y} \tag{1-39}$$

值得注意的是，剪切应变定义仅适用于 $\omega_1\approx\tan\omega_1$ 和 $\mathrm{d}y+\frac{\partial v}{\partial y}\mathrm{d}y\approx\mathrm{d}y$ 的小应变情况。同理，扭曲角 ω_2 为：

$$\omega_2 \approx \tan\omega_2 = \frac{C''C'}{C'O''} = \frac{(v + \frac{\partial v}{\partial z}dz) - v}{(\partial z + w + \frac{\partial w}{\partial z}dz) - w} = \frac{\partial v}{\partial z} \tag{1-40}$$

剪切应变 γ_{yz} 表示基本区域的角度变形总量，即 $\gamma_{yz} = \omega_1 + \omega_2$，因此三个剪切应变变为：

$$\gamma_{xy} = \frac{\partial v}{\partial x} + \frac{\partial u}{\partial y}, \gamma_{yz} = \frac{\partial w}{\partial y} + \frac{\partial v}{\partial z}, \gamma_{zx} = \frac{\partial w}{\partial x} + \frac{\partial u}{\partial z} \tag{1-41}$$

需要注意的是，工程中使用的剪切应变定义 γ_{ij} 和固体力学中使用的定义 ε_{ij} 存在区别，这两个定义的关系为 $\gamma_{ij} = 2\varepsilon_{ij}$。

当物体内部两条正交直线的旋转量相等时，物体旋转而不变形。刚性角 Ω 描述了无扭曲的旋转：在基本点，围绕 x 轴的旋转是 $\Omega_x = 1/2(\omega_1 - \omega_2)$。三个方向的刚性角为：

$$2\Omega_x = \frac{\partial w}{\partial y} - \frac{\partial v}{\partial z}, 2\Omega_y = \frac{\partial u}{\partial z} - \frac{\partial w}{\partial x}, 2\Omega_z = \frac{\partial v}{\partial x} - \frac{\partial u}{\partial y} \tag{1-42}$$

在二维中，$O''A''B''C''$ 的基本区域与原始 $OABC$ 区域的变化产生体积应变。在三维空间中，假设图 1-12a）的单位体积经过轴向应变变为图 1-12b）所示的体积，就可以得到体积应变。体积应变由式（1-43）给出：

$$\varepsilon_v = \frac{\Delta V}{V} = (1 + \varepsilon_x)(1 + \varepsilon_y)(1 + \varepsilon_z) - 1 \tag{1-43}$$

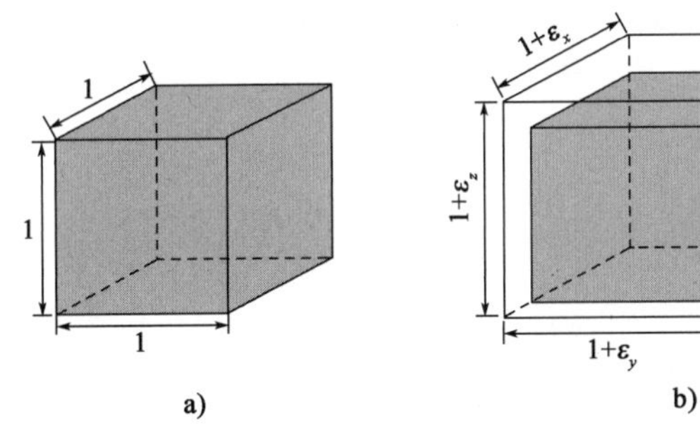

图 1-12　体积应变的推导

忽略仅对小应变有效的无限小应变的乘积（$\varepsilon_x\varepsilon_y = \varepsilon_x\varepsilon_z = \varepsilon_y\varepsilon_z = 0$），体积应变可以用式（1-44）表示：

$$\varepsilon_v = \varepsilon_x + \varepsilon_y + \varepsilon_z \tag{1-44}$$

在应力分析中，剪切应变为零的主要方向有三个。当主应变的大小为 ε_1、ε_2 和 ε_3 时，可以采用与应力相同的方法找到这些方向。八面体应变也可以定义为：

$$\varepsilon_{oct} = \frac{\varepsilon_1 + \varepsilon_2 + \varepsilon_3}{3} \tag{1-45}$$

$$\gamma_{oct} = \frac{2}{3}\sqrt{(\varepsilon_1 - \varepsilon_2)^2 + (\varepsilon_2 - \varepsilon_3)^2 + (\varepsilon_3 - \varepsilon_1)^2} \tag{1-46}$$

1.2　弹性的基本定义

如表 1-3 所示，定义某一点的应力和应变需要 15 个未知数：6 个应力，3 个位移，6 个应变。

边界问题的求解需要一组数量相当的方程,这些方程可由下列条件产生:

(1)任意点的应力平衡;

(2)应力-应变关系,也称为本构方程;

(3)位移的相容性,即位移导数在物体内的连续性。

可以解决弹性问题的未知数和方程组 表 1-3

15 个未知数		15 个方程	
6 个应力	$\sigma_x, \sigma_y, \sigma_z, \tau_{xy}, \tau_{xz}, \tau_{yz}$	3 个平衡方程	式(1-47)~式(1-49)或式(1-50)~式(1-52)
6 个应变	$\varepsilon_x, \varepsilon_y, \varepsilon_z, \gamma_{xy}, \gamma_{xz}, \gamma_{yz}$	6 个应力-应变方程	式(1-38),式(1-41)
3 个位移	u, v, w	6 个应变-位移方程	式(1-73)~式(1-78)

以下介绍由上述条件引起的一组补充方程式。然后,使用表 1-3 中给出的方程组,可以求解弹性静力问题。

平衡方程和应变-位移方程是通用的,即与材料的特性无关。但是应力和应变之间可能存在几组方程,并且每种材料都有不同的本构方程。

1.2.1 平衡方程

平衡方程的目的是使施加在物体上的外部荷载(即边界条件)等于所有点的内力之和。这就要求其必须对物体内的每个单元体都成立。

图 1-13 给出了在单元体的每个面上沿 x、y 和 z 方向作用的应力。当假设各个面的面积为单位面积时,各个方向上的应力相加就得到平衡方程:

$$\frac{\partial \sigma_x}{\partial x} + \frac{\partial \tau_{yx}}{\partial y} + \frac{\partial \tau_{zx}}{\partial z} = 0 \tag{1-47}$$

$$\frac{\partial \tau_{xy}}{\partial x} + \frac{\partial \sigma_y}{\partial y} + \frac{\partial \tau_{zy}}{\partial z} = 0 \tag{1-48}$$

$$\frac{\partial \tau_{xz}}{\partial x} + \frac{\partial \tau_{yz}}{\partial y} + \frac{\partial \sigma_z}{\partial z} = \gamma \tag{1-49}$$

式中,γ 为材料的单位重量。

式(1-47)~式(1-49)在静力作用下是成立的,即当惯性力可以忽略时。在其他情况下,有必要考虑完整的牛顿第二运动定律 $F = ma$。这必须包含加速度作为位移在 u、v 和 w 各方向的二阶导数,如式(1-50)~式(1-52)所示:

$$\frac{\partial \sigma_x}{\partial x} + \frac{\partial \tau_{yx}}{\partial y} + \frac{\partial \tau_{zx}}{\partial z} = \frac{\gamma}{g}\frac{\partial^2 u}{\partial t^2} \tag{1-50}$$

$$\frac{\partial \tau_{xy}}{\partial x} + \frac{\partial \sigma_y}{\partial y} + \frac{\partial \tau_{zy}}{\partial z} = \frac{\gamma}{g}\frac{\partial^2 v}{\partial t^2} \tag{1-51}$$

$$\frac{\partial \tau_{xz}}{\partial x} + \frac{\partial \tau_{yz}}{\partial y} + \frac{\partial \sigma_z}{\partial z} = \gamma + \frac{\gamma}{g}\frac{\partial^2 w}{\partial t^2} \tag{1-52}$$

式中,g 为重力加速度。

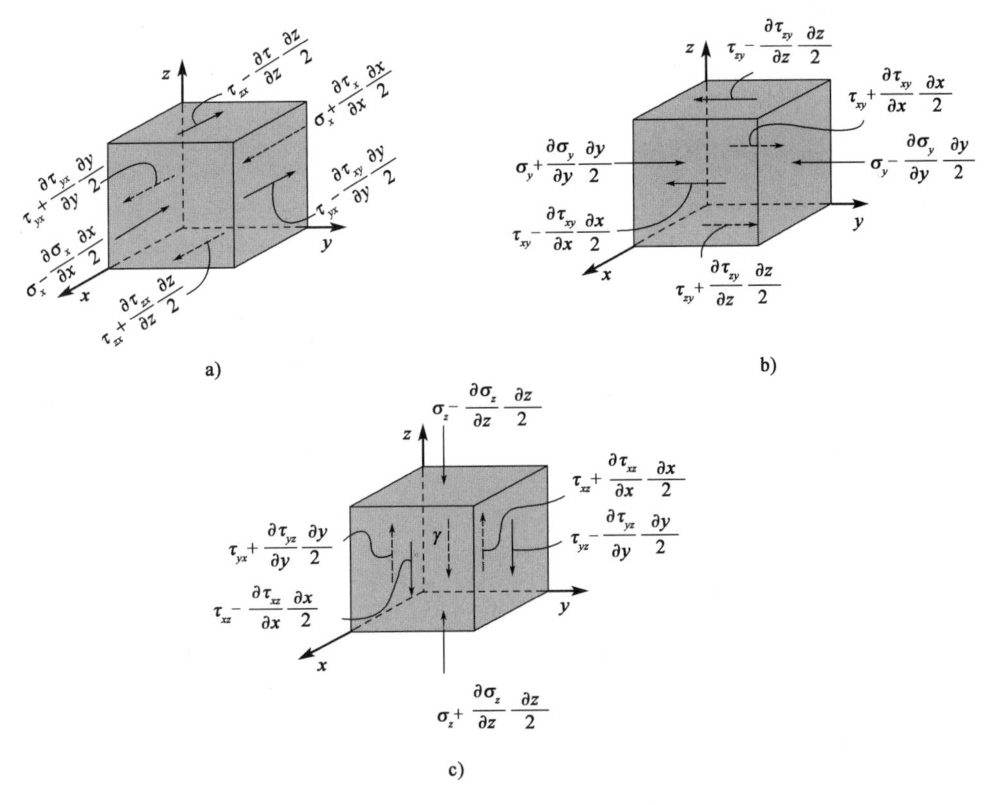

图 1-13　单元体积每个方向的平衡

1.2.2　各向同性线弹性应力-应变关系

线弹性广义胡克定律通过一组线性方程将应力张量和应变张量联系起来。由于这两个张量都有 6 个分量，与应力和应变相关的张量 $\boldsymbol{C}$ 是一个 6×6 的张量，包含 36 个常数，如式(1-53)所示。

$$\begin{bmatrix}\varepsilon_x\\ \varepsilon_y\\ \varepsilon_z\\ \gamma_{yz}\\ \gamma_{xz}\\ \gamma_{xy}\end{bmatrix}=\begin{bmatrix}C_{11} & C_{12} & C_{13} & C_{14} & C_{15} & C_{16}\\ C_{21} & C_{22} & C_{23} & \bullet & \bullet & \bullet\\ \bullet & \bullet & \bullet & \bullet & \bullet & \bullet\\ \bullet & \bullet & \bullet & \bullet & \bullet & \bullet\\ \bullet & \bullet & \bullet & \bullet & \bullet & \bullet\\ C_{61} & \bullet & \bullet & \bullet & \bullet & C_{66}\end{bmatrix}\begin{bmatrix}\sigma_x\\ \sigma_y\\ \sigma_z\\ \tau_{yz}\\ \tau_{xz}\\ \tau_{xy}\end{bmatrix} \tag{1-53}$$

然而，对于线弹性或非线弹性材料，在变形储能时，张量是对称的：$C_{ij}=C_{ji}$。在这些情况下，常数的数量减少到 21 个(对角线 6 个，上三角或下三角 15 个)。

式(1-53)中常数的空间变化体现了材料的均匀性，而这些常数在每个方向的变化体现了材料的各向同性或各向异性。根据不同变量的数量，可能存在几种不同程度的各向异性，见表 1-4。

每种各向异性的弹性常数 表1-4

各向异性类型	常数数量	各向异性类型	常数数量
完全各向异性	21	横向各向同性	5
单斜	13	立方体	3
正交	9	各向同性	2
正方	6		

对于各向同性材料,只有两个独立的弹性常数。对于这些材料,应变和应力之间的关系由式(1-54)~式(1-59)定义。

$$\varepsilon_x = \frac{1}{E}[\sigma_x - \upsilon(\sigma_y + \sigma_z)] \tag{1-54}$$

$$\varepsilon_y = \frac{1}{E}[\sigma_y - \upsilon(\sigma_x + \sigma_z)] \tag{1-55}$$

$$\varepsilon_z = \frac{1}{E}[\sigma_z - \upsilon(\sigma_x + \sigma_y)] \tag{1-56}$$

$$\gamma_{yz} = \frac{2(1+\upsilon)}{E}\tau_{yz} \tag{1-57}$$

$$\gamma_{xz} = \frac{2(1+\upsilon)}{E}\tau_{xz} \tag{1-58}$$

$$\gamma_{xy} = \frac{2(1+\upsilon)}{E}\tau_{xy} \tag{1-59}$$

式中,E为杨氏模量,υ为泊松比。式(1-54)~式(1-59)用张量表示变成:

$$\begin{bmatrix}\varepsilon_x\\ \varepsilon_y\\ \varepsilon_z\\ \gamma_{yz}\\ \gamma_{xz}\\ \gamma_{xy}\end{bmatrix} = \frac{1}{E}\begin{bmatrix}1 & -\upsilon & -\upsilon & 0 & 0 & 0\\ -\upsilon & 1 & -\upsilon & 0 & 0 & 0\\ -\upsilon & -\upsilon & 1 & 0 & 0 & 0\\ 0 & 0 & 0 & 2(1+\upsilon) & 0 & 0\\ 0 & 0 & 0 & 0 & 2(1+\upsilon) & 0\\ 0 & 0 & 0 & 0 & 0 & 2(1+\upsilon)\end{bmatrix}\begin{bmatrix}\sigma_x\\ \sigma_y\\ \sigma_z\\ \tau_{yz}\\ \tau_{xz}\\ \tau_{xy}\end{bmatrix} \tag{1-60}$$

通过对式(1-60)的反演,我们可以在应变已知的情况下获得如下应力状态:

$$\begin{bmatrix}\sigma_x\\ \sigma_y\\ \sigma_z\\ \tau_{yz}\\ \tau_{xz}\\ \tau_{xy}\end{bmatrix} = \begin{bmatrix}\lambda+2G & \lambda & \lambda & 0 & 0 & 0\\ \lambda & \lambda+2G & \lambda & 0 & 0 & 0\\ \lambda & \lambda & \lambda+2G & 0 & 0 & 0\\ 0 & 0 & 0 & G & 0 & 0\\ 0 & 0 & 0 & 0 & G & 0\\ 0 & 0 & 0 & 0 & 0 & G\end{bmatrix}\begin{bmatrix}\varepsilon_x\\ \varepsilon_y\\ \varepsilon_z\\ \gamma_{yz}\\ \gamma_{xz}\\ \gamma_{xy}\end{bmatrix} \tag{1-61}$$

式中,λ为第一拉梅常数,G为剪切模量。这些常数与杨氏模量和泊松比有如下关系:

$$\lambda = \frac{vE}{(1+v)(1-2v)}, G = \frac{E}{2(1+v)} \tag{1-62}$$

由式(1-61)得出：

$$\sigma_x = \lambda\varepsilon_v + 2G\varepsilon_x, \tau_{yz} = G\gamma_{yz} \tag{1-63}$$

$$\sigma_y = \lambda\varepsilon_v + 2G\varepsilon_y, \tau_{xz} = G\gamma_{xz} \tag{1-64}$$

$$\sigma_z = \lambda\varepsilon_v + 2G\varepsilon_z, \tau_{xy} = G\gamma_{xy} \tag{1-65}$$

这得到了与八面体应力和应变相关的两个额外有用关系式：

$$\sigma_{oct} = K\varepsilon_{oct} \tag{1-66}$$

$$\tau_{oct} = G\gamma_{oct} \tag{1-67}$$

式中，K 为体积压缩系数，由式(1-68)给出。

$$K = \frac{E}{3(1-2v)} \tag{1-68}$$

式(1-66)和式(1-67)给出了线弹性各向同性材料的重要公式，即体积应变与剪切应变(仅与剪应力相关)是分离的。此外，特别要注意应力和应变的主方向一致。

压缩模量是岩土工程中另一个有用的常数。它对应于水平应变为零的轴向垂直压缩，$\varepsilon_z \neq 0, \varepsilon_x = \varepsilon_y = 0$。在这种应力状态下，垂直应力和垂直应变之间的关系为：

$$\sigma_z = M\varepsilon_z \tag{1-69}$$

式中，M 为由式(1-70)给出的压缩模量：

$$M = \frac{E(1-v)}{(1+v)(1-2v)} \tag{1-70}$$

可以看出，对于各向同性线弹性材料，应力和应变可以用各种弹性常数联系起来，且只需要两个常数，其他弹性常数均可以用表1-5中总结的两个常数来表示[36]。

各向同性材料弹性常数之间的关系　　表1-5

	剪切模量 G	杨氏模量 E	约束模量 M	体积缩系数 K	第一拉梅常数 λ	泊松比 v
G,E	G	E	$\frac{G(4G-E)}{3G-E}$	$\frac{GE}{9G-3E}$	$\frac{G(E-2G)}{3G-E}$	$\frac{E-2G}{2G}$
G,M	G	$\frac{G(3M-4G)}{M-G}$	M	$M-\frac{4}{3}G$	$M-2G$	$\frac{M-2G}{2(M-G)}$
G,K	G	$\frac{9KG}{3K+G}$	$K+\frac{4}{3}G$	K	$K-\frac{2}{3}G$	$\frac{3K-2G}{2(3K+G)}$
G,λ	G	$\frac{G(3\lambda+2G)}{\lambda+G}$	$\lambda+2G$	$\lambda+\frac{2}{3}G$	λ	$\frac{\lambda}{2(\lambda+G)}$
G,v	G	$2G(1+v)$	$\frac{2G(1-v)}{1-2v}$	$\frac{2G(1+v)}{3(1-2v)}$	$\frac{2Gv}{1-2v}$	v
E,K	$\frac{3KE}{9K-E}$	E	$\frac{K(9K+3E)}{9K-E}$	K	$\frac{K(9K-3E)}{9K-E}$	$\frac{3K-E}{6K}$

续上表

	剪切模量 G	杨氏模量 E	约束模量 M	体积缩系数 K	第一拉梅常数 λ	泊松比 υ
E,υ	$\frac{E}{2(1+\upsilon)}$	E	$\frac{E(1-\upsilon)}{(1+\upsilon)(1-2\upsilon)}$	$\frac{E}{3(1-2\upsilon)}$	$\frac{\upsilon E}{(1+\upsilon)(1-2\upsilon)}$	υ
K,λ	$\frac{3}{2}(K-\lambda)$	$\frac{9K(K-\lambda)}{3K-\lambda}$	$3K-2\lambda$	K	λ	$\frac{\lambda}{3K-\lambda}$
K,M	$\frac{3}{4}(M-K)$	$\frac{9K(M-K)}{3K+M}$	M	K	$\frac{3K-M}{2}$	$\frac{3K-M}{3K+M}$
K,υ	$\frac{3K(1-2\upsilon)}{2(1+\upsilon)}$	$3K(1-2\upsilon)$	$\frac{3K(1-2\upsilon)}{2(1+\upsilon)}$	K	$\frac{3K\upsilon}{1+\upsilon}$	υ

1.2.3 应变相容性方程

当位移已知时,可以用式(1-38)和式(1-41)求得应变。然而,由于6个应变分量仅由3个位移导出,因此式(1-38)和式(1-41)不是独立的。对于连续介质,需要另一组方程来确保物体任何点的应变必须与其相邻点的应变连续,并确保所有元素都组合在一起,不会在变形时开裂或开孔,即要满足位移相容条件。图1-14说明了在物体可能在两种材料的接触面发生滑动的情况下,应变相容性条件的物理意义。

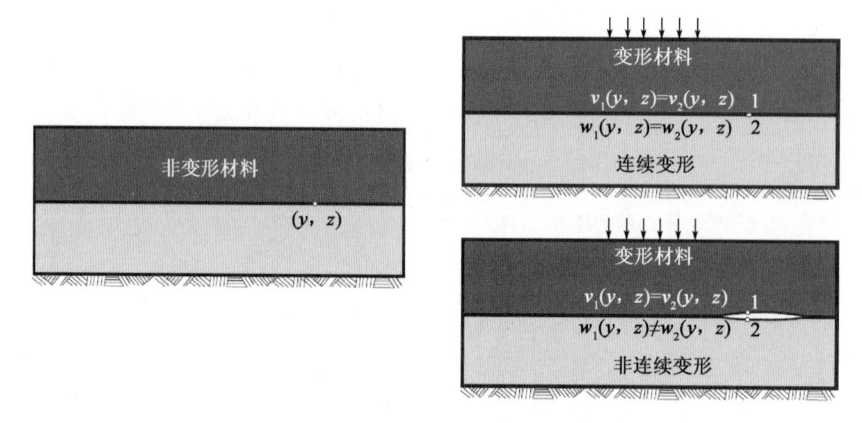

图1-14 应变相容性的物理意义

从数学的角度来看,应变相容性的限制意味着应变的导数存在,且二阶导数连续[191]。然后,推导出式(1-38)和式(1-41),将两者联立,应变相容性方程组产生了新的项。例如,γ_{xy}对x求导再对y求导得到式(1-71):

$$\frac{\partial \gamma_{xy}^2}{\partial x \partial y} = \frac{\partial^3 v}{\partial x^2 \partial y} + \frac{\partial^3 u}{\partial x \partial y^2} \tag{1-71}$$

式(1-71)右边的第一项等于$\frac{\partial^2 \varepsilon_y}{\partial x^2}$,第二项等于$\frac{\partial^2 \varepsilon_x}{\partial y^2}$,因此应变相容性方程变为:

$$\frac{\partial \gamma_{xy}^2}{\partial x \partial y} = \frac{\partial^2 \varepsilon_y}{\partial x^2} + \frac{\partial^2 \varepsilon_x}{\partial y^2} \tag{1-72}$$

连接应变导数的另一种可能性是将 y 和 z 上的 ε_x 导数与剪切应变导数连接起来,如下所示:

$$\frac{\partial^2 \varepsilon_x}{\partial y \partial z} = \frac{\partial^3 u}{\partial x \partial y \partial z}, \frac{\partial^2 \gamma_{yz}}{\partial x^2} = \frac{\partial^3 w}{\partial x \partial y \partial z} + \frac{\partial^3 v}{\partial z \partial x^2}$$

$$\frac{\partial^2 \gamma_{xz}}{\partial x \partial y} = \frac{\partial^3 w}{\partial x^2 \partial y} + \frac{\partial^3 u}{\partial x \partial y \partial z}$$

$$\frac{\partial^2 \gamma_{xy}}{\partial z \partial x} = \frac{\partial^3 v}{\partial x^2 \partial z} + \frac{\partial^3 u}{\partial x \partial y \partial z}$$

$$2\frac{\partial^2 \varepsilon_x}{\partial y \partial z} = \frac{\partial}{\partial x}\left(-\frac{\partial \gamma_{yz}}{\partial x} + \frac{\partial \gamma_{xz}}{\partial y} + \frac{\partial \gamma_{xy}}{\partial z}\right)$$

对应变的其他分量重复这一过程,得到如下一组相容方程,即式(1-73)~式(1-78):

$$\frac{\partial^2 \gamma_{xy}}{\partial x \partial y} = \frac{\partial^2 \varepsilon_x}{\partial y^2} + \frac{\partial^2 \varepsilon_y}{\partial x^2} \tag{1-73}$$

$$\frac{\partial^2 \gamma_{yz}}{\partial y \partial z} = \frac{\partial^2 \varepsilon_y}{\partial z^2} + \frac{\partial^2 \varepsilon_z}{\partial y^2} \tag{1-74}$$

$$\frac{\partial^2 \gamma_{zx}}{\partial z \partial x} = \frac{\partial^2 \varepsilon_z}{\partial x^2} + \frac{\partial^2 \varepsilon_x}{\partial z^2} \tag{1-75}$$

$$2\frac{\partial^2 \varepsilon_x}{\partial y \partial z} = \frac{\partial}{\partial x}\left(-\frac{\partial \gamma_{yz}}{\partial x} + \frac{\partial \gamma_{xz}}{\partial y} + \frac{\partial \gamma_{xy}}{\partial z}\right) \tag{1-76}$$

$$2\frac{\partial^2 \varepsilon_y}{\partial z \partial x} = \frac{\partial}{\partial y}\left(\frac{\partial \gamma_{yz}}{\partial x} - \frac{\partial \gamma_{xz}}{\partial y} + \frac{\partial \gamma_{xy}}{\partial z}\right) \tag{1-77}$$

$$2\frac{\partial^2 \varepsilon_z}{\partial x \partial y} = \frac{\partial}{\partial z}\left(\frac{\partial \gamma_{yz}}{\partial x} + \frac{\partial \gamma_{xz}}{\partial y} - \frac{\partial \gamma_{xy}}{\partial z}\right) \tag{1-78}$$

需要注意的是,许多材料不满足应变相容性。例如,由颗粒组成的材料在颗粒之间接触时可以发生变形,而难以满足应变相容性。另一个例子是在两种连续材料的接触面有可能发生节点滑移。

式(1-73)~式(1-78)完成了表1-3的方程组,从而将未知数的数量等同于求解三维弹性问题时所需方程的数量。

1.3　平面应变问题

真实的弹性静力学问题中,应力分布均发生在三维空间。然而,在某些情况下,三维问题可以简化为二维问题。下面这两种情况下的平面应变问题最适用于计算半空间内应力:

(1)当一个无限长的物体受到荷载时,由于纵向对称,可以认为纵向位移为零,如图1-15a)所示。

(2)另一种情况是在对称的柱面坐标系中,切线方向的位移为零,如图1-15b)所示。

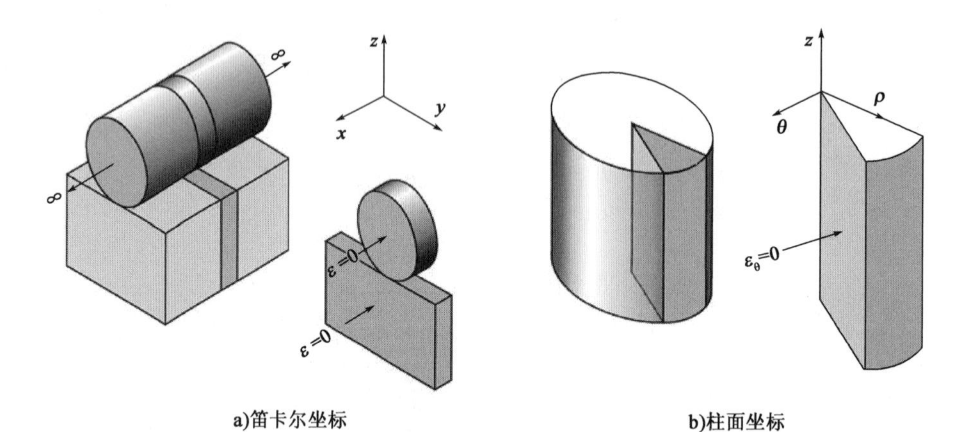

图1-15 平面应变问题

在笛卡尔坐标系中平面应变意味着:仅允许两个方向的位移($u=0, v\neq 0, w\neq 0$);且位移不随第三方向变化($\frac{\partial v}{\partial x}=0$ 和$\frac{\partial w}{\partial x}=0$)。

考虑到这些因素的影响,应变变为:

$$\gamma_{xy}=\gamma_{yx}=\frac{\partial v}{\partial x}+\frac{\partial u}{\partial y}=0,\gamma_{xz}=\gamma_{zx}=\frac{\partial w}{\partial x}+\frac{\partial u}{\partial z}=0,\varepsilon_{x}=\frac{\partial u}{\partial x}=0 \tag{1-79}$$

然而,使用式(1-54)中给出的胡克定律关系,重新定义$\varepsilon_x=0$,即$\varepsilon_x=\frac{1}{E}[\sigma_x-v(\sigma_y+\sigma_z)]=0$,所以:

$$\sigma_x=v(\sigma_y+\sigma_z) \tag{1-80}$$

由式(1-80)可知,关于平面应变问题,应力和应变之间的胡克定律关系变为:

$$\varepsilon_y=\frac{1}{E}[(1-v^2)\sigma_y-v(1+v)\sigma_z] \tag{1-81}$$

$$\varepsilon_z=\frac{1}{E}[(1-v^2)\sigma_z-v(1+v)\sigma_y] \tag{1-82}$$

$$\gamma_{yz}=\frac{1}{E}[2(1+v)\tau_{yz}]=\gamma_{zy} \tag{1-83}$$

平面应变在应力方面的相容性方程可以通过式(1-81)~式(1-83)的推导得到,然后用式(1-74)中的导数代入式(1-84):

$$\frac{\partial^2}{\partial z^2}[(1-v^2)\sigma_y-v(1+v)\sigma_z]+\frac{\partial^2}{\partial y^2}[(1-v^2)\sigma_z-v(1+v)\sigma_y]=2(1+v)\frac{\partial^2\tau_{yz}}{\partial y\partial z} \tag{1-84}$$

则得:

$$(1-v^2)(\frac{\partial^2\sigma_y}{\partial z^2}+\frac{\partial^2\sigma_z}{\partial y^2})-v(1+v)(\frac{\partial^2\sigma_y}{\partial y^2}+\frac{\partial^2\sigma_z}{\partial z^2})=2(1+v)\frac{\partial^2\tau_{yz}}{\partial y\partial z} \tag{1-85}$$

两边除以$(1+v)$得到：

$$(1-v)(\frac{\partial^2\sigma_y}{\partial z^2}+\frac{\partial^2\sigma_z}{\partial y^2})-v(\frac{\partial^2\sigma_y}{\partial y^2}+\frac{\partial^2\sigma_z}{\partial z^2})=2\frac{\partial^2\tau_{yz}}{\partial y\partial z} \tag{1-86}$$

当平面应变问题处于平衡状态时，式(1-47)～式(1-49)变为：

$$\frac{\partial\sigma_x}{\partial x}=0 \tag{1-87}$$

$$\frac{\partial\sigma_y}{\partial y}+\frac{\partial\tau_{zy}}{\partial z}=0 \tag{1-88}$$

$$\frac{\partial\tau_{yz}}{\partial y}+\frac{\partial\sigma_z}{\partial z}=\gamma \tag{1-89}$$

式(1-86)的右侧可以通过式(1-88)对y求导和式(1-89)对z求导得到。

$$2\frac{\partial^2\tau_{yz}}{\partial y\partial z}=-(\frac{\partial^2\sigma_y}{\partial y^2}+\frac{\partial^2\sigma_z}{\partial z^2}-\frac{\partial\gamma}{\partial z}) \tag{1-90}$$

则式(1-86)变成：

$$(1-v)(\frac{\partial^2\sigma_y}{\partial z^2}+\frac{\partial^2\sigma_z}{\partial y^2})+(1-v)(\frac{\partial^2\sigma_y}{\partial y^2}+\frac{\partial^2\sigma_z}{\partial z^2})=\frac{\partial\gamma}{\partial z} \tag{1-91}$$

使用拉普拉斯算子∇^2，式(1-91)变为：

$$\nabla^2(\sigma_y+\sigma_z)=\frac{1}{1-v}\frac{\partial\gamma}{\partial z} \tag{1-92}$$

因此，平面应变问题的应力分布可以通过求解两个平衡方程和一个相容方程来获得，从而得到由三个方程和三个未知数组成的系统：

$$\frac{\partial\sigma_y}{\partial y}+\frac{\partial\tau_{zy}}{\partial z}=0 \tag{1-93}$$

$$\frac{\partial\tau_{yz}}{\partial y}+\frac{\partial\sigma_z}{\partial z}=\gamma \tag{1-94}$$

$$\nabla^2(\sigma_y+\sigma_z)=\frac{1}{1-v}\frac{\partial\gamma}{\partial z} \tag{1-95}$$

重要的是，如果物体受力是恒定的(即$\frac{\partial\gamma}{\partial z}=0$)，那么物体内的应力分布与材料的弹性($E$和$v$)无关。

Airy 应力函数

Airy[7]研究表明,式(1-93)~式(1-95)的系统可以通过引入应力函数 $\Phi(x,z)$ 来满足。根据 Airy 的观点,应力表现为函数 Φ 的二阶导数,如式(1-96)~式(1-98)所示:

$$\sigma_y = \frac{\partial^2 \Phi}{\partial z^2} \tag{1-96}$$

$$\sigma_z = \frac{\partial^2 \Phi}{\partial y^2} \tag{1-97}$$

$$\tau_{yz} = -\frac{\partial^2 \Phi}{\partial y \partial z} + \gamma y \tag{1-98}$$

应力函数 Φ 的最大优点是它直接满足平衡方程,如式(1-99)和式(1-100)所示:

$$\frac{\partial \sigma_y}{\partial y} + \frac{\partial \tau_{yz}}{\partial z} = \frac{\partial^3 \Phi}{\partial y \partial z^2} - \frac{\partial^3 \Phi}{\partial y \partial z^2} = 0 \tag{1-99}$$

$$\frac{\partial \sigma_z}{\partial z} + \frac{\partial \tau_{zy}}{\partial y} - \gamma = \frac{\partial^3 \Phi}{\partial y^2 \partial z} - \frac{\partial^3 \Phi}{\partial y^2 \partial z} - \gamma + \gamma = 0 \tag{1-100}$$

由于 Airy 应力函数直接满足平衡方程,因此解决均匀单位重量 γ 平面应变弹性问题所需的唯一方程是:

$$\nabla^2(\sigma_y + \sigma_z) = 0 \tag{1-101}$$

通过引入由应力函数导出的应力,式(1-101)变为:

$$\nabla^2\left(\frac{\partial^2 \Phi}{\partial y^2} + \frac{\partial^2 \Phi}{\partial z^2}\right) = 0 \tag{1-102}$$

展开形式为:

$$\frac{\partial^4 \Phi}{\partial y^4} + 2\frac{\partial^4 \Phi}{\partial y^2 \partial z^2} + \frac{\partial^4 \Phi}{\partial z^4} = 0 \tag{1-103}$$

通过使用拉普拉斯算子,式(1-103)变为:

$$\nabla^4 \Phi = 0 \tag{1-104}$$

总之,求解平面应变问题需要找到一个既满足式(1-104)(称为双调和微分方程)又满足特定问题边界条件的函数 Φ。

对于柱面坐标(ρ, z)中的平面应变问题,如图 1-16 所示,应力方程变为式(1-105)~式(1-108),称为 Love 方程[268]:

$$\sigma_p = \frac{\partial}{\partial u}\left(\upsilon \nabla^2 \Phi - \frac{\partial^2 \Phi}{\partial \rho^2}\right) \tag{1-105}$$

$$\sigma_\theta = \frac{\partial}{\partial z}\left(\upsilon \nabla^2 \Phi - \frac{1}{\rho}\frac{\partial \Phi}{\partial \rho}\right) \tag{1-106}$$

$$\sigma_z = \frac{\partial}{\partial z}\left[(2-\upsilon)\ \nabla^2\Phi - \frac{\partial^2\Phi}{\partial z^2}\right] \tag{1-107}$$

$$\tau_{\rho z} = \frac{\partial}{\partial \rho}\left[(1-\upsilon)\ \nabla^2\Phi - \frac{\partial^2\Phi}{\partial z^2}\right] \tag{1-108}$$

垂直和径向位移 w 和 u 变成：

$$w = \frac{1+\upsilon}{E}\left[(1-2\upsilon)\ \nabla^2\Phi + \frac{\partial^2\Phi}{\partial \rho^2} + \frac{1}{\rho}\frac{\partial\Phi}{\partial\rho}\right] \tag{1-109}$$

$$u = -\frac{1+\upsilon}{E}\frac{\partial^2\Phi}{\partial\rho\partial z} \tag{1-110}$$

式(1-104)对于应变相容性仍然有效，但是拉普拉斯算子变为：

$$\left(\frac{\partial^2}{\partial\rho^2} + \frac{1}{\rho}\frac{\partial}{\partial\rho} + \frac{\partial^2}{\partial z^2}\right)\left(\frac{\partial^2\Phi}{\partial\rho^2} + \frac{1}{\rho}\frac{\partial\Phi}{\partial\rho} + \frac{\partial^2\Phi}{\partial z^2}\right) = 0 \tag{1-111}$$

式(1-111)的成立现在只要求第二项等于零：

$$\left(\frac{\partial^2\Phi}{\partial\rho^2} + \frac{1}{\rho}\frac{\partial\Phi}{\partial\rho} + \frac{\partial^2\Phi}{\partial z^2}\right) = 0 \tag{1-112}$$

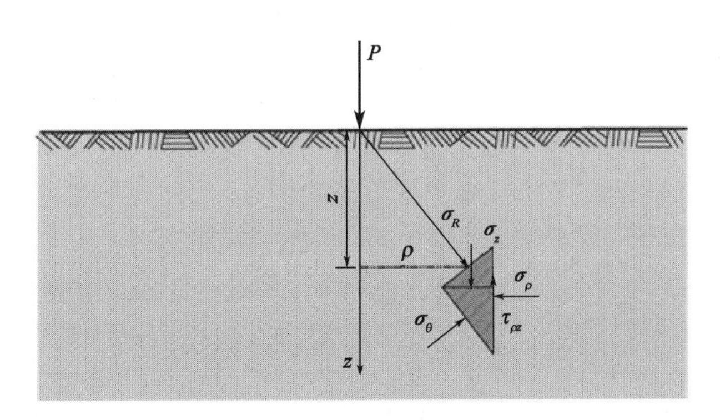

图 1-16　柱面坐标系中的应力

许多平面应变和平面应力问题的解可以通过求解方程式(1-104)(双调和微分方程)来确定。因为这种方法将一般公式简化为具有单一未知项的单一方程，所以特别有用。然后，通过几种应用数学的方法，得到的方程是可求解的，因此这种方法可以得到各种弹性静力学问题的许多解析解。

Boussinesq-Cerruti 方程解决道路工程问题非常有用，这些解源自 Airy 应力函数。对应于垂直或水平方向的点荷载，将在以下章节中介绍。

1.4　一些应力分布的弹性静力解

前面几节中提出的弹性理论被广泛应用于解决各向同性弹性介质的应力分布问题。因为叠加原理在弹性介质中有效，单一集中荷载的情况在土木工程问题中最为常见。也就是说，不同分布荷载的应力分布可以通过单个荷载解的积分得到。

有两种解决半空间表面集中荷载问题的方法：Boussinesq 解法用于处理集中垂直荷载，而 Cerruti 解法用于处理集中水平荷载。

1.4.1 Boussinesq 解法

Boussinesq[63]解决了通常施加于自由表面的单一集中荷载 P 在半空间内产生的应力分布问题。Boussinesq 解适用于假设没有体积力的各向同性材料，可以使用各种方法来获得 Bousinesq的应力分布。其中一个涉及在圆柱坐标(ρ,z)中使用如下 Airy 应力函数 Φ 方程[224]：

$$\Phi = C_1 z\ln\rho + C_2(\rho^2+z^2)^{\frac{1}{2}} + C_3 z\ln\left(\frac{\sqrt{\rho^2+z^2}-z}{\sqrt{\rho^2+z^2}+z}\right) \tag{1-113}$$

使用 Love 方程[式(1-105)~式(1-108)]、相容性方程[式(1-112)]和下列边界条件[224]，可以从式(1-113)推导应力：

(1)$z=0$ 时，剪应力 $\tau_{\rho z}=0$；

(2)在任意深度，垂直应力的积分 $\int\sigma_z = p$；

(3)在无限深处所有应力都消失，$\sigma_\rho\to0$，$\sigma_z\to0$ 和 $z\to0$ 时，$\tau_{\rho z}\to0$。

图 1-16 所示柱面坐标平面中的应力变为：

$$\sigma_\rho = \frac{3P}{2\pi}\left\{\frac{m-2}{3m}\left[\frac{1}{\rho^2}-\frac{z}{\rho^2}(\rho^2+z^2)^{-\frac{1}{2}}\right]-\rho^2 z(\rho^2+z^2)^{-\frac{5}{2}}\right\} \tag{1-114}$$

$$\sigma_\theta = \frac{3P}{2\pi}\left\{\frac{m-2}{3m}\left[-\frac{1}{\rho^2}+\frac{z}{\rho^2}(\rho^2+z^2)^{-\frac{1}{2}}+z(\rho^2+z^2)^{-\frac{3}{2}}\right]\right\} \tag{1-115}$$

$$\sigma_z = \frac{3P}{2\pi}z^3(\rho^2+z^2)^{-\frac{5}{2}} \tag{1-116}$$

$$\tau_{\rho z} = \frac{3P}{2\pi}\rho z^2(\rho^2+z^2)^{-\frac{5}{2}} \tag{1-117}$$

式中，$m=1/\nu$。

在图 1-17 所示的笛卡尔坐标系中，应力分量变为：

$$\sigma_x = \frac{3P}{2\pi}\left\{\frac{x^2 z}{R^5}-\frac{m-2}{3m}\left[-\frac{1}{R(R+z)}+\frac{(2R+z)x^2}{(R+z)^2R^3}+\frac{z}{R^3}\right]\right\} \tag{1-118}$$

$$\sigma_y = \frac{3P}{2\pi}\left\{\frac{y^2 z}{R^5}-\frac{m-2}{3m}\left[-\frac{1}{R(R+z)}+\frac{(2R+z)y^2}{(R+z)^2R^3}+\frac{z}{R^3}\right]\right\} \tag{1-119}$$

$$\sigma_z = \frac{3P}{2\pi}\frac{z^3}{R^5} \tag{1-120}$$

$$\tau_{xy} = \frac{3P}{2\pi}\left\{\frac{xyz}{R^5}-\frac{m-2}{3m}\left[\frac{(2R+z)xy}{(R+z)^2R^3}\right]\right\} \tag{1-121}$$

$$\tau_{yz}=\frac{3P}{2\pi}\frac{yz^2}{R^5} \tag{1-122}$$

$$\tau_{zx}=\frac{3P}{2\pi}\frac{xz^2}{R^5} \tag{1-123}$$

式中，$R=\sqrt{x^2+y^2+z^2}$。

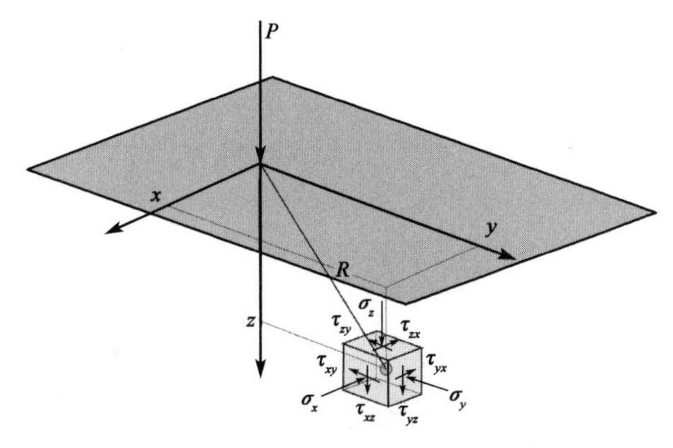

图 1-17　笛卡尔坐标系下 Boussinesq 解的几何布局

位移 u、v、w 由式(1-124)～式(1-126)得到：

$$u=\frac{1+\upsilon}{2\pi E}\left[\frac{xz}{R^3}-\frac{(1-2\upsilon)x}{R(R+z)}\right]P \tag{1-124}$$

$$v=\frac{1+\upsilon}{2\pi E}\left[\frac{yz}{R^3}-\frac{(1-2\upsilon)y}{R(R+z)}\right]P \tag{1-125}$$

$$w=\frac{1+\upsilon}{2\pi E}\left[\frac{z^2}{R^3}+\frac{2(1-\upsilon)}{R}\right]P \tag{1-126}$$

1.4.2　Cerruti 解法

Cerruti[91]解决了水平方向上的单点集中荷载 H 在弹性半空间上产生的应力分布问题，如图 1-18 所示。Cerruti 的解得到了式(1-127)～式(1-132)中给出的一组应力。

$$\sigma_x=-\frac{Hx}{2\pi R^3}\left\{-\frac{3x^2}{R^2}+\frac{1-2\upsilon}{(R+z)^2}\left[R^2-y^2-\frac{2Ry^2}{R+z}\right]\right\} \tag{1-127}$$

$$\sigma_y=-\frac{Hx}{2\pi R^3}\left\{-\frac{3y^2}{R^2}+\frac{1-2\upsilon}{(R+z)^2}\left[R^2-x^2-\frac{2Rx^2}{R+z}\right]\right\} \tag{1-128}$$

$$\sigma_z=\frac{3Hxz^2}{2\pi R^5} \tag{1-129}$$

$$\tau_{xy}=-\frac{Hy}{2\pi R^3}\left\{-\frac{3y^2}{R^2}+\frac{1-2\upsilon}{(R+z)^2}\left[R^2-x^2-\frac{2Rx^2}{R+z}\right]\right\} \tag{1-130}$$

$$\tau_{yz}=\frac{3Hxyz}{2\pi R^5} \tag{1-131}$$

$$\tau_{zx}=\frac{3Hx^2z}{2\pi R^5} \tag{1-132}$$

Cerruti 问题的位移是：

$$u=\frac{H}{4\pi GR}\left\{1+\frac{x^2}{R^2}+(1-2v)\left[\frac{R}{R+z}-\frac{x^2}{(R+z)^2}\right]\right\} \tag{1-133}$$

$$v=\frac{H}{4\pi GR}\left\{\frac{xy}{R^2}-(1-2v)\frac{xy}{(R+z)^2}\right\} \tag{1-134}$$

$$w=\frac{H}{4\pi GR}\left\{\frac{xz}{R^2}+(1-2v)\frac{x}{R+z}\right\} \tag{1-135}$$

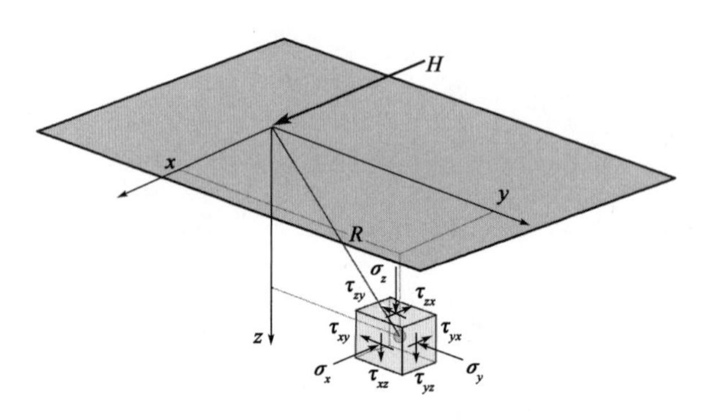

图 1-18　笛卡尔坐标系下 Cerruti 解的几何布局

1.4.3　Fröhlich 解法

Fröhlich[162]通过引入“集中系数”ξ 的概念来修正 Boussinesq 的应力分布方程。集中系数的物理意义暂不明确，将集中系数设为 $\xi=3$ 得到 Boussinesq 解（泊松比 $\nu=0.5$），$\xi=4$ 的情况对应于线性弹性剪切模量随深度线性变化的弹性半空间[365,60]。

Selvadurai[365]对 Fröhlich 解进行了理论分析。他得出结论：Fröhlich 对 Boussinesq 方程的修正是对于所有集中系数 ξ 值的静态解（即平衡方程始终满足）。然而，只有集中系数 $\xi=3$ 时才能满足相容性。

尽管存在这种局限性，目前 Fröhlich 的应力分布理论仍被广泛应用于土体压实检测，因为它成功地解释了使用 Boussinesq 解算得的弹性应力与土体压实过程中现场测量的应力之间存在差异的原因[226]。

式（1-136）给出了在垂直和水平点荷载（P，H）条件下，Fröhlich 解[224,227]：

$$\sigma_R=\frac{\xi P}{2\pi R^2}\cos^{\xi-2}\beta+(\xi-2)\frac{\xi H}{2\pi R^2}\cos\omega\sin\beta\cos^{\xi-3}\beta \tag{1-136}$$

$$\sigma_\theta=0 \tag{1-137}$$

在式(1-136)中,β 是连接荷载作用点与计算应力点向量之间的夹角,ω 是水平荷载向量与由荷载位置和计算点形成的垂直面之间的夹角(平面 Ω 如图 1-19 所示)。

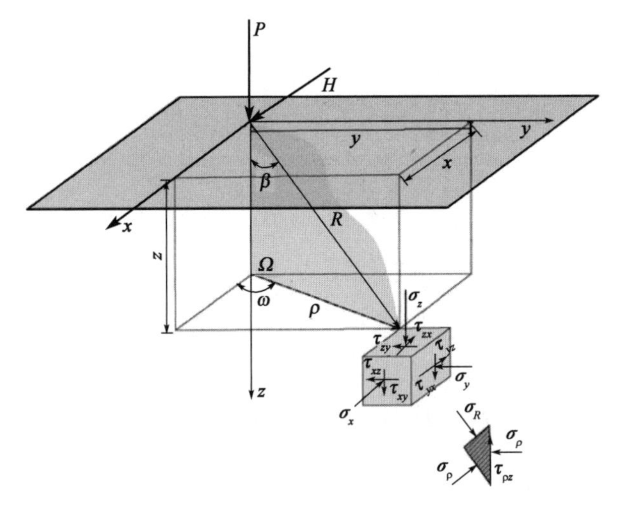

图 1-19　笛卡尔坐标系下 Fröhlich 解的几何布局[224]

通过 σ_R 计算笛卡尔坐标系中的应力非常简单:

$$\sigma_x = \sigma_R \sin^2\beta \cos^2\omega = \sigma_R \frac{x^2}{R^2} \tag{1-138}$$

$$\sigma_y = \sigma_R \sin^2\beta \sin^2\omega = \sigma_R \frac{y^2}{R^2} \tag{1-139}$$

$$\sigma_z = \sigma_R \cos^2\beta = \sigma_R \frac{z^2}{R^2} \tag{1-140}$$

$$\tau_{xy} = \sigma_R \sin^2\beta\cos\omega\sin\omega = \sigma_R \frac{xy}{R^2} \tag{1-141}$$

$$\tau_{xz} = \sigma_R\cos\beta\sin\beta \cos^2\omega = \sigma_R \frac{xz}{R^2} \tag{1-142}$$

$$\tau_{yz} = \sigma_R\cos\beta\sin\beta \sin^2\omega = \sigma_R \frac{yz}{R^2} \tag{1-143}$$

1.4.4　三角形荷载的应力分量

通过对 Boussinesq 解积分,可以得到无限半空间土体的应力分布。三角形荷载的解对于求梯形荷载产生的应力分布特别有用,可以计算填土、路堤、公路、铁路、土坝和其他土工建筑物产生的应力。1957 年,Osterberg 结合三角形荷载来评价梯形加载系统产生的应力[321,224]。中心对称分布有限三角形荷载的应力分量如图 1-20 所示。

$$\sigma_x = \frac{2q_0 v}{\pi a}\left[a(\varepsilon_1 + \varepsilon_2) + y(\varepsilon_1 - \varepsilon_2) - z\ln\frac{R_1 R_2}{R_0^2}\right] \tag{1-144}$$

$$\sigma_y = \frac{q_0}{\pi a}\left[a(\varepsilon_1 + \varepsilon_2) + y(\varepsilon_1 - \varepsilon_2) - 2z\ln\frac{R_1 R_2}{R_0^2}\right] \tag{1-145}$$

$$\sigma_y = \frac{q_0}{\pi a}[a(\varepsilon_1 + \varepsilon_2) + y(\varepsilon_1 - \varepsilon_2)] \tag{1-146}$$

$$\tau_{yz} = -\frac{q_0 z}{\pi a}(\varepsilon_1 - \varepsilon_2) \tag{1-147}$$

式中,υ 为泊松比,a,ε_1,ε_2,y 和 z 为描述图 1-20 中所示 M 点位置的几何变量。

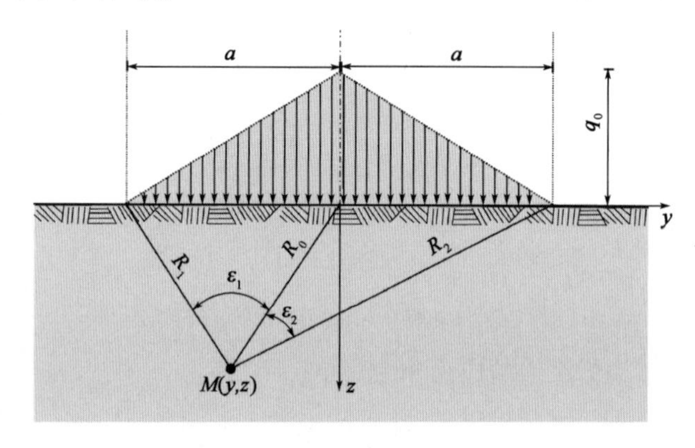

图 1-20　三角形荷载的几何布局[224]

1.5　各向异性

道路材料各向同性只是一个大致的概念。实际上,由于土体形成过程的不同,道路结构的各向异性始于路基。由多层土体连续沉积形成的沉积物是各向异性的,具轴对称性,称为正交各向异性。另一方面,压实过程引起土体颗粒和颗粒接触的定向排列,也会产生一种各向异性,其主轴与压实过程中施加的主应力方向一致。

如 1.2.2 节所述,各向异性材料的一般情况涉及式(1-53)中的 21 个独立弹性常数。然而,用先进的实验室或现场技术来表征这些材料的特性是不切实际的。但对 3 个对称平面的正交各向异性则更容易实现。如图 1-21a)所示,每个平面具有不同的弹性特性。正交各向异性的情况涉及式(1-53)中的 9 个独立弹性常数,从而得出式(1-148)。在这种情况下,应力和应变之间的关系如表 1-6 所示。

$$\begin{bmatrix} \varepsilon_x \\ \varepsilon_y \\ \varepsilon_z \\ \gamma_{yz} \\ \gamma_{xz} \\ \gamma_{xy} \end{bmatrix} = \begin{bmatrix} C_{11} & C_{12} & C_{13} & 0 & 0 & 0 \\ C_{12} & C_{22} & C_{23} & 0 & 0 & 0 \\ C_{13} & C_{23} & C_{33} & 0 & 0 & 0 \\ \bullet & \bullet & \bullet & C_{44} & 0 & 0 \\ \bullet & \bullet & \bullet & \bullet & C_{55} & 0 \\ \bullet & \bullet & \bullet & \bullet & \bullet & C_{66} \end{bmatrix} \begin{bmatrix} \sigma_x \\ \sigma_y \\ \sigma_z \\ \tau_{yz} \\ \tau_{xz} \\ \tau_{xy} \end{bmatrix} \tag{1-148}$$

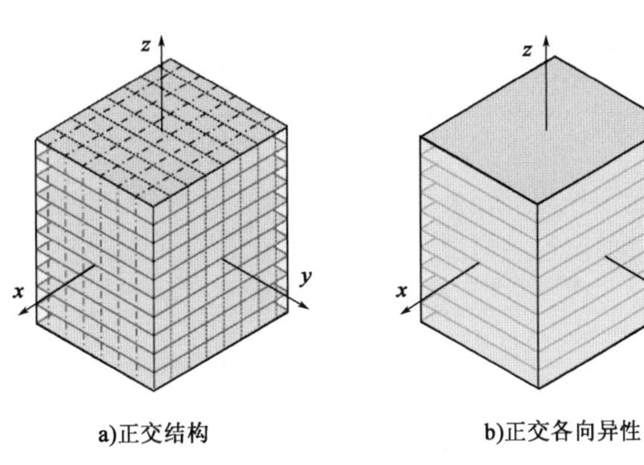

a)正交结构　　b)正交各向异性

图 1-21 各向异性的类型

与正交各向异性材料应力和应变相关的弹性常数 表 1-6

应　　力	弹性常数	泊　松　比
σ_x	$E_x=\sigma_x/\varepsilon_x$	$\upsilon_{xy}=-\varepsilon_y/\varepsilon_x$; $^*\upsilon_{xz}=-\varepsilon_z/\varepsilon_x$
σ_y	$E_y=\sigma_y/\varepsilon_y$	$\upsilon_{yz}=-\varepsilon_z/\varepsilon_y$; $^*\upsilon_{yx}=-\varepsilon_x/\varepsilon_y$
σ_z	$E_z=\sigma_z/\varepsilon_z$	$\upsilon_{zx}=-\varepsilon_x/\varepsilon_z$; $^*\upsilon_{zy}=-\varepsilon_y/\varepsilon_z$
τ_{xy}	$G_{xy}=\tau_{xy}/\gamma_{xy}$	
τ_{yz}	$G_{yz}=\tau_{yz}/\gamma_{yz}$	
τ_{zx}	$G_{yz}=\tau_{zx}/\gamma_{zx}$	
$^*\upsilon_{xz}=(E_x/E_z)\upsilon_{zx}$		
$^*\upsilon_{yx}=(E_y/E_z)\upsilon_{xy}$		
$^*\upsilon_{zy}=(E_z/E_y)\upsilon_{yz}$		
$C_{11}=1/E_x, C_{22}=1/E_y, C_{33}=1/E_z$		
$C_{44}=1/G_{yz}, C_{55}=1/G_{xz}, C_{66}=1/G_{xy}$		
$C_{12}=-\upsilon_{yx}/E_y, C_{13}=-\upsilon_{zx}/E_z, C_{23}=-\upsilon_{zy}/E_z$		

对正交各向异性为轴对称(有时也称为横向各向同性)的情况,绕对称轴旋转的弹性常数均是相同的,如图 1-21b)所示。该特性将独立常数的数量减少到 5 个。横向各向异性特别适用于描述沉积土体和具有较大水平延伸的压实层情况。在横向各向异性介质中,应力-应变关系变为式(1-149)。弹性常数如表 1-7 所示。

$$\begin{bmatrix}\varepsilon_x\\ \varepsilon_y\\ \varepsilon_z\\ \gamma_{yz}\\ \gamma_{xz}\\ \gamma_{xy}\end{bmatrix}=\begin{bmatrix}C_{11} & C_{12} & C_{13} & 0 & 0 & 0\\ C_{12} & C_{11} & C_{23} & 0 & 0 & 0\\ C_{13} & C_{23} & C_{33} & 0 & 0 & 0\\ \bullet & \bullet & \bullet & C_{55} & 0 & 0\\ \bullet & \bullet & \bullet & \bullet & C_{55} & 0\\ \bullet & \bullet & \bullet & \bullet & \bullet & C_{66}\end{bmatrix}\begin{bmatrix}\sigma_x\\ \sigma_y\\ \sigma_z\\ \tau_{yz}\\ \tau_{xz}\\ \tau_{xy}\end{bmatrix} \tag{1-149}$$

其中，$C_{12}=C_{11}-2C_{66}$。

与正交各向异性材料相关的应力和应变的弹性常数　　表 1-7

应　力	弹性常数	泊松比
σ_x	$E_1=\sigma_x/\varepsilon_x$	$v_1=-\varepsilon_y/\varepsilon_x$；$^*v_3=-\varepsilon_z/\varepsilon_x$
σ_y	$E_1=\sigma_y/\varepsilon_y$	$v_1=-\varepsilon_x/\varepsilon_y$；$^*v_3=-\varepsilon_z/\varepsilon_y$
σ_z	$E_2=\sigma_z/\varepsilon_z$	$v_2=-\varepsilon_x/\varepsilon_z=-\varepsilon_y/\varepsilon_z$
τ_{xy}	$G_1=\tau_{xy}/\gamma_{xy}^{**}$	
τ_{yz}	$G_1=\tau_{yz}/\gamma_{yz}$	
τ_{zx}	$G_2=\tau_{zx}/\gamma_{zx}$	
$^*v_3=(E_1/E_2)v_2$		
$^{**}G_2=E_1/[2(1+v_1)]$		
$C_{11}=1/E_1, C_{33}=1/E_2, C_{55}=1/G_1, C_{66}=1/G_2$		
$C_{12}=-v_1/E_1, C_{13}=-v_2/E_2$		

可以从正交各向异性获得各种各向异性的情况。例如，当 $C_{11}=C_{22}$，$C_{23}=C_{13}$ 和 $C_{44}=C_{55}$ 时，有 6 个独立的对应于立方系统的弹性常数，但当 $C_{11}=C_{22}=C_{33}$，$C_{44}=C_{55}=C_{66}$ 且 $C_{12}=C_{13}=C_{23}$ 时，有 3 个独立的弹性系数。最后，当弹性常数与取向无关时，材料是各向同性的，仅需要 2 个独立的弹性常数。

1.6　弹性极限的一般性

土木工程中的设计其实是调和两个矛盾的过程：优化结构的强度和降低其成本。同时满足这两个要求需要精确了解材料的性能并明确它们对强度的影响。

在土木工程中，道路结构的特点是承受循环荷载，循环次数可达数百万次。在大量的循环加载过程中，确保道路结构中的所有材料保持在弹性范围内至关重要。否则，道路将逐渐累积不可逆应变，最终导致路面产生较大变形。

判定材料产生屈服的应力组合数学公式称为屈服准则。在过去的 300 年里，根据试验结果制定了若干个屈服标准。这些标准的复杂性取决于制定特定标准时可用的试验装置。拉压准则是在 18 世纪发展起来的，而三轴试验是在 20 世纪发展起来的。

1.6.1　屈服准则的物理意义

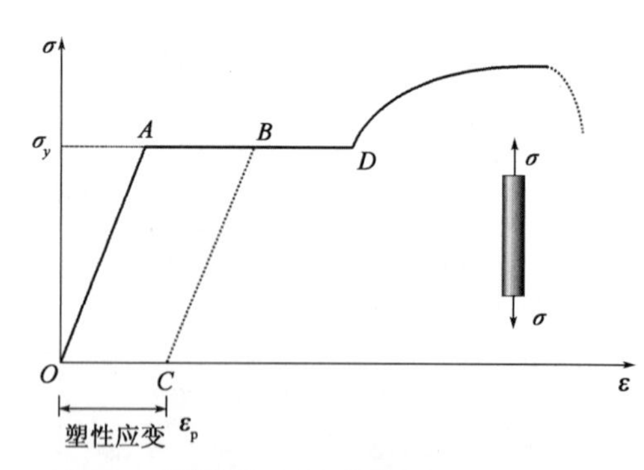

图 1-22　单轴拉伸下普通低碳钢的应力-应变关系

简单的拉力测试可以帮助我们理解屈服准则的概念。例如，普通低碳钢承受拉力的特性如图 1-22所示。

（1）随着拉力的增加，材料保持在 *O-A* 路径上的弹性区域。

（2）当它到达对应于应力 σ_y 的 *A* 点时，材料失去其弹性特性并产生塑性应变。

（3）在卸载时，材料恢复其弹性特性。

(4)每当材料达到应力张量($\sigma_1=\sigma_y,\sigma_2=\sigma_3=0$)时,该材料发生塑性变形。

上述描述适用于单轴应力状态。在双轴应力的情况下,可以施加应力 σ_2,再施加拉力以达到弹性极限,如图 1-23 所示。在这种情况下,弹性极限可以用 σ_1-σ_2 平面表示,在该平面内,连接所有弹性极限的曲线(称为特性曲线),就可以将材料力学行为的弹性域和塑性域分开。

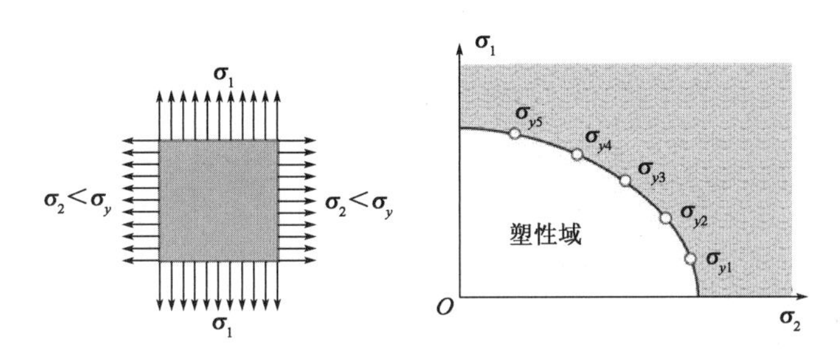

图 1-23　双轴拉伸作用下材料的屈服曲线

同样的思路可以延伸到三维应力,其中屈服准则为应力张量的函数,应力张量通常用主应力 σ_1、σ_2、σ_3 来表示。在主应力平面内,屈服准则形成一个弹性与塑性空间的分界面。

通过大量应力组合来试算每种材料屈服面的工作量巨大,因此大多数屈服准则都基于参数 c_1、$c_2\cdots c_n$,这就可以使用有限数量的单一元素,通过调整参数 c_i 的集合表征材料。屈服面可以由式(1-150)统一描述:

$$F(\sigma_1,\sigma_2,\sigma_3,c_1,c_2,\cdots,c_n)\leqslant 0 \tag{1-150}$$

前面的分析涉及延性特性。然而,土体和道路材料是典型的应变硬化材料,对于这种材料,弹性极限随着塑性应变的增加而增加,如图 1-24a)所示。因此,完整描述屈服面既需要描述其在特定应力状态下形状的函数,也需要描述屈服面生长机制,即硬化规律,如图 1-24b)所示。

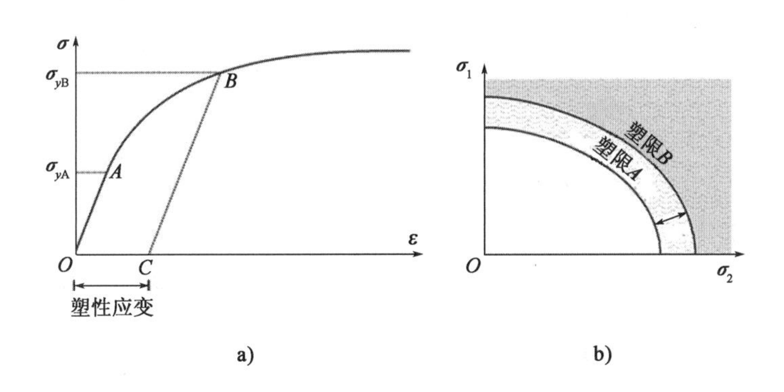

图 1-24　双轴拉伸作用下硬化材料的屈服曲线

硬化特性解释了为什么预测荷载响应,需要首先了解土体或道路材料的应力历史。对于土体,应力历史与沉积过程有关,但对于道路工程岩土材料,应力历史则主要取决于压实过程。

1.6.2 主应力平面中屈服准则表达

在主应力平面上表示屈服准则具有普遍适用性,因为它不仅可以表示屈服准则,还可以描述应力历史及应力路径。例如,图 1-25a)给出了图 1-25b)试件的应力路径。路径的第一部分线 OA 表示 $\sigma_1=\sigma_2=\sigma_3$ 的各向同性压缩,线 AB 表示轴向压缩。

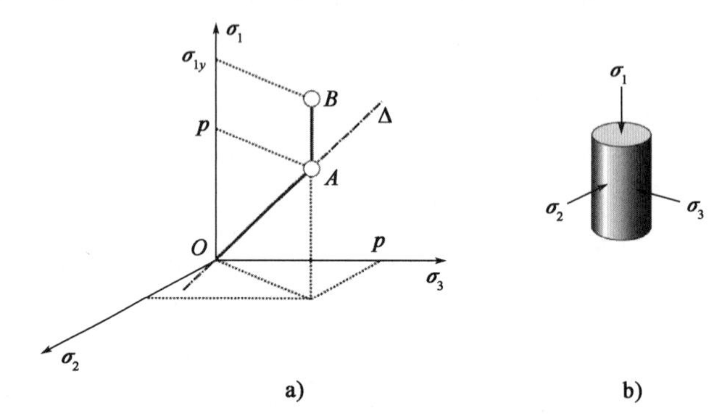

图 1-25 主应力平面内三轴压缩试验应力路径

与前面的例子一样,所有应力路径可以分为两个部分:$\sigma_1=\sigma_2=\sigma_3$ 的环向受压路径 Δ 和偏应力路径。这表明应力路径的二维表示有两种方式:

(1)在如图 1-26a)所示的八面体平面 π 中,其中主应力的投影彼此形成 120°的夹角,如图 1-26b)所示。屈服面在 π 平面中的投影取决于静压力。

(2)另一种情况是在图 1-26c)的平面 Ω 中表示的应力路径,同时在 x 轴上施加静应力,在 y 轴上施加偏应力。对轴对称情况,此类表示方法使用方便,典型的如莫尔平面,剑桥模型表示的应力 p 和 q,如图 1-26d),以及麻省理工学院表示的 s 和 t,如表 1-1 所示。

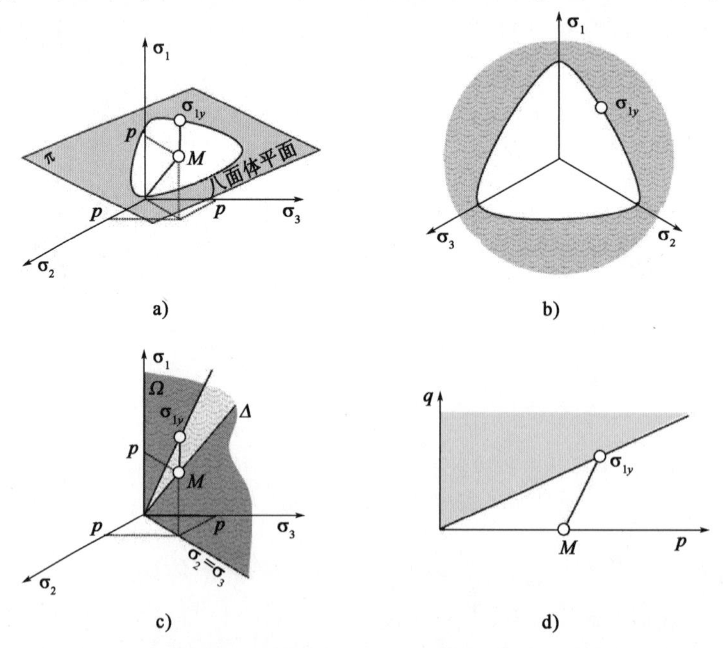

图 1-26 主应力平面、八面体平面和 p-q 平面中三轴压缩路径的表示

1.6.3　一些经典的岩土材料屈服准则

从 17 世纪开始,将特定材料的试验结果纳入数学框架,发展了几种屈服准则,每个准则均具有其优缺点并值得参考。Tresca[399] 和 Von Mises[291] 准则忽略了静应力(即平均应力)的影响,而 Mohr-Coul[112] 和 Ducker-Prager[140] 准则考虑了平均应力的变化对强度的影响。

在 Tresca 准则中,当材料内任何点处的剪切应力 τ_M 达到最大剪切 τ_0 时,产生屈服,如式(1-151)所示。在该准则中,中间应力 σ_2 不影响屈服应力。

Mises 准则类似于 Tresca 准则,但以八面体应力表示,如式(1-152)所示。八面体剪切应力的定义在式(1-15)中给出,并涉及中间应力 σ_2。在 Mises 准则中,中间应力 σ_2 在材料的屈服应力中起作用。

式(1-153)~式(1-154)描述的 Mohr-Coul 准则和 Ducker-Prager 准则考虑了平均应力如何影响剪切强度的问题。这一特性特别适合描述包括颗粒材料在内的大多数岩土材料性能。

$$F(\tau)=|\tau_M|-\tau_0\leqslant 0\quad(\text{Tresca 准则})\tag{1-151}$$

$$F(\tau)=\tau_{oct}-\tau_{otc_0}\leqslant 0\quad(\text{Von Mises 准则})\tag{1-152}$$

$$F(\sigma)=\sigma_1-\sigma_3-(\sigma_1+\sigma_3)\sin\varphi-2c\cos\varphi\leqslant 0\quad(\text{Mohr-Coul 准则})\tag{1-153}$$

$$F(\sigma)=\sqrt{\frac{3}{2}}\tau_{oct}-\alpha I_1-k\leqslant 0\quad(\text{Drucher-Prager 准则})\tag{1-154}$$

在式(1-151)~式(1-154)中,I_1 为第一应力不变量,τ_0、τ_{oct_0}、c、Φ、α 和 k 为屈服准则的强度参数。

表 1-8 显示了这些屈服准则在主应力和 p-q 平面上的形状。

主应力平面和 p-q 平面中不同屈服准则　　表 1-8

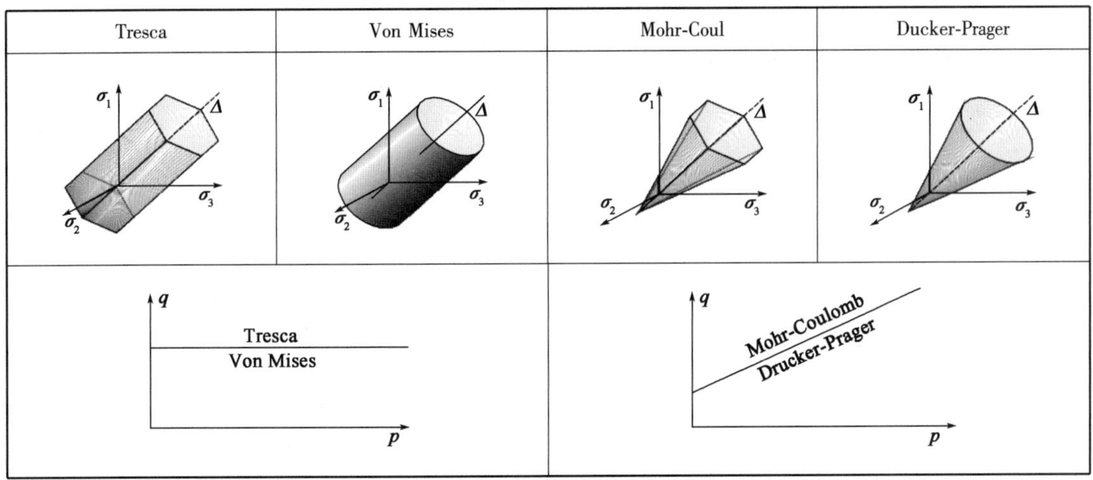

在过去 30 年中,关于岩土材料强度特性的试验结果表明,主应力空间中屈服准则的形状是圆锥形的,并且八面体平面中的投影接近三角形。Lade 和 Matsuoka-Nakai 准则是在八面体平面中使用三角形屈服准则的例子[245,281]。这些准则的详细内容本书不进行介绍。实际上,由于道路结构旨在使材料保持在弹性域内,因此经典的莫尔-库伦准则虽然不够精确,但足以

用于评价道路结构内任何点处的强度。

尽管 Mohr-Coul 准则有助于评价抗剪强度，但理论上沿着静水压应力路径时的强度可以无限增大，这与试验结果相违背。例如，颗粒材料可通过颗粒破碎达到屈服，细粒材料达到超固结应力时沿应力路径 Δ 继续加载。于是，一些学者提出了 Cap 模型来克服这一问题。它给经典的锥形屈服面上面加上了一个向外凸起的“帽子”，如图 1-27 所示。

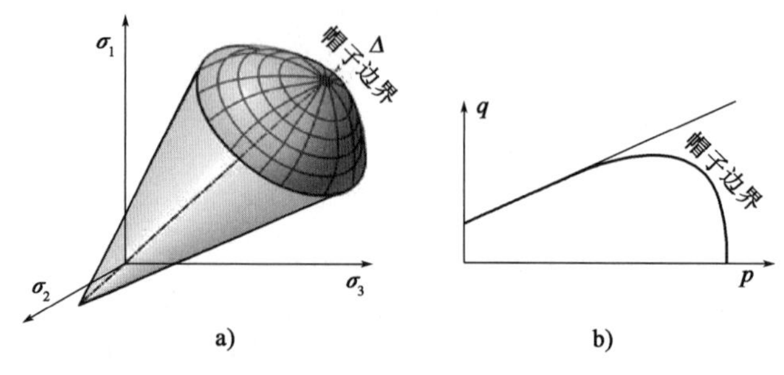

图 1-27　Cap 屈服准则示意图

强度发挥度被定义为作用在岩土结构（例如道路结构）某一点上的剪应力与材料抗剪强度之间的关系。如上所述，Mohr-Coul 准则可用于评价材料的强度发挥度，它包含两个参数：黏聚力 c 表示颗粒之间的黏结力，内摩擦角 φ 表示因颗粒间接触力的增加而增加的屈服应力。Mohr-Coul 准则可以在莫尔平面上表示，也可以在其他平面上表示。表 1-9 显示了莫尔-库仑准则在主应力 σ_1、σ_3 平面和 p-q 平面中的表达式。

不同应力空间中 Mohr-Coul 准则的表示　　表 1-9

莫 尔 平 面	主应力平面	剑桥 p-q 平面
τ, σ, c, $\tau=c+\sigma\tan\varphi$, φ	σ_1, σ_3, σ_c, $\sigma_1=K_p\sigma_3+\sigma_c$, k_p, 1	q, p, A, $q=A+M_p$, M, 1
$\tau = c + \sigma\tan\varphi$	$\sigma_1 = k_p\sigma_3 + \sigma_c$	$q = Mp + A$
c	$k_p = \dfrac{1+\sin\varphi}{1-\sin\varphi}$	$M = \dfrac{6\sin\varphi}{3-\sin\varphi}$
φ	$\sigma_c = \dfrac{2c\cos\varphi}{1-\sin\varphi}$	$A = \dfrac{6\cos\varphi}{3-\sin\varphi}c$

1.7　道路工程中的接触问题

接触问题是由弹性体之间的相互作用引起的，弹性体的应力分布取决于它们的刚度和形状。对于道路工程来说，接触理论可用于分析表 1-10 中的几个问题。这些问题包括：

（1）球体之间的接触，可以应用于分析颗粒材料的微观力学特性。

(2)具有两个曲率半径的物体与平面之间的接触,可用于分析轮胎和路面之间的接触。

(3)圆柱体和半空间之间的接触,这有助于解释压路机力学原理。

(4)其他接触问题,包括圆锥体和半空间之间的相互作用以及刚性圆柱体底部和半空间之间的相互作用。这类情况多适用于分析破碎材料的微观力学特性,以及圆锥试验、CBR 试验和板材渗透试验。

应用于道路工程的接触问题示例　　表 1-10

接触类型	描　　述	道路工程的适用性	图　　示
赫兹类	球体之间的接触	圆形颗粒材料的微观力学	
赫兹类	具有两个曲率半径和半空间的物体的接触	轮胎与路面接触处的应力分布	
赫兹类	圆柱体和弹性半空间之间的接触	压路机施加的应力	
非赫兹类	刚性锥体与弹性半空间之间的接触	破碎颗粒材料的现场试验和微观力学	
非赫兹类	刚性圆柱体与弹性半空间的接触	CBR 或板材渗透试验	

经典接触力学的基础是 Heinrich Hertz 在 1882 年[196]首次发表的关于不同曲率半径物体接触的研究成果。赫兹理论的基本假设包括:

(1)材料是各向同性和均匀的。

(2)物体的表面是连续、光滑和无摩擦的。

(3)接触面积的大小与物体的大小相比较小(小应变假设)。

(4)每个物体在接触区周围表现为一个弹性半空间。

解决接触问题需要计算施加荷载后物体的应力分布和位移。该解法要求两个物体之间具有位移相容性,对于这两个物体,它们之间的间隙遵循椭圆方程。

首先,可以分析点荷载[333]作用下弹性半空间的位移。第 1.4 节中提出的弹性理论可以用于求解这个问题。其中,半空间表面位移可由式(1-124)~式(1-126)计算。且 $z=0$,则:

$$u = -\frac{(1+v)(1-2v)}{2\pi E}\frac{x}{R^2}P \tag{1-155}$$

$$u = -\frac{(1+v)(1-2v)}{2\pi E}\frac{y}{R^2}P \tag{1-156}$$

$$w = \frac{(1-v^2)}{\pi E}\frac{1}{R}P \tag{1-157}$$

式中，$R=\sqrt{x^2+y^2}$。

当无摩擦接触时，只有位移分量 w 与相互作用有关［即式(1-157)］。另一方面，因为物体在弹性域内运动，所以将式(1-157)的结果叠加可以得到由几个荷载产生的位移：

$$w=\frac{1}{\pi E^*}\iint p(x',y')\frac{\mathrm{d}x\mathrm{d}y}{R} \tag{1-158}$$

式中，$R=\sqrt{(x-x')^2+(y-y')^2}$，$E^*=E/(1-\upsilon^2)$，$x'$和 y'代表荷载的位置，r 为接触区域内的半径。

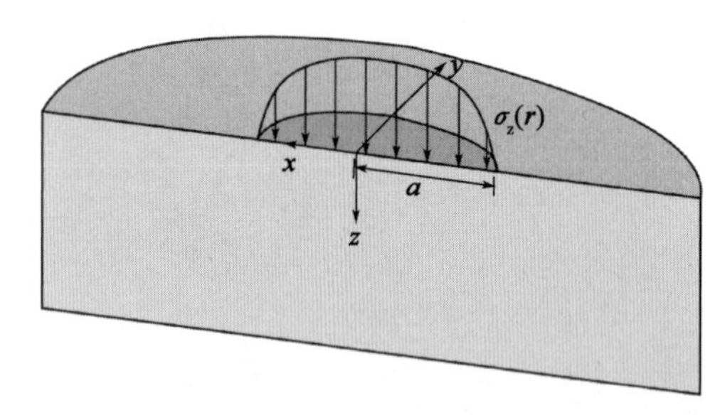

图 1-28　椭圆形荷载分布的半空间示意图

为了解决接触问题，赫兹假设应力在半径为 a 的圆形接触区域内呈椭圆形分布，如图 1-28 所示。从［196］可知，由此产生的荷载由式(1-158)给出：

$$\sigma_z(r)=p_0\left(1-\frac{r^2}{a^2}\right)^{\frac{1}{2}} \tag{1-159}$$

式中，p_0 为位于加载区域中点的最大应力。

由式(1-159)给出的位移积分得到的垂直位移为：

$$w=\frac{\pi p_0}{4E^*a}(2a^2-r^2)\quad(当\ r\leqslant a\ 时) \tag{1-160}$$

接触区域上由 $\sigma_z(r)$ 积分产生的合力 F 变为：

$$F=\int_0^a\sigma_z(r)2\pi r\mathrm{d}r=\frac{2}{3}p_0\pi a^2 \tag{1-161}$$

为了使半空间表面变形半径为 R 的刚性球体具有位移兼容性，代表接触区域平面的垂直位移 w 必须如图 1-29 所示：

$$w=d-h \tag{1-162}$$

式中，d 为 $r=0$ 时的穿透深度，h 为 $0\leqslant r\leqslant a$ 时球形帽的高度。

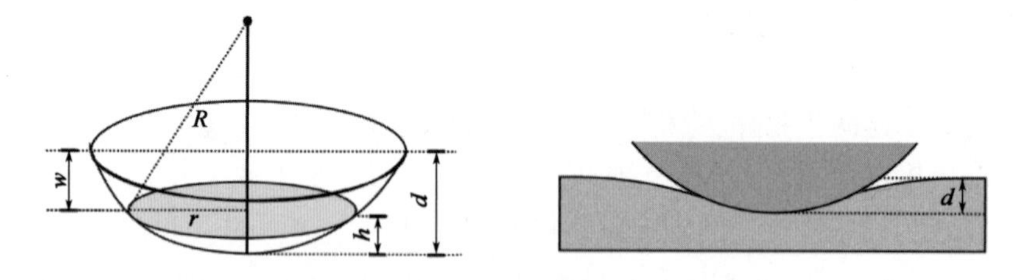

图 1-29　半空间和球体之间位移的相容性

从图 1-29 可以看出，高度 h 与 R 和 r 有关，如式(1-163)所示：

$$R-h=\sqrt{R^2-r^2}\rightarrow h=\frac{r^2+h^2}{2R} \tag{1-163}$$

对于球体进入半空间的小侵入，可以合理地假设 $h^2/R \to 0$，则：

$$w = d - \frac{r^2}{2R} \tag{1-164}$$

并且，从式（1-160）和式（1-164）中，即刚性球体和弹性半空间之间的位移兼容性可得：

$$\frac{\pi p_0}{4E^* a}(2a^2 - r^2) = d - \frac{r^2}{2R} \tag{1-165}$$

考虑到 $r=0$，位移 $w=d$，那么由式（1-165）得出：

$$d = \frac{\pi a p_0}{2E^*} \tag{1-166}$$

当式（1-166）代入式（1-165）时，$r=a$ 的加载区域半径必须满足式（1-167）：

$$a = \frac{\pi p_0 R}{2E^*} \tag{1-167}$$

从式（1-166）获得的接触半径 a 的另一个表达式是 $a = 2E^* d/(\pi p_0)$。因此，由式（1-167）得出：

$$a^2 = Rd \tag{1-168}$$

接触区域中点处的最大压力 p_0 通过将 $a = \sqrt{Rd}$ 代入式（1-166）获得，从而得到：

$$p_0 = \frac{2}{\pi} E^* \left(\frac{d}{R}\right)^{\frac{1}{2}} \tag{1-169}$$

由式（1-161）、式（1-168）和式（1-169）可知，作用于加载区域的力为：

$$F = \frac{4}{3} E^* R^{\frac{1}{2}} d^{\frac{3}{2}} \tag{1-170}$$

最后，式（1-169）和式（1-170）导出了赫兹接触理论的一般表达式，该表达式涉及在半空间上施加力 F 的球体的最大应力 p_0 和加载区域的半径 a：

$$p_0 = \left(\frac{6FE^{*2}}{\pi^3 R^2}\right)^{\frac{1}{3}} \tag{1-171}$$

$$a = \left(\frac{3FR}{4E^*}\right)^{\frac{1}{3}} \tag{1-172}$$

赫兹接触问题的一般表达式适用于几种特殊情况，例如球体与圆柱体之间的接触以及圆锥体与平面之间的接触。一般来说，式（1-171）和式（1-172）在特定情况下仍然有效，但这些方程中涉及的半径和弹性常数必须根据物体的几何形状和弹性特征进行修正。

1.7.1　两个球体之间的接触

当两个不同半径的球体 R_1 和 R_2 接触时，有必要引入等效半径 R 的概念：

$$\frac{1}{R}=\frac{1}{R_1}+\frac{1}{R_2} \tag{1-173}$$

同样,为了考虑每个球体的弹性常数,有必要引入等效杨氏模量 E^*,由式(1-174)给出:

$$\frac{1}{E^*}=\frac{1-v_1^2}{E_1}+\frac{1-v_2^2}{E_2} \tag{1-174}$$

式中,E_1、E_2、ν_1 和 ν_2 为每个物体的弹性常数。

1.7.2 椭球体和平面之间的接触

如图 1-30 所示,具有两个曲率半径 R_1 和 R_2 的椭球体与平坦表面之间的接触得到椭圆接触区域,其半轴 a 和 b 由式(1-175)和式(1-176)给出:

$$a=\sqrt{R_1 d} \tag{1-175}$$

$$b=\sqrt{R_2 d} \tag{1-176}$$

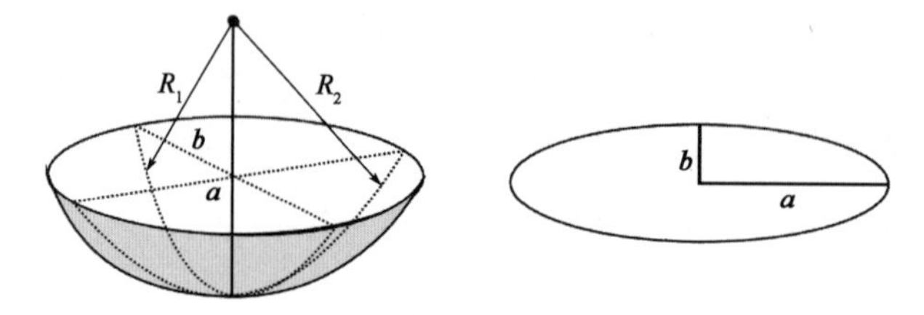

图 1-30 具有两个曲率半径的物体

接触面积变成:

$$A=\pi ab=\pi\tilde{R}d \tag{1-177}$$

式中,$\tilde{R}=\sqrt{R_1R_2}$ 为高斯曲率半径。

压力分布由式(1-178)给出:

$$\sigma_z(x,y)=p_0\sqrt{1-\frac{x^2}{a^2}-\frac{y^2}{b^2}} \tag{1-178}$$

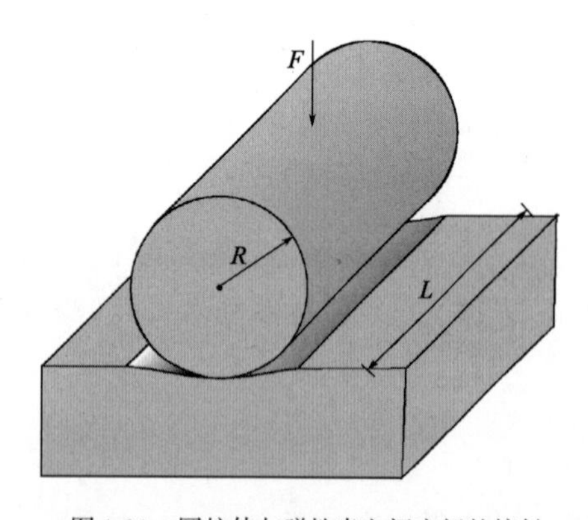

图 1-31 圆柱体与弹性半空间之间的接触

1.7.3 圆柱体和弹性半空间之间的接触

如图 1-31 所示,圆柱体与弹性半空间接触时,圆柱体进入半空间的深度与荷载之间的关系近似呈线性函数:

$$F=\frac{\pi}{4}E^* Ld \tag{1-179}$$

式中,L 为圆柱体的长度。

如同球体一样,接触宽度的一半定义为 $a=\sqrt{Rd}$。根据式(1-179),接触宽度的一半变为:

$$a=\left(\frac{4RF}{\pi LE^{*}}\right)^{\frac{1}{2}} \tag{1-180}$$

最大压力的表达式与球体之间接触的情况类似：

$$p_0=\frac{E^{*}}{2}\frac{d}{a}=\frac{E^{*}}{2}\left(\frac{d}{R}\right)^{\frac{1}{2}}=\left(\frac{E^{*}F}{\pi LR}\right)^{\frac{1}{2}} \tag{1-181}$$

从赫兹方程得到的侵入深度 d 适用于平面应变中的二维问题，这忽略了圆柱体边缘的影响。另一方面，Lundberg 解使我们可以考虑圆柱体边缘的三维效应来获得侵入深度[271]。Lundberg解的侵入深度 d 为：

$$d=\frac{2F}{\pi LE^{*}}\left[1.8864+\ln\left(\frac{L}{2a}\right)\right] \tag{1-182}$$

1.7.4　赫兹接触中的内应力

赫兹接触产生的物体内应力可以用 Boussinesq 解计算。根据 Boussinesq，作用在点 $(x',y',0)$，$P(x',y')=\sigma_z(x',y')\Delta x\Delta y$ 的单个垂直荷载在点 (x,y,z) 处产生的应力由式(1-118)～式(1-123)给出。因此，由施加在半空间表面的任意分布荷载产生的应力可以通过在荷载区域上对式(1-118)～式(1-123)积分来计算。例如，垂直应力由式(1-120)的积分得出，如式(1-183)所示：

$$\sigma_z(x,y,z)=\frac{3z^2}{2\pi}\iint_A\frac{\sigma_z(x',y')}{\left[(x-x')^2+(y-y')^2+(z-z')^2\right]^{\frac{5}{2}}}\mathrm{d}x\mathrm{d}y \tag{1-183}$$

1.7.5　非赫兹接触

上一节主要讨论曲面之间的接触问题，即曲面之间的间隙可以用二次方程来描述。其他问题，如锥体或冲头圆筒与平面的接触是非赫兹问题，需要用不同的数学方法处理。

1)刚性锥体和弹性半空间之间的接触

岩土工程中的一些接触问题类似于圆锥与半空间的接触问题。从微观力学角度看，这种接触类似于颗粒间的接触。另一方面，贯入试验可用于评价压实材料的性能。但需要注意的是，下面的分析只适用于弹性区域。

对于开口角度为$(\pi-2\theta)$的圆锥体，如图1-32所示，穿透深度和接触面上的合力由式(1-184)和式(1-185)[333]给出：

$$d=\frac{\pi}{2}a\tan\theta \tag{1-184}$$

$$F=\frac{2}{\pi}E^{*}\frac{d^2}{\tan\theta} \tag{1-185}$$

加载表面上的应力分布由式(1-186)给出，并且在圆锥顶点处具有奇点：

$$\sigma_z=\frac{E^{*}d}{\pi a}\ln\left[\frac{a}{r}+\sqrt{\left(\frac{a}{r}\right)^2-1}\right] \tag{1-186}$$

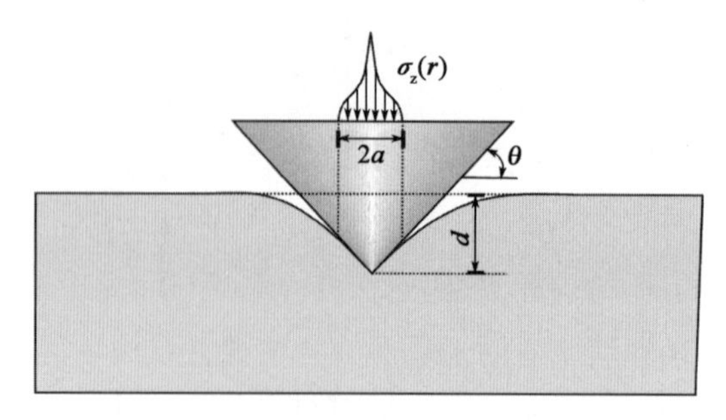

图 1-32 圆锥在半空间上产生的位移

2)刚性圆柱与弹性半空间之间的接触

在刚性圆柱体和弹性半空间接触的情况下(图 1-33),垂直应力在 $r=a$ 处具有奇点,因为圆柱体具有锐边,$\sigma_z(a)\rightarrow\infty$。这种情况意味着圆柱体周边存在局部塑性。然而,由于塑性区是局部的,尽管这取决于材料的屈服应力,但大部分加载区域仍在弹性区内。

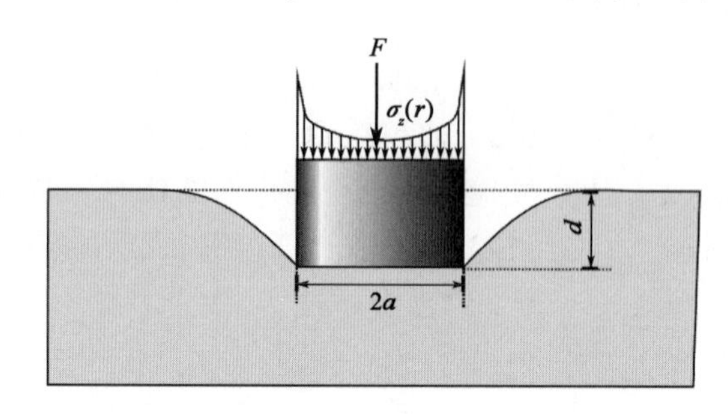

图 1-33 由加载半空间的圆柱体底部产生的位移

圆柱形冲头在半空间上施加的平均接触压力为:

$$p_m=\frac{F}{\pi a^2} \tag{1-187}$$

平均接触压力和穿透深度 d 之间的关系由式(1-188)[342]给出:

$$F=2aE^*d \tag{1-188}$$

因此,可以预测荷载和穿透深度之间的关系是线性的,因为在穿透过程中圆柱体和半空间之间的接触面积是恒定的。

冲头下面的压力分布为:

$$\sigma_z(r)=\frac{p_{\mathrm{m}}}{2\sqrt{1-r^2/a^2}} \tag{1-189}$$

且冲头周围的变形边界的形状是:

$$w(r,0)=\frac{2d}{\pi}\arcsin\left(\frac{a}{r}\right) \tag{1-190}$$

1.8 弹性动力学解决方案

道路工程中的大多数过程都涉及动态荷载。图 1-34 说明了从施工到道路使用寿命的三个阶段,包括弹性动力学问题:

(1)在施工期间,使用振动设备施加振动荷载使材料致密;
(2)动荷载也有助于通过测量材料的动刚度和/或波传播特性来评价材料的质量;
(3)在道路的运行阶段,车辆和道路结构之间的相互作用产生动态荷载。

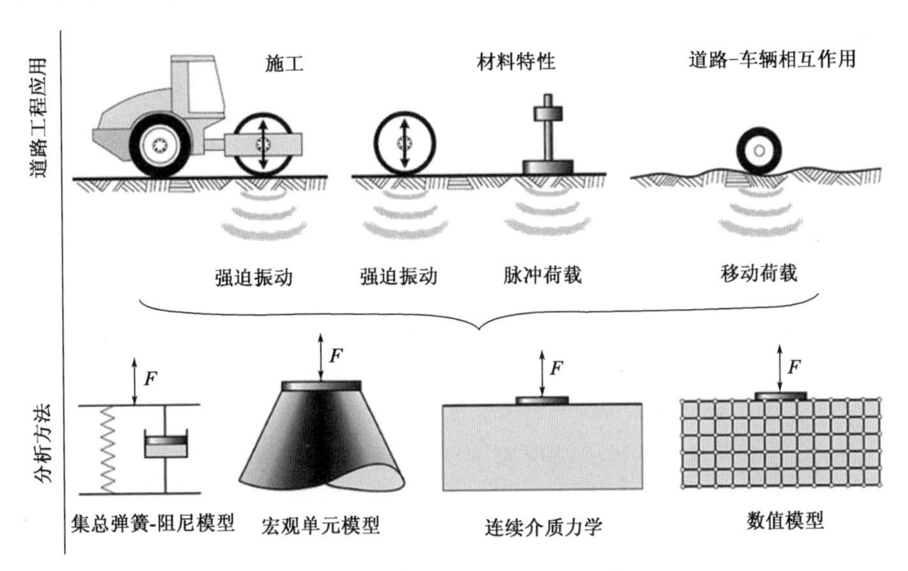

图1-34　道路工程中的动态问题和分析方法

弹性动力学问题的求解比弹性静力学问题的求解复杂得多,因为它涉及时间。尽管使用连续介质力学可以解决一些问题,但是动态问题经常通过使用诸如弹簧-阻尼模型(也称为集总单元模型)和宏观单元模型的简化方法来分析。此外,基于有限元或有限差分方法的数值模型可以解决道路生命周期各个阶段复杂的动态荷载问题。

本节简要介绍了一些在道路工程中常见的动态过程,更多细节可以在关于土体动力学的书中找到。

1.8.1　几种弹簧—阻尼模型

图1-35a)给出了一个质量为 m 的弹簧-阻尼系统,一个刚度为 k 的弹簧和一个黏性常数为 c 的黏性阻尼器。当质量为 m 的物体移动时,在系统内出现三个力。图1-35b)显示了动态重物运动示意图。根据牛顿第二定律,它具有惯性力 $m\ddot{u}$;它在弹簧中具有弹性荷载 ku;它在阻尼器中有一个黏性荷载,与速度成正比,由 $c\dot{u}$ 给出。该系统的运动方程可以从其平衡中得到,为:

$$m\ddot{u}+m\dot{u}+ku=0 \tag{1-191}$$

式中,u 为位移,为简单起见,$\dot{u}=\frac{\mathrm{d}u}{\mathrm{d}t}$,$\ddot{u}=\frac{\mathrm{d}^2u}{\mathrm{d}t^2}$。

式(1-191)通过除以 m 和引入如下参数进行简化:

$$\omega_\mathrm{n}^2=\frac{k}{m},\omega_\mathrm{n}=\sqrt{\frac{k}{m}},c=2\xi\omega_\mathrm{n}m,\xi=\frac{c}{2\omega_\mathrm{n}m}=\frac{c}{2\sqrt{km}}。$$

式中,ω_n 为无阻尼角固有频率,ξ 为黏性阻尼系数。

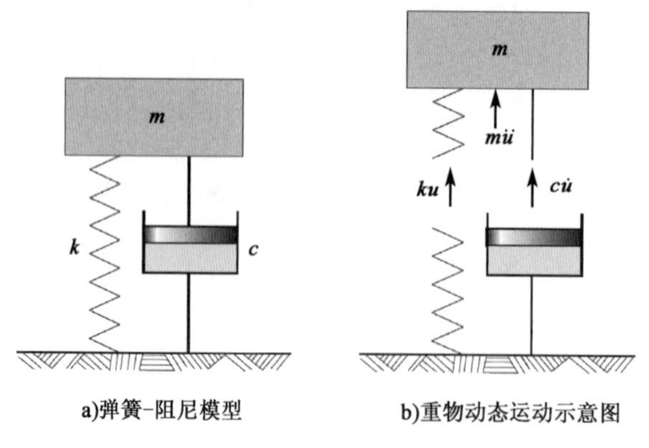

图 1-35

使用上述参数，式(1-191)变为：

$$\ddot{u}+2\xi\omega_{\mathrm{n}}\dot{u}+\omega_{\mathrm{n}}^{2}u=0 \tag{1-192}$$

式(1-192)是一个常系数线性微分方程。二阶微分方程的解有以下形式：

$$u(t)=A\mathrm{e}^{\lambda t} \tag{1-193}$$

通过将式(1-193)代入式(1-192)，可以得到 A 和 λ 的值：

$$\lambda^{2}+2\xi\omega_{\mathrm{n}}\lambda+\omega_{\mathrm{n}}^{2}=0 \tag{1-194}$$

式(1-194)的根是：

$$\lambda_{1,2}=-\xi\omega_{\mathrm{n}}\pm\omega_{\mathrm{n}}\sqrt{\xi^{2}-1} \tag{1-195}$$

根据阻尼系数 ξ 的不同，可能出现以下情况：

(1)当 $\xi<1$ 时，系统阻尼较小，也称为欠阻尼情况。在这种情况下，式(1-195)的根是复数，随着时间的推移振幅会减小。

(2)当 $\xi=1$ 或 $\xi>1$ 时，称为临界阻尼和过阻尼，不会发生振荡，振幅单调衰减。这些情况对于设计诸如汽车悬架之类的阻尼装置是有用的，但在道路工程动力学问题中较为少见。

由于土木工程中最常见的多为欠阻尼系统，故后面章节将对欠阻尼情况展开介绍。

对于欠阻尼系统，式(1-195)可写为：

$$\lambda_{1,2}=-\xi\omega_{\mathrm{n}}\pm i\omega_{\mathrm{d}} \tag{1-196}$$

式中，ω_{d} 为固有阻尼角频率，定义为 $\omega_{\mathrm{d}}=\omega\sqrt{1-\xi^{2}}$，对应于 $T_{\mathrm{d}}=\dfrac{2\pi}{\omega_{\mathrm{d}}}$的阻尼周期。

$u=A\mathrm{e}^{\lambda t}$的两个特定解乘以任意常数的和或差也是式(1-193)的解。通过使用欧拉公式 $\mathrm{e}^{i\omega t}=\cos(\omega t)+i\sin(\omega t)$，式(1-192)两个解是：

$$u_{1}(t)=\frac{A_{1}}{2i}(\mathrm{e}^{\lambda_{1}t}+\mathrm{e}^{\lambda_{2}t})=A_{1}\mathrm{e}^{-\xi\omega_{n}t}\sin(\omega_{\mathrm{d}}t) \tag{1-197}$$

$$u_{2}(t)=\frac{A_{2}}{2i}(\mathrm{e}^{\lambda_{1}t}+\mathrm{e}^{\lambda_{2}t})=A_{2}\mathrm{e}^{-\xi\omega_{n}t}\cos(\omega_{\mathrm{d}}t) \tag{1-198}$$

u_1 和 u_2 的和($u=u_1+u_2$)也是一个解,所以有:

$$u(t)=e^{-\xi\omega_n t}[A_2\cos(\omega_d t)+A_1\sin(\omega_d t)] \tag{1-199}$$

常数 A_1 和 A_2 的值取决于位移的初始条件,$u(t=0)=u_0$,速度$\dot{u}(t=0)=v_0$,则得到:

$$u(t)=e^{-\xi\omega_n t}\left(u_0\cos\omega_d t+\frac{v_0+\xi\omega_n u_0}{\omega_d}\sin\omega_d t\right) \tag{1-200}$$

式(1-200)可以分阶段形式写成:

$$u(t)=Ue^{-\xi\omega_n t}\cos(\omega_d t-\delta) \tag{1-201}$$

$$U=\sqrt{u_0^2+\left(\frac{v_0+\xi\omega_n u_0}{\omega_d}\right)^2} \tag{1-202}$$

$$\tan\delta=\frac{v_0+\xi\omega_n u_0}{\omega_d u_0} \tag{1-203}$$

式中,δ 为相位角。

弹簧-阻尼模型可用于分析受迫振动,例如由振动压路机产生的振动,如图 1-36a)所示。带黏性阻尼受迫振动的自由体如图 1-36b)所示,可用式(1-204)表示:

$$m\ddot{u}+c\dot{u}+ku=F\sin\Omega t \tag{1-204}$$

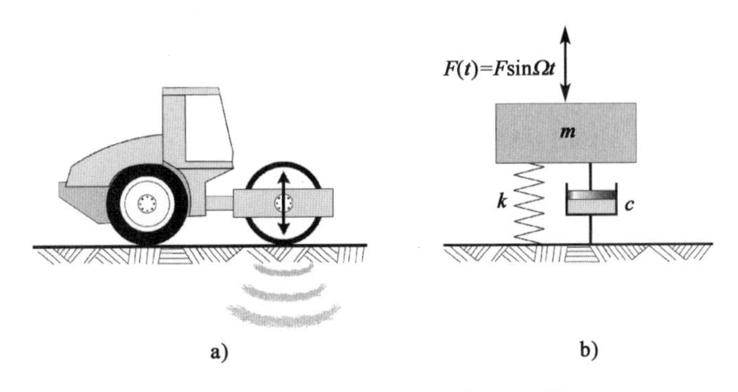

图 1-36　用于振动压路机的弹簧—阻尼模型

式(1-204)的解是阻尼自由振动解和系统稳态响应解的相加结果:

$$u(t)=\underbrace{e^{-\xi\omega_n t}(A_3\cos\omega_d t+A_4\sin\omega_d t)}_{\text{阻尼自由振动}}+\underbrace{\frac{F}{K}\frac{\left(1-\frac{\Omega^2}{\omega_n^2}\right)\sin\Omega t-2\xi\frac{\Omega}{\omega_n}\cos\Omega t}{\left(1-\frac{\Omega^2}{\omega_n^2}\right)^2+4\xi^2\frac{\Omega^2}{\omega_n^2}}}_{\text{系统稳定响应}} \tag{1-205}$$

对于初始条件 $u(t=0)=0$ 和$\dot{u}(t=0)=0$,常数 A_3 和 A_4 变为:

$$A_3=\frac{F}{k}\frac{2\xi\frac{\Omega}{\omega_n}}{\left(1-\frac{\Omega^2}{\omega_n^2}\right)^2+4\xi^2\frac{\Omega^2}{\omega_n^2}},A_4=\frac{F}{k}\frac{2\xi^2\frac{\Omega}{\omega_d}-\left(1-\frac{\Omega^2}{\omega_n^2}\right)\frac{\Omega}{\omega_d}}{\left(1-\frac{\Omega^2}{\omega_n^2}\right)^2+4\xi^2\frac{\Omega^2}{\omega_n^2}} \tag{1-206}$$

式(1-205)的自由振动分量在第一组振荡周期中占主导,但是该分量随着每次振荡持续时间的增加而减小,稳态响应开始占主导地位。稳态响应是:

$$u(t)=\frac{F}{k}\frac{(1-\frac{\Omega^2}{\omega_n^2})\sin\Omega t-2\xi\frac{\Omega}{\omega_n}\cos\Omega t}{(1-\frac{\Omega^2}{\omega_n^2})^2+4\xi^2\frac{\Omega^2}{\omega_n^2}} \tag{1-207}$$

这个响应是分阶段的:

$$u(t)=\frac{F}{k}\frac{1}{\sqrt{(1-\frac{\Omega^2}{\omega_n^2})^2+4\xi^2\frac{\Omega^2}{\omega_n^2}}}\sin(\Omega t-\delta) \tag{1-208}$$

$$\tan\delta=2\xi\frac{\frac{\Omega}{\omega_n}}{1-\frac{\Omega^2}{\omega_n^2}} \tag{1-209}$$

弹簧-阻尼模型可以用于分析道路-车辆相互作用,使用最广泛的模型被称为四分之一汽车模型。它将轮胎和悬挂系统描述为质量阻尼器和弹簧的集合,如图1-37所示。四分之一汽车模型的响应可以由以下具有两个自由度的二阶线性微分方程描述,其中表面纵断面表现为激发函数[415]:

$$M\ddot{u}+C\dot{u}+Ku=f(t) \tag{1-210}$$

式中,$u=[u_1,u_2]^T$为表示车轴和车身位移的矢量,而系统的质量、阻尼和刚度矩阵为

$$M=\begin{bmatrix}m_1 & 0\\0 & m_2\end{bmatrix},C=\begin{bmatrix}c_1+c_2 & -c_2\\-c_2 & c_2\end{bmatrix},K=\begin{bmatrix}k_1+k_2 & -k_2\\-k_2 & k_2\end{bmatrix} \tag{1-211}$$

式中,k_1为轮胎弹簧常数,k_2为悬架弹簧常数,m_1为车轴的质量,m_2为车身质量,c_1为轮胎的阻尼,c_2为悬架减震器的常数。

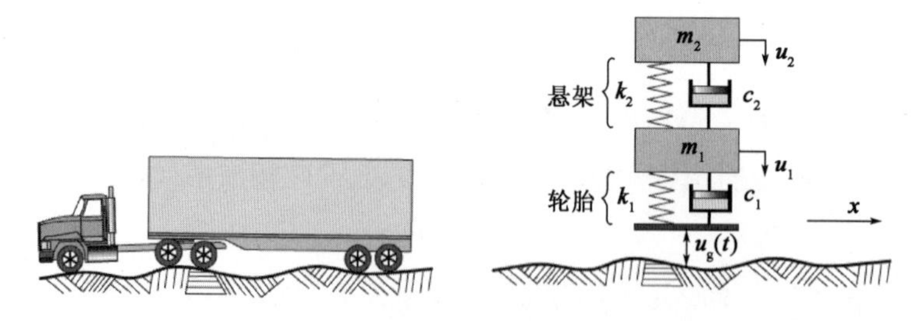

图1-37 用于分析车辆—道路相互作用的四分之一汽车模型

当车辆以恒定水平速度v_0通过道路纵断面$s(x)$时,以时间表示的道路纵断面为$u_g(t)=s(v_0t)$。则表示为时间信号的道路纵断面向量$f(t)$变为:

$$f(t)=\begin{bmatrix}k_1u_g(t)+c_1\dot{u}_g(t)+m_1g\\m_2g\end{bmatrix} \tag{1-212}$$

式(1-210)可以求得解析解,但这个方程经常用文献[190,415]中的数值模型求解。

1.8.2 宏观圆锥单元模型

尽管弹簧-阻尼模型是分析振动问题的有力工具,但正确使用该模型需要评价弹簧和阻尼参数,这些参数取决于材料的力学性能。评价半空间内动态荷载产生的应力和应变,需要用式(1-50)~式(1-52)来求解波传播问题。Wolf[437]提出了一种计算弹簧和阻尼参数的简化方法,该方法假定由动态荷载产生的应力以截头圆锥的形式传播,如图1-38a)所示。r_0 为面积 A_0 的圆形荷载区域的半径,z_0 为圆锥顶点的高度。

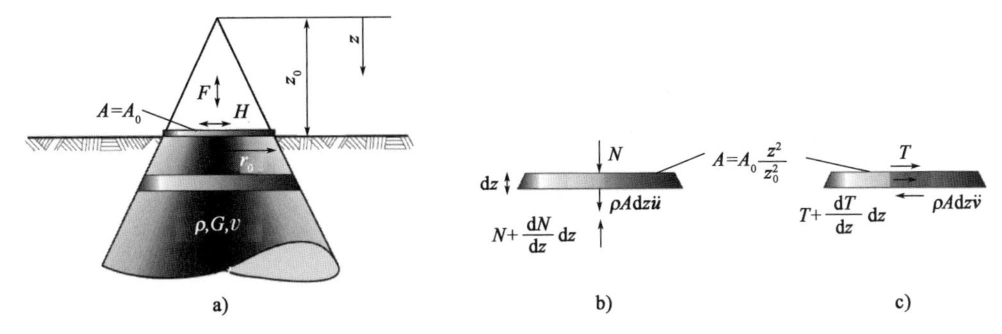

图1-38　确定垂直和水平参数的锥形模型[6,437]

图1-38b)为锥形荷载垂直切片单元,平衡方程为:

$$-N+N+\frac{\partial N}{\partial z}\mathrm{d}z-\rho A\mathrm{d}z\ddot{u}=0 \tag{1-213}$$

对于线弹性各向同性材料,垂直荷载 $N=EA\dfrac{\partial u}{\partial z}$。其中,$E$ 为杨氏模量,A 为深度 z 处切片的面积,$A=A_0\dfrac{z^2}{z_0^2}$。则式(1-213)变为

$$\frac{\partial}{\partial z}\left(EA\frac{\partial u}{\partial z}\right)-\rho A\ddot{u}=0 \tag{1-214}$$

求得:

$$\frac{\partial^2(zu)}{\partial z^2}-\frac{1}{c_{\mathrm{p}}^2}\frac{\partial^2(zu)}{\partial t^2}=0 \tag{1-215}$$

式中,c_{p} 为由 $c_{\mathrm{p}}=\sqrt{E/\rho}$ 给出的压缩波波速。

当在表面发生垂直位移 $u(z=z_0)=u_0$ 时,深度 z 和时间 t 处的垂直位移与关系 z_0/z 成比例减小,并且具有由纵波传播产生的时间差 $(z-z_0)/c_{\mathrm{p}}$。那么垂直位移 $u(z,t)$ 变为:

$$u(z,t)=\frac{z_0}{z}u_0\left(t-\frac{z-z_0}{c_{\mathrm{p}}}\right) \tag{1-216}$$

式中,$u_0\left(t-\dfrac{z-z_0}{c_{\mathrm{p}}}\right)$ 表示垂直位移 u_0 与时间 $\left(t-\dfrac{z-z_0}{c_{\mathrm{p}}}\right)$ 的函数关系。

很容易验证式(1-216)满足微分方程式(1-215)[437]。

另一方面,作用于表面的荷载 F 为:

$$F=-A_0E\left.\frac{\partial u(z,t)}{\partial z}\right|_{z=z_0} \tag{1-217}$$

推导式(1-216)得到:

$$\frac{\partial u(z,t)}{\partial z} = -\frac{z_0}{z^2}u_0\left(t-\frac{z-z_0}{c_p}\right)+\frac{z_0}{z}\frac{\partial u(z,t)}{\partial\left(t-\frac{z-z_0}{c_p}\right)}\frac{\partial\left(t-\frac{z-z_0}{c_p}\right)}{\partial z} \tag{1-218}$$

$$\frac{\partial u(z,t)}{\partial z} = -\frac{z_0}{z^2}u_0\left(t-\frac{z-z_0}{c_p}\right)-\frac{z_0}{c_p z}\frac{\partial u(z,t)}{\partial\left(t-\frac{z-z_0}{c_p}\right)} \tag{1-219}$$

当 $z=z_0$ 时,式(1-219)为:

$$\left.\frac{\partial u(z,t)}{\partial z}\right|_{z=z_0} = -\frac{1}{z_0}u_0-\frac{1}{c_p}\dot{u}_0 \tag{1-220}$$

然后把这个导数代入式(1-217)得到:

$$F=\frac{EA_0}{z_0}u_0+\rho c_p A_0\,\dot{u}_0 \tag{1-221}$$

式(1-221)看起来像弹簧-阻尼模型的式(1-191)。在此基础上,我们可以得出结论:均匀各向同性线弹性材料的弹簧-阻尼模型的常数为:

$$k=\frac{\rho c_p^2 A_0}{z_0},c=\rho c_p A_0 \tag{1-222}$$

对于几乎不排水的土体,即泊松比 $\nu\to0.5$ 时,质量为 ΔM 的土体随着荷载移动。因此,垂直位移的动力学方程变为:

$$F=ku_0+c\dot{u}_0+\Delta M\ddot{u}_0 \tag{1-223}$$

对于水平运动也有类似的推导。图 1-38c)表示圆锥切片水平载荷情况下的动态描述,水平运动的平衡方程为:

$$-T+T+\frac{\partial T}{\partial z}\mathrm{d}z-\rho A\mathrm{d}z\ddot{v}=0 \tag{1-224}$$

水平荷载 $T=GA\dfrac{\partial v}{\partial z}$,其中 G 为剪切模量。将上述对垂直运动的分析应用于水平运动,得到水平运动的弹簧-阻尼系统的常数:

$$k=\frac{\rho c_s^2 A_0}{z_0},c=\rho c_s A_0 \tag{1-225}$$

式中,c_s为由 $c_s=\sqrt{G/\rho}$给出的剪切波波速。

因此,施加于表面的水平荷载 H 为:

$$H=kv_0+c\dot{v}_0 \tag{1-226}$$

垂直和水平运动的弹簧-阻尼常数需要确定圆锥 z_0 顶点的高度,如式(1-222)和式(1-225)。Wolf 在文献[437]中,通过将式(1-222)和式(1-225)分别等同于文献[324,168]中给出的关于圆形和矩形基础静态刚度的解,发现了垂直和水平运动的 z_0 大小。这个过程得出了表 1-11和表 1-12 中给出的常数。

根据文献[437]的圆形负载区域的弹簧-阻尼参数　　表1-11

活动	泊松比	弹簧 k	阻尼 c	截留质量
水平的	所有 υ	$\frac{8Gr_0}{2-\upsilon}$	$\pi\rho c_s r_0^2$	0
	$\upsilon\leqslant\frac{1}{3}$		$\pi\rho c_s r_0^2$	0
垂直的	$\frac{1}{3}<\upsilon\leqslant\frac{1}{2}$	$\frac{4Gr_0}{1-\upsilon}$	$2\pi\rho c_s r_0^2$	$\Delta_m=\mu_m\rho r_0^3$
				$\mu_m=2.4\pi\left(\upsilon-\frac{1}{3}\right)$

根据 $A_0=a_0\cdot b_0$ 矩形荷载区域的弹簧-阻尼参数[437]　　表1-12

活动	泊松比	弹簧 k	阻尼 c	截留质量
水平的	所有 υ	$Gb_0\frac{1}{2-\upsilon}\left[6.8\left(\frac{a_0}{b_0}\right)^{0.65}+0.8\frac{a_0}{b_0}+1.6\right]$	$4\sqrt{\rho}Ga_0b_0$	0
	$\upsilon\leqslant\frac{1}{3}$		$4\sqrt{2\rho G\frac{1-\upsilon}{1-2\upsilon}}a_0b_0$	0
垂直的	$\frac{1}{3}<\upsilon\leqslant\frac{1}{2}$	$Gb_0\frac{1}{1-\upsilon}\left[3.1\left(\frac{a_0}{b_0}\right)^{0.75}+1.6\right]$	$8\sqrt{\rho}Ga_0b_0$	$\Delta_m=\frac{8}{\pi^{0.5}}\mu_m\rho(a_0b_0)^{\frac{3}{2}}$
				$\mu_m=2.4\pi\left(\upsilon-\frac{1}{3}\right)$

表1-11和表1-12也给出了沃尔夫垂直运动时所获得的截留质量的取值。当振动频率增加时,通过将锥形解与精确解匹配得到这些值。

1.8.3　表面波的传播

开展波传播特性的分析对于评价道路结构各种材料的力学性能非常有用。对典型各向同性的弹性材料来讲,通过测量压缩波和剪切波波速可以很方便地来评价杨氏模量 E 和剪切模量 G:

$$c_p=\sqrt{\frac{E}{\rho}},c_s=\sqrt{\frac{G}{\rho}} \tag{1-227}$$

式中,c_p 和 c_s 分别为压缩和剪切波速,ρ 为材料密度。

用第1.8.2节中介绍的弹簧-阻尼模型不能直接计算介质中波的传播,因为它用弹簧和阻尼器代替了连续介质。类似地,截锥模型不能预测振动的水平向传播,因为它将波限制在截锥内。

施加在半空间表面的脉冲载荷产生压缩波、剪切波和瑞利波。根据 Woods[440],67%的弹性能量以瑞利波的形式传播,而剪切波和压缩波分别占用26%和7%的能量。如图1-39所示,当波在大体积内传播时,每单位体积的能量随着撞击点距离的增加而减少。振幅在几何发散(也称为几何阻尼)中减小的速率取决于波的类型[9]:

(1)体波从震源径向向外传播,振幅沿地表与r^{-2}成正比,在介质中与r^{-1}成正比(r是与撞击点的距离)。

(2)瑞利波的振幅与$r^{-0.5}$成比例减小,这说明瑞利波的衰减比体波慢。

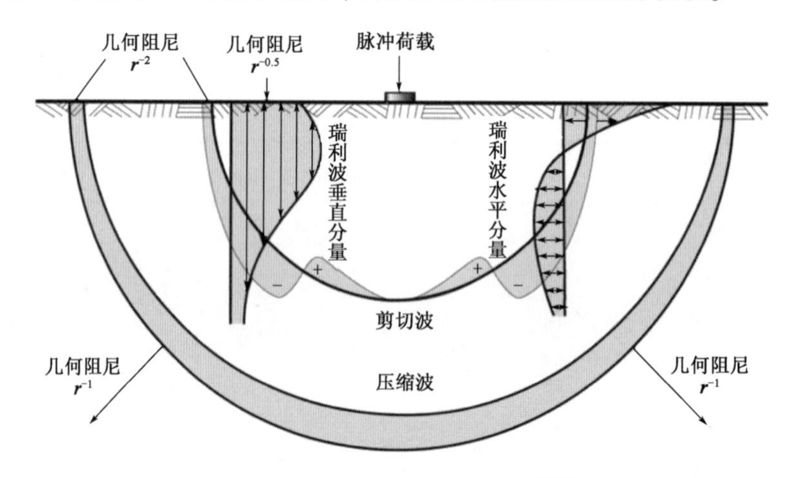

图1-39　体波与瑞利波传播的示意图[440]

瑞利波波速c_R通过泊松比与剪切波速度相关联。c_R和c_s之间的关系可以通过迭代求解方程式(1-228)来获得[416]。然而,需要注意的是,瑞利波速度接近剪切波速度,因为式(1-228)得出的c_R/c_s关系为:$0.87<c_R/c_s<0.96$。

$$\frac{c_R}{c_s}=\frac{1}{\sqrt{1+a}},a^2=\frac{1-v}{8(1+a)(1+v/a)} \tag{1-228}$$

瑞利波在弹性半空间的自由表面附近传播,传播方程的导数可以在土体动力学相关文献中找到[344,416]。该解法具有以下形式[416]:

$$u_x=kC_1\left[\mathrm{e}^{-\beta_1kz}-\frac{1}{2}(1+\beta_2^2)\mathrm{e}^{-\beta_2kz}\right]\sin[k(x-c_Rt)] \tag{1-229}$$

$$u_z=kC_2\left[\mathrm{e}^{-\beta_2kz}-\frac{1}{2}(1+\beta_2^2)\mathrm{e}^{-\beta_1kz}\right]\cos[k(x-c_Rt)] \tag{1-230}$$

其中:

$$\beta_1=\sqrt{1+\frac{c_R^2}{c_p^2}},\beta_2=\sqrt{1+\frac{c_R^2}{c_s^2}},\frac{C_2}{C_1}=-\frac{1+\beta_2^2}{2\beta_2},k=\frac{2\pi}{\lambda_R} \tag{1-231}$$

式(1-229)和式(1-230)可以计算瑞利波产生的垂直和水平位移。图1-40显示了假设 $C_1=1$ 时的计算结果,并说明了瑞利波的主要特征。

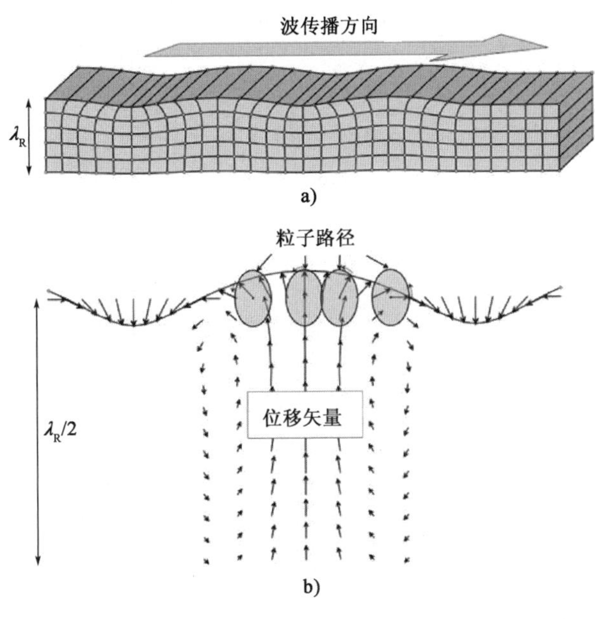

图1-40　瑞利波传播示意图

从图1-40中可以看出:

(1)由于 $e^{-\beta kz}$ 项,可推断水平和垂直位移随深度而减小。

(2)位移主要集中在材料波长为 λ_R 或更小深度的表面范围。

(3)水平和垂直位移的相位角为 $\pi/2$,表示颗粒做椭圆形运动,如图1-40b)所示。

(4)式(1-231)表明 $|C_2|>|C_1|$,这意味着垂直位移总是大于水平位移。

瑞利波的另一个特性是它的分散性。不同频率的瑞利波根据其波长分别在不同深度传播,如图1-41所示。因此,通过分析瑞利波各波长和波速特点,可以估算不同深度处介质的力学性能。瑞利波分析方法是表面波谱分析(SASW)[307][或改良的表面波多通道分析(MASW)][326]勘探技术的基础。第7章将对此内容做简单的介绍。

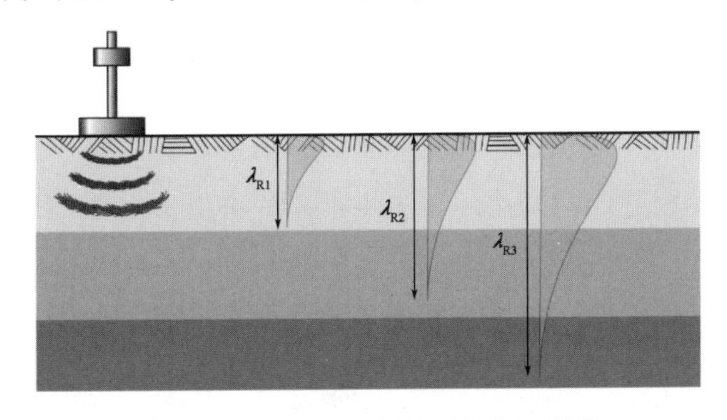

图1-41　利用瑞利波的分散特性推断地质情况

1.9 弹性层状体系的响应

Burmister 开发了一种计算圆形荷载区域下弹性层状体系中应力分布的方法[73]。如今，Burmister 解是道路工程中最常用的应力-应变计算模型。尽管将道路结构层视为各向同性线弹性材料的假设与道路结构真实特性存在差异，但由于其计算简便而被广泛使用。当然，通过使用有限差分或有限元数值模型，可以分析更真实和更复杂的道路结构中应力和应变。

图 1-42 表示道路结构层状体系，其特征在于不同层具有不同的杨氏模量 E_i 和泊松比 v_i。尽管层 n 的深度是无限的，可定义第 i 层的深度为 z_i，从 $i=1$ 至 $i=n-1$。

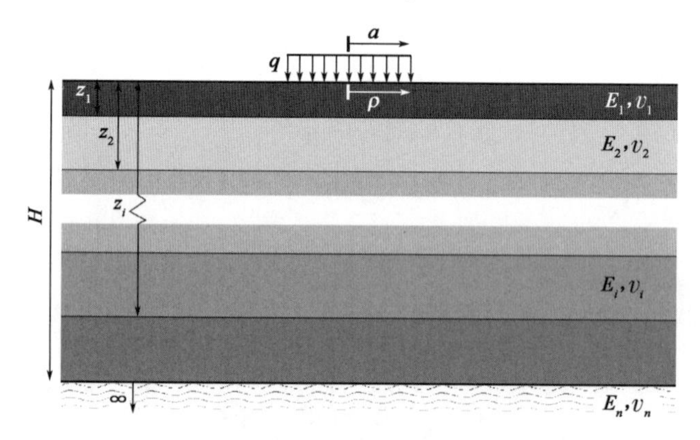

图 1-42 以层状体系为模型的道路结构示意图

图 1-42 中所示的垂直均匀分布的圆形荷载可由式(1-232)和式(1-233)表示。

当 $\rho \leqslant a$ 时：

$$\sigma_z(\rho,0)=q,\tau_{\rho z}=0 \tag{1-232}$$

当 $\rho > a$ 时：

$$\sigma_z(\rho,0)=0,\tau_{\rho z}=0 \tag{1-233}$$

式中，ρ 和 z 为圆柱坐标系中的径向和垂直距离，其对称轴与圆形荷载区域的中心相交。另外，圆形荷载区域的半径为 a，q 为均布荷载的大小。

使用弹性理论和式(1-232)、式(1-233)确定的应力与真实情况存在一定差异，因为 σ_z 在 $\rho=a$ 时不连续。结合 Hankel 变换，可以将 σ_z 利用 Bessel 函数展开。因为 Bessel 函数是连续的，可以对其进行数学求导，所以这种变换对于定义弹性理论中的边界条件非常有用。

Hankel 变换荷载在[210]中给出：

$$q(\rho,0)=q\alpha\int_0^{\infty}J_0(m\rho)J_1(m\alpha)\mathrm{d}m \tag{1-234}$$

式中，m 为积分参数，J_0 和 J_1 为第一类 Bessel 函数，分别为 0 和 1 阶；α 为加载区域的归一化半径，定义为 $\alpha=a/H$，H 为道路结构的总厚度。

虽然式(1-234)要求对 Bessel 函数进行积分，但是离散表达式 $q(\rho,0)=q\alpha\sum_{k=1}^{n_k}J_0(m\rho)J_1(m\alpha)\Delta m$ 允许使用图 1-43 中所示的方法来获得准确的负载。

第 1.3.1 节中给出的 Airy 应力函数可以计算特定荷载条件下的应力分布。如第 1.3.1 节所述，使用 Airy 应力函数解决弹性问题需要找到一个既满足 $\nabla^4\Phi=0$ 满足边界条件的函数

Φ。对于 $-mJ_0(m\rho)$ 给出的荷载，下列 Φ 函数满足式(1-104)[210]：

$$\Phi_i = \frac{H^3 J_0(m\rho_{\mathrm{H}})}{m^2}\left[A_i e^{-m(\lambda_i-\lambda)} - B_i e^{-m(\lambda-\lambda_{i-1})} + C_i m\lambda e^{-m(\lambda_i-\lambda)} - D_i m\lambda e^{-m(\lambda-\lambda_{i-1})}\right] \tag{1-235}$$

式中，ρ_{H} 为标准径向距离，定义为 $\rho_{\mathrm{H}}=\rho/H$；λ 为标准深度，定义为 $\lambda=z/H$；A_i、B_i、C_i 和 D_i 为待定常数，它们取决于第一层和最后一层的边界条件以及层间接触的相容性条件。

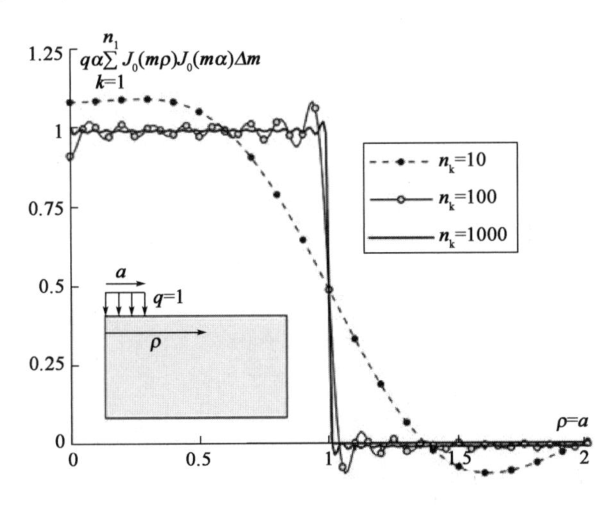

图 1-43　$q=1$、$\Delta m=5$ 时，Hankel 变换表示的圆形均布荷载

如果 Airy 的应力函数 Φ 已知，则可以使用 Love 方程[式(1-105)～式(1-110)]计算圆柱坐标系中的应力和位移。通过将式(1-235)引入 Love 方程，应力和位移变为[210]：

$$\sigma_{z_i}(m) = -mJ_0(m\rho_H)\{[A_i - C_i(1-2v_i-m\lambda)]e^{-m(\lambda_i-\lambda)} + [B_i + D_i(1-2v_i+m\lambda)]e^{-m(\lambda-\lambda_{i-1})}\} \tag{1-236}$$

$$\sigma_{\rho_i}(m) = \left[mJ_0(m\rho_{\mathrm{H}}) - \frac{J_1(m\rho_{\mathrm{H}})}{\rho_{\mathrm{H}}}\right]\{[A_i + C_i(1+m\lambda)]e^{-m(\lambda_i-\lambda)} + [B_i - D_i(1-m\lambda)]e^{-m(\lambda-\lambda_{i-1})}\} + 2v_i mJ_0(m\rho_{\mathrm{H}})[C_i e^{-m(\lambda_i-\lambda)} - D_i e^{-m(\lambda-\lambda_{i-1})}] \tag{1-237}$$

$$\sigma_{\theta_i}(m) = \frac{J_1(m\rho_{\mathrm{H}})}{\rho_{\mathrm{H}}}\{[A_i + C_i(1+m\lambda)]e^{-m(\lambda_i-\lambda)} + [B_i - D_i(1-m\lambda)]e^{-m(\lambda-\lambda_{i-1})}\} + 2v_i mJ_0(m\rho_H)[C_i e^{-m(\lambda_i-\lambda)} - D_i e^{-m(\lambda-\lambda_{i-1})}] \tag{1-238}$$

$$\tau_{\rho z_i}(m) = mJ_1(m\rho_{\mathrm{H}})\{[A_i + C_i(2v_i+m\lambda)]e^{-m(\lambda_i-\lambda)} - [B_i - D_i(2v_i-m\lambda)]e^{-m(\lambda-\lambda_{i-1})}\} \tag{1-239}$$

$$u_i(m) = \frac{1+v_i}{E_i}HJ_1(m\rho_{\mathrm{H}})\{[A_i + C_i(1+m\lambda)]e^{-m(\lambda_i-\lambda)} + [B_i - D_i(1-m\lambda)]e^{-m(\lambda-\lambda_{i-1})}\} \tag{1-240}$$

$$w_i(m) = -\frac{1+v_i}{E_i}HJ_0(m\rho_{\mathrm{H}})\{[A_i - C_i(2-4\boldsymbol{v}_i - m\lambda)]\mathrm{e}^{-m(\lambda_i-\lambda)} +$$

$$[B_i - D_i(2-4\boldsymbol{v}_i + m\lambda)]\mathrm{e}^{-m(\lambda-\lambda_{i-1})}\} \tag{1-241}$$

表面 $z=0$ 处的边界条件为：

$$\sigma_{z_1}(m) = -mJ_0(m\rho_{\mathrm{H}}),\tau_{\rho z_1}(m) = 0 \tag{1-242}$$

由式(1-236)、式(1-239)可得出：

$$\begin{bmatrix} \mathrm{e}^{-m\lambda_1} & 1 \\ \mathrm{e}^{-m\lambda_1} & -1 \end{bmatrix}\begin{bmatrix} A_1 \\ B_1 \end{bmatrix} + \begin{bmatrix} -(1-2v_1)\mathrm{e}^{-m\lambda_1} & 1-2\boldsymbol{v}_1 \\ 2v_1\mathrm{e}^{-m\lambda_1} & 2\boldsymbol{v}_1 \end{bmatrix}\begin{bmatrix} C_1 \\ D_1 \end{bmatrix} = \begin{bmatrix} 1 \\ 0 \end{bmatrix} \tag{1-243}$$

考虑到底层深度是无限的，当 $z\to\infty$ 时应力必须等于零。当 $\lambda\to\infty$ 时，式(1-235)中的 $\mathrm{e}^{-m(\lambda-\lambda_{i-1})}$ 和 $e^{-(\lambda-\lambda_{i-1})}$ 项都应该为零。因此，$A_{\mathrm{n}}=0$ 和 $C_{\mathrm{n}}=0$ 必须等于零，才能使整个应力函数 $\Phi_{\mathrm{n}}(\lambda\to\infty)=0$。

中间层的边界存在两种情况，见表 1-13：

(1)有黏合层，具有连续的垂直应力和剪切应力以及垂直和径向位移；

(2)无黏结层，剪切应力为零，只有连续的垂直应力和垂直位移。

将表 1-13 的兼容性条件代入式(1-236) ~ 式(1-241)，可得到[210]中给出的结果。

中间层之间接触的兼容性条件 表 1-13

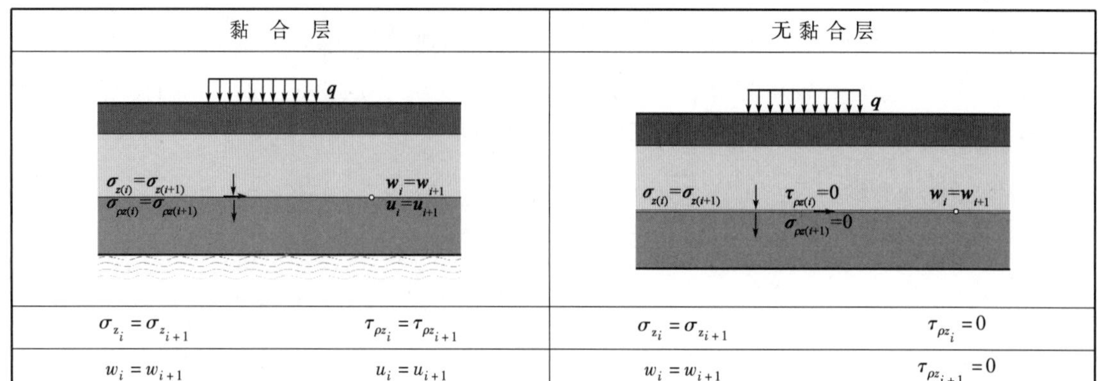

黏合层		无黏合层	
$\sigma_{z_i}=\sigma_{z_{i+1}}$	$\tau_{\rho z_i}=\tau_{\rho z_{i+1}}$	$\sigma_{z_i}=\sigma_{z_{i+1}}$	$\tau_{\rho z_i}=0$
$w_i=w_{i+1}$	$u_i=u_{i+1}$	$w_i=w_{i+1}$	$\tau_{\rho z_{i+1}}=0$

有黏合层系统为：

$$\begin{bmatrix} 1 & F_i & -(1-2\boldsymbol{v}_i-m\lambda_i) & (1-2\boldsymbol{v}_i-m\lambda_i)F_i \\ 1 & -F_i & 2\boldsymbol{v}_i+m\lambda_i & (2\boldsymbol{v}_i-m\lambda_i)F_i \\ 1 & F_i & 1+m\lambda_i & -(1-m\lambda_i)F_i \\ 1 & -F_i & -(2-4\boldsymbol{v}_i-m\lambda_i) & -(2-4\boldsymbol{v}_i-m\lambda_i)F_i \end{bmatrix}\begin{bmatrix} A_i \\ B_i \\ C_i \\ D_i \end{bmatrix}$$

$$=\begin{bmatrix} F_{i+1} & 1 & -(1-2\boldsymbol{v}_{i+1}-m\lambda_i)F_{i+1} & 1-2\boldsymbol{v}_{i+1}+m\lambda_i \\ F_{i+1} & -1 & (2\boldsymbol{v}_{i+1}+m\lambda_i)F_{i+1} & 2\boldsymbol{v}_{i+1}-m\lambda_i \\ R_iF_{i+1} & R_i & (1+m\lambda_i)R_iF_{i+1} & -(1-m\lambda_i)R_i \\ R_iF_{i+1} & -R_i & -(2-4\boldsymbol{v}_{i+1}-m\lambda_i)R_iF_{i+1} & -(2-4\boldsymbol{v}_{i+1}-m\lambda_i)R_i \end{bmatrix}\begin{bmatrix} A_{i+1} \\ B_{i+1} \\ C_{i+1} \\ D_{i+1} \end{bmatrix} \tag{1-244}$$

无黏结层体系为：

$$\begin{bmatrix}1 & F_i & -(1-2v_i-m\lambda_i) & (1-2v_i-m\lambda_i)F_i\\ 1 & -F_i & 2v_i+m\lambda_i & (2v_i-m\lambda_i)F_i\\ 1 & F_i & 1+m\lambda_i & -(1-m\lambda_i)F_i\\ 0 & 0 & 0 & 0\end{bmatrix}\begin{bmatrix}A_i\\ B_i\\ C_i\\ D_i\end{bmatrix}$$

$$=\begin{bmatrix}F_{i+1} & 1 & -(1-2v_{i+1}-m\lambda_i)F_{i+1} & 1-2v_{i+1}+m\lambda_i\\ R_iF_{i+1} & -R_i & -(2-4v_{i+1}-m\lambda_i)R_iF_{i+1} & -(2-4v_{i+1}-m\lambda_i)R_i\\ 0 & 0 & 0 & 0\\ F_{i+1} & -1 & (2v_{i+1}+m\lambda_i)F_{i+1} & 2v_{i+1}-m\lambda_i\end{bmatrix}\begin{bmatrix}A_{i+1}\\ B_{i+1}\\ C_{i+1}\\ D_{i+1}\end{bmatrix}\tag{1-245}$$

式中，$F_i=\mathrm{e}^{-m(\lambda-\lambda_{i-1})}$，$R_i=\dfrac{E_i}{E_{i+1}}\dfrac{1+v_{i+1}}{1+v_i}$。

除最后一层外，每层的应力和位移表达式均有4个未知数：A_i、B_i、C_i 和 D_i。最后一层仅有2个未知数，B_n 和 D_n。也就是说，共有($4n-2$)个未知数。式(1-243)和式(1-244)或式(1-243)和式(1-245)都导出了一个系统方程，该方程可以计算系统的未知数。

使用式(1-236)~式(1-241)计算的应力和位移是$[-mJ_0(m\rho)]$荷载的解，对整个解再次进行 Hankel 变换：

$$\sigma_{z_i}=q\alpha\sum_{k=1}^{n_k}\left[\frac{\sigma_{z_i}(m)}{m}J_1(m\alpha)\Delta m\right]\tag{1-246}$$

$$\sigma_{\rho_i}=q\alpha\sum_{k=1}^{n_k}\left[\frac{\sigma_{\rho_i}(m)}{m}J_1(m\alpha)\Delta m\right]\tag{1-247}$$

$$\sigma_{\theta_i}=q\alpha\sum_{k=1}^{n_k}\left[\frac{\sigma_{\theta_i}(m)}{m}J_1(m\alpha)\Delta m\right]\tag{1-248}$$

$$\tau_{\rho z_i}=q\alpha\sum_{k=1}^{n_k}\left[\frac{\tau_{\rho z_i}(m)}{m}J_1(m\alpha)\Delta m\right]\tag{1-249}$$

$$u_i=q\alpha\sum_{k=1}^{n_k}\left[\frac{u_i(m)}{m}J_1(m\alpha)\Delta m\right]\tag{1-250}$$

$$w_i=q\alpha\sum_{k=1}^{n_k}\left[\frac{w_i(m)}{m}J_1(m\alpha)\Delta m\right]\tag{1-251}$$

综上所述，计算层状体系的应力和位移的程序包括：

(1)选择 Δm 值并以 $m=0$ 开始计算；

(2)求解特定 m 值的方程组；

(3)计算特定 m 值的应力和位移；

(4)使用式(1-246)~式(1-251)求解；

(5)利用 $m_{k+1}=m_k+\Delta m$ 计算 m 的新值；

(6)计算 m 新值情况下的应力和位移。

1.10 轮胎-道路的相互作用

本节将介绍一些轮胎在柔性或刚性支撑结构上施加应力的分析方法。其中一些方法源自赫兹基础理论,另一些则是经验方法。

1.10.1 源自赫兹理论的方法

如第1.7.2节和1.7.3节所述的椭圆形和矩形接触的假设,可以利用赫兹理论分析土体-轮胎的相互作用。

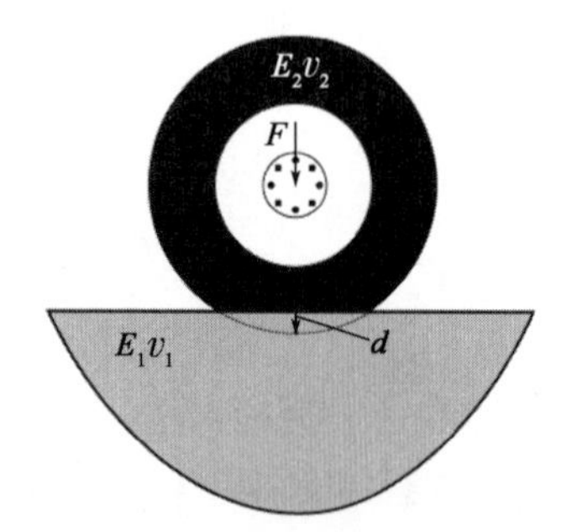

图1-44 静态荷载下轮胎挠度的量测($E_1=2.0\times10^3$MPa,$E_2=3.5$MPa,$v_1=v_2=0.3$)

值得注意的是,利用赫兹理论计算两个物体间接触应力时,这两个物体必须是均匀且各向同性的。虽然可以在不产生较大误差的情况下进行各向同性和均匀性假设,但是轮胎的结构和材料极其复杂。因此,有必要找一个合适的轮胎等效模量,以建立轮胎-道路相互作用理论分析方法[366]。

在静态条件下,轮胎等效模量可以在车轮轴上施加垂直荷载,通过测量压痕d来定义,如图1-44所示。

图1-45a)为轮胎挠度试验结果与椭圆接触区域假设和矩形接触区域假设得到的挠度d的对比图[444]。

对于椭圆形接触区域假设而言,当轮胎曲率半径分别为R_1和R_2时,式(1-172)和式(1-177)变为:

$$ab=(\frac{3F\tilde{R}}{4E^*})=\tilde{R}d \tag{1-252}$$

式中,a和b为椭圆形接触区的半轴,$\tilde{R}=\sqrt{R_1R_2}$,E^*由式(1-174)给出。

考虑到$a=\sqrt{R_1d}$和$b=\sqrt{R_2d}$,接触面积可由式(1-253)得出:

$$b=a\sqrt{\frac{R_2}{R_1}},a^2\sqrt{\frac{R_2}{R_1}}=(\frac{3F\tilde{R}}{4E^*})^{\frac{2}{3}} \tag{1-253}$$

对于圆柱体产生矩形接触的情况,轮胎L的宽度是恒定的,接触区域的半长由式(1-180)给出,可以方便地确定接触面积。

在这两种情况下,接触压力都是椭圆的,由式(1-178)用一维或二维表示。

图1-45c)和1-45d)表示为椭圆形接触条件下计算的接触面积和压力,图1-45e)和图1-45f)表示矩形接触条件下的接触面积和应力。

通过比较计算结果和试验结果可以看出,椭圆形接触方法比矩形接触方法产生的接触面积更小,且椭圆形接触方法确定的接触应力更大。虽然赫兹理论可以用于计算不同几何形状和刚度的轮胎与路表接触时的变形、接触面积和接触应力,但是由于轮胎的各向同性和均匀性假设,我们只能得到近似的结果。

由于赫兹理论在得到准确的接触面积和应力值方面存在局限性,而基于有限元方法的数值模型快速发展,这些模型可以较真实地模拟轮胎复杂结构,但目前多处于探索阶段。也有一些学者提出了一些经验性的方法,也具有重要的参考价值,将在下面章节中介绍。

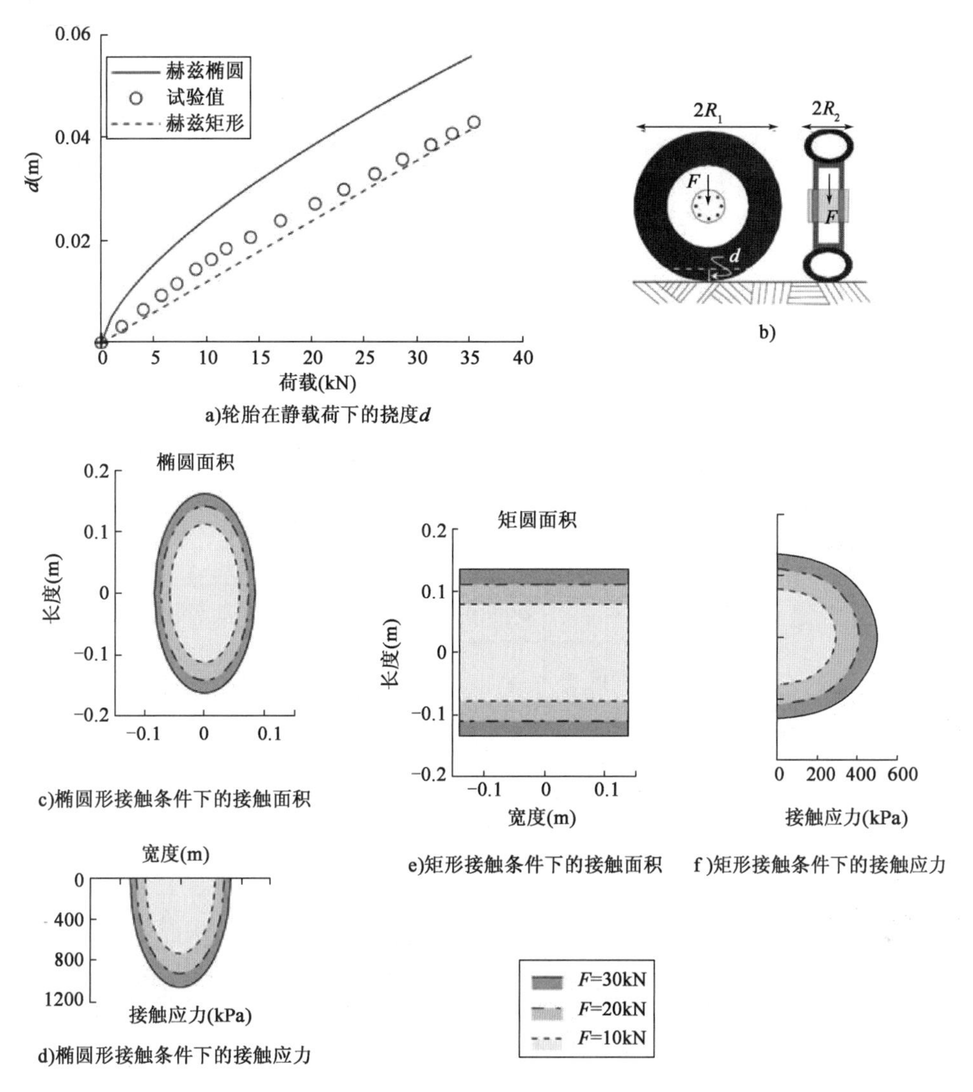

a)轮胎在静载荷下的挠度d

c)椭圆形接触条件下的接触面积

e)矩形接触条件下的接触面积　f)矩形接触条件下的接触应力

d)椭圆形接触条件下的接触应力

图1-45　赫兹理论计算模型($R_1=0.52\mathrm{m}, R_2=L=0.14\mathrm{m}$)

1.10.2　轮胎与土体上的相互作用

如上所述,轮胎产生的应力边界条件取决于轮胎与土体之间的接触。解决这类接触问题需要确定接触面积和轮胎-土体界面处的应力分布。这类接触问题不仅在道路领域受到关注,而且在农业领域也得到广泛关注。

轮胎下方的接触区域可以通过[226]首次提出的超椭圆来近似表示,即式(1-254)。

$$\left|\frac{x}{a}\right|^n+\left|\frac{y}{b}\right|^n=1 \tag{1-254}$$

式中,a 和 b 为超椭圆的半轴,n 为表示其矩形形状的参数。如图1-46所示,当 $a=b$ 且 $n=2$ 时,超椭圆变为圆形,但当 $a\neq b$ 时,它变为纯椭圆,并且当 $n\to\infty$ 时变为矩形。

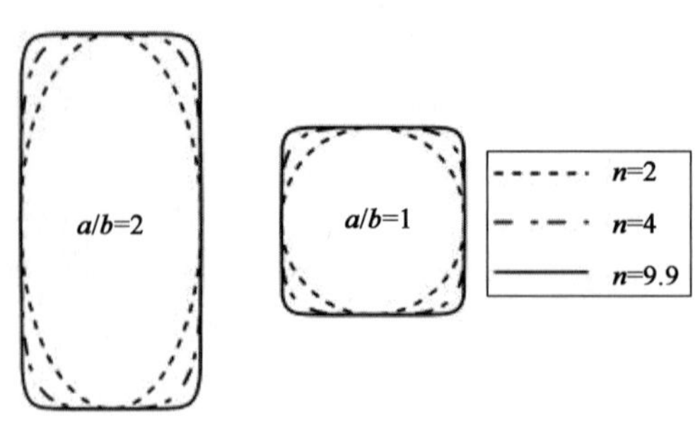

图 1-46　超椭圆的示意图

此外，接触区域还受式(1-255)的限制。

$$\Omega = \{(x,y)(|x/a|^n + |y/b|^n \leqslant 1)\} \tag{1-255}$$

目前，轮胎-土体存在几种接触面应力分布模型。Shöne 提出了在圆形接触区域内，应分布存在三种形式，具体取决于土体刚度：式(1-256)中给出了刚性土体上均匀分布的应力方程，式(1-257)给出了中间土体四阶抛物线型应力分布方程，式(1-258)给出了软土抛物线型应力分布方程[367]。

$$\sigma_z = p_{\mathrm{m}} \tag{1-256}$$

$$\sigma_z = 1.5 p_{\mathrm{m}} \left(1 - \frac{r^4}{a^4}\right) \tag{1-257}$$

$$\sigma_z = 2 p_{\mathrm{m}} \left(1 - \frac{r^2}{a^2}\right) \tag{1-258}$$

式中，p_{m}为接触区域内的平均应力，r 为接触域中心和计算点之间的距离，a 为接触区域的半径。

Keller 提出了一种更为精确的计算应力分布的方法，该方法可以考虑轮胎尺寸的影响[226]。式(1-259)给出了加载区域上垂直应力的横向和纵向分布。

$$\begin{aligned} &\text{当 } 0 \leqslant y \leqslant \frac{w_{\mathrm{T}}(x)}{2} \text{ 时}, \sigma_z(x=0,y) = C_{\mathrm{AK}}\left(0.5 - \frac{y}{w_{\mathrm{T}}(x)}\right) \mathrm{e}^{-\delta_{\mathrm{K}}[0.5 - y/w_{\mathrm{T}}(x)]} \\ &\text{当 } 0 \leqslant x \leqslant \frac{l_{\mathrm{T}}(y)}{2} \text{ 时}, \sigma_z(x,y) = \sigma_z(x=0,y)\left[1 - \left(\frac{x}{l_{\mathrm{T}}(y)/2}\right)^{\alpha_{\mathrm{K}}}\right] \end{aligned} \tag{1-259}$$

式中，$w_{\mathrm{T}}(x)$和 $l_{\mathrm{T}}(y)$为接触区域的宽度和长度，δ_{K} 和 α_{K} 为轮胎参数，而 C_{AK}为轮胎总荷载的比例因子。

图 1-47 展示了 Shöne 和 Keller 模型应力分布。其中，Keller 模型中的参数 δ_{K} 可以描述从轮胎中部应力较高处(δ_{K} 值较低)到接触边缘(δ_{K} 值较高)范围内的应力差异，如图 1-48 所示。

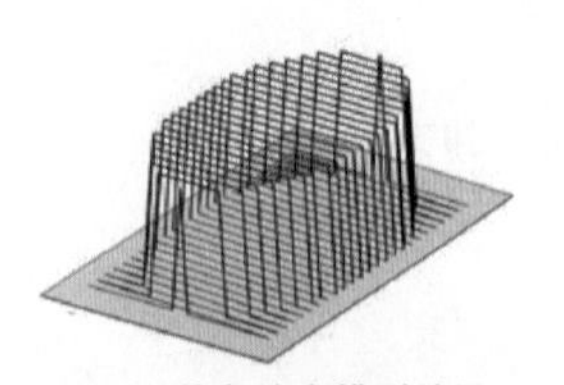

a)Shöne均匀分布模型结果

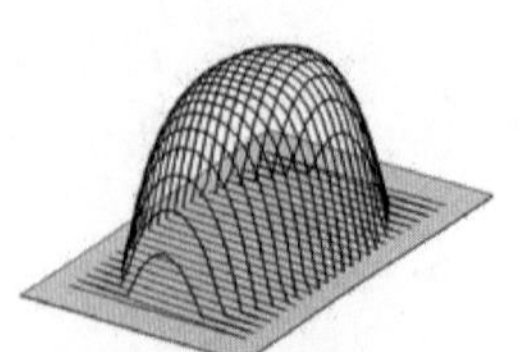

b)Shöne中间土模型结果

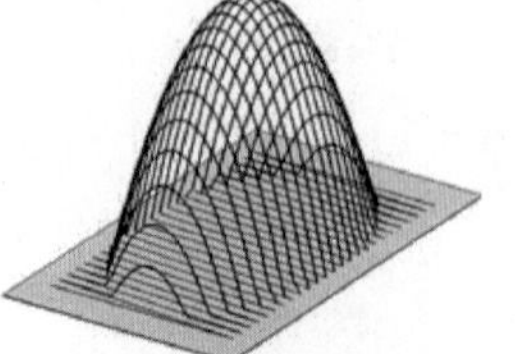

c)Shöne软土模型结果

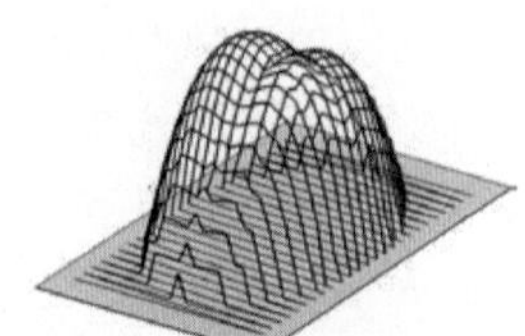

d)Keller模型结果，$\delta_{\mathrm{K}}=3$，$\alpha_{\mathrm{K}}=2$

图 1-47　不同方法所得应力分布

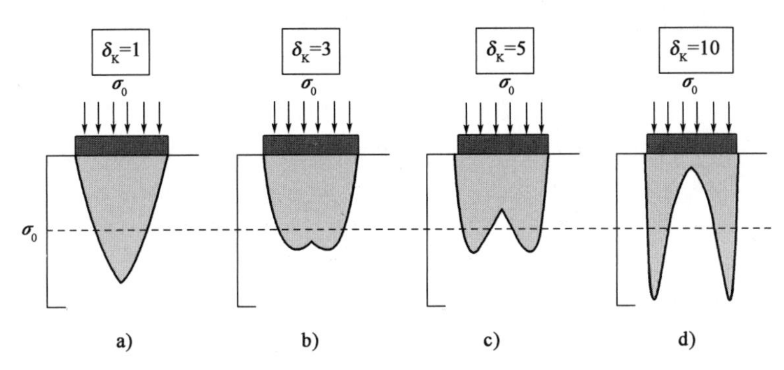

图 1-48　Keller 模型参数 δ_K 对应力分布的影响

另一种分析土体-轮胎界面应力分布的方法是使用数值模型。这种方法可以分析具有不同弯曲刚度的轮胎和不同特性的土体之间的相互作用。Cui 等[117]使用 PLAXIS 分析了轮胎和土体之间的相互作用，发现接触区域以下应力分布的不同特征。

刚度的精确评估需要详细的模型，包括轮胎结构、充气压力和所用材料，如橡胶和钢。文献[117]中定义的轮胎抗弯刚度近似值如图 1-49 所示，可由式(1-260)求得。

$$\Re = E\frac{\pi D^4}{64} \tag{1-260}$$

式中，E 为等效杨氏模量，D 为轮胎的直径。

轮胎抗弯刚度的这种近似有利于分析轮胎和土体刚度差异对应力分布的影响。图 1-50 显示了 Cui 等的计算结果[117]，可以看出，轮胎边缘处的应力集中程度随着抗弯刚度的增加而提高。

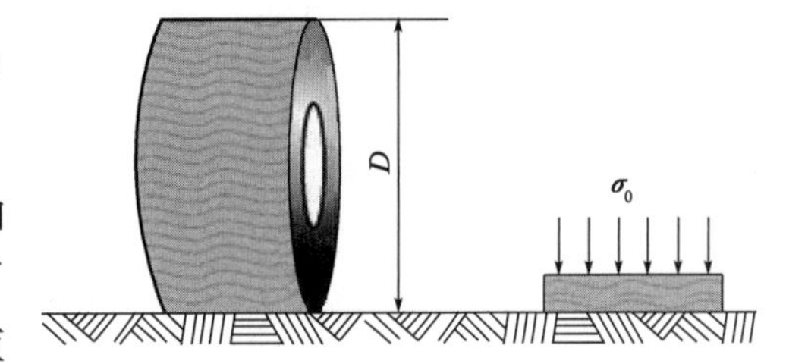

图 1-49　Cui 等轮胎抗弯刚度的定义[117]

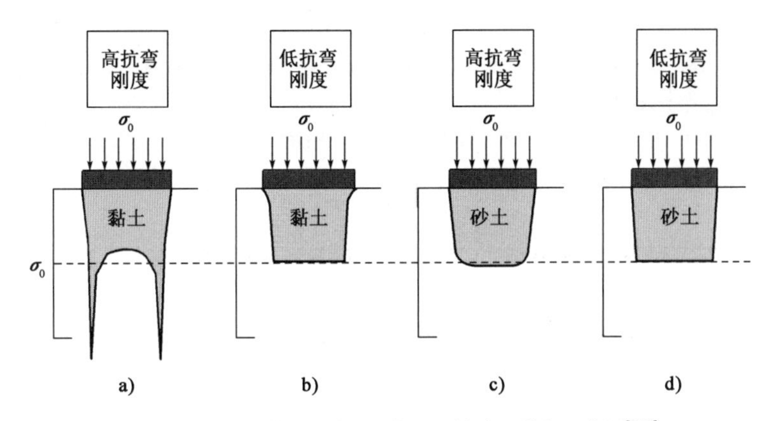

图 1-50　不同土体和轮胎刚度情况下轮胎-土体相互作用[117]

1.10.3　轮胎与路面的相互作用

当前的路面设计模型多假设应力在圆形的接触区域上呈均匀垂直分布，并且，接触压力等于轮胎的充气压力。根据圣维南原理，这种假设可以较准确地确定离路面一定距离处的应力。然而，此类模型在路面附近的应力与真实值存在显著差异。

高密度应力传感器测量装置的发展使得高精度测量接触应力成为可能，测量显示，接触压力分布具有高度不均匀性，且受轮胎类型的影响显著[443,444]。

轮胎-路面相互作用的试验结果表明，对所有充气压力和荷载，轮胎印记的宽度 w_T 基本恒定，可以假设等于轮胎胎面的宽度。图 1-51a）显示了 De Beer[127] 测得的压印区域，图 1-51b）给出了三种类型轮胎的压印区域参数，包括宽度、长度以及绘制的充气压力[352]。三种轮胎对应的应力分布系数见表 1-14。

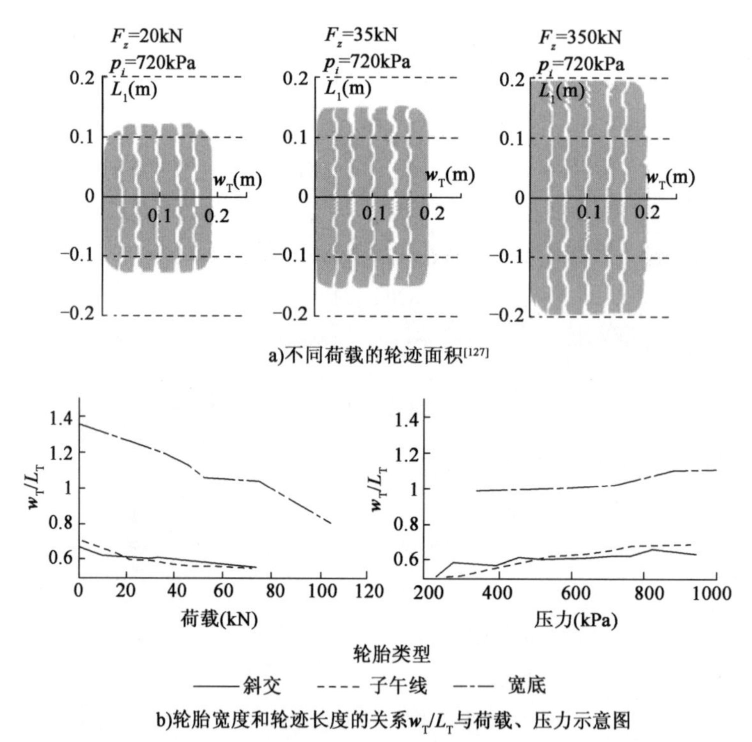

图 1-51　三种类型的轮胎为：斜交轮胎（Goodyear，10.00～20，690kPa 时额定 25.5kN），子午线轮胎（Goodyear，G159A，11R22.5，690kPa 时额定 24.8kN）和宽底轮胎（Goodyear，G425/65R22.5，额定 47.6kN，760kPa 或 44.4kN 在 690kPa）[352]

三种轮胎对应的应力分布系数[352]　　表 1-14

系　数	轮胎类型		
	斜交轮胎[a]	子午线轮胎[b]	宽底轮胎[c]
k_{1T}	$8.898 \cdot 10^{-2}$	0.840	2.292
k_{2T}	$1.139 \cdot 10^{-3}$	$9.493 \cdot 10^{-4}$	$1.317 \cdot 10^{-3}$
k_{3T}	$6.983 \cdot 10^{-3}$	$-1.336 \cdot 10^{-2}$	$-2.416 \cdot 10^{-2}$
k_{1c}	-15.558	190.230	119.380
k_{2c}	0.541	0.438	0.450
k_{3c}	4.179	0.864	2.138
k_{1e}	227.647	17.615	109.646

续上表

系　数	轮胎类型		
	斜交轮胎[a]	子午线轮胎[b]	宽底轮胎[c]
k_{2e}	12.317	19.189	8.657
k_{3e}	-0.076	-0.087	-0.015

注：[a]Goodyear 10.00 20；

[b]Goodyear G159A 11R22.5；

[c]Goodyear G425/65R22.5。

可以看出，当前路面设计过程中普遍使用的圆形接触的假设与现实存在较大差异；而矩形接触可以更好地模拟轮胎印痕。当然，对于宽轮胎的情况，印痕长宽比约为1，方形或圆形荷载假设也具有适用性[352]。

另外，接触压力实测结果表明，接触应力也可能低于轮胎中心的充气压力，并且边缘处的压力更高。对此，De Beer建议将轮胎印记分为三个区域：两个边缘区域，各占总宽度的20%；中心区域，占整个轮胎宽度的60%，如图1-52所示[126]。

对于给定的垂直荷载 F_z 值，边缘荷载 F_e 和中心荷载 F_c 的分布可通过参数 α_T 计算[352]：

$$\alpha_e = \frac{F_e}{F_z}, \alpha_c = \frac{F_c}{F_z} \tag{1-261}$$

$$\alpha_e + \alpha_c = 1, \alpha_T = \frac{\alpha_c}{\alpha_e} \tag{1-262}$$

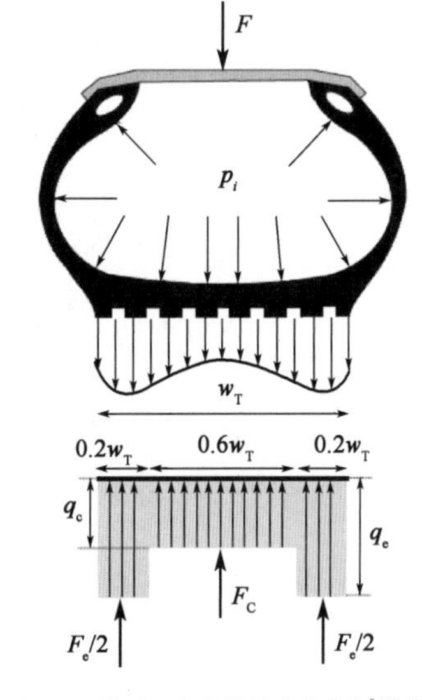

图1-52 轮胎下方的接触应力分布[443,126]

式中，α_e 为轮胎边缘荷载比，α_c 为轮胎中心荷载比，α_T 为轮胎荷载分布系数。

分布系数 α_T 以及边缘和中心接触应力取决于充气压力和垂直荷载。这些荷载分布系数可以使用式(1-263)～式(1-265)[352]来计算：

$$\alpha_T = k_{1T} + k_{2T}p_i + k_{3T}F_z \tag{1-263}$$

$$q_c = k_{1c} + k_{2c}p_i + k_{3c}F_z \tag{1-264}$$

$$q_e = k_{1e} + k_{2e}p_i + k_{3e}F_z^2 \tag{1-265}$$

式中，q_c 为轮胎中心平均接触应力，以kPa为单位；p_i 为轮胎充气压力，以kPa为单位；q_e 为轮胎边缘平均接触应力，以kPa为单位；F_z 为轮胎垂直荷载，以kN为单位；$k_{1,2,3}$ 为回归系数。

考虑到应力实测值与计算值之间的差异，Blab[352]和Harvey[53]以及Costanzi等[108]，基于第1.9节中介绍的层状理论、有限差分或有限元方法，提出了各种接触应力的改良模型。在这些模型中，边缘和中心轮胎荷载 F_e 和 F_c 可以通过式(1-263)中给出的总荷载 F_z 和轮胎荷载分布系数来计算,进而使用式(1-264)和式(1-265)计算接触压力。

他们提出了以下应力分布模型:

(1)用三个圆模拟轮胎中心荷载和轮胎边缘荷载,如图1-53a)所示;中心荷载位于轮胎中心轴上,两个边缘荷载圆心位于$0.4w_T$处,其中w_T是轮胎胎面区域的宽度。

(2)将总宽度w_T的矩形区域分成三个部分:矩形中心区域占60%,每个边缘区域占20%;结合每个区域相对应的荷载和接触应力,可以计算这些区域的长度,如图1-53b)所示。

(3)如图1-53c)所示,荷载分布由两个同心圆形区域表示。

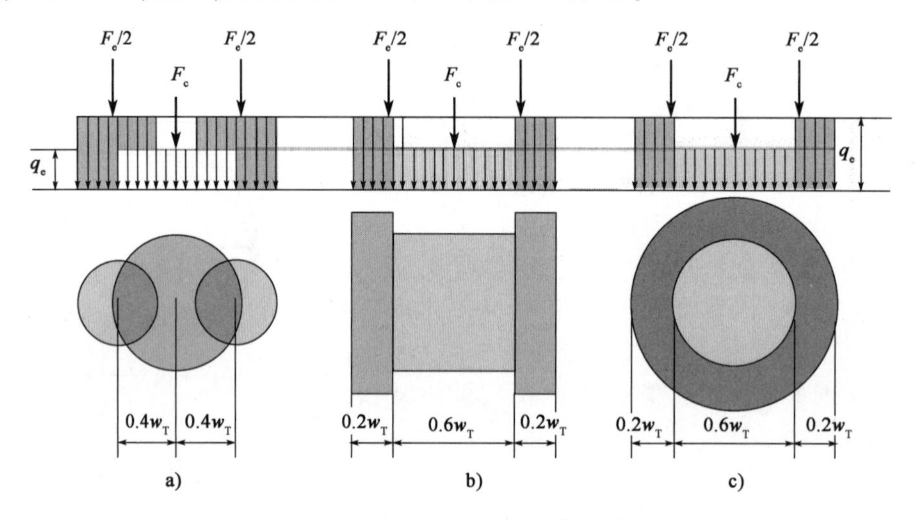

图1-53　改进的应力分布方案[352,108]

第 2 章

非饱和土力学在道路工程中的应用

道路工程研究人员已经认识到,保证道路排水通畅是使道路上层结构保持良好路用性能的基本要求,因为排水通畅才能降低结构层材料的含水率和饱和度。尽管我们早已意识到这一问题,但直至近几年,非饱和土力学理论的发展才使我们更清晰地认识到水-土基本作用原理。

例如,基质吸力的概念为我们揭示了随着含水率的降低道路工程材料刚度增加的原因;非饱和材料弹塑性的概念让我们更好地理解含水率的变化是引起路基和路堤沉降以及隆起的重要原因。

然而,非饱和土力学源于经典土力学和热力学原理,还需要用到专门用于测量和控制吸力这个基本变量的试验设备。本章主要介绍非饱和土力学的基本原理,这些原理将有助于提高我们对水在道路结构中的作用的理解。

2.1 非饱和土的物理原理

无黏结路面材料多处于非饱和状态。在这些材料中,固体、液体和气体三相相互作用,产生的内部应力会对材料整体的宏观力学性能产生影响。

以下章节中介绍的基本物理原理和热力学原理将有助于我们理解固、液、气三相之间的相互作用。

2.1.1 多孔介质中水的势能

土壤中水的势能是由土体中水与给定大气压下的自由水(也称为重力水)之间的能量差确定的。因为这种势能是一种比较值,所以当表示为单位重量的能量时,通常以长度为单位表示;当表示为单位体积的能量时,通常以压力为单位表示。

这个势能包含三个主要的分量,以长度为单位:重力势能 $\Psi_z = z$、渗透势能 Ψ_o 和压力势能 u_w/γ_w。

总势能为:

$$\Psi_{Tot} = \Psi_z + \Psi_o + \Psi_p \tag{2-1}$$

在式(2-1)中,z 为到参考平面的垂直距离,u_w为孔隙水压力,γ_w为水的重度。

2.1.2 表面张力

表面张力是液体分子之间相互作用的结果,它们相互吸引(黏聚力)。对于液体分子来说,这些吸引力在内部是均匀分布的。液体表面的分子间存在一种净吸引力,这种净吸引力指向液体内部,并具有使液体表面最小化的趋势。例如,在没有其他外力的情况下,液体呈球形。当液体在容器中时,在最小化趋势的作用下液体形成一个平滑的表面,如图 2-1 所示。液体表面在分子之间相互吸引力的作用下,产生了一种能够抵抗外部荷载的"膜"。

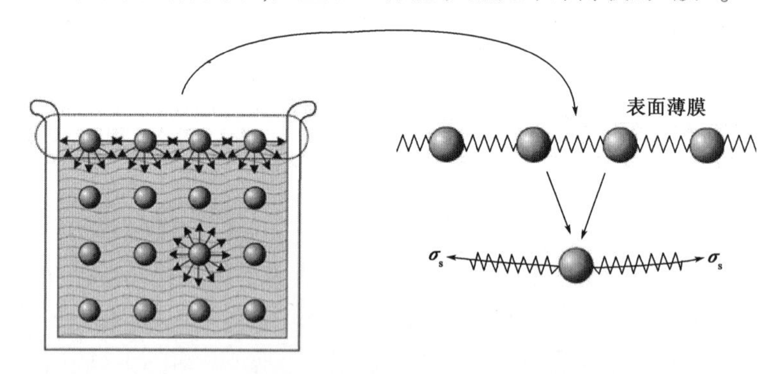

图 2-1 导致表面张力的液体分子受力情况示意图

表面张力是表征表层液体抵抗外力能力的物理性质。它可以定义为增加一个单位面积的液体表面所需的能量,也可以定义沿膜表面作用的单位长度上的力 σ_s。

这两个定义是等价的,但是固体通常表述为表面能,而液体表述为表面张力。

由于表面张力取决于液体分子间的吸引力,因此表面张力随着分子迁移率和温度的增加而降低。试验发现,随着温度的升高,纯液体的表面张力几乎呈线性下降。1886 年,Eötvös[144]提出了一个基于液体分子质量的方程。对于水而言,这个方程为:

$$\sigma_s = 0.07275[1 - 0.002(T - 291)] \quad (\mathrm{N/m})(T\text{的单位为 K}) \tag{2-2}$$

溶质会显著影响液体表面张力,例如,无机盐会提高液体的表面张力,而表面活性剂将显著降低液体的表面张力。

2.1.3 接触角

当液体与固体表面接触时(例如在容器壁上,如图 2-2 所示),固体分子的黏附力吸引液体。黏附力和吸引力之间的相互作用使液体表面的薄膜发生变形。膜的曲率特征以接触角 θ_c 来表示,接触角 θ_c 是固体表面和液体侧膜切线之间的夹角。

式(2-3)可用于计算在固、液、气三相相交处内聚力和黏附力平衡产生的接触角:

$$\sigma_s^{SG} - \sigma_s^{LS} - \sigma_s^{LG}\cos\theta_c = 0,\ \text{则}\ \cos\theta_c = \frac{\sigma_s^{SG} - \sigma_s^{LS}}{\sigma_s^{LG}} \tag{2-3}$$

式中,σ_s^{LS} 为液-固表面张力,σ_s^{LG} 为液-气表面张力,σ_s^{SG} 为固-气表面张力,θ_c为接触角。

接触角小于 90°表示液体被吸引,接触角大于 90°表示液体被排斥。对无机土与水的接触而言,接触角通常接近于零。但是,用表面活性剂处理土体会使接触角增加,从而改变土体的润湿性。该操作可以有效减少道路材料中水的迁移。

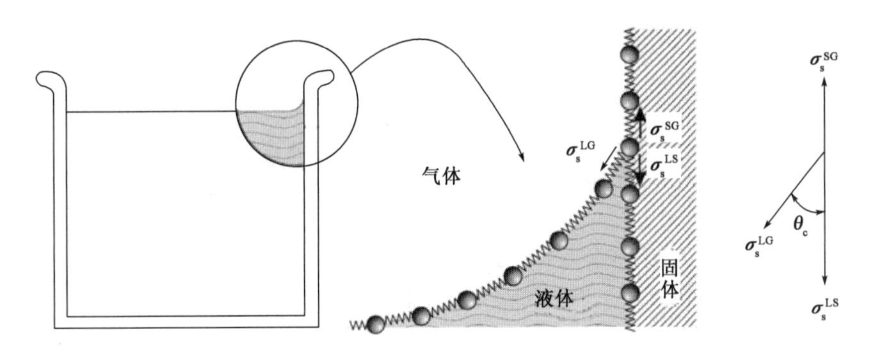

图 2-2 固、液和气三相相交处力的平衡

2.1.4 毛细现象和拉普拉斯方程

如前所述,表面张力使液体表面产生一种“膜”,可以承受两侧的力。这种力是正还是负取决于液体和气体的相对位置。例如,在一滴液体中间区域,这种力是正的,而在弯月面附近这种力是负的。

当通道直径较小,弯月面附近负的力使水产生毛细上升作用。毛细管作用的上升高度可以用 Jurin 定律直接计算出来,该定律基于水柱重量和水膜与固体(毛细弯月面)接触时产生的力之间的平衡,如图 2-3 所示。

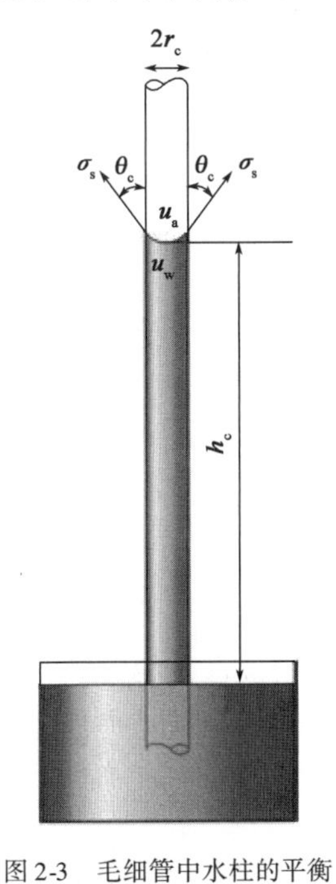

图 2-3 毛细管中水柱的平衡

水柱的重量为 $\pi r_c^2 \gamma_\omega h_c$,表面张力沿管壁作用产生的垂直力为 $2\pi r_c \sigma_s \cos\theta_c$。

由力的平衡得到:

$$\pi r_c^2 \gamma_w h_c = 2\pi r_c \sigma_s \cos\theta_c\text{,则 } h_c = \frac{2\sigma_s \cos\theta_c}{r_c \gamma_w} \tag{2-4}$$

假设材料可完全浸润,即 $\theta_c = 0$,那么:

$$h_c = \frac{2\sigma_s}{r_c \gamma_w} \tag{2-5}$$

对水体而言,$r_c = 0.73\mu m$ 时毛细管上升 10m,$r_c = 1mm$ 时 $h_c = 14.8mm$。

当气压为零($u_a = 0$)时,水压为负($u_w < 0$),这就得到了基质吸力的概念。然而,为使基质吸力的概念适用于所有空气压力情况,基质吸力通常由压力差 $s = u_a - u_w$ 表示。

由于孔隙空间几何形状的复杂性,确定多孔介质真实的孔隙半径非常困难。然而,因为弯月面可以被看作是规则表面,所以可以定义任意弯月面的平均曲率半径;从而,这种曲面上所有的点都可以用两个正交平面上的曲率半径来定义,这两个正交平面包含垂直于曲面的线。对规则表面,以下条件是成立的:

$$\frac{1}{r_{c1}}+\frac{1}{r_{c2}}=\text{常数} \tag{2-6}$$

平均半径 $\bar{r}_c$ 定义为：

$$\frac{2}{\bar{r}_c}=\frac{1}{r_{c1}}+\frac{1}{r_{c2}} \tag{2-7}$$

图 2-4 说明了作用在毛细管弯月面(规则表面)上力的平衡过程。

(1)由压力差产生的力是 $F_p=(u_a-u_w)\Delta l_1\Delta l_2$；

(2)沿方向 1 的表面张力产生的力为 $F_{\sigma_1}=2\Delta l_1\sigma_s\sin\beta_2$；

(3)沿方向 2 的表面张力产生的力为 $F_{\sigma_2}=2\Delta l_2\sigma_s\sin\beta_1$；

(4)考虑到 $\sin\beta_1\approx\frac{\Delta l_1}{2r_{c1}},\sin\beta_2\approx\frac{\Delta l_2}{2r_{c2}}$。

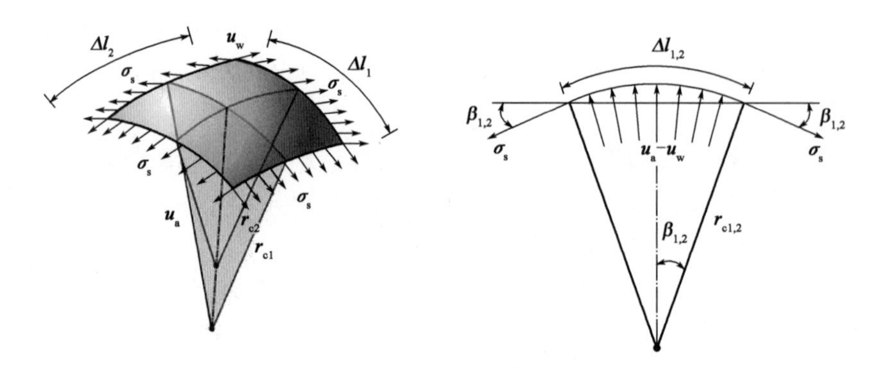

图 2-4　作用在规则表面上的压力和表面张力

代入力的平衡方程为 $F_p=F_{\sigma_1}+F_{\sigma_2}$，得：

$$(u_a-u_w)\Delta l_1\Delta l_2=\sigma_s(\frac{\Delta l_1\Delta l_2}{r_{c2}}+\frac{\Delta l_1\Delta l_2}{r_{c1}}) \tag{2-8}$$

则：

$$u_a-u_w=\sigma_s(\frac{1}{r_{c2}}+\frac{2}{r_{c1}}) \tag{2-9}$$

式(2-9)称为拉普拉斯方程。

最终，通过引入平均半径 $\bar{r}_c$，既可由拉普拉斯方程变换得到 Jurin 公式：

$$u_a-u_w=\frac{2\sigma_s}{\bar{r}_c} \tag{2-10}$$

压力差(u_a-u_w)称为毛细吸力，或者称为基质吸力。

两个球形粒子之间的液桥，也可以使用拉普拉斯方程计算。如图 2-5 所示，液桥由两个曲率半径定义：一个连接两个球形粒子，另一个表示液桥颈部的大小。

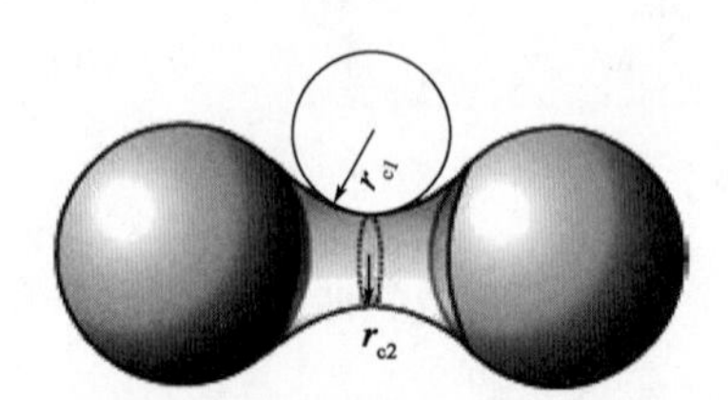

图 2-5　两个球形颗粒之间的液桥

2.1.5　潮湿空气的热力学性质

如道尔顿分压定律所描述的那样，空气混合物中的气体分子相互独立作用而形成理想气体。由于潮湿空气中的水分子也是理想气体的一部分，总气压 u_{tot} 由式(2-11)给出：

$$u_{tot} = \sum_{i=1}^{n_g} u_{g_i} = u_{da} + u_v \tag{2-11}$$

式中，u_{gi} 代表各气体的分压，u_{da} 为干燥空气的分压，u_v 为水蒸气的分压。

如图 2-6 所示，封闭且部分充水的盒子中水和空气之间的相互作用如下：

(1)液态水中的分子以不同的速度运动，它们的平均动能与温度成正比。

(2)水中分子的平均动能随着水温的升高而增加，但并不是所有的分子都有相同的能量。单个分子的能量遵循概率分布，如图 2-6b)[96]所示。

(3)能量低于液体内聚能的分子不能离开水面。然而，一些分子的能量超过了内聚力，使它们离开液体，从而增加了蒸汽分压。

(4)类似的，气相中的一些分子释放能量，通过冷凝落入水中，从而降低了蒸汽分压。

(5)最终，封闭箱中蒸发和冷凝的蒸汽将稳定在平衡状态，这种平衡被称为饱和状态，具有饱和蒸汽压 u_{vs}，它由温度唯一确定。

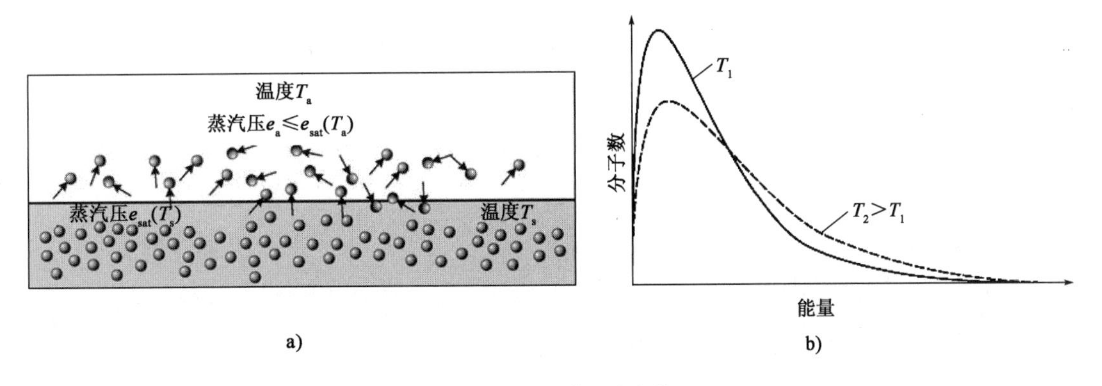

图 2-6　水面蒸发动力学

在空气存在的情况下，蒸汽中水分子和空气分子之间的相互作用会导致饱和蒸汽压小幅增加，但是在正常环境条件下，蒸汽浓度 u_{tot} 实际上与其他气体无关。马格努斯(Magnus)公式可用于计算自由水上方的饱和蒸汽压，精确度较高：

$$u_{vs} = Ae^{\left(\frac{mT}{T_n+T}\right)} \quad \text{(Pa)} \tag{2-12}$$

式中，u_{vs} 为饱和蒸汽压，A、m 和 T_n 为常数，T 为水面上蒸汽温度(单位为℃)。式(2-12)中的常量值一般为：$A = 611.2$，$m = 17.62$，$T_n = 243.12$[377]。

在非平衡条件下，蒸汽分压的值可以比 u_{vs} 更低。对于这种情况，相对湿度 U_w 被定义为实际蒸汽分压 u_v 和饱和蒸汽压 u_{vs} 之间的比值：

$$U_w = \frac{u_v}{u_{vs}} \tag{2-13}$$

当潮湿空气冷却时，蒸汽分压保持不变，但饱和蒸汽压降低。因此，当饱和蒸汽压等于露点温度 T_d 下的实际蒸汽压时，即 $u_{vs}(T_d)=u_v$，冷凝开始。可使用马格努斯公式计算：

$$T_d = T_n \frac{\ln(\frac{u_v}{A})}{m-\ln(\frac{u_v}{A})} \tag{2-14}$$

绝对湿度 d_v（g/m³）表示 1m³ 湿空气中水的质量。它是由温度 T 和蒸汽分压 u_v 求得的，如式(2-15)所示：

$$d_v = 216.7\left(\frac{u_v}{273.15+T}\right) \quad (\text{g/m}^3) \tag{2-15}$$

另一个潮湿空气中的变量是混合比 r（kg/kg），它表示在蒸汽分压 u_v 下 1kg 干燥空气中混入水的质量：

$$r = \frac{M_v}{M_a}\frac{u_v}{u_{tot}-u_v} \tag{2-16}$$

在式(2-16)中，M_v 和 M_a 分别为蒸汽和空气的分子量。通过使用分子量的各个值，混合比变为：

$$r = \frac{18.02}{28.966}\frac{u_v}{u_{tot}-u_v} = 0.622\frac{u_v}{u_{tot}-u_v} \quad (\text{kg/kg}) \tag{2-17}$$

空气在温度 T、相对湿度 U_w 和混合比 r 下的比焓 h 是由(T,U_w,r)给出的产生热力学状态所需的能量之和，即：

(1)将 1kg 干燥空气从 0℃升温至 T；

(2)蒸发水以产生潮湿的空气；

(3)将蒸汽从 0℃加热到 T。

由于焓是由热交换的形式定义的，因此需要以下定义：

(1)比热容是在特定条件下，如恒压下，将单位质量的物质升高或降低一个单位温度所需的热量。比热容通常以焦耳每开尔文每千克为单位来衡量。

(2)潜热是在不改变温度的情况下将固体转化为液体或蒸汽，或液体转化为蒸汽所需的热量。

每 1kg 干燥空气的比焓变为：

$$h = [c_{pa}T + (L_{v_0}+c_{pv}T)r] \quad (\text{kJ/kg}) \tag{2-18}$$

式中，c_{pa} 为恒压下干燥空气的比热容，c_{pv} 为恒压下蒸汽的比热容，L_{v_0} 为 0℃下水蒸发的潜热。

比焓是一个相对量(即只有差异是显著的)。事实上，焓表示将潮湿空气从一种热状态改变为另一种热状态所需的能量。

图 2-7 中的莫里尔图在一个图表中总结了几种湿度函数：混合比是蒸汽分压或温度、相对湿度和恒焓曲线的函数。

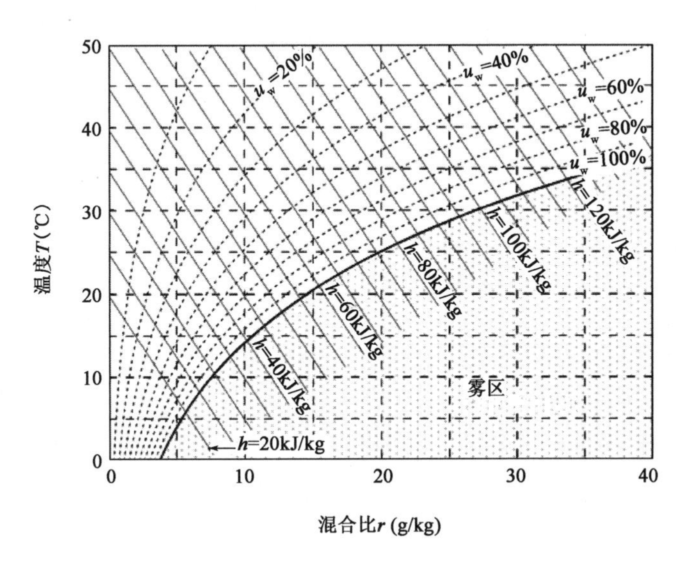

图 2-7　潮湿空气的混合比、温度、相对湿度和焓的莫里尔图

2.1.6　湿度方程

测量两点之间的温差可以获得潮湿空气相对湿度，如图 2-8 所示。

(1)环境中测量相对湿度的点。

(2)同一环境中的第二个点，但浸入正在蒸发的水中。

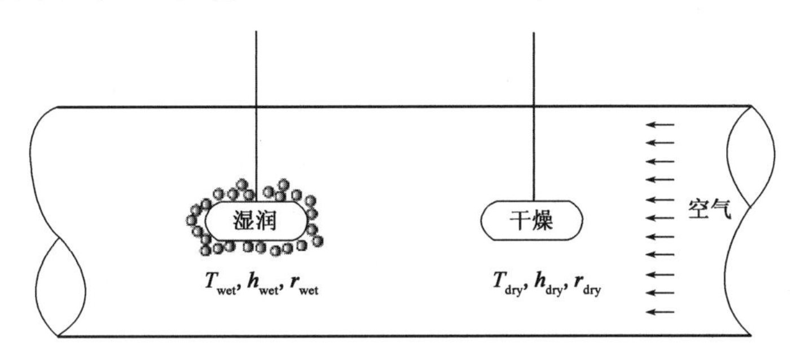

图 2-8　湿度测量原理示意图

湿空气的焓为：

$$h_{wet} = h_{dry} + \Delta h \tag{2-19}$$

式中，Δh 为湿点周围水的焓：

$$\Delta h = c_{pw}(r_{wet} - r_{dry})T_{wet} \tag{2-20}$$

在式(2-20)中，$(r_{wet} - r_{dry})$表示在 T_{wet}温度下从湿点蒸发的水分质量与单位质量干燥空气的比例。根据式(2-18)，干点和湿点的焓为：

$$h_{dry} = [c_{pa}T_{dry} + (L_{v_0} + c_{pv}T_{dry})r_{dry}] \tag{2-21}$$

$$h_{wet} = [c_{pa}T_{wet} + (L_{v_0} + c_{pv}T_{wet})r_{wet}] \tag{2-22}$$

由式(2-19)～式(2-22)得出：

$$(c_{pa} + r_{dry}c_{pv})(T_{dry} - T_{wet}) = (r_{wet} - r_{dry})[L_{v_0} + T_{wet}(c_{pv} - c_{pw})] \tag{2-23}$$

另一方面,温度为 T_{wet} 的汽化潜热($L_{v_{Tw}}$)与0℃的潜热有关,如式(2-24):

$$L_{v_{Tw}} = L_{v_0} + T_{wet}(c_{pv} - c_{pw}) \tag{2-24}$$

由式(2-23)和式(2-24),根据干点和湿点之间的温度差测量值($T_{dry} - T_{wet}$)计算混合比 r_{dry} 的等式为:

$$(c_{pv} + r_{dry}c_{pv})(T_{dry} - T_{wet}) = (r_{wet} - r_{dry})L_{v_{Tw}} \tag{2-25}$$

式(2-25)的实际应用受到限制,因为它是用混合比表示的。通过将各自的蒸汽压引入到各自相应的混合比中,可以获得更好的表达式,如式(2-26)所示:

$$r_{dry} = 0.622\frac{u_v}{u_{tot} - u_v}, r_{wet} = 0.622\frac{u_{vs}}{u_{tot} - u_{vs}} \tag{2-26}$$

经过一些代数运算后,最终的方程给出了在 T_{wet} 温度下的饱和蒸汽压 u_v, $u_{vs}(T_{wet})$:

$$u_v = u_{vs}(T_{wet}) + A_{ps}u_{tot}(T_{dry} - T_{wet}), \text{其中} A_{ps} = \frac{c_{pa}}{0.622 \times L_{v_{Tw}}}\frac{u_{tot} - u_{vs}}{u_{tot}} \tag{2-27}$$

A_{ps} 通常称为湿度常数,对于温度在 $10 < T_{wet} < 30$ 范围内, $A_{ps} = 0.00064$。然而,在试验室或现场使用湿度测量装置的实际应用中,通过校准可以获得相对湿度和温差($T_{dry} - T_{wet}$)之间的关系。

2.1.7 拉乌尔定律

1887年,法国化学家弗朗索瓦-玛丽·拉乌尔(Francois-Marie Raoult)提出了溶液蒸汽压[341]的计算方法,该方法后来以他的名字命名为拉乌尔定律。如上所述,纯液体的整个表面被液体分子占据,这些液体分子以蒸汽的形式逸出。然而,对非挥发性溶质溶解在液体中的情况,混合溶液的饱和蒸汽压仍低于纯溶剂的饱和蒸汽压。

事实上,在混合溶液(水+溶质)的情况下,一些溶质分子占据了液体表面,减少了水分子逃逸的趋势,从而降低了饱和蒸汽压。

拉乌尔定律表明,饱和蒸汽压随溶质浓度线性下降。当溶质溶解在水中时,拉乌尔定律是:

$$u_{vs_s} = \chi_s u_{vs_0} \tag{2-28}$$

式中, u_{vs_0} 为纯水上方的饱和蒸汽压, u_{vs_s} 为溶液上方的饱和蒸汽压, χ_s 是溶液中水的摩尔分数,定义为:

$$\chi_s = \frac{\frac{m_w}{M_w}}{\frac{m_w}{M_w} + \frac{m_s}{M_s}} \tag{2-29}$$

式中, m_w 为水的质量, m_s 为溶质的质量, M_w 和 M_s 分别为水和溶质的分子质量。

对非饱和土而言,溶液中的水蒸发产生蒸汽,纯水蒸发产生另一种蒸汽,两种蒸汽开始相互作用时,出现了一种有趣的现象,这一现象对非饱和土的研究非常有用,如图2-9所示。两个大气的相互作用表现为:

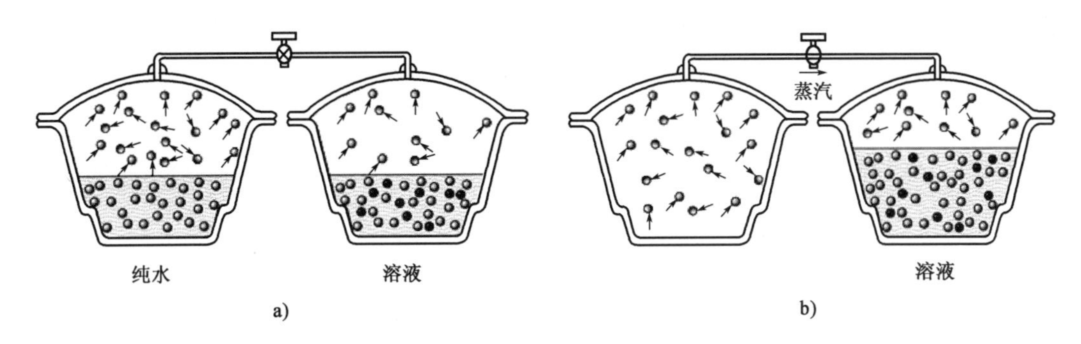

图2-9　纯水上方和溶液上方的蒸汽相互作用产生的蒸汽流

(1)如图2-9a)所示,当连接两种气体的阀门关闭时,出现蒸汽压差。在这种情况下,相对湿度定义为溶液上方的饱和蒸汽压和纯水上方的饱和蒸汽压之比:$U_{\mathrm{w}} = u_{vs_{\mathrm{s}}}/u_{vs_0}$。

(2)如图2-9b)所示,当打开阀门时,水分子从蒸汽压较高的纯水上方流到蒸汽压较低的溶液上方。蒸汽冷凝到溶液中,降低了溶液的浓度,为达到平衡状态,整个容器体积内的纯水不断向右迁移,直至纯水都蒸发了,两个大气压之间也无法达到平衡。由于水的转移发生在气相中,所以这个过程发生得非常慢。

值得注意的是,当溶质浓度增加时,拉乌尔定律精度下降。在这种情况下,可采用经验方法。另外,也可以选择用饱和溶液,因为它们避免了水蒸气凝结成溶液时溶质浓度发生变化的问题。

表2-1中给出的饱和盐水溶液可用于创造相对湿度可控的环境。温度对这些溶液的相对湿度影响很小[378]。

各种饱和盐溶液的相对湿度[378]　　表2-1

溶　质		温度(℃)			
		20	25	30	40
氯化锂	LiCl	11.1~12.6	11.3±0.3	11.3±0.3	11.2±0.3
醋酸钾	CH_3COOK	23.1±0.3	22.5±0.4	21.6±0.6	
氯化镁	$MgCl_2$	33.1±0.2	32.8±0.2	32.4±0.2	31.6±0.2
碳酸钾	K_2CO_3	43.2±0.4	43.2±0.4	43.2±0.5	
硝酸镁	$Mg(NO_3)_2 6H_2O$	54.4±0.2	52.9±0.2	51.4±0.2	
氯化钠	NaCl	75.5±0.2	75.3±0.2	75.1±0.2	74.7±0.2
氯化钾	KCl	85.1±0.3	84.2±0.3	83.6±0.3	82.3±0.3
氯化钡	$BaCl_2 2H_2O$	91±2	90±2	89±2	
硝酸钾	KNO_3	94.6±0.7	93.6±0.6	92.3±0.6	
硫酸钾	K_2SO_4	97.6±0.6	97.3±0.5	97.0±0.4	96.4±0.4

2.1.8　吸力和相对湿度之间的关系:开尔文方程

基于热力学关系的开尔文方程是一个有用的方程,它将弯月面周围的蒸气压与弯月面上方和下方的压差($u_{\mathrm{a}} - u_{\mathrm{w}}$)联系起来。开尔文方程可以通过考虑毛细管作用来推导,如图2-10

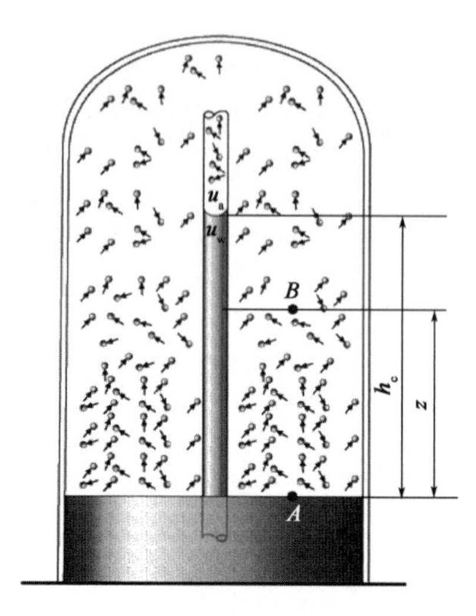

图 2-10　毛细管吸力和蒸汽压之间的平衡

所示，毛细管的底部是纯水容器，整个系统封闭在恒温环境中。当系统达到平衡时，毛细管中的水上升到 Jurin 定律给定的高度。

$$h_c = \frac{s}{\rho_w g} = \frac{u_a - u_w}{\rho_w g}$$

因为系统在恒温下处于平衡状态，所以在弯月面表面上方蒸发和冷凝的水分子也处于平衡状态。因此，系统内所有点都达到饱和蒸汽压。

蒸汽压随着离水面距离的增加而减小，蒸汽压与高度之间的关系由帕斯卡定律给出。

可以通过考虑图 2-10 中的两个点 A 和 B 来得出帕斯卡定律。点 A 位于装有纯水的水箱表面，点 B 在水面上方的高度 z 处。水面以上的蒸汽压变化为：

$$\mathrm{d}u_{vs} = -\rho_v g \mathrm{d}z \tag{2-30}$$

式中，ρ_v 为蒸汽密度，g 为重力加速度。

但是，根据理想气体定律，ρ_v 随压力线性变化：

$$\rho_v = u_{vs} \frac{M_w}{RT} \tag{2-31}$$

式中，R 为理想气体常数，M_w 为水的摩尔质量，T 为温度。

因此，将式(2-30)代入式(2-31)得到：

$$\mathrm{d}z = \frac{\mathrm{d}u_{vs}}{\rho_v g} = -\frac{\mathrm{d}u_{vs}}{u_{vs}} \frac{RT}{M_w g}$$

然后，从水面到高度 z 积分得到：

$$z = \int_0^z \mathrm{d}z = \frac{RT}{M_w g} \int_{u_{vs}^0}^{u_{vs}^z} \frac{\mathrm{d}u_{vs}}{u_{vs}} \tag{2-32}$$

$$z = -\frac{RT}{M_w g} \ln\left(\frac{u_{vs}^z}{u_{vs}^0}\right) \tag{2-33}$$

式(2-33)被称为帕斯卡定律。

现在，考虑高度 h_c 和压差或吸力，$s = u_a - u_w$：

$$u_v = u_{vs} \mathrm{e}^{-\frac{(u_a - u_w)M_w}{RT\rho_w}} \tag{2-34}$$

式中，u_v 为弯月面上方的饱和蒸汽压，维持 $s = u_a - u_w$ 的吸力。

根据相对湿度 $U_w = u_v / u_{vs}$，式(2-34)变为：

$$U_w = \mathrm{e}^{-\frac{sM_w}{RT\rho_w}} \tag{2-35}$$

式(2-35)是开尔文方程的一种形式，表示施加吸力 s 的弯月面上方的相对湿度。公式反过来也可用：

$$s = -\rho_w \frac{RT}{M_w}\ln U_w \tag{2-36}$$

当相对湿度 U_w 已知时,式(2-36)可用于计算吸力。这表明相对湿度随着吸力的增大而减小。

通过引入 $R = 8.314$(Nm/molK) 和与水相关的常数,$\rho_w = 1000\text{kg/m}^3$ 和 $M_w = 0.018\text{kg/mol}$,式(2-36)变为:

$$s = -0.4619T\ln U_w \quad (\text{MPa})\ (T\text{ 的单位为 K}) \tag{2-37}$$

图2-11 给出了吸力和相对湿度之间的关系。需要注意的是,相对湿度的降低只有在吸力水平高时才明显。实际上,如图2-11b)所示,吸力水平低时($0 < s < 100\text{kPa}$),相对湿度值会在99.925% ~100%变化。

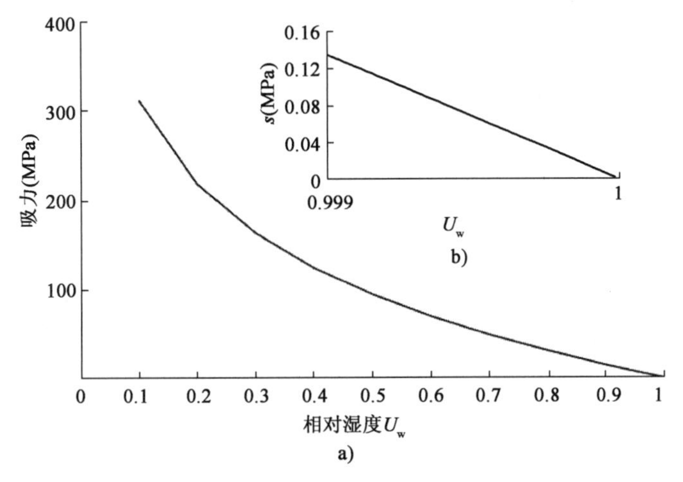

图2-11 相对湿度 U_w 和吸力 s 之间的关系(在温度20℃条件下由开尔文方程获取)

2.1.9 渗透、毛细管和总吸力

结合前面的分析,可以将毛细作用和溶解在水中的溶质结合起来。当毛细吸力为 $s = u_a - u_w$,溶质浓度为 χ_s,在平衡状态下的蒸汽压为:

$$u_v(s,T,\chi_s) = u_{vs}(0,T,\chi_s)\mathrm{e}^{-\frac{sM_w}{RT\rho_w}}$$

可以化为:

$$-\frac{sM_w}{RT\rho_w} = \ln\frac{u_v(s,T,\chi_s)}{u_{vs}(0,T,\chi_s)} = \ln\left[\frac{u_v(s,T,\chi_s)}{u_{vs}(0,T,0)}\frac{u_{vs}(0,T,0)}{u_v(0,T,\chi_s)}\right]$$

式中,$u_{vs}(0,T,0)$ 为温度 T 时纯水的饱和蒸汽压。毛细管吸力变为:

$$s = \frac{RT\rho_w}{M_w}\left[\ln\frac{u_{vs}(0,T,0)}{u_v(s,T,\chi_s)} - \ln\frac{u_{vs}(0,T,0)}{u_{vs}(0,T,\chi_s)}\right] \tag{2-38}$$

$$\underset{\text{基质吸力}}{s} + \underbrace{\frac{RT\rho_w}{M_w}\ln\frac{u_{vs}(0,T,0)}{u_{vs}(0,T,\chi_s)}}_{\text{渗透吸力}} = \underbrace{\frac{RT\rho_w}{M_w}\ln\frac{u_{vs}(0,T,0)}{u_v(s,T,\chi_s)}}_{\text{总吸力}}$$

总吸力 Ψ_T是毛细管吸力 s(也称为基质吸力)和渗透吸力 Ψ_0之和：

$$\psi_T = s + \psi_0 \tag{2-39}$$

图 2-12 说明了式(2-39)的物理意义。该图有三个区域：左侧有自由水(点 A)；右侧有含有溶质的水(通过半透膜与游离水分离)；此外，右侧也有毛细管。蒸汽压和水压的差异如下：

(1)蒸汽压从点 A 处自由水上方的饱和蒸汽压 $u_{vs}(0,T,0)$变化到点 B 处水和溶质溶液上方的饱和蒸汽压 $u_{vs}(0,T,\chi_s)$，再到点 C 处水和溶质弯月面上方的饱和蒸汽压 $u_v(s,T,\chi_s)$。

(2)点 A 和点 B 之间的水压差，以水的高度表示为 Ψ_0/γ_w。点 B 和点 C 之间的压力差由毛细管压力 s/γ_w给出。最后，点 A 和点 C 之间的压差由总吸力用 Ψ_T/γ_w表示。

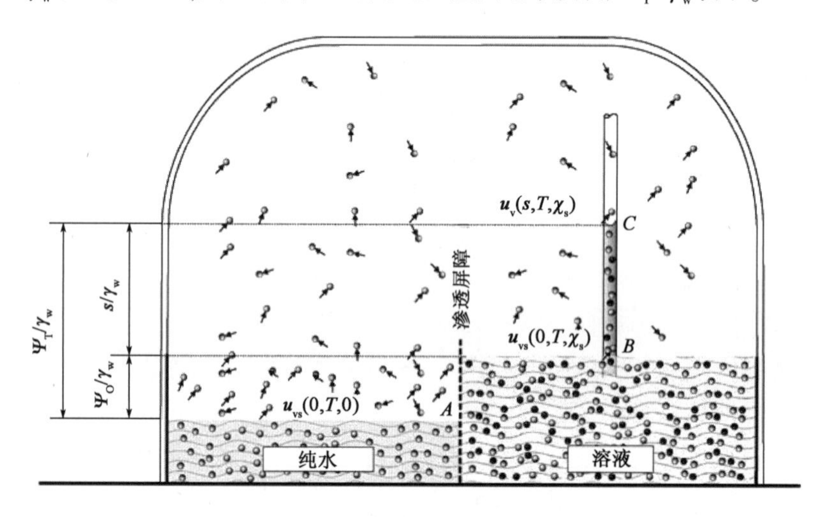

图 2-12　总吸力、渗透吸力和毛细管吸力示意图

2.1.10　气体的溶解度和水的拉伸强度

如前所述，在气-液界面，一些液体分子转化为气相，而一些气体分子同时以溶解气体的形式进入液相。

在空气和水的情况下，亨利定律给出了溶解到水中的空气量：

$$w_l^a = \frac{u_{tot}}{H}\frac{M_a}{M_w}, w_l^a = \frac{\text{溶解的空气量}}{\text{空气量 + 水的质量}} \tag{2-40}$$

式中，M_a为空气的分子量，M_w为水的分子量，H 为亨利定律常数($H \approx 10000\text{MPa}$)。

在实际工程应用过程中，溶解空气的影响一般忽略不计。然而，在试验室测试过程中，若用空气填充试验室设备水管，溶解的空气会大大降低水的抗拉强度，导致气泡产生。

水的抗拉强度是在连续的液体破裂之前，即在由于气穴现象而出现气泡之前，水能够维持的负压。

一些学者研究表明，水的抗拉强度应该达到几百个大气压。然而，试验实测值通常较低，因为水通常含有大量非极性固体杂质，这些杂质含有裂纹和裂缝，在这些裂纹和裂缝中会形成气穴。这些杂质被称为空化核。

这些核的大小及其表面性质控制着水的抗拉强度，因此当空化核的半径足够小时，水可以保持高张力而没有空化核。实际上，由于其表面张力，水中半径为 r_b的气泡可以承受的压力

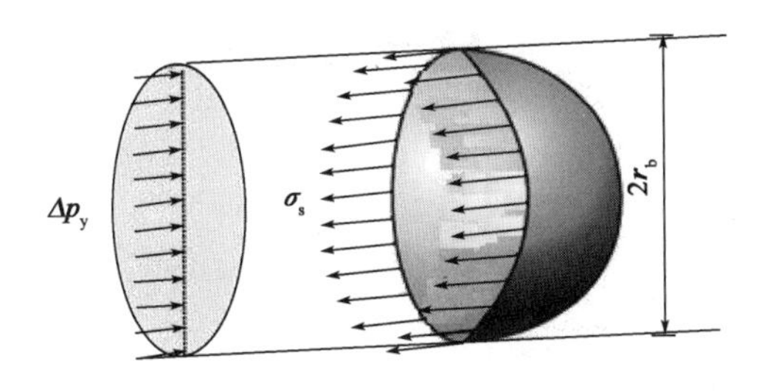

图 2-13　水中气泡的表面张力和内部压力

Δp_y与$1/r_b$成正比，如图 2-13 和式(2-41)所示。

$$\Delta p_y = \frac{2\sigma_s}{r_b} \tag{2-41}$$

式(2-41)表明，在标准温度和压强条件下，0.1mm 的气泡可以承受高达 1.44kPa 的压力，而 10nm 的气泡可以达到 14.4MPa 的压力。

该分析提供了一种获得水的拉伸强度的方法：

(1)移除溶解的气体，以避免它们在水压降低时释放；

(2)减少促进气泡成核的杂质数量；

(3)将水放入小空腔中，让气泡具有很高的内部压力。

所有这些措施是目前高容量张力计设计过程中最常用的方法。

2.1.11　降低水的凝固点

多孔材料中水的凝固点取决于水压：当水压为负时，凝固点降低。凝固点降低的结果会导致一定量的未结冰的水保留在冻土中。未结冰的水产生低温吸力，这会导致水的迁移和冻胀。

经典的 Clausius-Clapeyron 方程可通过计算冰和水在相同温度下的压力平衡得到低温吸力，当冰和水具有相同的化学势时，Clausius-Clapeyron 方程变为：

$$\frac{u_w}{\rho_w} - \frac{u_i}{\rho_i} = L_f \frac{T - T_f}{T_f} \tag{2-42}$$

式中，u_w和 u_i 为水和冰的压力，L_f 为水熔化的潜热(334kJ/kg)，T_f 为水的冻结温度(273.16K)，T 为水和冰的温度。

当冰的压力接近零时，式(2-42)变为：

$$u_w = \rho_w L_f \frac{T - T_f}{T_f} \tag{3-43}$$

低温吸力 $s_{cryo} = -u_w$取决于凝固点的降低值 $\Delta T_f = T_f - T$：

$$s_{cryo} \approx 1222.7\Delta T_f \quad (\text{kPa})(\Delta T_f \text{单位为 K}) \tag{2-44}$$

2.2　土水特征曲线

以下试验可以很好地说明排水和浸润情况下土的持水特征曲线。

2.2.1　排水时土水特征曲线

排水时的土水特征曲线是在土柱中获得的，该土柱的底部与一个自由水箱相连，其初始水位位于土柱顶部。在这种情况下，土体完全饱和，压力分布为流体静压力。

当水箱的水位下降到土柱的底部时，土体中的水由于重力开始流入水箱。在这个过程中，重力使水向下流动并对土体施加向下的渗透力，该力与毛细作用方向相反。如图 2-14 所示，当水达到平衡时，土体饱和度 S_r 和含水率 θ 都降低。

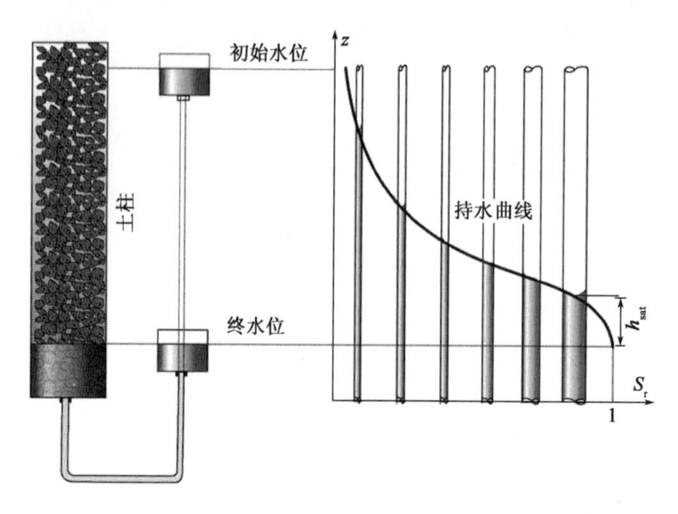

图 2-14 排水情况下土水特征曲线试验

土柱内，水在土体连续的区域内处于静水平衡状态（即在整个柱中具有相同的势能）：

$$u_w + \rho_w gz = 常数$$

在高度 z 处的基质吸力为：

$$u_a - u_w = \rho_w gz$$

考虑到基质吸力和拉普拉斯方程给出的平均曲率半径之间的关系，水继续保留在高度 z 处的孔隙的平均半径为：

$$r_z = \frac{2\sigma_s}{\rho_w gz}$$

在水位线以下，土体处于饱和状态，即 $0 < z < h_{sat}$，其中 h_{sat} 为饱和土体的最高高度。这个高度通常由土体中的孔隙决定，取决于颗粒的大小、土体密度以及土体中出现裂缝的程度。

当 $z > h_{sat}$ 时，水首先从较大的孔隙中排出，饱和度随之降低。随着柱体高度的增加，水逐渐从较小的孔隙中排出，从而形成连续的水分特征曲线。

在土柱的更高位置，土柱中剩余的水处于不连续的状态。在这种情况下，水仍然可以以气相的形式迁移。

2.2.2 浸润过程土水特征曲线

类似的方法也可用于获得浸润过程中土水特征曲线。当土柱处于干燥状态时，水箱连接到基座，自由水面在毛细作用下上升。同排水过程一样，湿润区域内接近静力平衡，但是土体中水的饱和度剖面在这两个过程中是不同的。在相同压力下，排水过程中获得的饱和度高于浸润过程中获得的饱和度。此外，在较低的高度，饱和度很难达到 100%，因为弯液面不会以相同的速度上升，所以一些空气会滞留在土体中。

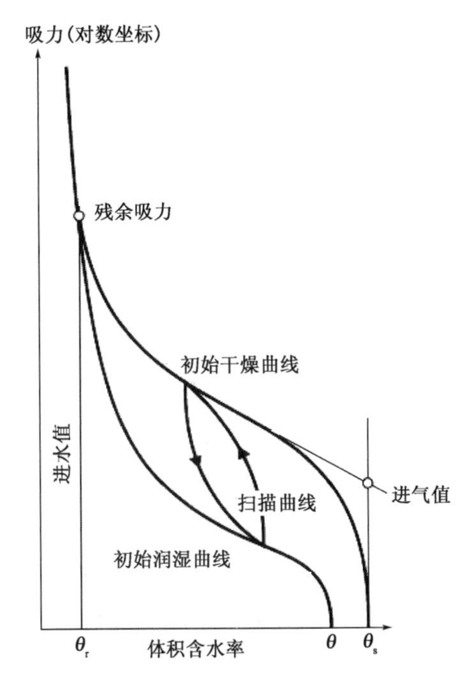

图 2-15　排水和浸润期间的土水特征曲线

与排水情况一样,水保持在连续相,直到压力达到较高值,之后水就可能以气体的形式在土中迁移。

2.2.3　土水特征曲线的滞后现象

如图 2-15 所示,当饱和的土体经历干燥和湿润过程,在主干燥曲线和主湿润曲线之间会出现滞后曲线。

如图 2-16 所示,滞后现象的产生有以下几个原因:

(1)当水在毛细管通道中迁移时,它会遇到曲率半径可变的孔隙。在排水过程中,临界曲率半径(即停止运动的孔隙半径)是最小的半径,但在润湿过程中,临界半径是最大的半径,如图 2-16a)所示。

(2)滞后的另一个原因可能是浸润和排水的接触角存在差异,如图 2-16b)所示。

(3)滞后的第三个原因是由空气引起的,由于水在不同毛细管通道中的运动速度不同,空气会被堵塞,如图 2-16c)所示。

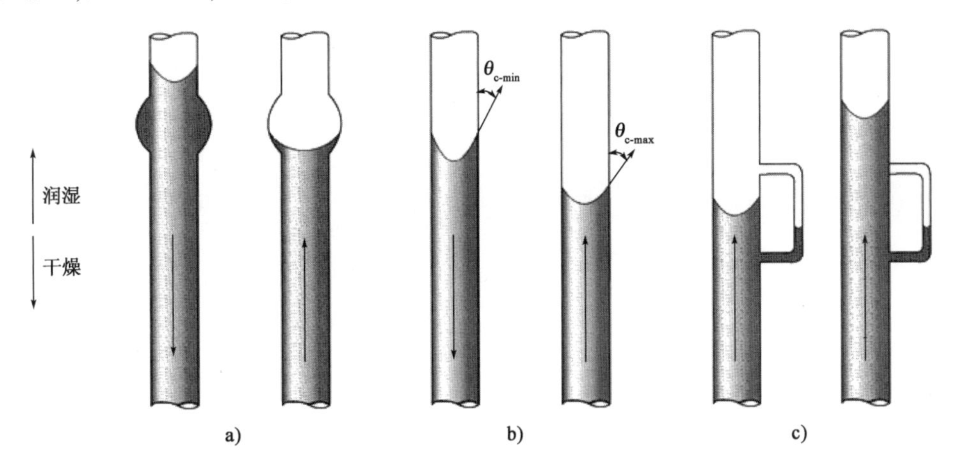

图 2-16　滞后行为物理解释

土水特征曲线的其他特征是进气值和进水值。进气值由土体中最大的孔隙决定,而进水值是指水不连续的最高位置,如图 2-15 所示。

2.2.4　基质吸力的测量方法

测量基质吸力的最佳方法是将土柱直接与水接触,然后按照第 2.2.1 和 2.2.2 节所述进行排水和/或浸润试验,直至流体静力平衡。但是,这种方法仅适用于低吸力水平($0 < s < 10$kPa)的土体。对于高基质吸力的土体,这种方法存在巨大难度。原因是,随着 s 增加,所需

土柱的高度和所需的测试时间也急剧增加。例如当 $s\approx 1\text{MPa}$ 时,土柱高度必须为 100m,达到流体静力平衡所需的时间可能超过几年。

有一些方法可以避免通过流体静力平衡直接测量基质吸力,这些方法采用第 2.1 节中介绍的水和水蒸气的热物理性质,并根据所涉及的热力学原理,测量对应的总吸力或基质吸力。

另一方面,可以通过以下控制和测量技术获取基质吸力:

(1)控制技术:对土体施加不同水平的恒定吸力,然后土体通过干燥或湿润路径与设备进行水分交换,从而达到平衡。当达到平衡时,就可以测量土体的含水率,并最终测量其体积,从而确定土水特征曲线上的一个点。

(2)测量技术:将土体与测量装置接触,测量装置经过一定时间后达到平衡,可直接或间接测量吸力。

值得注意的是,控制和测量技术也可用于控制或测量土力学试验设备(三轴仪、固结仪、直接或简单剪切仪等)中的基质吸力。利用这些设备,就可以评价吸力对土体力学性质的影响。

图 2-17a)总结了目前使用最广泛的吸力测量和控制技术的测量范围;图 2-17b)所示的典型土体的土水特征曲线,可根据土体类型选择最佳的测试技术。表 2-2 则总结了每种测量技术的一些主要特征。

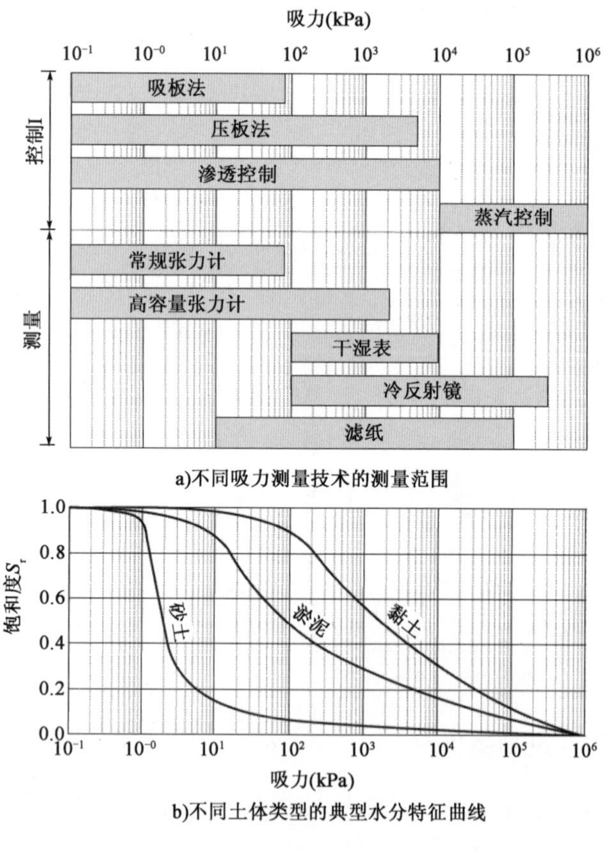

a)不同吸力测量技术的测量范围

b)不同土体类型的典型水分特征曲线

图 2-17

吸力测量技术的主要特征　　表 2-2

技　术	控制/测量	吸 力 类 型	数值范围(MPa)	所 需 时 间	评　价
吸板法	控制	基质吸力	0 ~ 0.08	天	1
压板法	控制	基质吸力	0 ~ 1.5	天	2
渗透控制	控制	基质吸力	0 ~ 10	天	3
蒸汽控制	控制	总吸力	$10 \sim 10^3$	周	4
常规张力计	测量	基质吸力	0 ~ 0.08	分钟	5
高容量张力计	测量	基质吸力	0 ~ 2.0	分钟	6
干湿表	测量	总吸力	0.1 ~ 10	分钟	7
冷反射镜	测量	总吸力	0.1 ~ 300	分钟	8
滤纸	测量	基质/总吸力	0.01 ~ 100	周	9

测量基质吸力仍存在一些技术难题：

(1)受到高吸力下气穴现象的限制；

(2)注意高压饱和；

(3)在长时间的试验中，要注意薄膜的耐久性；

(4)平衡时间长，基质吸力大；

(5)吸入压力低；

(6)张力计初始饱和困难；

(7)价格昂贵，需要高精度数据记录仪，对温度敏感；

(8)在低基质吸力情况下不准确；

(9)成本低的设备难以保证精度。

1)吸板法

原则上，这项技术包括将土体孔隙中的水与负压水相接触。土体中的水和装置中的水之间的接触可以通过使用饱和多孔板来实现，该多孔板允许水流过，但阻止空气流通。这种板被称为高进气值板(HAEV)，因为板具有半径足够小的孔，可以区分空气和水的流动，通过毛细作用维持测量室中的空气和多孔板下方的水之间的压力差，如图 2-18 所示。

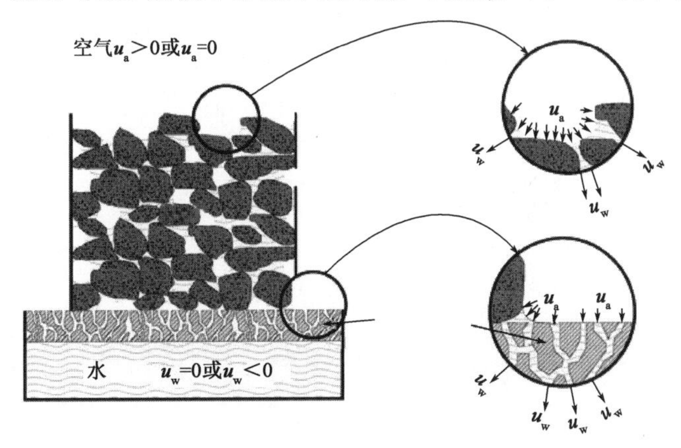

图 2-18　多孔板中水和土体中水之间的接触

可以通过改变水位,施加低吸力($s<30\text{kPa}$)的方法来施加负水压,如图2-19a)所示,或者通过使用真空泵来施加高达80kPa的吸力,如图2-19b)所示。因为真空泵会导致气蚀的发生以及多孔板下方大量气泡的积聚,所以必须密切监视真空泵的使用。这抑制了土体中的水与设备中的水的接触。

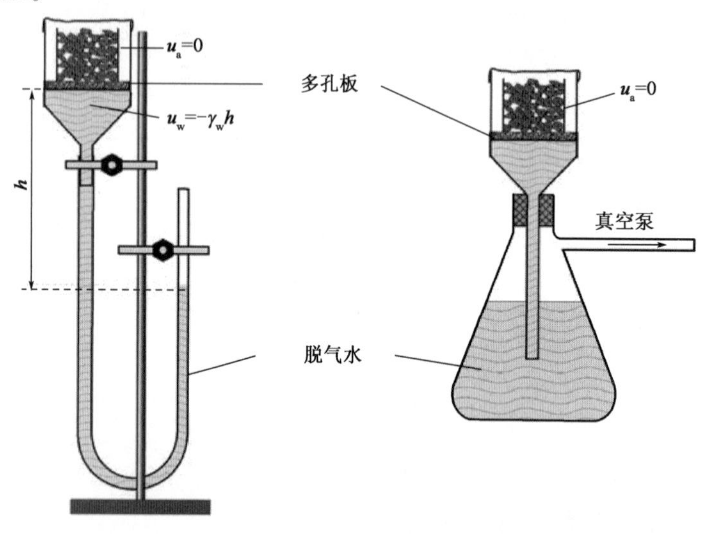

a)使用水位差的吸盘示意图　　b)使用真空泵的吸盘示意图

图2-19　使用水位差和真空泵的吸盘示意图

当土体中的水在负压下与水接触,就会产生水流。样品吸收或释放水分取决于土体的初始吸力是高于还是低于负水压。水流在土体吸力和施加的负水压之间达到平衡。

平衡时间取决于多孔板和土体的渗透系数。达到平衡后,含水率和样品体积的测量在水分特征曲线上得到一个点。

2)压板法

吸板技术的使用受到高负压下水的空化限制。当需要施加更高的吸力时,更适合采用压板技术。在这一技术中,水通常处于大气压力下,但是测量室内的空气压力被增加到高于大气压力,如图2-20所示。然后,气压向上推动土体中的水,直到通过毛细作用达到压力平衡。从毛细管的角度来看,吸力由弯月面上方和下方的气压和水压之差给出,$s=u_a-u_w$,因此降低水压($u_a=0$ 和 $u_w<0$)的效果相当于增加气压($u_a>0$ 和 $u_w=0$)。换句话说,在压板装置中施加的吸力对应于施加的空气压力。这就是所谓的轴平移技术。

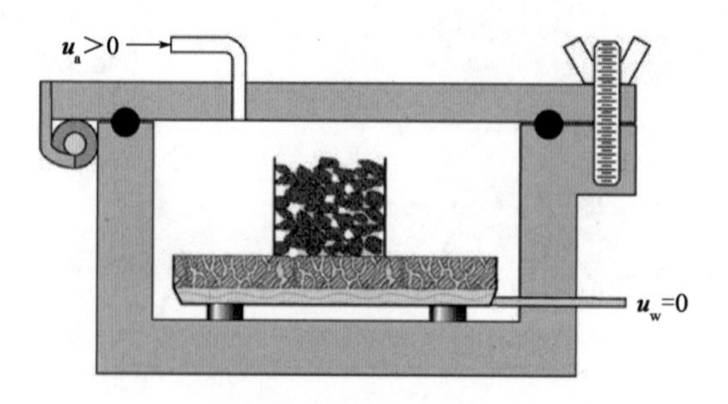

图2-20　压板装置示意图

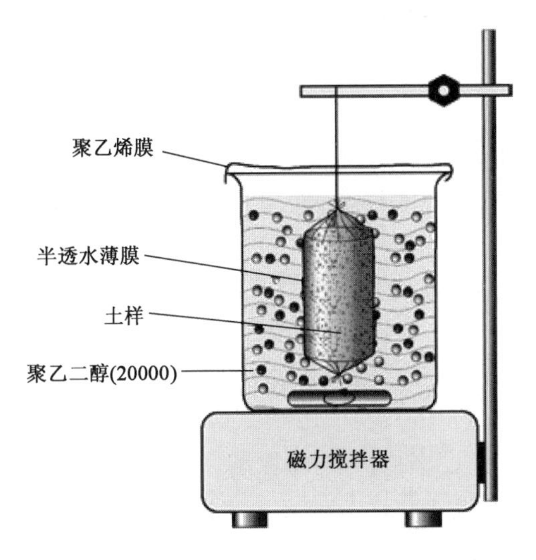

图 2-21　测定土水特征曲线的渗透装置[118]

但是,压力板中施加的吸力受到多孔板孔尺寸的限制,因为这些孔必须足够小以避免板的过饱和。出于技术原因,最大压力限制在15MPa。更大的压力要求板中有更小的孔,这降低了其渗透系数,降低了该技术在合理平衡时间方面的实用性。

3)渗透控制

渗透法是由土体科学家在20世纪60年代研发的,并在20世纪70年代早期由Kassiff和Ben Shalom进行了测试[225]。在这种方法中,土体样品与半透膜和水溶液接触,如图2-21所示。因为溶液中的水吸引自由水分子,所以这种接触产生水的渗流。当溶液和土体中的水达到平衡时,基质吸力等于施加的渗透压。

该试验中需要利用半透膜将渗透溶液和游离水分离,半透膜的孔隙应小于溶质分子。这可以采用半透膜(例如用于医疗透析的半透膜)和大分子材料(例如聚乙二醇)来实现。

聚乙二醇(PEG)是一种由长分子链组成的聚合物,其分子式如下:$HO-[CH_2-CH_2-O]_n-H$,其中 n 为链的长度和聚乙二醇的分子量。市售聚乙二醇的分子量在1000~50000,但分子量为20000的聚乙二醇才是岩土试验中最常用的。

第2.1.7节中拉乌尔定律给出的渗透压随着溶质浓度的增加而增加。通过使用干湿计测量聚乙二醇溶液上方的相对湿度,可以得到总吸力随各种聚乙二醇溶液浓度变化的校准曲线。图2-22a)给出了各研究人员用于获得渗透吸力的校准曲线。

使用手持式折光仪测量溶液的折光度可以有效测量聚乙二醇溶液浓度。这种测量给出了溶液的Brix值。纯水的Brix值为0,而无水蔗糖的折射率为100% Brix。图2-22b)给出了文献[131]中针对4种高浓度聚乙二醇溶液的校准曲线,并给出了它们的浓度与溶液折射率的函数关系。

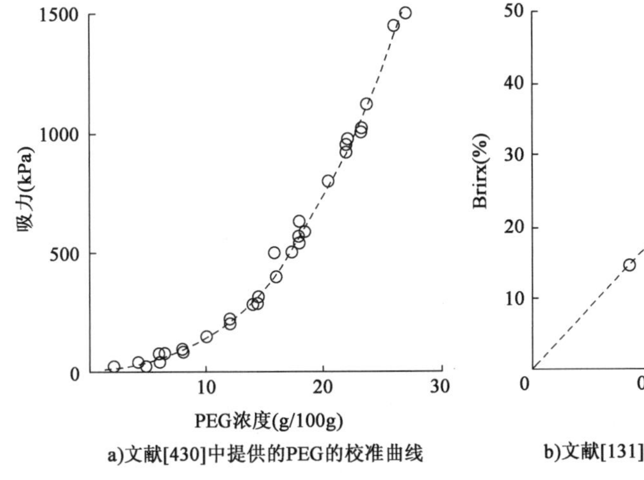

a)文献[430]中提供的PEG的校准曲线　　b)文献[131]中提供的PEG折射率校准曲线

图 2-22

上述测试过程中,所用溶液必须使用磁力搅拌器来保持其均匀性。然而,当浓度高于280g/L时,溶液的黏度极高,也很难被充分搅拌。

4)蒸汽控制

对于蒸汽控制技术,如图2-23所示,土体被放置在一个容器中,并浸没在相对湿度如表2-1所示的人工大气中。大气的湿度可使用饱和盐水溶液控制,使用式(2-36)给出的开尔文方程计算吸力水平。由于样品和大气之间的水交换发生在气相中,平衡时间相对较长(几天甚至几周),也可制造弱真空环境(低于大气压约40kPa)适当增加土体和大气之间水分交换速率。

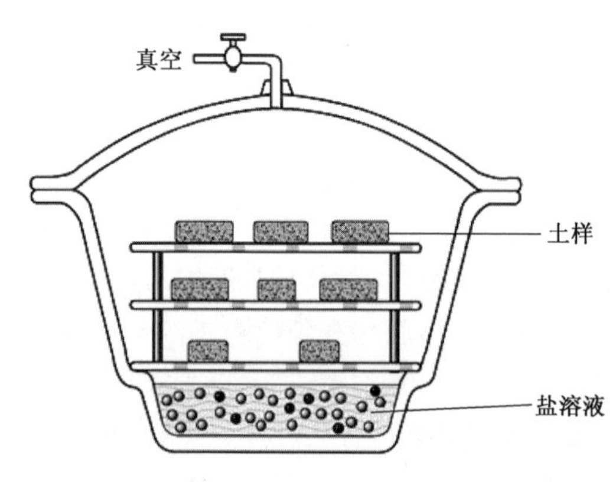

图2-23 使用真空干燥器的蒸汽控制技术示意图

需要注意的是,使用这种技术很难将吸力控制在15MPa以下,因为该吸力水平的相对湿度接近饱和,此时温度的微小变化会产生冷凝,从而降低技术精度。

5)张力计

张力计在试验室或现场测量吸力时经常用到。传统的张力计工作原理类似于压力计,它通过一个多孔陶瓷过滤器将少量水与土体中的水接触,该过滤器的进气量超过一个大气压[图2-24a)]。将张力计与土体接触后,张力计空腔中的水压与土体中的吸力平衡,之后使用压力传感器测量空腔中的压力。传统的张力计可以测量大约70kPa的吸力。值得注意的是,当压力过高,储层中的水会形成气穴,从而无法进行测量。

高容量张力计(HCT)[345]是由Ridley和Burland在1993年研发。这个张力计有一个空气入口值为1.5MPa的多孔陶瓷盘、一个厚度为0.1mm的储水器和一个带应变仪的金属膜片。图2-24b)给出了文献[298]中介绍的CERMES高容量张力计示意图。

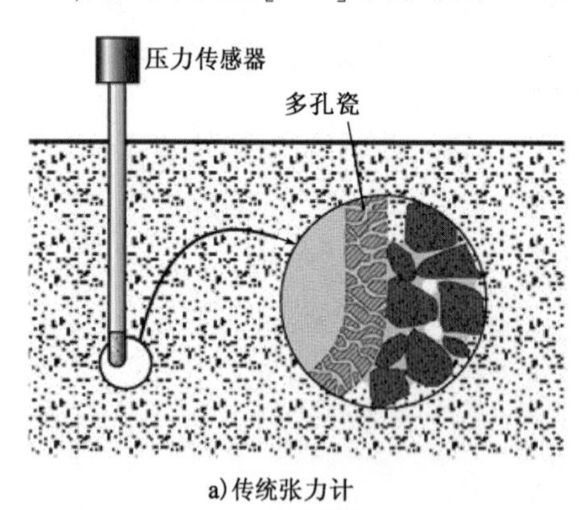

a)传统张力计

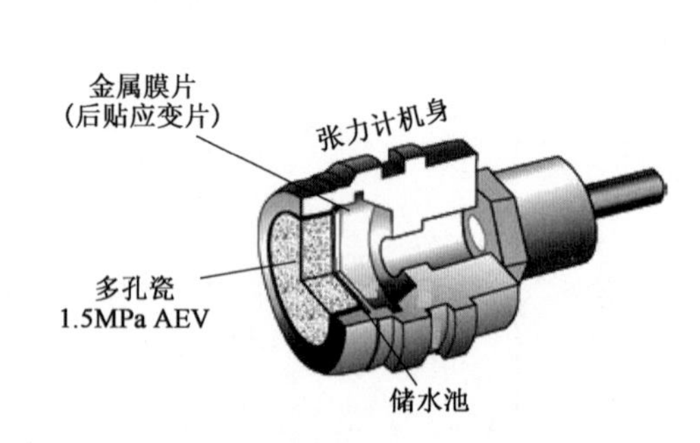

b)CERMES高容量张力计示意图[298]

图2-24

高容量张力计的测量范围为0至约800kPa,但张力计的性能取决于初始饱和度。在文献[387]中提出的饱和方法包括施加4MPa的正水压,以除去系统中截留的空气。然后,HCT经历与干样品接触的空化过程,再施加2MPa的正水压。

6)热电偶干湿表

干湿表根据两点之间的温差来测量吸力:一点是空气温度,另一点是处于易蒸发的湿润点。这些点之间的温差用于使用式(2-27)计算空气的相对湿度,之后可以使用开尔文方程计算吸力。

Peltier 干湿表利用了一些金属的特性,当小电流流过由两种不同金属(Peltier 干湿表中的铬和康铜)制成的两根导线时,这些金属会改变温度。这个干湿表有两个热电偶:一个用于测量空气温度(图 2-25),另一个热电偶的温度可以用流经导线的小电流来调节。

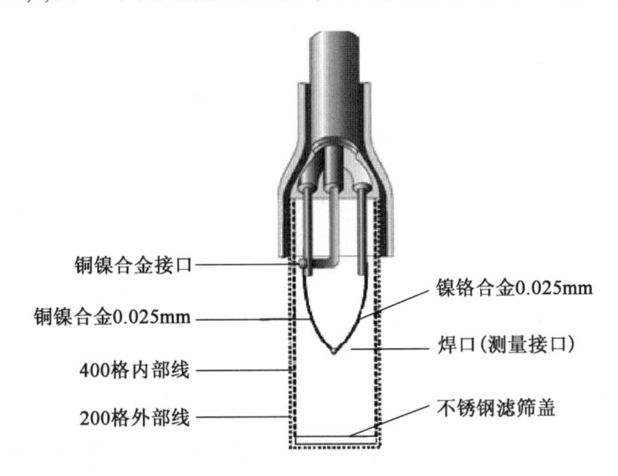

图 2-25　Peltier 干湿表示意图

图 2-26 给出了使用 Peltier 干湿表测量土体中空气相对湿度的过程:

(1)使用热电偶 1(参考接点)测量干球的温度。

(2)测量参考点和测量点之间的温差(偏移读数)。

(3)通过测量接点的小电流冷却连接点,并在连接点上产生水蒸气冷凝。

(4)随着冷凝水再次蒸发,测量接点的连接点保持在比参考热电偶更低的温度。这种温差可以计算相对湿度。

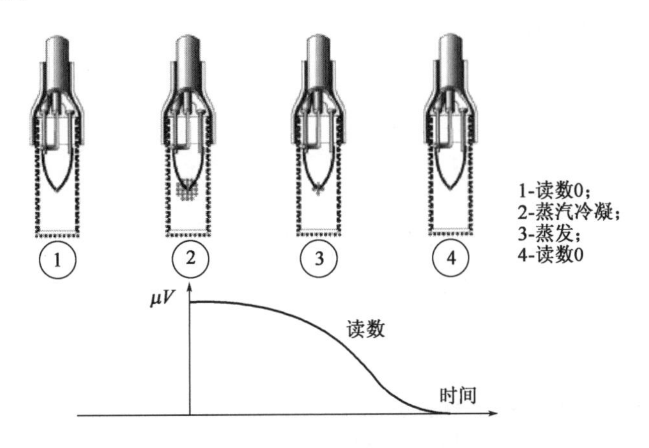

图 2-26　热电偶湿度计使用的蒸汽冷凝和蒸发过程

图 2-27a)给出了使用不同吸力水平的盐水溶液进行校准的过程。这些测量值可用于获

得吸入量和干湿表测量值μV之间的线性校准曲线,如图2-27(b)所示。

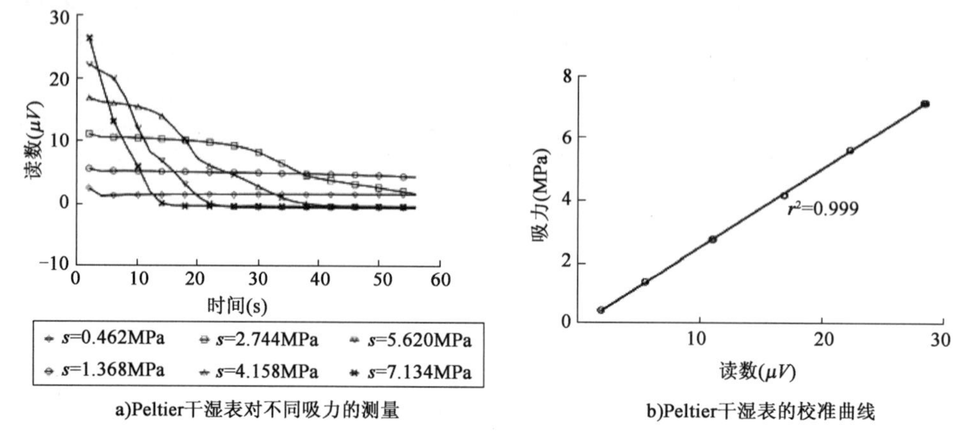

a)Peltier干湿表对不同吸力的测量

b)Peltier干湿表的校准曲线

图2-27

7)冷反射镜装置

冷反射镜装置使用热力学原理,将露点与式(2-14)给出的相对湿度联系起来。然后和其他方法一样,用开尔文方程计算吸力。

如图2-28所示,冷反射镜装置有4个部件:检测冷凝的反射镜、降低反射镜温度的冷却器(通常是热电Peltier冷却器)、检测冷凝点的光电传感器和测量露点的温度传感器。

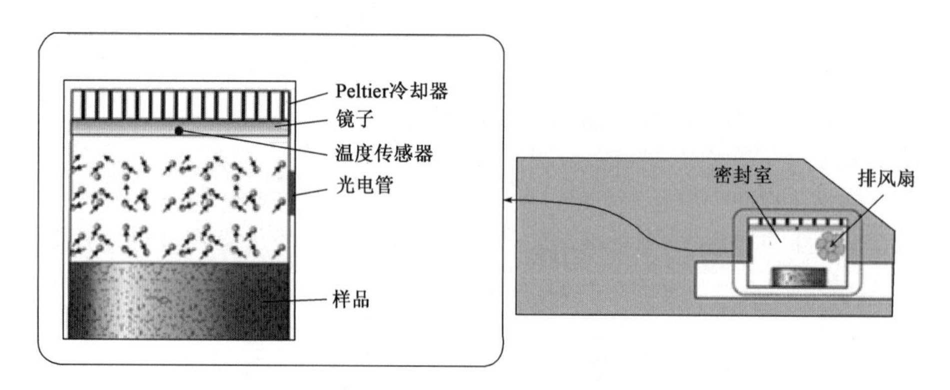

图2-28　WP4冷镜装置的示意图

Decagon Devices生产如图2-28所示的冷镜设备。它的工作原理如下[135]:

(1)将样品放置在测量室中。在达到平衡时间之后,腔室内空气的水势达到样品的水势。Decagon WP4C使用内部风扇循环样品室内的空气,以减少达到平衡所需的时间。

(2)Peltier冷却器使镜子的温度逐渐降低。

(3)通过测量射到反射镜上并反射到光电检测器中光束的反射率来检测聚光首次出现在反射镜上的准确位置。

(4)使用连接在镜子上的热电偶记录冷凝发生的温度。

尽管冷反射镜技术很昂贵,但它既快速又准确。

8)滤纸

滤纸法可间接测量基质吸力。如图2-29所示,将一张校准过的滤纸与土体接触来测量基质吸力,或者与土体周围的大气接触来测量总吸力。带有滤纸的样品被封装在与试验室环境隔离的容器中。几天或几周后(这取决于土体的吸力),滤纸中的吸力与土体中的吸力平衡。

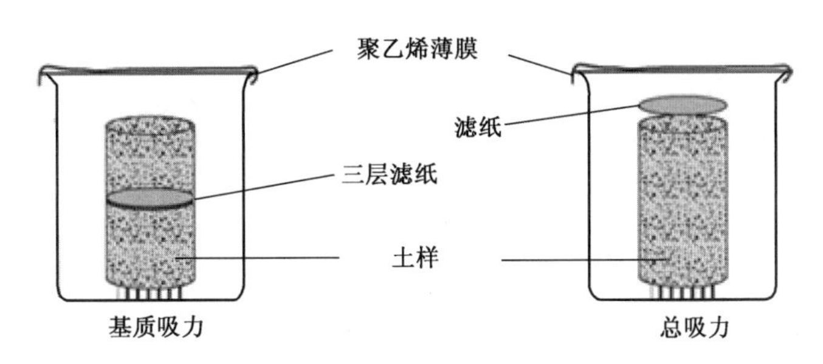

图 2-29 使用滤纸技术测量基质和总吸力

吸力是通过测量滤纸的含水率并使用特定的校准曲线来估算的,校准曲线是不同滤纸各自具有的特征。滤纸法的通常吸力范围为 0.01 ~ 100MPa。

该技术通过 ASTM D 5298-03[30]进行了标准化,其通常以干滤纸开始,但文献[325]中只提出了一种湿滤纸的测试方法。

图 2-30 给出了从文献[298]中获得的测量值,这些测量值是由不同学者针对干燥和湿润过程使用 Whatman Grade 42 滤纸得出的校准曲线中得到的[150,325,184,178,346,192,256]。

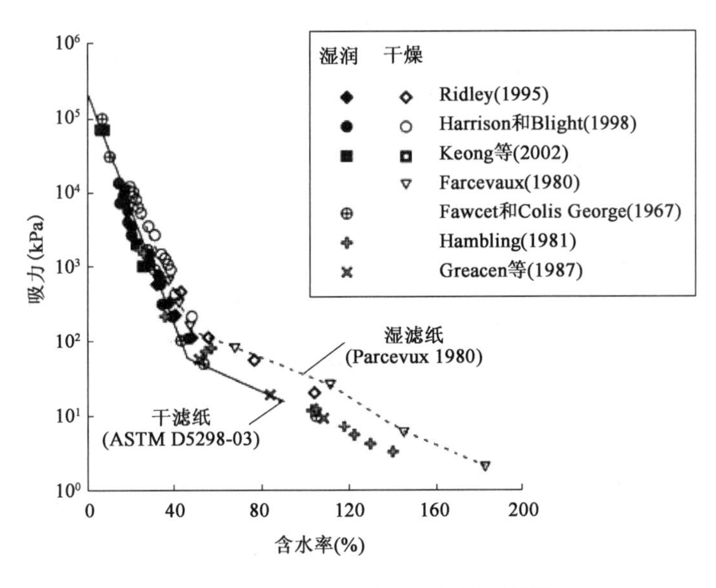

图 2-30 Whatman 42 滤纸的校准曲线[298]

滤纸法虽然简单且便宜,但需要使用精度约为 1/10000g 的高精度天平仔细地测量滤纸的含水率。滤纸必须尽快称重,以避免水分蒸发。放置三层滤纸可以降低被污染的可能性,但测量时只测量中间层的含水率。尽管进行了仔细的测量,但滤纸技术的精度很差,因此有必要在相同的条件下进行多次测量。

9)其他方法

其他间接测量土体吸力的方法,大多数是基于与土体接触的多孔材料块(石膏、陶瓷或其他材料),这使得土体和多孔块体之间的电势均衡。通过测量其电导率、电容或导热系数来估算该多孔块的含水率,再通过合适的校准曲线可以给出土体的吸力。

尽管间接方法具有一定的适用性,但一个重要的缺陷是多孔块的平衡时间长和吸入曲线滞后。总之,这些方法的精度取决于校准曲线的精度。

2.2.5 调节土水特征曲线的模型

使用数值或其他分析工具分析非饱和土的特性需要将吸力与含水率或饱和度之间的关系纳入连续函数中。通常,土水特征曲线是通过将试验数据拟合获得的。表 2-3 提出了一些文献中提出的方程,用数学方法描述了土水特征曲线。

这些方程根据体积吸水率 θ 或饱和度 S_r(取决于基质吸力 s)来描述土水特征曲线(表示为 WRC)。但是,对于总吸力 Ψ_{Tot},相同的方程对于描述 WRC 是有用的[167,68,70,412,285,286,159,128]。为了更好地拟合高吸力下的 WRC,其中一些方程使用了标准体积含水率,如式(2-45)所示:

$$\Theta_n = \frac{\theta - \theta_{res}}{\theta_{sat} - \theta_{res}} \tag{2-45}$$

式中,Θ_n 为标准体积含水率,θ_{res} 为残余体积含水率,θ_{sat} 为饱和体积含水率。

$$\Theta_n = \frac{1}{[1 + (as)^n]^m} \tag{2-46}$$

土水特征曲线方程

表 2-3

作　者	方　程	参　数
Gardner	$\Theta_n = \frac{1}{1 + as^b}$	a,b
Brooks 和 Corey	$\Theta_n = 1$,当 $s < s_{aev}$ 时 $\Theta_n = (s/s_{aev})^{-\lambda}$,当 $s < s_{aev}$ 时	s_{aev},λ
Burtsaert	$\Theta_n = \frac{1}{1 + (s/a)^b}$	a,b
Van Genuchten	$\Theta_n = \frac{1}{\lvert 1 + (sa)^n \rvert^m}$	a,n,m
McKee 和 Bumb	$\Theta_n = 1$,当 $s < s_{aev}$ 时 $\Theta_n = \exp(\frac{a - s}{n})$,当 $s < s_{aev}$ 时	a,n
McKee 和 Bumb	$\Theta_n = \frac{1}{1 + \exp(\frac{a - s}{n})}$	a,n
Fredlund 和 Xing	$\Theta_n = \frac{C(s)\theta_{sat}}{\{\ln[\exp(1) + (s/a)^n]\}^m}$ $C(s) = 1 - \ln(1 + s/s_{res})/\ln(1 + 10^6/s_{res})$	a,n,m
Gitirana Jr. 和 Fredlund	$S_r = \frac{S_1 - S_2}{1 + s/\sqrt{s_{aev}s_{res}}} + S_2$	s_{aev},s_{res}

注:S_1 和 S_2 为文献[128]中定义的函数,s_{aev} 为进气吸力,s_{res} 为残余吸力。

尽管最近有学者提出了一些关于土水特征曲线的方程，但式(2-46)给出的 Van Genuchten 方程仍是使用最广泛的方程之一。Van Genuchten 方程的突出优势在于，它可以通过土水特征曲线来获得非饱和渗透系数[412]。

由 Fredlund 和 Xing 提出的方法[159]已成功应用在 MEPDM(机械经验路面设计方法)[330]中。Fredlund 等提出的拟合参数与已知的土体塑性指数 PI 具有统计相关性。

塑性指数 $PI>0$ 的土体的拟合参数与乘积 $P_{200}PI$ 相关，其中 P_{200} 为 200 号美国标准筛的通过率，以十进制表示；PI 为塑性指数，以百分比(%)表示。文献[330]提出的一组相关性如式(2-47)～式(2-50)所示：

$$a = 0.00364\ (P_{200}PI)^{3.35} + 4P_{200}PI + 11 \tag{2-47}$$

$$m = 0.0514\ (P_{200}PI)^{0.465} + 0.5 \tag{2-48}$$

$$n = m[-2.313\ (P_{200}PI)^{0.14} + 5] \tag{2-49}$$

$$s_{res} = a32.44e^{0.0186P_{200}PI} \tag{2-50}$$

对于塑性指数等于零的颗粒土，土水特征曲线与从粒径分布曲线获得的粒径 d_{60} 相关(d_{60} 是指通过筛分得到的占总重量或总质量60%的颗粒直径)。其相关关系是：

$$a = 0.8627d_{60}^{-0.751} \tag{2-51}$$

$$m = 0.1772\ln(d_{60}) + 0.7734 \tag{2-52}$$

$$n = 7.5 \tag{2-53}$$

$$s_{res} = \frac{a}{d_{60} + 9.7e^{-4}} \tag{2-54}$$

图2-31给出了利用 Fredlund 和 Xing 方程[用式(2-55)的饱和度表示]所得不同材料的土水特征曲线。

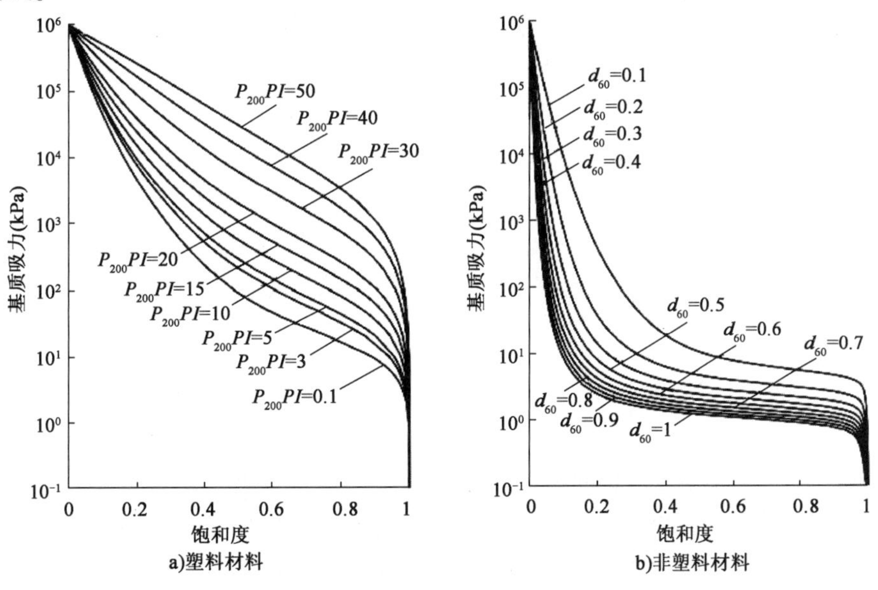

图2-31 使用文献[330]中提出的方法判定材料持水性

$$S_r = C(s)\frac{1}{\{\ln[\exp(1) + (s/a)^n]\}^m} \tag{2-55}$$

$$C(s) = 1 - \frac{\ln(1 + s/s_{res})}{\ln(1 + 10^6/s_{res})} \tag{2-56}$$

2.2.6 压实过程中吸力的演变及持水模型

土体的土水特征曲线在压实过程中会发生变化,因为孔隙体积减小,孔径变化,孔隙空间在微观和宏观孔隙中的比例也发生变化。

可变形土体土水特征曲线的演变已成为许多研究人员关注的重点,并且已经提出了几种模型[350,164,385]。在文献[164]中提出了式(2-57):

$$S_r = \left[\frac{1}{1 + (\varphi_W s e^{\Psi_W})^{n_W}}\right]^{m_W} \tag{2-57}$$

式中,e 为空隙比,φ_W、ψ_W、n_W和 m_W为持水模型的参数,s 为基质吸力。

图 2-32 给出了用式(2-57)计算的可变形土水特征曲线的演变,以及文献[81]中提出的高岭土参数。Alessandro 和 Bernardo 等用装有高容量张力计或 Peltier 湿度计的吸力监测设备,研究了在膨胀压缩过程中加载和卸载循环过程中吸力的演变[386,81]。

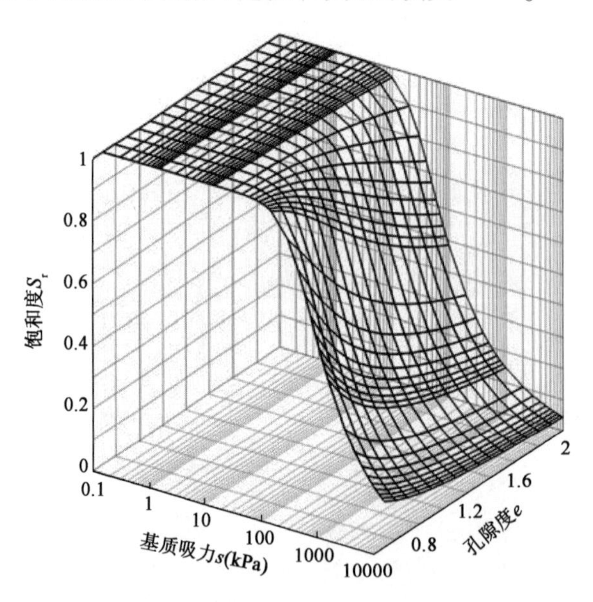

图 2-32 式(2-57)所得高岭土保水率曲线的变化[81]

($\varphi_W = 0.0123$, $\psi_W = 1.664$, $n_W = 2.166$ 和 $m_W = 0.24$)

图 2-33 给出了吸力演化结果的示例[386]。因为这些结果是在恒定含水率下进行试验得出的,所以在压缩过程中饱和度增加,基质吸力降低。通过对加载和卸载过程中吸力极值的分析,可以识别出一条压缩线,该压缩线显示吸力随饱和度增加而减小,以及一条限制卸载过程中吸力值的压实后曲线。

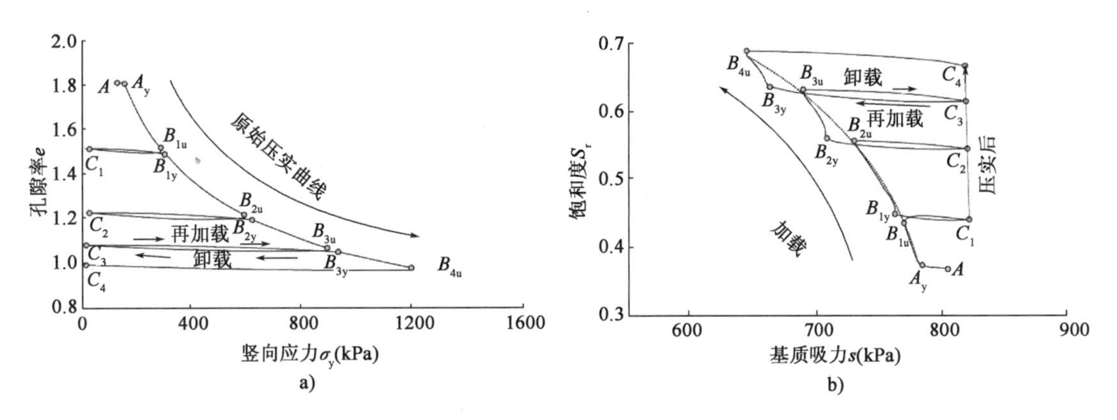

图 2-33　压缩荷载和卸载过程中测量的吸力变化[386]

图 2-34 所示为文献[384]中提出的示意图,是关于在侧限压缩期间和加载卸载循环期间的吸力演变建议。根据这一提议,吸力演变如下:

(1)首先,土体从弹性域开始。因为空隙比降低,弹性区域饱和度增加(从点 A 至 A_y),吸力略有下降。

(2)弹性域中的压缩进行到对应于空隙比 e_{Ay} 的屈服点时,吸力达到对应空隙比 e_A 的水分特征曲线。

(3)当轴向应力增加超过屈服点时,塑性区中的空隙开始减少,饱和-吸力中的水力路径朝着对应于压缩期间得到的不同空隙比的连续水分特征曲线前进。

(4)在卸载过程中,空隙比在弹性区域再次增加,这将降低饱和度并增加吸力。

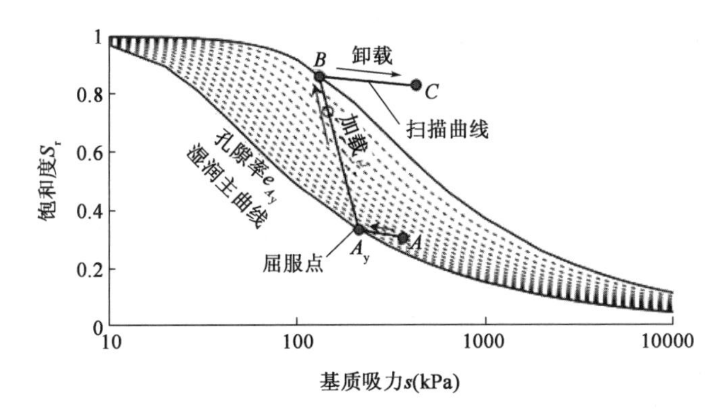

图 2-34　侧限压缩过程中加载和卸载过程中基质吸力的演变示意图

对于卸载/加载循环,式(2-58)给出了描述卸载-加载路径中基质吸力演变的表达式[386]:

$$S_r = S_{r0} - k_s(s - s_0) \tag{2-58}$$

在式(2-58)中,s_0和 S_{r0}为卸载开始时的吸力和饱和度,k_s为基质吸力与饱和度相关空间中卸载-加载曲线的斜率。

图 2-35 给出了根据式(2-57)和式(2-58)以及试验结果计算的加载和卸载过程中吸力的演变。两条极限吸力曲线对应的空隙比为 $e = 1.9$ 和 $e = 0.9$。该图给出了抽吸循环的振幅对应于实测振幅时计算的抽吸接近测量值。然而,由于干湿表的时间响应,实测吸力和计算吸力并不完全匹配。

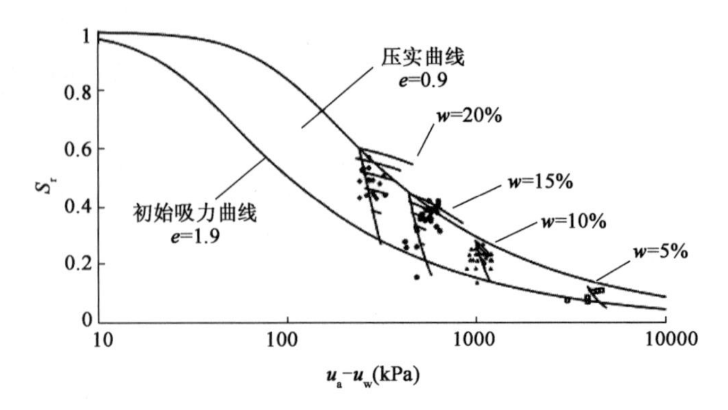

图 2-35　压实试验过程中水力路径模型

2.3　非饱和土体中水和空气的流动

1856 年，Darcy 对 Dijon 公共喷泉的研究，确定了多孔介质中水的通量 q_w（其中 q_w 为单位面积的流量）与电位梯度 $\nabla\Psi$ 成正比[124]：

$$q_w = k_{w-sat}\nabla\Psi \tag{2-59}$$

比例系数 k_{w-sat} 被称为渗透系数；但有时在岩土工程中，渗透系数被当作渗透率。这可能导致与下面定义的绝对渗透率 K 混淆，渗透系数是以速度为单位衡量的，它表示水穿过多孔介质单位面积的平均速度。

渗透系数 k_{w-sat} 取决于孔隙空间的几何形状和拓扑结构（与孔隙度和粒度分布相关）以及流体的黏度。相比之下，固有渗透率或绝对渗透率 K 是一个更有用的系数，因为它仅取决于孔隙空间的几何形状，而与流体无关。其定义如下：

$$K = \frac{\mu}{\rho g}k \tag{2-60}$$

式中，μ 为流体的黏度，ρ 为流体密度，g 为重力加速度，k 为渗透系数。

随着土体饱和度的下降，空气取代了孔隙中的水，并且渗透系数降低，因为：

(1) 当孔中充满空气时，可用于水流的总横截面积减小。

(2) 随着基质吸力的增加，充满水的孔隙半径减小，增加了对流动水的阻力。

(3) 在基质吸力较高时，水占据孤立点，因此处于不连续状态。液相之间不再流动，所以水只在气相中交换。

由于这些原因，非饱和土体中的渗透系数不再与水压无关，而是取决于填充孔隙的水量及其有效半径（这与通过水分特征曲线的基质吸力有关）。Buckingham 于 1907 年首次对非饱和土体中的水流进行了研究，Richards、Childs 和 Collis-George 是第一批将达西定律扩展到非饱和材料的研究人员[71,343,99]。

对于非饱和土体，水和空气的排放量及其梯度之间的关系为：

$$q_w = k_w\nabla\Psi_{Tot} \tag{2-61}$$

$$q_a = k_a\nabla u_a \tag{2-62}$$

可以引入相对渗透率 k_{rw} 和 k_{ra}，它们将非饱和状态的实际渗透率与饱和水渗透率或干燥空气渗透率联系起来，如式(2-63) ~ 式(2-64)所示：

$$k_w = Kk_{rw} \text{ 或 } k_{rw} = \frac{k_w}{k_{w-sat}} \tag{2-63}$$

$$k_a = Kk_{ra} \text{ 或 } k_{ra} = \frac{k_a}{k_{a-dry}} \tag{2-64}$$

如图 2-36 所示，k_{rw} 和 k_{ra} 从 0 变化到 1。事实上，当土体达到 100% 饱和状态时，水可以运动的空隙空间最大，因此 $k_{rw} = 1$。因此，空气的相对渗透率为零。另一方面，随着饱和度的降低，水渗透性降低，并且水到达不连续相点时的饱和度变为零。随着空隙空间中空气比例的增加，k_{ra} 值增加，对于干燥材料，$k_{ra} = 1$。

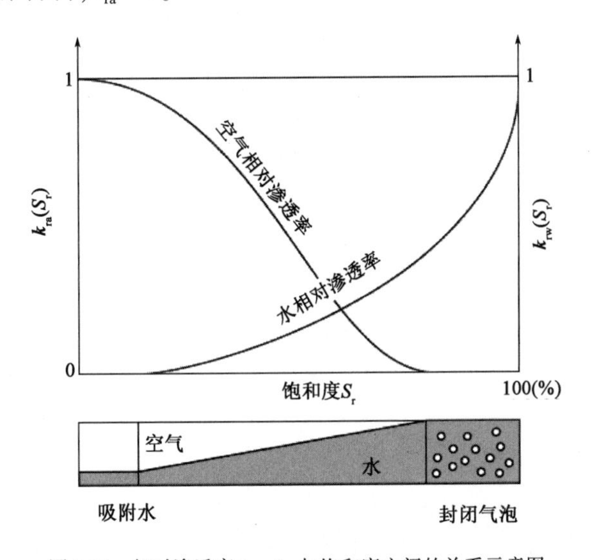

图 2-36　相对渗透率 k_{rw}、k_{ra} 与饱和度之间的关系示意图

需要注意的是，相对渗透率函数并不是唯一的，而是取决于饱和的历史，即是否通过润湿或干燥达到饱和。

2.3.1　相对渗透率评价

有两种方法可以获得非饱和土体的渗透性参数：直接法和间接法[257,279]。渗透率测量可以在试验室或现场直接进行，而间接法通常利用土体特性，并结合其土水特征曲线来获得。

根据水在土内的流动状态，获取 k_w 函数的方法也可分为稳定状态法或非稳定状态法[257,279]。

稳定状态法是在特定的水压作用下，使水在土样内以恒定的流速（水力梯度）通过。当土样的上游流速等于下游流速或在整个测试土样中观察到恒定的水力梯度，即达到稳定状态。

非稳定状态方法既可以在试验室使用，也可以在现场使用，并且有多种变化，包括渗透技术和瞬时技术。

1)稳定状态方法

对传统三轴仪进行适当改进,可以有效测量非饱和渗透系数[52,47,383,172]。三轴试验方法的优点是它更接近土体真实受力条件和应力路径,但需要对三轴压力室的顶盖和底座进行一些调整,以便同时施加和控制气压和水压,如图 2-37 所示。这样调整后可以利用轴平移技术在样品的顶部和底部施加不同的吸力[即施加$(u_a - u_w)_{顶部} \neq (u_a - u_w)_{底部}$]。常用在样品的顶部和底部施加不同的吸力的方法有两种:

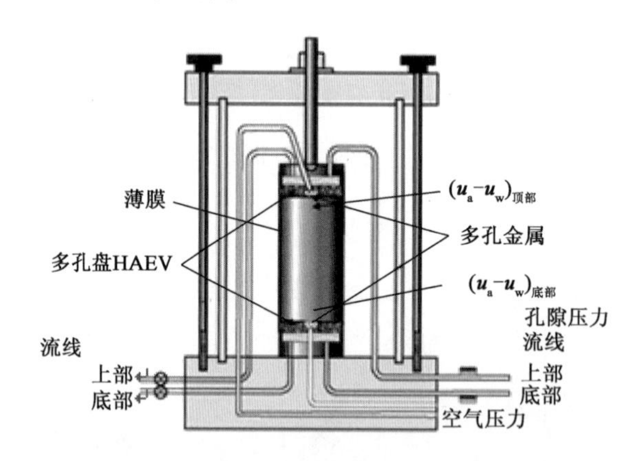

图 2-37　利用改进的三轴仪测量非饱和土渗透系数的示意图[172]

(1)通过控制水流量 q_w施加不同水平的吸力。

(2)使用带有水压测量功能的水泵向土样内注入适量水,从而获得吸力差。

这两种方法都可以使用达西定律计算渗透系数,如式(2-65)所示:

$$k_w = \frac{q_w L}{\Delta(u_a - u_w)} \tag{2-65}$$

式中,L 为试样长度。值得注意的是,测量 k_w时需要考虑位于试样顶部和底部的多孔板渗透系数的修正。

另一种稳态测量方法是使用土工离心机来减少常规稳态试验所需的时间。离心渗透仪利用离心加速度替代重力作用。在柱中安装的仪器可测量过水量以及柱体不同高度的孔隙水压力。当水流和孔隙压力达到平衡后,根据 Richards 方程进行反算,就得到渗透系数[451]。尽管离心法有很多优点,但它仅适用于测试孔隙结构对应力状态不敏感的不可压缩土体,因为离心法会对土体样品施加较高的法向应力。

2)非稳定状态方法

非稳定状态法通常分为流出-流入法和瞬时剖面法。

流出-流入法是对试样分阶段施加基质吸力增量,同时记录每一增量后流出速率和总流出量。该方法为,假设在流出过程中渗透系数是恒定的,含水率与基质吸力之间呈线性关系。为了满足该假设,该方法要求基质吸力足够小,同时为了提供可测量的流出量又要求基质吸力足够大[279]。可以通过使用压板设备或单轴压缩仪来测量每一基质吸力增量下的出水量。Gardner在文献[166]中提出了一种获得水扩散系数 D(代替渗透系数 k_w)的方法。

(1)在 $t=0$ 时,对样品施加瞬时的吸力增量,同时仔细监控达到吸力平衡时排出的液体量

$q_w(t)$。

(2)基于 Richards 方程的简化解析,Gardner 证明了出水量的对数是时间的线性函数。

最终得到水扩散系数的方程为:

$$\log[q_0 - q(t)] = \log\frac{8q_0}{\pi^2} - \frac{\pi^2}{4L^2}D_\theta t \tag{2-66}$$

式中,q_0为体积含水率(即水体积/样品体积)的总流出量,D_θ为水扩散系数,L为试样长度。

作为该方法的一个例子,图 2-38 给出了在淤泥上施加从 100 ~ 200kPa 的吸力过程中使用渗透压计获得的结果[417,132]。图 2-38b)证实了 $\log[q_0 - q(t)]$和时间之间的线性关系,直线斜率得到扩散系数 D_θ。

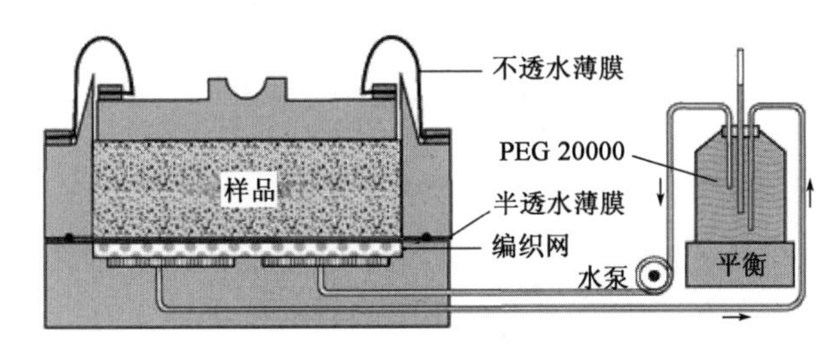

a)用于测量水扩散系数的渗透压渗透仪

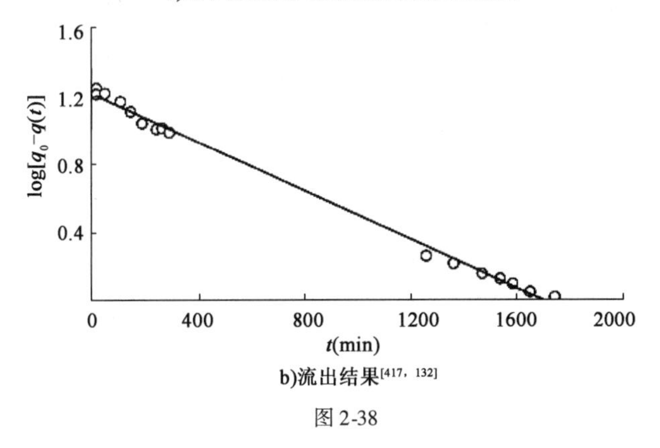

b)流出结果[417, 132]

图 2-38

如果扩散系数 D_θ和水分特征曲线已知,则可以计算渗透系数:

$$D_0 = -k_w(\theta)\frac{ds}{d\theta} \tag{2-67}$$

式中,$k_w(\theta)$为非饱和渗透系数,s 为正吸力,θ 为体积含水率。

瞬时剖面法(IPM)是在长圆柱形土体样品中施加瞬时流动水量,并在不同时间间隔测量含水率和/或孔隙水压力的最终剖面[233]。

通过使用含水率和孔隙水压力的瞬态曲线并结合达西定律来计算非饱和渗透系数 k_w。图 2-39 显示了应用于毛细上升土柱的瞬时剖面法。计算非饱和渗透系数的过程如下[297]:

(1)计算给定时间 t 的水力梯度 I,可以用式(2-68)推导出柱的每个高度 z_i处的水力势能曲线,如图 2-39a)所示:

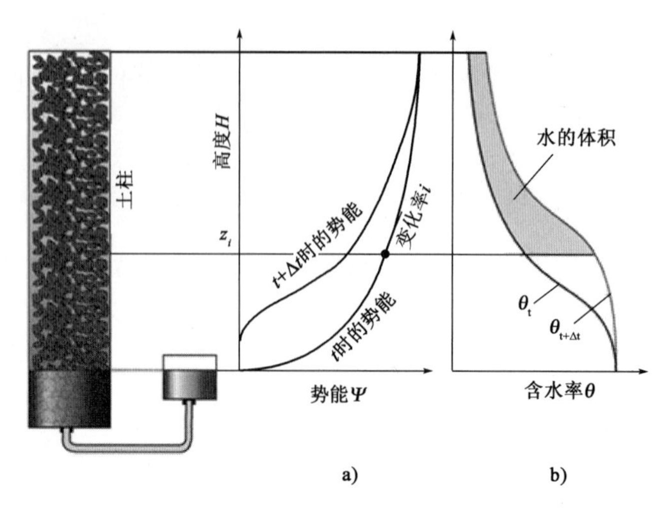

图 2-39　瞬时剖面法(IPM)示意图

$$i = \frac{\partial \Psi}{\partial z} \tag{2-68}$$

(2)计算给定高度 z 下,在时间 t 和 $t+\Delta t$ 的两个瞬时之间渗透的水量 V;如图 2-39b)所示。该体积是由对应于两个时刻的含水率分布图之间的差异得到的:

$$V = A\left(\int_{z_i}^{H} \theta_{t+\Delta t}\mathrm{d}z - \int_{z_i}^{H} \theta_{t}\mathrm{d}z\right) \tag{2-69}$$

式中,A 为土柱的横截面积,θ 为体积含水率,H 为土柱的总高度,z_i为所考虑的高度。

(3)在时间 t 和 $t+\Delta t$ 之间的水通量 q_w 计算如下:

$$q_w = A\frac{\int_{z_i}^{H} \theta_{t+\Delta t}\mathrm{d}z - \int_{z_i}^{H} \theta_{t}\mathrm{d}z}{\Delta t} \tag{2-70}$$

(4)最后,非饱和渗透系数 k_w是由水流量与水力梯度之比按照达西定律得出的:

$$k_w = \frac{1}{A}\frac{2q_w}{i_t + i_{t+\Delta t}} \tag{2-71}$$

3)间接方法

在试验室或现场测量渗透系数涉及多个试验技术难点。因此,通常使用基于饱和渗透系数和土水特征曲线的半经验模型来估算渗透系数。

根据土水特征曲线,Burdine[72]提出式(2-72):

$$k_{rw}(\theta) = \frac{k_w(\theta)}{k_{w-sat}} = \Theta_n^q \frac{\int_{\theta_r}^{\theta}\frac{\mathrm{d}\theta}{s^2}}{\int_{\theta_r}^{\theta_{sat}}\frac{\mathrm{d}\theta}{s^2}} \tag{2-72}$$

式中,$q=2$ 说明孔隙空间的弯曲度。

Mualem[296]使用多孔介质的概念提出式(2-73):

$$k_{rw}(\theta) = \Theta_n^q \left(\frac{\int_{\theta_r}^{\theta} \frac{d\theta}{s^2}}{\int_{\theta_r}^{\theta_{sat}} \frac{d\theta}{s}}\right) \tag{2-73}$$

Van Genuchten[412]使用土水特征曲线方程式来评价 Burdine 和 Mualem 提出的体积含水率与吸力之间的关系。使用式(2-46)获得式(2-73)中所需的积分,Van Genuchten 获得了相对渗透率函数的表达式:

$$k_{rw} \frac{\{1-(as)^{n-1}[1+(as)^n]^{-m}\}^2}{[1+(as)^n]^{m/2}} \quad \text{(来自 Mualem 等式)} \tag{2-74}$$

$$k_{rw} \frac{\{1-(as)^{n-2}[1+(as)^n]^{-m}\}}{[1+(as)^n]^{2m}} \quad \text{(来自 Burdine 等式)} \tag{2-75}$$

其他间接方法将土水特征曲线离散为点集,并使用达西定律和 HagenPoiseuille 方程之间的相似性。Poiseuille 提出,毛细管中的水流量 q_w 由式(2-76)给出:

$$q_w = \frac{r_c^2}{8\mu_w} i \tag{2-76}$$

式中,r_c 为孔半径,μ_w 为水的动态黏度。

另一方面,如第 2.1.4 节所述,孔半径 r_c 与基质吸力之间的关系为:

$$r_c = \frac{2\sigma_s}{s} \tag{2-77}$$

Marshall[278]将多孔介质分成一组毛细管,提出理论计算非饱和渗透系数的方法。在 Marshall 的方法中,每个毛细管的尺寸与基质吸力有关,如式(2-77)所示,而流动阻力是使用 HagenPoiseuille 方程计算的。Marshall 在 1958 年提出的原始方程式的基础上改进得出了式(2-78)[242,161]:

$$k_w(\theta_i) = \frac{k_{sat}}{k_{sat-c}} \frac{\sigma_s^2 \rho_w g \theta_{sat}^p}{2\mu_w n^2} \sum_{j=i}^{m} [(2j+1-2i)(s)_j^{-2}] \quad (i=1,2,\cdots\cdots m) \tag{2-78}$$

式中,$k_w(\theta_i)$ 为针对含水率 θ_i 计算出的渗透系数,j 为从 i 到 m 的变化量,k_{sat-c} 为计算出的饱和渗透系数,k_{sat} 为试验的饱和渗透系数,σ_s 为水的表面张力,ρ_w 为水的密度,g 为重力加速度,μ_w 为水的绝对黏度,p 为说明不同尺寸孔隙相互作用的常数,m 为 θ_{sat} 和 θ_{Low} 之间饱和含水率中的间隔数,θ_{Low} 为从水分特征曲线获得的最低含水率,n 为在饱和体积含水率和零体积含水率之间计算的间隔总数,$n=m[\theta_{sat}/(\theta_{sat}-\theta_{Low})]$,并且 s 为与第 j 个间隔的中点相对应的基质吸力(kPa)。如图 2-40 所示,为式(2-78)得到的土水特征曲线。

Fredlund 等[161]提出了一种对式(2-78)积分的方法,可以将其应用于土水特征曲线。由此积分得到的表达式为:

$$k_{rw}(s) = \frac{\int^b \ln(s) \frac{\theta(e^y)-\theta(s)}{e^y} \theta'(e^y) dy}{\int^b \ln(s_{aev}) \frac{\theta(e^y)-\theta_{sat}}{e^y} \theta'(e^y) dy} \tag{2-79}$$

式中,将积分上下限 a 和 b 为:

$$a = \ln s_{aev}, b = \ln(10^6) \tag{2-80}$$

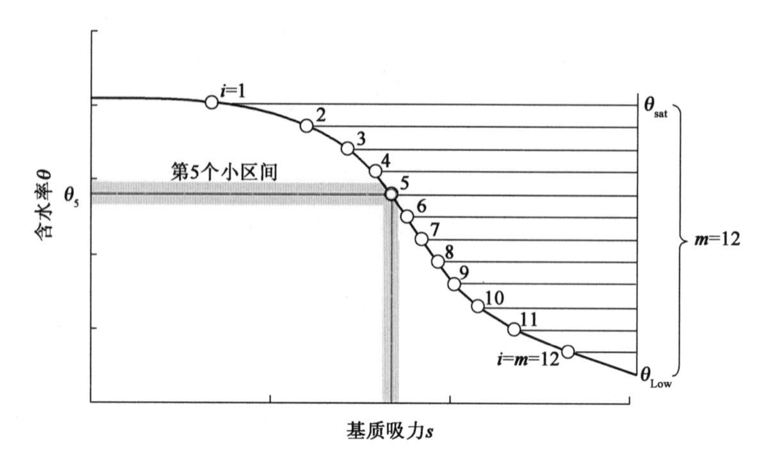

图 2-40　式(2-78)所得土水特征曲线

将区间[a,b]分成大小为Δy的N个子区间:

$$a = y_1 < y_2 < \cdots\cdots y_N < y_{N+1} = b, \Delta y = \frac{b-a}{N} \tag{2-81}$$

对式(2-79)的分母求值,得到:

$$\int_{\ln(s_{aev})}^{b} \frac{\theta(e^y) - \theta_{sat}}{e^y}\theta'(e^y)\mathrm{d}y \approx \Delta y \sum_{i=1}^{N} \frac{\theta(e^{\overline{y}_i} - \theta_{sat})}{e^{\overline{y}_i}}\theta'(e^{\overline{y}_i}) \tag{2-82}$$

式中,$\overline{y}_i$为区间[y_i,y_{i+1}]的中点,θ'是文献[159]中提出的土水特征曲线的导数,由式(2-83)给出。

$$\theta'(s) = C'(s)\frac{\theta_{sat}}{\{\ln[e+(s/a)^n]\}^m} - C(s)\frac{\theta_{sat}}{\{\ln[e+(s/a)^n]\}^{m+1}}\frac{mn\left(\frac{s}{a}\right)^{n-1}}{a[e+(s/a)^n]} \tag{2-83}$$

$$C'(s) = \frac{-1}{(s_{res}+s)\ln\left(1+\frac{10^6}{s_{res}}\right)} \tag{2-84}$$

对式(2-79)的分子求值得:

$$\int_{\ln(s)}^{b} \frac{\theta(e^y) - \theta(s)}{e^y}\theta'(e^y)\mathrm{d}y \approx \Delta y \sum_{i=j}^{N} \frac{\theta(e^{\overline{y}_i}) - \theta(s)}{e^{\overline{y}_i}}\theta'(e^{\overline{y}_i}) \tag{2-85}$$

最后,水的相对渗透率变为:

$$k_{rw}(s) = \frac{\sum_{i=j}^{N}\frac{\theta(e^{\overline{y}_i}) - \theta(s)}{e^{\overline{y}_i}}\theta'(e^{\overline{y}_i})}{\sum_{i=1}^{N}\frac{\theta(e^{\overline{y}_i}) - \theta_{sat}}{e^{\overline{y}_i}}\theta'(e^{\overline{y}_i})} j \to \theta(s) \geqslant e^{\overline{y}_i} \tag{2-86}$$

表 2-4 总结了多位作者提出的非饱和水电导率评估模型。

非饱和水电导率模型总结 表2-4

作　　者	方　　程	拟合参数
Gardner	$k_w = \dfrac{k_{sat}}{1 + a\left(\dfrac{s}{\gamma_w}\right)^n}$	a,n
Brooks 和 Corey	$k_w(s) = k_{sat}\left(\dfrac{s_{aev}}{s}\right)$，当 $s > s_{aev}$ 时 $k_w = k_{sat}$，当 $s \leqslant s_{aev}$ 时	n
Arbhabhirama 和 Kridakorn	$k_w = \dfrac{k_{sat}}{\left(\dfrac{s}{s_{aev}}\right)^{n'} + 1}$	n'
Davidson 等	$k_w = k_{sat} e^{a(\theta - \theta_{sat})}$	a
Campbell	$k_w = k_{sat}\left(\dfrac{\theta}{\theta_{sat}}\right)^{2a+3}$	a
Mualem	$k_w = k_{sat}\dfrac{\left(1-(as)^{mn}[1+(as)^n]^{-m}\right)^2}{[1+(as)^n]^{\frac{m}{2}}}$	m,n,a
Mualem 和 Degan	$k_w(\theta) = k_{sat}\Theta^q\left(\dfrac{\int_{\theta_r}^{\theta}\frac{d\theta}{s^2}}{\int_{\theta_r}^{\theta_{sat}}\frac{d\theta}{s^2}}\right)^2$	q
Van Geunchten	$k_w = k_{sat}\dfrac{\left(1-(as)^{mn}[1+(as)^n]^{-m}\right)^2}{[1+(as)^n]^{m/2}}$	a,n,m,q
Leong 和 Rahadjo	$k_w(\theta) = k_{sat}\Theta_n^p$	p
Vanapalli 和 Lobbezoo	$k_w(\theta) = k_{sat}10^{(7.9\log S_r^{\gamma_v})}$ $\gamma_v = 14.08I_p^2 + 9.4I_p + 0.75$	

注：s 为基质吸力，S_r 为饱和度，q 为曲折系数，I_p 为可塑性指数，s_{aev} 为进气吸力，θ_{sat} 为饱和体积含水率，Θ_n 为标准体积含水率，γ_w 为水单位重量。

2.3.2 非饱和土中水流的连续性方程

像连续介质力学中的其他问题一样，多孔介质中水的流动方程组需要满足以下三个基本条件：质量守恒、本构关系和边界条件。

第一步是建立质量守恒方程。为此，将轮廓 S 和体积 V 的多孔介质作为研究对象，如图2-41所示。水质量的变化是由液相和气相（Q_w^l, Q_w^{vap}）的流动引起的。水质量守恒意味着净水通量（即进入和离开多孔材料基本体积的水之间的体积平衡）等于体积内液相或气相中水的总质量变化：

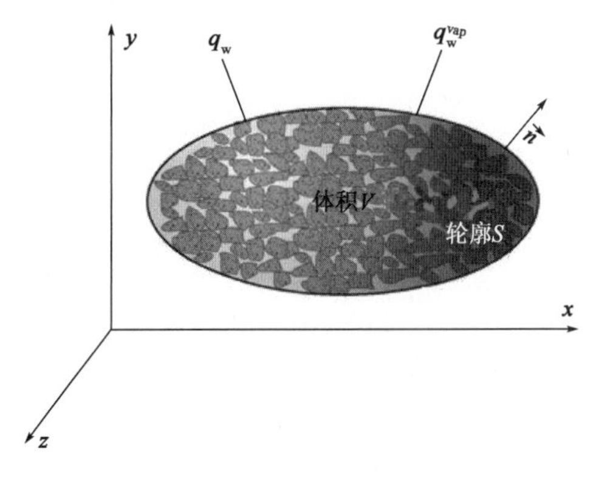

图2-41 多孔介质基本单元

$$Q_{\mathrm{w}}^{\mathrm{vap}}+Q_{\mathrm{w}}^{\mathrm{l}}=\frac{\partial}{\partial t}(M_{\mathrm{w}}^{\mathrm{vap}}+M_{\mathrm{w}}^{\mathrm{l}}) \tag{2-87}$$

水在体积 V 内的质量以及轮廓边界的水通量可以用式(2-88)～式(2-91)得到：

流动水的质量：

$$M_{\mathrm{w}}^{\mathrm{l}}=\int_{\mathrm{V}}\rho_{\mathrm{w}}nS_{\mathrm{r}}\mathrm{d}V \tag{2-88}$$

水蒸气的质量：

$$M_{\mathrm{w}}^{\mathrm{vap}}=\int_{\mathrm{V}}\rho_{\mathrm{w}}^{\mathrm{vap}}n(1-S_{\mathrm{r}})\mathrm{d}V \tag{2-89}$$

流动水的流量：

$$Q_{\mathrm{w}}^{\mathrm{l}}=-\int_{\mathrm{S}}\rho_{\mathrm{w}}q_{\mathrm{w}}\vec{n}\mathrm{d}S \tag{2-90}$$

水蒸气流量：

$$Q_{\mathrm{w}}^{\mathrm{vap}}=-\int_{\mathrm{S}}\rho_{\mathrm{w}}^{\mathrm{vap}}q_{\mathrm{w}}^{\mathrm{vap}}\vec{n}\mathrm{d}S \tag{2-91}$$

式中，n 为孔隙率，$\vec{n}$ 为垂直于体积轮廓的单位矢量，ρ_{w} 和 $\rho_{\mathrm{w}}^{\mathrm{vap}}$ 分别为水和蒸汽的密度，S_{r} 为饱和度。然后将通量和质量的各个方程式代入式(2-87)，得到：

$$\frac{\partial}{\partial t}\int_{\mathrm{V}}[\rho_{\mathrm{w}}nS_{\mathrm{r}}+\rho_{\mathrm{w}}^{\mathrm{vap}}n(1-S_{r})]\mathrm{d}V+\int_{\mathrm{S}}\rho_{\mathrm{w}}q_{\mathrm{w}}+\rho_{\mathrm{w}}^{\mathrm{vap}}q_{\mathrm{w}}^{\mathrm{vap}}\vec{n}\mathrm{d}S=0 \tag{2-92}$$

散度矢量算子∇用于表示通量平衡。实际上，散度定义为单位体积的净通量或“通量密度”(div =通量/体积)，就像简单的密度定义为单位体积的质量一样。对单元而言，式(2-92)变为：

$$\frac{\partial}{\partial t}[\rho_{\mathrm{w}}nS_{\mathrm{r}}+\rho_{\mathrm{w}}^{\mathrm{vap}}n(1-S_{\mathrm{r}})]+\nabla\times(\rho_{\mathrm{w}}q_{\mathrm{w}}+\rho_{\mathrm{w}}^{\mathrm{vap}}q_{\mathrm{w}}^{\mathrm{vap}})=0 \tag{2-93}$$

当只考虑液相时，假设液态水的密度恒定，则式(2-93)变为：

$$\frac{\partial}{\partial t}(nS_{\mathrm{r}})+\nabla\times(q_{w})=0 \tag{2-94}$$

液相中的水通量由达西定律给定，$q_{\mathrm{w}}=-k_{\mathrm{w}}\nabla\Psi$(∇表示梯度矢量算子，$\Psi$ 为总水势)，则：

$$\frac{\partial}{\partial t}(nS_{\mathrm{r}})+\nabla\times(-k_{\mathrm{w}}S_{\mathrm{r}}\nabla\Psi)=0 \tag{2-95}$$

忽略渗透势，则式(2-95)变为：

$$\frac{\partial}{\partial t}(nS_{\mathrm{r}})+\nabla\times\left[-k_{\mathrm{w}}S_{\mathrm{r}}\nabla(z+\frac{u_{\mathrm{w}}}{\gamma_{\mathrm{w}}})\right]=0 \tag{2-96}$$

另一方面，对于不可压缩的材料，孔隙率 n 保持恒定，则：

$$\frac{\partial}{\partial t}(nS_{\mathrm{r}})=n\frac{\partial S_{\mathrm{r}}}{\partial t} \tag{2-97}$$

并且，在式(2-97)中使用土水特征曲线 $\partial S_{\mathrm{r}}/\partial u_{\mathrm{w}}$ 的导数可得：

$$n\frac{\partial S_{\mathrm{r}}}{\partial t}=n\frac{\partial S_{\mathrm{r}}}{\partial u_{\mathrm{w}}}\frac{\partial u_{\mathrm{w}}}{\partial t} \tag{2-98}$$

表达式 $n\dfrac{\partial S_{\mathrm{r}}}{\partial u_{\mathrm{w}}}$ 被称为比水容量 $C(\theta)$。

最后,不可压缩材料中液态水流动的连续性方程为:

$$n\frac{\partial S_{\mathrm{r}}}{\partial u_{\mathrm{w}}}\frac{\partial u_{\mathrm{w}}}{\partial t}+\nabla\times\left[-k_{\mathrm{w}}S_{\mathrm{r}}\nabla\left(z+\frac{u_{\mathrm{w}}}{\gamma_{\mathrm{w}}}\right)\right]=0 \tag{2-99}$$

式(2-99)是一个非线性抛物型微分方程,只能通过数值方法求解。

在沿垂直轴 z 的一维中,式(2-99)为:

$$n\frac{\partial S_{\mathrm{r}}}{\partial u_{\mathrm{w}}}\frac{\partial u_{\mathrm{w}}}{\partial t}+\frac{\partial}{\partial z}\left[-k_{\mathrm{w}}S_{\mathrm{r}}\frac{\partial}{\partial z}\left(z+\frac{u_{\mathrm{w}}}{\gamma_{\mathrm{w}}}\right)\right]=0 \tag{2-100}$$

$$n\frac{\partial S_{\mathrm{r}}}{\partial u_{\mathrm{w}}}\frac{\partial u_{\mathrm{w}}}{\partial t}-k_{\mathrm{w}}S_{\mathrm{r}}\frac{1}{\gamma_{w}}\frac{\partial^{2}u_{\mathrm{w}}}{\partial z^{2}}-\frac{\partial k_{\mathrm{w}}S_{\mathrm{r}}}{\partial z}\frac{\partial}{\partial z}\left(z+\frac{u_{\mathrm{w}}}{\gamma_{\mathrm{w}}}\right)=0 \tag{2-101}$$

并且,通过考虑渗透系数的空间变化可以忽略不计($\frac{\partial k_{\mathrm{w}}S_{\mathrm{r}}}{\partial z}\approx 0$),那么有:

$$n\frac{\partial S_{\mathrm{r}}}{\partial u_{\mathrm{w}}}\frac{\partial u_{\mathrm{w}}}{\partial t}=\frac{k_{\mathrm{w}}S_{\mathrm{r}}}{\gamma_{\mathrm{w}}}\frac{\partial^{2}u_{\mathrm{w}}}{\partial z^{2}}\text{ 或 }C(\theta)\frac{\partial u_{w}}{\partial t}=\frac{k_{\mathrm{w}}S_{\mathrm{r}}}{\gamma_{\mathrm{w}}}\frac{\partial^{2}u_{\mathrm{w}}}{\partial z^{2}} \tag{2-102}$$

一些学者更喜欢用扩散系数来表征液态水流量的连续性方程[式(2-99)]。这两种方法其实是等价的。根据基质吸力 s 改写水通量方程,根据体积含水率 θ 改写渗透系数 k_{w} 方程,可以得到:

$$q_{\mathrm{w}}=-k_{\mathrm{w}}(\theta)\nabla\left[z-\frac{s(\theta)}{\gamma_{\mathrm{w}}}\right] \tag{2-103}$$

这等同于:

$$q_{\mathrm{w}}=-k_{\mathrm{w}}(\theta)\vec{i_{\mathrm{z}}}+\frac{k_{\mathrm{w}}(\theta)}{\gamma_{\mathrm{w}}}\nabla s(\theta) \tag{2-104}$$

式中, $\vec{i_{\mathrm{z}}}$ 为朝向 z 轴的单位向量。

但是,吸力 $\nabla s(\theta)$ 的梯度为:

$$\nabla s(\theta)=\nabla\theta\frac{\partial s(\theta)}{\partial\theta} \tag{2-105}$$

从而有:

$$q_{\mathrm{w}}=-k_{\mathrm{w}}(\theta)\vec{i_{\mathrm{z}}}+\frac{k_{\mathrm{w}}(\theta)}{\gamma_{\mathrm{w}}}\frac{\partial s(\theta)}{\partial\theta}\nabla\theta \tag{2-106}$$

变量扩散系数 $D(\theta)$ 定义为:

$$D(\theta)=-\frac{k_{\mathrm{w}}(\theta)}{\gamma_{\mathrm{w}}}\frac{\partial s(\theta)}{\partial\theta} \tag{2-107}$$

则水的流量用扩散系数来表达就变成:

$$q_{\mathrm{w}}=-k_{\mathrm{w}}(\theta)\vec{i_{\mathrm{z}}}-D(\theta)\nabla\theta \tag{2-108}$$

另一方面,质量守恒由式(2-109)给出:

$$\frac{\partial\theta}{\partial t}=-\nabla\times q_{\mathrm{w}} \tag{2-109}$$

将式(2-108)代入式(2-109),得出下列关于扩散系数的连续性方程:

$$\frac{\partial \theta}{\partial t} = \nabla \times D(\theta)\ \nabla \theta + \frac{\partial k_{w}(\theta)}{\partial z} \tag{2-110}$$

忽略垂直方向上的渗透系数的变化$\left[\frac{\partial k_{w}(\theta)}{\partial z} \approx 0\right]$,则式(2-110)变为:

$$\frac{\partial \theta}{\partial t} = \nabla \times D(\theta)\ \nabla \theta \tag{2-111}$$

式(2-111)的另一种近似方法是采用恒定扩散系数,即平均扩散系数 $\bar{D}$ 。在这种情况下,式(2-111)变为:

$$\frac{\partial \theta}{\partial t} = \bar{D}\ \nabla^{2} \theta \tag{2-112}$$

式(2-112)是一个经典的扩散方程,类似于计算物体中热流或波传播的方程。需要注意的是,使用式(2-112)来计算多孔材料中的水流需要涉及多个简化过程。

2.4 非饱和土体的热传递和热力学性质

在考虑非饱和材料的热传递之前,需要介绍一些关于热和温度物理的基本概念:

(1)热是原子或分子动能的一种形式。由于热量是能量,因此在国际体系中以焦耳为单位进行度量。

(2)温度代表材料在原子或分子水平上的平均动能,并以标准温度(K,℃,℉)单位(度)表示。

多孔材料中存在三种热传递机理:

(1)固体和液体之间的热传递是由分子之间的碰撞引起的,这些分子将能量从高迁移率分子转移到低迁移率分子。

(2)对流是由液体或气体携带的热量传递到多孔材料中产生的。

(3)当材料吸收电磁波时,辐射会增加其分子的迁移率。

在道路工程中,辐射通过在地面或路面上施加热边界条件而发挥重要作用。但是,在非饱和材料内部,最有效的传热机制是通过颗粒之间的固体接触进行热传导。在这些材料中,气相和液相的对流以及辐射对热传递的影响较小。尽管如此,通过液体对流进行的热传递仍可以在水流高速流动的饱和粗糙材料中发挥重要作用。

在 1822 年,傅立叶提出了材料中的热通量与温度梯度之间的经验关系[158]。傅立叶得出的结论是,传导产生的热量与温度梯度的大小成正比,傅立叶定律的数学表达式类似于达西定律的水通量:

$$q_{H} = -k_{H}\ \nabla T \tag{2-113}$$

式中,矢量 q_{H}为热通量(W/m^{2}),T 为温度(K),∇T 为温度梯度(K/m),比例系数是材料的导热系数 k_{H}(W/mK)。

储存在物体体积 V 中的热量由式(2-114)表示:

$$\text{Heat} = \rho c_{H} T V \tag{2-114}$$

式中，c_{H}为比热容[J/(kgK)]，而ρ为材料的密度。

能量守恒定律确定单位体积材料中热量的增加或减少，$\mathrm{dHeat} = \rho c_{\mathrm{H}} \mathrm{d}T$，等于热流$\nabla q_{\mathrm{H}}$的发散加上在物体内产生的内部热量所给出的热流平衡。当没有内部热量产生时，或者由于汽化、冷凝、冻结或融化而引起相变；则能量守恒定律得出式(2-115)：

$$\rho c_{\mathrm{H}} \frac{\partial T}{\partial t} = -\nabla \times (-k_{H} \nabla T) \tag{2-115}$$

通过根据热扩散系数写出式(2-115)，连续性方程变成：

$$\frac{\partial T}{\partial t} = D_{\mathrm{H}} \nabla^{2} T \tag{2-116}$$

式中，D_{H}为热扩散系数，定义为$D_{\mathrm{H}} = \dfrac{k_{\mathrm{H}}}{\rho c_{\mathrm{H}}}$($\mathrm{m^2/s}$)。

2.4.1　导热系数模型

热传导以不同的速率在多孔材料的三相(即水、空气和土体颗粒)中发生。理论研究和试验研究为评估导热系数提供了一个框架，该框架考虑了材料的含水率、矿物学和密度的影响。本节总结了一些土体导热性方面的综合评述，重点是介绍了文献[148、137、38、449]中提出的影响土体导热系数的因素。

从理论上讲，Wiener[429]表明多相多孔材料的导热系数受到两个界限的限制：

(1)如图2-42a)所示，所有分量都按顺序排列的下限，得到式(2-117)。

(2)如图2-42b)所示，各分量平行排列的上限，得到式(2-118)。

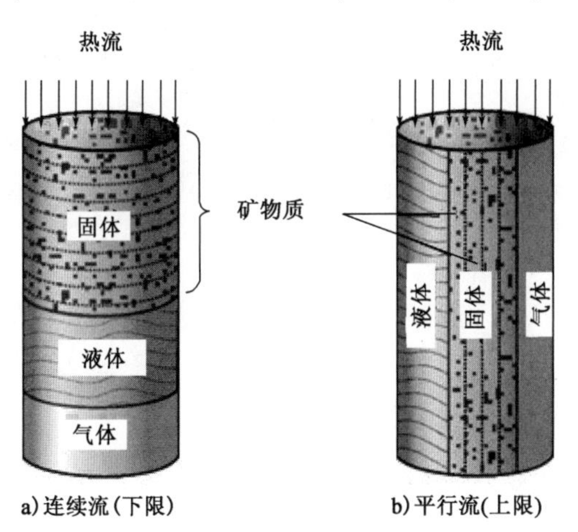

图2-42　维纳模型[429]

Johansen[217]进行了系统研究，指出饱和材料的热导性可以由式(2-119)给出的几何平均值计算。

$$k_{\mathrm{H}} = \left(\Sigma \frac{V_{\mathrm{i}}}{k_{H_{\mathrm{i}}}}\right)^{-1} \quad (\text{按顺序排列}) \tag{2-117}$$

$$k_H = \sum V_i k_{H_i} \quad （平行排列） \tag{2-118}$$

$$k_H = \prod k_{H_i}^{V_i} \quad （几何平均） \tag{2-119}$$

式中，V_i为多孔材料各成分的体积比例。

这些概念是许多土体导热系数经验和半经验模型的基础。然而，式(2-119)对饱和土体比对非饱和土体的精确度更高，因为该方程要求各相之间的导热系数不可有过大差异，在非饱和土体中空气的导热系数非常低，所以式(2-119)对于非饱和材料可靠度有限。另一方面，当非饱和土处于高温度梯度下时，会发生一系列蒸发和冷凝，从而吸收和释放潜热。这些困难限制了纯理论方程的普适性，需要发展半经验半理论方程。

一些学者提出了多孔材料中热传导的模型，以期根据成分预测导热系数。Johansen 模型首次包含多个变量的影响，例如固体颗粒的饱和度、孔隙率和传导性[217]。随后，Côté 和 Konrad[111] 对 Johansen 的原始模型提出了一些改进。其他的模型多是通过考虑有机物质和低饱和度细粒土体的导热系数的影响来改善 Johansen 以及 Côté 和 Konrad 的模型[35,270]。

1) Johansen 模型

Johansen[217] 提出了一个既适用于冻土又适用于非冻土的模型。他用土体的干导热系数和饱和导热系数来表示非饱和土体的导热系数。为了解决非饱和土内不同成分的导热系数之间存在高对比度的问题，Johansen 提出了以下半经验方程：

$$k_H = (k_{HSat} - k_{Hdry})K_e + K_{Hdry} \tag{2-120}$$

式中，k_{HSat}和k_{Hdry}分别为饱和导热系数和干导热系数；K_e为 Kersten 数，它是饱和度S_r的函数。Johansen 为 Kersten 数提出两种计算式，如式(2-121)和式(2-122)所示：

$$K_e = 0.7\log S_r + 1 \quad S_r > 0.05 \quad （粗集料土） \tag{2-121}$$

$$K_e = \log S_r + 1 \quad S_r > 0.1 \quad （细集料土） \tag{2-122}$$

关于干燥材料的导热系数，Johansen 提出了两种不同的半经验表达式，一种用于干燥的天然土体，另一种用于碎石材料：

$$K_{Hdry} = \frac{0.137\rho_d + 64.7}{2700 - 0.947\rho_d} \pm 20\% \quad （天然土壤） \tag{2-123}$$

$$K_{Hdry} = 0.039n^{-2.2} \pm 25\% \quad （破碎土） \tag{2-124}$$

式中，ρ_d为干密度(kg/m^3)，n 为土体的孔隙率。

对于饱和土体，Johansen 使用式(2-119)给出的几何平均方程，并根据土体颗粒和水的导热系数提出式(2-125)：

$$k_{Hsat} = k_{Hs}^{1-n} k_{Hw}^{n} \tag{2-125}$$

式中，k_{Hw}为水的导热系数，k_{Hs}为固体颗粒的导热系数。

Johansen 再次使用几何平均方程来评估固体颗粒的导热系数。但是，大多数矿物的导热系数在狭窄的范围内变化，仅石英的导热系数与其他矿物相比有显着差异，因此，Johansen 建议在式(2-126)中仅适用于含石英的材料：

$$k_{Hs} = k_{Hq}^{q_c} k_{Hm}^{1-q_c} \tag{2-126}$$

式中，k_{Hq}为石英的导热系数[7.7W/(mK)]，k_{Hm}为其他土体矿物的导热系数[2.0W/(mK)]，q_c为石英含量。Johansen 建议使用 $k_{Hm}=3.0$W/(mK)来处理石英含量低($q_c<20\%$)的粗粒土体。

2) Côté 和 Konrad 模型

Côté 和 Konrad[110] 沿用了 Johansen 提出的方程来预测非饱和材料的导热系数，即式(2-120)。在此基础上，进一步给出了干导热系数和饱和导热系数以及 Kersten 数。Côté 和 Konrad 提出的方程组为：

$$k_{Hsat} = k_{Hs}^{\theta_s} k_{Hw}^{\theta_w} k_{Hi}^{\theta_i} \quad (饱和热导率) \tag{2-127}$$

式中，k_{Hs}、k_{Hw}和 k_{Hi}分别为固体、水和冰的导热系数；θ_s、θ_w和 θ_i分别为固体、水和冰的体积分数。干导热系数为：

$$k_{Hdry} = \chi_H \times 10^{-\eta n} \quad (干饱和率) \tag{2-128}$$

式中，χ_H为尺寸经验参数[W/(mK)]，η 为另一个经验参数，两者都考虑了颗粒形状效应；n 为孔隙率。

像 Johansen 的方法一样，标准导热系数使用 Kersten 数 K_e，它表示为饱和度的函数，如式(2-129)所示：

$$K_e = \frac{\kappa_H S_r}{1 + (\kappa_H - 1) S_r} \tag{2-129}$$

式中，κ_H为一个经验参数，它是土体类型和冻结或未冻结状态的函数。

为了考虑颗粒形状和粒度分布对干导热系数与孔隙率之间关系的影响，Côté 和 Konrad 分析了将近 700 种冷冻和未冷冻土体的导热系数，并提出了表 2-5 中列出的一组参数。

Konrad 提供的经验参数　　表 2-5

颗粒类型	k_{Hdry}参数	
	χ_H	η
砾石和碎砂	1.70	1.80
细粒土和天然砂	0.75	1.20
泥煤	0.30	0.87
土类型	k_H参数	
	未冻结	冻结
级配良好的砾石和粗砂	4.60	1.70
中细砂	3.55	0.95
粉土和黏土	1.99	0.85
泥煤	0.60	0.25

图 2-43 总结了评估多孔材料导热系数的方法。图 2-44 显示了 Côté 和 Konrad 提出的模型与不同类型材料的导热系数试验方法之间具有良好的一致性。

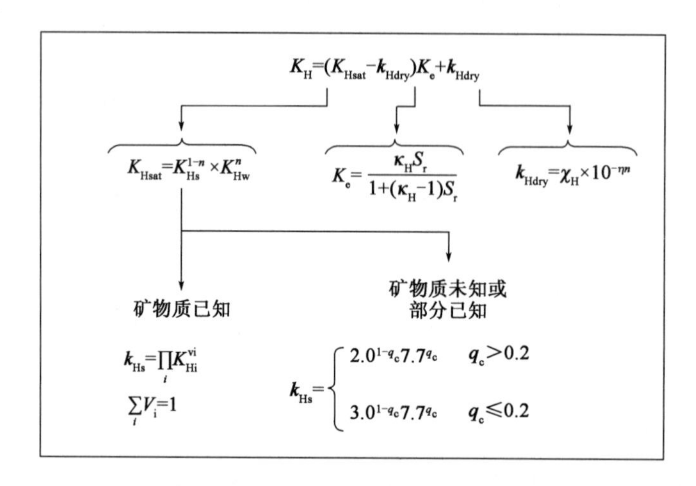

图 2-43　土体导热系数估算方法[111,110,449]

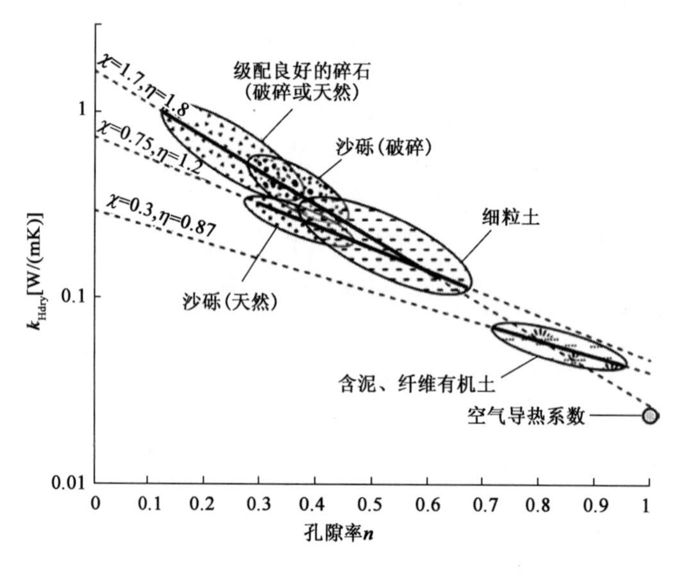

图 2-44　干燥材料的导热系数[110]

2.4.2　土体的比热容

比热容 c_H是将 $1m^3$材料的温度升高或降低 1℃所需的热量,单位为焦耳。当材料质量为 1kg 时,体积热容称为比热容 c_H。表 2-6 列出了几种材料的比热容。

如表 2-6 所示,尽管水的质量热容较高,为 $4200Jkg^{-1}℃^{-1}$,但大多数土体和岩石的 c_H值通常在相对狭窄的范围内,从页岩的 $710Jkg^{-1}℃^{-1}$到砂岩的 $920Jkg^{-1}℃^{-1}$[432,4]。

土体中常见组分的比热容[432,449] 表 2-6

材　料	比热容($kJkg^{-1}℃^{-1}$)	材　料	比热容($kJkg^{-1}℃^{-1}$)
10℃的空气	1.00	正长石	0.79
25℃的水	4.2	石英	0.79
水蒸气	1.9	玄武岩	0.84
0℃的冰	2.04	黏土矿物	0.9
辉石	0.81	花岗岩	0.8
角闪石	0.82	石灰石	0.91
云母	0.86	砂岩	0.92
页岩	0.71		

De Vries[129]表明材料的比热容 c_H 由其不同成分的热容之和给出。如果 m_s、m_w 和 m_a 是土体颗粒、水和空气的质量；c_s、c_w 和 c_a 是干燥土体颗粒、水和空气在 $Jkg^{-1}℃^{-1}$ 的比热容，则：

$$(m_s + m_w + m_a)c_H = m_s c_s + m_w c_w + m_a c_a \tag{2-130}$$

但是空气的质量和比热容很小，因此可以忽略不计，则材料的比热容变成：

$$(m_s + m_w)c_H = m_s c_s + m_w c_w \tag{2-131}$$

考虑土体体积 ρ、干密度 ρ_d 和重量含水率 w，式(2-131)变为：

$$\rho c_H = \rho_d(c_s + w c_w) \tag{2-132}$$

式(2-132)相当于：

$$c_H = \frac{c_s + w c_w}{1 + w} \tag{2-133}$$

2.5 非饱和土的力学性质

用于测量饱和土力学性质的仪器，如三轴仪、单轴压缩仪和剪切仪，也可用于研究非饱和土的性质。但是，必须对传统设备进行适当改进，为了使样品和设备之间发生水的迁移，需要在测试过程中施加特定的吸力。

典型的做法如第 2.2.4 节中所介绍的，控制吸力，总结如下：

(1)借助于轴平移方法，使用高进气值陶瓷盘，并施加高于大气压的气压和大气压下的水压。

(2)利用半透膜控制渗透，该膜将样品中的水与溶液中的水分离(通常使用 PEG 20000 作为控制溶质)。

(3)控制蒸汽浓度，使空气和水蒸气在与所施加的吸力相对应的相对湿度下流动。

图 2-45 给出了适用于研究非饱和土体力学性质的四种常用设备。

(1)图 2-45a)[351]中介绍了一种使用轴平移技术的单轴压缩仪。该设备具有一个伺服控制的横向腔，可以测量水平应力。

(2)图 2-45b)[388]中介绍一种渗透压计，配备了高容量张力计(HCT)，用于监测压缩过程中吸力的变化。图 2-33 所示的结果是使用该设备获得的。

(3)图 2-45c)[165]中介绍了一种使用轴平移技术的剪力箱。

(4)图 2-45d)[118]中介绍了一种测渗三轴仪。

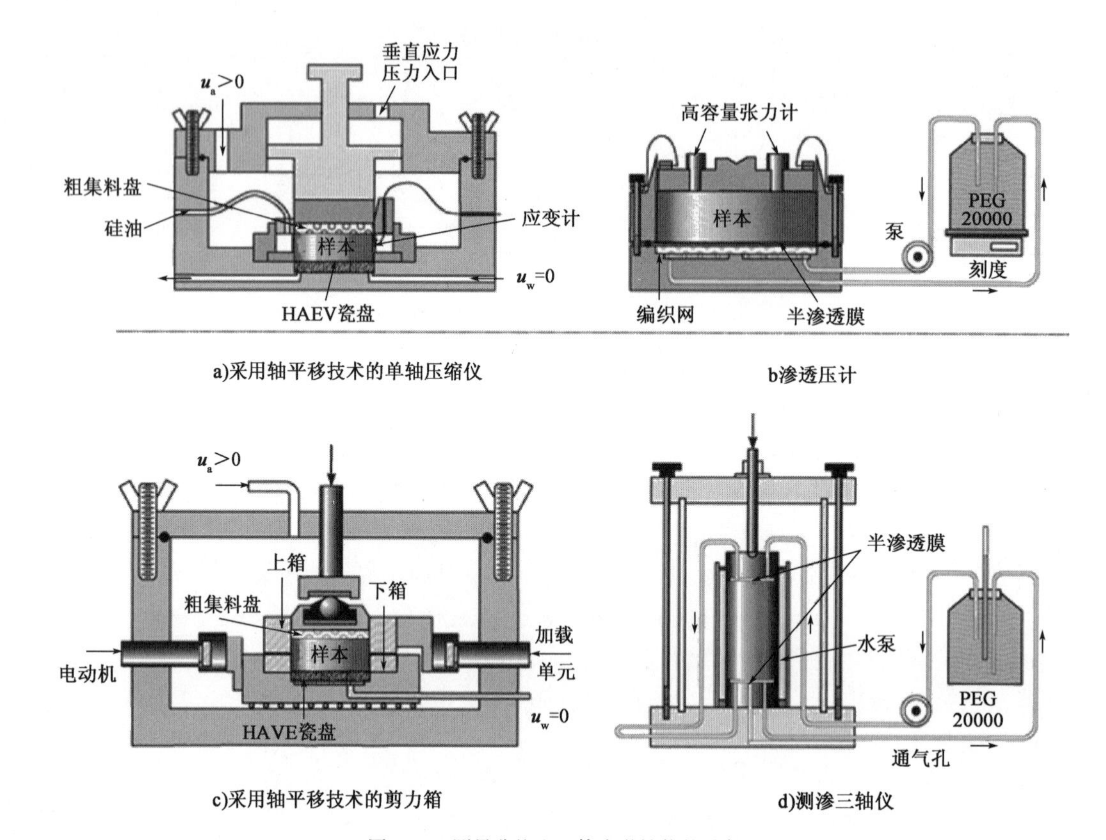

a)采用轴平移技术的单轴压缩仪

b渗透压计

c)采用轴平移技术的剪力箱

d)测渗三轴仪

图 2-45 测量非饱和土体力学性能的设备

研究非饱和土体力学的另一种方法是使用抽吸监测设备。这些设备使用干湿计或高容量张力计监测吸力的变化,并使用含水率传感器监测含水率和/或饱和度[448、56、57、76、223、388、299、81]。

2.5.1 非饱和材料的剪切强度

道路材料的剪切强度决定着整个结构的稳定性。例如,路堤的稳定性取决于填料的抗剪强度。只有当剪切强度大于所施加的应力时,道路上层结构才会在加载过程中保持在弹性范围内。剪切强度和部分饱和度之间的相关性解释了当材料保持中等饱和度时道路的性能最佳。

在细观力学层面上,毛细管桥效应解释了颗粒间运动阻力的增加,从而解释了整个材料剪切强度的增加。

在20世纪50年代就有人提出把剪切强度和吸力联系起来[114,8,215]。在早期评价非饱和土抗剪强度的研究中,Bishop方程最著名。Bishop提出了一个表达式,将Terzaghi提出的饱和土有效应力原理扩展到非饱和土[49]。Bishop的有效应力方程见式(2-134):

$$\sigma' = (\sigma - u_a) - \chi(u_a - u_w) \tag{2-134}$$

式中,χ为取决于饱和度的参数。

定义有效应力后,Bishop建议使用莫尔-库伦准则评价抗剪强度τ_f,如式(2-135)所示[51]:

$$\tau_f = c' + (\sigma - u_a)_f \tan\varphi' + \chi(u_a - u_w)_f \tan\varphi' \tag{2-135}$$

式中，c' 和 φ' 为有效应力下的剪切强度的参数，$(\sigma-u_a)_f$ 是破坏时的净应力，而 $(u_a-u_w)_f$ 是破坏时的基质吸力。

Bishop 方程很难定义参数 χ，因为该参数取决于土体类型以及干湿的历史（即它不是常数）。因此，现在通常将剪切强度定义为两个独立变量的函数：总应力与气压之差 $(\sigma-u_a)$ 的净应力，以及基质吸力 $s=(u_a-u_w)$：

$$\tau_f = f(\sigma - u_a, u_a - u_w) \tag{2-136}$$

Fredlund 等[160]提出了一个由式(2-137)给出的常系数失效包络线。该标准对应于三维空间中的平面，如图 2-46 所示。

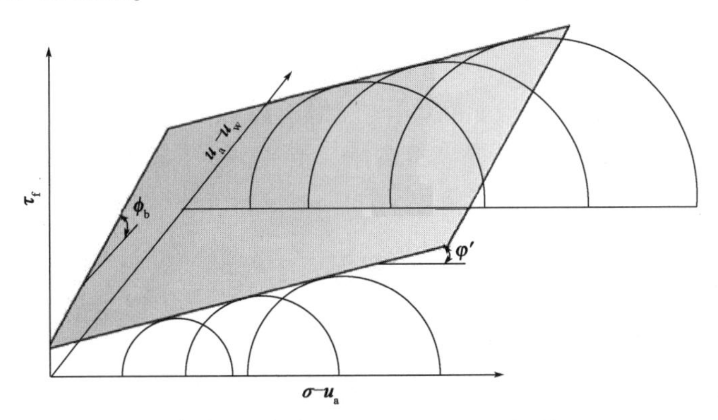

图 2-46　抗剪强度取决于净应力 $(\sigma-u_a)$ 和基质吸力 $s=u_a-u_w$

$$\tau_f = c' + (\sigma - u_a)_f\tan\varphi' + (u_a - u_w)_f\tan\varphi^b \tag{2-137}$$

式中，φ^b 为取决于基质吸力的抗剪强度增加的参数。

即使 Bishop 和 Fredlund 提出的方程的理论原理[式(2-135)和式(2-137)]理论基础不同，但如果 $\tan\varphi^b=\chi\tan\varphi'$，也可以发现这些方程是等价的。

式(2-137)表明，剪切强度随吸力呈线性增加，但这尚未在高吸气压力下进行的试验测试中得到证实。为了在整个吸力范围内调整式(2-137)，Lytton[272]建议根据基质吸力，在剪切强度系数中使用体积含水率 θ，如式(2-138)所示：

$$\tau_f = c' + (\sigma - u_a)_f\tan\varphi' + (u_a - u_w)_f\tan\varphi' \tag{2-138}$$

同样，Vanapalli 等[413]建议使用从土水特征曲线获得的关系，如式(2-139)所示：

$$\tau_f = c' + (\sigma - u_a)_f\tan\varphi' + \frac{\theta - \theta_{res}}{\theta_{sat} - \theta_{res}}(u_a - u_w)_f\tan\varphi' \tag{2-139}$$

式中，θ_{sat} 和 θ_{res} 分别为饱和含水率和残余体积含水率。

Alonso 等在文献[16]中提出了类似的关系，他们根据土体的孔径分布使用了细观力学方法。

2.5.2　非饱和材料的可压缩性

非饱和状态对可压缩性的影响很明显：

(1)压缩系数随着基质吸力的增加而减小。压缩系数是表示空隙比减小的直线斜率，而空隙比取决于应力的对数。

(2)屈服极限,也称为超固结应力,随着基质吸力的增加而增加。

(3)相对于恒定的总应力,含水率的增加或基质吸力的减少会产生膨胀或崩塌,这取决于施加在土体上的总应力。

当含水率增加时,结构可能会膨胀或坍塌,这一现象使得有效应力原理(如前所述的 Bishop 方法)难以评价润湿状态下非饱和土体体积变化的内在原因。采用净应力和基质吸力这两个独立状态变量建立的弹塑性模型,和试验结果能更好地吻合。巴塞罗那模型(又称 BBM)是第一个预测膨胀和倒塌的弹塑性模型,与试验结果非常吻合。第 2.6 节将介绍 BBM 的主要特征。

2.5.3 非饱和材料的刚度

道路结构必须要求经过大量的压实循环,才不会在后期产生永久应变而造成损坏。也就是说,道路结构在服役受荷过程中应始终保持在弹性范围内。因此,材料的弹性特性(如杨氏模量和泊松比)成为道路材料最重要的力学性能。本书第 5 章将着重研究刚度如何影响道路性能的重要问题,包括部分饱和度的影响。

2.6 非饱和土中的巴塞罗那模型(BBM)

土的弹塑性模型是现代岩土工程分析的基础。关于道路材料,这些模型可以结合土体特性和模型参数对压实或天然土体的膨胀或压缩特性进行数值评价。

Alonso 等提出的巴塞罗那本构模型(BBM)[15]首次分析了压实土和天然土在湿润或干燥过程中体积变形对应力和吸力的影响。弹塑性本构模型需要定义以下问题:

(1)一组状态变量。

(2)在由状态变量形成的平面上产生的屈服特性。

(3)可以控制加载过程中应变的演变和屈服面形状演变的屈服规则和硬化机制。这种演变通常是由一个或多个硬化变量控制的。

BBM 包含两个压力变量:

$$\sigma_{net} = \sigma - u_a \quad (\text{净压力}) \tag{2-140}$$

$$s = u_a - u_w \quad (\text{吸力}) \tag{2-141}$$

式中,σ 为总应力,u_a为孔隙空气压力,u_w为孔隙水压力。另外,当空气压力为大气压(即相对压力为零压力,$u_a = 0$)时,吸力等于土体中负孔隙水压 $s = -u_w$,净应力等于总应力$\sigma_{net} = \sigma$。

像大多数弹塑性模型一样,BBM 不使用空隙比 e 来定义材料的体积状态,而是使用比体积 v,比体积被定义为 $v = 1 + e$。

BBM 使用一组四个状态变量:比体积 v、基质吸力 s、平均净应力 p 和偏净应力 q。

描述 BBM 非饱和土的体积特性需要两个平面,一个二维平面(p,s)和一个与比体积和平均净应力(v,p)相关的平面。BBM 的一个原始想法是在(p,s)平面上提出一个屈服点轨迹,该轨迹描述出一个屈服曲线,称为荷载-塌陷曲线(*LC* 曲线),如图 2-47 所示。

由于非饱和材料的体积特性取决于应力水平,处于图 2-47 中点 *A* 所示状态的材料通过增加或减少平均应力 p 或基质吸力 s 来获得弹性应变。

另一方面,通过增加图 2-47 中沿 *A-B-C* 路径的净平均应力来加载,会导致材料沿 *A-B* 段的弹性应变和沿 *B-C* 段的弹塑性应变一起使 *LC* 曲线移动到新位置。但需要注意的是,如果

材料中的吸力从点 B 开始减小，它会沿着 $B\text{-}D_2$ 路径产生塑性应变和塌陷。因此，BBM 荷载塌陷曲线将材料中不可逆的结构变化联系起来，这些变化是通过机械加载或润湿作用发生的。

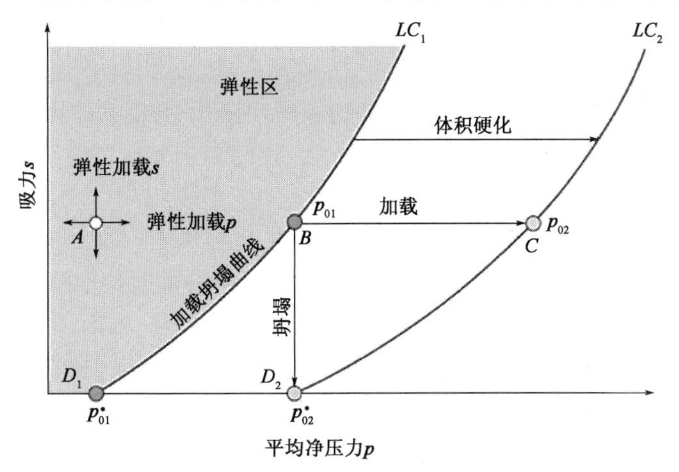

图 2-47 BBM 建议的荷载或坍塌过程的屈服面[15]

图 2-48 和图 2-49 给出了 BBM 框架内非饱和材料的体积变化。有两组应力路径：一组在恒定吸力下平均净应力增加，另一组在恒定净应力下吸力减少。

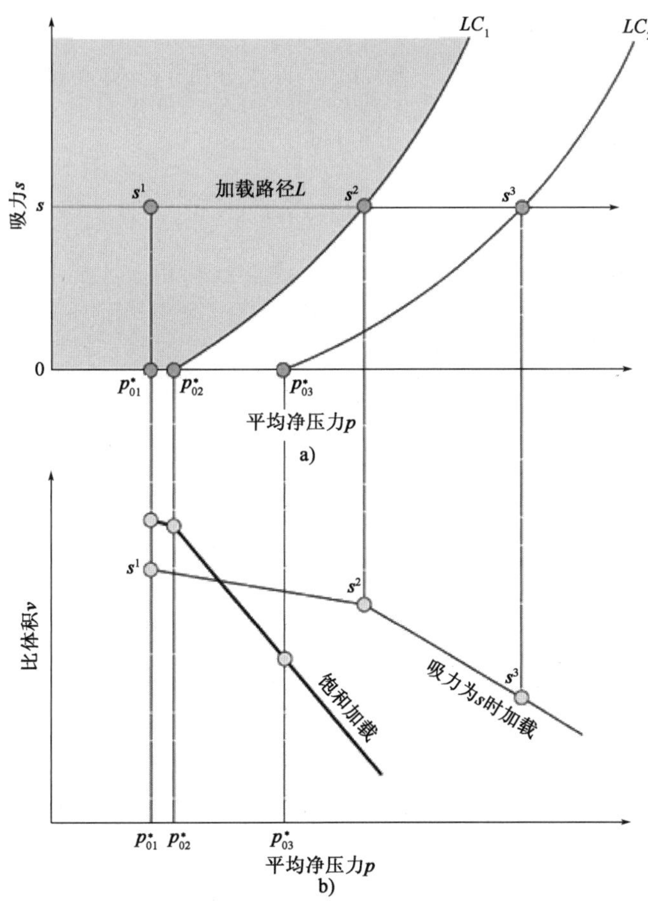

图 2-48 通过增加平均应力 p 引起的体积变化

图2-48给出了恒定吸力下平均净应力 p 增加时，第一组路径下压实土体的特性。图2-48a）中的路径 L 示意了这种类型的加载。BBM预测的响应如下：

（1）对于与恒定吸力 s 下的荷载对应的路径 L，土体在从点 s^1 到点 s^2 的弹性域中经历体积压缩，然后从点 s^2 到点 s^3 发生塑性应变。

（2）在将比体积 v 与平均净应力 p 相关联的体积应变计划在内，比体积 v 在弹性域中沿着斜率为 κ 的直线（对数标度）从点 s^1 到点 s^2 减小，然后比体积 v 在塑性域中沿着斜率为 $\lambda(s)$（对数标度）的应变线从 s^2 到 s^3 减小。

（3）对于饱和状态（即沿着吸力为零的水平轴 p），材料从平均应力 p_{01}^* 到 p_{02}^* 的过程中产生弹性应变，然后从 p_{02}^* 到 p_{03}^* 的过程中产生弹塑性应变。两种类型的加载路径都属于相同的加载折叠曲线 LC_2。

图2-49给出了非饱和材料在沿水力路径加载时的特性，即吸力随着恒定净应力而减小。在图2-49a）中，BBM预测路径 C_A、C_B 和 C_C 的响应如下：

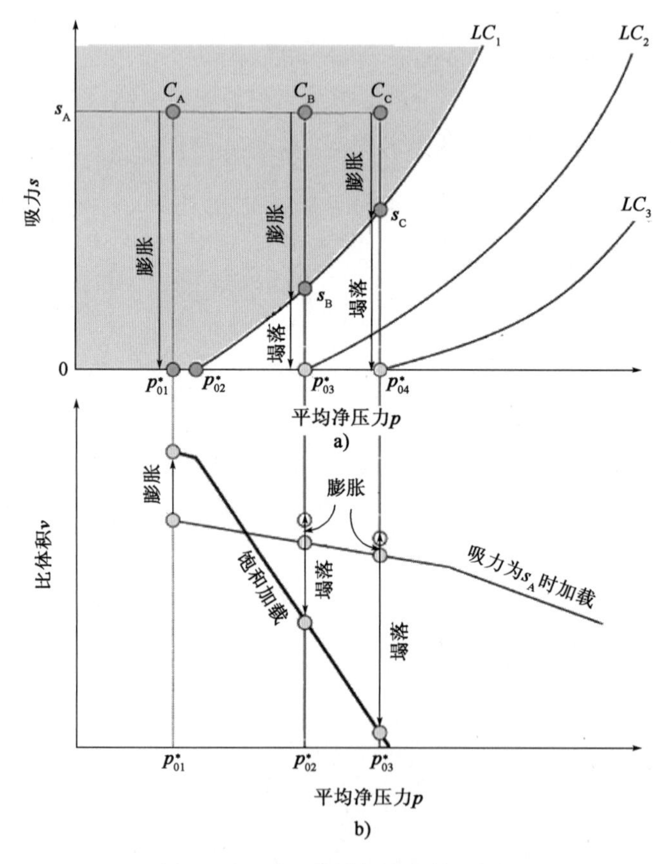

图2-49　基质吸力降低引起的体积变化

（1）路径 C_A 保持在弹性域中，在该域中减小吸力会产生膨胀。

（2）在图2-49b）所示的比体积和平均净应力（p，v）平面图中，加载路径 p_{01}^* 的终点到达对应于饱和状态的线，比体积增加会导致膨胀。

（3）对于路径 C_B 和 C_C，只要路径保持在弹性域内，比体积就会增加，从而产生膨胀。离开弹性域后，会随着塑性应变的出现而塌陷，*LC* 曲线会移动到新的位置。

(4)如图 2-49b)所示，液压加载路径最终位置的比体积由饱和荷载曲线上最终点的位置给出。

如图 2-50 所示，当非饱和材料中的平均应力 p 增加时，BBM 通过建立 N 和 λ 与基质吸力的关系来评价体积变化。这种做法类似于 Cam-Clay 模型中的做法。然后，随着平均应力 p 增加，沿着原始压缩曲线的比体积 v 减小。

$$v = N(0) - \lambda(0)\ln\left(\frac{p}{p^c}\right) \quad (饱和状态) \tag{2-142}$$

$$v = N(s) - \lambda(s)\ln\left(\frac{p}{p^c}\right) \quad (非饱和状态) \tag{2-143}$$

式中，$N(0)$ 和 $N(s)$ 分别为 p^c 的平均净应力在饱和与非饱和状态下的比体积，$\lambda(0)$ 和 $\lambda(s)$ 分别为饱和与非饱和状态下压缩曲线的斜率。

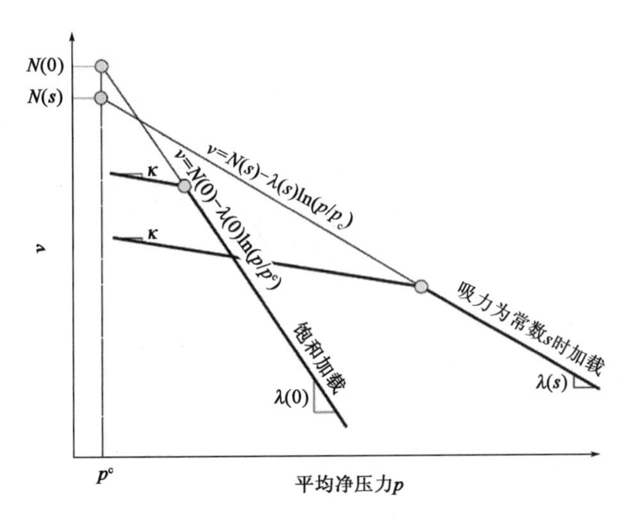

图 2-50　饱和与不饱和状态下材料在(v,p)平面中的体积变化

在卸载和加载过程中，材料保持在弹性范围内，比体积变化斜率为 κ(以对数坐标表示)。BBM 对饱和状态和非饱和状态采用相同的 κ 值，因此饱和状态和非饱和状态在弹性域中的比体积变化为：

$$\partial v^{e} = \kappa\partial[\ln(p)] \tag{2-144}$$

BBM 提出了另一种产生不可逆应变硬化机制。只有当吸力增加超过土体承受的最大吸力时，该机制才会被激活。BBM 认为此种情况下屈服面为一条平行于 p 轴的直线，如图 2-51 所示。在 BBM 框架内，吸力屈服曲线表示为 *SI* 线(吸力增加线)。

在弹性和弹塑性区域中，由吸力引起的体积变化的对数关系如下：

$$\partial v^{e} = \kappa_{s}\partial\left[\ln\left(\frac{s + p_{\mathrm{atm}}}{p_{\mathrm{atm}}}\right)\right] \quad (弹性区) \tag{2-145}$$

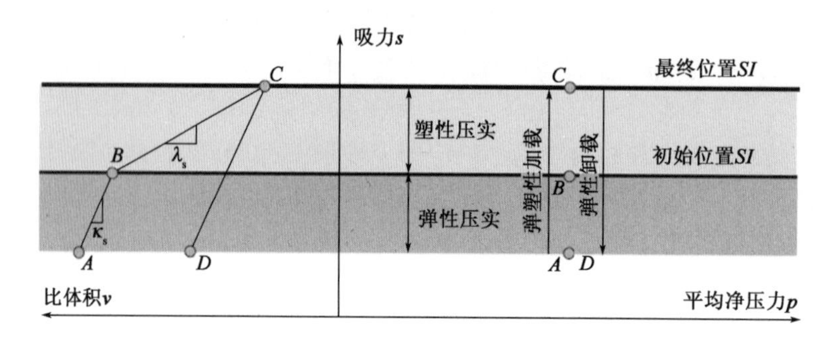

图 2-51　BBM 中提出的吸力屈服线和吸力产生的体积应变[15]

$$\partial v^{\mathrm{ep}} = \lambda_{\mathrm{s}} \partial \left[\ln\left(\frac{s + p_{\mathrm{atm}}}{p_{\mathrm{atm}}}\right) \right] \quad (\text{弹塑性区}) \tag{2-146}$$

根据 BBM 理论,沿 SI 线移动的硬化机制与 LC 曲线相关。图 2-52 显示了导致 SI 线产生位移是如何影响 LC 线的:

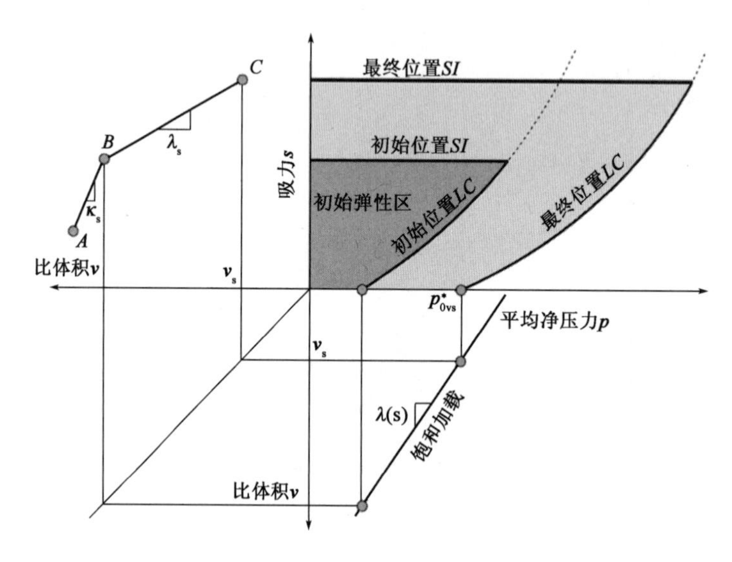

图 2-52　BBM 中建议的硬化机制的示意图

(1)如果塑性应变是由于吸力增加而产生的,SI 线会移动;

(2)移动 SI 线会得到 v_{s} 的比体积;

(3)比体积的减小使 LC 曲线向更高的预固结平均应力 p^* 方向移动;

(4)新 LC 曲线与 p 轴 $p_{0v_{\mathrm{s}}}^*$ 的交点为饱和压缩曲线上对应于比体积 v_{s} 的平均净应力。

以上给出的 BBM 基本参数可以获得 LC 曲线方程。为此,图 2-53 中描述的应力和水力路径可由以下步骤获得:

(1)以恒定吸力 s 从 A 点卸载到 B 点;

(2)随后吸力沿 B-C 路径从 s 减小到零。

使用式(2-142)~式(2-145),沿 A-B-C 路径的比体积变化如下:

由于点 A 在对应于吸力 s 的压缩线上,因此比体积为:

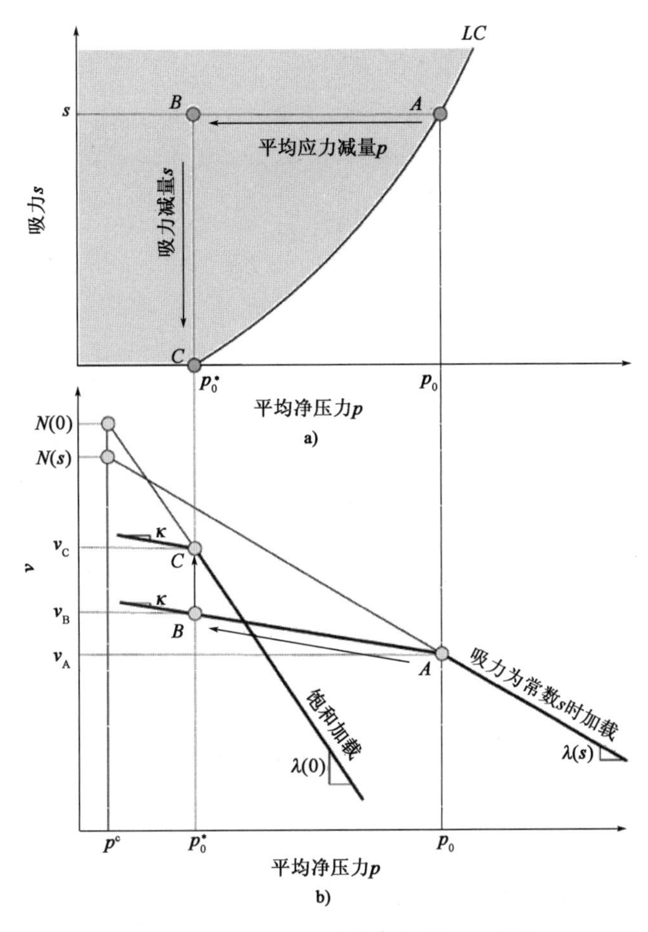

图2-53　由BBM中LC曲线的应力和水力路径

$$v_A = N(s) - \lambda(s)\ln\frac{p_0}{p^c} \tag{2-147}$$

从点A到点B,土体经历弹性卸载,再使用式(2-144),则比体积v_B变为:

$$v_B = v_A + \kappa\ln\frac{p_0}{p_0^*} \tag{2-148}$$

从点B到点C,吸力减小到零。土体在弹性范围内经历膨胀。再考虑式(2-145),则v_C变为:

$$v_C = v_B + \kappa_s\ln\frac{s + p_{atm}}{p_{atm}} \tag{2-149}$$

但因为点C在饱和压缩线上,所以v_C变为:

$$v_C = N(0) - \lambda(0)\ln\frac{p_0^*}{p^c} \tag{2-150}$$

由于$N(s)$和$N(0)$都是比值,它们与式(2-145)的关系见式(2-151):

$$N(0) = N(s) + \kappa_s \ln \frac{s + p_{atm}}{p_{atm}} \tag{2-151}$$

可以通过以下步骤获得 LC 曲线的表达式：首先将式(2-147)和式(2-148)代入式(2-149)得：

$$v_C = N(s) - \lambda(s)\ln \frac{p_0}{p^c} + \kappa \ln \frac{p_0}{p_0^*} + \kappa_s \ln \frac{s + p_{atm}}{p_{atm}} \tag{2-152}$$

根据式(2-150)和式(2-151)，v_C变为：

$$v_C = N(s) + \kappa_s \ln \frac{s + p_{atm}}{p_{atm}} - \lambda(0)\ln \frac{p_0^*}{p^c} \tag{2-153}$$

根据式(2-152)和式(2-153)得出：

$$-\lambda(s)\ln \frac{p_0}{p^c} + \kappa \ln \frac{p_0}{p_0^*} + \lambda(0)\ln \frac{p_0^*}{p^c} = 0 \tag{2-154}$$

但是使用对数的减法属性，则 $\kappa \ln \frac{p_0}{p_0^*}$ 为：

$$\kappa \ln \frac{p_0}{p_0^*} = \kappa\left(\ln \frac{p_0}{p^c} - \ln \frac{p_0^*}{p^c}\right) \tag{2-155}$$

将式(2-155)代入式(2-154)得到：

$$[\lambda(s) - \kappa]\ln \frac{p_0}{p^c} = [\lambda(0) - \kappa]\ln \frac{p_0^*}{p^c} \tag{2-156}$$

最后，LC 曲线的方程变为：

$$\frac{p_0}{p^c} = \left(\frac{p_0^*}{p^c}\right)^{\frac{\lambda(0)-\kappa}{\lambda(s)-\kappa}} \tag{2-157}$$

BBM 还需要一个表达式来描述土体刚度 $\lambda(s)$ 随吸力的增加。在文献[15]中提出了式(2-158)：

$$\lambda(s) = \lambda(0)[(1 - r)e^{-\beta s} + r] \tag{2-158}$$

式中，r 为一个常数，该常数与无限吸力下的最大刚度和饱和状态下的刚度相关：$r = \lambda(s \to \infty)/\lambda(0)$，$\beta$ 是一个形状参数。

基质吸力的另一个重要作用是增加土体强度。事实上，颗粒之间的毛细作用产生了具有一定抗拉强度的土体。BBM 提出了描述各向同性拉伸强度的参数 p_s，该强度随基质吸力线性增加，$p_s = k_c s$，如图 2-54b)所示。关于剪应力，(p,q)平面的屈服曲线由几个椭圆给出，每个椭圆取决于吸力水平，其屈服曲线具有由塑性体积应变控制的各向同性硬化。BBM 采用由 Cam-Clay 模型给出的修正椭圆方程表达式为：

$$q^2 - M^2(p + p_s)(p_0 - p) = 0 \tag{2-159}$$

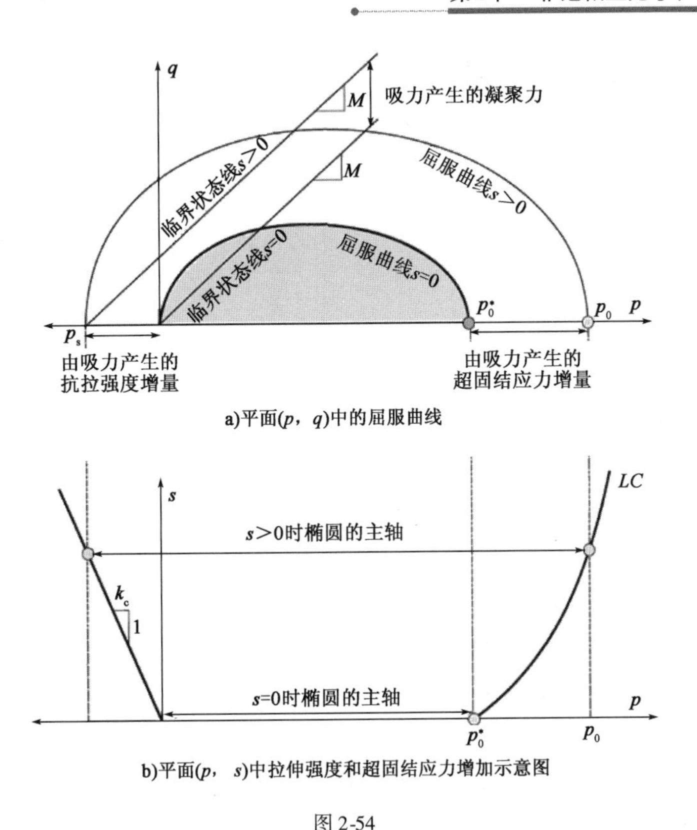

a)平面(p，q)中的屈服曲线

b)平面(p，s)中拉伸强度和超固结应力增加示意图

图 2-54

对于临界状态线,模型采用不考虑吸力的恒定斜率 M。如图 2-54 所示,饱和状态下土体椭圆的长轴从 0 延伸到 p_0^*（类似于 Cam-Clay 模型的椭圆）,但是对于非饱和土体,椭圆的长轴从 p_s变为 p_0。

表 2-7 总结了 BBM 所需参数,确定这些参数的试验步骤如下:

(1)参数 k、$\lambda(0)$和 $N(0)$定义了饱和状态下土体的压缩性。这些参数的测量需要开展各向同性压缩路径的三轴试验或膨胀试验。无论哪种情况,测量都必须在饱和状态下进行。

(2)参数 r、β 和 p^c定义了吸力增加时土体刚度的增量。这些参数要求在不同水平的恒定吸力下,使用三轴或膨胀试验对压缩系数 $\lambda(s)$进行测量。

(3)参数 k_s定义了吸力变化引起的土体可逆膨胀或压缩,λ_s定义了吸力增加时土体的塑性压缩。这两个参数都是通过测量体积变化来确定土水特征曲线的。

(4)参数 M 是临界状态线 CSL 的斜率。BBM 假设饱和与非饱和状态的斜率相同,因此,M 是在饱和三轴试验中通过测量摩擦角得出的:$M = 6\sin\varphi/3 - \sin\varphi$。

(5)参数 k_c定义了吸力增加引起的抗拉强度增加。获得该参数需要在不同水平的恒定吸力下进行一系列三轴压缩试验。

(6)G 是在弹性域中定义剪切刚度所需的剪切模量,是在不同水平的恒定吸力下进行的三轴压缩试验或波传播试验得出的。

确定 BBM 参数的试验步骤　　表 2-7

参　　数	方　　法	图　　例	试验步骤
$k,\lambda(0),N(0)$	饱和压缩性法	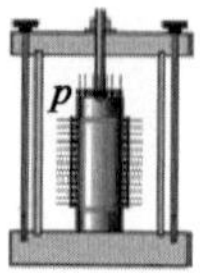	饱和状态下各向同性固结压实
r,β,p^c	未饱和压缩性法	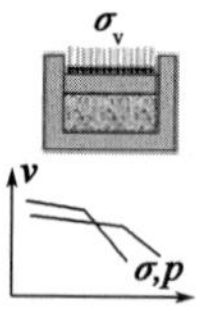	未饱和状态下各向同性固结压实
K_s,λ_s	吸力压实性法	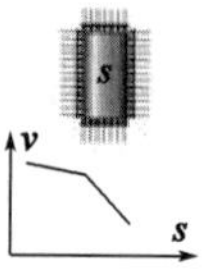	由吸力引起的体积改变
M	临界状态切线法		饱和三轴压实
K_c,G	吸力剪切模型 拉伸强度法	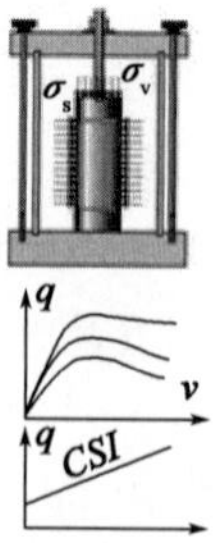	未饱和三轴压实

除了上面定义的参数之外，BBM 还需要一个状态变量来表征土体的超固结程度，从而定义 LC 曲线的初始位置。几个变量可以定义土体的初始条件，但最关键的变量是 p_0^*。

图 2-55 显示了由 p-q 平面上一组椭圆构成的屈服面。每个椭圆对应于不同的吸力值，SI 表示最大吸力值。

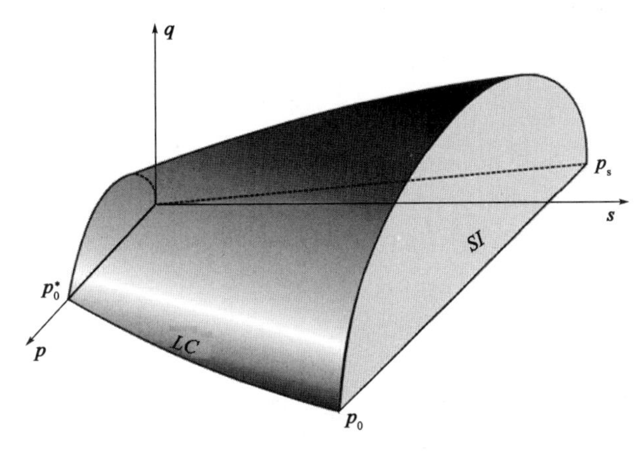

图 2-55　BBM 模型的屈服面的三维表示

第 3 章 土体压实

3.1 土体压实理论

土体压实是通过去除空隙内的空气和水分来增加土体密度的过程。击实试验论是经典土体压实理论的基础。他通过控制施加在土体上的机械能,将土体干密度 ρ_d 和含水率 w 相关联,Proctor[337]提出了一种利用室内试验确定土体现场压实过程中最佳含水率的方法,即击实试验。

击实试验对我们理解土体压实过程具有重要意义,但其对土体本构理论的研究涉及较少,因为本构理论的建立还必须结合应力历史和水力路径(或土水特征曲线)相关理论。另外,击实试验也难以确定试验过程中能量在土体中的分布。

与 Proctor 理论不同,从现代土力学理论出发,可以分析土体在压实过程中各个位置的密度等参数的演化规律。土体的压实过程类似于金属的应变硬化,在应变硬化过程中,屈服极限随着塑性应变的增加而增加,如图 3-1a) 所示。土体压实的目的是通过施加高水平的压实应力来使土体产生大的体积应变,以使屈服曲线向前移动,如图 3-1b) 所示。从而使得服役期汽车荷载最终位置始终处于屈服曲线范围内,如图 3-1c) 所示。

然而,土体压实特性与金属硬化特性存在显著差别。金属硬化发生在晶体水平,而土体压实发生在不同的材料中,通过改变颗粒排列,同时由于摩擦或破碎使得颗粒的大小、形状和表面粗糙发生变化。

Proctor 在 1933 年研究了土的持水特性与其干密度的关系,并将这种效应归因于水在土体中的润滑作用[337,336]。如今,非饱和土力学理论的发展,让我们更加明确地认识水和应力对土体的作用规律。从土力学角度而言,为使土体产生不可逆的塑性变形,需要施加超过其弹性极限的应力;对于非饱和土体,取决于基质吸力、含水率和应力历史。土体密度是否增加取决于土体的饱和度和排水的容易程度,如图 3-2 所示。

由图 3-2 可以看出,土体密实度增加和塑性体积应变的产生必须满足两个条件:

(1)压实机械产生的应力必须使土体产生沿屈服面移动的塑性应变。例如,在图 3-3a) 的简化屈服面中,可以通过剪切应力使屈服面达到临界状态,也可以通过压缩使屈服面移动。

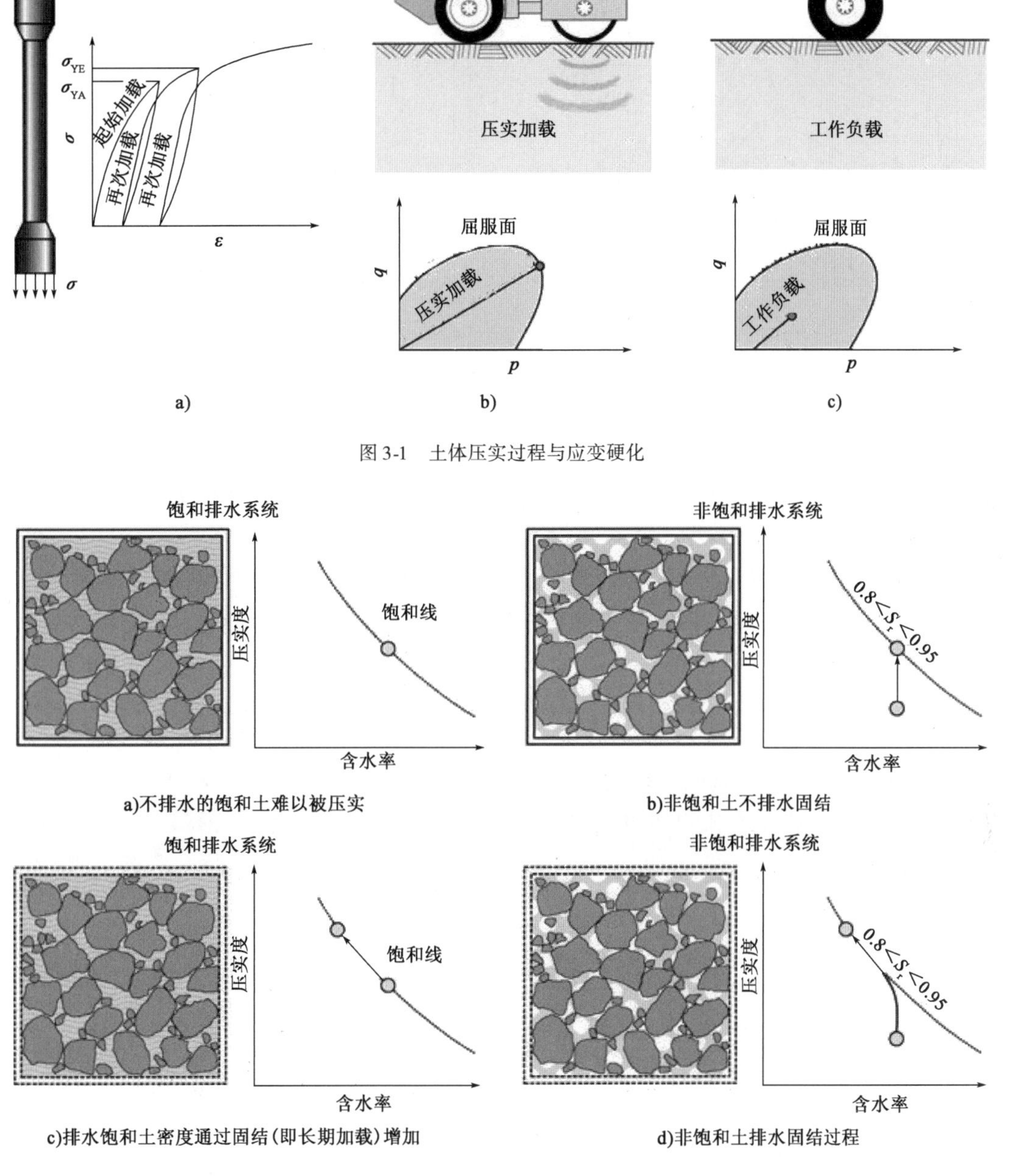

图 3-1　土体压实过程与应变硬化

图 3-2　土体内水分排出赫尔密度增加过程示意图

（2）土体中的空气必须能够自由流动。

这两个因素的作用将利于我们理解最佳含水率的概念。在图 3-3b）所示的压实曲线左侧，土体内部的空气可以自由流动，密度的增加由土体强度和压缩性决定：

（1）含水率降低产生的毛细作用将增大土体的抗剪强度和屈服应力，图 3-3a）中所示的屈服面将向外扩展，压实机施加的应力不足以产生较大的塑性体积应变，从而难以压实。

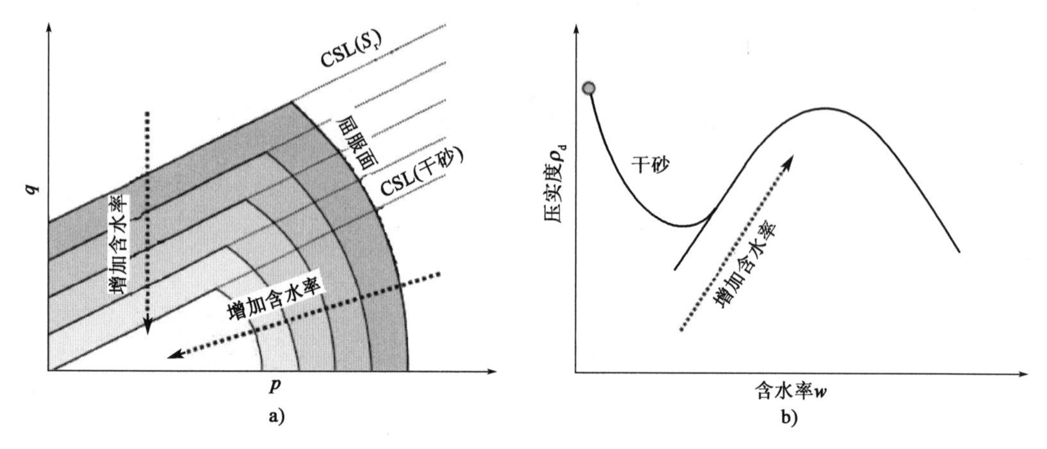

图 3-3 屈服面位置与压实后干重度之间的关系

(2)随着含水率增加，土体的剪切强度和超固结应力随之降低，利于产生较大塑性应变并提高压实度，且此时土体内空气也易于流通，从而易于压实。但对于干砂或砾石情况会比较特殊。这种情况下，砂子内几乎没有毛细作用力，内黏聚力也降为零，但其整体仍可获得较大压实度。

相应的，压实曲线的右侧由空气脱离土体的难易程度，即土体的透气性决定。非饱和土体的透气性和透水性可以由相对特定饱和度[$k_{rw}(S_r)$，$k_{ra}(S_r)$]下水和空气的相对电导率来表征。

需要注意的是，水和空气在土内的迁移流动可能会出现如图 3-4 所示的情况，这与土的饱和度有关：

(1)对于低饱和土体，透气率相对较高，空气可以方便地进出土体。在这种情况下，水的相对电导率接近于零，并且水可以以气相扩散的形式在土体中迁移。

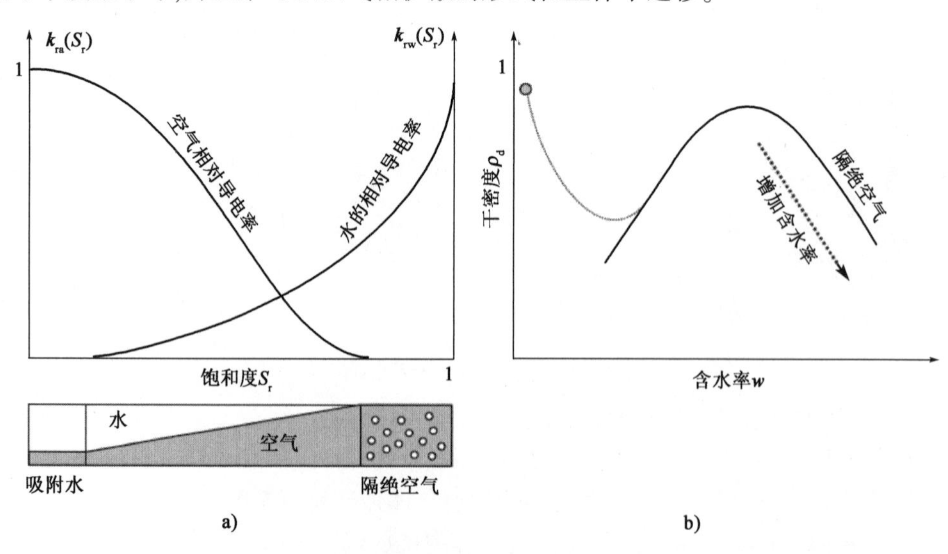

图 3-4 水和空气的相对电导率以及它们对压实后重度的影响

(2)随着水含率的增加,水的相对电导率增加,但空气的相对电导率降低。水和空气仍可以在土体中流通,其速度取决于孔的大小和压力梯度。

(3)饱和度继续增加,一定量的空气将以封闭空气的气泡形式保留在土体中。在这种情况下,空气的流通只能以非常低的速度在水中扩散的形式来实现。尽管剪切强度和超固结应力降低,但由于难以排出截留的空气,塑料体积应变的产生变得困难。高压气体与高弹性体积应变一起出现,这是由气泡的可压缩性引起的。由于气泡的临时可压缩性,会引起高压气体与高弹性体积应变同时出现,即工程中所谓的“弹簧土”现象。这一现象多出现于高含水率的细粒土压实过程中,此时土体最大密度多出现于闭合气体对应的饱和度,这一饱和度与土体类型有关,通常介于80% ~95%。

基于土力学原理的压实过程理论分析,需要对压实机器产生的实际应力分布开展研究,然后利用室内试验或本构理论确定不同应力路径下的土体体积应变。考虑到目前岩土力学理论均是建立在连续介质力学的框架下,压实可以使用图3-5所示的程序进行分析。

(1)边界条件取决于压实机械的类型,以及第1.7和1.10节中介绍的压实机械与土体的相互作用。

(2)可以使用Boussinesq理论或第1.4.1和1.4.3节中介绍的Fröhlich模型来计算应力分布。

(3)可以选择合适的本构模型或通过使用室内试验来计算体积应变,进而确定由于压实引起的密度增加量。

需要特别注意的是,对土体进行压实只是改变了小应变条件下土体特性。如图3-6所示,当应变足够大,同样会使得土体达到临界状态,即临界状态下的强度与土的初始密度无关。

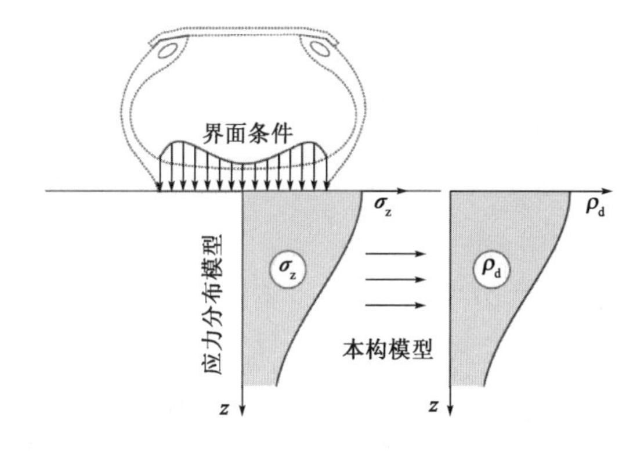

图3-5 土体压实理论框架示意图

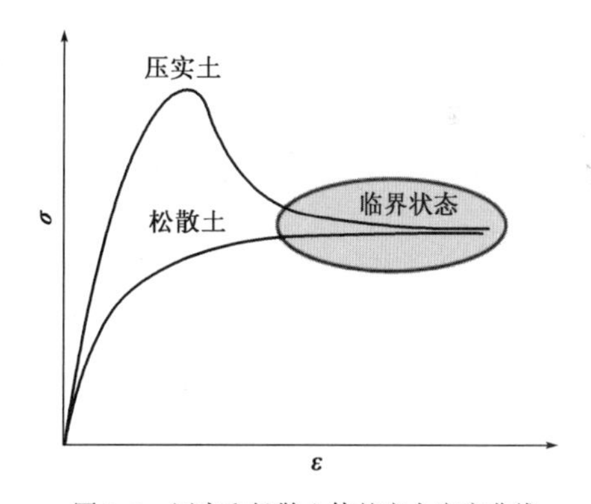

图3-6 压实和松散土体的应力应变曲线

3.2 应力分布

3.2.1 胶轮压路机

如第1.10节所述,轮胎施加在土体上的应力分布取决于轮胎的类型和压实层的刚度。当土体松散,且轮胎具有较大的刚度时,轮胎边缘会出现较高的应力。对于刚性较小的轮胎,高应力区域位于轮胎中间。随着土体刚度的增加,轮胎刚度的影响逐渐减小,应力分布变得更加均匀[117]。

利用 Keller[226]提出的方法可以确定轮胎在土体上施加的应力。轮迹可以使用式(1-254)给出的超椭圆来计算,利用式(1-259)可以计算轮迹上垂直应力的分布,包括轮迹宽度 a、长度 b、矩形参数 n、参数 α_k 和 δ_k 等。

Keller 等[227]研究表明,由 Boussinesq 计算所得应力分布与土体内应力分布实际值并不完全吻合。但可以利用 Fröhlich 理论,通过选择合适的集中系数 ξ 来计算精度。弹性解与现场实测结果的不一致主要出现在第一压实阶段,这是因为松散土体的力学状态处于弹塑性区域。

图 3-7 为式(1-136)和式(1-140)计算的土体内应力分布,说明了 Fröhlich 中集中系数对应力分布的影响。在压实的第一阶段,集中系数随着轮胎施加的应力向深层移动而增大,如图 3-7c)所示。相比之下,Boussinesq 的解(对应于 $\xi=3$ 的集中系数)所得的应力向深层的发展非常有限,如图 3-7a)所示。

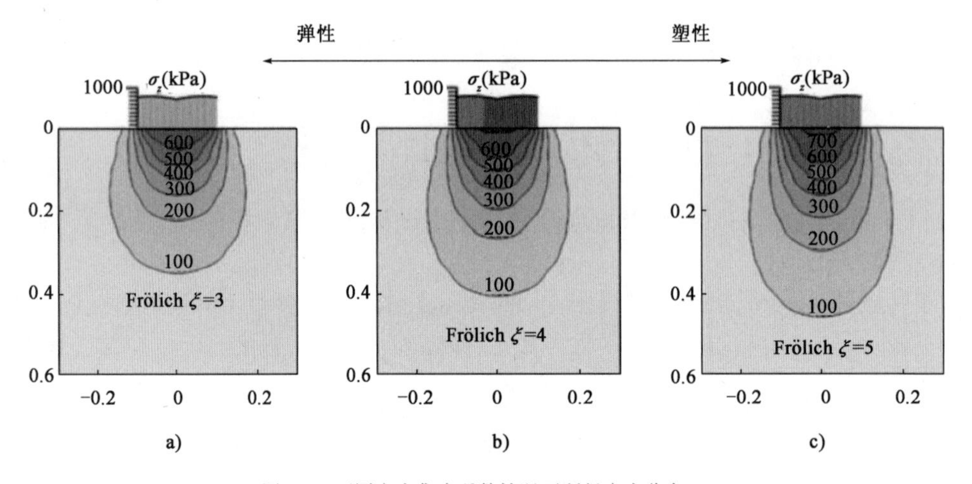

图 3-7 不同应力集中系数情况下所得应力分布

[式(1-254)中,$a=0.2\text{m}$,$b=0.4\text{m}$,$n=2$;式(1-259)中,$\alpha_k=2$,$\delta_k=3$,轮胎压力为 30kN]

轮胎上的应力分布也会受到轮胎抗弯刚度与土体刚度相互关系的影响。在应力分布不均匀的情况下,加载区域中心的最大应力比轮胎内部充气压力高 40%[226]。不同形状的土体表面应力分布可以通过改变方程式(1-259)中计算参数 δ_k 来实现。因此,$\delta_k=1$ 可以表示轮迹中间应力较大的情况;$\delta_k>5$ 表示轮迹边缘处应力较大的情况。

图 3-8 显示了 δ_k 对土体内应力分布的影响。图 3-8a)对应于 δ_k 值较小时,轮胎中部高应力值的情况;而图 3-8c)对应于 δ_k 值较大时,轮胎边缘应力较高的情况,这可能会对土体产生侧向推挤而导致土体欠压问题。

尽管土-轮胎的相互作用也会对应力分布产生影响,精确的弹塑性有限元分析表明,当土刚度较大或软土与低抗弯刚度轮胎相互作用时,土内的应力趋向于均匀分布。因此,我们可以用均匀的应力分布来近似替代真实的应力,类似于内部应力 p_i 对弹性土体的作用。对于充分压实后的土体,这种做法将更具可行性。

若假设应力分布呈圆形且均匀分布,加载区域受力均匀,圆形区域半径与轮胎荷载 F 有关,见式(3-1):

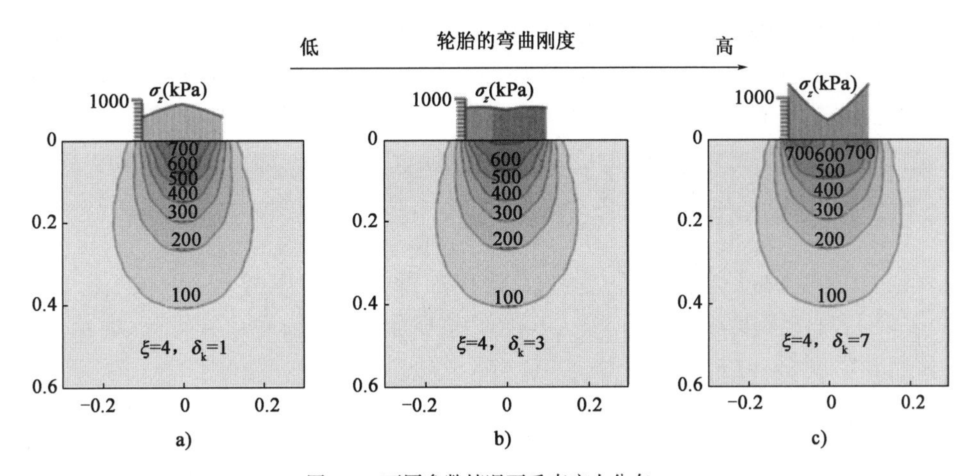

图 3-8　不同参数情况下垂直应力分布

［式(1-254)中，$a=0.2$m，$b=0.4$m，$n=2$；式(1-259)中，$\alpha_k=2$，轮胎压力为 30kN］

$$a = \sqrt{\frac{F}{\pi p_i}} \tag{3-1}$$

通过应力-应变关系，可以将压实过程中产生的体积应变与应力联系起来。若这些关系已知，则可以通过计算轮胎产生的应力分布来估计轮胎荷载和轮胎压力的影响。如前所述，Boussinesq 解可以用来近似计算轮胎在弹性半空间土体内引起的应力分布。

图 3-9a）为土体在两种不同质量压路机轮胎作用下的应力分布。根据这些计算结果，我们可以得出这样的结论：

(1)垂直应力以及此层的密度取决于轮胎气压力；

(2)对于任何给定的轮胎压力，压实的垂直梯度取决于与压实机重量相关的加载区域半径，可通过式(3-1)得到。

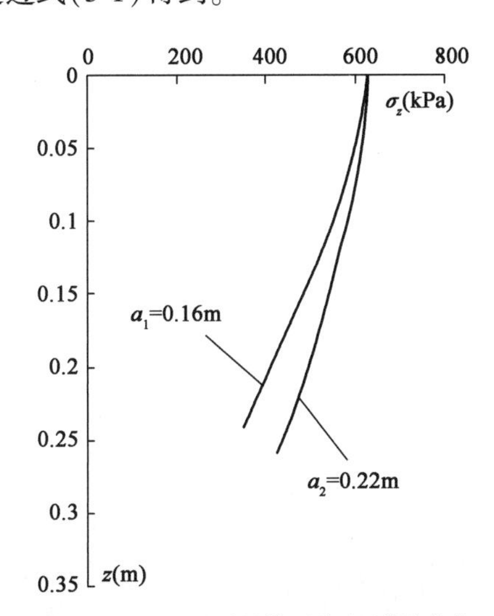

a) 使用Boussinesq方法计算两种不同轮胎荷载时的应力分布(其中p_i=630kPa[40])

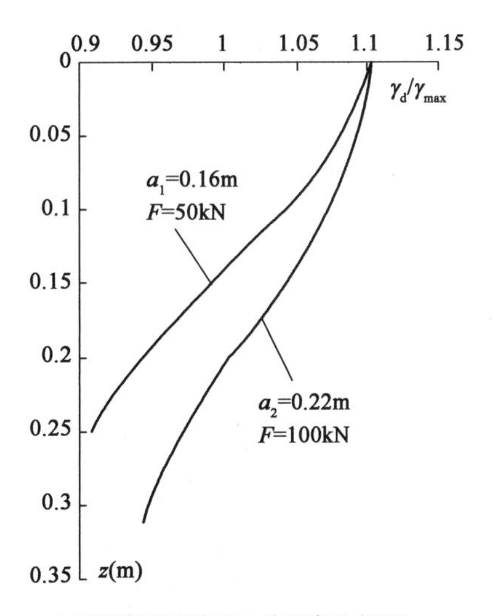

b)两种轴重压实后土体重度分布[261]

图 3-9

基于弹性理论分析可以让我们得到压实层中密度梯度理论值,如图 3-9b)所示。该值与 Lewis 使用不同重量压实机械获得的压实度一致[261]。

由于道路压实是逐层完成的,因此 Boussinesq 方法具有一定的局限性,因为它仅适用于弹性半空间。对于弹性层,Burmister 方法可用于分析深度对应力分布的影响。图 3-10b)显示了图 3-10a)所示的双层结构情况下所得垂直应力分布情况,其中压实层位于刚性半空间上。

压实层内密度梯度是根据压路机重量和加载区域确定摊铺厚度的重要依据。如图 3-10c)所示,对于深度 $h = a$ 的土层,其层底应力为轮压 p_i 的 83%,对于深度 $h = 2a$ 的层,其应力降至轮压 p_i 的 40%。

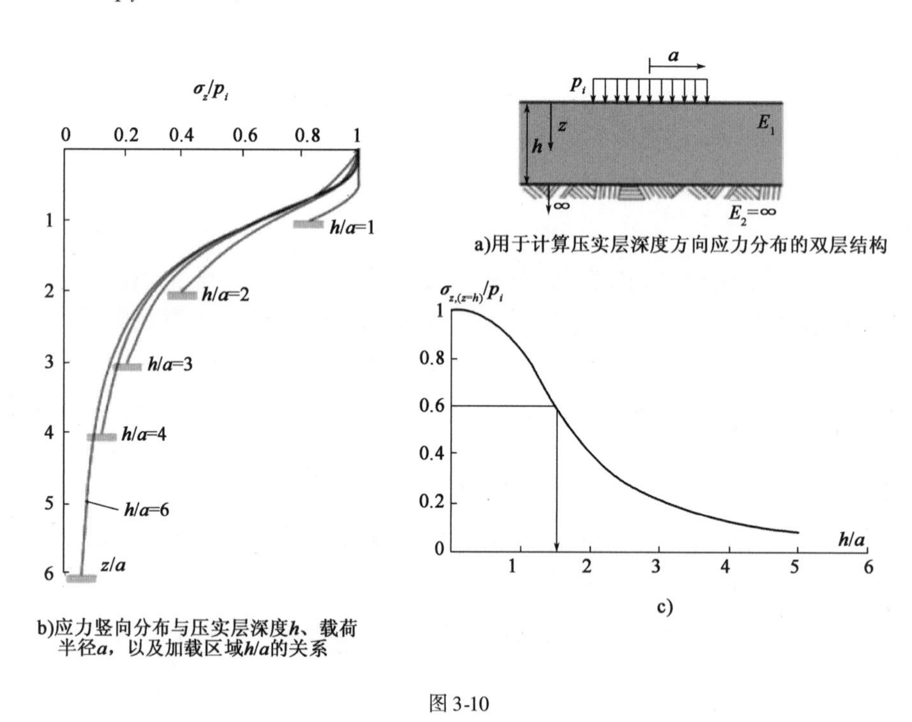

b)应力竖向分布与压实层深度h、载荷半径a,以及加载区域h/a的关系

a)用于计算压实层深度方向应力分布的双层结构

c)

图 3-10

通常建议的摊铺厚度 h 为 $3/2a$[40]。此时,层底应力为轮压的 60% 左右。当轮胎荷载为 F,推荐层厚 h 为:

$$h = \frac{3}{2}\sqrt{\frac{F}{\pi p_i}} \tag{3-2}$$

然而,层底应力与弹性半空间体的刚度密切相关。图 3-11b)显示了弹性模量对层底应力分布的影响,可以看出,模量差异对层底应力的影响显著。

图 3-11c)显示了对于不同模量 E_1/E_2 取值情况下,厚度 $h = 3/2a$ 处的层底应力。值得注意的是,对软土压实时,如果半空间体的弹性模量低于压实层模量的 10%,则压实层底部的应力将降低到轮胎气压 p_i 的 17%。该理论很好地解释了为确保压实充分,首先需要良好的基础。

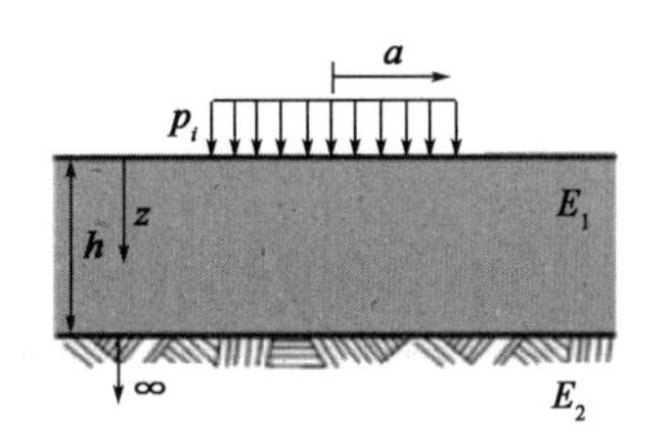

a)用于计算压实层深度方向应力分布的双层结构

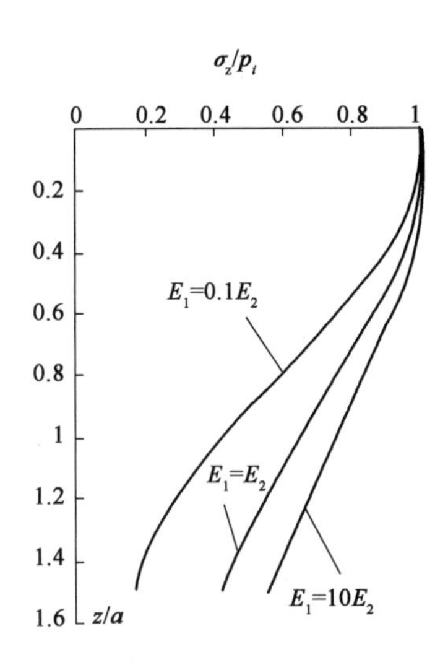

b)针对不同模量E_1/E_2计算的应力分布

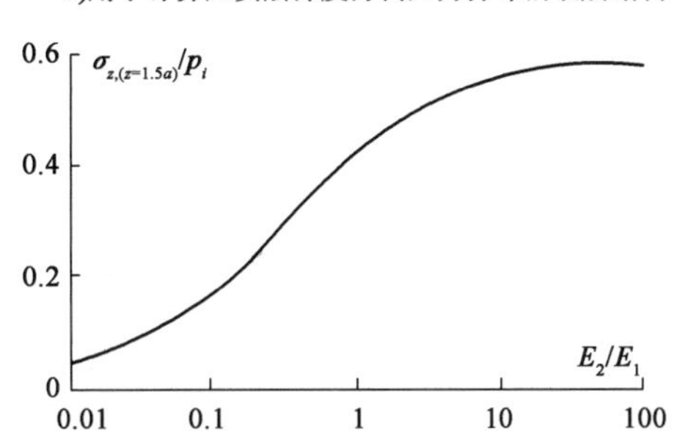

c)深度h=3/2a处，不同模量E_1/E_2下的层底应力

图 3-11

3.2.2 光轮压实机

钢轮施加在土层上的应力可以用第 1.7.3 节中介绍的赫兹理论来计算。由式(1-181)和式(1-180)可知,当钢轮的长度和半径分别为 L 和 R、荷载为 F 时,在土体表面产生的最大压力为:

$$p_0 = \left(\frac{E^* F}{\pi LR}\right)^{\frac{1}{2}} \tag{3-3}$$

加载区域的宽度 B 为:

$$B = 2a = 2\left(\frac{4RF}{\pi LE^*}\right)^{\frac{1}{2}} \tag{3-4}$$

赫兹理论表明土体上的应力呈椭圆分布,如图 3-12 所示,可由式(3-5)给出:

$$p(x) = p_0\left(1 - \frac{x^2}{a^2}\right)^{\frac{1}{2}} \tag{3-5}$$

由式(3-3)可知,基于施加于土体表面应力对光轮压路机进行生产设计时,需要首先确定压实机械荷载与几何形状之间的关系,即 $\frac{F}{LR}$。

利用式(3-5)可以计算钢轮和土体表面赫兹接触应力分布,对于平面应变,可以得到土体内部不同深度应力分布,如式(3-5)~式(3-10)所示:

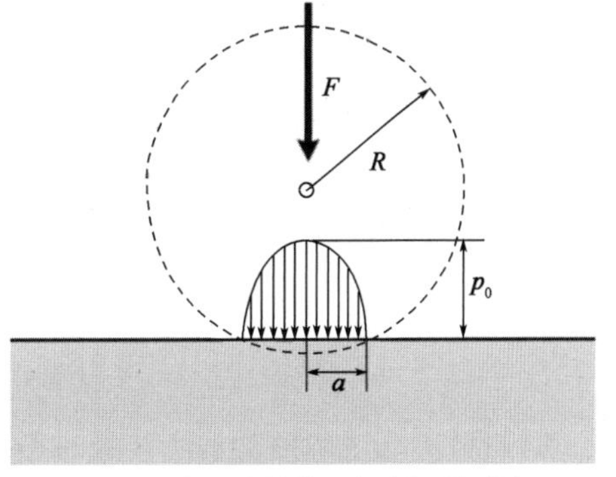

图 3-12 赫兹接触模型中圆柱形钢轮与平面产生的接触应力

$$\frac{\sigma_{xx}}{p_0}=\frac{m}{a}\left(1+\frac{z^2+n^2}{m^2+n^2}\right)-\frac{2z}{a} \tag{3-6}$$

$$\frac{\sigma_{zz}}{p_0}=\frac{m}{a}\left(1-\frac{z^2+n^2}{m^2+n^2}\right) \tag{3-7}$$

$$\frac{\tau_{xz}}{p_0}=\frac{n}{a}\left(\frac{m^2-z^2}{m^2+n^2}\right) \tag{3-8}$$

参数 m 和 n 取决于点(x,z)和 a 的位置,a 为接触宽度的一半：

$$m^2=0.5\{[(a^2-x^2+z^2)+4x^2z^2]^{\frac{1}{2}}+(a^2-x^2+z^2)\} \tag{3-9}$$

$$n^2=0.5\{[(a^2-x^2+z^2)+4x^2z^2]^{\frac{1}{2}}-(a^2-x^2+z^2)\} \tag{3-10}$$

式(3-9)和式(3-10)中 m 和 n 的根分别与 x 和 z 具有相同的符号[431]。

式(3-6)~式(3-10)可用于计算土体中的水平、垂直和剪切应力,如图3-13a)所示。然后可以使用方程式(1-31)来计算平面应变条件下的主应力,并且可以使用主应力来计算最大剪切应力：$\tau_{\max}=\frac{1}{2}|\sigma_1-\sigma_3|$。

图3-13b)中所示的 $\tau_{\max}/p_0$ 等值线表明在深度 $z=0.78a$ 处,$\tau_{\max}/p_0$ 值达到最大为0.3(p_0 是钢轮中部最大压应力)。若采用Tresca屈服准则,可以获得使土体屈服时的钢轮荷载。Tresca准则可以表示为 $\tau_{\max}=c$,其中 c 为内聚力。因此,屈服应力 p_{0_y} 变为：

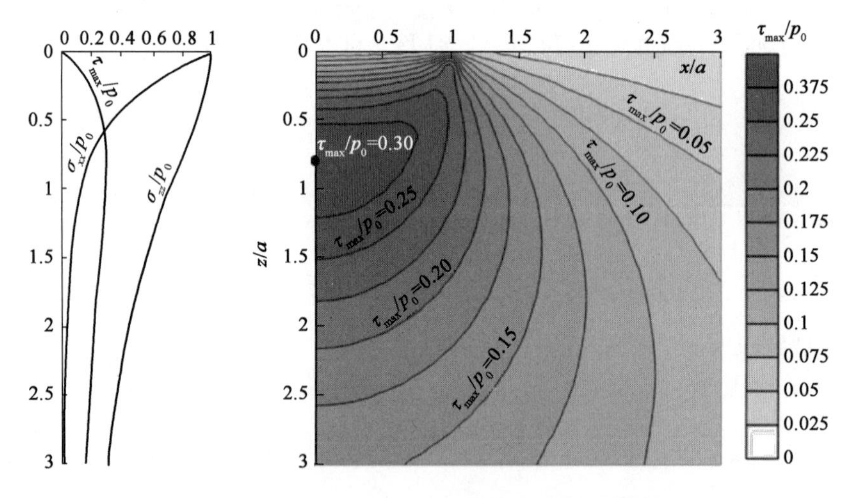

a)沿对称轴的垂直、水平和剪切应力

b)最大剪切应力的等值线

图3-13 圆柱与平面赫兹接触产生的应力

$$0.3p_{0_y}=c\rightarrow p_{0_y}=\frac{c}{0.3} \tag{3-11}$$

式(3-3)可用于土体屈服时钢轮荷载 F_y,如式(3-12)所示：

$$\frac{F_y}{L}=\frac{\pi R}{E^*}p_{0_y}{}^2\rightarrow\frac{F_Y}{L}=\frac{\pi R}{0.09E^*}c^2 \tag{3-12}$$

Von Mises 准则要求计算八面体剪切应力 τ_{oct} 以及中间主应力。虽然应力 σ_{xx}、σ_{zz} 和 τ_{xz} 与泊松比 ν 取值无关,但平面应变条件下 $\sigma_{yy}=\nu(\sigma_{zz}+\sigma_{xx})$。因此,式(1-15)中定义的八面体剪切应力取决于泊松比。

图 3-14 显示了八面体剪切应力的等值线和对称轴处剪应力值。当泊松比 $\nu=0.3$,在深度为 $0.7a$ 处,八面体剪应力 τ_{oct} 取得最大值为 $0.263p_0$。

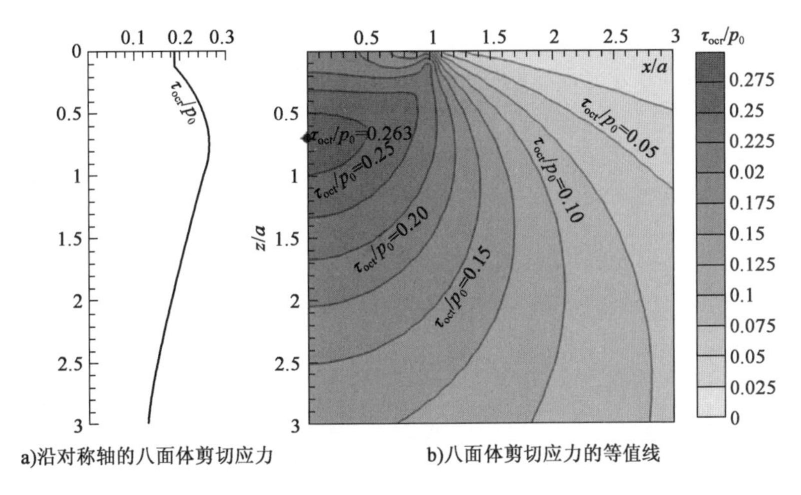

图 3-14 圆柱体与平面之间的赫兹接触产生的八面体剪切应力

根据 Von Mises 准则,屈服时对应的最大接触应力为:

$$0.263p_{0_y}=c\rightarrow p_{0_y}=\frac{c}{0.263} \tag{3-13}$$

并且屈服时对应的钢轮荷载为:

$$\frac{F_y}{L}=\frac{\pi R}{E^*}{p_{0_y}}^2\rightarrow\frac{F_y}{L}=\frac{\pi R}{0.069E^*}c^2 \tag{3-14}$$

若想用 Mohr-Coulomb 准则来分析压实过程,则还需计算主应力。图 3-15 显示了钢轮横截面最大和最小主应力 σ_1 和 σ_3。

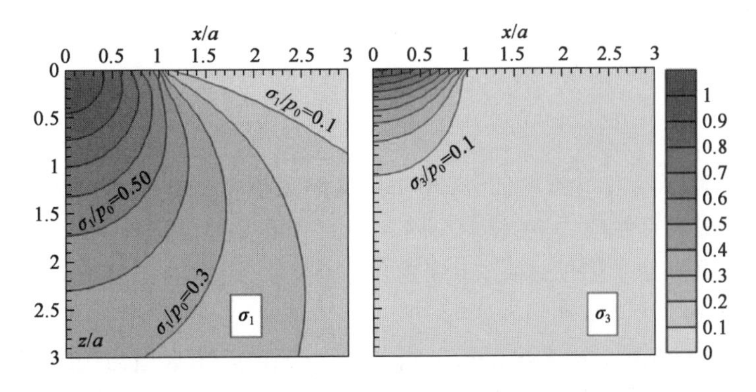

图 3-15 圆柱体与平面之间的赫兹接触产生的主应力

根据主应力的大小,可沿钢轮前进方向绘制莫尔圆,也可沿深度方向绘制莫尔圆,如

图3-16a)所示。图3-16c)～j)展示了钢轮下方不同深度处莫尔圆集合,并展示了直线与圆重叠的各种可能性。在不同的内摩擦角条件下,这些包络线均符合莫尔-库仑准则。这一方法可用于计算压实土任意深度上塑性变形所需的黏聚力。

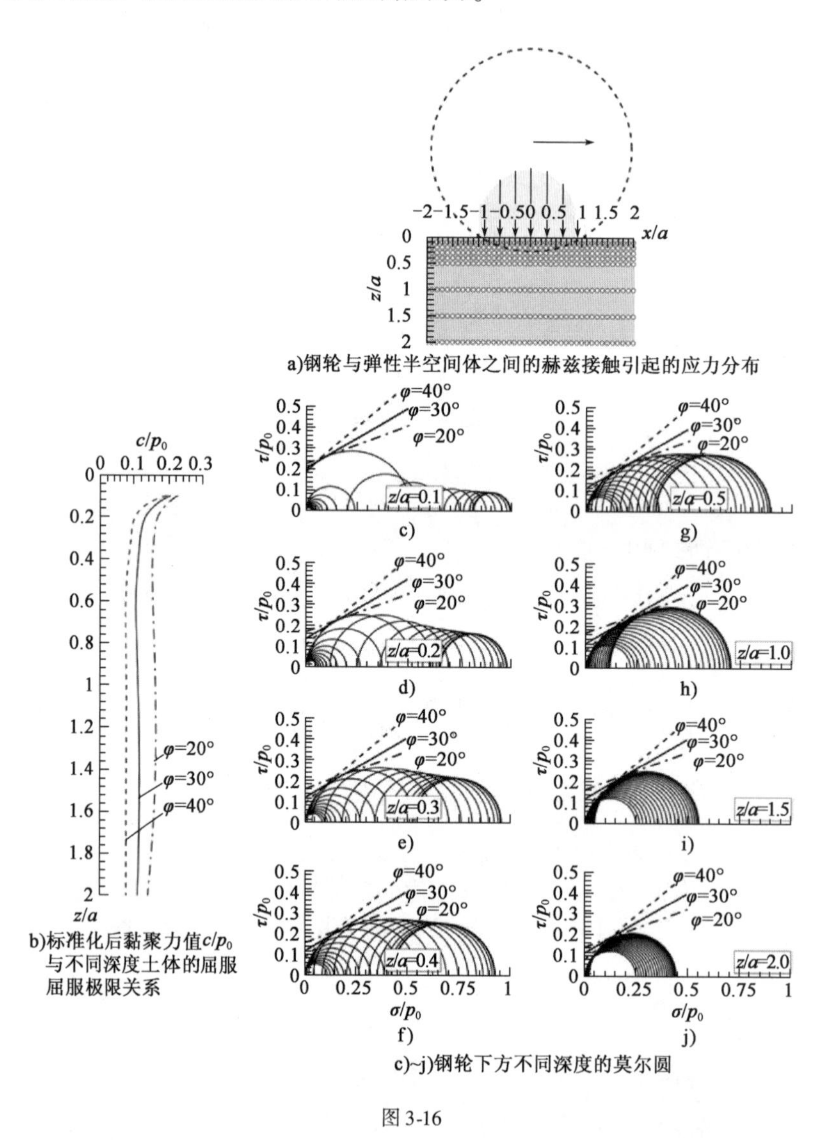

a)钢轮与弹性半空间体之间的赫兹接触引起的应力分布

b)标准化后黏聚力值c/p_0与不同深度土体的屈服屈服极限关系

c)～j)钢轮下方不同深度的莫尔圆

图3-16

图3-16b)为三种不同内摩擦角(20°、30°、40°)情况下,由Mohr-Coulomb准则所确定的产生塑性变形所需的最大接触应力p_0和最小内聚力c的值。对于$z<0.2a$的浅层,只有当黏聚力足够大才能保证土体处于弹性区域,主要由位于接触区边缘的莫尔圆($x=a$)控制,从而说明低黏聚力土体表面可能会出现塑性变形。

当深度$z>0.2a$,对黏聚力的要求降低。当$\varphi=40°$时,c/p_0最大值为0.09;当$\varphi=30°$,c/p_0最大值为0.12;当$\varphi=20°$,c/p_0最大值为0.17。不同黏聚力对应不同的钢轮荷载如式(3-15)～式(3-17)所示。

$$\frac{F_y}{L}=\frac{\pi R}{0.0081E^*}c^2,当\ \varphi=40° \tag{3-15}$$

$$\frac{F_y}{L}=\frac{\pi R}{0.0144E^*}c^2,当\ \varphi=30° \tag{3-16}$$

$$\frac{F_y}{L}=\frac{\pi R}{0.0289E^*}c^2,当\ \varphi=20° \tag{3-17}$$

如图3-17所示,前面的分析可以得出压实过程具有如下特征:

(1)在压实的第一阶段,图3-17中的阶段A,E_A^*是材料的弹性模量,c_{uA}是不排水的黏聚力。此时,弹性模量和不排水黏聚力都较低,因为土体处于松散状态,但接触面积a_A较大,而接触屈服应力p_{0yA}较低。这些条件可产生更深的应力,但土体整体强度较低。

(2)由于体积硬化,$E_B^*>E_A^*$和$c_{uB}>c_{uA}$,土体弹性模量和不排水黏聚力均增加。接触面积减小,但接触屈服应力增加,即$a_B<a_A$和$p_{0yB}>p_{0yA}$。这种情况导致土体应力集中,但深度较浅。

(3)在压实的最后阶段,弹性模量和不排水黏聚力达到最大值并产生更大的接触应力,但接触面积较小,因此应力的穿透深度较小。

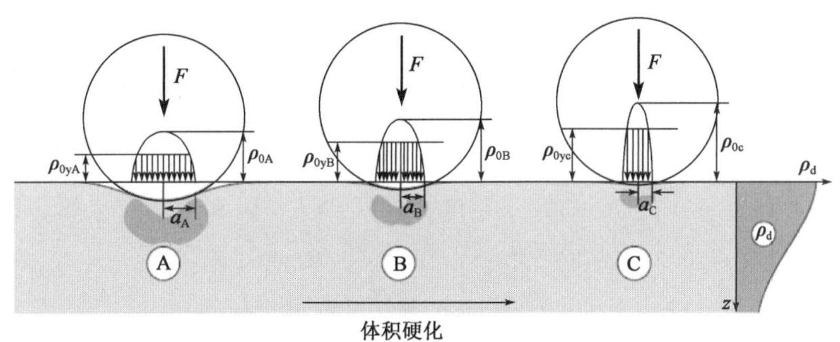

图3-17 钢轮压实过程

靠近表面和靠近钢轮前进方向的土体更容易被压实,因而表层黏聚力大于较深层中的黏聚力。图3-18a)和b)显示了不同区域莫尔圆的情况($x/a=1,z/a=0.1$)。图3-18c)显示了$z/a=0.1$时的黏聚力情况。其中,$\varphi=20°$时,$c/p_0=0.225$;$\varphi=30°$时,$c/p_0=0.205$;$\varphi=40°$时,$c/p_0=0.195$。

如图3-18d)所示,高剪切应力集中会在钢轮前进位置使土体发生塑性变形。为避免波纹形成,需要仔细选择Nijboer系数$\frac{F}{LR}$。本节基于赫兹的接触理论的分析,提供了有关Nijboer系数取值的方法,不同的内摩擦角情况下Nijboer系数计算公式如式(3-18)~式(3-20)所示:

$$\frac{F_y}{LR}=\frac{\pi}{0.038E^*}c^2,当\ \varphi=40° \tag{3-18}$$

$$\frac{F_y}{LR}=\frac{\pi R}{0.042E^*}c^2,当\ \varphi=30° \tag{3-19}$$

$$\frac{F_y}{LR}=\frac{\pi R}{0.051E^*}c^2,\text{当 }\varphi=20°\tag{3-20}$$

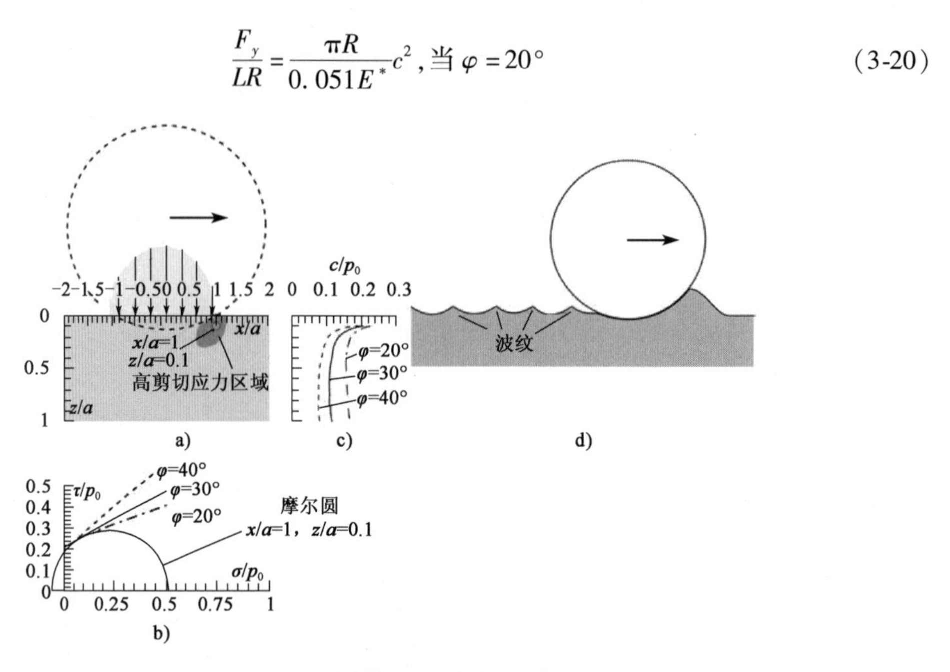

图 3-18　钢轮前进高剪切应力产生的波纹

图 3-19 显示了在 0.3m 深度处，不同直径和重量的钢轮压实后土体的平均干密度[163]。从该图中可以看出，只要 Nijboer(N) 系数合适，较小直径的钢轮也可产生较好的压实效果。当然，具有更大直径和更大 Nijboer 系数的钢轮，压实效果更好。此外，存在一个最佳的 Nijboer 系数，使得压实效果最好，当超过该值，干密度会降低。这是因为钢轮产生的剪切应变大于体积应变，这一结果与先前的分析是一致的。

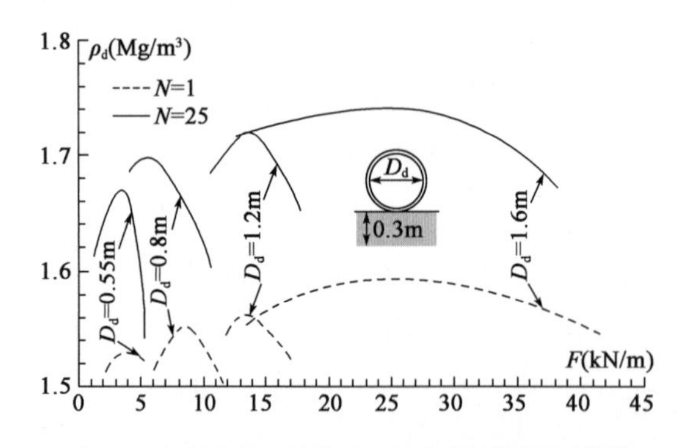

图 3-19　钢轮直径和重量对压实后干密度的影响[163]

钢轮与多层结构之间接触特性可借助于 Burmister 理论进行分析，该理论在第 1.9 节有介绍。Burmister 理论假定变形表面呈圆形，与圆柱体具有一定程度的重叠，然后计算产生变形所需的荷载，通过持续迭代，直到变形表面与钢轮形状之间的形状相吻合。

图 3-20 显示了 O'Sullivan 和 King[322] 对双层结构中接触应力的分析结果。其中，接触半径 a 等于土层厚度，泊松比为 0.3。如图 3-20b) 所示，层状介质上的接触应力 p_{0L} 可通过参考应力 p_0 标准化，p_0 是均匀半空间体与钢轮接触应力（由赫兹模型计算）。该图说明，增加上层

土体的弹性模量会导致更大的接触应力和更短的接触长度，而降低弹性模量导致更低的接触应力和更大的接触长度。

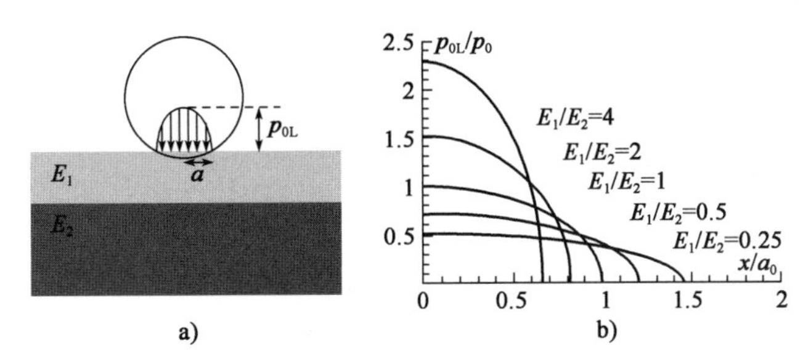

图 3-20 土体性质对接触应力的影响[322,218]

3.2.3 羊足碾压路机

如前文所述，光轮压路机和轮胎压实机在土体内产生密度梯度，应力随深度递减。增加土层底层密度的一种方法是在土体中打孔，以施加更大的压力。图 3-21a）所示的具有凸钉的羊足碾压路机可用于冲孔，因为它们能在 30～50cm^{2}的接触区域中压实土体。由于接触面积小，尖钉对土体施加较大的应力（2～6MPa）。由于尖钉的刚度大于土体的刚度，尖钉与土体之间的接触会产生应力集中，如图 3-21b）所示。

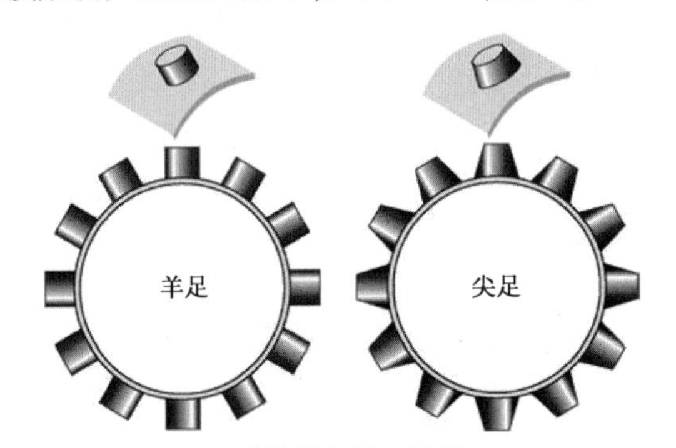

a)羊足碾压路机示意图

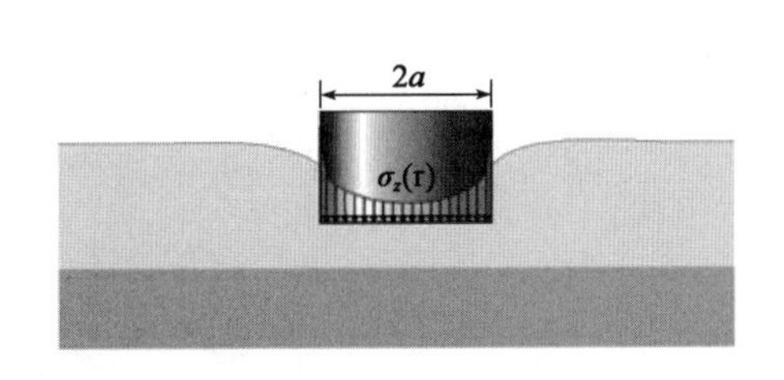

b)尖钉边缘应力集中

图 3-21

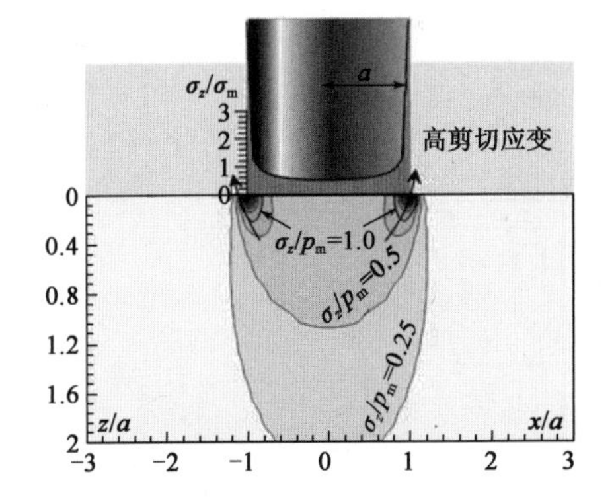

图 3-22 使用 Fröhlich 应力分布理论计算得到的羊足碾压路机尖钉下的应力分布（ξ＝4）

羊足碾压路机凸钉处的应力，可以通过半空间土体上圆柱体的接触应力来计算。图 3-22 显示了使用该方法计算的尖钉下的应力分布。在图 3-22 中，垂直应力通过峰值下方的平均应力 p_m进行归一化，而深度和水平轴则由 a（接触半径的一半）归一化。

图 3-22 显示了尖端边缘由于应力集中产生的较大剪切应变和土体位移。由尖钉产生的土体位移与揉捏效应有关，但从力学角度来看，土体位移是由应力旋转与高剪切应变产生的。

图 3-22 表明垂直应力随着深度增加而减少，在 $z/a=2$ 的深度附近 $\sigma_z/p_m=0.25$。

因为尖钉边缘应力较大以及羊足碾的几何形状不规则,羊足碾压路机会降低土层表面的密度。但这一困难可以通过使用具有锥形或锥体突起的羊足碾压路机来克服,这种压路机减少了由钢轮旋转引起密度降低的程度。

3.2.4 振动压路机

Frossblad[157]和 D'Apolonia 等通过试验证实[123],动态压实的应力分布可以用 Boussinesq 应力分布函数近似表示,如图 3-23 所示。这种近似可行的原因在于脉冲荷载的持续时间在 0.01 ~0.03s 的范围内,比刚性土层的固有振荡频率要低。

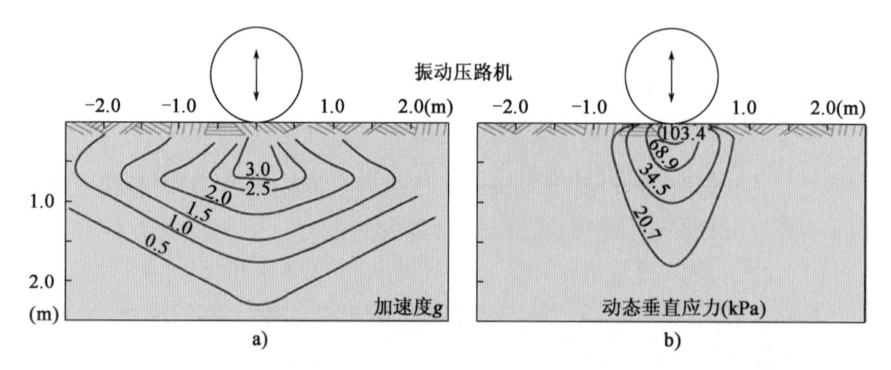

图 3-23　直径 1.2m、宽 2m 振动压路机碾压砂土过程中的动态应力和加速度等值线[123]

Frossblad[157]发现动态应力测试值与压实后的密度之间存在良好对应关系。如图 3-24 所示,振动对砂子和砂砾的影响与对黏土的影响有很大的不同。非黏性材料需要低应力来诱导颗粒之间的运动,从而产生体积应变。相反,细颗粒材料具有毛细作用力,可以在颗粒之间产生黏结力,因此需要更高的应力促使其产生体积应变。

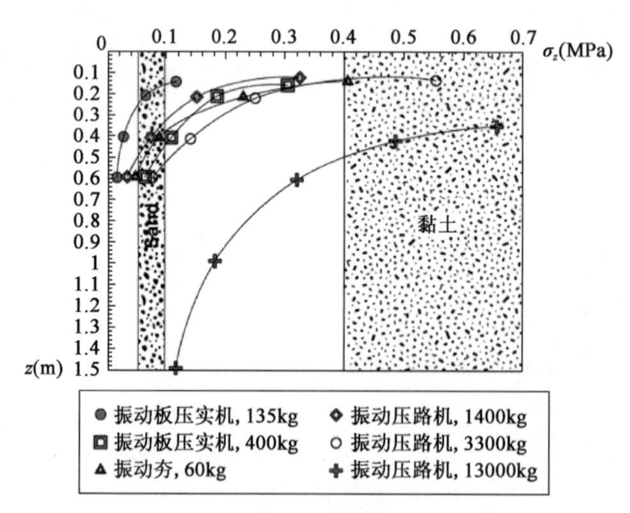

图 3-24　不同振动压路机测量的动态应力[157]

振动压路机是公路建设中应用最广泛的压实机械。振动机理是使用位于滚轮内的偏心锤实现振动。土的密实是由压路机的重量和滚轮的动荷载共同作用的结果。

动态压实会在颗粒中产生振动,最终消除颗粒之间的黏结,并减少颗粒之间的摩擦。通过结合静态荷载和振动,从而减少土体内空隙和增加土体密度。

根据偏心锤的位置和旋转方式,可以实现多种振动压实:

(1)偏心锤反向旋转,在竖轴方向上重合,使得振动压路机对土体施加垂直动态冲击,如图3-25a)所示。

(2)振动压路机通过将偏心锤放置在远离轴的滚轮上来施加扭转振动,如图3-25b)所示。可以让滚轮对土体施加剪切应力,从而使土体产生剪切应变。

(3)BOMAG公司开发的Vario压路机具有一个内在调控机制,它可以调整偏心锤的转动轴,使其在垂直、水平或任意方向产生振动,如图3-25c)所示。

图3-25 不同类型的压路机

3.2.5 冲击式压实机

冲击式压实机将羊足碾压实机的优点与光轮压路机相结合。现场试验表明,相较于光圆压路机,多边形压路机可以提高压实深度。

图3-26显示了由多边形滚轮[5]产生的现场实测应力。测量结果表明,随着滚轮的旋转,土内应力随多边形滚轮平面与尖锐的变换而变化。

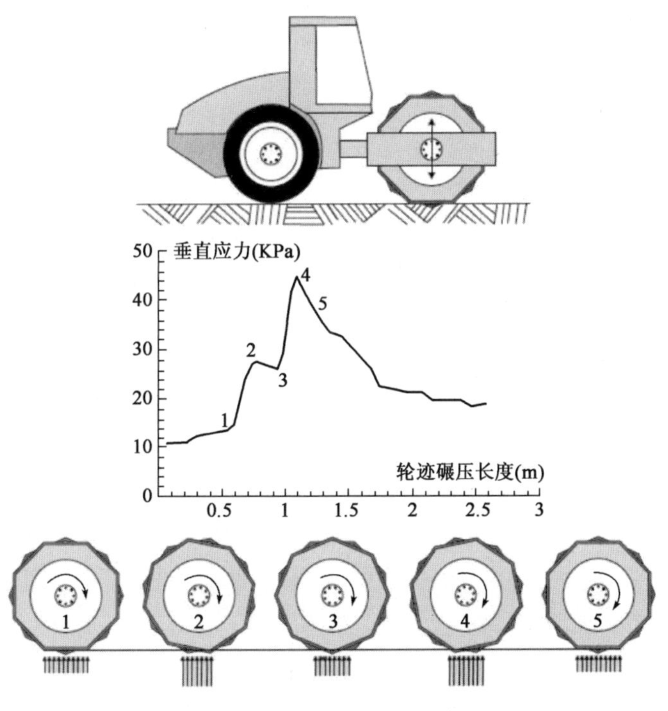

图3-26 多边形滚轮压路机作用下土体深度0.8m处实测应力[5]

通过总结大量现场冲击压实试验,发现多边形滚轮冲击压实颗粒材料具有以下特征:

(1)多边形滚轮更利于深部土体压实。

(2)多边形滚轮的边缘处压实度往往难以达到要求,但随着后续层压实的进行,这些区域可以进一步被压实。

(3)多边形滚轮的边缘存在表面应力集中,虽然滚轮与土体为平面接触时的应力值比边缘处应力值小,但中间应力作用深度更深。

冲击压路机是由 Clegg 和 Berrange 于 1971 年在南非开发的[332],其创造灵感来自手工捣固工具和 Menard 的强夯技术。

冲击压实机的关键特征是它的滚轮有多个角而非光滑规则的圆柱,如图 3-27 所示。当它向前移动时,各个角引起滚轮质心的抬高,当抬高后的滚轮下落时,对土体表面产生冲击荷载。

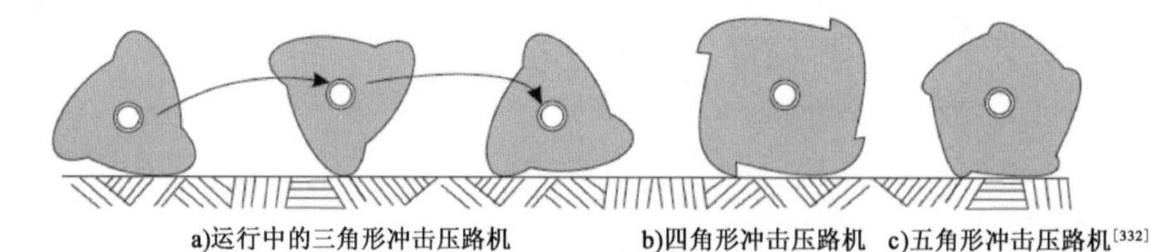

图 3-27　冲击压路机原理图

冲击压路机的主要运行特征[332]:

(1)动应力作用范围更大;

(2)动力具有高振幅和低频率(每分钟 90 ~ 130 次);

(3)下落的滚轮更容易获取更高的压实度;

(4)压实可以高速(即 12km/h)进行;

(5)用水量少;

(6)湿陷性土体压实效果更好。

3.2.6　振动压路机压实理论分析

Adam 和 Kopf[6] 使用结构方法分析振动压路机和土体之间的相互作用。他们将振动压路机描述为一个具有两个自由度的系统,如图 3-28 所示。在该系统中,振动荷载使滚轮移动,并在土体上产生压实作用。

用两个方程组来描述这种运动:

$$(m_d + m_e)\ddot{z}_1 + C_f(\dot{z}_1 - \dot{z}_2) + k_f(z_1 - z_2) = (m_d + m_e)g + m_e e\omega^2 \sin\omega t - F_s \tag{3-21}$$

$$m_f \ddot{z}_2 - C_f(\dot{z}_1 - \dot{z}_2) - k_S(z_1 - z_2) = m_f g \tag{3-22}$$

式中,m_d为滚轮的质量,m_e为偏心锤质量,m_f为压路机框架的质量,e 为质量的偏心率,w 为旋转质量的角频率,F_s为土体的反作用力,z_1和 z_2分别为滚轮和框架的垂直位移,k_f和 c_f为连接压路机框架和滚轮的减震器系统的弹性系数和阻尼系数。

值得注意的是,滚轮和压路机框架之间的连接通常设计为产生可忽略不计的框架振动(即 $\ddot{z}_2 = 0$)。从而,式(3-22)变为:

$$C_f(\dot{z}_1 - \dot{z}_2) + k_S(z_1 - z_2) = -m_f g \tag{3-23}$$

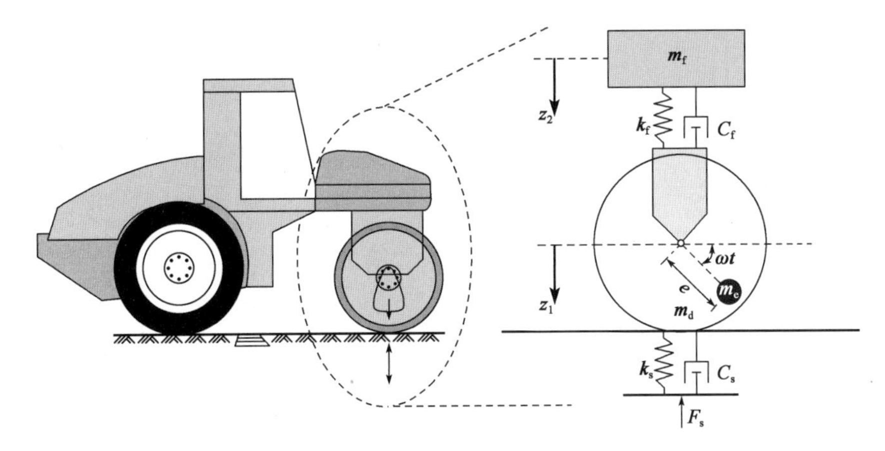

图 3-28 具有两个自由度系统的振动压路机[6]

因此,压路机框架的静荷载传递到滚轮,并且两个自由度系统可以转换成单个自由度问题,由式(3-24)给出:

$$(m_d + m_e)\ddot{z}_1 = (m_d + m_e + m_f)g + m_e e\omega^2 \sin\omega t - F_s \tag{3-24}$$

在弹性范围内,土体的反作用力 F_s变为:

$$F_s = k_s z_s + C_s \dot{z}_s \tag{3-25}$$

减震器系统的弹性系数可以使用锥形法获得:

$$k_s = Gb_0 \frac{1}{1-v}\left[3.1\left(\frac{L}{B}\right)^{0.75} + 1.6\right],\text{对所有 } v \tag{3-26}$$

$$C_s = 4\sqrt{2\rho G \frac{1-v}{1-2v}}a_0 b_0 = \sqrt{2\rho G \frac{1-v}{1-2v}}BL,\text{当 } v \leqslant \frac{1}{3} \tag{3-27}$$

$$C_s = 8\sqrt{\rho G}a_0 b_0 = 2\sqrt{\rho G}BL,\text{当}\frac{1}{3} < v \leqslant \frac{1}{2} \tag{3-28}$$

式中,B 为宽度,L 为圆柱体和土体间的接触长度。

此外,部分质量有可能随加载区一起运动,这部分质量取决于土体的泊松比。

$$\Delta m = \frac{8}{\pi^{0.5}}\mu_m \rho \left(\frac{BL}{4}\right)^{\frac{3}{2}},\mu_m = 2.4\pi\left(v - \frac{1}{3}\right) \tag{3-29}$$

用赫兹理论计算系数 k_s和 C_s所需的接触长度 a,由式(3-4)给出。

计算弹簧系数 k_s 的另一种方法是结合 Lundberg 方程式,根据圆柱体的作用深度和赫兹理论公式(3-4)得到的接触长度,弹簧系数计算公式为:

$$k_s = \frac{EL\pi}{2(1-v^2)\left\{1.8864 + \ln\left[\frac{\pi L^3 E}{16R(1-v^2)F_s}\right]^{\frac{1}{2}}\right\}} \tag{3-30}$$

如第 3.2.2 节所述,赫兹模型所得结果在接触区域中心区域的应力较高。然而,由于实际接触应力受材料屈服应力的限制,当接触应力高于屈服荷载时,土体内实际应力分布如图 3-29 所示。此时,可以通过求解方程式(3-31)来计算弹塑性变形长度 B^{ep},如图 3-30 所示。可以看出,弹塑性变形随着 $p_0 - p_y/p_0$ 的增加而增加。

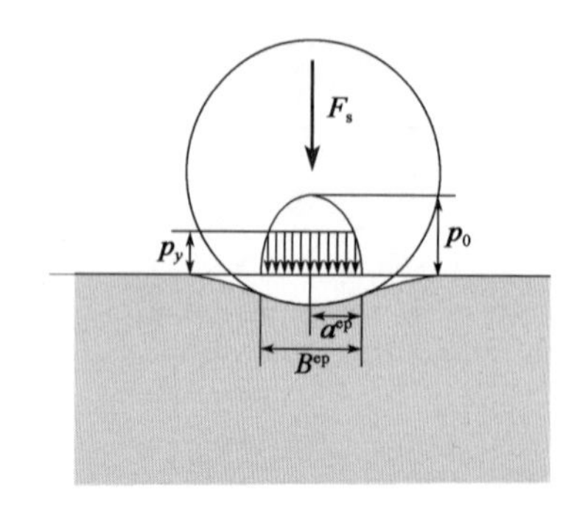

图 3-29　土体与圆柱体之间的弹塑性接触

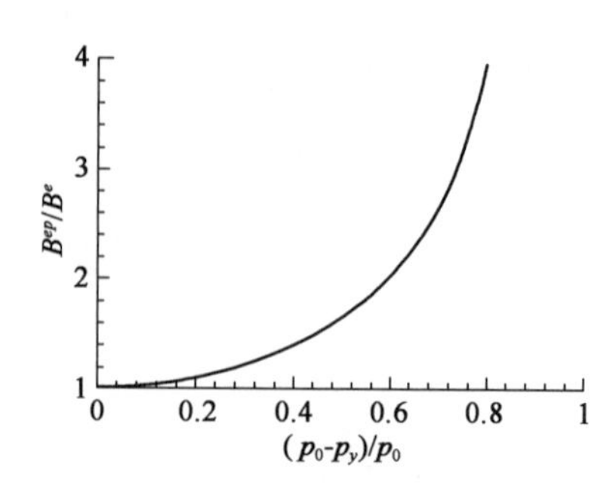

图 3-30　弹性和弹塑性接触长度与接触应力之间的关系

$$F_s=\frac{p_0B^{\mathrm{ep}}L}{2}\left\{\frac{\pi}{2}-\left[\arccos\left(1-\frac{p_0-p_y}{p_0}\right)-\left(1-\frac{p_0-p_y}{p_0}\right)\sqrt{\frac{2(p_0-p_y)}{p_0}-\left(\frac{p_0-p_y}{p_0}\right)^2}\right]\right\} \tag{3-31}$$

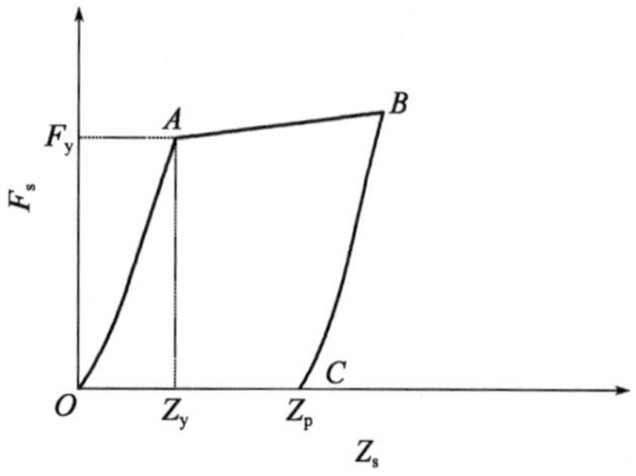

图 3-31　土体弹塑性响应示意图

土体的弹塑性响应规律可以近似如图 3-31 所示。

初始荷载遵循图 3-31 中的 OA 线,其对应于非线性弹性响应,其中弹性部分可由锥体理论或 Lundberg-Hertz 方程给出。

图 3-31 中的点 A 对应于竖向屈服荷载 F_y,屈服变形为:

$$z_y=\frac{4F_y}{\pi EL} \tag{3-32}$$

当土体总变形 z_s 超过屈服变形 z_y 时,塑性变形增加。增加量 z_p 由式(3-33)的不等式给出。

$$z_s-z_p\leqslant z_y \tag{3-33}$$

卸载曲线如图 3-31 中的 BC 线所示,荷载再次遵循非线性弹性响应。

土体弹塑性响应为:

$$F_s=k_s(z_s-z_p)+C_s\dot{z}_s,\quad 当\ z_s>z_y\ 时 \tag{3-34}$$

另一方面,土体响应仅适用于滚轮与土体接触时发生。在这种情况下,滚轮和土体的位移是相同的,即 $z_1=z_s$。当圆筒向上移动时,可能会出现滚轮与土体脱离,土体的反作用力为零,即:

$$z_s=z_1,当\ z_s\geqslant z_p\ 时 \tag{3-35}$$

$$z_s=z_p,当\ z_1<z_p\ 和\ F_s=0\ 时 \tag{3-36}$$

一般情况下,动态方程式(3-24)为:

$$(m_d+m_e)\ddot{z}_1=(m_d+m_e+m_f)g+m_e e\omega^2\sin\omega t-k_s(z_1-z_p)-C_s\dot{z}_1,当\ z_s>z_p \tag{3-37}$$

$$(m_d+m_e)\ddot{z}_1=(m_d+m_e+m_f)g+m_e e\omega^2\sin\omega t,当\ z_1<z_p \tag{3-38}$$

动态方程式(3-37)和式(3-38)可以使用数值方法求解。$z_1>z_p$ 阶段的位移可以用显式有限差分法得到:

$$z_1^{t+\Delta t}=\frac{1}{\dfrac{m_d+m_e}{\Delta t^2}+\dfrac{C_s^t}{\Delta t}}\left[(m_d+m_e+m_f)g+m_e e\omega^2\sin\omega t-k_s^t(z_1^t-z_p^t)+(m_d+m_e)\frac{2z_1^t-z_1^{t-\Delta t}}{\Delta t^2}+C_s^t\frac{z_1^t}{\Delta t}\right] \tag{3-39}$$

对于 $z_1 > z_p$,位移变成了:

$$z_1^{t+\Delta t} = \frac{\Delta t^2}{m_d + m_e}\left[(m_d + m_e + m_f)g + m_e e\omega^2 \sin\omega t + (m_d + m_e)\frac{2z_1^t - z_1^{t-\Delta t}}{\Delta t^2}\right] \tag{3-40}$$

当 $z_1 - z_p > z_y$时,塑性变形增加,然后可以通过式(3-41)计算:

$$z_p^{t+\Delta t} = z_p^t + [(z_1^t - z_p^t) - z_y] \tag{3-41}$$

对于不同的压实参数,方程式(3-40)和式(3-41)表明不同的压实机滚轮对压实层产生不同的影响。图3-32为弹性模量 E 取不同值时,压实过程中滚轮和土体之间相互作用的模拟结果。图3-32a)~e)为实时压实过程,图3-32f)~j)给出了不同频率作用的结果。

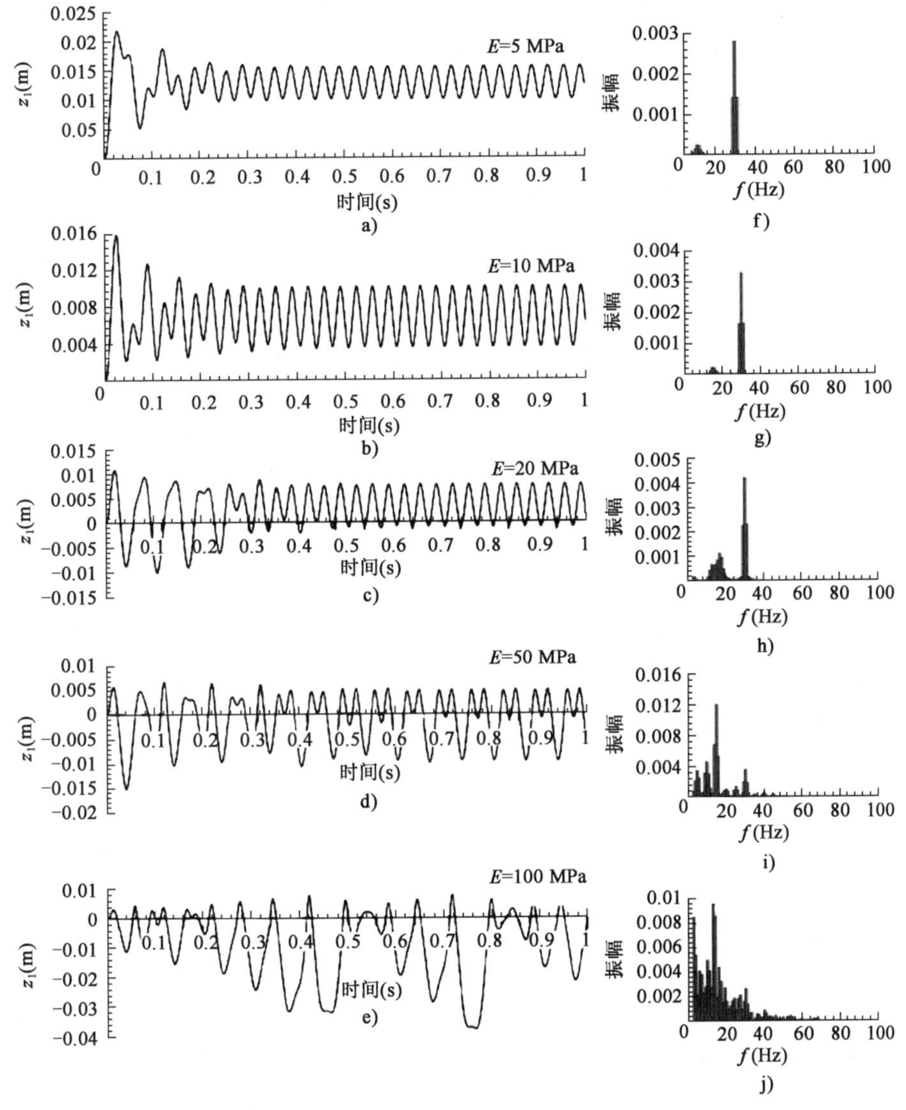

图3-32 不同土体刚度 E 条件下振动压路机压实过程时域和频域特性(振动压路机参数:$L=1.6\text{m}$,$R=0.7\text{m}$,压路机框架质量3750kg,滚轮质量600kg,动态荷载52.5kN;土体特性:$\nu=0.3$,$\rho=2000\text{kg/m}^3$,处于弹性响应范围)

图3-32a)中弹性模量 $E=5\text{MPa}$,模拟滚轮作用在软土路基上,滚轮与土体接触保持连续。

在频域图中,该作用的傅立叶变换是谐波,振动频率与激励频率一致,如图 3-32f)所示。

当土体的反力随着土体刚度的增加而增加时,会出现不同的情况。如图 3-32b)和 c)所示,这个过程中使得土体表面高低不平,并使滚轮间歇性地从土体上弹起,从而在滚轮反复撞击土体时产生冲击波。从频率来看,这种压实方式具有两种特征频率,其值可达激励频率 ω 的 2 倍。这种压实方式比连续接触模式产生的冲击荷载更大,因此更利于压实[67]。

如图 3-32e)和 j)所示,当弹性模量进一步增大,土体的反作用力增加,并使滚轮运动发生紊乱。在此期间,滚轮振动更加明显,并传递到整个压实机械。这种振动的特征在于谐波与激励频率的一半成比例。不规则的移动可能会破坏压实层并损坏整个压实机械[67]。

将图 3-33a) ~ e)所示的动荷载对滚轮位移的滞回周期与图 3-33f) ~ j)所示的土体对土位移的反应周期联系起来,是分析滚轮-土相互作用的一种有效方法。第一组滞回周期可以通过直接测量滚轮的特性得到,而土体响应只能通过土-滚轮相互作用的数学模型得到。

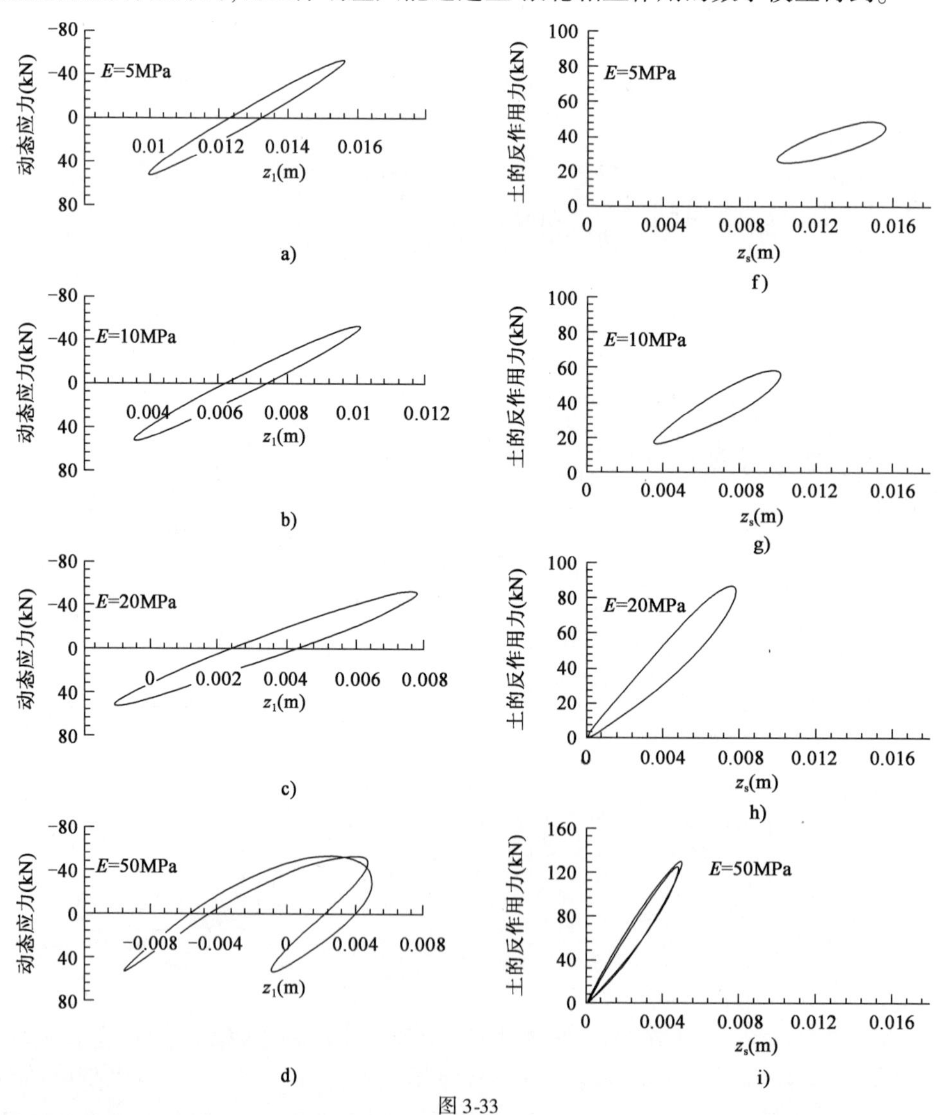

图 3-33

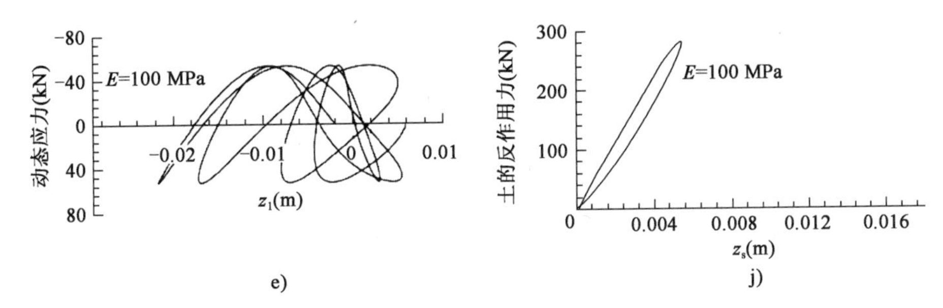

图 3-33 不同刚度土体振动加载过程和土体反作用力的滞后循环(振动压路机参数:钢轮 $L = 1.6\text{m}$, $R = 0.7\text{m}$,压路机框架质量 3750kg,滚轮质量 600kg,动态荷载 52.5kN;土体参数:$\nu = 0.3$, $\rho = 2000\text{kg/m}^3$,在弹性变形范围内)

目前利用土体弹性模量分析压实现场滚轮振动特性多是以连续压实控制(CCC)理论为基础的,连续压实控制(CCC)理论将在第7章中介绍。

在压实过程中,必须避免滚轮的无规则运动,因为这会给准确测定土体的弹性模量带来困难,也会损坏土体已压实层和压实机械。如图3-32和图3-33所示,当土体弹性模量增加后,滚轮振动发生紊乱,冲击荷载也无明显规律。图3-34~图3-36显示了弹性模量为 $E = 3\text{MPa}$ 条件下,振动荷载为50kN,55kN和75kN时,振动加载时土体响应规律。这些数据表明了随动态荷载增加滚轮的变化特征:当荷载较小时,滚轮与土体之间相互作用是连续的;当动态荷载较大时,滚轮对土体作用发生紊乱。

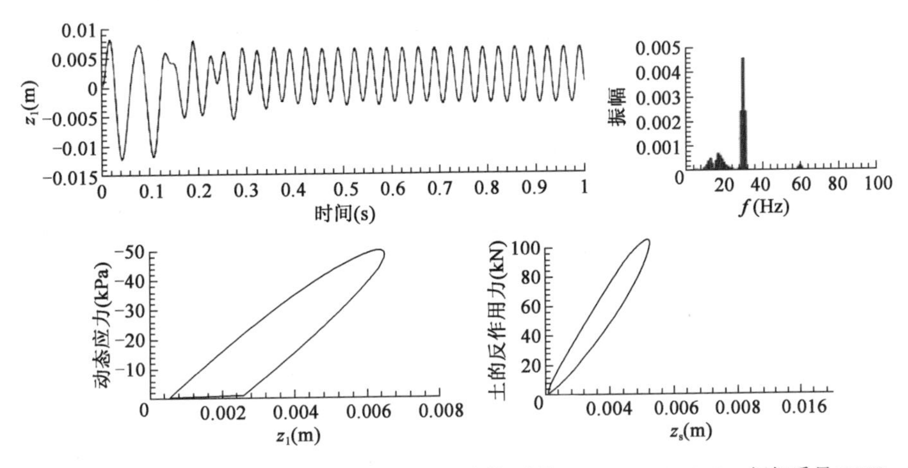

图 3-34 $E = 3\text{MPa}$ 时土体振动加载条件及响应规律(压路机参数:滚轮 $L = 1.6\text{m}$, $R = 0.7\text{m}$,框架质量 3750kg,滚轮质量 600kg,动荷载 50kN;土体参数:$\nu = 0.3$, $\rho = 2000\text{kg/m}^3$,在弹性响应范围内)

值得注意的是,图3-32~图3-36所示结果均是将土体假设为弹性材料得到的,该假设与压实过程导致土体产生塑性应变的事实相矛盾。图3-37模拟了考虑压实过程中土体塑性变形效应的结果。该图显示了考虑塑性变形影响时,滞回曲线特征。尽管如此,将滚轮振动的滞回周期与土体响应规律相联系仍具有一定的适用性。

如表3-1所示,根据压实机械和被压实土体的参数,可以将压实方式分为四种。这些参数包括滚轮转速、激励频率、荷载大小、滚轮与滚轮质量之比和土体刚度等[6]。

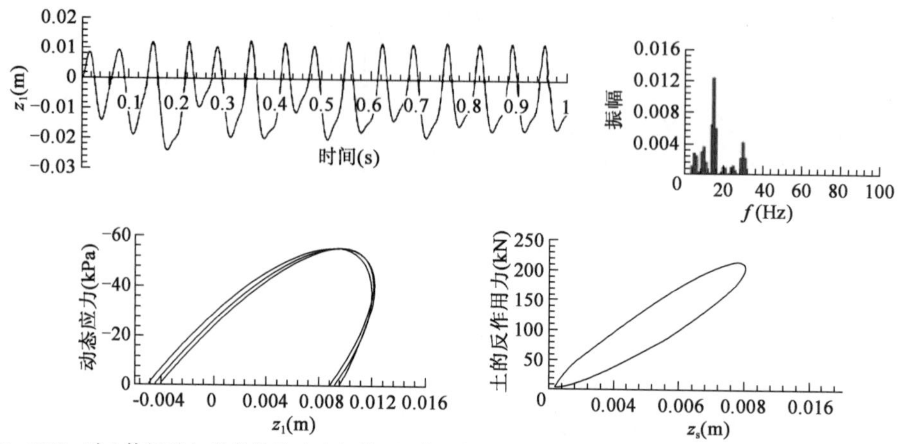

图 3-35　$E=3\mathrm{MPa}$ 时土体振动加载条件及响应规律(压路机参数:滚轮 $L=1.6\mathrm{m}$,$R=0.7\mathrm{m}$,框架质量 3750kg,滚轮质量 600kg,动态荷载 55kN;土体参数:$\nu=0.3$,$\rho=2000\mathrm{kg/m^3}$,在弹性响应范围内)

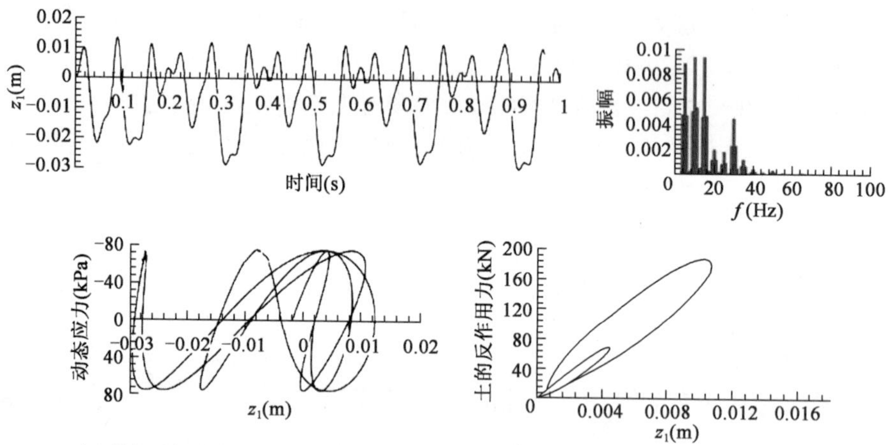

图 3-36　$E=3\mathrm{MPa}$ 时土体振动加载条件及响应规律(压路机参数:滚轮 $L=1.6\mathrm{m}$,$R=0.7\mathrm{m}$,框架质量 3750kg,滚轮质量 600kg,动态荷载 75kN;土体参数:$\nu=0.3$,$\rho=2200\mathrm{kg/m^3}$,在弹性响应范围内)

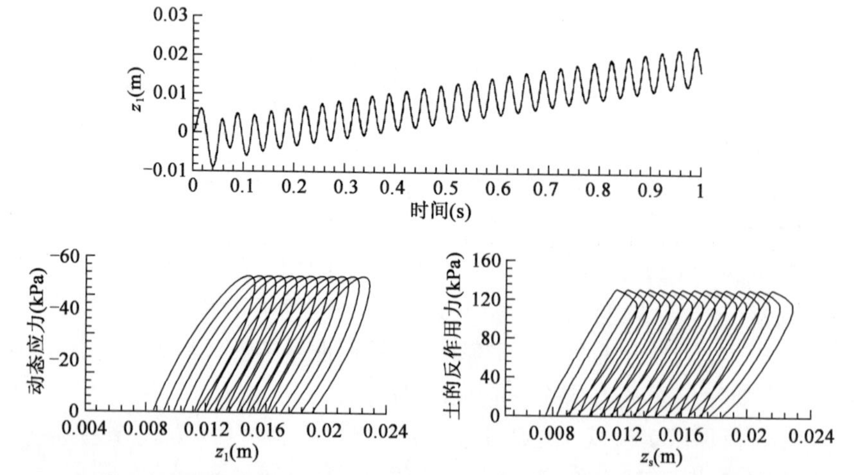

图 3-37　$E=3\mathrm{MPa}$ 时土体振动加载条件及响应规律(压路机参数:滚轮 $L=1.6\mathrm{m}$,$R=0.7\mathrm{m}$,框架质量 3750kg,滚轮质量 600kg,动态荷载 75kN;土体参数:$\nu=0.3$,$\rho=2200\mathrm{kg/m^3}$,$c_\mathrm{u}=600\mathrm{kPa}$)

振动压路机运行条件[6] 表 3-1

振动	交互振动	运行状态	土体接触力	CCC 的应用	土体刚度	轧辊速度	滚筒振幅
周期性振动	连续接触		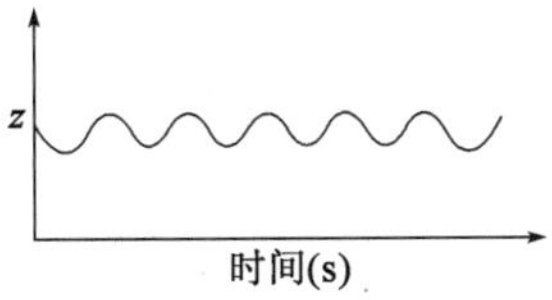 z 时间(s)	是	低 ↓	快 ↑	小 ↓
	周期性失接点	单峰隆起	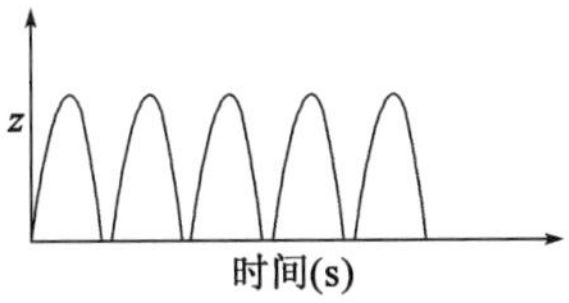 z 时间(s)				
		二段跳	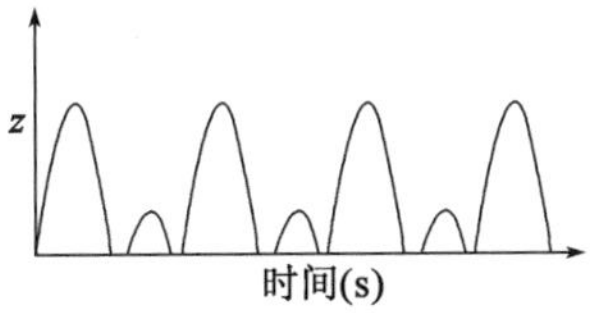 z 时间(s)				
		摇摆运动	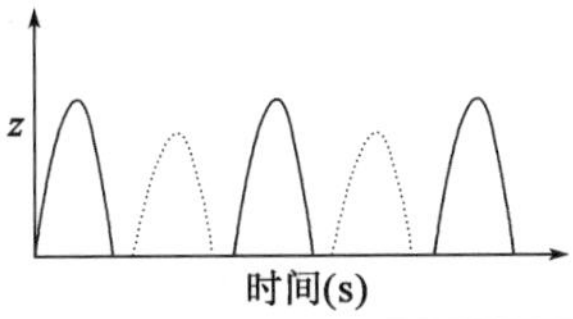 z 时间(s)	否			
无规律振动	无周期性失接点	无规律振动	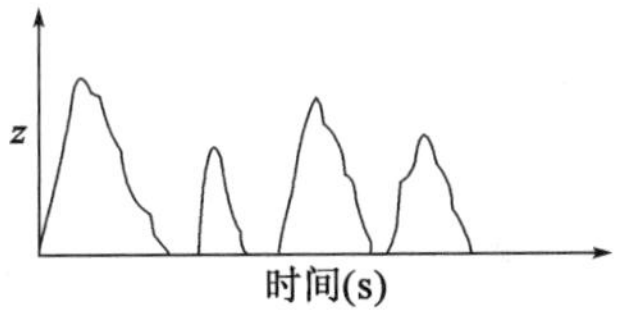 z 时间(s)		高	慢	大

典型的压实模式有如下四种：

(1)发生在低刚度土体上的连续接触振动压实。

(2)双振动压实并允许土体表面产生局部隆起，这类情况在工程中最常见，也是使用中最佳的压实方式。

(3)随着土体刚度的增加，滚轮在前进方向上前后摇摆运动。当这种压实出现时，压实质量很难控制。

(4)不规则振动出现在高频荷载、高土体刚度和低速碾压速率情况下。滚轮的振动不再有周期性，更难控制压实质量。

采用局部隆起和双振动是压实土体的最佳方法，但对于沥青混合料而言，宜首选连续接触压实[67]。

3.3 土体压实与应力路径的关系

3.2 节描述了不同类型压实机械及荷载条件下土体内的应力分布。压实分析的第二步是分析土体的固结规律,这取决于所施加的应力。本节将介绍关于土体应变与应力关系的一些室内测试成果,并利用非饱和土力学理论对其进行分析。

为正确评价压实土体的力学行为,还需要在室内模拟土体压实过程中的应力路径。当压路机在压实层上前进时,土体经历加载和卸载循环,压应力和剪应力如图 3-38 所示。

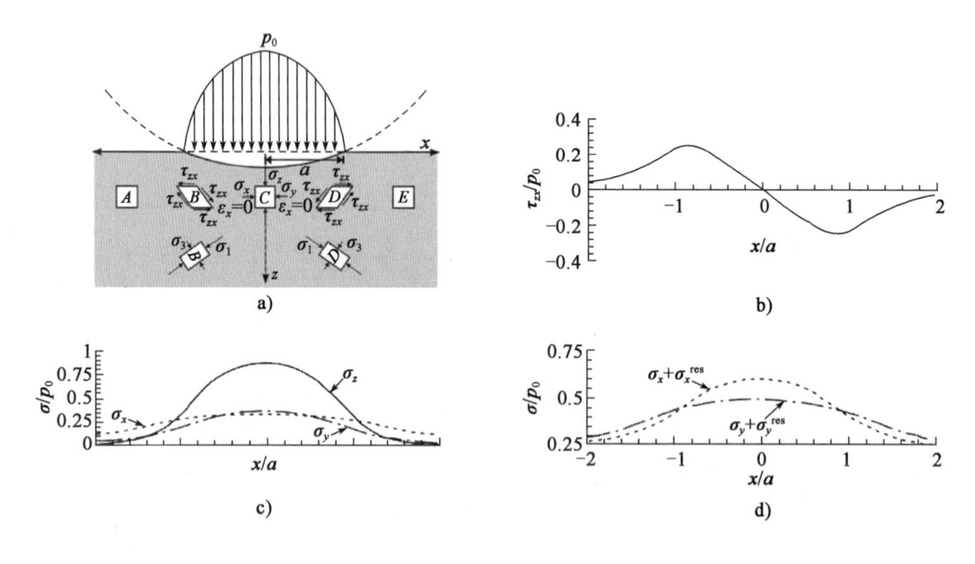

图 3-38 压路机对土体施加循环加卸载[218]

对于应力低于屈服极限的情况,土层表面接触应力及其内部应力分布可由赫兹理论给出,如式(3-3)和式(3-6)~式(3-8)所示。其中,图 3-38b)和 d)是根据赫兹理论所得土体内 $z = 0.5a$ 深度处的应力[218]。

当压路机施加的应力达到土体的屈服应力时,开始出现塑性应变。伴随产生水平方向的残余应力,卸载后,残余应力在土体中仍可能存在。图 3-38d)为 Johnson[218] 给出的利用 Tresca 屈服准则所得残余应力的例子。

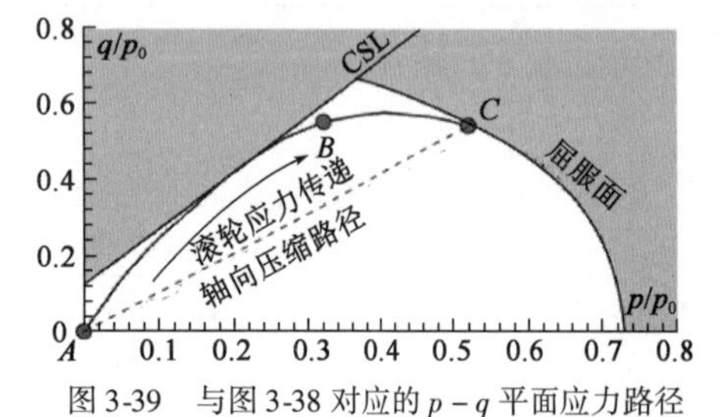

图 3-39 与图 3-38 对应的 $p-q$ 平面应力路径

当应力超过土体的屈服极限时,出现塑性应变。如图 3-39 所示,如果滚轮产生的剪应力与临界状态线(CSL)相交,或者压应力达到图 3-38a)和图 3-39 中 C 点处屈服面的边界时,土体达到屈服极限。这两种条件都会产生塑性应变并出现屈服面。此过程如图 3-38a)和图 3-39所示。

首先,从点 A 到 B,保留在弹性范围中的土体达到由 CSL 线给出的剪切屈服应力。当它与 CSL 线相交时,土体屈服面移动,产生塑性剪应变和体应变。

然后,当应力路径接近 C 点时,垂直压应力占主导地位并使屈服面的边界发生移动,从而产生塑性应变。由于对称性,C 点处水平应变为零,与侧限条件下的固结过程类似。

前文对应力路径的描述有利于我们分析压实过程中土体体积应变演变规律。当从 A 点开始碾压时,土中应力低于其屈服应力,位于图 3-40 中的超固结应力下方,体积应变为弹性、可恢复的,因此达不到压实的目的。

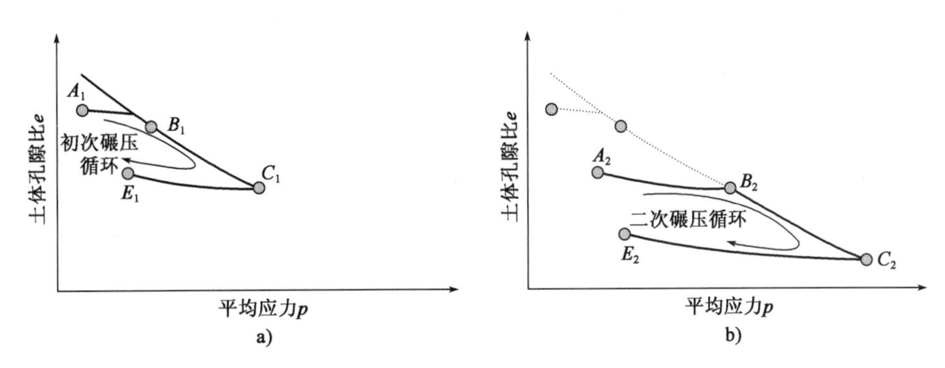

图 3-40 压实过程中应力与土体孔隙比关系

一旦垂直应力超过超固结应力，土体就会发生塑性体积应变，这会使土体重度增加并产生不可逆的体积应变，即压实。然后，当滚轮离开 C 点时，土体再次返回弹性区域并恢复体积应变中的弹性部分，但塑性体积应变仍然存在。

在再次进行碾压时[图 3-40b)]，土体具有更大的弹性空间。在第二次碾压开始时，弹性模量高于第一次循环开始时的弹性模量，因而接触面积减小，接触应力 p_0 增加。这种情况在土体中引起更大的应力，产生更大的塑性体积应变和进一步的压实。这种作用在随后的循环加载过程中持续进行，空隙率会随之降低。

图 3-41 显示了循环加载对土体压实的影响。从该图可以看出，随着压实循环次数的增加，对应的最佳含水率降低，最大干密度增加。然而，值得注意的是，循环次数的影响不仅取决于土体刚度，还取决于材料的力学性能，与以下几个方面有关：

空气从孔隙中排出需要一定的时间，在此期间，孔隙气压会降低土中应力。随着时间延长，空气孔隙压力降低到大气压力，土体应力增加。

水在空隙空间内的微孔和大孔之间重新分布也需要时间。

弹塑性屈服面超过弹性极限。实际上，土体的真正弹性极限仅出现在非常小的应变条件下（大约 10^{-5}）。因此，每个加载循环，即使是保留在屈服面内的加载循环，也会产生一些微小塑性应变。

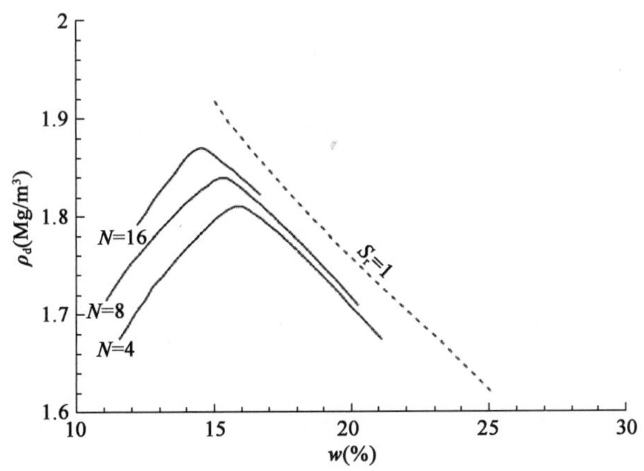

图 3-41 循环加载次数（N）对现场土体压实效果的影响（其中轮胎气压为 1MPa，黏土液限和塑限分别为 $w_L = 47\%$、$w_P = 24\%$[163]）

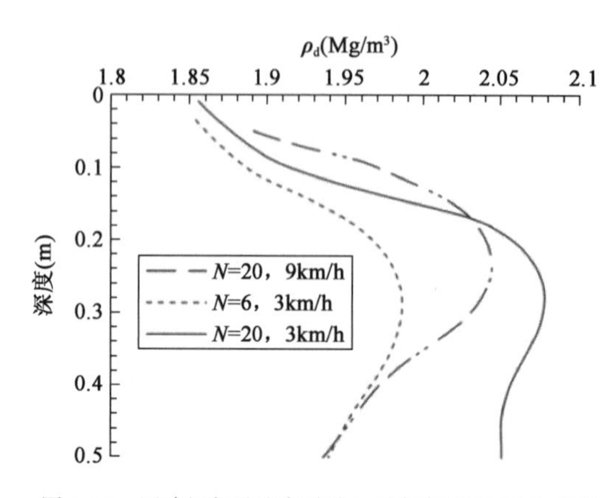

图 3-42　压路机行进速度对砂土干密度的影响(含水率为 7.2%)

实际上，加载时间也会影响压实效果。图 3-42比较了由不同循环加载次数(N)和不同碾压速度产生的现场压实结果对比。可以看出，低速压实后土体干密度更大，尤其是对于深层压实情况。这是因为内部空气的排出需要更长的时间。

土体内部不断增加的应力也可以进一步产生压实，这不仅受主应力大小的影响，主应力方向的变化也会产生影响。图 3-38a)显示了 B、C、D 点的主应力旋转，图 3-43 则显示了滚轮从 A 点到 E 点时土体内的主应力旋转，可以用主应力方向和垂直方向之间测量角 α 来描述。在细观层面，主应力的旋转可以使颗粒排列更密实，从而产生更好的压实效果。

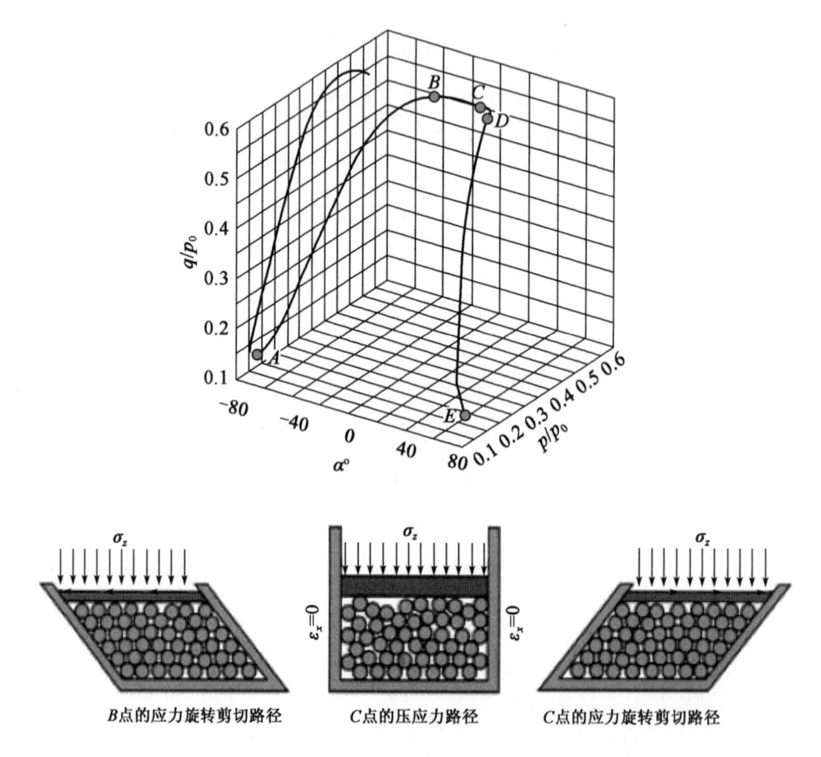

图 3-43　图 3-38 所示情况对应的主应力旋转

尽管击实试验有助于指导土体压实，但对压实土体的本构力学理论阐述较少。这是因为大多数现场压实机械产生的应力路径与击实试验中应力路径不完全相同(冲击压实除外)。研究压实土体本构特性的一种更有效的方法是在试验室中模拟压实机械或压实装置所施加的荷载，获取土的真实应力路径。

连续介质力学允许将土体应变分为产生体积变化的各向同性应变和无体积变化的偏应

变。从力学的角度来看，压实的研究需要理解应力张量中每个元素对体积应变产生的影响。这些元素分别是应力张量的各向同性分量和偏应力分量。

然而，对于某些类型的材料，应力张量的方向对体积应变的产生具有决定性的影响。可以根据应力张量把方向分为两类：旋转和反转。

考虑到应力分量的影响，土体压实本构理论不仅要求体积变化与应力值相关联，而且还要求它们与整个应力路径相关联，包括主应力轴的反转和旋转。

因此，从力学角度来看，压实理论是建立体积应变 $\varepsilon_v = \varepsilon_1 + \varepsilon_2 + \varepsilon_3$ 随应力、含水率 w 和温度 T 变化的本构定律：

$$\varepsilon_1 + \varepsilon_2 + \varepsilon_3 = \frac{\Delta V}{V} = f \quad (\sigma, \frac{\partial \sigma}{\partial t}, w, T) \tag{3-42}$$

该方法的建立，对指导土体现场压实，确定最佳压实方式和评价压实土体的体积应变分布具有重要意义。

土力学中常用的力学测试装置有很多，可以施加不同种类的应力和应变。然而，受目前试验技术限制，在全面获取试验过程中土体应力路径方面仍存在较大难度。目前，试验室测试常见的加载设备根据其应力应变路径，可以大致分为两种：

(1)固定应力应变主轴方向的加载装置：

①固结试验；

②各向同性压缩试验；

③三轴压缩试验；

④三轴拉伸试验。

(2)应力路径随应力和应变方向的变化而变化装置：

①三轴拉-压试验；

②直接剪切试验；

③空心圆柱试验；

④旋转压实试验。

图3-44～图3-47给出了这些测试方法可实现的应力路径。此处，应力路径由主应力平面(σ_1, σ_3)和角度 $\alpha(\sigma_1, \sigma_3, \alpha)$表示。

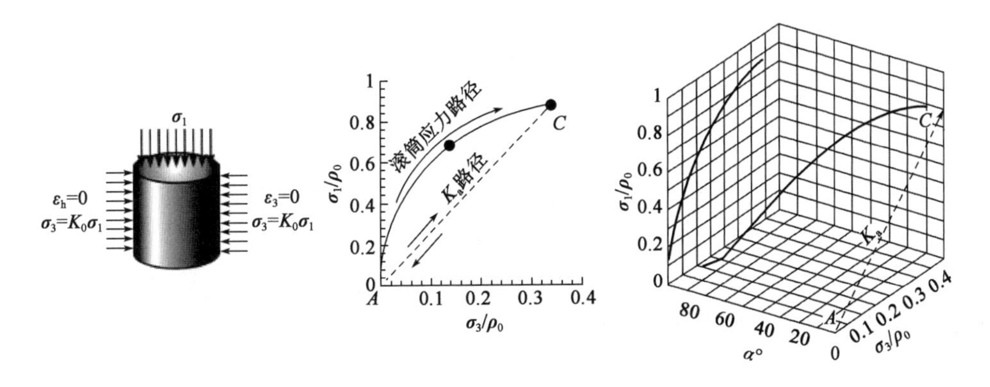

图3-44 试验室一维固结及应力路径

图3-44显示了固结过程的应力路径。在这种情况下，水平应变受限，$\varepsilon_h=0$，水平应力与垂直应力成比例增加，$\sigma_h=K\sigma_v$。应力路径直接在图3-38a)中的C点(σ_1^C,σ_3^C)处达到最大，不经过图3-38a)的B点，并且主应力不会产生任何旋转(在整个应力路径中$\alpha=0$)。

三轴装置可用于施加近似现场应力路径的约束。常用三轴装置有两种加载路径。图3-45所示为第一种加载路径，对应于图3-38a)中的B点(σ_1^B,σ_3^B)。三轴装置可以在各向同性条件下增加σ_1和σ_3值，直至σ_3^B点(图3-45中点A')，然后增加主应力值σ_1^B。该路径实现了对B点进行最大偏应力加载，且无主应力旋转(即，在整个过程中$\alpha=0$)。

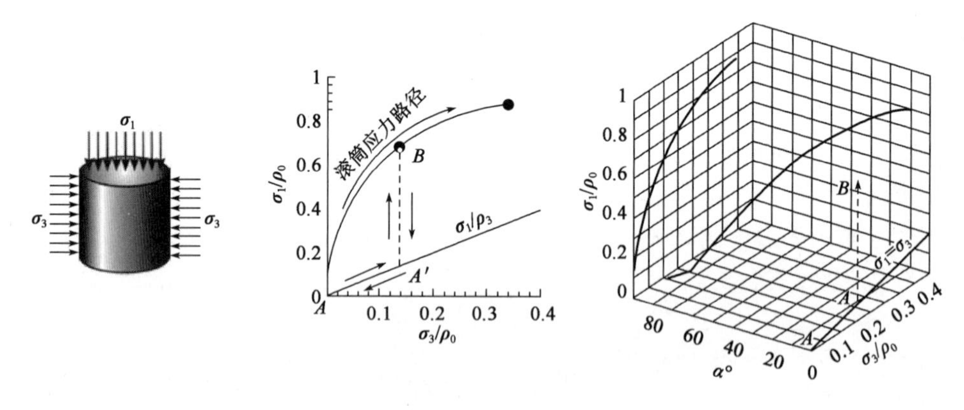

图3-45　试验室三轴压实及应力路径

图3-46给出了使用三轴装置模拟现场压实应力路径的另一种方法。应力路径与图3-45中所示路径相同，但是当应力卸载到A'点时，主应力方向旋转90°，变为水平方向。之后，σ_h增加到的最大值σ_1^D[图3-38a)中D点)]。该路径不会出现主应力的连续旋转，但方向转变90°可以模拟图3-38a)中从B点到D点的过程。

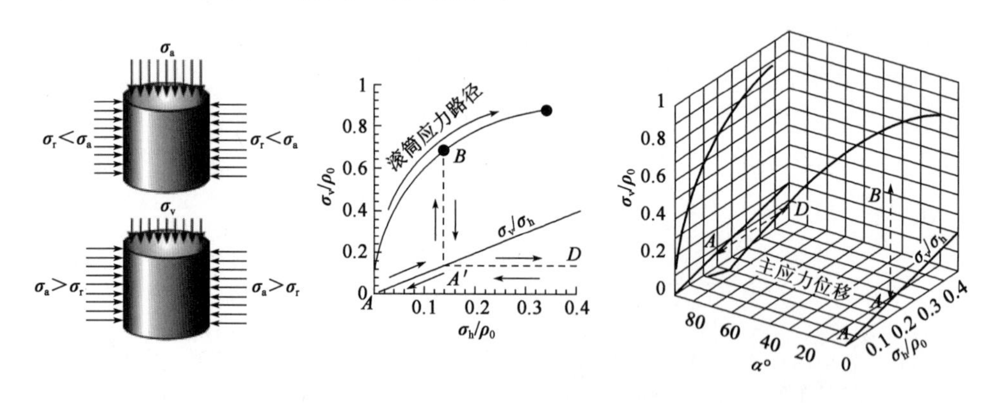

图3-46　试验室主应力方向可变的三轴压实及应力路径

也可使用在加载状态下施加剪切应力的装置来更真实地模拟土体应力路径。为此，可以通过直接剪切试验、定向剪切试验箱或空心圆试验实现。通过设定合适的垂直、水平和剪切应力值，可以实现实际应力路径和主应力的连续旋转，如图3-47所示。

主应力的旋转对土体压实有重要的影响，但大多数关于压实的研究多采用一维固结加载，因为很难在试验室重现土体压实现场真实的应力路径。

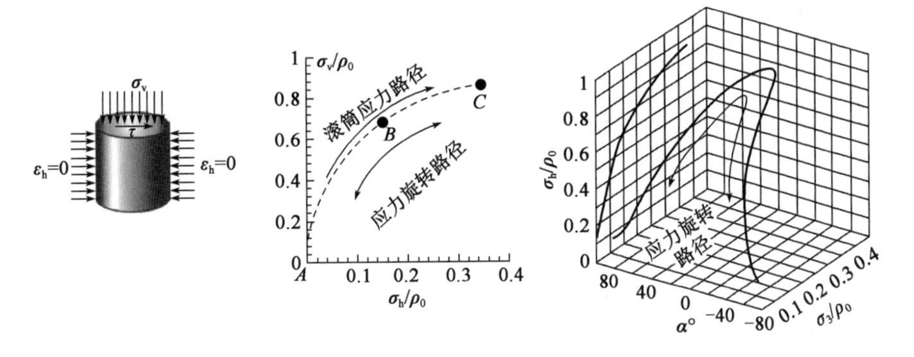

图 3-47 试验室简易剪切试验箱或空心圆筒仪的压实及应力路径

另外,作用时间对土体压实也很重要,从这个角度来看,施加在土体上的应力可以有以下几种:

(1)静态的,加速度为零或影响不大;

(2)动态的;

(3)周期性加速度:振动;

(4)冲击产生加速度。

3.3.1 沿固结路径的静态压实

固结压实适用于不同含水率的土体,但不同类型的土体在受压时的行为是不同的:细粒土体与粗颗粒土体表现不同。

1)细粒土

图 3-48 给出了对于细粒土体,在击实试验和一维固结试验之间建立的对应关系。结果表明,击实试验所得土体最大密度分别与 1.3MPa 下一维固结和 4.5MPa 条件下采用改进后的击实试验所得密度相同[163]。

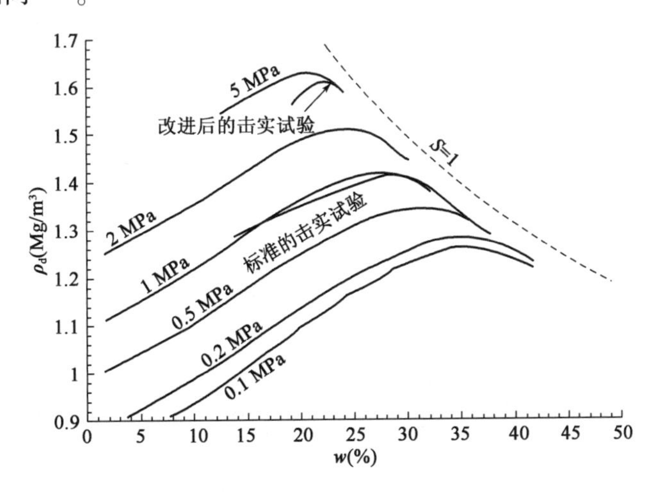

图 3-48 黏土的固结压实($w_L=70\%$,$w_p=40\%$)[163]

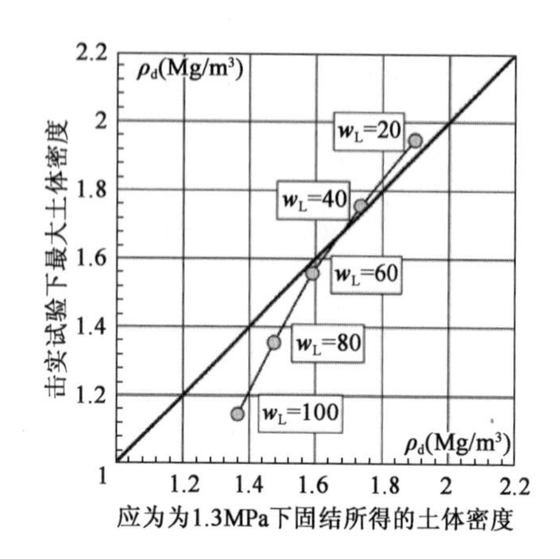

图3-49　σ_v = 1.3MPa下固结所得土体密度与击实试验所得密度对比[163]

然而,在击实试验中应力在土中的分布并不均匀。另一种方法是将1.3MPa应力下饱和土固结后所得土体干密度与击实试验所得最大干密度相关联。如图3-49所示,对于低塑性土,两种密度之间存在较好的一致性。这些土体在最佳压实度处的吸力水平较低,但随着土体塑性的增加,最佳含水率处的吸力也随之增加。结果表明,用于击实试验的击实功作用不足以达到1.3MPa条件下固结试验所得土体的密度。

当土体中含有的粗颗粒含量增加,击实试验中土体内应力将显著增加。例如,中粒土的应力值(d_{60}/d_{10} = 4.3,4%的颗粒粒径小于80μm)可超过10MPa[163]。

2)粗粒土

粗粒土也可以进行固结压实,但需要更高的应力水平。粗粒土基质吸力低,渗透系数高,因而在压实过程中便于排水,这取决于吸力和饱和度。根据应力水平,可分为以下阶段:

(1)颗粒在低应力水平下重新排列,但在高应力状态下难以重排列。

(2)弹性变形可发生在任意应力水平,但也会发生弹性体积应变。

(3)压应力超过一定值,颗粒会发生破碎。塑性应变增加,增加了材料的可压缩性。

应力极限取决于颗粒特征和颗粒排列,如下:

(1)随着颗粒强度的降低而降低。

(2)随颗粒排列角度和各向异性的增加而减小。

(3)对于良好级配的颗粒,极限应力增加。

3)循环加载的影响

在压实过程中,密度随着循环加载次数的增加而增加。如图3-50所示,低应力条件下进行多次循环加载也可以获得与高应力单次加载相同的密度。式(3-43)描述了循环加载次数对压实的影响[163]:

$$\log\left(\frac{\sigma_{\nu_{N_C}}}{\sigma_{\nu_{N_C}=1}}\right) = K_N \log(N_c) \tag{3-43}$$

式中,$\sigma_{\nu_{N_C}}$是循环加载N_C次达到特定密度所需的垂直应力,$\sigma_{\nu_{N_C}=1}$是在单次循环加载下达到相同密度所需的垂直应力,K_N是与饱和度相关的系数。

式(3-43)表明达到击实试验最大密度所需的应力随着循环次数的增加而减少,如图3-50所示。

根据式(3-43)和式(2-143),可以通过式(3-44)获得具体体积随加载循环次数的变化:

$$v = N(s) - \lambda(s)\ln\left(\frac{p}{p^c}N_C^{K_N}\right) \tag{3-44}$$

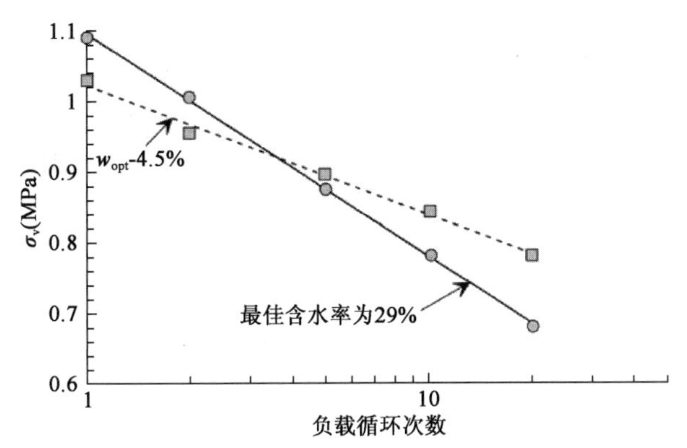

图 3-50 单轴循环加载次数对黏土(w_L = 70%, w_p = 40%)压实效果的影响[163]

3.3.2 沿三轴路径的静态压实

与固结的应力路径一样,三轴加载的应力路径可用于获得与击实试验类似的压实曲线。然而,图 3-51 和图 3-52 显示,使用三轴路径达到任何特定密度所需的应力低于固结加载所需的应力。这种效应与三轴加载中产生的较高剪切应变有关。

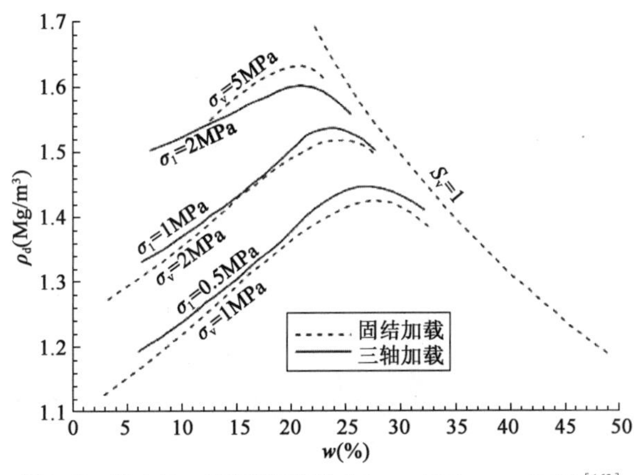

图 3-51 黏土的一维固结压实黏土(w_L = 70%, w_p = 40%)[163]

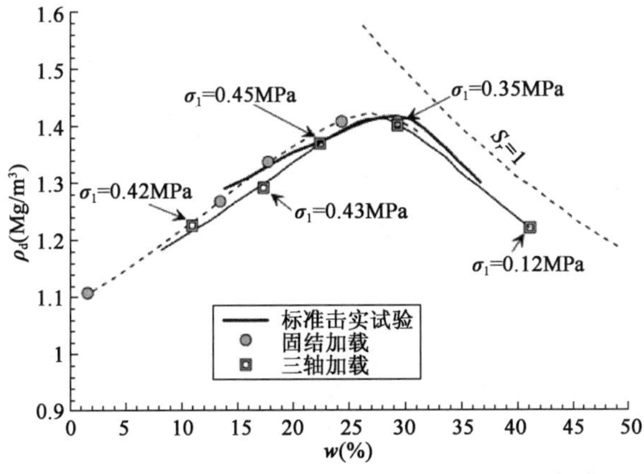

图 3-52 黏土一维固结压实(w_L = 70%, w_p = 40%)[163]

3.3.3 反转或旋转的应力路径压实

通过沿三轴路径施加循环荷载,可以调整主应力的方向。在这种情况下,压缩过程中主应力首先沿轴向作用,然后向径向压缩和轴向拉伸作用转变。如图 3-46 所示,此加载路径可以更好地模拟土体的现场压实过程。

主应力方向的反转对粗颗粒材料的压实效果显著。图 3-53 给出了主应力反转循环加载和主应力单一循环加载效果对比。可以看出,与只采用主应力单一循环加载得到的密度相比,主应力方向的反转产生更高的密度。然而,试验表明,对于细粒土压实,主应力反转的影响不大[163]。

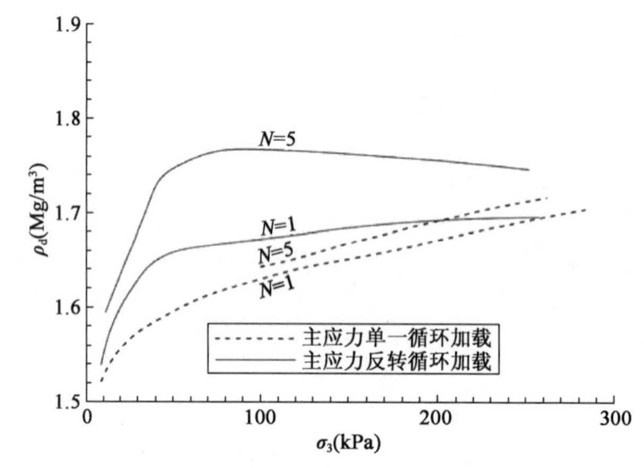

图 3-53 三轴压实过程中不同应力条件下砂土压实效果对比($d_{60}/d_{10}=7$)[163]

从图 3-53 还可以看出围压对压实效果的影响:

对于低围压(例如 $\sigma_3<10$kPa)条件下,密度的增加较小,但随着循环次数的增加而增加。

中间围压 $10<\sigma_3<200$kPa,压实后土体密度较大。

对于 $\sigma_3>200$kPa 的高水平围压,随着约束应力的增加,颗粒之间的剪切强度也增加,从而降低了它们重排列的可能性,压实效率降低。

如上所述,当压实机械前进时,主应力的方向连续旋转。通过使用简单的剪切设备[22],直剪仪[438]或空心圆筒装置[80],可以在试验室模拟应力张量的连续旋转。图 3-54 给出了循环加载松散砂体积应变结果[438]。可以看出,应力张量的连续旋转显著增加了体积应变,从而改善了压实效果。

3.3.4 强夯

强夯法是在土体内部动态应力和加速度的共同作用下增加土体的密度。然而,不同类型的动态应力对压实的影响方式不同:

(1)压缩波增加了颗粒间的接触力,增加了颗粒间的摩擦剪切强度。

(2)根据剪切应力的大小,剪切波可以在颗粒间产生切向位移,从而导致颗粒重排列。

(3)压缩波之后的拉伸应力降低了颗粒间接触力的大小,从而降低了摩擦剪切强度并提高了剪切波的作用效率。

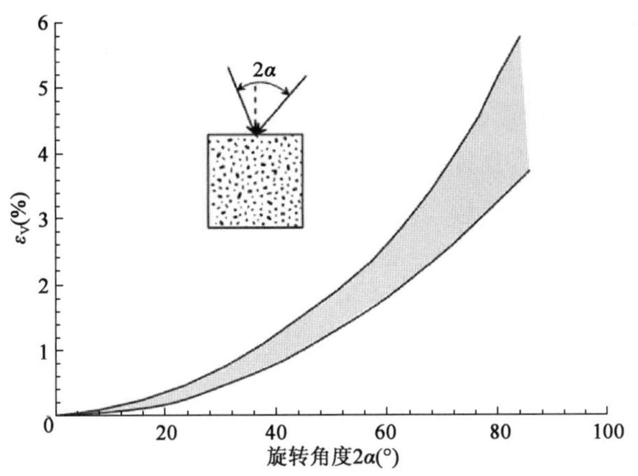

图3-54　主应力连续旋转对松散砂体积应变的影响[438]

对于非黏结材料,压缩波的拉伸作用对降低颗粒间的剪切强度特别有效;相反地,胶结力或毛细力产生颗粒间的黏结会降低强夯效果。图3-55比较了不同压实方法对淤泥土和砂土的压实效果。

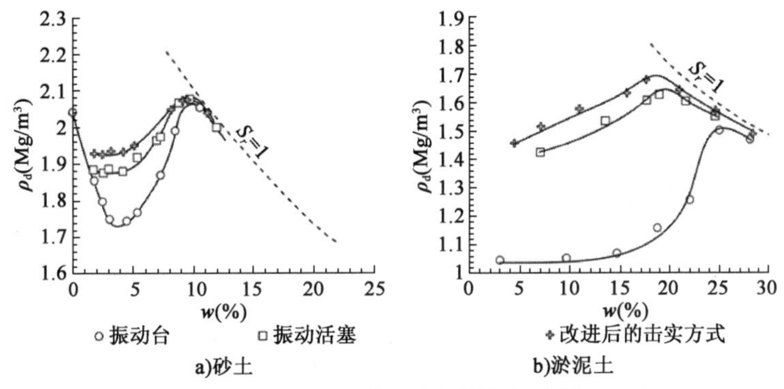

图3-55　两种土体的强夯结果对比[163]

图3-56和图3-57中的试验室结果表明,在静态试验中观察到的应力旋转效应也出现在振动压实试验中[40]。

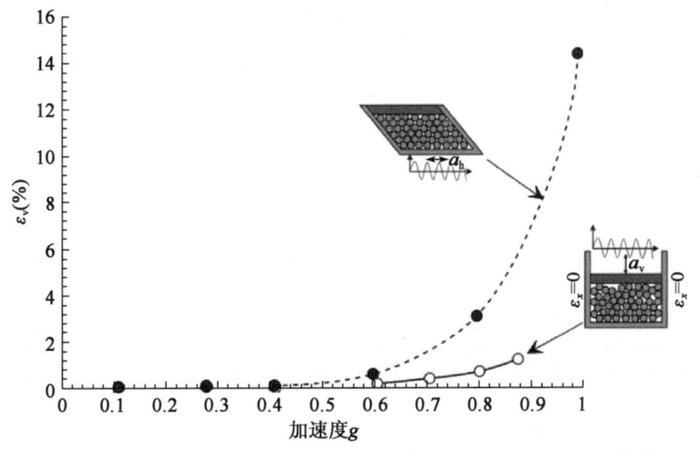

图3-56　垂直和水平振动对体积应变的影响(干砂 $d_{60}/d_{10}=1.6$)[40]

图3-56显示体积应变随着加速度的增加而增大,且振动方向对压实也有非常重要的影响。实际上,水平振动压实效果比垂直振动更有效。这种差异与每种类型的振动产生不同应力路径有关:水平振动随应力张量的连续旋转产生剪切应力路径,而垂直振动多产生一维的应力路径。

实际上,水平和垂直振动结合对压实效果最好,如图3-57所示。

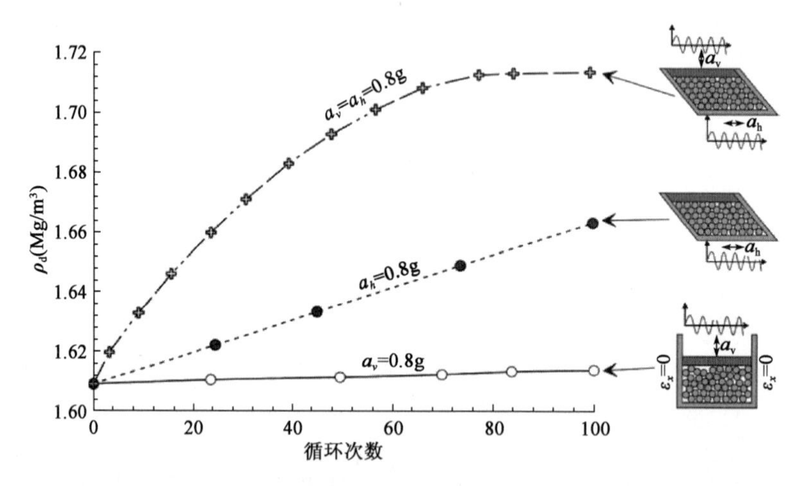

图3-57　垂直和水平振动对干砂土密度的影响($d_{60}/d_{10}=1.6$)[40]

3.3.5　温度对压实的影响

在土体的压实过程中,通常会把温度的影响忽略。然而,温度升高会降低水的黏度,从而降低土体的黏弹特性,利于水分在土体中的流动和迁移,并降低水-空气接触的表面张力,从而降低毛细管力。所有这些影响都有助于压实。图3-58证实了温度对土体压实效果的影响,可以看出,在相同压实功作用下,随着温度的升高,最大干密度增大,最佳含水率减小。

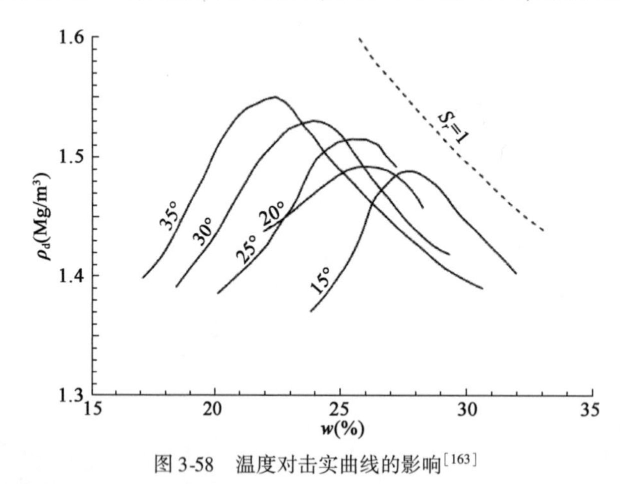

图3-58　温度对击实曲线的影响[163]

3.4　室内压实与现场压实之间的关系

以下方法可将室内压实试验结果与现场压实相关联:

(1)假定应力在土中均匀分布,结合土体与轮胎或土体与压实机械之间产生更复杂的相互作用,确定压实机械施加于土体表面的应力边界条件。

(2)使用 Boussinesq 或 Fröhlich 应力分布理论或使用数值模型来计算土体中的应力分布。

(3)计算应力路径产生的体积应变,可以在试验室模拟现场应力路径,获得体积应变,也可以使用本构模型来找到任意应力路径下的体积应变。

(4)将步骤(2)得到的现场应力与步骤(3)得到的体积应变结合,得到压实状态。当采用包含塑性应变和循环加载的数值模型来研究土体的流变行为时,步骤(2)和步骤(3)是耦合的。

虽然对土体压实理论的精确分析需要考虑土体的多种复杂条件,如非饱和土的循环加载特性、各向异性响应和应力旋转等,但基于弹性理论的简化方法和恒定含水率的室内测试也可用于土体现场压实的力学分析。

通过将 Boussinesq 的应力分布与圆形加载区域相结合,模拟轮胎压路机,并使用多个应力路径测量室内体积应变,证明了室内测试结果与现场压实简化分析方法之间的一致性[40,163]。文献[261]对比分析了简化方法计算所得压实剖面图与同类土体现场测试结果。

图 3-59 显示了将压实过程中应力路径简化为一维侧限压缩时所得结果。通过理论密度与现场密度对比可以发现,这种简化所得结果比现场压实实测密度更低。有两个原因:首先,侧限压缩过程中的摩擦力削弱了应力在土中的传递;更重要的是,无侧向位移使颗粒的重新排列变得更困难。

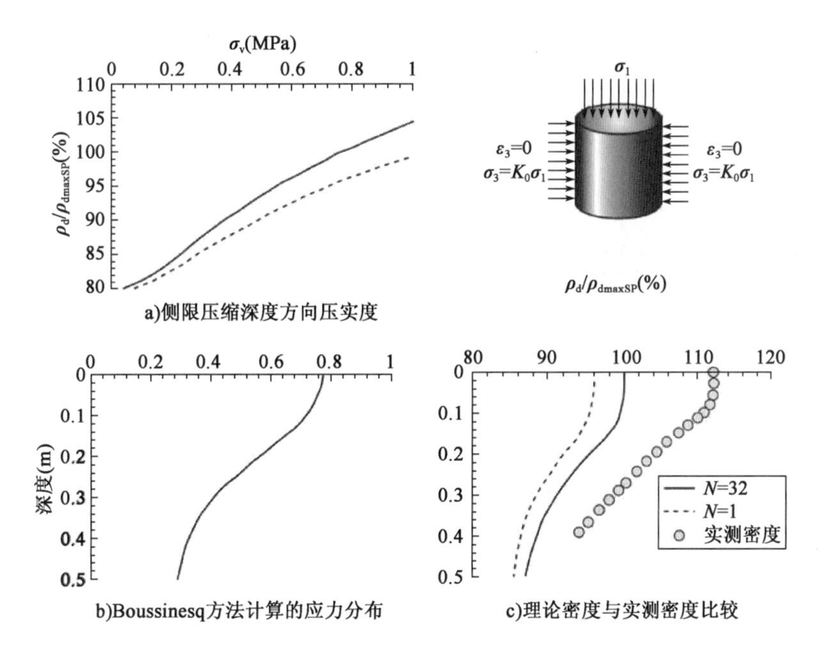

图 3-59 细粒土体理论密度和实测密度[40]

相比之下,图 3-60 所示的三轴应力路径应该是模拟细粒土压实更好的方法。除接触面外,这些压实剖面结果与计算结果吻合更好。这一差异可能是由于在压实过程中压应力过高导致,土体中的应力分布不同于 Boussinesq 模型中的应力分布。但采用先进的接触应力计算模型和 Fröhlich 应力分布理论可以有效克服这一问题。

利用三轴路径进行压实分析,可以确定不同压路机对密度分布的影响以及不同含水率下的压实效果。图3-61显示了不同重量的轮胎压实机和不同接触压力的影响。可以看出,计算结果与现场结果一致,进一步证实了三轴应力路径模拟现场压实的优势,特别是对于较深层内的土。如前所述,浅层处的差异与接触应力与应力分布之间的差异有关。图3-62c)为三轴试验所得密度分布图,表明随着土体含水率的增加,密实度降低。

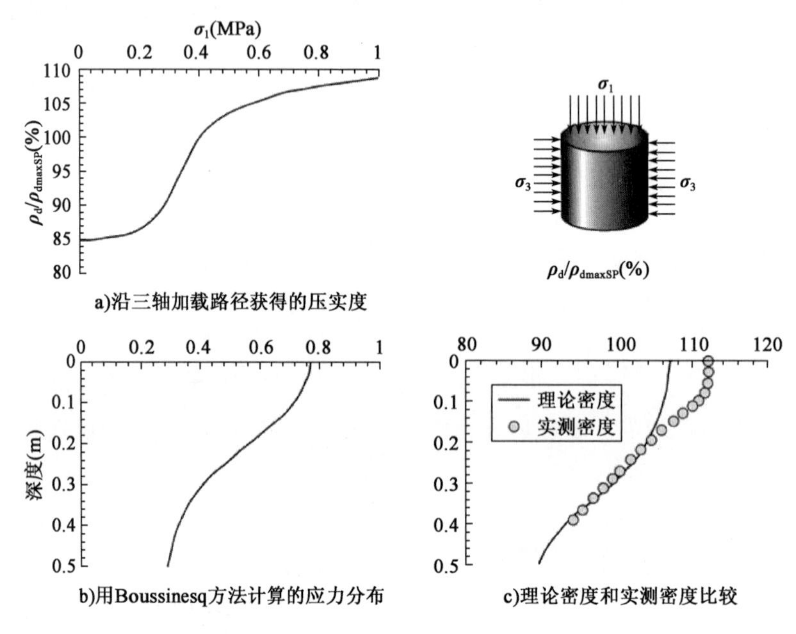

图3-60　细粒土体的理论密度和测量密度[40]

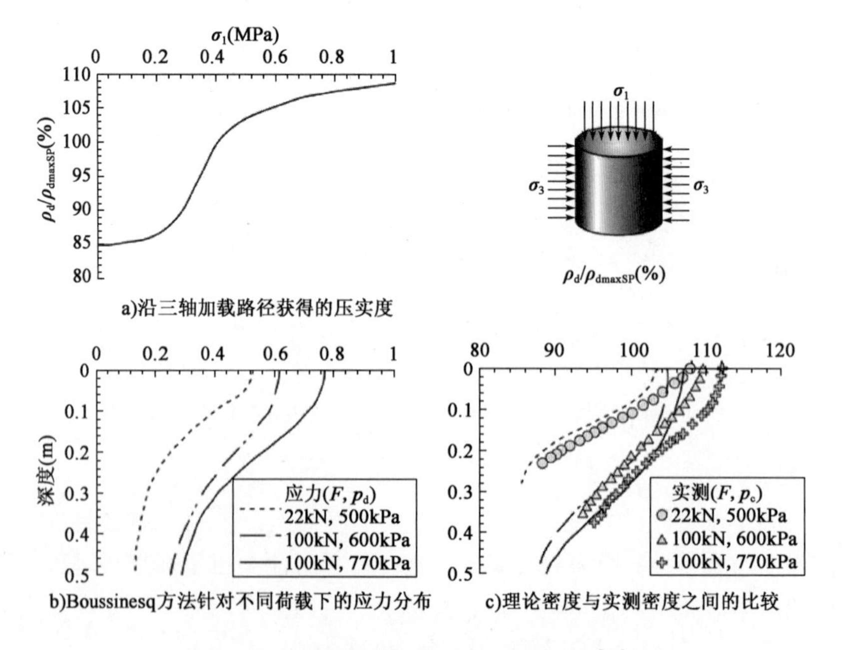

图3-61　压路机轮胎荷载对细粒土体的影响[40]

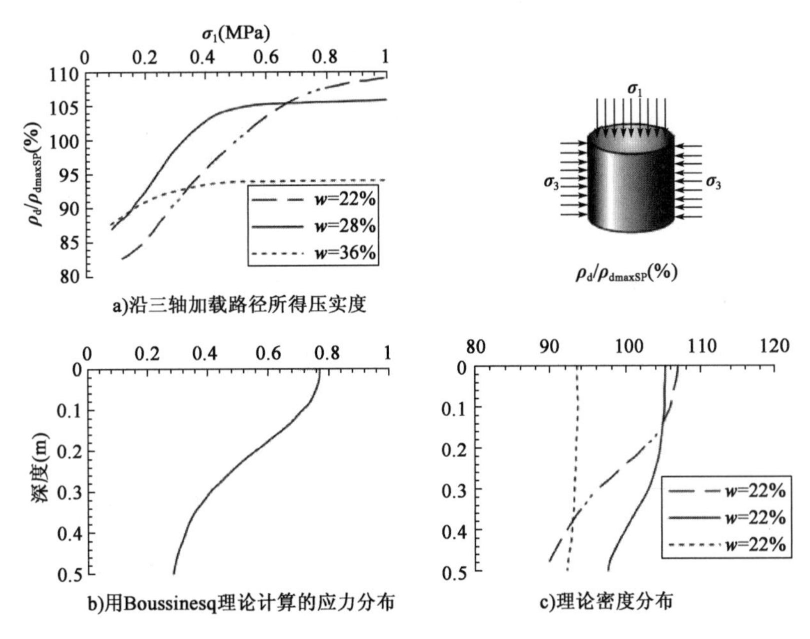

图 3-62 含水率对细粒土体压实效果的影响[40]

如图 3-63 所示，三轴压缩试验理论密度分布与实测结果存在较大差异，原因是无法反映主应力旋转的影响。在压缩-拉伸三轴试验中，考虑主应力旋转影响后密度理论结果与实测结果的一致性更好，如图 3-64 所示。明显地，无论是室内试验还是现场压实，主应力连续旋转压实方式所得的压实效果最好。

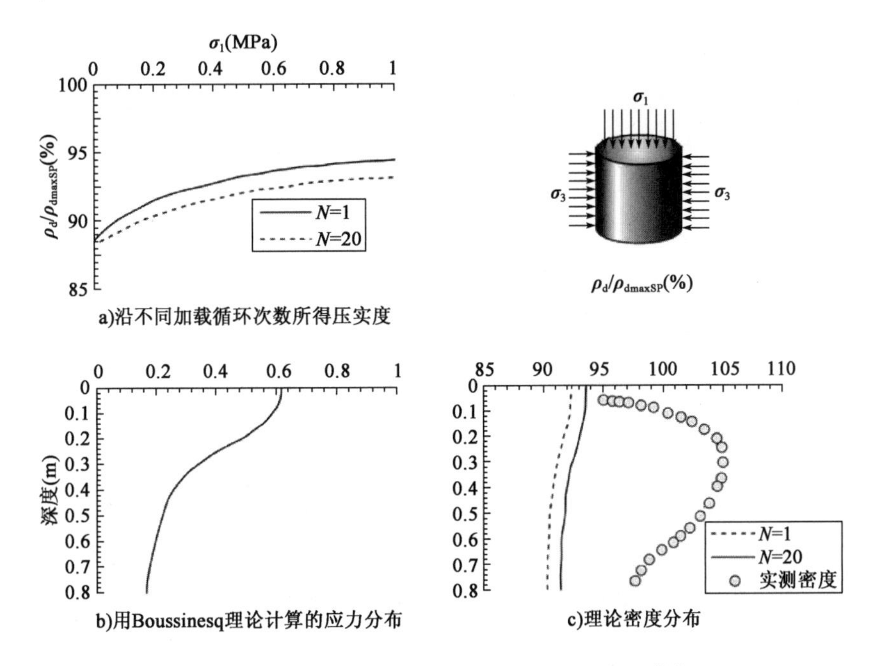

图 3-63 三轴应力路径对粗粒土体压实效果的影响[40]

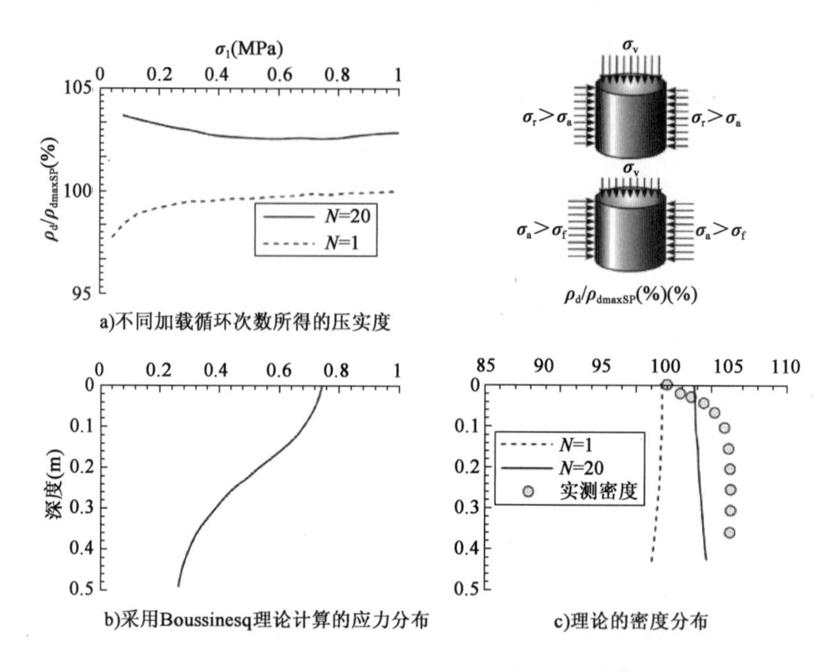

图 3-64　利用三轴压缩过程中改变主应力方向对粗粒土压实效果的影响[40]

3.5　利用非饱和土理论理解土的压实过程

非饱和土力学理论可以较好地描述土体在压实过程中的变化,并预测其压实后的物理力学特性。Alonso 提出了一种解释压实的理论[17],该理论基于侧限压缩过程,其应力路径在一个平面上,该平面的横坐标和纵坐标分别代表总径向应力和总轴向应力(σ_r,σ_a)。图 3-65 显示了零和正的基质吸力值对应的压缩和扩展的临界状态线,以及侧限压缩时的 K_0 线($K_0=\sigma_r/\sigma_a$)。

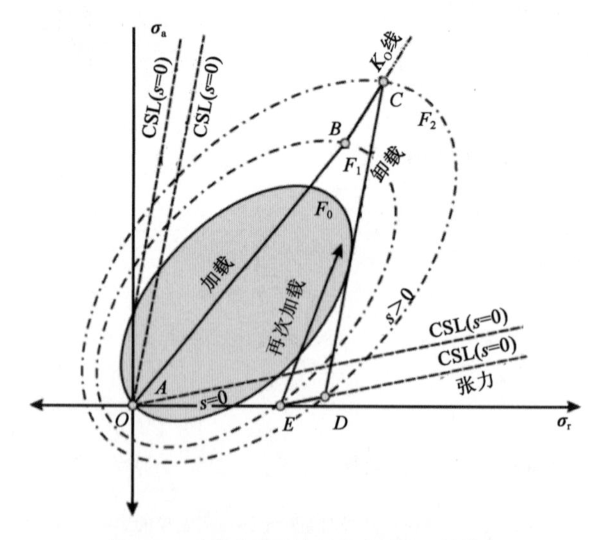

图 3-65　非饱和土压实过程中屈服面的演变

图 3-65 可以将侧限压实过程描述如下：

(1)土体是在非饱和条件下制备的。在这种初始状态下，土体屈服面以 F_0 曲面表示，其位置取决于初始的基质吸力。

(2)当施加轴向应力时，径向应力在弹性区域内增大，达到 F_1 曲线（A 点到 B 点路径）。

(3)在塑性区域内沿着各向异性线 K_0，直到第二条屈服曲线 F_2，即从 B 点到 C 点的路径。

(4)如果此时卸荷，土体的轴向应力和径向应力在弹性区域内均减小，可通过延长得到临界状态线 CSL。当到达 D 点，应力路径将沿临界状态线缩小，直到轴向应力等于零（路径 C 点 →D 点→E 点）。

(5)当轴向应力为零时，径向应力在非饱和土（E 点）内继续存在。

(6)重新加载时，应力路径保持在弹性区域内，直到 F_2 屈服曲线。然后，该路径沿着各向异性线拓展，得到一个新的、更大的屈服曲线。

(7)如果卸载后吸力发生变化，径向应力将趋于零（路径 E 点到 O 点），加载坍塌面位置处土体将发生膨胀或坍塌。吸力的变化可由各种原因造成，如在轴向应力为零的情况下土体被浸泡等。

Cui 和 Delage 进行了三轴压缩试验，首次研究了压实土体屈服面形状的研究[118]。为了描述屈服面，该三轴装置采用渗透技术可以实现对基质吸力的调控。他采用了一种双层结构的腔，一层充满水、一层为薄油层，在压缩过程中腔体积随试样体积的变化而变化。

试样体积变化的测量结果可以用来计算孔隙比的变化，从而确定不同加载路径下的屈服应力。图 3-66a）给出了三种压实试样在不同基质吸力水平（s = 200kPa、800kPa、1500kPa）下和恒定围压（σ_3 = 200 kPa）条件下进行三轴压缩试验时孔隙率的变化情况。与侧限压缩结果相同，孔隙率与平均应力的关系可以用两条直线近似，直线交点恰好为屈服点。在空隙率曲线中得到的屈服点可以在平均应力和偏应力平面（p，q）中表示，如图 3-66b）所示。

将三轴试验中确定的屈服点连接到不同的压缩路径，可得到特定基质吸力条件下的屈服曲线，如图 3-67 所示。当把吸力作为第三个变量时，可以在（p，q，s）平面内绘制屈服面，如图 3-67 所示。

Cui 和 Delage 的结果可用于分析非饱和土体压实过程和土天然固结之间的相似性。例如，两者都具有倾斜椭圆形状的屈服面，这是由在侧限压实过程中的各向异性应力状态引起的。此外，在基质吸力增加的情况下，可以看到明显的超固结效应。这种效应可解释为基质吸力引起的各向同性固结。

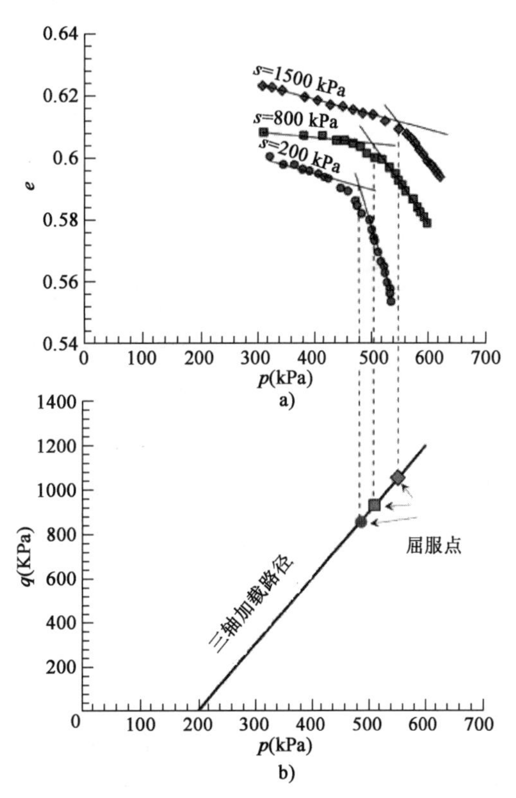

图 3-66 Cui 和 Delage 在不同吸力水平条件下试样的三轴压缩试验中所测得的孔隙率演化[118]

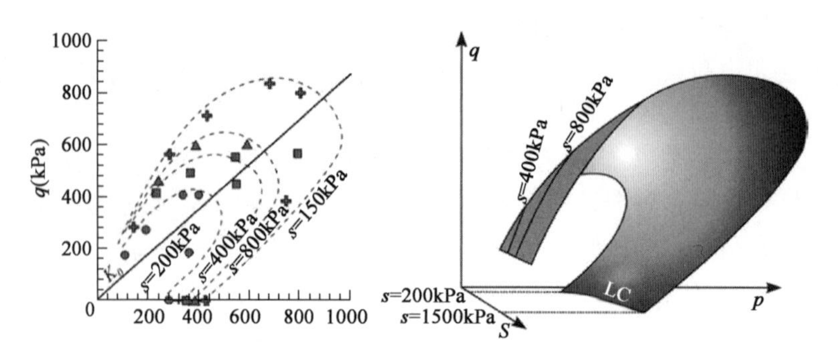

图 3-67 Cui 和 Delage 测得的在不同基质吸力水平下压实土体的屈服[118]

通过可以调控基质吸力的三轴装置研究基质吸力恒定时非饱和土的特性。然而,将基质吸力维持在特定值,意味着测试过程需要消耗较长的时间。基质吸力控制装置的一种替代方法是吸力监测装置。这些仪器可以在加载过程中测量应力、吸力和体积变化。随着基于湿度计[448,56,57,81]和高容量张力计[345,223,388]的吸力测量系统的发展,吸力监测仪器将成为可能。

图 3-68 所示的侧限压缩装置可以实现对基质吸力监测。它通过增加轴向应力来模拟土体的压实,同时测量压实过程中的轴向应力和径向应力、基质吸力、空隙率和含水率[81,288]。

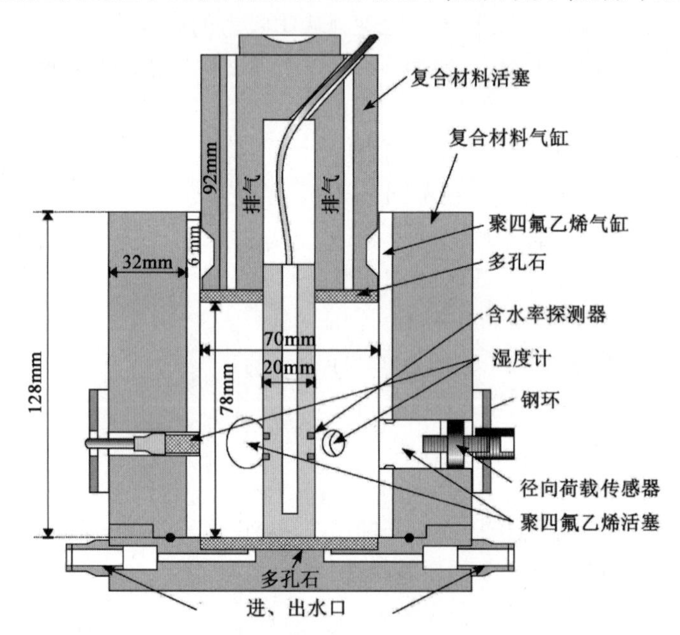

图 3-68 可检测基质吸力变化的一维压缩装置结构图[81]

该装置具有以下特点:

(1)单元中的压缩活塞具有较大的位移能力,可以进行从松散状态直接到达土体最大干密度状态。

(2)考虑到土体和模具之间的摩擦,仅采用单个活塞移动加载可导致试样干密度的不均匀变化。通过设置内筒可以减少这种摩擦力的不利影响。

(3)该单元有 3 个活塞,配有微型测力元件,用于测量径向应力。

(4)与土体接触的 3 个湿度计位于装置壁中,与插头处于同一水平。

(5)电容式含水率传感器位于样品的中心。测量电极与湿度计和径向测力元件位于同一水平面。

图3-69显示了对高岭土进行侧限压缩试验的结果。在压缩测试期间,通过A点至D点来确定各阶段情况如下:初始状态在A点处,最大荷载由B_1点表示,卸载状态位于C点,重新加载点为B_2点,最终恒载阶段由D点表示。

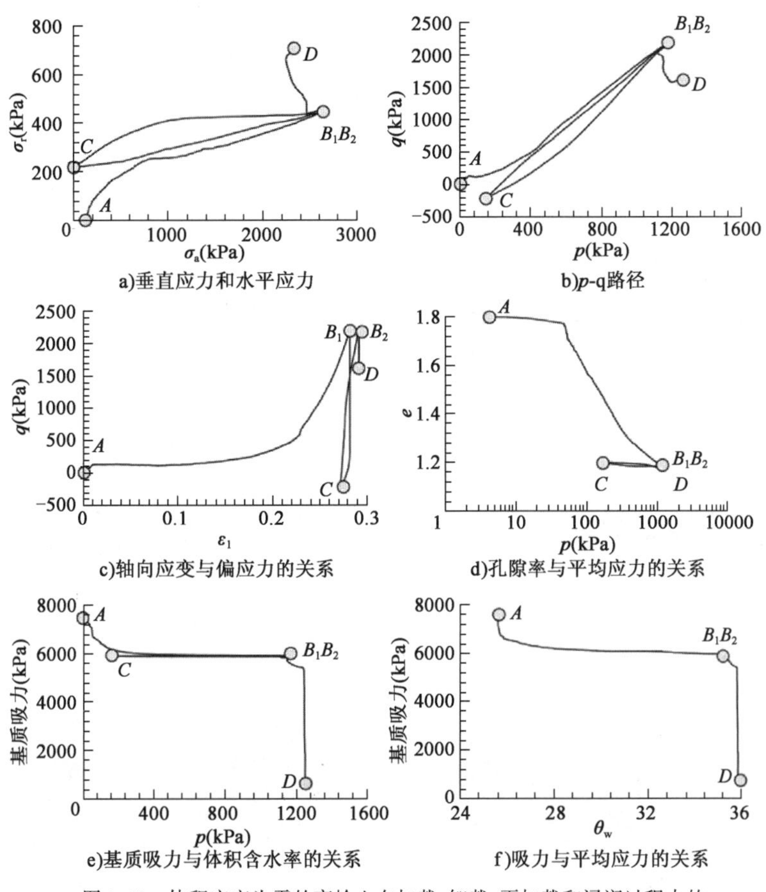

图3-69 体积应变为零的高岭土在加载、卸载、再加载和浸润过程中的应力路径和水力路径演变

在加载和卸载周期中,基质吸力测定仪可以确定每个加载周期的屈服点,然后用屈服点确定每个屈服曲线的界限。

研究表明,压实土体的应力状态具有明显的各向异性。压实产生的各向异性与天然黏土的各向异性相似。因此,Larsson[250]提出天然黏土模型(基于最大轴向或径向应力屈服线)可以用来近似压实土体的屈服曲线。根据Larsson的理论,他提出了压实土体的本构模型,称为GFY模型[258]。GFY模型可用于模拟非饱和土压实过程中各向异性及其变化[81]。

由净应力(s^*,t^*)定义的MIT平面($s^*=\dfrac{\sigma_a+\sigma_r}{2}-u_a$和$t^*=\dfrac{\sigma_a-\sigma_r}{2}$)对于展示压缩过程中的应力极限特别有效,该平面由倾斜45°角的恒定轴向和径向应力线组成。在该平面中,屈服极限可划分为四段:两段分别对应于抗压和抗拉强度,另外两段分别对应压实过程中施加于土体上的最大轴向和径向应力，如图 3-70 所示。

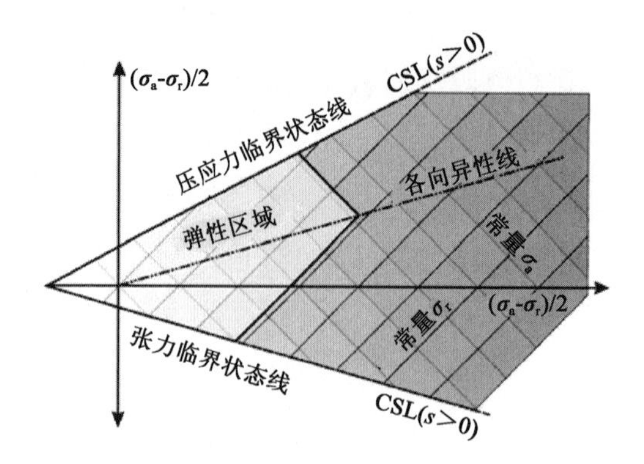

图 3-70 Larsson 提出的多边形屈服面[250]

早期的模型多是概念性的，土体实际屈服曲线要比 GFY 模型的四段曲面更圆滑。Caicedo 等[81]已经将 GFY 模型的多边形屈服面修正为椭圆曲面。图 3-71 显示了通过一维压实应力路径获取的椭圆形屈服面。

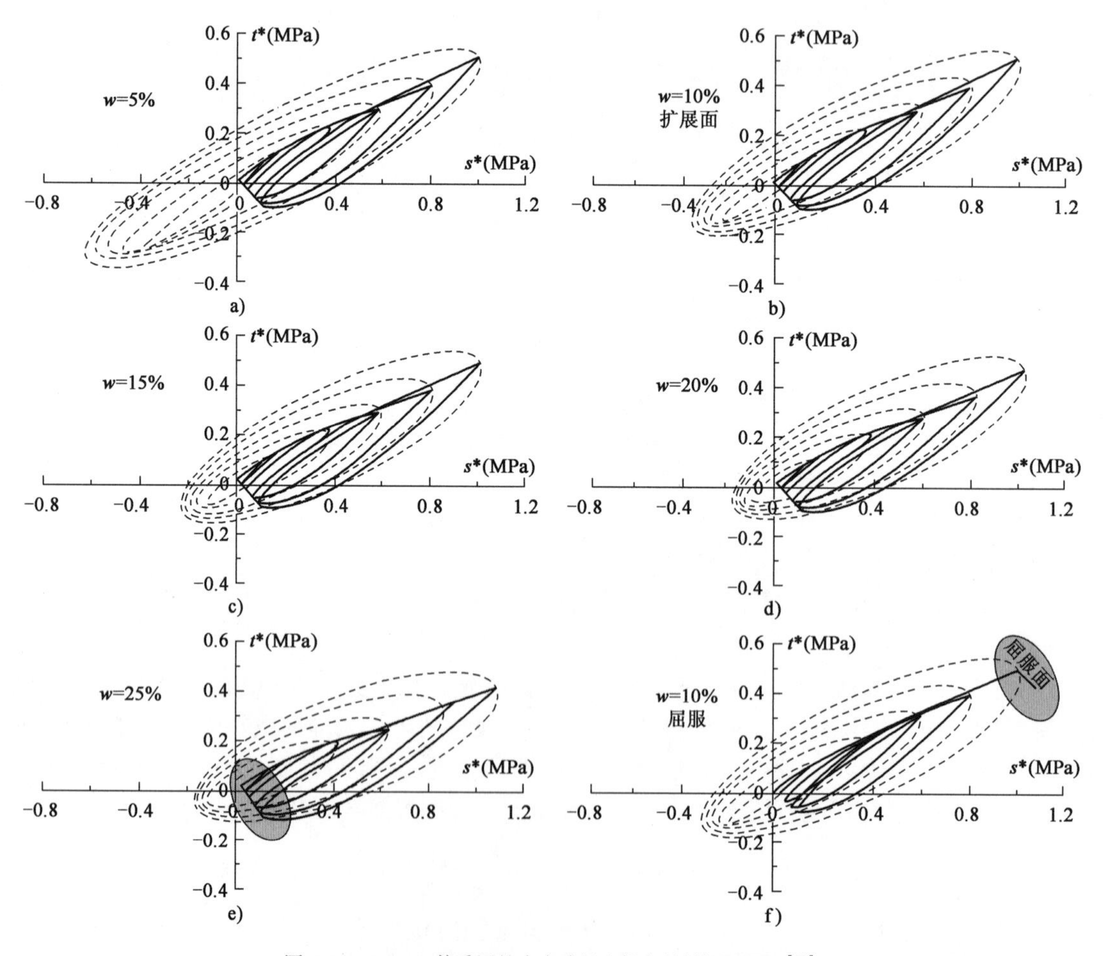

图 3-71 Caicedo 等采用的应力路径和提出的椭圆屈服面[81]

3.6 细粒土的压实特性

通过使用标准或改进的击实试验,可获得最佳含水率和最大干密度(w_{opt},γ_{dmax})。但是,击实试验需要大量的材料、时间和精力。因此,基于相关性评估压实土体的主要特征,进而快速确定土体最佳含水率和的最大干密度具有重要价值。

击实试验发现细粒土体的最佳含水率通常在土体的塑限附近,而且最佳含水率通常略低于塑限,可通过式(3-45)和式(3-46)计算得到[180,303],见图3-72a)。Gurtug 等[180]提出了当含水率等于塑性极限时,最大干密度与饱和状态下土体干密度的经验关系式,$\gamma_{dmaxq}=f(w_{sat}=w_p)$,如式(3-47)和图3-72b)所示(土颗粒相对密度$\rho_s/\rho_w=2.7$)。

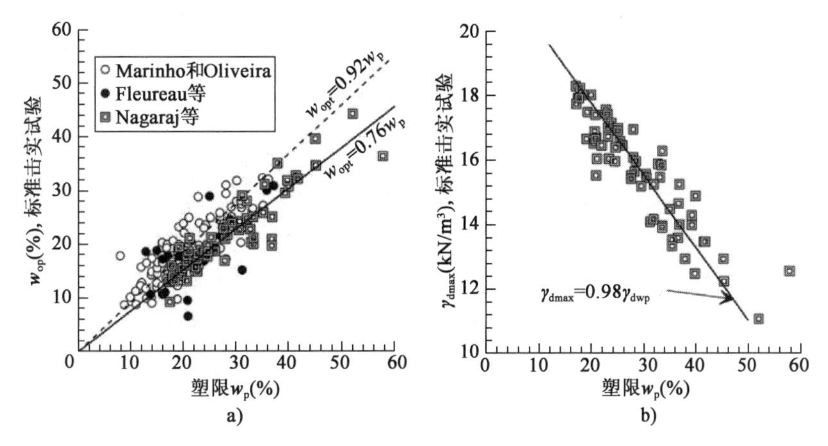

图3-72 塑限、最佳含水率和最大干密度之间的关系[303,180]

$$w_{opt}=0.92w_p, r^2=0.90 \tag{3-45}$$

$$w_{opt}=0.76w_p, r^2=0.96 \tag{3-46}$$

$$\gamma_{d_{max}}=0.98\gamma_{d_{wp}}=0.98\frac{\rho_s g}{1+w_p\frac{\rho_s}{g}}, r^2=0.88 \tag{3-47}$$

试验结果显示,土体塑限与最大干密度之间的相关系数具有一定的分散性。土体包含一定量的粗颗粒是导致这种散射的重要原因。一些学者提出了修正的塑限$(w_P)_m$经验公式,可以考虑粗颗粒的比例,如式(3-48)所示[303]。

$$(w_p)_m=w_p\left(1-\frac{CF}{100}\right) \tag{3-48}$$

式中,CF为粗颗粒的百分比(颗粒大于>425μm)。

修正后最佳含水率和最大干密度之间的经验关系如式(3-49)和式(3-50)以及图3-73所示[303]。

$$w_{opt}=0.82(w_p)_m, r^2=0.98 \tag{3-49}$$

$$\gamma_{dmax}=20.35-0.17(w_p)_m, r^2=0.86 \tag{3-50}$$

Fleureau 等[153]也提出了基于液限的最优含水率和最大干密度的经验公式:

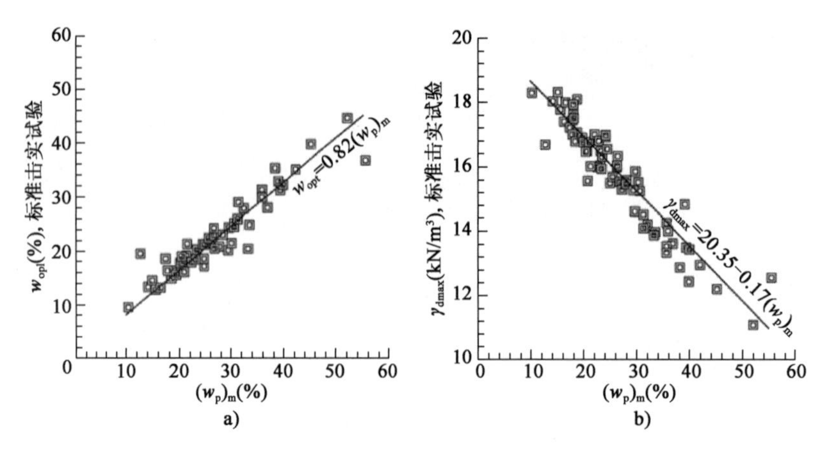

图 3-73　改进后塑限、最佳含水率与最大干密度之间的关系[303]

对于标准击实试验：

$$w_{opt}=1.99+0.46w_L-0.0012w_L^2, r^2=0.94 \tag{3-51}$$

$$\gamma_{dmax}=21.00-0.113w_L+0.00024w_L^2, r^2=0.86 \tag{3-52}$$

对于改进后的击实试验：

$$w_{opt}=4.55+0.32w_L-0.0013w_L^2, r^2=0.88 \tag{3-53}$$

$$\gamma_{dmax}=20.56-0.086w_L+0.00037w_L^2, r^2=0.77 \tag{3-54}$$

图 3-74 为 Fleureau 等[153]提出的相关性结果。值得注意的是，对改进后的击实试验，相关性显著降低。

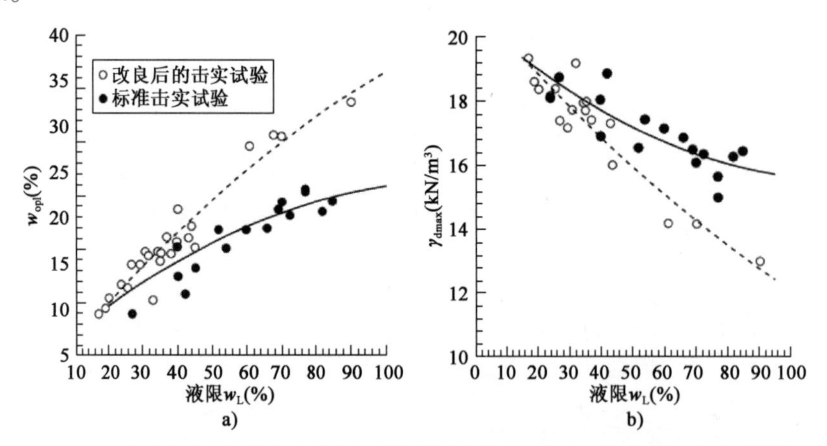

图 3-74　标准和改进后的击实试验中液限、最佳含水率和最大干密度之间的关系[153]

利用改进后击实试验评价最佳含水率的文献比标准击实试验文献要少。图 3-75 显示了一些学者两种试验确定的最佳含水率和最大干密度关系的研究结果。

由此可得出以下线性关系：

$$(w_{opt})_{MP}=0.72(w_{opt})_{sp}+0.6, r^2=0.95 \tag{3-55}$$

$$(\gamma_{dmax})_{MP}=0.852(\gamma_{dmax})_{sp}+4.15, r^2=0.95 \tag{3-56}$$

Fleureau 等[153]提出了一种用于评估压实土流体力学特性的方法。式(3-57)和式(3-58)以及图 3-76 给出了标准和改进后的击实在最佳含水率下吸力与最大干密度之间的关系。

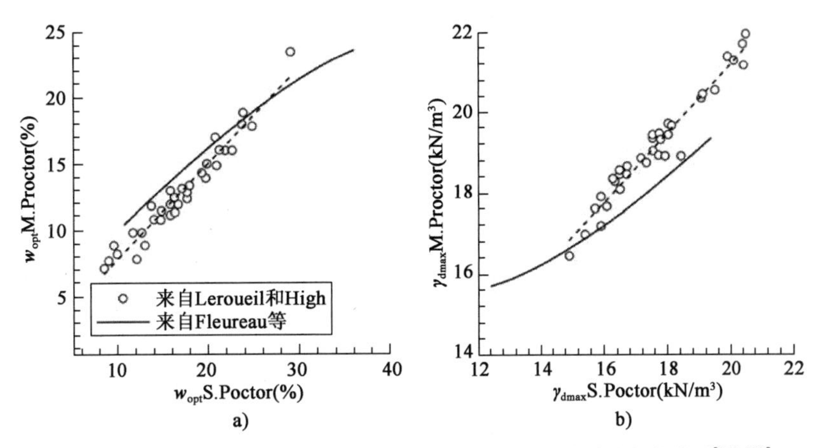

图3-75 标准和改进后的击实试验中最佳含水率和最大干密度之间的关系[153,260]

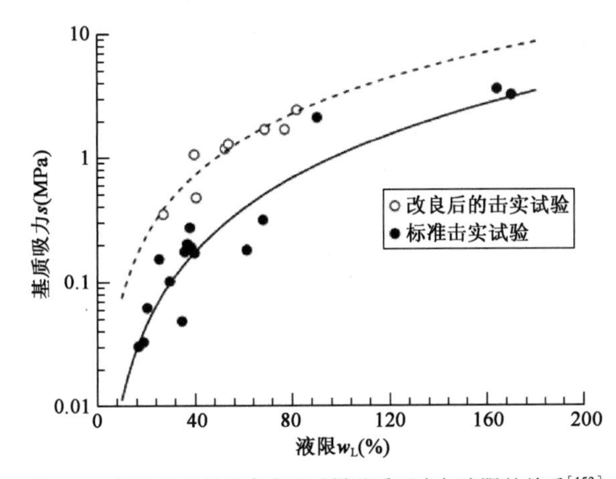

图3-76 标准和改进后击实后试样基质吸力与液限的关系[153]

$$s = 0.118 w_L^{1.98}, r^2 = 0.88 \quad (标准击实试验) \tag{3-57}$$

$$s = 1.72 w_L^{1.64}, r^2 = 0.88 \quad (修正击实试验) \tag{3-58}$$

在土体充分击实后，沿着湿润路径改变基质吸入压力会引起土体含水率和空隙比的变化。通常，这些变化可以使用对数坐标下的线性关系来描述，如式(3-59)和式(3-60)所示。

$$C_{ms} = \frac{-\Delta e}{\Delta \log s} \tag{3-59}$$

$$D_{ms} = \frac{-\Delta w}{\Delta \log s} \tag{3-60}$$

式(3-61)~式(3-64)给出了C_{ms}和D_{ms}与液限之间的关系[153]，如图3-77所示。

在标准击实试验条件下：

$$C_{ms} = 0.029 - 0.0018 w_L + 5 \times 10^{-6} w_L^2, r^2 = 0.97 \tag{3-61}$$

$$D_{ms} = -0.54 - 0.030 w_L + 3.3 \times 10^{-6} w_L^2, r^2 = 0.85 \tag{3-62}$$

在改进后的击实试验条件下：

$$C_{ms} = 0.004 - 0.0019 w_L, r^2 = 0.74 \tag{3-63}$$

$$D_{ms} = -1.46 - 0.051 w_L, r^2 = 0.40 \tag{3-64}$$

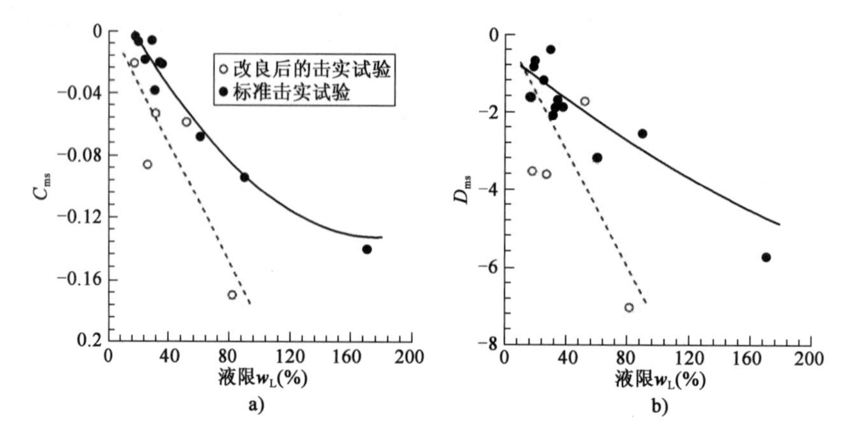

图 3-77　不同液限土体在标准和改进击实浸润后空隙比和含水率曲线[153]

以上力学关系可以用来计算湿润状态下压实土体的含水率和空隙比的演变，具体如下：

压实土体的初始空隙比为：

$$e_{opt} = \frac{\rho_s g}{\gamma_d} - 1 \tag{3-65}$$

当基质吸力从 s_{opt} 变为 s 时，空隙比变为：

$$e = e_{opt} + C_{ms}\log(\frac{s}{s_{opt}}) \tag{3-66}$$

$$w = w_{opt} + D_{ms}\log(\frac{s}{s_{opt}}) \tag{3-67}$$

相应的，饱和度变为：

$$s_r = \frac{\rho_s}{\rho_w}\frac{w}{100e} \tag{3-68}$$

不排水抗剪强度是评价压实土体承载力的重要参数。对于重构或重塑饱和土，不排水抗剪强度 s_u(定义为无侧限抗压强度的一半)与流动性指数有关。根据 Wood[439] 的研究，含水率为液限的土体抗剪强度约为 2kPa，而含水率为塑限的土体不排水抗剪强度约为 200kPa。这些抗剪强度值表明，饱和土的不排水抗剪强度关系如下(单位为 kPa)：

$$s_u = 2 \times 100^{(1-I_L)} \tag{3-69}$$

式中，I_L 为流动性指数，定义为 $I_L = (w - w_p)/I_P$。

压实土体的流动性指数 I_L^C 由 Leroueil 等[259]通过最佳含水率代替塑限定义：

$$I_L^C = \frac{w - w_{opt}}{I_P} \tag{3-70}$$

因此有以下关系(单位为 kPa)：

$$s_{u-unsat} = 140e^{(-5.8I_L^C)}, \ -0.1 < I_L^C < 0.3 \tag{3-71}$$

对于不饱和土体，压实流动性指数为 $0.4 < I_L^C < 0.3$，Marinho 和 Oliveira 提出了以下关于不排水抗剪强度的方程[277]：

$$s_{u-unsat} = 8.42 \times 10.8^{(1-I_L^C)} \quad (\text{单位为 kPa}) \tag{3-72}$$

图 3-78 所示为文献[260,277]所得试验数据以及上述抗剪强度与含水率之间的关系。尽

管试验结果存在很大的离散性，但可以看出，由 Wood 提出的饱和土方程与文献[259]中提出的关系式差别不大。另一方面，对残余土逐渐干燥过程而言，Marinho 和 Oliveira[277] 提出的关系所得剪切强度偏低，这可能是土的脆性特性导致的。

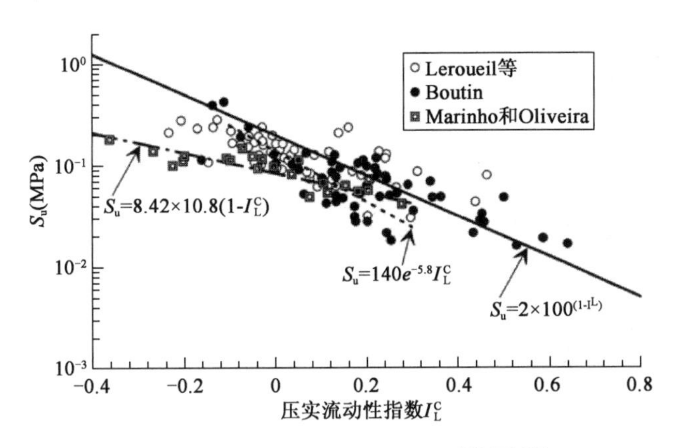

图 3-78 压实土的不排水抗剪强度[259,260,277]

当然，图 3-78 中所示结果离散性也与影响土体抗剪强度的其他变量有关。事实上，强度随着含水率的增加和基质吸力的降低而降低。Marinho 和 Oliveira[277] 将基质吸力和空隙比作为变量，提出了残余非饱和土不排水抗剪强度的关系式：

$$s_{u-unsat} = [4.5\,(I_L^C)^2 + 3.1 I_L^C + 0.64]\frac{s}{e} \tag{3-73}$$

另一方面，基于最佳含水率时的基质吸力大小，Fernando 等[277] 压实土不排水抗剪强度的另一种关系式，如式(3-74)所示。

$$s_{u-opt} = \frac{101}{e} \quad (单位为\ kPa) \tag{3-74}$$

3.7 颗粒土的压实特性

对于颗粒材料，颗粒不同的排列方式，会形成不同的填充特性，因而具有不同的密度。大小均匀颗粒的理想排列研究可用于分析实际颗粒材料的排列和密度特征。

一些学者分析了均匀尺寸的球形颗粒理想排列特征[375,177]。Granton 和 Fraser[177] 发现并列出了理想颗粒的六种可能排列方式，见表 3-2。最松散的情况是简单的立方体排列[图 3-79a)]，其中每个球体有六个接触点(称为配位数 c_n)。单元格的体积为 $V_c = d_g^3$，孔隙的体积为 $V_v = d_g^3 - \pi d_g^3/6$，其中 d_g 为颗粒的直径。因此，该排列的孔隙率为 $n_{cubic} = 1 - \pi/6 = 47.64\%$。另一方面，最致密的填料如图 3-79b)所示，为四面体排列。在这种情况下，每个球体有 12 个接触点，$c_n = 12$，形成围绕中心点的四面体网格，角度为分别为 60°，60°，90°或 60°，90°，120°，孔隙率为 $n_{tetra} = 1 - \sqrt{2}\pi/6 = 25.95\%$。

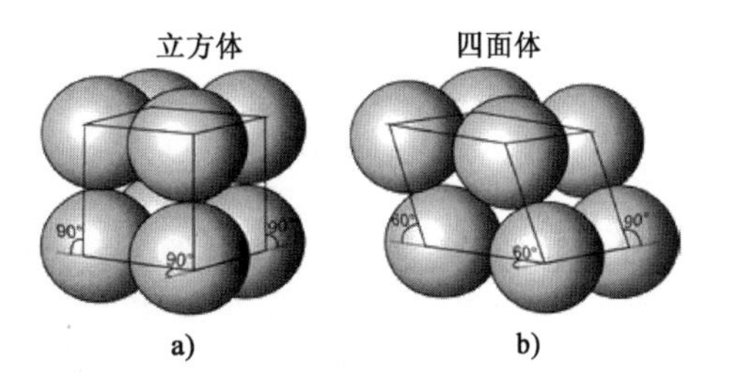

图 3-79 立方体和四面体球形颗粒的排列[177]

尺寸均匀的理想球体不同填充情况[177]　　表 3-2

几何排列	图形	层之间空间 L_s	单元格的体积 V_c	单元中孔隙的体积 V_v	孔隙率 n	空隙比 e	配位数 c_n
简单立方体		d_g	d_g^3	$0.48d_g^3$	0.476	0.908	6
立方体,四面体2排列		d_g $d_g/2\sqrt{3}$	$0.87d_g^3$	$0.34d_g^3$	0.395	0.652	8
四方蝶骨		$d_g/2\sqrt{3}$	$0.75d_g^3$	$0.23d_g^3$	0.302	0.432	10
面心立方和四面体		$d_g/2\sqrt{3}$ $d_g2\sqrt{2/3}$	$0.71d_g^3$	$0.18d_g^3$	0.260	0.351	12

注:d_g 为粒长。

通过以上分析,有以下几点值得注意[191]:

(1)粒径不影响孔隙率;

(2)当所有颗粒尺寸相同时,孔隙率在 25.95% ~47.64% 变化;

(3)孔隙率和配位数之间的乘积约为 3,$n \times c_n = 3$,(对于立方排列,$c_n = 2.86$,对于四面体排列,$c_n = 3.11$)。根据 Milton 研究结果,以上结论也适用于非均匀颗粒[191]。

对于实际的颗粒材料,在压实过程中呈现的颗粒排列和填充状态是由颗粒的几何形状和整个材料的粒径分布控制的。

三种变量可用于表征颗粒的形貌:球度和圆度用来表征颗粒与球体之间的间隙,粗糙度表征两个颗粒接触特征。

球度最初定义为与粒子体积相同的球体表面积与真实粒子表面积之间的关系[420],如式(3-75)所示。然而,由于测量表面积是极其困难的,Wadell 建议根据粒子投影的长度来计算球度,如图 3-80b)所示,由式(3-76)计算。另一种测量球度的方法是通过浸入法计算与颗粒体积相同的球体直径 d_e 和颗粒长度 L 来测量,如式(3-77)所示。

$$球度 = \frac{与粒子体积相等的球体表面}{真实粒子表面} \tag{3-75}$$

$$S = \frac{r_{\max-in}}{r_{\min-cir}} \tag{3-76}$$

$$S = \frac{d_e}{L} \tag{3-77}$$

圆度是指颗粒的棱角和边缘的锐度,定义为颗粒的角、边的平均曲率半径与质点投影最大内接圆半径之比,如图 3-80 所示。即曲率接近内接圆的颗粒(圆角颗粒),其圆度接近 1。

$$圆度 = \frac{颗粒角、边平均曲率半径}{质点投影最大内接圆半径} \tag{3-78}$$

$$R = \frac{\sum r_i / N}{r_{max-in}} \tag{3-79}$$

如图 3-80a)所示,可以直观地确定球度和圆度。然而,利用图像分析技术可以更准确地评估颗粒的形状,从而可以计算出颗粒的球度和圆度。

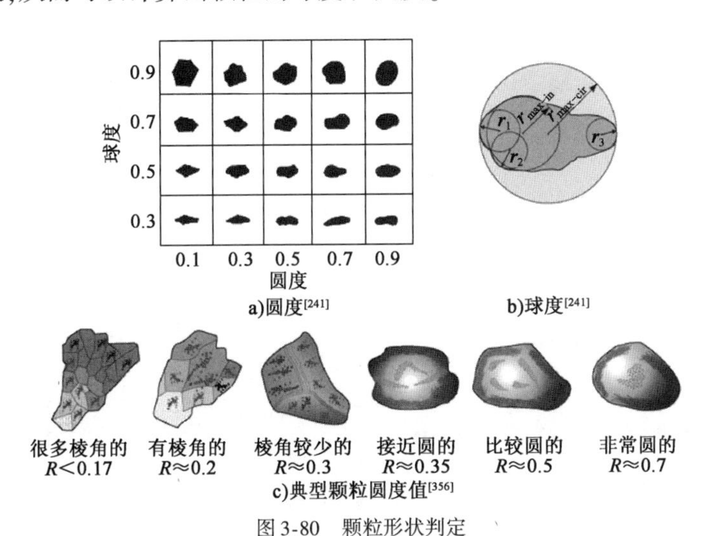

图 3-80 颗粒形状判定

颗粒的粗糙度或平整度会影响颗粒之间的接触摩擦,从而影响剪切强度。光滑的颗粒比粗糙的颗粒排列更密集。粗糙度影响接触特性,包括刚度和强度,因此,对粗糙度的评价需要在颗粒接触面积的尺度上进行分析。

Youd[446]利用均匀系数 $C_u = d_{60}/d_{10}$ 对不同圆度和不同粒度分布的材料进行了试验,确定了控制颗粒材料压实性能的主要因素。结果表明,随着圆度的增加,最大空隙比和最小空隙比降低,如图 3-81 所示。此外,对于均匀系数较高且级配良好的材料,较小颗粒占据较大颗粒之间的空隙,使得最大空隙比和最小空隙比增大,如图 3-82 所示。

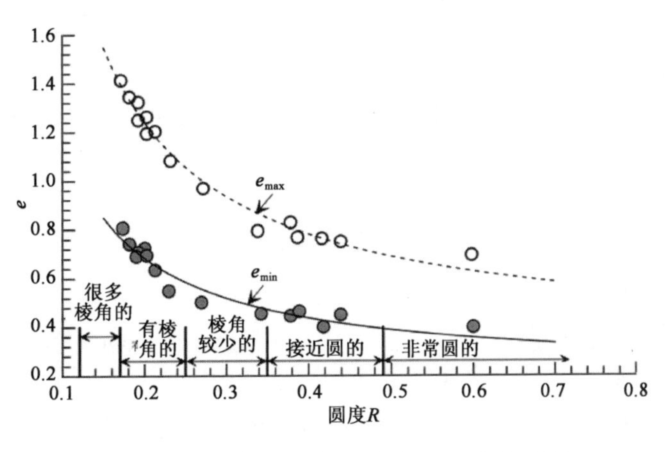

图 3-81 圆度对最小空隙比和最大空隙比的影响[446]

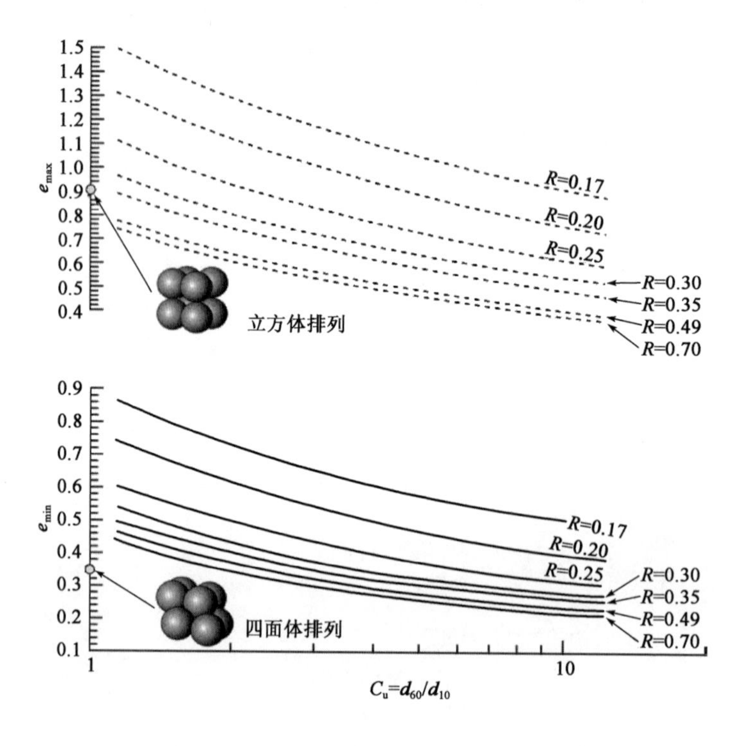

图 3-82　均匀系数和圆度对最小和最大空隙比的影响[446]

基于 Youd[446]的结果,可以得到颗粒材料最大空隙比和最小空隙比的经验公式。其中,颗粒的尺寸小于 74μm,含量小于 5%。

$$e_{max} = (0.35 + \frac{0.2}{R}) C_u^{-(0.22+0.13R)} \tag{3-80}$$

$$e_{min} = (0.21 + \frac{0.11}{R}) C_u^{-(0.26+0.075R)} \quad (0.17 < R < 0.7) \tag{3-81}$$

式中,C_u为颗粒级配的均匀性系数。

一些研究也证实了 e_{max} 和 e_{min} 之间存在较强的相关性。典型的,Misko 等[116]提出了以下关系:

$$e_{max} - e_{min} = 0.23 + \frac{0.06}{d_{50}mm} \tag{3-82}$$

关于粒度分布和颗粒形状的影响研究也同样适用于预估土体最大干密度。图 3-83 显示了均匀系数对标准击实试验最大干密度的影响[418]。图 3-83 还显示了采用式(3-81)所得圆度和均匀系数[$\rho_d = \rho_s/(1 + e_{min})$]对最小空隙比的影响。理论曲线和试验结果和呈现相同的趋势,证实了式(3-80)和式(3-81)用于估算压实土体干密度的有效性。

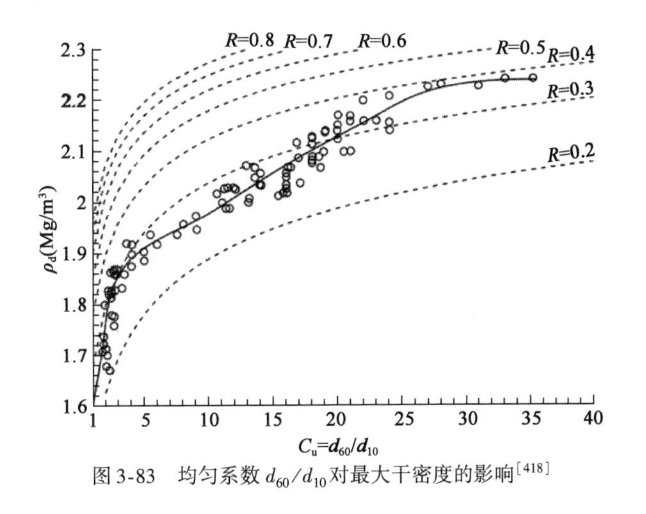

图 3-83 均匀系数 d_{60}/d_{10} 对最大干密度的影响[418]

3.8 饱和度对压实特性的影响

控制压实最常用的方法是将现场获得的干密度与击实试验获得的最大干密度相关联。然而,压实机械所施加的压实功与试验室中施加的压实功并不相同,且通常远大于试验室中应用的标准压实功。

由于压实功差异,在试验室中获得的最佳含水率高于在现场中获得的含水率。实际上,以试验室中测量的最佳水含率为依据,在进行现场压实过程中,可能由于含水率过高导致剪切强度降低而产生过度压实。试验室和现场压实之间的另一个差异是材料特性的变化,特别是在一个项目中粒度分布的变化。

Tatsuoka[391]提出了一种基于饱和度的方法,该方法考虑了压实功差异和土体演变的影响。Tatsuoka[391]定义了最佳饱和度 S_{r-opt},其饱和度对应于 $\rho_d=\rho_{d-max}$。他发现了一个规范化的压实曲线,来绘制 ρ_d/ρ_{d-max} 与 S_r-S_{r-opt} 的关系,不受压实功和土体类型影响。

基于日本 Miboro 大坝心墙压实研究成果[391],图 3-84 说明了 Tatsuoka 将压实功标准化后所得压实曲线,具体步骤如下:

(1)按照经典的干密度 ρ_d 和含水率 w 关系绘制压实曲线;

(2)使用 $S_r=(w\rho_d/\rho_w)/(1-\rho_d/\rho_s)$ 计算每种含水率下的饱和度,然后根据饱和度来确定压实曲线并确定最佳饱和度;

(3)用 ρ_d/ρ_{d-max} 与 S_r-S_{r-opt} 的关系绘制标准化的压实曲线。

值得注意的是,图 3-84 中从不同压实功获得的所有压实曲线都会转化为单一的标准化压实曲线。Tatsuoka 进一步证明了这种方法同样适用于现场压实[391]。因此,在试验室中得到标准化压实曲线可用于评估在现场不同压实功的压实效果。

标准化压实曲线的另一个重要特点是受土体类型的影响很小。基于 Josin[222]对 10000 种土体室内压实试验数据所提出的 26 条平均压实曲线,Tatsuoka[391]进一步证明了标准化压实曲线受土体类型影响较小。图 3-85a)[222]显示了 26 条压实曲线,图 3-85b)和 c)显示了标准化压实曲线的方法。值得注意的是,26 条标准化曲线彼此非常相似,即使土体类型不同,它们也没有出现明显的离散性。

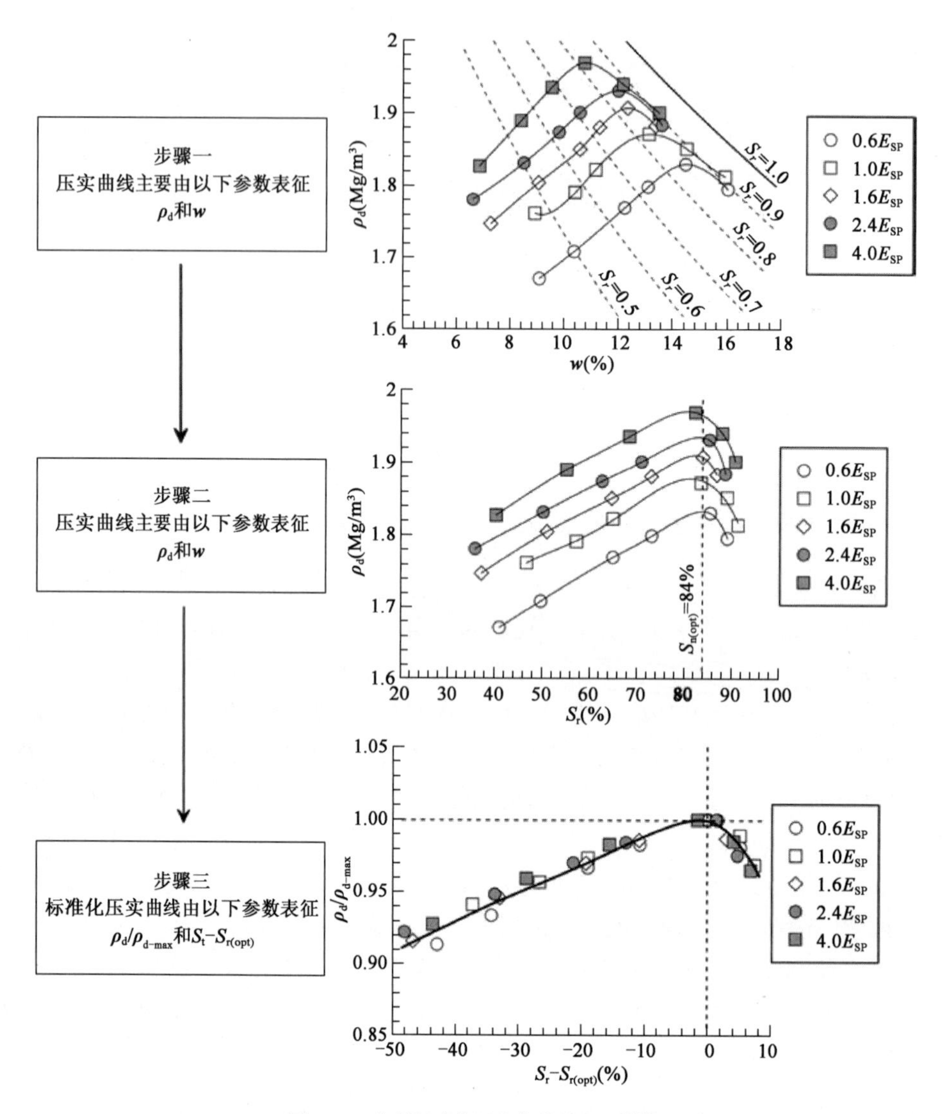

图 3-84 获得标准化压实曲线的方法[391]

Tatsuoka[391]提出的方法可用于不同压实功和土体类型的现场压实度控制。包括以下步骤(图 3-86):

(1)测量现场土体的密度 ρ 和水含率 w,并计算干密度和饱和度:$\rho_d=\rho/(1+w)$,$S_r=(w\rho_d/\rho_w)/(1-\rho_d/\rho_s)$。

(2)在试验室测得标准化压实曲线,通过现场压实曲线与标准化压实曲线重合的办法来推断现场压实曲线形状,如图 3-86a)所示。

(3)将标准化的压实曲线与实测干密度相关联,以获得现场压实曲线。

(4)估算现场最大干密度 ρ_{dmaxf},如图 3-86b)所示。

(5)将实测干密度与根据现场压实曲线估算的最大干密度相关联,计算实际压实度,$D_{ca}=\rho_d/\rho_{dmaxf}$。

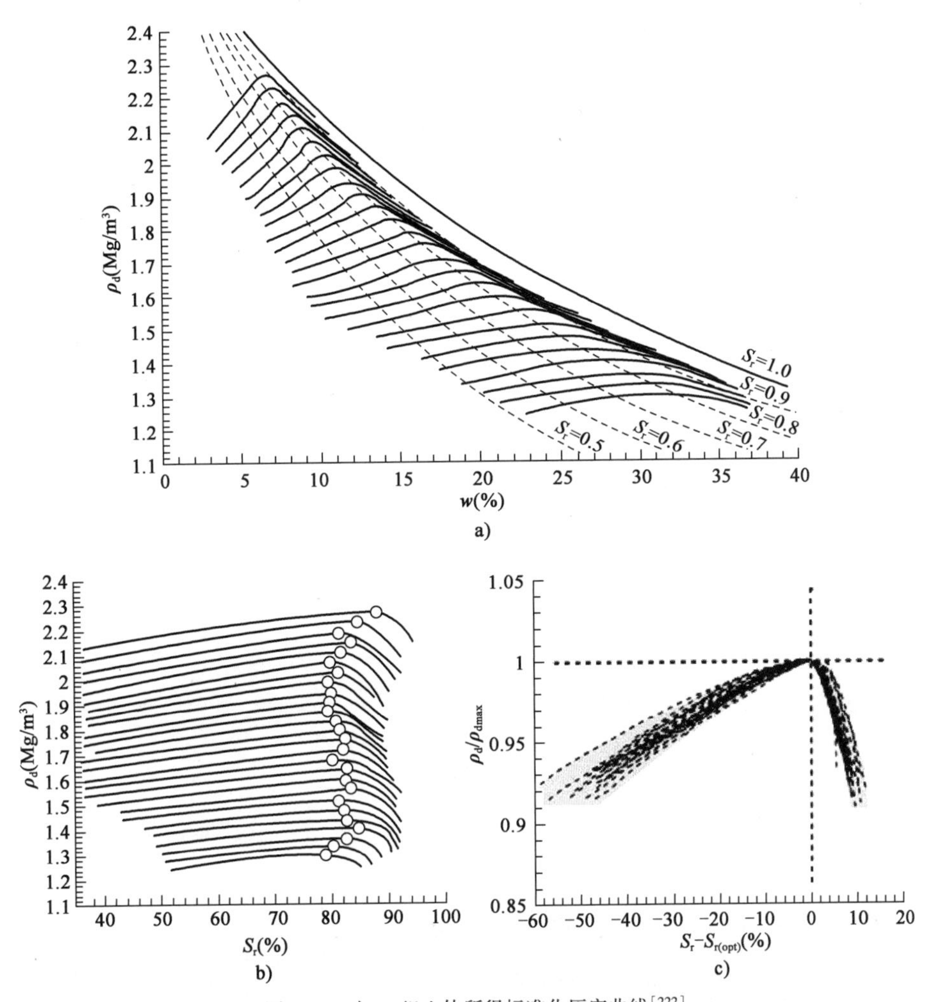

图 3-85　由 26 组土体所得标准化压实曲线[222]

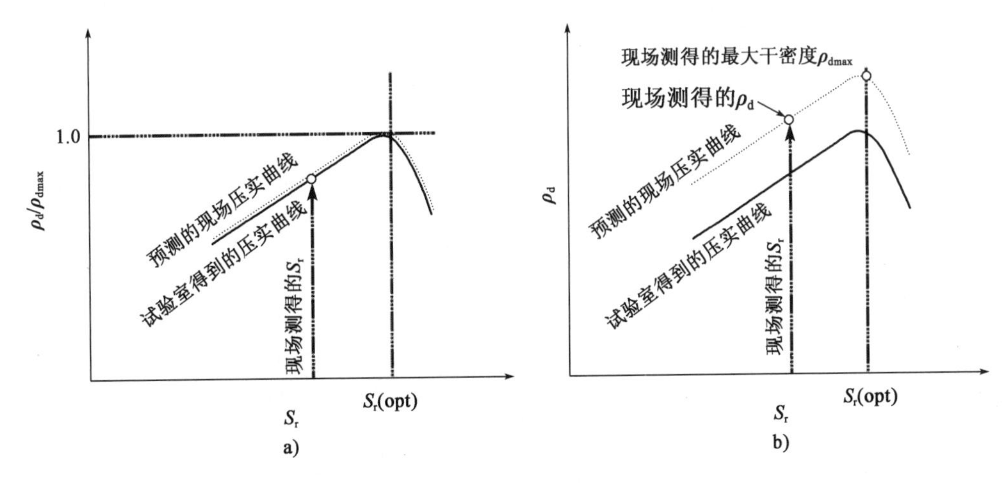

图 3-86　使用标准化压实曲线评估现场压实度的方法

标准化压实曲线可用于确定适用于现场条件的土体压实，这对于在现场建立压实度控制条件具有一定意义[391]。图 3-87 给出了在典型压实过程中压实度控制的过程。此过程包括以下步骤：

(1)在试验室中获取标准化的压实曲线，如图 3-87a)所示；

(2)定义现场压实曲线，如图 3-87b)所示。根据压实材料特性(即压缩性、强度或刚度)选择目标密度 ρ_{dT}。使用试验室标准化压实曲线，获得与目标密度和最佳饱和度相交点的现场压实曲线。

(3)将最小密度定义为目标密度的 95%，并定义一个 $\rho_d > 0.95\rho_{dT}$ 的区域，如图 3-87(c)。

(4)计算位于最小密度线与对应于目标干密度的含水率线 w_T 交点处的最小饱和度[图 3-87d)中的 A 点]。为 $S_r > S_{r-min}$ 定义一个允许区域，如图 3-87d)所示。

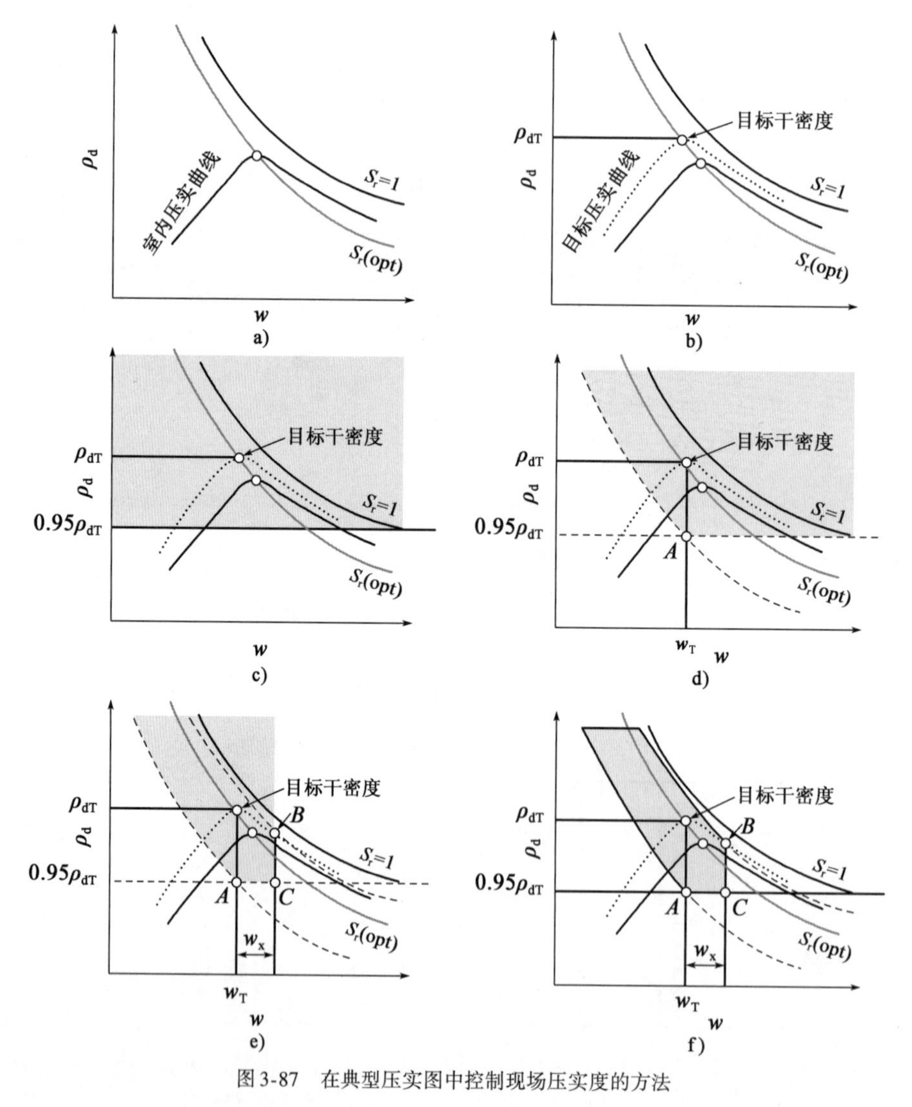

图 3-87　在典型压实图中控制现场压实度的方法

(5)选择可以超过目标密度含水率的最大含水率值 $w_T + w_x$，如图 3-87e)所示。w_x 的值取决于土体的类型,它的数值偏低,以避免剪切强度的损失导致过度压实(即弹簧土效应)。

(6)获取 B 点和 C 点位置:最大含水率($w_T + w_x$)和目标压实曲线交汇处为 B 点和最小密度的交汇处为 C 点;定义 B 点处的最大饱和度 S_{r-min}。

(7)如图 3-87f)所示,建立允许的压实区域,如式(3-83) ~ 式(3-85)所示:

$$\rho_d > 0.95\rho_{dT} \tag{3-83}$$

$$S_{r-min} < S_r < S_{r-max} \tag{3-84}$$

$$w < w_t + w_x \tag{3-85}$$

第4章

公路路堤

4.1　软土路堤

对软土路堤研究主要包括两个核心问题：与天然土体抗剪强度相关的稳定性问题；路堤土的沉降固结问题。

值得注意的是，经典的软土路堤分析方法多是将抗剪强度和沉降问题独立分析。但这两个问题实际是密切相关的，因为：

（1）在安全系数低于1.2的软土上建造路堤，会产生侧向位移，导致过度沉降。经典的固结试验过程中侧向应变为零，因此，难以考虑侧向位移引起的沉降问题。

（2）分阶段路堤施工需要对第 i 阶段进行充分夯实，以提高地基的抗剪强度，使其能够承担第 $(i+1)$ 阶段施工产生的应力。

4.1.1　路堤稳定性分析

路堤稳定性研究的目的是确定一种施工工艺，以确保路堤水平和竖向位移在路堤施工和运营的全寿命周期都能满足设计要求。

虽然最低安全系数建议为1.5，以防止由于抗剪强度不足而造成破坏，但一些研究根据路堤具体情况，也提出了不同的安全系数建议值。例如，Ocampo[314]中提出的建议视以下几种情况而定：

（1）对无支撑或对建筑物有较小影响的路堤，最小安全系数建议取1.25；

（2）对有支撑或可能对结构物非关键部分产生影响的路堤的最小安全系数建议取1.3；

（3）对靠近桥梁和支撑结构物关键部分的路堤的最小安全系数建议取1.5。

考虑到地震发生的低频性且通常与其他荷载共同作用，可将安全系数降低至1.1。

大量现场观测和离心机模型试验表明，路堤破坏机制可以分为两种：

（1）广义上的承载力达到峰值；

（2）填料内部有裂缝或路堤裂缝时的旋转破坏。

广义承载力达到峰值引起的路堤沉降破坏，并不是路堤填土达到抗剪强度导致的破坏，且在路堤两侧伴随着沿地面向外的突起。通常，当一定厚度的软土被限制在两层较强的土体之间时就会出现这种破坏(图4-1)。在这种情况下,路堤破坏类似于挠曲梁,导致路堤底部出现牵引裂缝。

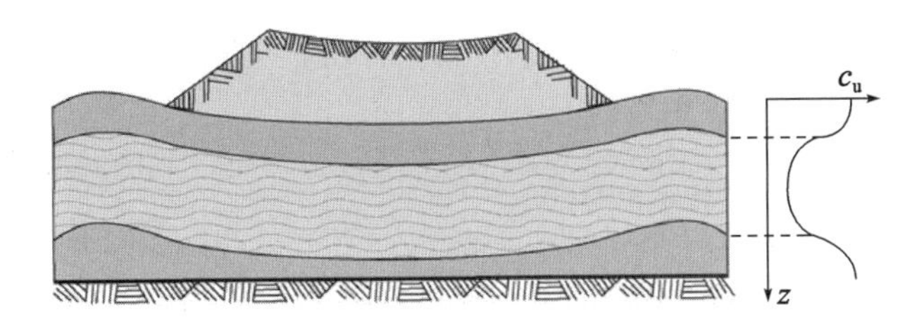

图4-1 由于达到承载力峰值导致的路堤破坏

最为常见的是由于旋转机制而导致的路堤破坏,其特征是路堤出现断层以及自然地面的隆起,一般有两种表现形式(图4-2):

(1)当基础相对均匀并且抗剪强度远低于路堤填土时,路堤内部出现受拉裂缝的旋转破坏。在破坏过程中,显著的水平位移会导致路堤开裂。

(2)当天然土表面有足够深度的超固结层,形成壳体结构以保护填土不受软土水平位移的影响时,就会发生无张力裂缝的旋转破坏。

当然,这两种类型的旋转破坏没有显著区别,因为填土的剪切作用也会影响张拉裂缝的发展。由于填土对整体抗剪强度的影响,张拉裂缝的发展对土体极限状态分析至关重要。

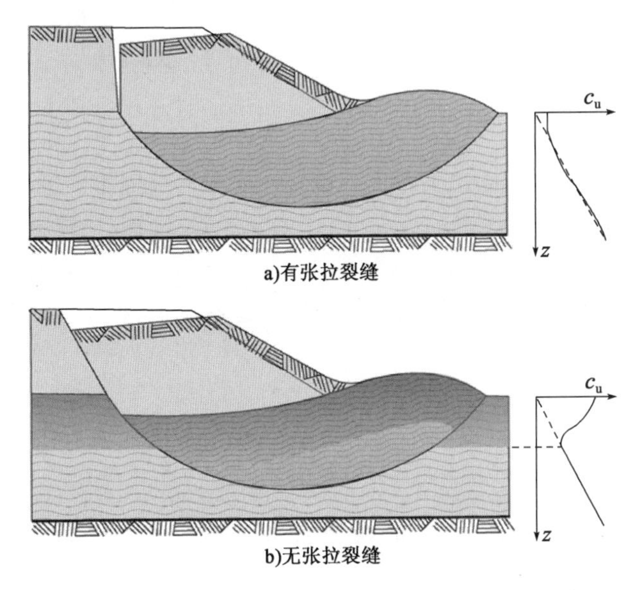

图4-2 旋转破坏

4.1.2 抗剪强度参数

承载力达到峰值和旋转破坏都可以用极限状态来分析,但两者均需要首先确定地基土的抗剪强度参数。土体抗剪强度参数可以通过试验室或现场试验来获得。考虑到路堤多是采用分阶段施工,对分析时还需要考虑施工过程中抗剪强度的增加效应。通常采用固结不排水三轴试验来获取相关参数。在三轴试验中,监测孔隙水压力并估算孔隙水压力系数 A 和 B 非常

重要,根据 Skempton[372]的定义如下:

$$\Delta u_w = B[\Delta\sigma_3 + A(\Delta\sigma_1 - \Delta\sigma_3)] \tag{4-1}$$

参数 A 和 B 并不是土体的固有参数,取决于应力路径,通常选择 $\Delta\sigma_1$ 和 $\Delta\sigma_3$ 来表示实际发生的主应力的变化。对于路堤而言,应力路径如图 4-3 所示。

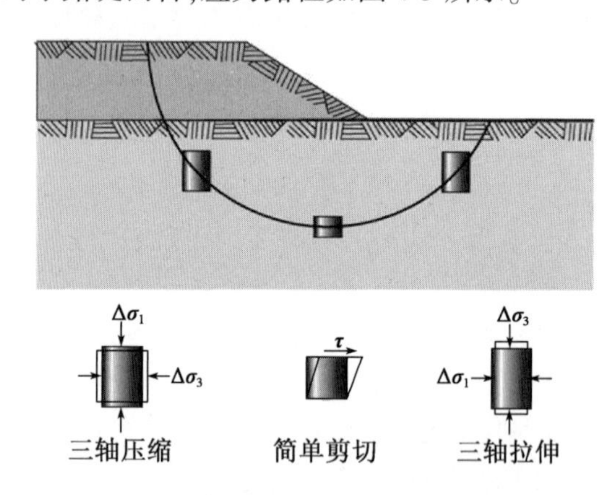

图 4-3 路堤下方的应力路径示意图

当然,使用适当的本构模型是一种更高级的方法,并可用于评估任何应力路径下孔隙水压力的变化。然而,这种方法更多地用于有限元分析而非极限状态分析。

三轴测试结果可获取总应力或有效应力变化,进而评估路堤施工过程中抗剪强度的增加,后面章节将详细阐述。

1)总应力分析

如图 4-4 所示,可以通过不固结不排水三轴试验来获得路堤土体的初始剪切强度 c_{uu}。可由 CU 三轴试验得到抗剪强度参数(c_{cu},φ_{cu})估算路堤施工过程中不排水抗剪强度的增加。固结不排水三轴试验特别有用,因为路堤施工的每一阶段都是在不排水的条件下进行的(即"U"条件)。然后,在排水条件下使路堤下方的土体固结,从而使孔隙压力消散,土体强度增加(即"C"条件)。

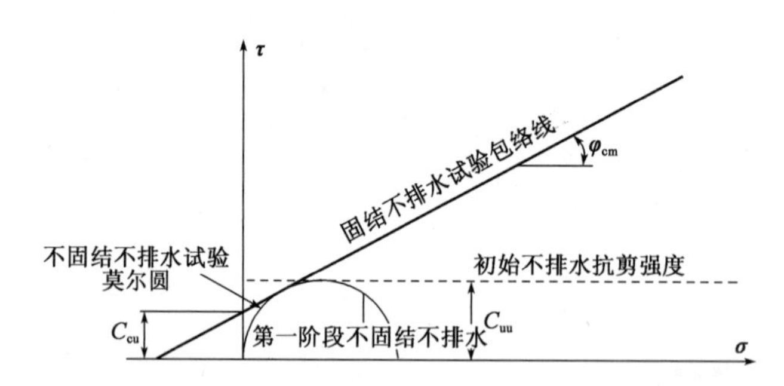

图 4-4 通过不固结不排水三轴试验评估土体初始剪切强度和增加的剪切强度

图 4-5 展示了 Ladd[244]提出的评估因固结和孔隙压力部分消散而引起的土体不排水抗剪强度增加的方法。由图 4-5 可知,当剪切强度与作用在潜在破坏面上的法向应力 σ'_{fc} 一起考虑时,莫尔圆的半径为:

$$\sin\varphi_{cu}=\frac{R_{cu}}{\frac{c_{cu}}{\tan\varphi_{cu}}+\sigma'_{fc}+R_{cu}} \quad \rightarrow R_{cu}=\frac{\sin\varphi_{cu}}{1-\sin\varphi_{cu}}\left(\frac{c_{cu}}{\tan\varphi_{cu}}+\sigma'_{fc}\right) \tag{4-2}$$

但是,由于圆的半径对应于初始不排水黏聚力 c_{cu} 加上不排水黏聚力的增量 Δc_u,因此有:

$$c_{cu}+\Delta c_u=\frac{\sin\varphi_{cu}}{1-\sin\varphi_{cu}}\left(\frac{c_{cu}}{\tan\varphi_{cu}}+\sigma'_{fc}\right) \tag{4-3}$$

因此,不排水抗剪强度的增量变为:

$$\Delta c_u=\frac{\sin\varphi_{cu}}{1-\sin\varphi_{cu}}\left(\frac{c_{cu}}{\tan\varphi_{cu}}+\sigma'_{fc}\right)-c_{cu} \tag{4-4}$$

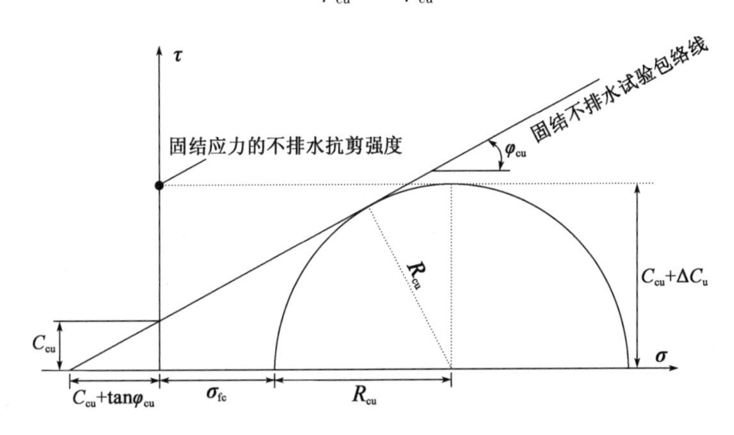

图4-5　利用固结不排水三轴试验结果评价固结后土体抗剪强度

然而,在软土地基上进行路堤分段施工的项目一般不会等到上阶段固结全部完成。因此,现行规范对分阶段施工路堤多使用以下假设:垂直应力 $\Delta\sigma_v$ 是作用在潜在破坏面上的法向有效应力。因此,对于部分固结,在任意固结度下的不排水剪切强度为:

$$c_{uu}(t)=c_{cu}+\Delta c_u=\frac{\sin\varphi_{cu}}{1-\sin\varphi_{cu}}\left[\frac{c_{cu}}{\tan\varphi_{cu}}+U(t)\Delta\sigma_v\right] \tag{4-5}$$

式中,$U(t)$ 为 t 时刻达到的固结程度。

值得注意的是,由路堤自身厚度差异,导致应力增量在不同位置的增加量不同,导致抗剪强度增量随位置的不同而不同。因此,必须在竖向和水平方向将地基土分成不同区域,以反映路堤内不同区域的不排水抗剪强度差异。

2)有效应力分析

该方法使用了剪切强度 $c'\varphi'$ 的排水参数来表征地基的强度。路堤的不稳定性是由于施工期间孔隙压力增加而引起的。因此,该方法的要点是评估路堤下方应力增加引起的孔隙压力增加。

考虑到孔隙压力在三维应力场中会部分消散,式(4-1)变为:

$$\Delta u_w=B[\Delta p+A\Delta q][1-U(t)] \tag{4-6}$$

式中,Δp 和 Δq 分别为分析点的平均应力和偏应力的变化量。式(1-14)和式(1-16)可用于获得三维应力场的 p 和 q 应力。而通过第1.4.4节介绍的弹性解中获得主应力,可以用来确定主应力 σ_1,σ_2 和 σ_3。

3)广义承载力达到峰值引起的破坏分析

路堤承载力破坏可能会在施工期间(即短期内)发生。然后,在地基深度为0时的承载力q_u为:

$$q_u=(\pi+2)c_u \tag{4-7}$$

式中,c_u为饱和状态下的不排水剪切强度。

路堤主体在天然地基中产生的应力,由填方材料的单位重量(γ_F)乘以路堤高度(h_F)确定:

$$q_f=h_F\gamma_F \tag{4-8}$$

因此,承载力的安全系数变为:

$$F_s=\frac{(\pi+2)c_u}{h_F\gamma_F} \tag{4-9}$$

然而,Prandtl[334]提出的经典破坏理论通常难以充分发生。其主要原因是,相对于路堤的长度而言,软土层的厚度不足以充分发挥土体承载力的作用。Mandel 和 Salençon[276]提出了一种适用于有限厚度层的备选失效理论[图4-6a)]。如图4-6b)所示,由于该修正机制取决于地基基础长度B与土层厚度H之间的关系,因此其承载力系数较高。安全系数的增加取决于路堤基础与土层深度的关系,具体如下:

$$F_s=\frac{(\pi+2)c_u}{h_F\gamma_F},\text{当 } B/H\leqslant1.49\text{ 时} \tag{4-10}$$

$$F_s=\frac{(\pi+2)+0.475(B/H-1.49)}{h_F\gamma_F}c_u,\text{当 } B/H>1.49\text{ 时} \tag{4-11}$$

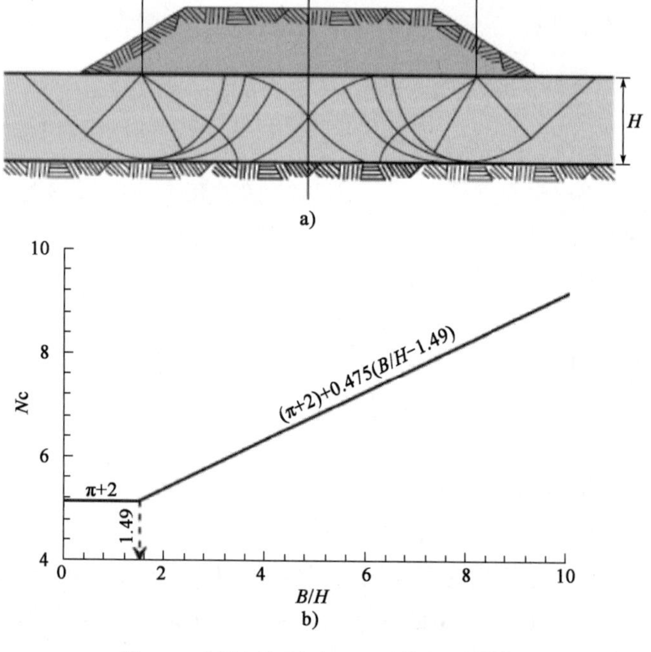

图4-6 成层土的破坏机理和承载力系数[372]

4)旋转失效分析

旋转失效分析使用极限平衡理论,该分析包含以下假设:

(1)失效发生在圆形或非圆形表面;

(2)破坏沿整个滑动面同时发生;

(3)剪切强度在滑动表面的所有点上都被移动;

(4)除沿剪切带外,滑动区内的土体不发生变形。

表4-1列出了几种计算圆形或非圆形破坏土体安全系数的方法。

常用极限平衡分析方法[100]　　表4-1

方法名称	滑动面形状	平衡条件
Bishop[50]	圆弧	考虑每个土条的力矩平衡。假定每个土条上的垂直力都满足力矩平衡方程。简化方法假定每个土条上垂直力的合力为零。简化后的方法与有限元变形法相比有较好的适用性
Jambu[213]	非圆弧	考虑了各土条上的力和力矩平衡。要求对层间作用力的作用进行假设,垂直层间力不在常规考虑中,计算出的 F_s 需要校正(包括垂直力)
Morgesnstern 和 Price[295]	非圆弧	考虑每个土条上的力和力矩,类似于 Jambu 方法过程。被认为比 Jambu 的方法更准确。但这不是一种简化的方法
Sarma[359]	非圆弧	对 Morgenstern 和 Price 方法的一种改进,其迭代次数较少。在不损失精度的前提下,大大减少了计算时间

所有用于极限平衡分析的方法都将滑动土体的质量分成多个部分,并计算作用在每个部分上力的平衡。极限平衡分析的各种方法中最有用的方法是 Bishop 在1955年提出的。它采用圆形滑移面求解方程组,得到各部分的平衡方程和整个系统的力矩,得到有效应力下的安全系数方程:

$$F_s = \frac{1}{\sum W_i \sin\alpha_i} \sum \frac{c_i' b_i + (W_i - u_{wi} b_i)\tan\varphi_i'}{\cos\alpha_i (1 + \tan\alpha_i \tan\varphi_i' / F_s)} \tag{4-12}$$

式中,W_i 为土条的权重,α_i 为垂线与将圆心到滑动面的底部连线之间的夹角(图4-7),b_i 为土条宽度,u_{wi} 为孔隙压力 c' 和 φ' 在每个滑动面底部土体抗剪强度参数。式(4-12)两边都具有安全系数 F_s。因此,计算安全系数需要迭代过程。

尽管潜在滑动面和圆心位置可能不同,但最低安全系数最低的表面最容易发生破坏。

考虑到不排水条件下计算安全系数及总应力分析过程中不涉及孔隙水压力。以及于饱和状态下内摩擦角为零。因此,不排水状态的安全系数变为:

$$F_s = \frac{1}{\sum W_i \sin\alpha_i} \sum c_{u_i} \frac{b_i}{\cos\alpha_i} \tag{4-13}$$

式中,c_{u_i} 为每个土条底部的不排水剪切强度。

当 Bishop 的方法应用于路堤时,填料的剪切强度对安全系数的贡献约为10%[62]。这意味着忽略填充物的贡献可以简化安全系数的计算。应该注意的是,如果滑移在填方内产生拉力裂纹,就会出现如图4-2a)所示的情况。

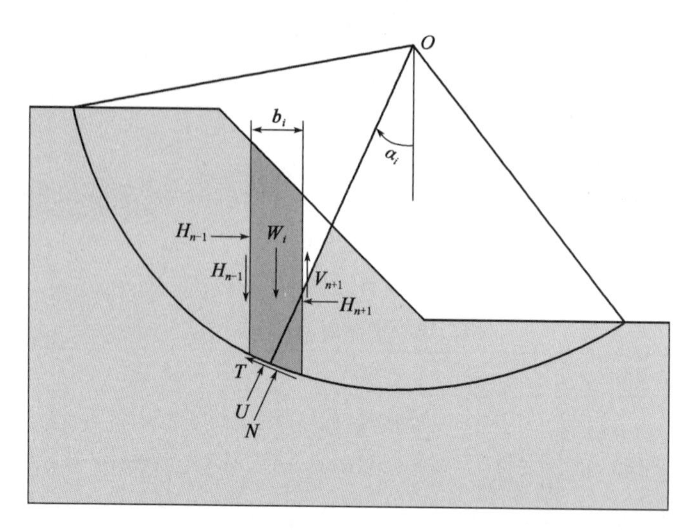

图 4-7 Bishop 计算滑动体力的平衡方法示意图

另一方面，对于图 4-8 所示的破坏机理，可以证明安全系数最低的滑动面中心位于穿过填土边坡中心并与基岩相切的垂直线上。所以说，软土自重产生的弯矩是平衡的，只有填土自重对破坏弯矩有贡献。安全系数的计算简化方程就成为：

$$F_s = \frac{\widehat{AB}\overline{c_u}R}{W_{Em}d} \tag{4-14}$$

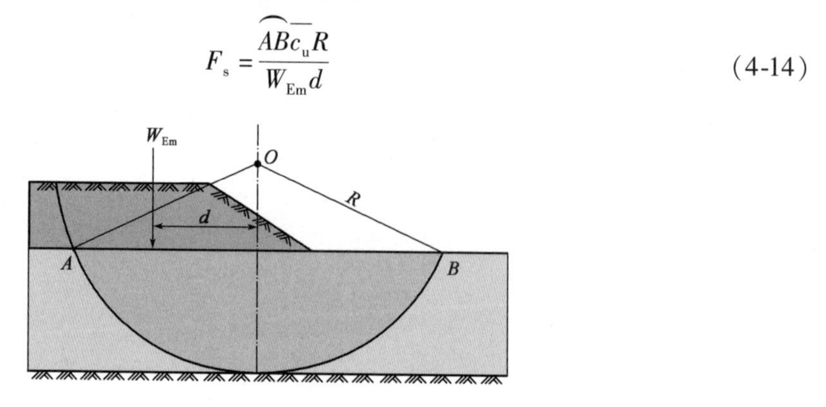

图 4-8 用于计算总应力中的安全系数的简化方法

式中，$\widehat{AB}$为图 4-8 中从 A 到 B 的弧长，$\overline{c_u}$为沿圆形滑动面的平均不排水强度，W_{Em}为滑坡所涉及路堤重量，d 为圆心和路堤重量的向量之间的距离，R 为圆的半径。

稳定性分析必须确保路堤在施工和运营的每个阶段均具有第 4.1.1 节中所得的最小安全系数。而最小安全系数 $F_s = 1.5$ 不仅可以防止路堤发生抗剪强度破坏，也可以防止路堤过度沉降。

5）安全系数的误差来源

路堤的计算安全系数与试验结果的比较有时会出现误差。这些误差来源于以下几个方面：

（1）软土抗剪强度的各向异性；

（2）滑动面的形状；

(3)路堤施工过程中试验室荷载和现场荷载的应变速率差异。

抗剪强度各向异性对计算的安全系数有显著影响。实际上,由于沉积或湖相软土的沉积机理,垂直方向的抗剪强度与水平方向的抗剪强度并不相同。因此,圆滑动面每一部分的剪切强度与其他部分均是不同的。图4-9显示了文献[62]中计算的安全系数示例。这些结果是在剪切强度随滑移面方向呈椭圆变化的假设下得到的。在本例中,各向同性情况下的安全系数为1.14,但随着各向异性程度的增加,安全系数降低到0.94。

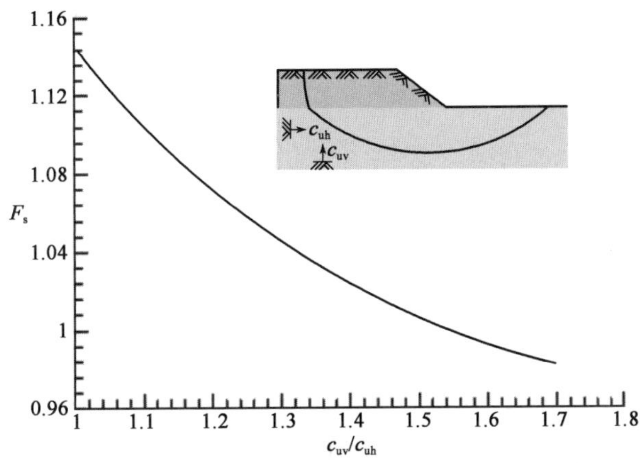

图4-9　剪切强度各向异性对计算安全系数的影响[62]

可通过十字板剪切试验过程中十字板高度和直径之间的关系测量剪切强度的各向异性;也可以在试验室中通过测试方向与沉积方向存在差异性的试样来完成。目前,关于剪切强度各向异性的报道较少,但也有文献报道了 $c_{uv}/c_{uh}=1.33$[62]。

尽管滑动表面的形状也会影响计算的安全系数,但目前无法定量分析该形状的影响。图4-10显示了文献[62]中介绍的两种情况。对于法国 Narbonne 路堤,非圆形滑移面对安全系数有较大影响;但是对于法国 Lanester 路堤影响较小,且非圆滑动面得到的安全系数与圆滑动面相似。

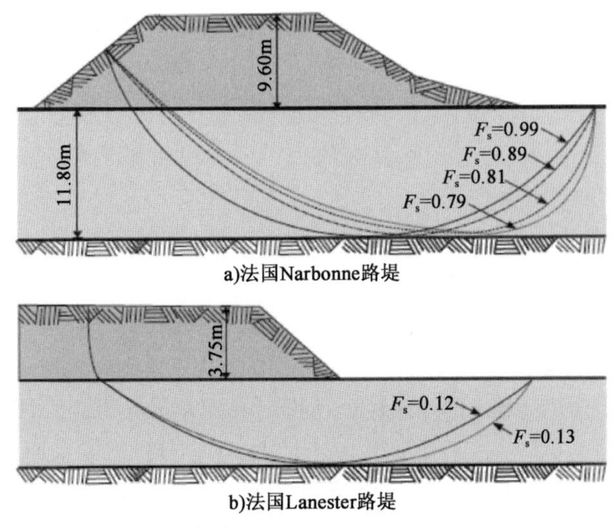

图4-10　滑动面形状对计算安全系数的影响[62]

在试验室和现场测试中，使土体达到抗剪切强度的加载速率与在筑堤期间达到抗剪切强度的加载速率有很大差异。差异的幅度可能高达 10^4 或 10^5。这些巨大的差异无疑会对试验室测量的不排水剪切强度的适用性产生重大影响。

6）极限状态分析的数值方法

极限平衡法由于公式比较简单，易于理解，对分析路堤稳定性非常有用。它也只需要少量的输入参数即可表征材料的行为。但该方法存在一定的局限性，需要将土体分割成多个土条，采用任意假设来保证静态确定性。此外，极限平衡分析忽略了应力-应变行为，也难以提供有关变形的信息。

另外，基于数字模型的抗剪强度折减方法可以有效克服上述缺点。数值模型考虑了各种材料应力应变行为，无须假定破坏面的形状，还可以提供有关变形和孔隙压力的信息，并显示了破坏面随时间的发展。数值建模还可以同时评估固结和稳定性，这对于分析分阶段施工特别有用。

强度折减法（SSR 方法）使用 Mohr-Coulomb 准则，剪切强度参数（c_F，φ_F）折减如下：

$$c_F = \frac{c}{F_s}, \tan\varphi_F = \frac{\tan\varphi}{F_s} \tag{4-15}$$

该方法通过提高安全系数 F_s，逐步降低抗剪强度参数，然后利用数值模型计算位移。当节点位移迅速增加或缺乏收敛时，就会达到极限状态。

尽管 SSR 方法有其优点，但它的一个关键缺点是需要精确的输入参数才能得到精确的数值结果。

4.1.3 沉降分析

确定路堤下方天然地面的沉降量对于决定路堤所需的材料量至关重要，用来确保路堤长期维持设计水平。另一方面，沉降随时间的演变决定了必须放置在路基顶部的高质量填料的数量（即形成路面结构的基层材料）。另外，对沉降后路堤的修复回填也必须采用高质量的材料。

沉降的另一个重要影响是当路堤的安全系数较低时所发生的水平位移。这些水平位移会对相邻工程的稳定性产生不利影响。

最后，沉降过程的评价可以提供有关超静孔隙压力消散的有用信息。这对于分阶段筑堤的决策至关重要，因为随着固结的进行，孔隙压力的降低会导致有效应力的增加，从而导致不排水抗剪强度的增加。

土力学中计算土体沉降的方法同样适用于路堤。虽然这些方法使用了一些简化的假设，当然这些简化也带来了一定程度的误差。

通常情况下，沉降分为三个组成部分，分别发生在路堤施工和运营的不同阶段：瞬时沉降、主固结沉降和次固结沉降。

（1）瞬时沉降 ρ_i 是指由于施加荷载，且在不排出孔隙水的情况下产生的变形。

（2）主要固结引起的沉降 ρ_c，是由于孔隙水的排出造成的。排水速率与多孔材料的渗透系数有关。对于具有高渗透性的土，瞬时沉降和主固结沉降几乎同时发生。

（3）在超孔隙水压力耗散后，由于土骨架的黏滞变形而产生应变导致的沉降为次固结沉降。实际上,主固结和黏滞变形是同时发生的,但为了简化计算,将它们看作是单独的过程。

值得注意的是,只要满足以下条件,使用经典方法的沉降分析也是可行的:

(1)土体内的应力分布可以利用弹性解获取;

(2)土体位移大部分是垂直的(即没有水平位移)。

当抗剪强度安全系数接近 1.0 时(如安全系数小于 1.2 时),经典沉降计算方法不再适用,此时需要基于数值方法和弹塑性模型进行分析。

1)瞬时沉降

由于软土通常是饱和的,因此当体积应变为零时,固体颗粒和水的不可压缩性会导致瞬时沉降。用于计算即时沉降的大多数方法都基于弹性理论,并假设各向同性均质材料具有不排水杨氏模量 E_u 和泊松比 ν_u,当体积应变为零时(即饱和土的情况),泊松比 $\nu_u = 0.5$。基于弹性理论的方法可以估算瞬时沉降,可以以图表的形式呈现。另一种可行的方法是由应力的弹性解直接计算沉降:

$$\rho_i = \sum \frac{\sigma_z}{E_u} \Delta z \tag{4-16}$$

垂直应力 σ_z 可由第 1.4.4 节中介绍的 Osterberg 方法确定。

2)主固结沉降

主固结沉降主要研究量方面的内容:

(1)固结沉降量的计算;

(2)沉降速率的大小。

一维条件下主固结沉降可分三步进行估算。首先,将固结层分为 n_L 个亚层。然后确定外荷载引起的总应力增量 $\Delta\sigma'_z$。最后,根据固结试验的结果,用经典方程式(4-17)计算孔隙率的变化。

$$\rho_c = \sum_{i=1}^{nL} \left(\frac{C_r}{1+e_0} \log \frac{\sigma'_c}{\sigma'_{z0}} + \frac{C_c}{1+e_0} \log \frac{\sigma'_{z0} + \Delta\sigma'_{zi}}{\sigma'_c} \right) H_i \tag{4-17}$$

式中,ρ_c 为主固结沉降量,σ'_{z0} 为初始有效应力,$\Delta\sigma'_{zi}$ 为第 i 层竖向应力的增加量,σ'_c 为超固结应力(即屈服应力),H_i 为第 i 层的厚度,C_r 为再压缩系数,C_c 为固结试验测得的初始压缩系数,e_0 为初始空隙比。

太沙基于 1923 年提出了第一个分析饱和土沉降速率的理论[393]。该理论包含以下假设:

(1)孔隙的变化(即孔隙率的变化)等于从土体中排出水的体积;

(2)固体骨架的可压缩性假设为线性弹性;

(3)孔隙中的水流遵循达西定律(即流速与水力梯度成正比);

(4)土是均质的,其力学和水力特性在压缩过程中保持不变。

第一个假设是基于水质量的质量守恒定律。它表明,在饱和材料中,水的平衡由水的消散速度($div\vec{v}_w$,或$\nabla \cdot \vec{v}_w$)给出,等于孔隙度的变化。其中,

$$\nabla \cdot \vec{v}_w = -\frac{\partial n}{\partial t} \text{在三个分量} \rightarrow \frac{\partial \vec{v}_{wx}}{\partial x} + \frac{\partial \vec{v}_{wy}}{\partial y} + \frac{\partial \vec{v}_{wz}}{\partial z} = -\frac{\partial n}{\partial t} \tag{4-18}$$

式中,n 为孔隙率,$\vec{v}_{wx}$、$\vec{v}_{wy}$、$\vec{v}_{wz}$ 为水在各正交轴方向上的速度。根据达西定律有:

$$\vec{v}_{wx}=-k_{wx}\frac{\partial\psi}{\partial x},\vec{v}_{wy}=-k_{wy}\frac{\partial\psi}{\partial y},\vec{v}_{wz}=-k_{wz}\frac{\partial\psi}{\partial z} \tag{4-19}$$

式中，k_{wx}、k_{wy}、k_{wz}为每个方向的渗透系数，Ψ为水的势能。

对均质材料水而言，其水力传导系数k_w在任意方向的导数均为0。($\partial k_{wx}/\partial x=0,\partial k_{wy}/\partial y=0,\partial k_{wz}/\partial z=0$)，将式(4-19)代入式(4-18)得到：

$$k_{wx}\frac{\partial^2\psi}{\partial x^2}+k_{wy}\frac{\partial^2\psi}{\partial y^2}+k_{wz}\frac{\partial^2\psi}{\partial z^2}=\frac{\partial n}{\partial t} \tag{4-20}$$

对任意土层固结过程，水势能Ψ可分为三部分：高程水头z，由于静水压力水头u_{wh}/γ_w和由荷载所引起的超孔隙水压力u_{wc}/γ_w。如果在施加荷载之前，土层中的水处于静水平衡状态，则势能的前两个分量$z+u_{wh}/\gamma_w$不会产生流态水。因此，唯一引起水流动的因素是荷载引起的超孔隙水压力u_{wc}/γ_w。因此，式(4-20)变为：

$$\frac{1}{\gamma_w}(k_{wx}\frac{\partial^2 u_{wc}}{\partial x^2}+k_{wy}\frac{\partial^2 u_{wc}}{\partial y^2}+k_{wz}\frac{\partial^2 u_{wc}}{\partial z^2})=\frac{\partial n}{\partial t} \tag{4-21}$$

考虑土体各相之间的关系，特别是$n=e/(1+e)$，土体孔隙率n与孔隙比e之间的关系，则式(4-21)的右侧为：

$$\frac{\partial n}{\partial t}=\frac{1}{1+e_0}\frac{\partial e}{\partial t} \tag{4-22}$$

固体骨架的可压缩性假设为线性弹性，因此有

$$a_v=-\frac{\partial e}{\partial\sigma'_z} \tag{4-23}$$

式中，a_v为压缩系数，σ'_z为有效应力。

将有效应力原理对时间求导得：

$$\frac{\partial\sigma_z}{\partial t}=\frac{\partial\sigma'_z}{\partial t}+\frac{\partial u_{wc}}{\partial t} \tag{4-24}$$

由于静水平衡引起的水压u_{wh}相对于时间保持恒定。

然后，推导孔隙比与有效应力随时间的关系。由式(4-23)得：

$$\frac{\partial e}{\partial t}=\frac{\partial e}{\partial\sigma'_z}\frac{\partial\sigma'_z}{\partial t}\rightarrow\frac{\partial e}{\partial t}=a_v(\frac{\partial u_{wc}}{\partial t}-\frac{\partial\sigma_z}{\partial t}) \tag{4-25}$$

最后，由式(4-21)和式(4-25)得到三维固结方程：

$$\frac{1+e_0}{a_v\gamma_w}(k_{wx}\frac{\partial^2 u_{wc}}{\partial x^2}+k_{wy}\frac{\partial^2 u_{wc}}{\partial y^2}+k_{wz}\frac{\partial^2 u_{wc}}{\partial z^2})=\frac{\partial u_{wc}}{\partial t}-\frac{\partial\sigma_z}{\partial t} \tag{4-26}$$

对于二维条件$k_{wh}=k_{wy}$和$k_{wh}=k_{wx}$，式(4-26)变为：

$$c_h\frac{\partial^2 u_{wc}}{\partial x^2}+c_v\frac{\partial^2 u_{wc}}{\partial z^2}=\frac{\partial u_{wc}}{\partial t}-\frac{\partial\sigma_z}{\partial t} \tag{4-27}$$

$$c_h=\frac{k_{wh}}{m_v\gamma_w},c_v=\frac{k_{wz}}{m_v\gamma_w},m_v=\frac{a_v}{1+e_0}$$

假设只有竖向水流和总应力恒定,则式(4-27)就可以得到经典的固结方程:

$$c_v \frac{\partial^2 u_{wc}}{\partial z^2} = \frac{\partial u_{wc}}{\partial t} \tag{4-28}$$

式中,k_{wv}为竖向方向的水力传导系数,c_v为竖向固结系数,m_v为体积压缩系数。

式(4-26)并不包括总应力的重新分布,虽然应力重分布是影响二维和三维固结的一个重要因素。Biot[48]提出了更一般的三维固结理论,包括体积变化和应力之间的相互作用。

式(4-28)的解可用于计算孔隙水压力与时间的关系(即 t 时刻孔隙压力在某一层内的分布),即随着固结的进行孔隙压力的减小,有效应力增大。

图 4-11 给出了 t 时刻的有效应力和等时线,并对孔隙压力的降低和有效应力的增加给出了直观的评价,该值与固结程度 $U_v(t)$ 相对应。图 4-11c)中有关的 A 和 B 区域的固结程度如下:

$$U_v(t) = \frac{区域\ A}{区域\ A + 区域\ B} \tag{4-29}$$

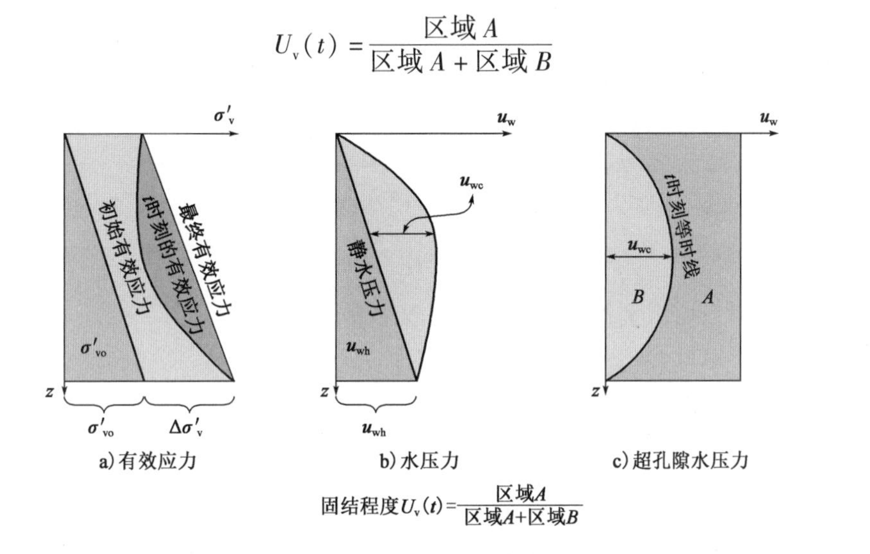

图 4-11　竖向固结过程中有效应力和超孔隙水压力的演化示意图

另一方面,有效应力与应变之间的线性关系使得孔隙压力耗散率与沉降率相等,从而得到土层在 t 时刻的沉降为:

$$\rho_c(t) = \rho_c(t = \infty) \cdot U_v(t) \tag{4-30}$$

$\rho_c(t = \infty)$为主固结沉降完成时对应的沉降。

值得注意的是,式(4-30)是建立在有效应力和应变之间线性假设基础上的,这个假设与固结试验中得到的测量结果是不一致的。为了克服这一缺陷,Bourges 等[62]提出了沉降随时间变化的公式:

$$\rho_c = \sum_{i=1}^{nL} \left(\frac{C_c}{1 + e_0} \log \frac{\sigma'_p}{\sigma'_{z0}} + \frac{C_c}{1 + e_0} \log \frac{\sigma'_{z0} + U_{vi} \Delta\sigma'_{zi}}{\sigma'_{zi}} \right) H_i \tag{4-31}$$

式中,$U_{vi}(t)$为第 i 层的固结度。

对于厚度为 H 的土层,其初始孔隙压力 u_{w0} 在整个层中都是恒定的,并且仅在一侧耗散,式(4-28)的解为:

$$\frac{u_{\mathrm{wc}}(z,t)}{u_{\mathrm{w0}}}=\sum_{m=0}^{\infty}\frac{2}{M}\sin\left[M\left(1-\frac{z}{H}\right)\right]\mathrm{e}^{-M^2T_{\mathrm{v}}} \tag{4-32}$$

$$M=\frac{\pi}{2}(2m+1)\quad(m=0,1,2,\cdots\cdots,\infty)$$

按照图 4-11 所示的步骤，对式(4-32)进行积分，得固结度：

$$U_{\mathrm{V}}(t)=1-\sum_{m=0}^{\infty}\frac{2}{M^2}\mathrm{e}^{-M^2T_{\mathrm{v}}} \tag{4-33}$$

式(4-34)可近似计算固结度，而不需计算式(4-33)中所示的幂级数。该方法的误差小于 1%[109]。

$$U_{\mathrm{V}}(t)=\left(\frac{T_{\mathrm{v}}^3}{T_{\mathrm{v}}^3+0.5}\right)^{\frac{1}{6}} \tag{4-34}$$

对顶部和底部均有水压力消散的土层，由于对称性，层中间的水流速为零，因此在土层的中间存在一个边界条件。因此，利用 $H/2$ 代替 H，式(4-28)对于双面排水层的解与单面排水层的解相同，因为 $H/2$ 是多孔材料中一个基本体积的水的排水所需要的最大长度。

式(4-28)假设土体为均匀层。在层状土的情况下，可以近似的确定土体的等效固结系数。Absi[3] 提出的等效固结系数为：

$$\overline{c_{\mathrm{v}}}=\frac{\left(\sum_i H_i\right)^2}{\left(\sum_i H_i/\sqrt{c_{\mathrm{v}i}}\right)^2} \tag{4-35}$$

然而，这种近似只适用于各层间性能差异较小的材料。

此外，式(4-28)假设 $t=0$ 时刻荷载瞬时增加，这对于路堤施工来说是不适应的。在荷载随时间增加的情况下，固结方程变为：

$$c_{\mathrm{v}}\frac{\partial^2 u_{\mathrm{wc}}}{\partial z^2}+\frac{\partial\sigma_{\mathrm{z}}}{\partial_{\mathrm{t}}}=\frac{\partial u_{\mathrm{wc}}}{\partial_{\mathrm{t}}} \tag{4-36}$$

3)径向固结

竖向设置排水通道在工程中很常见，如图 4-12 所示。由于饱和软土地基的初次固结是通过排空隙水来实现的，所以通过放置竖向排水通道来缩短排水距离会增加沉降速率。然后，在施加荷载后，竖向排水通道允许超孔隙水压力在竖向和径向两个方向消散。

固结可以发生在两种不同类型的加载条件下：

(1)路基自重产生的竖向荷载[图 4-12a)]。

(2)对小型路堤，可能会由于土工膜产生的真空造成荷载。在这种情况下，大气压会施加各向同性的附加应力[图 4-12b)]。

砂井的工程化应用始于 20 世纪 30 年代，但直到 20 年后 Carrillo 和 Barron[84,37] 才第一次发表了关于砂井排水的理论分析。

在柱面坐标下，通过求解式(4-26)可以分析径向固结。有两种可能的解决方案：

(1)自由垂直沉降，在地面上施加的竖向应力是恒定的。在这种情况下，不同的沉降出现在垂直排水沟周围。理论上，这是一个无限柔性的路堤。

(2)等垂直应变，其中竖向沉降在表面上是一致的。在这种情况下，施加在排水通道表层的应力分布不是恒定的。理论上，这是一个无限刚性的路堤。

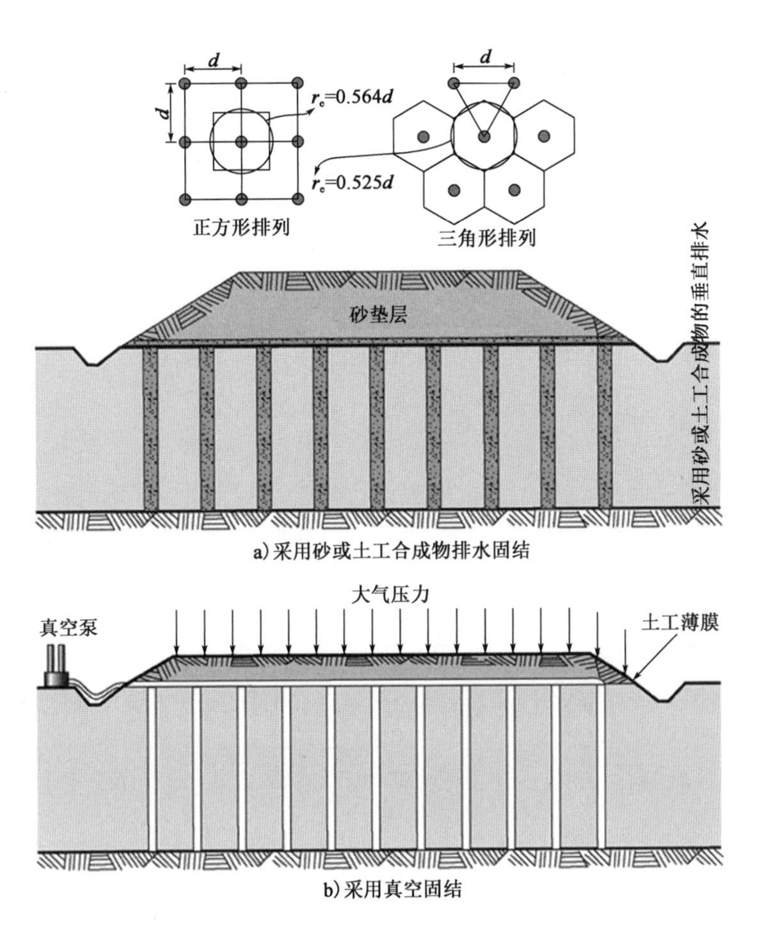

图4-12　垂直排水固结

事实上，路堤并非无限刚性或无限柔性的。然而，当径向固结度超过50%时，两种理论收敛于同一解[62]。

在自由竖向沉降和等竖向应变的柱坐标下，式(4-26)分别为：

$$\frac{\partial u_{wc}}{\partial t}=c_v\frac{\partial^2 u_{wc}}{\partial z^2}+c_h\left(\frac{\partial^2 u_{wc}}{\partial r^2}+\frac{1}{r}\frac{\partial u_{wc}}{\partial r}\right)\quad (自由竖向沉降) \tag{4-37}$$

$$\frac{\partial \bar{u}_{wc}}{\partial t}=c_v\frac{\partial^2 u_{wc}}{\partial z^2}+c_h\left(\frac{\partial^2 u_{wc}}{\partial r^2}+\frac{1}{r}\frac{\partial u_{wc}}{\partial r}\right)\quad (等竖向应变) \tag{4-38}$$

式中，$\bar{u}_{wc}$为任意深度的平均孔隙水压力，c_v和c_h为之前定义的垂直固结系数和水平固结系数。

Carrillo的研究表明，式(4-37)和式(4-38)可以分别在垂直方向[式(4-28)]和径向上求解，如式(4-39)所示：

$$\frac{\partial u_{wc}}{\partial t}=c_h\left(\frac{\partial^2 u_{wc}}{\partial r^2}+\frac{1}{r}\frac{\partial u_{wc}}{\partial t}\right)\quad (自由竖向沉降) \tag{4-39}$$

$$\frac{\partial \bar{u}_{wc}}{\partial t}=c_h\left(\frac{\partial^2 u_{wc}}{\partial r^2}+\frac{1}{r}\frac{\partial u_{wc}}{\partial t}\right)\quad (等竖向应变) \tag{4-40}$$

竖向固结度如式(4-33)所示,竖向自由沉降和等竖向应变径向固结度如式(4-41)和式(4-42)所示:

$$U_r = 1 - \sum_{\alpha=\alpha_1}^{\alpha_\infty} \frac{4U_1^2(\alpha)}{\alpha^2(n_r^2-1)[n_r^2U_0^2(\alpha n_r) - U_1^2(\alpha)]} e^{-\alpha^2 n_r^2 T_r} \quad (自由竖向沉降) \tag{4-41}$$

式中:$U_1(\alpha) = J_1(\alpha)Y_0(\alpha) - Y_1(\alpha)J_0(\alpha)$;$Y_0(\alpha n_r) = J_0(\alpha n_r)Y_0(\alpha) - Y_0(\alpha n_r)J_0(\alpha)$;$J_0, J_1$ = 第一类贝塞尔函数,一阶和零阶;Y_0, Y_1 = 第二类贝塞尔函数,一阶和零阶;$\alpha_1, \alpha_2, \cdots$是满足贝塞尔函数的根:$0 = J_1(\alpha n_r)Y_0(\alpha) - Y_1(\alpha n_r)J_0(\alpha)$;$n_r = \frac{r_e}{r_w}$,其中$r_w$是排水管的半径,$r_e$是影响半径;$T_r = \frac{c_h t}{r_e^2}$为无量纲径向时间因子。

当在地表施加等沉降边界条件时,Barron 给出的解为:

$$U_r = 1 - e^{-2T_r/F(n_r)} \quad (等竖向应变)$$

$$F(n_r) = \frac{n_r^2}{n_r^2-1}\ln(n_r) - 3\frac{n_r^2-1}{4n_r^2} \tag{4-42}$$

当$n_r > 5$时,式(4-41)和式(4-42)收敛于同一解,因此,在实际应用中,无论在地面施加何种边界条件,均可使用式(4-42)。

计算径向固结度U_r后,利用 Carrillo 定理计算综合固结度(即在垂直和径向上的U_{ur})的计算公式:

$$(1 - U_m) = (1 - U_v)(1 - U_r) \tag{4-43}$$

4)次固结沉降

当有效应力在超静孔压力完全消散后达到定值时,土体的黏滞特性会产生进一步的体积变化。这种现象造成的沉降称为次固结沉降。

在计算次固结沉降的诸多方法中,最常见的是 Koppejan[234]基于 Buisman 时间效应提出的计算方法。该方法假定次固结沉降与土层厚度无关。它由时间对数的线性函数来描述:

$$\rho_{sc} = H\frac{C_\alpha}{1+e_p}\log\frac{t}{t_p} \tag{4-44}$$

式中,ρ_{sc}为次固结沉降,H为层厚,e_p为主固结后孔隙比,C_α为次固结系数,代表周期时间为 log10 的孔隙比变化,t为计算时间,t_p为主固结沉降所需时间。

次固结系数C_α值随应变率、有效应力、超固结比、荷载增量比和持续时间、试样厚度、温度等因素而变化[290]。然而,考虑到工程实际,Ladd[243]提出了以下简化假设:

(1)C_α与时间无关,至少在沉降周期内与时间无关;

(2)C_α与土层厚度无关;

(3)C_α与荷载增加速率无关,只有主固结沉降发生;

(4)对一般的黏土而言,C_α保持恒定。

根据这些假设,可得到图 4-13a)中孔隙比、有效应力和时间定义的平面所表示的压缩性曲线，或图4-13b）中随时间变化的压缩性曲线。

下面需要找到 C_α 与 C_c 之间的关系，来获得不同时间的压缩曲线，如图4-13b）所示。

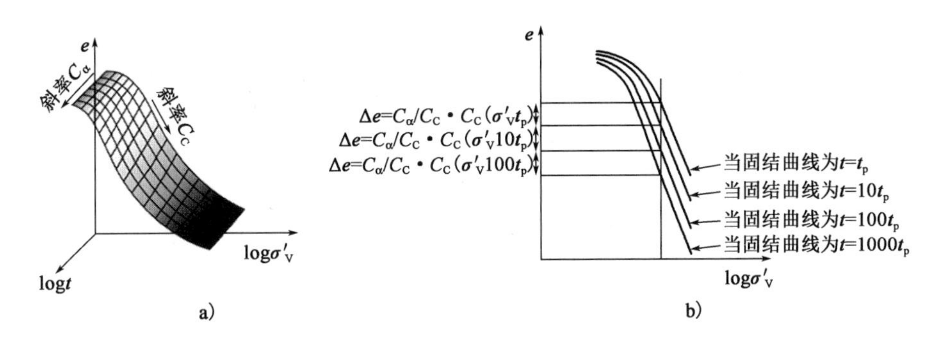

图4-13　不同时间段压缩曲线

首先，假定主固结沉降后（即 $t=t_p$）$e-\log\sigma'_v$ 曲线与层的厚度无关；然后利用 C_α 与 C_c 之间的关系得到后续的次固结曲线，如 $t=10t_p$，$t=100t_p$ 时有如下关系式：

$$-\Delta e = \frac{c_\alpha}{c_c}C_c\log\frac{10t_p}{t_p} = \frac{c_\alpha}{c_c}C_c$$

需要注意的是，压缩系数 C_c 取值必须由每前一时间对应的压缩性曲线上的有效应力值来确定（即使用 C_{c10t_p} 来评估 $\Delta e_{10t_p}\to 100t_p = e_{10t_p}-e_{100t_p}$）。

利用式（4-44）预测次固结沉降的适用性已被广泛证实。然而，这种方法对土体的黏滞性太过简化。事实上，式（4-44）可以预测时间无限长时的沉降。同时，对于长期荷载作用，一些研究指出 C_α 会随着时间和土层厚度的变化而变化[290,2]。也有一些学者提出了新的方法来计算次固结压缩，来克服过度简化土体黏滞性的问题。例如，Gibson 和 Lo 提出使用开尔文流变模型，他们考虑了土体微观结构的影响[169,304]。

次固结系数也可以通过开展长期固结试验来测试，并可以将 C_α 次固结系数和压缩系数 C_c 联系起来。Mesri 和 Castro 提出了 C_α 次固结系数和压缩系数 C_c 关系表达式，如式（4-45）和式（4-46）所示[289]。

$$\frac{c_\alpha}{c_c} = 0.04 \pm 0.01 \quad \text{（无机软黏土）} \tag{4-45}$$

$$\frac{c_\alpha}{c_c} = 0.05 \pm 0.01 \quad \text{（高度有机黏土）} \tag{4-46}$$

4.1.4　软土路堤施工方法

提高路堤稳定性和降低总沉降的方法有很多种。这些技术可以根据目的是增加稳定性还是减少沉降，或者根据施工是否使用了部分软土的替代品来分类。图4-14和图4-15总结了目前在软土地基上建造路堤的一些最常用的技术。

1）不换填方法

不换填软土的施工方法必须保证沉降速率与施工顺序相适应，以保证路堤在施工过程中的稳定性。当路堤填方透水性不强时，在路堤下方的自然地面上放置一个由 0.5 ~ 1m 的砂层或土工合成材料组成的排水毯，对于固结过程中排水是非常有效的。

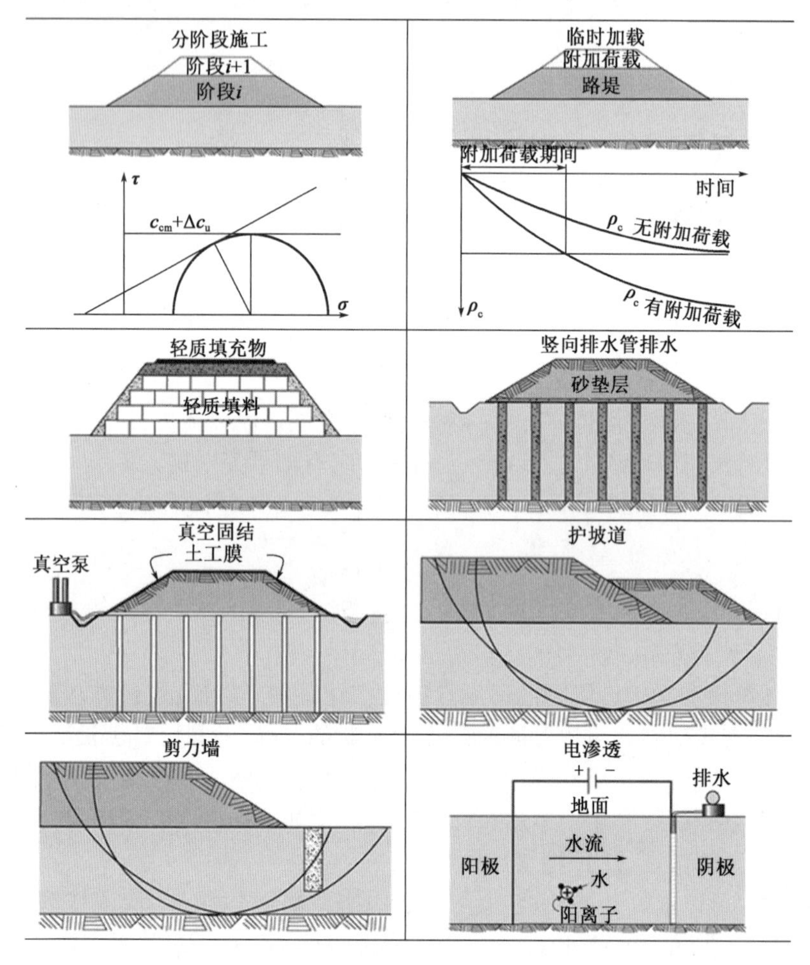

图 4-14　不换填软土的方法

完全或部分不换填软土的方法有：

(1)路基的分段施工使得软土的抗剪强度随着有效应力的增加而增加。当可压缩土的强度足以维持稳定时，才可以开始第二阶段或随后阶段的施工。

(2)临时加载是一种增加附加应力的方法，当路堤沉降到接近没有附加力的水平时，通常为 2 ~ 3m 深，附加力就会被移除。当然，附加荷载的大小必须与抗剪强度破坏的稳定性要求相一致。在下列情况下，根据抗剪强度要求，可以检验临时加载的适用性[62]：

①在高路堤中，附加荷载会产生路基稳定性问题；

②对于非常厚的软土层(例如超过 5m)，设置 2 或 3m 的附加荷载的效果有限；

③当软层不是很厚(例如 3 ~ 4m)并且从两边排水时，放置附加荷载效果显著。

轻质填土可以减少因抗剪强度不足引起的稳定性问题，并可减少沉降量。当施工过程不允许分阶段施工且相邻结构无法承受填方产生的沉降时，选择轻质填料往往可以起到很好的效果[314]。目前，很多材料可用作轻质填料，如聚苯乙烯块(geofoam)和一些轻质集料。

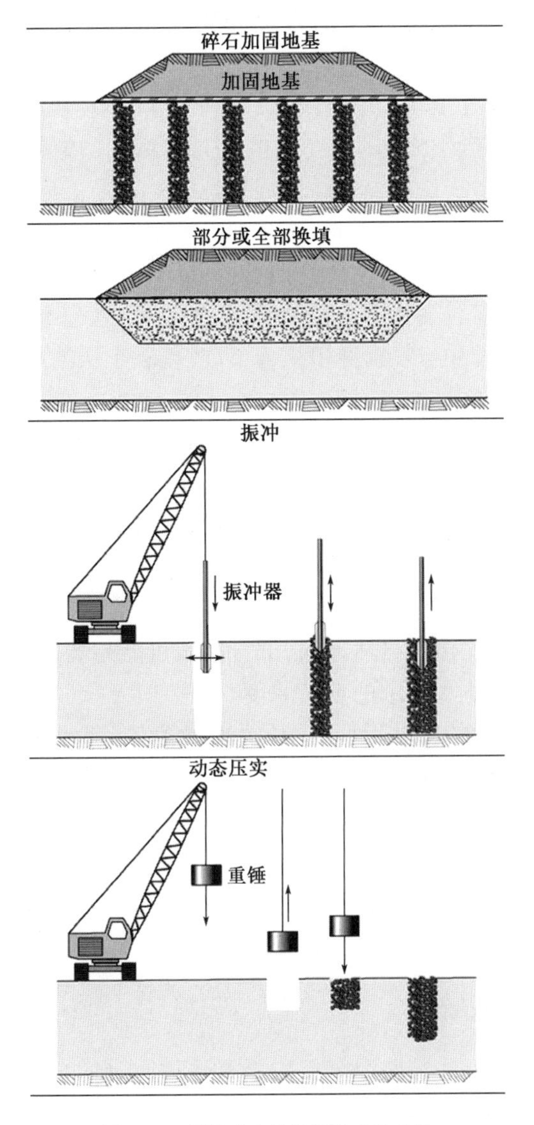

图4-15　部分或全部换填软土的方法

由砂或土工合成材料制成的竖向排水系统可以减少固结程度所需的时间,从而缩短施工间隔时间。竖向排水系统可以产生水平向水流,通过缩短排水通道距离来消除多余孔隙水压力,从而增加固结速率[353]。

真空固结是一种将吸力作用于单个土体以降低孔隙水压力的技术。它采用竖向和水平排水系统,并在不透水的密封膜下与真空泵系统相结合。理论上,这种方法类似于竖向排水,通过降低孔隙水压力来增加有效应力,从而增加应力张量的各向同性分量。

护坡道和剪力墙通过增加潜在破坏面的阻力来提高路堤的稳定性。护坡增加安全系数,以防止与抗剪强度相关的破坏。护坡在滑动面出口处增加重量,以减少地基土抗剪强度的弯矩,从而创造更长的破坏滑动面。通过减小填方坡度和铺设护坡道的稳定性分析对比表明,在相同材料体积下,护坡道大大提高了安全系数。由于重力的直接作用,在施工过程中使用护坡是一种非常有效的方法来保持稳定,并允许在堤身放置额外的材料。剪切墙增加了高强度材料,增加了滑动面通过剪切墙的安全系数。

电渗透法是将两个电极置于软土中,使电极之间产生电差,从而产生一个通过软土的连续电流场。黏土颗粒的电荷会产生流向阴极(负电荷)的水流。放置在阴极侧的排水井可用于排出间隙水。

2)部分或全部换填

基于部分或全部换填软土的方法主要有四种(图4-15):

(1)利用碎石桩加固地基可提高整个路堤系统的抗剪强度。地基加固通常在路基上方放置土工织物或土工格栅,并通常与碎石桩相结合,以改善软土层的承载力。这些碎石桩增加了与土体抗剪强度,从而减少沉降量。

(2)虽然部分或全部换填费用昂贵,但在下列情况下也可以考虑采用:

①当必须在很短的时间内完成施工时,减少固结层的厚度可以加速主固结沉降。然而,需要注意的是,部分换填还会增加路堤的厚度,不稳定风险增加;

②当分阶段施工不能充分提高抗剪强度时,替换部分软土能提供剪切破坏的安全系数;

③当一个项目的设计高程接近自然地面,部分换填可能是唯一的方法,并需要填筑足够多的材料以形成满足承载力和防水要求的填筑厚度。

(3)振冲法是用一个振动的圆柱形探针(称为振冲器)穿透软土,形成一个孔,然后在孔内填充颗粒材料,形成致密的桩体,直至设计高度。

(4)强夯碎石桩法是动态压实的一种变体。将6~40t重的重锤从8~40m的高度连续下落,从而对地面施加冲击。向冲击后产生的夯坑内填充颗粒材料以形成大直径的柱体。由于在冲击过程中,土体的特性非常复杂,包括部分破坏和液化,以及随后的孔隙压力消散,因此,必须通过试验室和现场检测控制冲击后土体特性的变化。

4.1.5 仪表和监控系统

虽然我们对在软土地基上修筑路堤已经积累了比较丰富的经验,但仍建议适当布设监测系统,这可为我们提供重要帮助,表现在以下几个方面:

(1)可以进行现场实测值和理论值的比较。任何差异均可用来修正理论分析参数的设置,并有助于现场施工。

(2)可对施工过程中进行安全预警机制。监测系统记录数据可及时发出报警信号,将有利于完善施工过程,并对路堤几何形状优化有一定的参考价值。

(3)监控数据是分阶段施工决策的重要依据。这些数据决定了下一阶段施工的时间节点。

监测系统应包括下列内容和仪器,如图4-16所示:

(1)竖向位移检测:

①路基沉降检测(最好进行全断面沉降检测);

②填方和堤岸外天然地面上的沉降检测;

③路基下的地下沉降检测。

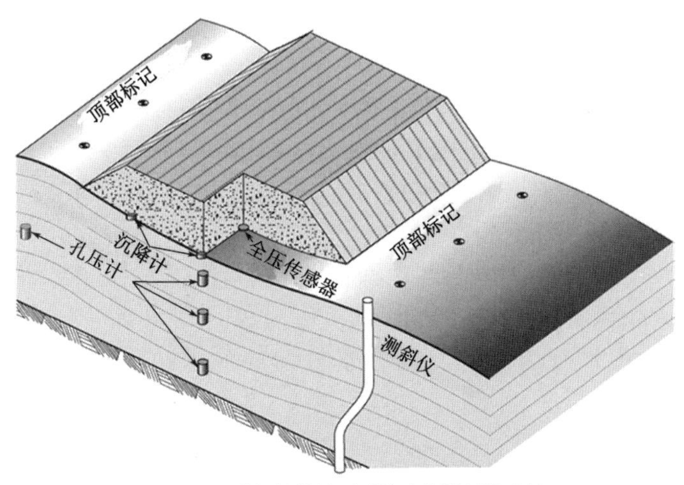

图4-16　路堤性能检测系统及仪器埋设示例

(2)水平位移检测:

①路堤趾部测斜仪;

②路堤顶和坝趾的位移检测。

(3)孔隙水压力检测:

孔压计放置在路堤下方和影响区域之外不同深度位置。

软土地基抗剪强度不足引起的破坏与位移的演化有密切的关系。随着路堤施工的进行,路堤会发生竖向和水平位移。竖向位移是由直接沉降和固结引起的沉降引起的,而水平位移可能与剪切应变有关。然而,很难找到水平位移和垂直位移之间的理论关系来清晰地揭示土体抗剪强度的变化。

Matsuo 和 Kawamura[280]提出了一个垂直位移与水平位移的关系图。其中,ρ_T 为垂直位移,δ/ρ_T 为水平位移与垂直位移之比(水平位移为路堤脚趾测量结果,垂直位移为路堤中心线测量结果)。对于多数路堤,Matsuo 曲线会收敛到唯一的破坏准则线(图4-17)。事实上,Matsuo 提供了一种利用测量结果判定路基稳定性的方法。

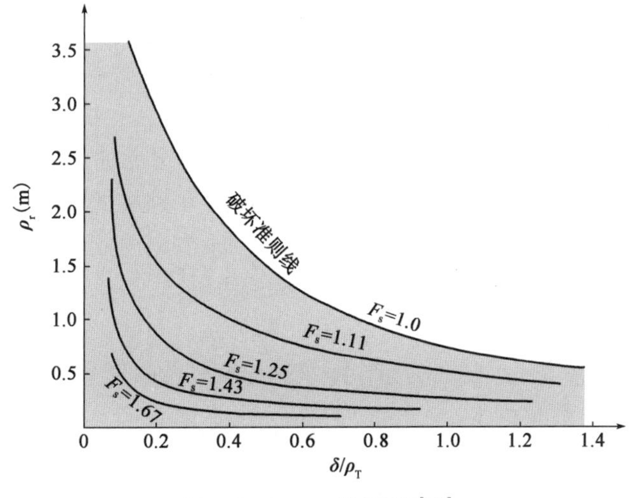

图4-17　Matsuor 的稳定图[280]

利用短期沉降观测数据预测最终沉降有许多种方法。其中，Asaoka[29]提出的方法是目前最常用的方法之一。Asaoka 方法步骤如下：

(1)以算术比例尺绘制沉降随时间变化曲线，并将其按等时间间隔划分。通常间隔 7～60天。定点 $\rho_1,\rho_2,\rho_3,\rho_n$ 对应于 $\Delta t,2\Delta t,3\Delta t$，如图 4-18 所示；

(2)如图 4-18b)所示，任何沉降 ρ_i 的变化均与先前阶段沉降 ρ_{i-1} 有关；

(3)在同一图中绘制一条 45°的直线 $\rho_i=\rho_{i-1}$；

(4)多组(ρ_i,ρ_{i-1})点的线性相关性可以拟合出一条直线；

(5)最终沉降 ρ_∞ 由两条线的交点给出；

(6)假设沉降是由厚度为 h 的双面排水均匀层的固结引起的，则固结系数可以用式(4-47)估算。

$$c_v=-\frac{5}{12}h^2\frac{\ln\beta}{\Delta t} \tag{4-47}$$

式中，β 为与连续沉降相关直线的斜率[图 4-18b)]。

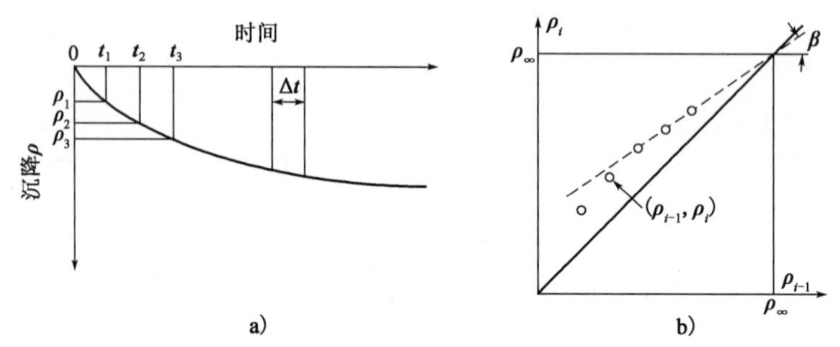

图 4-18　Asaoka 预测最终沉降的观测方法

4.1.6　土工合成材料在路堤中的应用

土工合成材料可以改善软土地基上路堤的稳定性。主要有两种方法：

(1)土工合成材料加固路堤包括在填料和软土接触面放置土工合成材料。可以增加安全系数，减轻由于地基土抗剪强度不足而造成的破坏，但不能防止过度沉降。

(2)土工合成材料与桩组合，它要求在路堤基础上放置一层或几层土工合成材料后再布置桩。桩通常由混凝土或木材制成，并有提高荷载传递的桩帽。桩径一般在 10～30cm 范围内，承台面积一般占路堤基础总面积的 5%～20%。最好是端承桩，但摩擦桩也可应用。土工合成材料与柱的结合提高了路堤抗剪强度的稳定性，减少了路堤的沉降。

本节仅对土工合成材料在软土路堤上应用进行了简要描述，已有大量文献对此方法有更详尽的描述，可自行参阅。

1)土工合成材料加固路堤

土工合成材料加固路堤的目的是为整个系统提供额外的强度。土工合成材料嵌入路堤地基时，也可能引发以下类型的破坏：

(1)总体失效破坏；

(2)土工合成材料与填土之间的滑动面破坏；

(3)土工合成材料与软土地基之间滑动面的破坏;

(4)土体挤压破坏;

(5)承载能力不足破坏。

可使用极限平衡对这五种破坏现象进行分析。

整体失效分析包括对圆形或非圆形滑动面安全系数的评估。土工合成材料附加强度 T_{min} 是土工合成材料强度 F_d 与抗拉强度 F_{po} 之间的最小值。抗拉强度必须在滑动面(即填土面或路堤趾面)的左侧或右侧进行分析。由于土工合成层通常位于整个路堤的下方,所以在路堤趾部土工合成材料的抗拉强度通常比填土侧小。在抗拉强度不足的情况下,在趾部包裹土工合成材料是增加抗拉强度的有效方法,而抗拉强度增加反过来又增加了整体的稳定性。

这个单位长度上的最小力,$T_{min} = \min(F_d, F_{po})$,增加了圆形滑动表面的稳定力矩 $\Delta M_{Geo} = T_{min}R_G$。其中,$R_G$ 为圆形滑移面中心与土工合成板之间的法向长度,如图 4-19 所示。

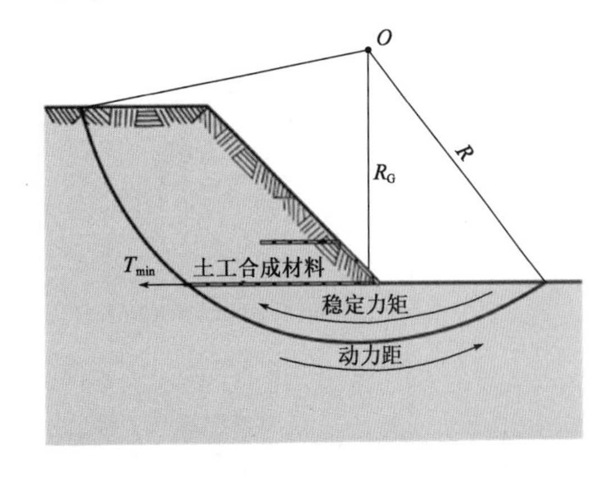

图 4-19　土工合成材料加固路堤的圆形滑动面破坏

附加稳定力矩增加了传统边坡稳定性分析方程中的安全系数。例如,在 Bishop 方法中,式(4-12)和式(4-113)变为:

$$F_s = \frac{1}{\sum W_i \sin\alpha_i}\left[\sum \frac{c_i' b_i + (W_i - u_{wi} b_i)\tan\varphi_i'}{\cos\alpha_i(1 + \tan\alpha_i \tan\varphi_i'/F_s)} + \frac{\Delta M_{Geo}}{R}\right] \quad (长期) \tag{4-48}$$

$$F_s = \frac{1}{\sum W_i \sin\alpha_i}\left[\sum c_{uj} \frac{b_i}{\cos\alpha_i} + \frac{\Delta M_{Geo}}{R}\right] \quad (短期) \tag{4-49}$$

同样的方法也适用于其他类型的边坡稳定性分析。对于非圆形滑移面,T_{min} 为附加的抗滑力而不是稳定力矩。

土工合成材料与软土之间的平面滑移破坏主要有两种类型:土工合成材料和填料之间的平面滑动以及土工合成材料和软土之间的滑动。如图 4-20 所示,第一种是将填料产生的有效土压力与土工合成材料和填土之间的摩擦进行比较;第二种是将填充产生的有效土压力与土工合成材料和地基土之间的摩擦进行比较。式(4-50)和式(4-51)可用于判定两种滑移破坏:

$$F_s = \frac{f_{GF}}{E_{aF}} \quad (土工合成材料和填料之间的滑动) \tag{4-50}$$

$$F_s = \frac{f_{GSS} + T_{min}}{E_{aF}} \quad (土工合成材料和软土之间的滑动) \tag{4-51}$$

土体挤压破坏的分析主要是检查软土在任意深度的滑移可能性(图 4-21 中的深度 h_{sp})。如图 4-21 所示,下滑力为 E_{aSS} 的路堤侧主动土压力,抗滑力为被动土压力(即 E_{pSS})加上土体底部和软土与土工合成材料之间的摩擦(即 $f_{SS}+F_{GSS}$)。式(4-52)给出了土工合成材料抗拉强度和路堤填土抗拉强度均低于土工合成材料时的安全系数,可以用来分析与土体挤压有关的稳定性。由于这种破坏机制可以发展迅速,因此建议使用软土不排水抗剪强度($c_{uu}\neq0$,$\varphi_{uu}=0$)来评估主动土压力、被动土压力和土体底部的变形。

$$F_s=\frac{E_{pSS}+f_{GSS}+f_{SS}}{E_{aSS}} \tag{4-52}$$

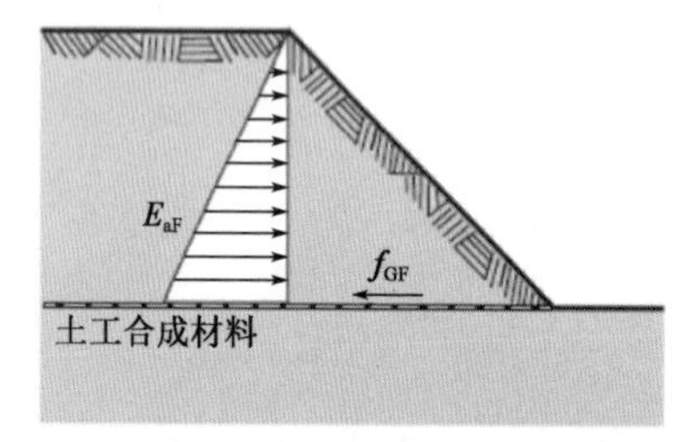

a)土工合成材料与填土之间的平面滑动

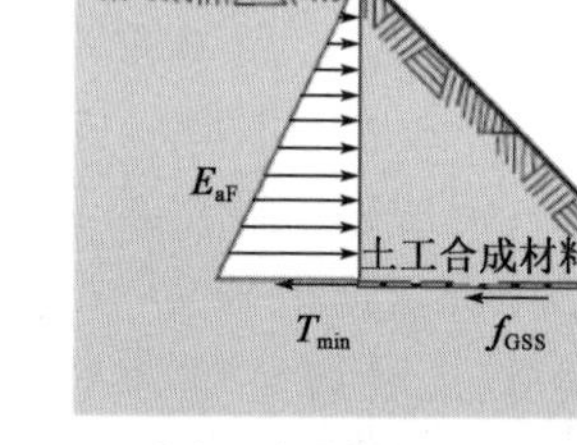

b)土工合成材料与软土之间的滑动

图 4-20 土工合成材料与软土之间的平面滑移破坏

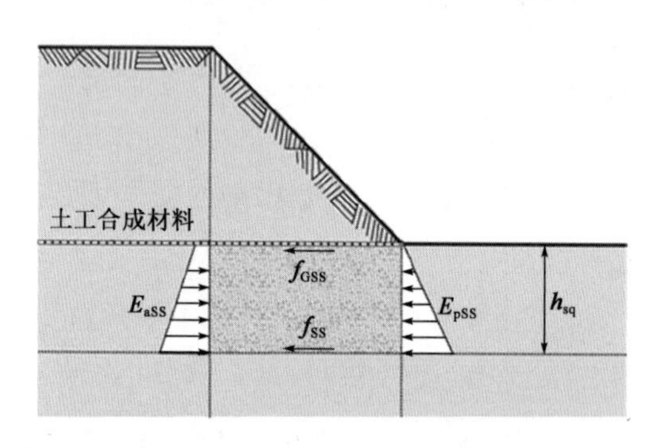

图 4-21 土工合成材料加筋路堤因土体挤压破坏

通常,由承载力不足引起的破坏并不是决定设计的关键因素,更具影响力的往往是总体失效分析。

2)土工合成材料与端承桩组合体系

如图 4-22 所示,当采用摩擦桩或端承桩加固路堤基础时,很大一部分荷载传递给桩。这就减少了软土地基上路堤的竖向应力。

1944 年,太沙基[394]提出了著名的活页门试验(图 4-23),其中土拱效应是降低竖向应力的关键因素。活页门上方土体的竖向平衡为:

$$(\sigma_z+\mathrm{d}\sigma_z)s-\sigma_z s+2\tau_{xz}\mathrm{d}z-\mathrm{d}G=0 \tag{4-53}$$

式中,σ_z 为有效垂直压力,τ_{xz}为活页门边缘路堑沿竖向剪切面方向的剪应力,s 为活板门宽度,G 为活板门上方土体的重量。

式(4-53)变为:

$$\mathrm{d}\sigma_z s=\gamma s\mathrm{d}z-2\tau_{xz}\mathrm{d}z \tag{4-54}$$

当通过摩尔-库伦破坏准则给出抗剪强度,并且沿活页门边缘的平面完全移动时,剪应力 τ_{xz}变为:

$$\tau_{xz} = c' + \sigma_x \tan\varphi' \tag{4-55}$$

式中,c'和 φ'为有效土的黏聚力和摩擦角。

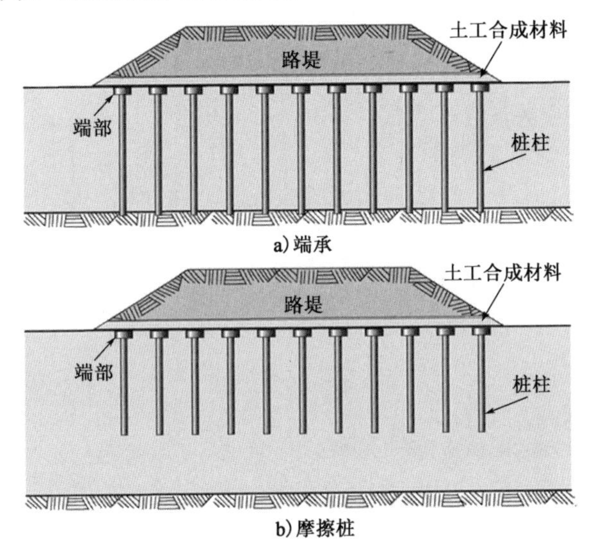

图 4-22　采用端承或摩擦桩的土工合成材料加固地基

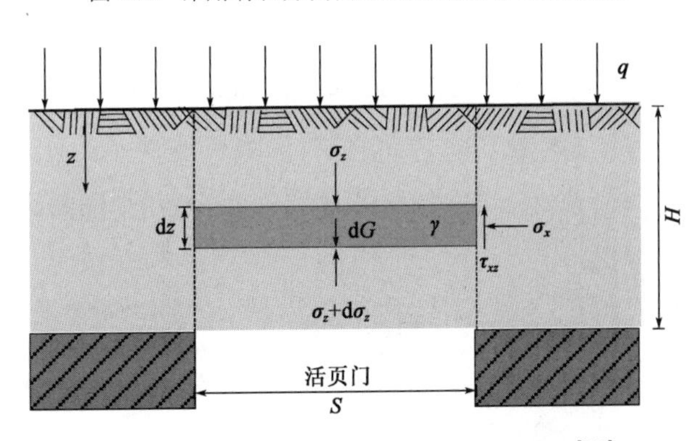

图 4-23　太沙基利用活页门试验分析土拱效应[394]

另一方面,有效水平应力通过经验常数 K 与有效垂直应力相关(这通常是一个常数,取值范围为 $0.7<K<1.0$,但有时它被假定为静止时的侧向土压力系数)。因此,剪切应力为:

$$\sigma_x = K\sigma_z, \tau_{xz} = c' + K\sigma_z \tan\varphi' \tag{4-56}$$

最后,将式(4-56)代入式(4-54),式两边同时除以 σ_z,得到考虑土拱效应的竖向应力微分方程式:

$$\frac{d\sigma_z}{\sigma_z} = \frac{\gamma}{\sigma_z}dz - \frac{2c'}{s\sigma_z}dz - \frac{2K\tan\varphi'}{s}dz \tag{4-57}$$

通过对微分方程式(4-57)求解,得到考虑土拱效应的竖向应力计算公式:

$$\sigma_z = \frac{s\left(\gamma - \frac{2c'}{s}\right)}{2K\tan\varphi'}\left(1 - e^{-2K\tan\varphi' \frac{z}{s}}\right) + q e^{-2K\tan\varphi' \frac{z}{s}} \tag{4-58}$$

式(4-58)中,q 为施加于土体的附加荷载。

式(4-58)提供了一个确定应力减小量的方法,该应力减小是由在软土上方路堤上的拱起效应产生的。但是,太沙基的推导过程中并未考虑桩基加筋路堤的影响。原始活页门模型实质上是二维的,它忽略了软土的可压缩性与土工膜之间的相互作用问题,而它假定剪切强度沿着位于盖的边缘的剪切平面完全移动。

三维有限元模型可以考虑这些因素,但是对于大多数项目来说,实现和计算成本非常高。此外,在有限元模型中若要包含所有涉及的相互作用(土-桩、土-土工合成物、土工合成物-填充物、土工合成物-盖层),需要一些难以验证的假设。下面介绍一些最常用的设计方法以及它们的结果与有限元模型的比较[25]。

应力折减系数 S_{3D} 是评价钢筋对竖向应力折减效果的关键参数。S_{3D} 定义为加固引起的平均竖向应力 $\overline{\sigma_z}$ 与填土引起的平均竖向应力之比。

$$S_{3D} = \frac{\overline{\sigma_z}}{\gamma H} \tag{4-59}$$

太沙基的原始方法已扩展到考虑桩分布的三维效应,其式为:

$$S_{3D} = \frac{s^2 - a^2}{4HaK\tan\varphi'}\left[1 - e^{(-4HaK\tan\varphi')/(s^2-a^2)}\right] \tag{4-60}$$

式中,a 为柱帽宽度,H 为路堤高度。

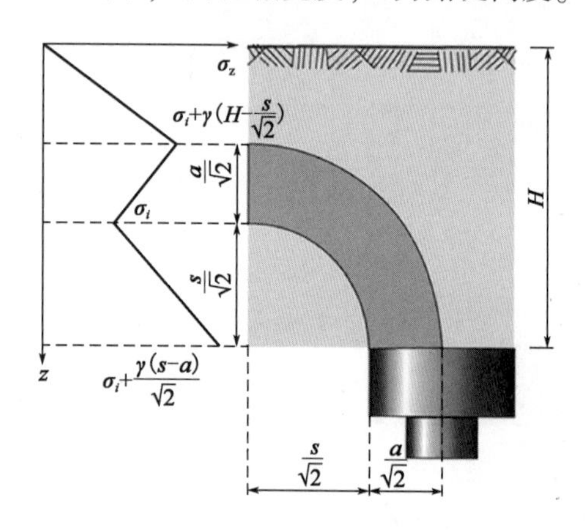

图 4-24 Hewlett 和 Randolph 提出的拱状机制[199]

针对均匀厚度的二维和三维圆柱形桩,Hewlett 和 Randolph[199] 在模型试验的基础上提出了拱状机制,如图 4-24 所示。并分析了桩间距为 $s\sqrt{2}$,桩顶半径为 $a\sqrt{2}$ 时,桩间斜向的三维成拱机理。

如图 4-24 所示,填土竖向应力呈线性递增,直至拱体外半径切线平行于等沉降平面。然后,竖向应力沿拱顶方向减小,而竖向应力又因拱顶下土体不受拱起作用而再次增大。Hewlett 和 Randolph 假设由摩尔-库伦准则给出的塑性应力可以在拱冠处或桩帽处得到,这两种情况下得到应力折减系数的两个方程式为:

$$S_{3D} = \left(1 - \frac{a}{s}\right)^{2(k_p-1)}\left[1 - \frac{2s(k_p - 1)}{\sqrt{2}H(2k_p - 3)}\right] + \frac{2(s - a)(k_p - 1)}{\sqrt{2}H(2k_p - 3)} \tag{4-61}$$

$$S_{3D} = \frac{1}{\frac{2K_p}{K_p + 1}\left[\left(1 - \frac{a}{s}\right)^{(1-K_p)} - \left(1 - \frac{a}{s}\right)\left(1 - \frac{a}{s}K_p\right)\right] + \left(1 - \frac{a^2}{s^2}\right)} \tag{4-62}$$

式中,K_p 为朗肯被动土压力系数,定义为 $K_p = (1 + \sin\varphi')/(1 - \sin\varphi')$。

考虑到实际设计施工过程,建议取式(4-61)和式(4-62)计算得到的较大值。

Hewlett 和 Randolph 方法过高估计了地基上垂直应力的影响,Zhuang 和 Cui[450] 中提出了改进方法,该方法基于离心机模型、现场试验和数值模型。主要是采用了非均匀厚度并引入了一个参数 a 来填补强度的增加:

$$\sigma_1 = aK_p\sigma_3, 1.0 < a < 1.1 \tag{4-63}$$

拱顶外半径的高度为：

$$h_o = \frac{0.11sH}{s-a} + 0.54s, 0.5 \leqslant H/(s-a) < 4 \tag{4-64}$$

$$h_o = 0.98s, H/(s-a) \geqslant 4 \tag{4-65}$$

拱的内半径 h_i 为：

$$h_i = 0.35s - 0.01\frac{sH}{s-a} \tag{4-66}$$

通过这些改进,达到拱顶或桩帽塑性时的应力折减系数为：

$$S_{3D} = \frac{h_i}{H}\left(\frac{2aK_P - 2}{2aK_P - 3}\right) + \left[1 - \frac{h_0}{H}\left(\frac{2aK_P - 2}{2aK_P - 3}\right)\right]\left(\frac{h_i}{h_0}\right)^{2aK_p - 2} \tag{4-67}$$

$$S_{3D} = \frac{1}{4(\lambda_1 - \lambda_3)(1 - \frac{a}{s})^2 + 4\lambda_2(1 - \frac{a}{s}) + (1 - \frac{a^2}{s^2})} \tag{4-68}$$

$$\lambda_1 = \frac{a^2K_p^2}{aK_p + 1}\left[\left(\frac{s - a/2}{s - a}\right)^{aK_p + 1} - 1\right] - aK_p\left[\left(\frac{s - a/2}{s - a}\right)^{aK_p} - 1\right]$$

$$\lambda_2 = aK_p\left[\left(\frac{s}{s - a}\right)^{aK_p} - \left(\frac{s - a/2}{s - a}\right)^{aK_p}\right]$$

$$\lambda_3 = \frac{a^2K_p^2}{aK_p + 1}\left[\left(\frac{s}{s - a}\right)^{aK_p + 1} - \left(\frac{s - a/2}{s - a}\right)^{aK_p + 1}\right]$$

Low 等[269]提出了一种可以考虑土工膜位置偏转影响的方法。如图 4-25 所示,土工膜变形几何形状为一个圆弧半径为 R,圆心角为 2θ 和最大竖向位移为 t 的扇形,并分布于两桩顶之间。

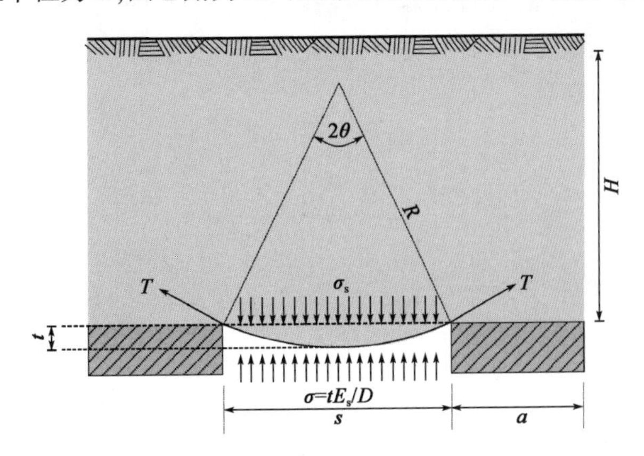

图 4-25 土工合成物形变与膜效应

根据变形的几何性质,土工合成材料变形特征如下：

$$\sin\theta = \frac{4t/(s-a)}{1 + 4[t/(s-a)]^2} \tag{4-69}$$

$$R = \frac{s - a}{2\sin\theta} \tag{4-70}$$

土工合成材料中的轴向应变 $\eth$ 和张力 T 为：

$$\eth = \frac{\theta - \sin\theta}{\sin\theta}, T = J\eth \tag{4-71}$$

式中，J 为土工合成材料的拉伸刚度。

Low 等人进行的分析可用于计算作用在土工合成材料上桩顶中点的应力 σ_s。可由式(4-72)给出：

$$\sigma_s = \frac{\gamma(s - a)(K_p - 1)}{2(K_p - 2)} + \left(\frac{s - a}{s}\right)^{K_p - 1}\left[\gamma H - \frac{\gamma s}{2}\left(1 + \frac{1}{K_p - 2}\right)\right] \tag{4-72}$$

软土弹性响应由(tE_s/D)给出，其中 E_s 为软土弹性模量，D 为其厚度。另一方面，作用在土工合成材料上的净竖向应力($\sigma_s - tE_s/D$)与土工合成材料中拉力的竖向投影($2T\sin\theta/s$)处于平衡状态，因此可得：

$$\frac{2T\sin\theta}{s} = \frac{T}{R} = \sigma_s - \frac{tE_s}{D} \tag{4-73}$$

张力 T 和施加在软土上的净应力可由以下迭代过程确定：

(1)设 t 为帽柱中点处的竖向沉降值；

(2)利用式(4-69)和式(4-70)计算变形膜的几何特征；

(3)用式(4-71)计算土工合成物的张力；

(4)用式(4-72)计算填方施加在土工合成材料上的应力 σ_s；

(5)考虑薄膜上的应力平衡，用式(4-73)计算土工合成物的张力；

(6)比较步骤 3 和步骤 5 得到的拉应力，重复计算直到应力收敛。

收敛后的应力折减系数为：

$$S_{3D} = \frac{\sigma_s - \dfrac{tE_s}{D}}{\gamma H} \tag{4-74}$$

英国标准(BS8006)提出了两个应力折减系数计算公式，一种是全拱起，另一种是局部拱起。

对于全拱，应力折减系数为：

$$S_{3D} = \frac{2.8s}{(s + a)^2 H}\left[s^2 - a^2\left(\frac{p_c}{\gamma H}\right)\right], H > 1.4(s - a) \tag{4-75}$$

对于部分拱起，应力降低折减系数为：

$$S_{3D} = \frac{2s}{(s + a)(s^2 - a^2)}\left[s^2 - a^2\left(\frac{p_c}{\gamma H}\right)\right], 0.7(s - a) \leqslant H \leqslant 1.4(s - a) \tag{4-76}$$

式中，P_c 为桩顶的竖向应力，C_C 为起拱系数，可由桩的类型确定：

(1)端承桩(不屈服)$C_C = 1.95H/a - 0.18$；

(2)摩擦桩和其他桩 $C_C = 1.5H/a - 0.07$。

P_c 和 C_C 之间的关系是：

$$\frac{P_c}{\gamma H} = (\frac{aC_C}{H})^2 \tag{4-77}$$

然而，如文献[25]中所述，式(4-75)和式(4-76)不满足土工合成层内竖向力平衡条件。为了克服这个问题，Eekelen 等[409]提出了改进方法，但该方法仅满足部分拱的垂直方向力的平衡，不满足全部拱的垂直力平衡条件。

对于全部起拱：

$$S_{3D} = \frac{1.4}{H(s+a)}\left[s^2 - a^2(\frac{p_c}{\gamma H})\right] \tag{4-78}$$

对于部分起拱：

$$S_{3D} = \frac{1}{(s^2 - a^2)}\left[s^2 - a^2(\frac{p_c}{\gamma H})\right] \tag{4-79}$$

在英国标准中，提出的用于计算土工合成材料中张拉力的方程为：

$$T = \frac{W_T(s-a)}{2a}\sqrt{1 + \frac{1}{6\partial}} \tag{4-80}$$

式中，W_T 为桩帽间均布荷载，∂ 为钢筋应变。利用文献[409]中 BS8006 的修正公式可以得到 W_T。

对于全部起拱：

$$W_T = 0.7\gamma\left[s^2 - a^2(\frac{P_c}{\gamma H})\right] \tag{4-81}$$

对于部分起拱：

$$W_T = \frac{\gamma H}{2(s-a)}\left[s^2 - a^2(\frac{P_c}{\gamma H})\right] \tag{4-82}$$

BS8006 建议将设计应变 ∂ 设置为 5%。

上述起拱机制均采用极限平衡法计算软土内的应力分布。虽然拱的极限状态是一个重要的问题，但对路堤的适用性问题关注较少。实际上，能准确计算路堤表面的不均匀沉降或变形的模型很少。

McGuire、Sloan 和 King 等[284,373,232]提出了估算不均匀沉降差异的方法。其中，McGuire[284]提出的方法适用性较广。McGuire[284]根据施工路堤的性能，提出了标准路堤高度 H/d 和标准净距 s'/d 之间的两种关系，如图 4-26 所示。净间距 s' 是从桩顶的边缘到单元边界的最大距离(d 是桩顶的直径)。对于宽度为 a 的方形桩顶，等效直径为 $d = 1.13a$，$s' = (s\sqrt{2} - d)/2$。

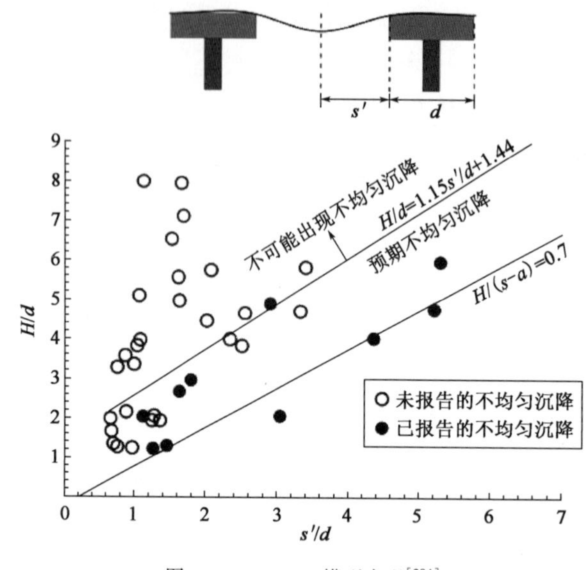

图 4-26　McGuire 模型表现[284]

4.2　路堤填土的特性

根据填土压实要求,填料应具备一定的抗变形剪切的能力以防止路基不均匀沉降。通常情况下,路基竖向变形多是由于毛细水上升、暴雨或洪水引起,或由含水率改变以及应力增加导致。图 4-27 展示了极端情况下,暴雨导致路堤不均匀沉降的例子。

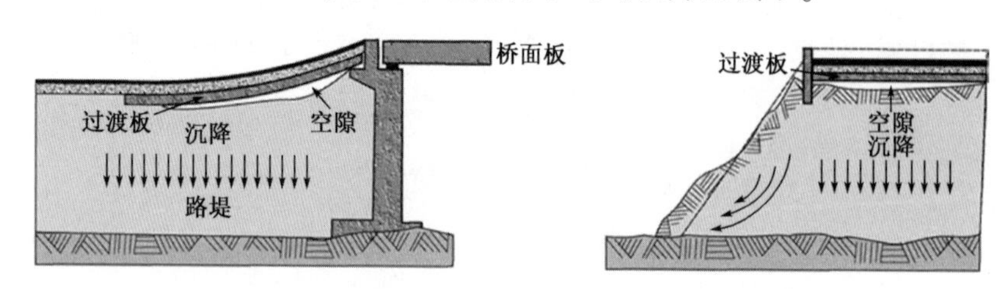

图 4-27　暴雨导致含水率变化引起的路堤沉降和剪切变形

已有经验表明,可以通过控制填料含水率变化,减少挡土墙或路堤填土的体积变形来应对不均匀沉降。通常情况下,这些做法阐述了潮湿土体在压实过程中的垂直应变。图 4-28 和图 4-29给出了压实土体在不同垂直应力水平条件下,固结试验过程中所经历的体积应变的结果。

(1)图 4-28 为在垂直应力 40kPa 条件下,中新世黏土浸泡试验所得等膨胀等值线[147]。该图仅提供了膨胀方向上的应变,这可能与试验过程中施加在土体上的应力较低有关。

(2)与此对应的,图 4-29 显示了与竖向应力水平和含水率相关的膨胀或坍塌等值线[251]。这些试验材料均是微膨胀的黏土($w_L=34\%$,$p_i=15\%$),而此次垂直应力为 400kPa。

大量压实土体的浸泡变形试验表明,压实土的浸水变形特性如图 4-30 所示[18]。此图说明了在相同含水率条件下,三种压实度土体的压实变形特性。由图 4-30 可知,在恒定竖向应力作用下,土体浸泡时的变形行为具有以下特征:

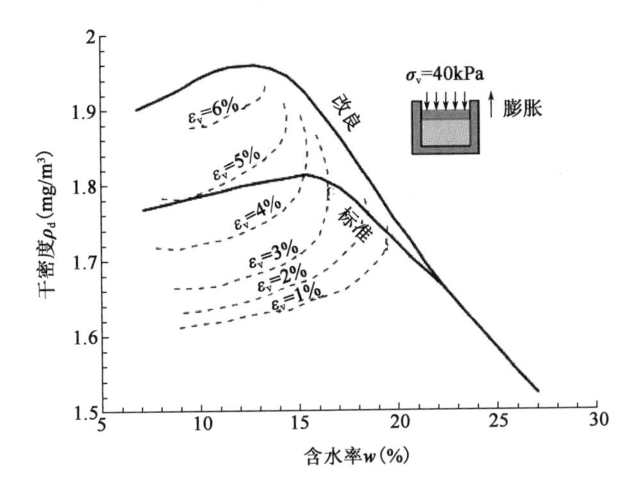

图4-28 中新世黏土膨胀等值线[18,147]

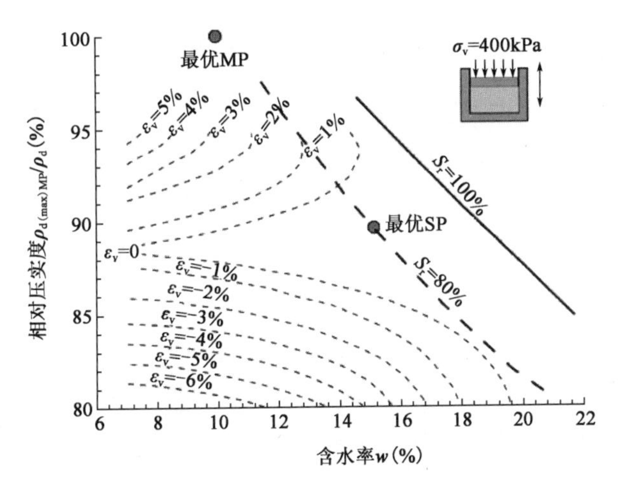

图4-29 在垂直应力400kPa条件下微膨胀黏土($w_L=34\%$,$PI=15\%$)浸泡过程中膨胀和压缩等值线[18,251]

(1)土体初始干密度较低时(图4-30中的A点),在低应力水平下浸水时仍可能会膨胀,但当竖向应力增加时,土体会压缩坍塌。

(2)当土体初始干密度中等(图4-30中的B点),土体会根据应力水平出现少量膨胀或轻微坍塌。

(3)当初始土体干密度较高(图4-30中的C点),在较大范围的竖向应力条件下均会发生膨胀。

利用经验方法评估填土的体积应变往往是有问题的,因为每一个建议均是针对特定的土体而言的。即使两种土具有类似的粒度分布、矿物组成和界限含水率,且含水率和密度相同的条件下,被压实后也往往会具有完全不同的变形响应规律。这些特性上的差异是由湿化条件下压实土的体积特性所涉及的其他复杂特性造成的。这种复杂特性包括:应力、基质吸力和含水率及应力历史等,表现为每种土均具有特殊的非饱和特性。

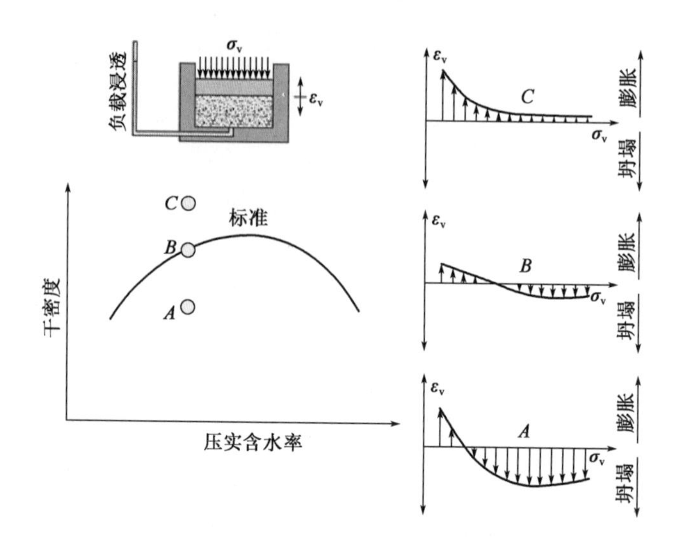

图 4-30　三种压实功作用下土体体积行为示意图(Proctor 标准)

4.2.1　利用 Barcelona Basi Model(BBM)分析压实土的浸水行为

在第 2.6 节中描述的 BBM 模型可以用于计算浸水路堤中压实土的体积应变。路堤土体的初始应力条件与压实过程中施加的应力以及压实后达到的密实度(即空隙比 e 或比容 $v=1+e$)有关。对水平应力 σ_{vic} 与垂直应力成正比($\sigma_{hic}=K_0\sigma_{vic}$,$K_0$ 为侧压力系数)的土体,可以用 BBM 模型计算压实后土体的竖向压力 σ_{hic} 大小。

初始状态下土体的应力关系为:

$$p_{ic}=\frac{\sigma_{vic}+2\sigma_{hic}}{3}=\frac{1+2K_0}{3}\sigma_{vic} \tag{4-83}$$

$$q_{ic}=\sigma_{vic}-\sigma_{hic}=(1-K_0)\sigma_{vic} \tag{4-84}$$

$$R_{ic}=\frac{\sigma_{vic}}{\sigma_{hic}}=\frac{1}{K_0} \tag{4-85}$$

$$\alpha_{ic}=\frac{q_{ic}}{p_{ic}}=\frac{3(1-K_0)}{1+2K_0} \tag{4-86}$$

弹塑性框架下,土体的压实是其应变硬化的结果。对于 BBM 模型,这种硬化以椭圆形屈服面表示,该表面随压实应力的增加而增大。如图 4-31b)所示,压实阶段后期的基质吸力 s_{ic}[由 p、s、q 平面上的(p_{ic},s_{ic},q_{ic})点决定]。图 4-31c)和 d)表示压实在 p、q 和 p、s 平面上的应力状态。这些平面可以用来确定两个超固结应力的位置:非饱和状态的超固结应力为 $p_{0_{ic}}$ 和饱和状态的超固结应力为 $p_{0_{ic}}^*$。

式(2-159)可用于确定压实后的超固结应力 s_{ic},$p_{0_{ic}}$ 为正值,且位于椭圆的端点处。椭圆形屈服面表达式为:

$$q_{ic}-M^2(p_{ic}+p_{sic})(p_{0_{ic}}-p_{ic})=0 \tag{4-87}$$

因此,非饱和状态下的超固结应力为:

$$p_{0_{ic}} = p_{ic} + \frac{q_{ic}^2}{M^2(p_{ic} + p_{sic})} = p_{ic}\left[1 + \frac{\alpha_{ic}^2}{M^2(1 + \frac{p_{sic}}{p_{ic}})}\right] \tag{4-88}$$

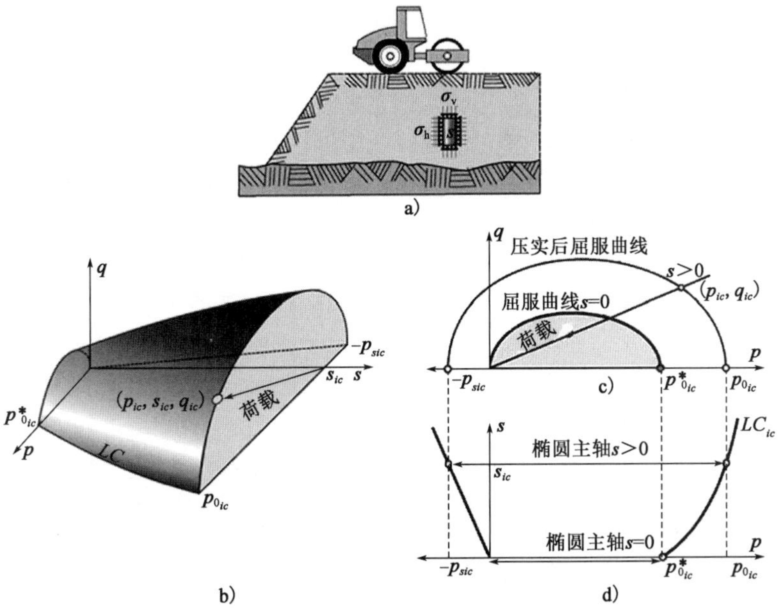

图 4-31 BBM 模型中路堤压实过程中的应力状态

对于饱和土体,BBM 模型的屈服面的形状受超固结应力 $p_{0_{ic}}^*$ 的影响,在 p,s 平面中,应力 $p_{0_{ic}}$ 和 $p_{0_{ic}}^*$ 都位于相同的荷载塌陷曲线 LC_{ic} 上。然后,如果已知基质吸力的超固结应力,则 LC 曲线形状公式(2-157)可用于推算饱和条件下的超固结应力 $p_{0_{ic}}^*$,为:

$$p_{0_{ic}}^* = p^c\left(\frac{p_{0_{ic}}}{p^c}\right)^{\frac{\lambda(s)-\kappa}{\lambda(0)-\kappa}} \tag{4-89}$$

把式(4-88)和式(4-89)联立,可得:

$$p_{0_{ic}}^* = p^c\left\{\frac{p_{ic}}{p^c}\left[1 + \frac{\alpha_{ic}^2}{M^2(1 + \frac{p_{sic}}{p_{ic}})}\right]\right\}^{\frac{\lambda(s)-\kappa}{\lambda(0)-\kappa}} \tag{4-90}$$

随着压路机的行进,垂直应力减小,并且应力状态遵循如图 4-32 所示的卸载路径。这种应力状态被称为压实后状态,由 p,s,q 平面中的点(P_{pc},S_{pc},q_{pc})表示。在这种情况下,如果测试点位于路堤的对称轴附近,则水平应变为零(即在静止状态下),但水平应力仍然很大,而垂直应力减小为零。

随着路堤的施工,垂直应力增加,并达到超载应力(p_{fc},q_{fc})状态。关于屈服面的演变,可能出现以下几种应力状态:

(1)在靠近路堤表面,重新加载时竖向应力略有增加。压实后土体达到饱和状态,p,q 平面内的应力状态在初始屈服曲线所限定的范围内(图 4-33 中的 A 点)。此时饱和状态下超固结区域的大小没有增加,饱和只产生少量的沉降,这是基质吸力 s 减小到 0 的结果。

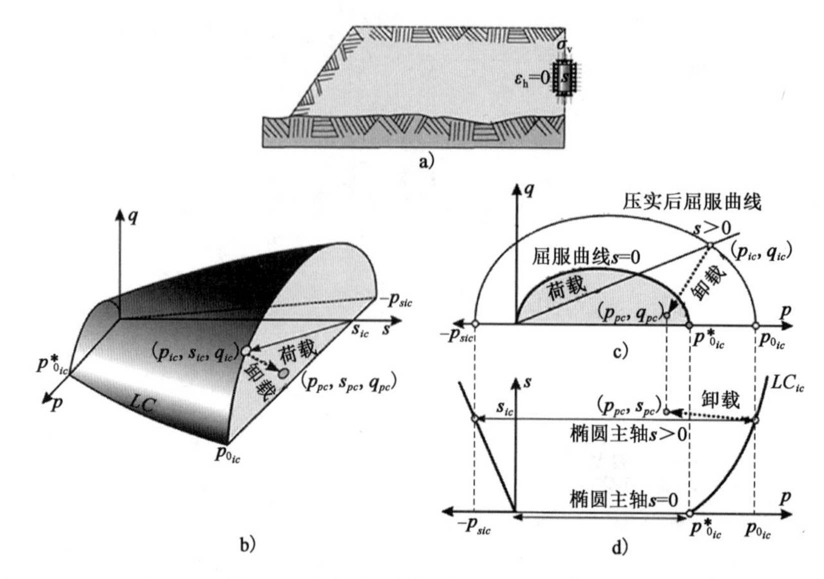

图 4-32　根据 BBM 模型中路堤压实后状态

(2)另一种可能的情况是,垂直应力增加,但不超过初始的超固结应力 $p_{0_{ic}}$。在这种情况下,竖向应力的增加并不会增加非饱和状态下初始屈服面的大小,它的应力状态(p_{fc},q_{fc})处于非饱和状态下初始屈服面内(即,$p_{fc}<p_{ic}$),如图 4-33 中 B 点的情况。

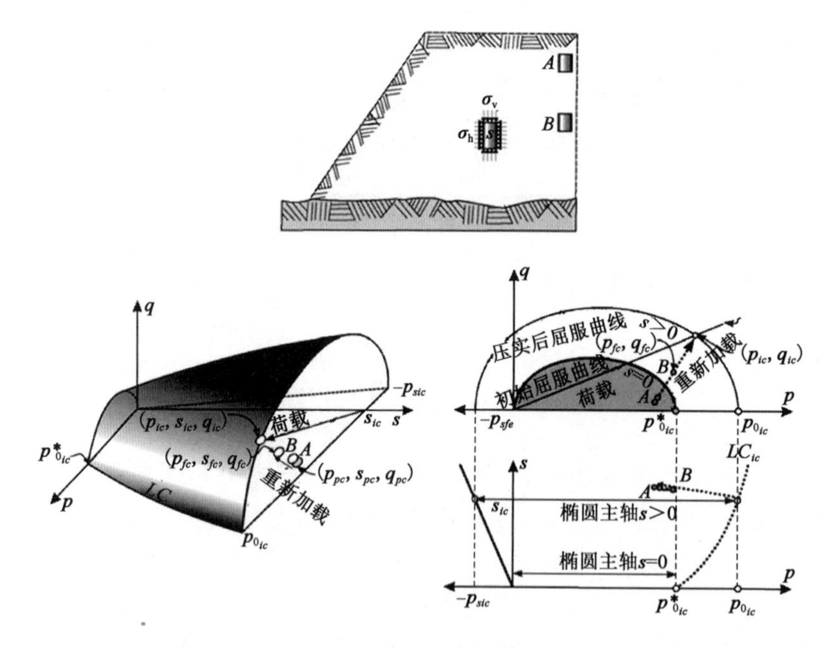

图 4-33　较低和中等应力水平下路基施工后期应力状态

(3)对于路堤较深的区域(如图 4-34 中的 C 点),存在第三种可能性。该区域承受较高的垂直应力,在这种情况下,应力状态(p_{fc},q_{fc})高于压应力(p_{ic},q_{ic}),因此,土体的椭圆屈服面会增大并在施工过程中产生附加沉降。同时,图 4-34 中 LC_{fc} 曲线移动到新的位置。

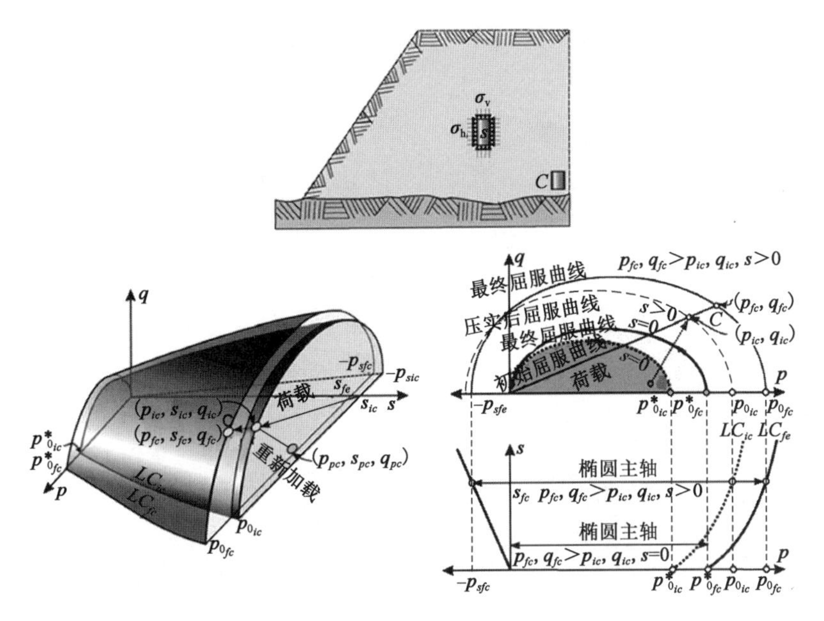

图 4-34　较高应力水平下路基施工后期的应力状态

在第三种情况下，$s = s_{fc}$ 和 $s = 0$ 时的超固结应力也可以由式（4-88）和式（4-89）给出。但是，这种情况需要将平均应力 p 和吸力 s 的值以及与重载状态（$p_{fc}, s_{fc}, \alpha_{fc}$）相对应的应力关系 α 值放入两个方程式中。在施工期间，增加超固结应力会使单元的体积减小。这种减少量 $\Delta\nu$ 为：

$$\Delta v = \lambda(0)\ln\frac{p^*_{0_{fc}}}{p^*_{0_{ic}}} \tag{4-91}$$

在浸润过程中，单元体积的变化取决于加载时达到的应力水平，具体如下：

（1）对于低应力水平［图 4-35a）］，施工结束时的饱和椭圆屈服面与压实最后阶段的位置相同。因此，饱和时的超固结应力也相等，即 $p^*_{0_{ic}} = p^*_{0_{fc}}$。

（2）当最终应力状态（p_{fc}, q_{fc}）超出初始饱和屈服面所划定的区域，路堤浸润后，饱和屈服面增大，如图 4-35b）所示。饱和屈服面增长会产生塑性应变，导致土体压缩。

（3）如图 4-35c）所示，在较高荷载作用下也会发生这种情况。饱和屈服面增长，导致塑性破坏应变。

当饱和屈服面增大时，它通过两点：平面原点（$p = 0, q = 0$）和最终应力点（p_{fc}, q_{fc}）。偏应力和平均净应力之间的关系从 α_{ic} 点（压实的最后阶段）到 α_{fc} 点（施工的最后阶段），再到 α_f 点（湿化后的点）。饱和状态下，超固结应力 p^*_{0f} 计算式为：

$$p^*_{0f} = p_{fc}\left(1 + \frac{\alpha_f^2}{M^2}\right) \tag{4-92}$$

浸润引起的体积变化由两个组成部分：吸力减小引起的体积膨胀 Δv_s 和饱和超固结应力从 $p^*_{0_{fc}}$ 增加到 $p^*_{0_f}$ 引起的坍塌 Δv_c。由浸润引起的比体积变化为：

$$\Delta v = \Delta v_c + \Delta v_s \tag{4-93}$$

式（4-94）可用于计算坍塌引起的比容变化：

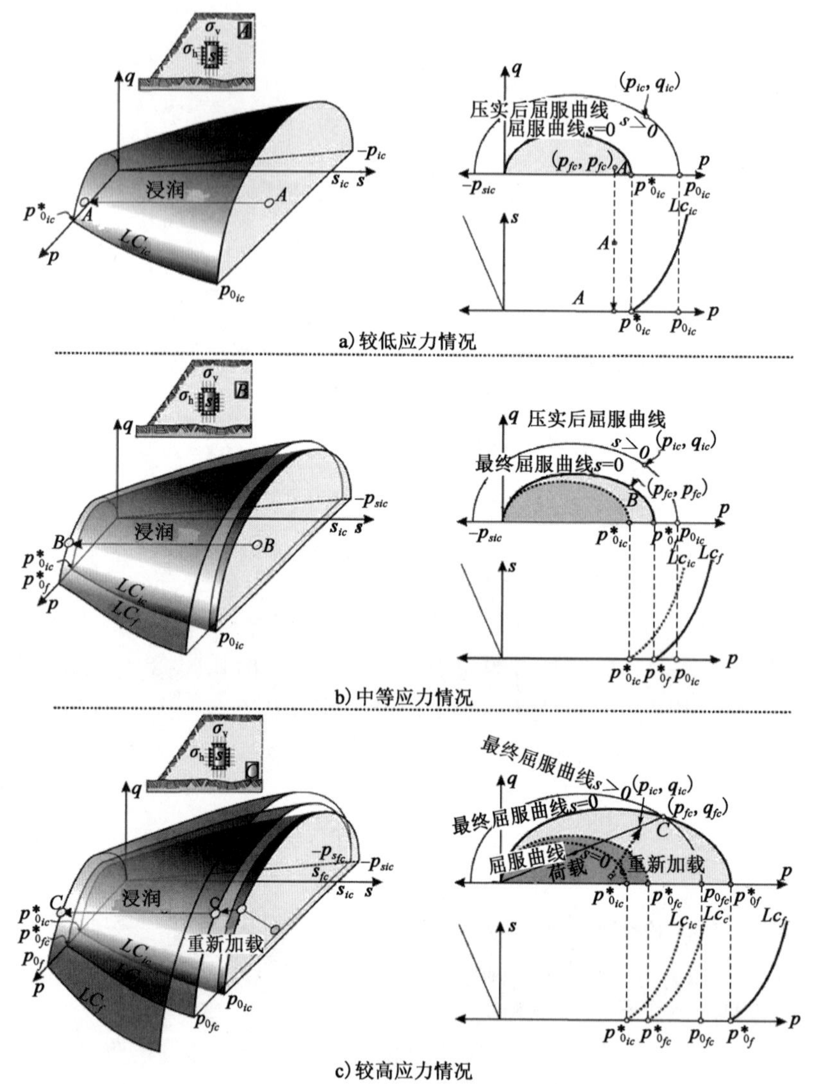

图4-35　浸润后路堤的不同应力状态

$$\Delta v_{\mathrm{c}} = \lambda(0)\ln\frac{p_{0fc}^{*}}{p_{0f}^{*}} \tag{4-94}$$

将式(4-90)和式(4-92)代入式(4-94),可得到由于坍塌引起的比容变为:

$$\Delta v_{\mathrm{c}} = \lambda(0)\left\{\ln\frac{p_{fc}}{p^{\mathrm{c}}}\left[\frac{\lambda(s)-k}{\lambda(0)-k}-1\right]+\ln\frac{\left[1+\dfrac{\alpha_{fc}^{2}}{M^{2}\left(1+\dfrac{p_{sfc}}{p_{fc}}\right)}\right]^{\left[\frac{\lambda(s)-\kappa}{\lambda(0)-\kappa}\right]}}{1+\dfrac{\alpha_{f}^{2}}{M^{2}}}\right\} \tag{4-95}$$

另一方面,式(2-145)可以用来计算膨胀引起的比容变化,如下:

$$\Delta v_{\mathrm{s}} = \kappa_{\mathrm{s}}\left[\ln\left(\frac{s_{fc}+p_{\mathrm{atm}}}{p_{\mathrm{atm}}}\right)\right] \tag{4-96}$$

由此产生的垂直应变 ε_v（假设压缩为正值）为：

$$\eth_v = -\frac{\Delta v}{v} = -\frac{\Delta v_c + \Delta v_s}{v} \tag{4-97}$$

最后，路堤总竖直位移 Δz，由式(4-97)积分得出。

$$\Delta z = \int \eth_z \mathrm{d}z \tag{4-98}$$

4.2.2 微观结构和体积变化

土体微观结构被认为是研究压实土力学和水力特性的关键。早期对微观结构的研究提出了两种土体微观结构：在最佳含水率的干燥侧被压实时的絮状微观结构和在最佳含水率的湿润侧被压实时的分散微观结构[247,248]。

如今，扫描电子显微镜（SEM）和压汞仪（MIP）的普及，使我们能够更清晰地认识夯实土的微观结构，从而识别这些微观结构中的变化，这些变化多取决于含水率和压应力[134]。

压汞试验通过对浸没在汞中的样品施加压力来表征材料的孔隙度。随着汞的压力增加，它会受限进入最大直径的孔隙；之后，随着压力的增大，继续进入较小直径的孔隙，如图4-36a）所示。

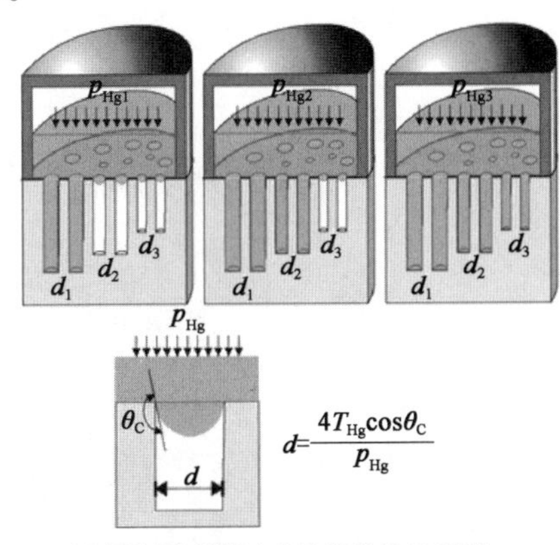

a）压汞试验所得土体孔隙结构示意图

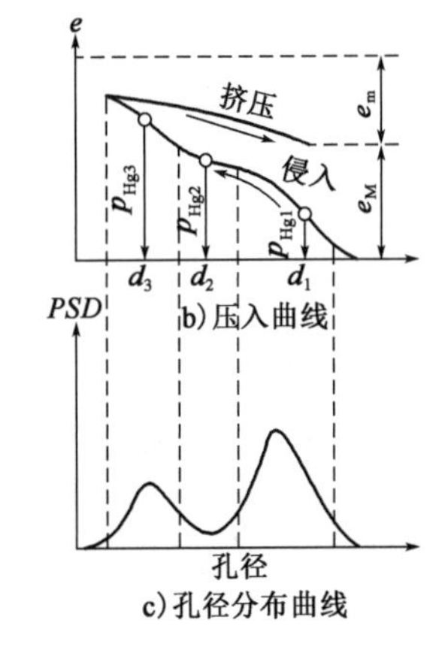

b）压入曲线

c）孔径分布曲线

图4-36

利用汞进行孔隙度测量是基于流体渗透到小孔隙的毛细管定律。对于非浸润液体如汞，该定律用 Washburn 方程表示，它表明汞侵入样品孔隙所需的压力与孔隙大小成反比。根据注入压力 P_{MIP} 计算孔径 d_{MIP}，如式(4-99)所示：

$$d_{MIP} = \frac{4T_{Hg}\cos\theta_C}{p_{MIP}} \tag{4-99}$$

式中，T_{Hg} 为汞的表面张力（在25°C下 $T_{Hg}=0.48\mathrm{N/m}$），θ_C 为固体颗粒与汞之间的接触角。根据文献[136]中的建议，通常将其假定为147°。

通常，压汞试验结果是通过以无量纲形式计算汞可达到的空隙率来分析的，汞的空隙率基于挤出量 $V_{intr/extr}$ 的测量以及固体的体积得出：

$$e_{MIP} = \frac{V_{intr/extr}}{V_s} \tag{4-100}$$

e_{MIP}值与传统的以单位重量和比重为基础的体积分析方法测得的孔隙比更接近。但是，e_{MIP}有时会低于孔隙比 e，这是因为汞无法达到小于最小孔径的孔隙，这取决于设备的最大注入压力。

除了图 4-36b）所示的压入曲线外，Romero 提出分析半对数坐标下等孔径范围内的侵入体积增量：$\Delta e_{MIP}/\Delta Log10(d_{MIP})$。这被称为孔径密度分布函数或 PSD，得到的孔隙分布曲线如图 4-36c）所示。实际上，MIP 和 SEM 观察表明，土体微观结构具有两类孔隙大小，即大孔隙和微孔隙空间。

图 4-36c）的密度函数提供了在大孔和小孔空间之间建立边界的条件。然而，当小孔和大孔空间重叠时，该过程变得困难。评估小孔和大孔空间的另一种方法是分析累积挤压曲线。事实上，小孔隙被认为是由于大量汞在小孔隙中的流动发生逆转，而一旦压力消除，汞就会被困在大孔隙中[134]。

孔隙大小的双峰分布主要出现在土体在最佳含水率干燥侧时被压实[133,351,386,323]。图 4-37 显示了巴西红土压实后的 SEM 图像和孔隙大小分布实例[323]。这些试样分别在最优含水率的湿润侧和干燥侧按照击实试验进行压实。虽然最终所得干密度相同，但干燥侧击实的试样大孔体积较大，而小孔大小相似。SEM 图像可以观察到土体在干燥一侧被压实时，由土体聚合排列而产生的微观结构，如图 4-37c）所示。而湿侧的压实使得空隙结构更加连通，如图 4-37d）所示。

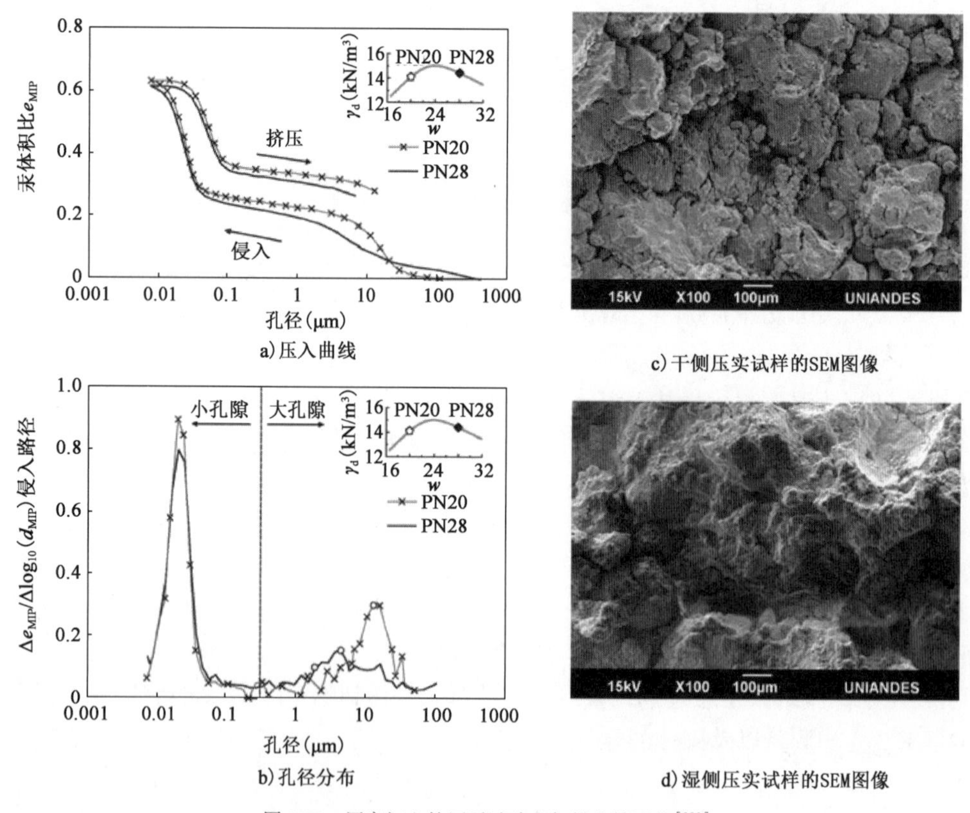

a）压入曲线

b）孔径分布

c）干侧压实试样的SEM图像

d）湿侧压实试样的SEM图像

图 4-37　压实红土的压汞试验和扫描电镜图像[323]

孔隙大小的双峰分布表明,压实后的土中存在着土颗粒的团聚体,其中团聚体的颗粒间有微孔,较大团聚体之间也有微孔。

集料间孔隙和集料内孔隙的相对数量,即小孔隙和大孔隙的分布,取决于压实过程中的应力或遵循的水力路径。图4-38显示了在固结试验过程中高岭土微观和宏观孔隙的演化[386]。值得注意的是,在含水率相同的情况下,竖向固结应力从600kPa增加到1200kPa,只会影响团聚体间的孔隙度,其模态尺寸从0.8um变化到0.7um。集料内孔隙率的密度分布在模态尺寸和体积方面保持不变[386]。

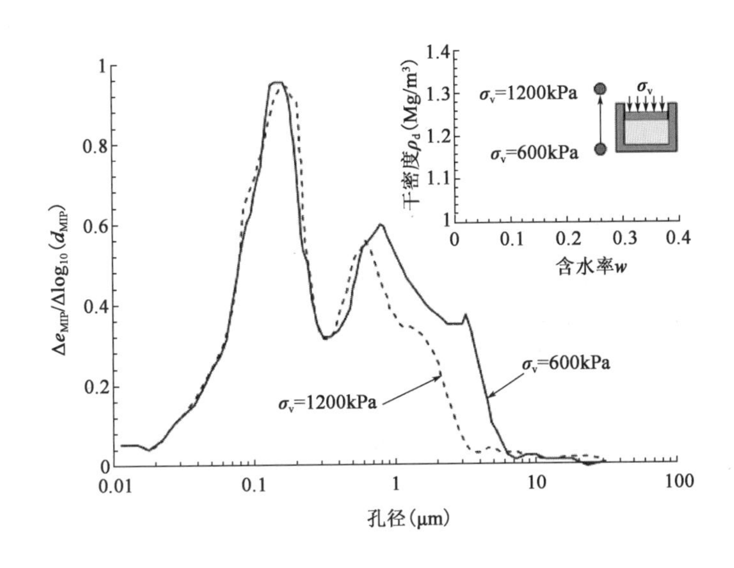

图4-38 在含水率不变但垂直应力变化的情况下高岭土经侧限固结压实后孔隙大小分布[386]

Romero等[349]指出,Alonso等证明了土体在恒定体积下经历润湿和干燥过程中微孔空间变化最小。图4-39为Boom黏土由初始状态压实到$e=0.93$和$S_r=0.44$过程中孔径分布演化情况。如Romero等[349]所述,试样在恒定体积下被润湿(膨胀压力路径),然后在固结单元中沿图4-39a)所示的基质吸引路径在恒定垂直应力下干燥。对湿化后的压实状态和干燥后的压实状态进行孔径分布试验如图4-39b)所示。结果表明,第一次加载润湿路径改变了大孔隙的模态尺寸,但随后的干燥阶段显著降低了大孔隙的体积,其中,微孔隙似乎保持不变。

压实过程中产生的微结构对压实土的压缩性有决定性的影响。Alonso等[20]基于可控制吸力的Barcelona粉质黏土静态压实结果[381],对这一观点提供了效应证明。其中,两个试样在相同的垂直应力但含水率不同的条件下进行压实。这种压实导致了密度和孔径分布的不同,如图4-40a)和图4-40b)所示,之后,两个试样的吸力均达到1MPa。在高含水率下压实的试样干燥后,其密度、吸力和含水率与击实曲线干燥侧压实的土体基本相同。

当两种土处于相同的水力条件时,可用以下方法研究试样的压缩性:

(1)在可控制基质吸力的设备中通过施加不同的垂直应力,保持基质吸力1MPa;

(2)在恒定的垂直应力下使试样饱和,并测量土体是否膨胀或塌陷。

图4-41显示了在此过程中得到的竖向应变。从图中可以看出,即使两种土的干密度、含

水率和吸力相同,在击实曲线干燥侧制备的试件比潮湿侧制备的试件具有更高的坍塌变形。这些结果充分地说明了微观结构对压实土体压缩系数的影响。

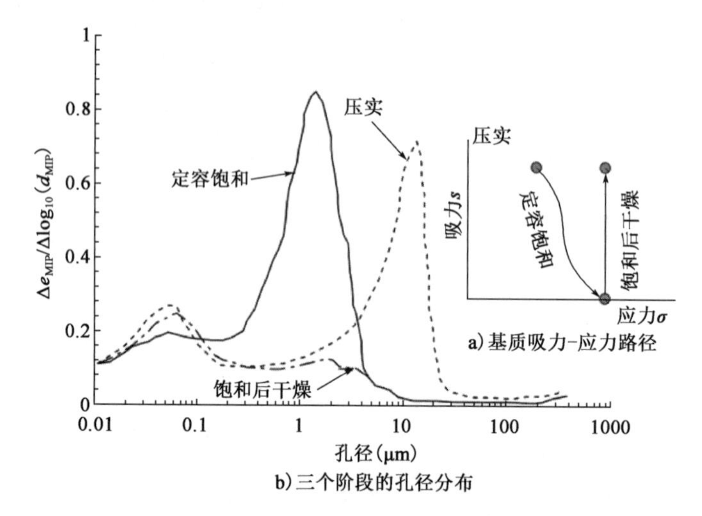

图 4-39 压实高塑性黏土在加载和基质吸力变化过程中孔隙大小分布演变[20,349]

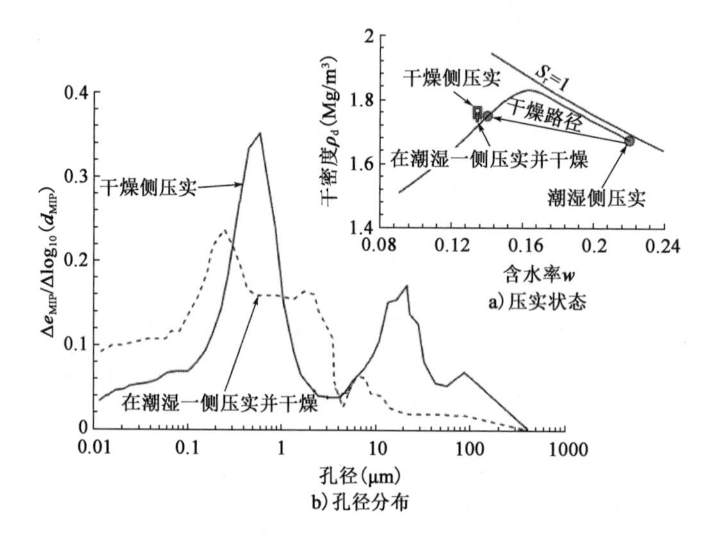

图 4-40 1MPa 吸力作用下 Barcelona 粉质黏土(W_L = 30.5%,PI = 11.8%)在不同含水率下压实过程[381]

土体微结构对土体压缩性的影响需要建立相应的数学模型。为此,Alonso 等[16,20]提出了非饱和土的微观结构有效应力的概念,并认为基质吸力引起的负孔隙压力只对大孔隙产生影响,微孔中的水分对有效应力影响不大。

Alonso 等[16,20]提出的模型基本假设为:

(1)当土体含水率低、吸力水平高时,水会占据土体团聚体内部的微孔;

(2)团聚体中的水是不连续的,因此这些水会影响团聚体本身的行为,而不是土体的宏观行为;

(3)水一旦渗透到土体团聚体的微孔中,团聚体之间就会出现毛细现象;

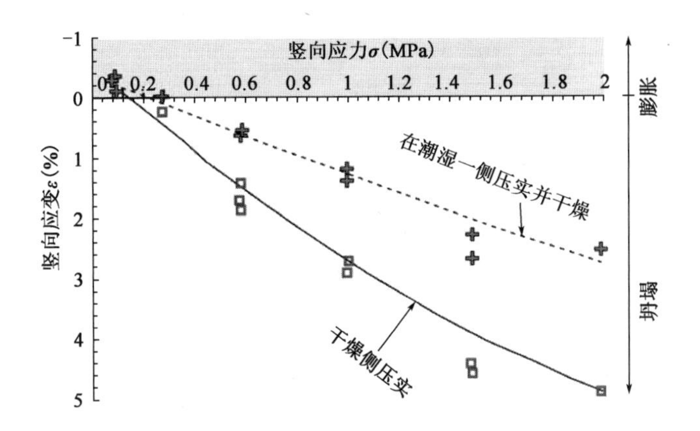

图4-41　Barcelona粉质黏土在恒定吸力和润湿两种状态下的荷载作用下竖向应变[381]

(4)团聚体弯月面产生毛细作用力,该作用力对土体的宏观行为有重要影响。

ξ_m为微观结构状态变量-有效饱和度。该变量表示微孔占总孔隙空间的比例,为微观结构孔隙率e_m与总孔隙率e的比值,表达式如式(4-101):

$$\xi_m = \frac{e_m}{e} \tag{4-101}$$

这些假设被用来定义在土体的宏观行为中起重要作用的有效饱和度。模型假设微孔被水占据时有效饱和度为零,而大孔被水填充时有效饱和度增加到1,如图4-42a)所示。

有效饱和度图示在$S_r = \xi_m$存在尖点。由于在实际土体中微孔隙度和大孔隙度之间的过渡是渐进的,因此Alonso等[20]提出了一个平滑的有效饱和度曲线,如图4-42b)所示,并由式(4-102)给出。

$$\bar{S}_r = \frac{S_r - \xi_m}{1 - \xi_m} + \frac{1}{n_{sm}}\left[1 + e^{-n_{sm}\frac{S_r - \xi_m}{1 - \xi_m}}\right] \tag{4-102}$$

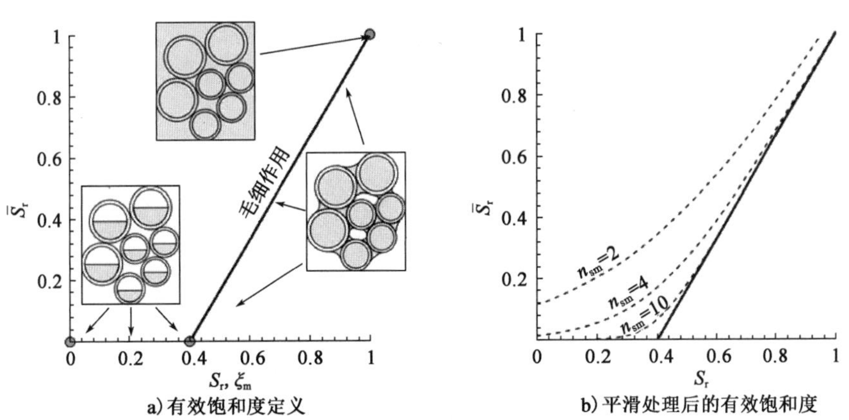

图4-42　有效饱和度的物理含义[16,20]

式中,n_{sm}为定义有效饱和度平滑程度的参数。

由Alonso等[20]提出了非饱和土本构应力公式(4-103),可得到考虑有效饱和度的非饱和土行为系列公式。式(4-103)类似于 Bishop 和 Blight[51]提出的非饱和土有效应力关系，Alonso 等考虑了土的微观结构特征。

$$\bar{\sigma} = \sigma - u_a + \bar{S}_r s(\text{本构应力}) \tag{4-103}$$

$$\bar{s} = \bar{S}_r s(\text{有效吸力}) \tag{4-104}$$

式中，σ 是总应力，u_a 是气压。

由式(4-103)定义的本构模型对非饱和土[16]的弹性模量和排水破坏强度具有一定的预测作用。另外，与大多数弹塑性模型一样，式(4-105)和式(4-106)中给出的对数关系可用于确定压实土的压缩性与平均应力 $\bar{p}$ 的关系。

$$\mathrm{d}e^e = -\bar{k}\frac{\mathrm{d}\bar{p}}{\bar{p}}(\text{弹性压缩性}) \tag{4-105}$$

$$\mathrm{d}e^{ep} = -\bar{\lambda}\frac{\mathrm{d}\bar{p}}{\bar{p}}(\text{塑性压缩性}) \tag{4-106}$$

式(4-105)和式(4-106)引入了两个压缩系数，$\bar{k}$ 和 $\bar{\lambda}$，它们是根据本构模型定义的。其中，压缩系数 $\bar{\lambda}$ 依赖于有效吸力，通过式(4-107)确定：

$$\frac{\lambda(\bar{s})}{\lambda(0)} = \bar{r} + (1-\bar{r})\left[1+\left(\frac{\bar{s}}{\bar{s}_\lambda}\right)^{1/(1-\bar{\beta})}\right]^{-\bar{\beta}} \tag{4-107}$$

式中，$\bar{\lambda}(\bar{s})$ 是有效吸入压缩系数，$\lambda(0)$ 是饱和压缩系数，$\bar{r}$、$\bar{s}_\lambda$ 和 $\bar{\beta}$ 是材料参数。

Alonso 等定义了新的加载破坏曲线为：

$$\left(\frac{\bar{p}_0}{\bar{p}_c}\right) = \left(\frac{p_0^*}{\bar{p}_c}\right)^{\frac{\lambda(s)-\kappa}{\lambda(0)-\kappa}} \tag{4-108}$$

式中，p_c 为平均应力，表示不同有效基质吸力作用下各压缩线交点，如图 4-43 所示。

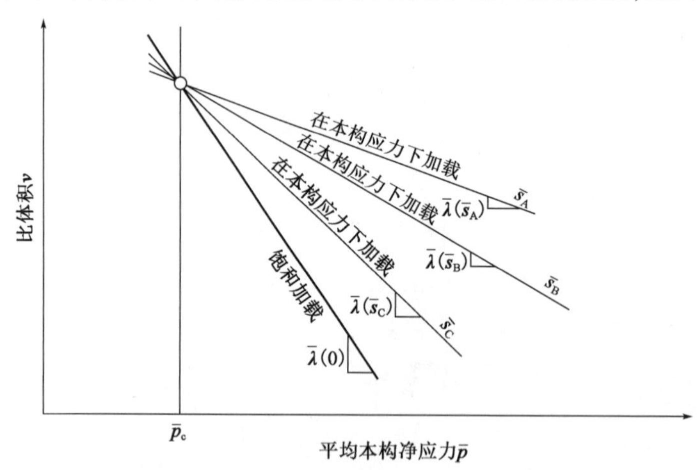

图 4-43　Alonso 等人本构模型中定义的压缩线[20]

由于 *LC* 曲线和可压缩性线的斜率都是在本构模型中定义的，它们均与土体的微观结构相关。例如，在相同密度下，在击实曲线的干燥一侧压实的土体产生的微观结构状态变量(ξm_0)取值比在湿润一侧压实的取值小。在压缩过程中，即使两种土在相同的基质吸力作用下，干侧压实土也会表现出较强的刚度。值得注意的是，通过引入一个简单的变量，即微观结

构变量 ξ_m,就可以描述压实土复杂的微观结构,具有重要的参考价值。

在坍塌变形方面,干燥侧压实后的土体比在湿侧压实的土体发生的坍塌更大(初始密度和吸力相同条件下)。同时,微观结构本构模型预测了随着压应力的增大,坍塌变形呈现先增大后减小的规律,该现象与试验测试结果一致(图4-44)。

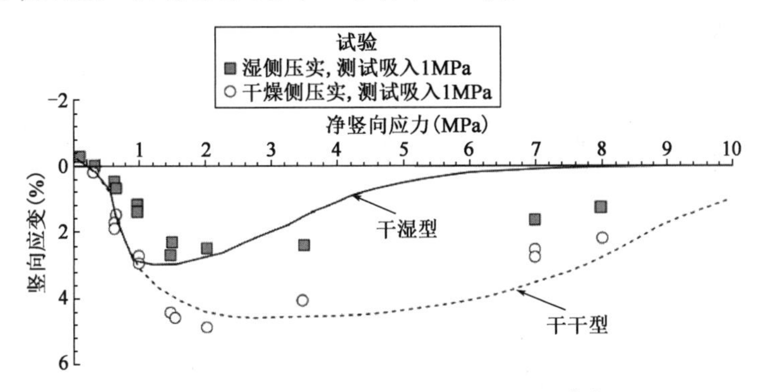

图4-44　试验结果与模型预测结果的对比[20]

第 5 章

岩土材料力学特性

5.1 力学特性微-宏观分析

从土力学出现之初，就已经开始利用光弹性原理研究无黏性颗粒间的应力水平[121,139,138,13]。基于分子动力学和接触动力学理论，发展了早期的数值方法，即离散单元法(DEM)[119,214,339]。物理和数值试验表明，无黏性颗粒间接触力可通过力链表征。因此，颗粒应变或粒间接触应力会对其力学行为至关重要。

在离散元方法中，可以通过对颗粒间接触力和颗粒位移累计的方法获取颗粒整体的强度和刚度参数。然而，这种方法需要考虑模型中颗粒个数及颗粒形状，精确模拟颗粒形状目前仍需要很大的计算成本。为克服 DEM 的缺陷，Biarez 和 Hicher in[46]提出了简化分析方法，该方法可以获取无黏性颗粒间接触刚度参数。这种方法将在后面章节中介绍。

5.1.1 弹性域内微观接触力学

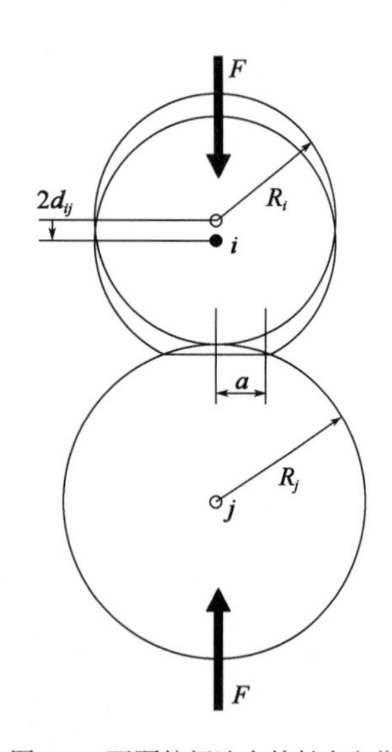

图 5-1 两颗粒间法向接触力和位移

1)各向同性受压情况

无黏性材料的真正弹性域(即小于 $\varepsilon \approx 10^{-5}$)往往只有在应变很低的情况下才能获得。以第 1 章介绍的赫兹接触模型为基础，文献[46]提出了弹性接触范围内，计算两球形颗粒法向接触力的方法。对粒径分别为 i 和 j 的两球形颗粒而言，如图 5-1 中所示彼此接触，并受到法向接触力 F，颗粒间法向位移 $2d_{ij}$ 可以用式(5-1)求得：

$$2d_{ij}^{\frac{3}{2}} = 2\frac{3}{4}\frac{1}{E^* R^{\frac{1}{2}}}F \tag{5-1}$$

式中，R 和 E^* 分别为平均粒径和球形颗粒等效杨氏模量。

最简单接触情况如图 5-2 所示，颗粒直径相同，规则排列。其中，每一颗粒受到的力为：

$$F = 4R^2 p \tag{5-2}$$

更一般性的可以表述为：

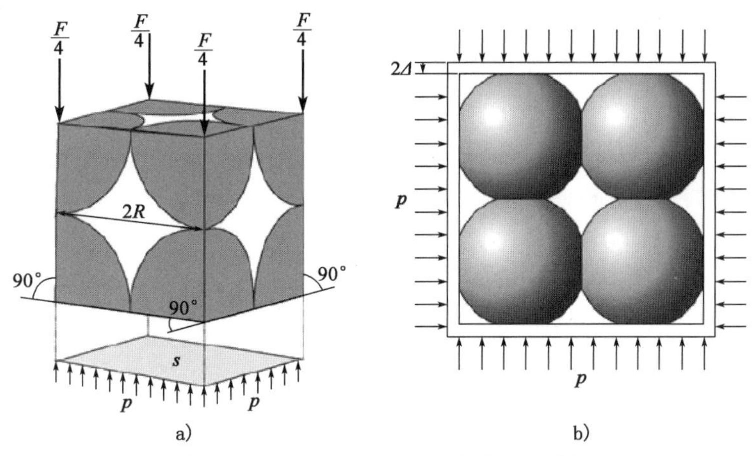

图 5-2　向各向性加载立方体球体排列示例[46]

$$F = G(e)R^2p \tag{5-3}$$

式(5-2)中,$G(e)$等于4。然而,$G(e)$的取值与颗粒接触类型和空隙比 e 有关。表 5-1 提供了不同情况下 $G(e)$的取值。

球体颗粒不同排列方式[46,152]　　表 5-1

堆积方式	四面体	立方体	八面体	十二面体
坐标				
数字 n_c	4	6	8	12
孔隙比 e	1.95	0.91	0.47	0.35
$G(e)$	$\frac{16}{\sqrt{3}}\approx 9.24$	4	$\frac{4}{\sqrt{3}}\approx 2.31$	$\sqrt{2}$

注:此表中所示的八面体排列与表 3-2 中所示的立方四面体相区别。

将式(5-3)带入式(5-1)即可求得两相同粒径颗粒法向位移:

$$d^{\frac{3}{2}} = \frac{3}{4}\frac{1}{E^* R^{\frac{1}{2}}}G(e)R^2p \tag{5-4}$$

两个球压缩后的轴向应变 $\varepsilon = d/R$,因此:

$$d^{\frac{3}{2}} = \frac{3}{4}\frac{1}{E^* R^{\frac{1}{2}}}G(e)R^{\frac{3}{2}}p \Rightarrow \left(\frac{d}{R}\right)^{\frac{3}{2}} = \frac{3}{4}\frac{1}{E^*}G(e)p \tag{5-5}$$

式(5-5)建立了等向应力 p 与应变 ε 之间的非线性关系。在赫兹模型中,非线性弹性的半立方模量 ζ 被定义为 $\zeta = p/\varepsilon^{\frac{3}{2}}$,从而有:

$$\zeta = \left(\frac{p}{\varepsilon^{\frac{3}{2}}}\right) = \frac{4}{3}\frac{E^*}{G(e)} \tag{5-6}$$

实际上,更为常用的是式(1-68)中介绍的体积压缩系数 K。由于体应变 $\varepsilon_v = 3\varepsilon$,因此体积压缩系数 $K = p/\varepsilon_v$,进而 $3K = p/\varepsilon$。考虑到应力-应变关系的非线性特征,弹性接触范围可以由弹性常数分为切向部分和割向部分。

式(5-6)两端同取 2/3 次幂,可以得到:

$$(\frac{p^{\frac{2}{3}}}{\varepsilon}) = \xi^{\frac{2}{3}} \quad \Rightarrow \quad 3K_{sec} = \frac{p}{\varepsilon} = (\frac{p^{\frac{2}{3}}}{\varepsilon})p^{\frac{1}{3}} = \xi^{\frac{2}{3}}p^{\frac{1}{3}} \tag{5-7}$$

然后,体积压缩系数的割线部分:

$$K_{sec} = \frac{1}{3}\xi^{\frac{2}{3}}p^{\frac{1}{3}} \tag{5-8}$$

另一方面,体积压缩系数的切线部分以微分形式定义为 $3K_{tan} = dp/d\varepsilon$,因此,利用非线性弹性的半立方模量 $\zeta\varepsilon^{3/2} = p$ 的定义,得出:

$$p^{\frac{2}{3}} = \zeta^{\frac{2}{3}}\varepsilon \quad \Rightarrow \quad \frac{2}{3}p^{-\frac{1}{3}}dp = \zeta^{\frac{2}{3}}d\varepsilon \quad \Rightarrow \quad 3K_{tan} = \frac{dp}{d\varepsilon} = \frac{3}{2}\zeta^{\frac{2}{3}}p^{\frac{1}{3}} \tag{5-9}$$

因此,体积压缩系数的切向部分变为:

$$K_{tan} = \frac{1}{2}\zeta^{\frac{2}{3}}p^{\frac{1}{3}} \tag{5-10}$$

最终,由体积压缩系数和泊松比即可确定杨氏模量 $E = 3K(1-2v)$,进而利用杨氏模量计算球形颗粒杨氏模型 $E^* = E_g/(1-v_g^{\ 2})$;进一步结合式(5-6),球形颗粒整体的杨氏模量为:

$$E_{sec} = (1-2v)\left[\frac{4E_g}{3(1-v_g^2)G(e)}\right]^{\frac{2}{3}}p^{\frac{1}{3}} \quad \text{(割线公式)} \tag{5-11}$$

$$E_{tan} = \frac{3}{2}(1-2v)\left[\frac{4E_g}{3(1-v_g^2)G(e)}\right]^{\frac{2}{3}}p^{\frac{1}{3}} \quad \text{(切线公式)} \tag{5-12}$$

在式(5-11)和式(5-12)中,v 是颗粒整体的泊松比,E_g 和 v_g 为单一颗粒的杨氏模量和泊松比。

虽然以上公式将无黏性颗粒简化为规则的球体进行排列,但其能够体现土体的主要特征,正如 Biarez 和 Hicher 在文献[46]中提出的,该方法更易于分析土体特征。实际上,路用材料的弹性模型在考虑土体参数时应具备以下特征:

(1)单一颗粒的弹性特征,E_g 和 v_g;

(2)表征赫兹接触类型的颗粒形状[式(5-11)和式(5-12)中的指数 1/3 对应于球体之间的点接触];

(3)材料密度,与孔隙比有关;

(4)颗粒的排列方式,以确定整体泊松比。

以上基于赫兹理论的分析使得参数间关系看上去与 Hardin 和 Richart 提出的剪切模量方程以及 Hicks 和 Monimith 提出的弹性模量方程[189,202]类似。为便于采用杨氏模量与剪切模量之间换算关系,可表示为:

$$E = K_E f(e)\left(\frac{p}{p_a}\right)^n P_a, \quad G = K_G f(e)\left(\frac{p}{p_a}\right)^n P_a \tag{5-13}$$

式中,K_E 和 K_G 为材料参数,p_a 为标准大气压,$f(e)$ 为孔隙比函数,函数 $f(e)$ 与 $G(e)^{-2/3}$ 成比例,如式(5-11)和式(5-12)所示。对于真实土体,有一些学者提出了 $f(e)$ 的表达式,见表 5-2所示。

考虑孔隙比和围压应力影响的 $f(e)$ 表达式[301]　　表5-2

参考文献	模数	n	$f(e)$	注释
Hardin 和 Richart[189]	G	0.5	$\frac{(2.17-e)^2}{1+e}$	圆形颗粒
Iwasaki 和 T atsuoka[211]	G	0.4		$C_u < 1.8$
Biarez 和 Hicher[46]	G, E	0.5	$1/e$	所有土
Lo presti 等[264]	G	0.45	$1/e^{1.3}$	砂
Santos 和 Gomes Correia[358]	G	0.5	$1/e^{1.3} \sim 1/e^{1.1}$	所有土

需要特别注意的是，由接触引起的颗粒变形与施加在颗粒表面力的方向相同。据此，Gomes Correia 等人[173]提出垂直割线模量仅是应力的函数，与水平应力无关。在这种情况下，垂直割线模量变为：

$$E_v = K_{Ev} f(e) \left(\frac{\sigma_v}{P_a}\right)^n P_a \tag{5-14}$$

如表5-2所示，n 表征颗粒接触特征的接触点 n 约为0.5。在赫兹模型中 $n = 1/3$，产生此差异的原因可以解释为：实际接触不同于球体之间的接触。实际上，Cascante 和 Santamarina[88]提出 n 的取值反映了不同的接触类型。球形颗粒接触 $n = 1/3$，锥体与平面接触 $n = 1/2$。另外，由于塑性变形导致颗粒间的接触变平，接触面积增大，而接触应力按照1/2的幂次减小。颗粒间接触的黏结也会使 n 值的影响降低，随着水泥结合强度增加，n 值逐渐降低至0。

对于由不同大小和形状的随机组合而成的土体，指数 n 可等于1/2。该值也适用于黏土，也可以将其视为砂土的简化[43]。

2）同时受压和剪切情况

对于真实颗粒材料而言，完全理想化的球形颗粒集各向同性受压的情况并不常见。更常见的是两接触颗粒同时受压应力 F_N 和剪应力 F_x，如图5-3所示。根据滞回阻尼模型，此种情况下法向应力和剪切应力分别如式（5-15）和式（5-16）所示。

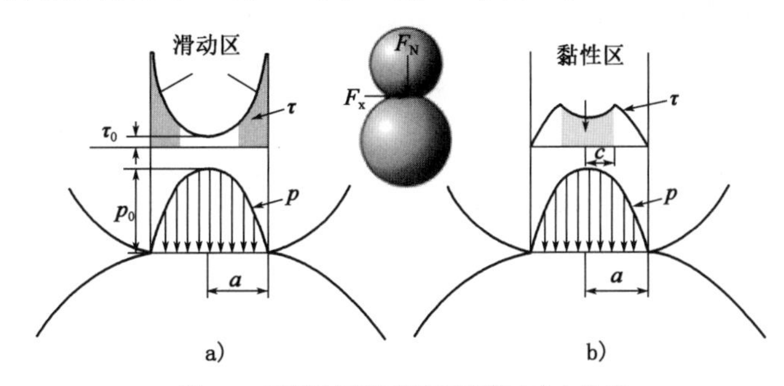

图5-3　两颗粒同时受压和受剪时应力分布

$$p = p_0 \left[1 - \left(\frac{r}{a}\right)^2\right]^{\frac{1}{2}}, F_N = \frac{2}{3} p_0 \pi a^2 \tag{5-15}$$

$$\tau = \tau_0 \left[1 - \left(\frac{r}{a}\right)^2\right]^{-\frac{1}{2}}, F_x = \frac{2}{3} \tau_0 \pi a^2 \tag{5-16}$$

根据式（5-16），剪应力在接触域范围内会无限大，与事实不符。因为，法向应力会随着剪应力的增大而减小，直至达到摩尔-库伦规定的破坏状态。更符合实时的做法如图5-3b）所示，将接触域分为两部分：剪切滑动区，此时 $\tau = up$（其中 u 为摩擦系数）；半径为 c 的圆形黏附区域。圆形区域的半径之间的关系由式(5-17)给出[333]：

$$\frac{c}{a} = \left(1 - \frac{F_x}{\mu F_N}\right)^{\frac{1}{3}} \tag{5-17}$$

由式(5-17)可以看出，当 $F_x = \mu F_N$ 时，滑动域会占满整个接触域从而引起颗粒滑动。

由以上对两接触颗粒滑动条件分析可以看出，即使在颗粒之间存在很小的切向荷载，也会一起相对滑动。颗粒滑动引起的塑性变形表明，无黏性材料的实际屈服极限出现在极低的应力或应变水平。第5.2.3节将对真实材料的微观应变和宏观变形的关系进行分析。

5.1.2　弹塑性接触理论

无黏性材料受外部荷载，颗粒间存在应力集中。根据应力水平不同，在接触域范围内颗粒发生塑性变形，一些研究致力于建立计算塑性变形的方法[421,395,419]。

Walton 和 Braun[421] 基于球体法向接触的双线性理论提出了计算塑性变形的方法。其中，双线性理论可表示为：

$$F = K_1 d \qquad \text{（加载）} \tag{5-18}$$

$$F = K_2(d - d_0) \qquad \text{（未加载）} \tag{5-19}$$

式中，K_1 和 K_2 分别为加载和卸载路径中直线斜率，d_0 为卸载后残余变形。

另外，Thornton[395] 提出，在屈服应力 σ_Y 范围内可以按照赫兹模型计算变形，一旦超过屈服应力，接触应力将为常数，法向位移 d 和法向力 f 之间呈线性关系，如图5-4c）所示。对于卸载过程，模型遵循赫兹定律，但接触域半径增大为 R_p，R_p 与塑性应变的不可逆性有关。利用 Mises 破坏准则，Thornton 建议 $\sigma_Y = 1.61\sigma_c$，σ_c 为材料屈服应力。

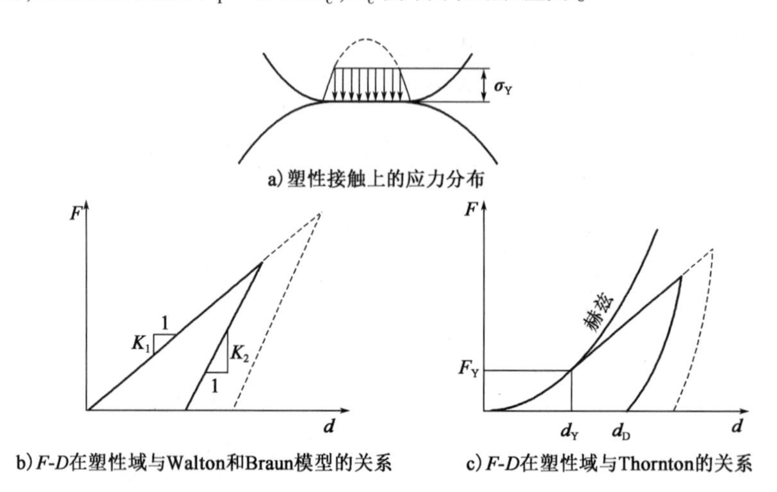

图5-4

Vu-Quoc 和 Zhang[419] 利用连续介质弹塑性理论提出了接触域半径的计算方法，如图5-5a）所示。在弹塑性框架内，接触域半径计算公式为：

$$a^{ep} = a^e + a^p \tag{5-20}$$

式中，a^e 为弹性变形部分半径，可由赫兹模型确定；a^p 为塑性部分半径，与 R_p 取值有关。

这种方法的基础是卸载后接触面存在永久变形。如图 5-5b)所示，最终残余半径为 a_{res}。

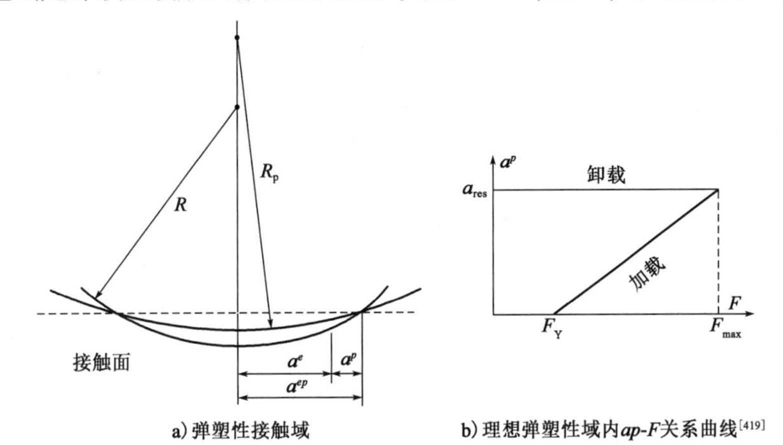

a) 弹塑性接触域　　b) 理想弹塑性域内 ap-F 关系曲线[419]

图 5-5

根据系列数值试验，塑性域周长由式(5-21)和式(5-22)确定：

$$a^p = C_a\langle F - F_Y\rangle \quad (\text{加载}) \tag{5-21}$$

$$a^p = C_a\langle F_{max} - F_Y\rangle \quad (\text{未加载}) \tag{5-22}$$

式中，C_a 为常数，〈　〉符号为 MacCauley 算法，其定义为：

$$\langle x\rangle = 0, \text{当 } x \leqslant 0 \tag{5-23}$$

$$\langle x\rangle = x, \text{当 } x > 0 \tag{5-24}$$

Vu-Quoc 和 Zhang[419]研究指出，塑性应变使得颗粒间接触域平整。因此，不可逆的塑性变形使得颗粒半径增大，即 $R_p > R$。对塑性曲率半径可由式(5-25)~式(5-27)确定：

$$R_p = C_R R \tag{5-25}$$

$$C_R = 1, \text{当 } F \leqslant F_Y \tag{5-26}$$

$$C_R = 1 + K_c\langle F - F_Y\rangle, \text{当 } F > F_Y \tag{5-27}$$

式中，K_c 为常数。利用之前的假设，将赫兹模型扩展到弹塑性区域，该方法提出了材料的初始屈服应力为：

$$F_Y = \frac{\pi^3 R^2 (1-\nu^2)^2}{6E^2}[A_Y(\nu)\sigma_c]^3 \tag{5-28}$$

式中，$A_Y(\nu)$ 为由泊松比决定的标量，当 $\nu = 0.3$ 时，$A_Y = 1.61$。在屈服点处，接触长度 a_Y 和接触法向位移 d_Y 由式(5-29)确定：

$$a_Y = \left[\frac{3F_Y R(1-\nu^2)}{4E}\right]^{\frac{1}{3}} \quad \text{和} \quad d_Y = \frac{a_Y^2}{R} \tag{5-29}$$

进而可确定相互接触的两球形颗粒的力和位移的关系：

$$(F - F_Y) + c_1 F^{\frac{1}{3}} - \frac{1}{C_a}\{[1 + K_c(F - F_Y)]Rd\}^{\frac{1}{2}} = 0 \tag{5-30}$$

$$c_1 = \frac{1}{C_a}\left[\frac{3R(1-v^2)}{4E}\right]^{\frac{1}{3}} \tag{5-31}$$

通过对不同尺寸和强度的砂浆球体进行测试，证实了上述塑性接触理论的正确性。此外，不同尺寸和强度的球体除了可以分析材料破坏后的强度和尺寸特征,还可以用来分析不同加载条件下的接触规律。

图 5-6 为单调加载条件下力-位移关系曲线。可以看出,赫兹模型中材料刚度参数过高。即使在低应力水平下,赫兹模型也存在这样的问题。另外,还可以看出,Vu-Quoc 和 Zhang 提出的弹塑性模型仅适用于加载阶段,对于卸载阶段,应力减少的速度试验值比理论值更大。这一差异表明,有必要像调整加载过程一样,对赫兹模型的卸载部分进行调整[419]。

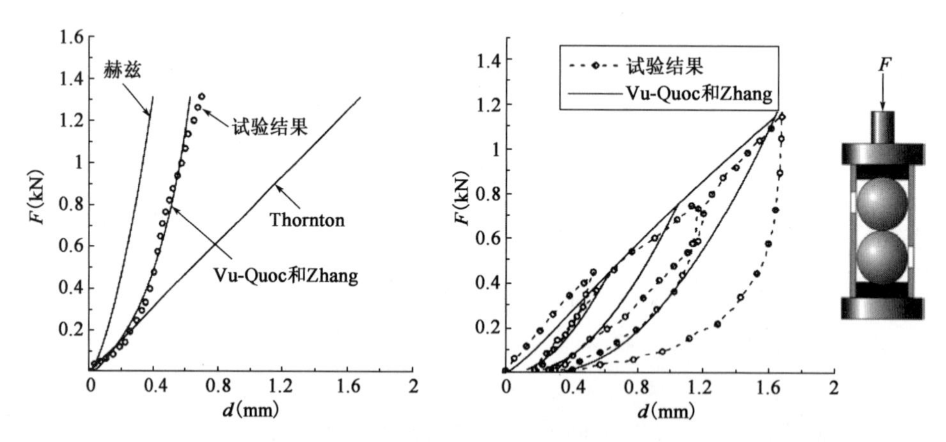

图 5-6　球形颗粒单调和循环荷载的荷载-位移曲线(相对湿度 U_w = 10.1%,直径为 15mm)

5.1.3　各向异性加载

路用材料在天然和加载情况下具有明显的各向异性,这一现象与传统岩土力学理论中各向同性假设相矛盾。各向异性理论中包含两个关键要素:沉积方式和应力历史。

Biarez 和 Weindick[44] 利用水平放置的圆柱体模拟土体,研究了压缩过程中颗粒几何排列和接触规律(图 5-7),在极坐标中,接触力分布呈椭圆形。虽然离散元结果显示颗粒间接触力呈花生状,仍可采用椭圆形分布对真实应力进行近似,椭圆形参数长轴 a 和短轴 b 之间存在以下关系:

$$A = \frac{a-b}{a+b} \tag{5-32}$$

Biarez 和 Weindick[44] 研究了重力作用下土体接触应力各向异性特征,发现天然沉积土接触面多为水平向,即接触力垂直分布,如图 5-7 所示。

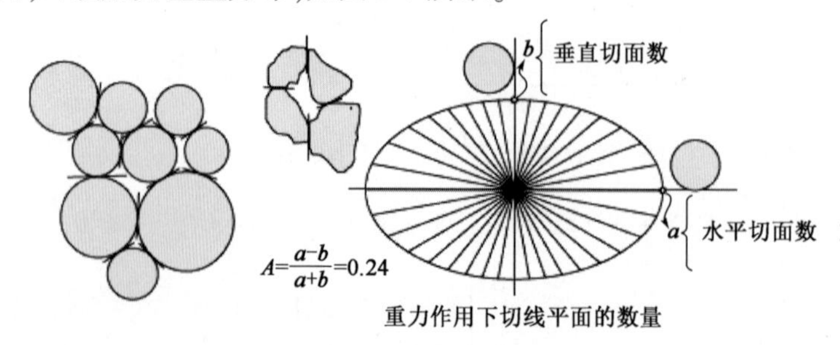

图 5-7　通过测量圆柱形试样颗粒接触面的方向来评估各向异性[49]

利用圆柱模拟土体另一个重要的发现是,试样在受压或拉伸时,接触力方向变化主要由主应力控制。如图 5-8 所示,当水平受压,接触力形状会朝着接触平面竖直的方向发展(即接触面垂直于主应力方向),达到破坏临界状态后,各向异性依然存在,但其分布与应力水平无关。当水平受拉,接触力平面多呈水平分布(即接触面平行于主应力方向)。

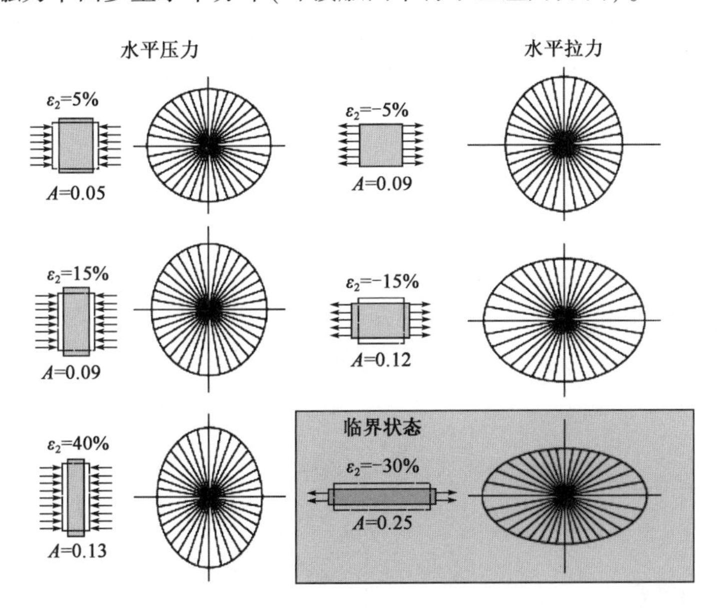

图 5-8　压缩或拉伸试样各向异性的演化[49]

圆柱的排列可以用来描述土颗粒接触力分布特征,但该方法并不能用来分析真实土颗粒三维排列特征。鉴于此,评价土体各向异性的方法还包括测量土样中应力波在不同方向上速度差异,也可以测量各向同性加载过程中,不同方向的应变差异。最新的测量砂土试样各向异性的方法如图 5-9 所示,基本步骤如下:

(1)首先,沿竖直方向将土样倒入方形容器;

(2)对土样进行各向同性加载,并测量不同方向上的应变;

(3)然后,对试样施加单个水平向荷载;

(4)最后,再对试样进行各向同性加载。

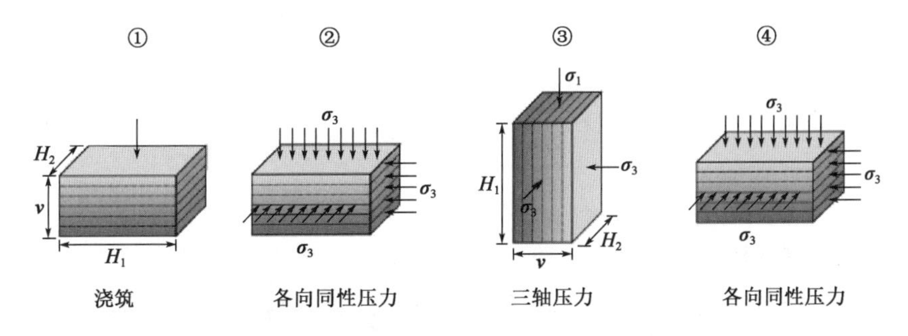

图 5-9　方形试样不同加载阶段材料各向异性[49]

图 5-10 展示了整个加载过程中应力-应变关系曲线。其中,得到的砂土各向异性特征包括以下几个方面:

(1)在第一次各向同性加载阶段,沿倒入方向的应变仅为水平向应变的一半,即倒入方向刚度更大,这一结果与采用圆柱形容器加载所得结果一致。

(2)在三轴加载过程中,试样在加载方向产生压缩应变,而在另外两个正交方向发生膨胀。

(3)在最后的各向同性加载阶段,之前被压缩方向的刚度最大,但仍会发生膨胀。这一特征充分显示了材料各向异性特征演化规律,并与圆柱形容器加载所得结果一致。

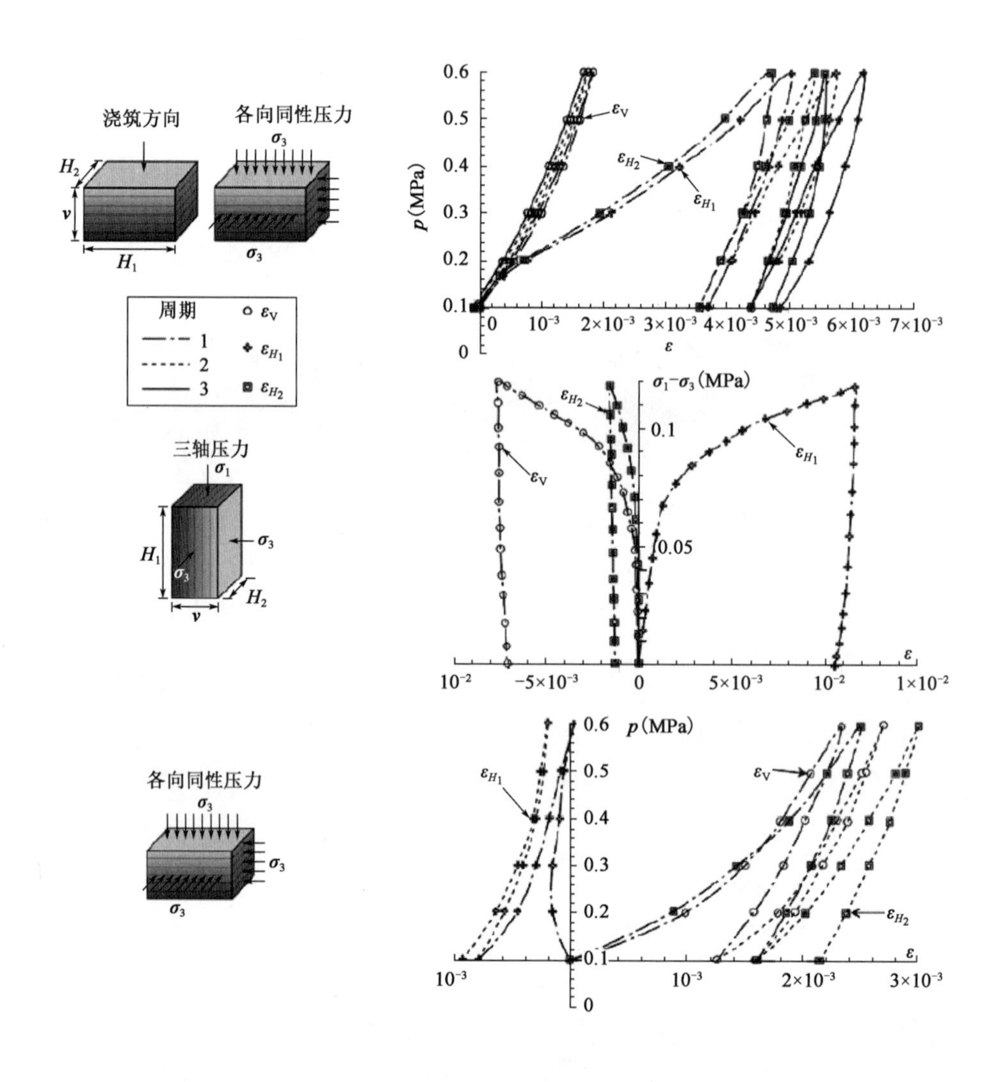

图 5-10 方形砂样各向同性和三轴加载过程应力-应变关系曲线[45]

路基填料各向异性特征与图 5-8 和图 5-10 所示或圆柱形容器所得规律相同。Coronado[106]对压实粒料进行了各向同性压缩试验,对材料各向异性特征进行了清晰地描述(图 5-11)。在各向同性加载过程中,各向异性材料的特点是径向应变 ε_r 是轴向应变 ε_a 的 2 倍。

另一方面,在偏应力 q 为 280kpa、围压 σ_3 为 40kpa 的情况下,进行 20000 次循环加载,会增加材料的各向异性特征,因为径向应变 ε_r 比轴向应变 ε_a 大 4 倍。

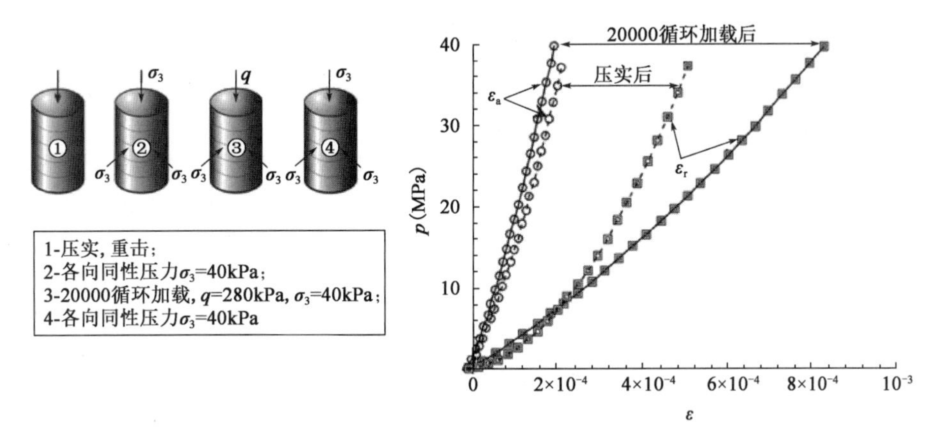

图5-11　20000各向同性循环加载前后试验应变

从宏观角度而言,多数路用材料表现为正交各向异性,其弹性特性呈轴对称。此类材料需要6个弹性参数:竖向和水平向弹性模量 E_v 和 E_h,弹性泊松比 ν_{vh}、ν_{hh}、ν_{hv} 和弹性剪切模量 G_{vh}。然而,考虑到刚度矩阵的对称性,有 $\nu_{vh}/E_v = \nu_{hv}/E_h$,独立弹性参数为5个。这些参数如式(5-33)刚度矩阵所示[208]。

$$
\begin{bmatrix} \delta\varepsilon_x \\ \delta\varepsilon_y \\ \delta\varepsilon_z \\ \delta\varepsilon_{yz} \\ \delta\varepsilon_{xz} \\ \delta\varepsilon_{xy} \end{bmatrix} = \begin{bmatrix} \frac{1}{E_h} & -\frac{\nu_{hh}}{E_h} & -\frac{\nu_{vh}}{E_v} & 0 & 0 & 0 \\ -\frac{\nu_{hh}}{E_h} & \frac{1}{E_h} & -\frac{\nu_{vh}}{E_v} & 0 & 0 & 0 \\ -\frac{\nu_{hv}}{E_h} & -\frac{\nu_{hv}}{E_h} & \frac{1}{E_v} & 0 & 0 & 0 \\ \cdot & \cdot & \cdot & \frac{1}{G_{vh}} & 0 & 0 \\ \cdot & \cdot & \cdot & \cdot & \frac{1}{G_{vh}} & 0 \\ \cdot & \cdot & \cdot & \cdot & \cdot & \frac{2(1+\nu_{hh})}{E_h} \end{bmatrix} \begin{bmatrix} \delta\sigma_x \\ \delta\sigma_y \\ \delta\sigma_z \\ \delta\tau_{yz} \\ \delta\tau_{xz} \\ \delta\tau_{xy} \end{bmatrix} \tag{5-33}
$$

关于沿垂直和水平方向的杨氏模量,Tatsouka 等[208,392,390,389]通过系列试验发现,各个方向的杨氏模量均遵循 Hardin 提出的幂律分布,只是在幂的位置设置应力参数,如下式所示。

$$
E_v = E_{v0}\frac{f(e)}{f(e_0)}\left(\frac{\sigma_v}{\sigma}\right)^{nv} \tag{5-34}
$$

$$
E_h = E_{h0}\frac{f(e)}{f(e_0)}\left(\frac{\sigma_h}{\sigma}\right)^{nh} \tag{5-35}
$$

式中,E_{v0}和 E_{h0}为对应于参考应力 σ_0 的杨氏模量值,$f(e)$是孔隙比函数,e_0是参考孔隙比。当 n_v 和 n_h的幂等于 n 时,垂直和水平杨氏模量之间的关系变成:

$$
\frac{E_v}{E_h} = a_\sigma R_\sigma^{\ n} \tag{5-36}
$$

比值 $a_\sigma = E_{v0}/E_{h0}$ 表征了材料固有的各向异性，而 $r_\sigma = \sigma_v/\sigma_h$ 则表征应力诱导各向异性。

关于泊松比，Tatsuoka 的模型提出：

$$\nu_{vh} = \nu_0 \sqrt{a_\sigma} R_\sigma^{\frac{n}{2}} \tag{5-37}$$

$$\nu_{hv} = \nu_0 \frac{1}{\sqrt{a_\sigma}} \left(\frac{1}{R_\sigma}\right)^{\frac{n}{2}} \tag{5-38}$$

$$\nu_{hh} = \nu_0 \sqrt{1/a_\sigma} \tag{5-39}$$

式中，ν_0 为各向同性状态的泊松比。

最后，由 Tatsuoka 等人得出的剪切模量表达式[389]为：

$$G_{vh} = \frac{(1-\nu_0)/(1+\nu_0)}{(1-\nu_{vh})/E_v + (1-\nu_{hv})/E_h} \tag{5-40}$$

综上所述，Tatsuoka 模型需要以下四个材料常数来描述道路材料的准弹性各向异性行为：

(1)幂指数 n，表示杨氏模量的应力依赖性；

(2)参考应力 E_{v0} 条件下垂直方形杨氏模量；

(3)各向同性情况下泊松比 ν_0；

(4)固有各向异性参数 a_σ。

5.1.4 水的影响

水对杨氏模量的显著影响已被多为学者证实[193、202、39、125、200]。Raad 等[338]指出当无黏性材料细颗粒含量高、级配良好时，水对其弹性特征影响最为显著。而 Lekarp[254]认为是孔隙水压力影响了材料力学行为，而非饱和度。一些学者认为，在小变形框架内，有效应力原理可以计算毛细水压力对材料刚度的影响[441、41、113、152、104]。也有一些学者从微观尺度来分析负孔隙水压力和饱和度材料宏观强度和刚度的影响[23,42,101]。

如图 5-12 所示，球形颗粒之间的毛细作用可分为两个阶段：

(1)在低饱和度情况下，水处于摆动状态，毛细水桥存在于颗粒之间。这些水桥附着于接触点周围，产生的基质吸力方向与切平面正交，如图 5-12a)所示。

(2)在高饱和度状态下，空气以孤立气泡的形式存在，对颗粒强度影响较小，但会对材料的压缩特性产生影响(即缆索效应)，如图 5-12b)所示。在这种高饱和水状态下，Terzaghi 理论仍然适用。

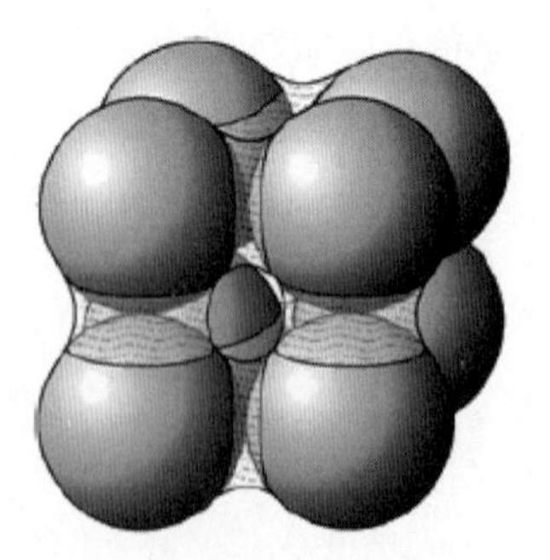

a)连续相位间的水

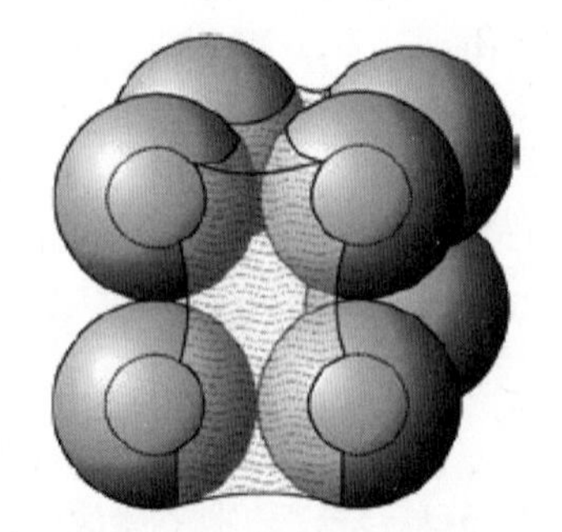

b)连续相位间的空气

图 5-12 水在球形颗间隙存在状态

计算两颗粒间月牙形水产生的吸力(以球体为模型)是反映粒间相互作用的一种有效方法。在这个简化模型中,月牙面与颗粒相切,如图5-13a)所示,月牙面半径可用以下方程式表示[23]:

$$(R_g + r_{c2})^2 = R_g^2 + (r_{c1} + r_{c2})^2 \tag{5-41}$$

月牙面的双曲率对水压的影响可由拉普拉斯方程给出,从而有:

$$u_w - u_a = \sigma_s\left(\frac{1}{r_{c1}} - \frac{1}{r_{c2}}\right) = \frac{\sigma_s(3r_{c1} - 2R_g)}{r_{c1}^2} \tag{5-42}$$

此处,如果半径r_{c2}定义为正,考虑环形月牙面的曲率方向影响,它前面需要加一个负号。

Gili[23]提出了颗粒间毛细力F_{cap}的计算模型,如图5-13b)和式(5-43)所示:

$$F_{cap} = (u_a - u_w)\pi r_{c1}^2 + \sigma_s 2\pi r_{c1} = \pi\sigma_s(2R_g - r_{c1}) \tag{5-43}$$

毛细力的宏观效应可以通过球体的排列方式估计。例如,对于图5-13c)所示的立方排列,毛细力P_{cap}产生的压缩压力为:

$$p_{cap} = \frac{\pi\sigma_s}{2G(e)R_g^2}\left[4R_g + \frac{3(3\sigma_s - \sqrt{9\sigma_s^2 + 8\sigma_s R_g s})}{s}\right] \tag{5-44}$$

$$G(e) = 0.32e^2 + 1.06e + 0.11 \tag{5-45}$$

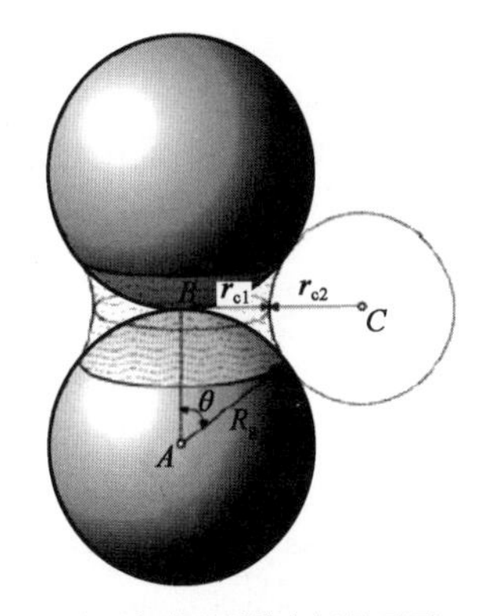

a)两个球形颗粒之间月牙面

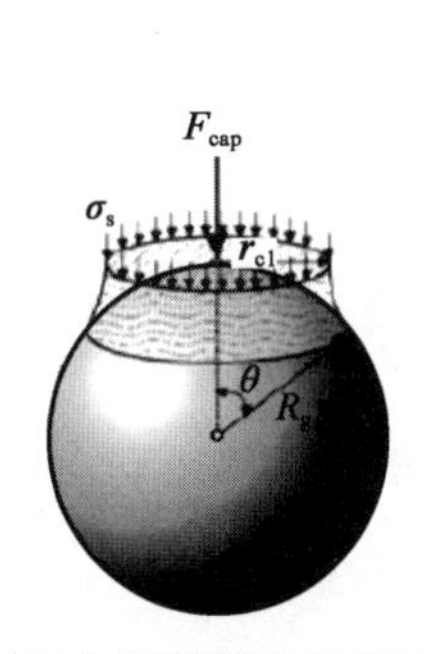

b)两个球形颗粒之间毛细力

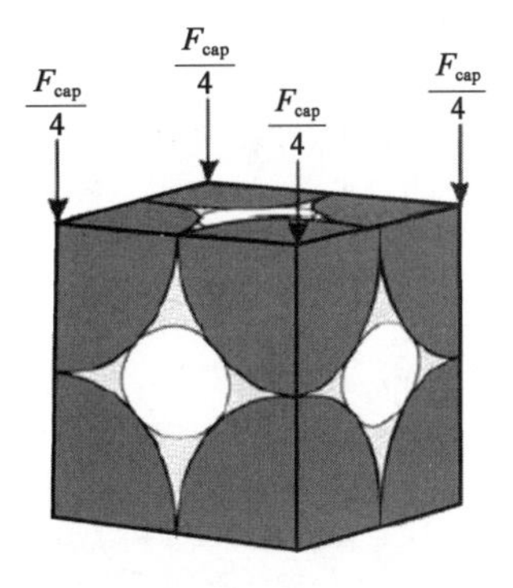

c)毛细力对球体立方排列的影响

图5-13

式中,R_g为球体的半径,σ_s为液体的表面张力,e为空隙比。当s趋向于无穷大,结合式(5-44)可求得毛细压力的最大值:

$$p_{cap\,max} = \frac{2\pi\sigma_s}{G(e)R_g} \tag{5-46}$$

在该模型中,式(5-44)可以得到球体颗粒排列方程,可以首先通过经验方法确定R_g取值,进而将其应用于实际土体。实际上,这个模型可用于描述非饱和土壤小应变情况下的抗剪强度和刚度[382,152]。另外,Cho和Santamarina[101]基于球体接触赫兹模型,提出了新的颗粒排列模型。

图5-14清楚地表示出非饱和状态引起的吸力在增加粒状材料的弹性模量中的作用[78]。同时,图5-14也表明了在研究基质吸力对粒状材料弹性模量影响的两条思路:

(1)将初始杨氏模量直接与基质吸力相关联,如图5-15a)所示;

(2)通过总应力与由系数 χ 确定的基质吸力之和,定义非饱和土有效应力新算法,如图 5-15b)所示。

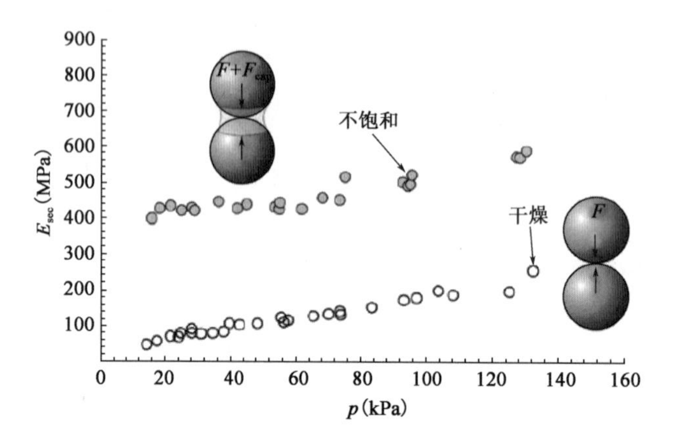

图 5-14　干燥和 2% 的含水率颗粒材料割线模量与主应力 p 的关系
(细颗粒含量为 32%、塑性指数为 16.4%)[78]

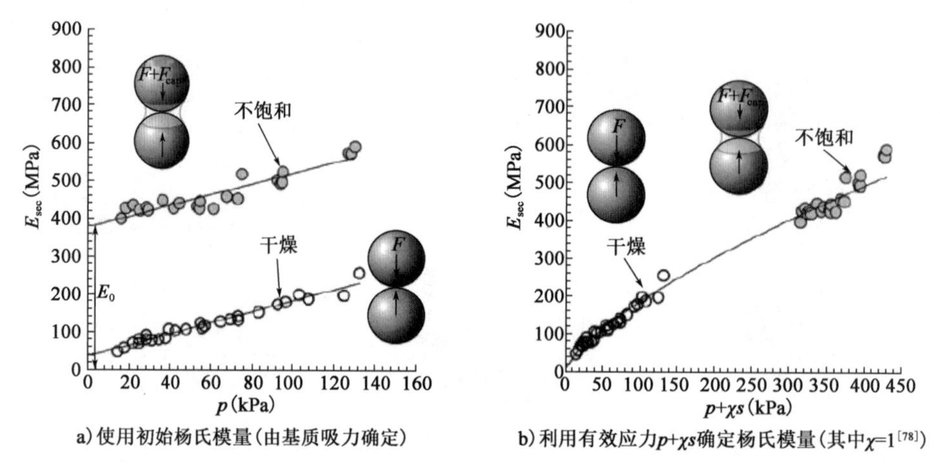

a)使用初始杨氏模量(由基质吸力确定)　　b)利用有效应力$p+\chi s$确定杨氏模量(其中χ=1[78])

图 5-15　基质吸力对弹性模量的影响

图 5-16 提供了含水率为 2% 时,不同材料、细粒(颗粒直径小于 80um)含量、塑性指数(0～12%)等情况下的回弹模量。由图 5-16 可以看出,在低应力水平下,弹性模量随着细粒含量的增加而增加(可以通过线性外沿得到零垂直应力时的回弹模量,$E_{0\sigma_v}$)。随着细粉含量的增加,模量-应力关系(即线的斜率)逐渐减小。值得注意的是,图 5-16 所示的回弹模量与细粉含量正相关,这一结果与工程实践并不矛盾,因为这种增长由吸力的增加引起的。事实上,当总应力为零时,材料的刚度源自颗粒间微观接触力。另一方面,当吸力因水的增加而降低时,弹性模量随之显著降低。

初始回弹模量 $E_{0\sigma_v}$ 取值随着含水率和基质吸力(u_a 和 u_w)的变化而变化,如图 5-17 所示。回弹模量随基质吸力的增长表明颗粒材料本身具有极高的模量,并且当含水率接近零时,吸力值较大。然而,事实是干燥颗粒材料的模量 $E_{0\sigma_v}$ 接近于零,这是由颗粒润湿的不均匀性引起的。事实上,水的不断减少破坏了毛细张力半月面,使颗粒之间的基质吸力消失。

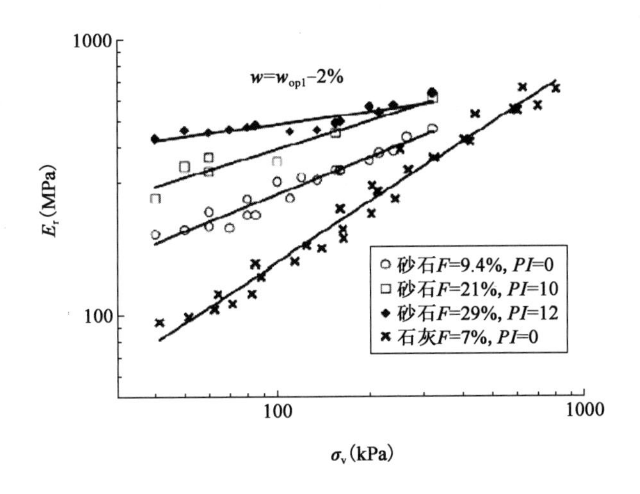

图 5-16　细颗粒含量对不同颗粒材料回弹模量的影响[103]

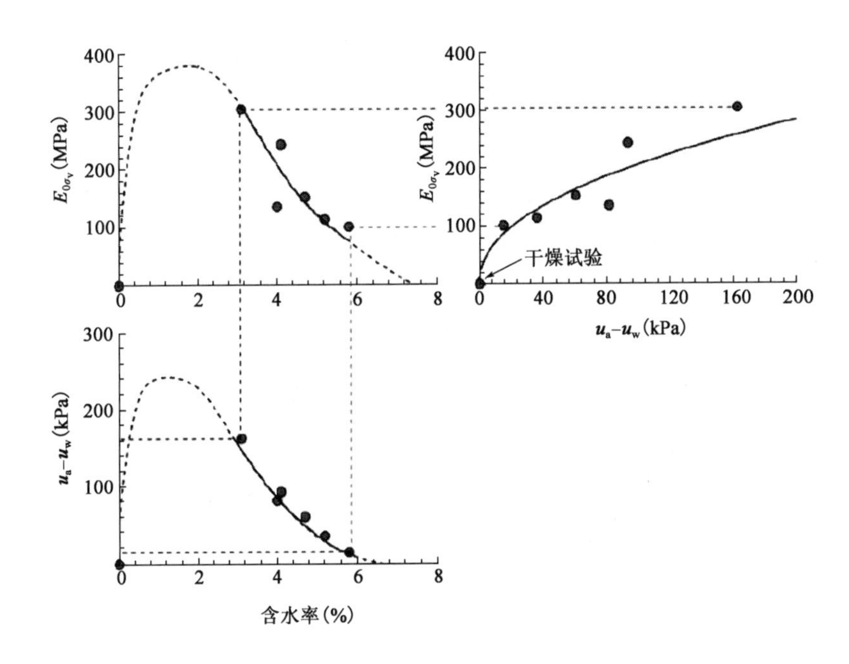

图 5-17　细粉含量 10%，$PI=0\%$ 时，材料回弹模量 $E_{0\sigma_v}$ 与含水率、吸力之间的关系[78]

采用有效应力方法分析非饱和土的强度特性是有争议的。事实上，这种方法无法解释非饱和土中的一些物理过程，例如湿润诱发土体塌陷。基于有效应力方法，也很难得到一个可以描述土体力学特性（包括强度、刚度、塌陷、膨胀等）随吸力变化的广义方程。其原因是总的宏观应力通过颗粒间力链传递至每一颗粒。有效应力法的另一个困难是土颗粒空隙间的双峰特性。当含水率较低时，水占据颗粒间内部空隙，但相应的基质吸力仅作用在土颗粒之间，对颗粒集合宏观结构影响不大。然而，有效应力方法在分析弹性模量时却得到了良好的效果。因为饱和度降低会增加负孔隙水压力，从而导致颗粒间基质吸力增加，进而使得杨氏模量增加。

一些学者提出了适用于非饱和土有效应力计算方法。图5-18显示了三种计算非饱和土有效应力计算方法：①Terzaghi有效应力原理，$p' = p + (u_a - u_w)$；②Bishop有效应力原理，$\chi = S_r$，$p' = p + S_r(u_a - u_w)$；③Biarez-Taibi法，$p' = p + p_{cap}$。式(5-44)和式(5-45)定义了p_{cap}和R_g均可通过模量与基质吸力关系曲线确定。图5-18中，可以确定R_g取值为0.1um。在高吸力情况下，$R_g = 0.1$um时，Terzaghi和Biarez-Taibi方法得到的有效应力值相近。这两种方法均可以利用水分含量确定有效应力，但Bishop方法不可。这一现象证实了假设——负孔隙水而非饱和度对弹性模量影响更大的合理性。与Terzaghi不同，Biarez-Taibi方法的优点是，它可以用一个表达式来计算干燥材料的模量。

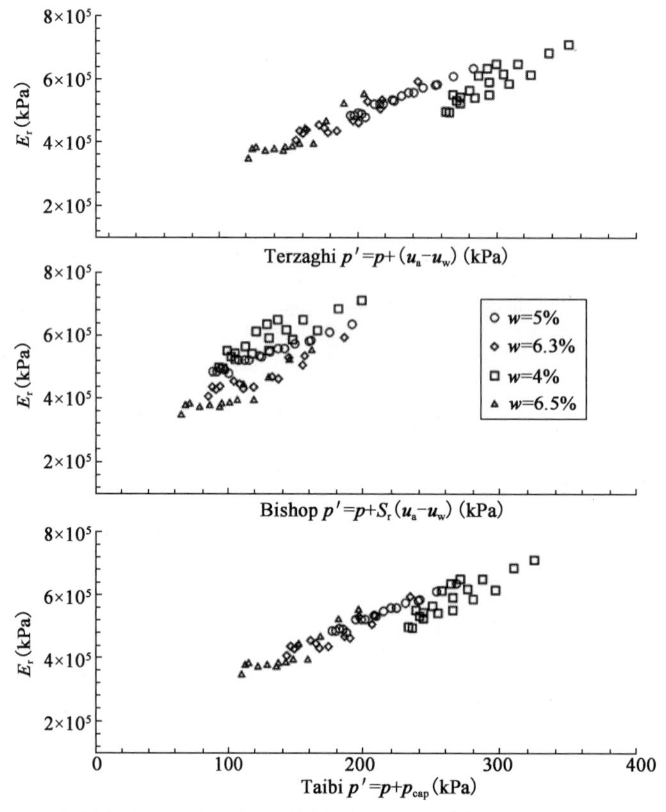

图5-18　细粒含量30%时不同塑性指数颗粒材料割线模量与其有效应力的关系

5.1.5　颗粒强度

路用颗粒材料在其整个服役周期均遭受单调和循环荷载，在此类情况下颗粒发生磨损和破碎已被广泛研究[253,188,182,246,102,151,59]，这些研究多强调颗粒破碎行为和破碎是所有粒状材料的一般特征。

颗粒的破碎受颗粒排列角度、尺寸大小、颗粒级配、颗粒强度、孔隙比、应力水平和各向异性等因素影响[58]。其中，颗粒强度是影响破碎的最重要因素。

实际上，颗粒集合通过颗粒内部之间相互接触力来分担外荷载。负荷较大的颗粒通常呈链状排列，当这些高负荷颗粒破碎，形成的碎片分布于颗粒间空隙，失去承载力，材料整体破碎变形便会开始[119,98,97,407,266]。颗粒破碎会产生细颗粒从而改变材料级配组成特征，持续的破碎最终会导致材料渗透性减低,造成道路透水能力减低,诱发一系列水毁病害。

另一方面,关于堆石料颗粒破碎的研究已经证明,增加材料孔隙中空气的相对湿度会降低颗粒材料中颗粒的强度。一些学者对脆性材料亚临界裂纹扩展的研究,提出的模型值得借鉴,或有助于开展吸力或相对湿度对颗粒材料裂纹发生、发展的研究[19,94,316,317]。

亚临界裂纹扩展理论以经典的断裂力学理论为基础。该理论将裂纹扩展与应力强度因子 K 联系起来,K 值取决于材料的几何形状、加载模式和所施加应力的强度。Alonso 和 Oldecop[19] 用这个理论解释了为什么时间和应变都会影响颗粒的强度。

图 5-19 显示了相对湿度,亦即基质吸力对颗粒强度的影响[19],根据应力水平的大小,可依次分为三个区域,在每个区域内应力水平均与强度因子 K 正相关。Ⅰ区表示颗粒内部存在裂缝($K < K_0$),但裂缝根本不会扩展;Ⅲ区表示强度因子 K 大于断裂韧度参数 K_c,颗粒瞬间破碎。在中间区域(即区域Ⅱ),裂纹以有限的速度生长。在相同的应力强度因子下,裂纹扩展速度随相对湿度 U_w 的增大而增大。根据该模型,Alonso 和 Oldecop[19] 认为相对湿度是决定水对颗粒强度影响的关键参数。

文献[75]阐述了基质吸力对裂纹扩展以及颗粒材料颗粒强度的影响,如图 5-20 所示。可以看出,随着基质吸力的增加,球形颗粒的强度增强。这一结果与文献[19]中提出的亚临界裂纹扩展机理一致,从而可以解释随着含水率的增加,颗粒材料的破碎劣化加剧。

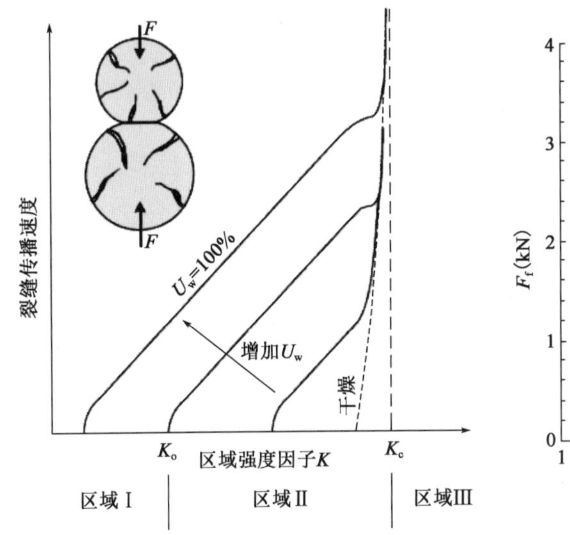

图 5-19　亚临界裂纹扩展曲线示意图及其概念模型[19]

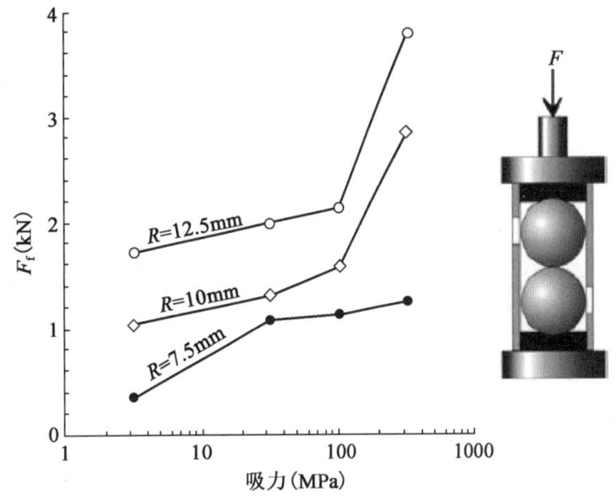

图 5-20　不同粒径颗粒在不同基质吸力作用下的荷载和应力极限

岩石力学领域相关研究指出,颗粒的强度与其大小有关。由于较大的颗粒会包含较长的裂纹,因此颗粒的强度会随着其尺寸的增大而降低。为了分析粒径对颗粒强度的影响,Lee[252] 提出了特征强度的计算公式,如下:

$$\sigma = \frac{F_f}{d_g^2} \tag{5-47}$$

式中,F_f 为颗粒破碎时的临界荷载,d_g 为颗粒直径。可以看出,颗粒强度与其粒径的关系可以表示为[252,283]：

$$\sigma \propto d_g^b \tag{5-48}$$

式(5-48)中的指数 b 通常为负值,表明颗粒强度随着颗粒尺寸的增大而减小。

图5-21a)显示球形颗粒强度与粒径尺寸的关系,并说明了中等相对湿度条件下颗粒的强度与颗粒尺寸负相关。然而,对于接近干燥或饱和态的颗粒来说,相关性并没那么显著。这种分析颗粒强度的方法同样适用于实际颗粒材料,但由于颗粒形态和矿物成分的多样性,实际颗粒材料强度和尺寸的关系离散性大很多[图5-21b)]。因此,颗粒强度分析需要将大量的压缩测试与统计分析结合起来。文献[283]中提出了Weibull概率分布,用于分析强度与尺寸的关系。

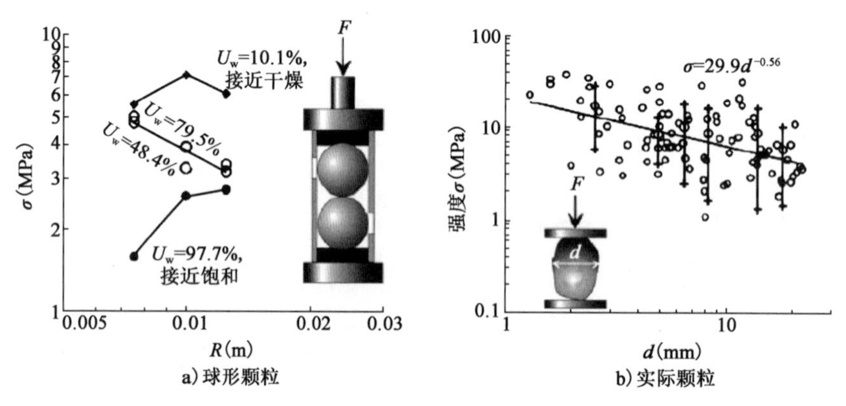

图5-21　颗粒强度与粒径的关系

与颗粒破碎有关的另一个重要问题是破碎后材料整体的颗粒级配分布特点。Bernardo等利用马尔可夫链[79]来描述和分析材料随颗粒破碎的级配演化规律,并建立了级配演化模型。

图5-22显示了球形颗粒破碎后的粒度分布范围[75]。其定义为子颗粒粒径 d_g 与原颗粒粒径 $d_{g\text{-initial}}$ 之比。如图5-22所示,破碎后的颗粒可分为两组:第一组主要是大于原粒径的30%的子颗粒;第二组主要为粒径小于74μm的颗粒。这些颗粒可能来自颗粒的破碎带。

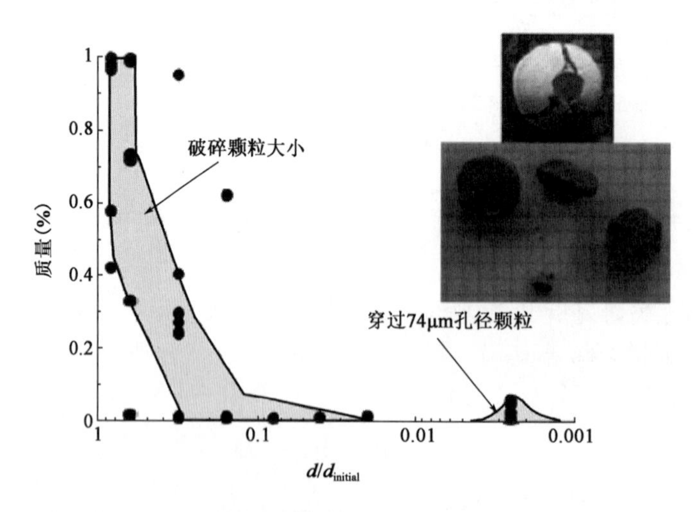

图5-22　颗粒破碎后级配分布

从宏观上来看,道路材料的破碎性能可能与洛杉矶磨耗系数(LA)相关。图5-23a)显示了重型击实试验后颗粒级配与LA之间的关系,可以看出,当$LA=20$时,材料级配变化是最小的,但当$LA=34$和$LA=56$时,级配分布变化更显著。尤其是$LA=56$时,细粉含量增加了29%。如图5-23b)所示,击实20000次和不同应力水平下进行回弹模量试验2000次,材料级配分布变化不大,小粒径颗粒仅有少量增加。然而,考虑到道路工程当中颗粒材料会经受包括旋转在内的大量循环荷载,小颗粒的增加也许只是导致颗粒大量破碎的前兆。

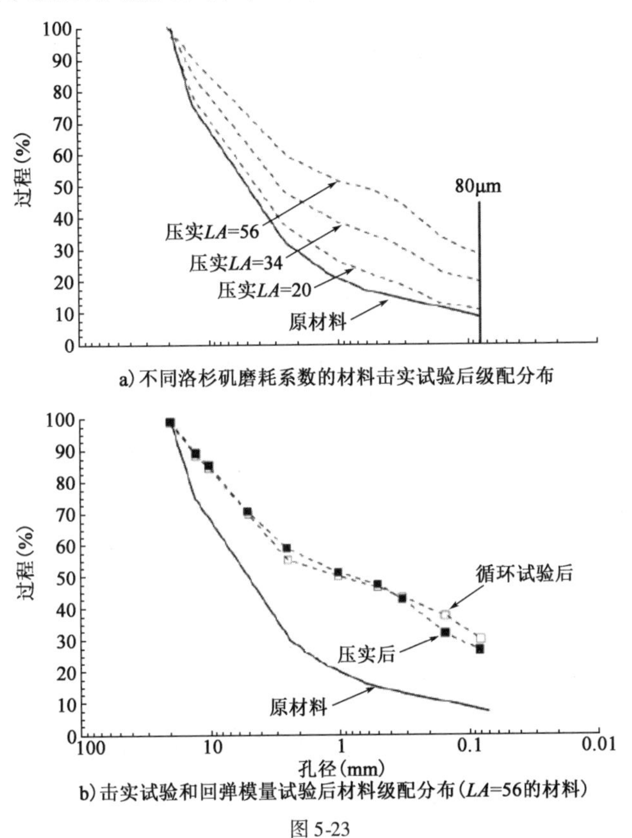

a)不同洛杉矶磨耗系数的材料击实试验后级配分布

b)击实试验和回弹模量试验后材料级配分布(LA=56的材料)

图5-23

5.2　道路材料的室内测试方法

道路工程的耐久性依赖于每层材料的力学和工程性能,普遍采用的评价指标包括颗粒级配、液限和塑限。也有一些结构综合采用其他指标,如亚甲基蓝值和抗磨损特性,可由洛杉矶磨耗试验(LA)或小型德弗尔磨耗试验(MDE)测出。综合考虑各项指标才能最终确定合适的路用材料。

然而,目前与道路相关的研究设计理论和机械分析方法均是建立在弹性层状理论框架下,而路用材料多为无黏性的颗粒材料,导致目前道路设计仍对经验数据依赖严重。

为了避免经验的局限性,不得不引入一些其他测试方法以及确定道路材料的力学响应。较早的,如加州承载比(CBR)试验,目前已得到广泛的应用,但也存在一定的局限性,目前开发出了许多测试工具来克服其局限性,典型的如三轴试验等,下面将展开详细介绍。

5.2.1 CBR 试验

加州承载比(CBR)试验是由美国加利福尼亚州20世纪20年代提出的。材料承载能力以材料抵抗局部荷载压入变形的能力表征。但由于试样变形包含弹性和塑性两部分,因此材料内部的应力和应变分布并不均匀(图5-24)。此外,加州承载比试验将材料的强度和刚度混在一起。由于试件中应力和应变分布的非均匀性,导致加州承载比试验难以真正揭示材料的力学机理。

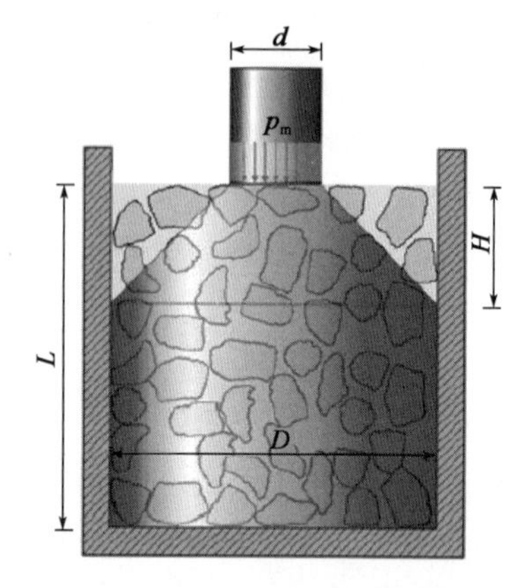

图5-24 加州承载比试验中试样应力分布示意图

尽管加州承载比试验存在以上局限性,但CBR仍是目前最常用的测试方法。采用标准碎石承载力为标准,一般采用贯入量2.5mm或5.0mm时的单位压力与标准压力之比为CBR值,并用百分数表示。

加州承载比试验被认为是测量重载车辆轮胎作用下土体强夯的简单方法,一经提出就很快被佛罗里达州和北达科他州采用[149]。后来,由于它的简便易行,美国国家公路和运输协会官方(AASHTO)于1961年将其作为刚性和柔性公路的设计指南。并在1972年和1993年完成更新并重新发布,目前加州承载比试验仍在世界范围内流行。

自从弹性模量被选为路基路面设计的核心参数之后,一些学者尝试将CBR值与弹性模量建立联系。然而,大量的数据表明两者存在明显的离散性,也有一些学者试图建立CBR值的理论分析模型[287,203]。

加州承载比试验理论研究

如图5-24所示,在进行CBR理论分析时,假设在H深度范围内应力以圆锥形分布,当应力延伸到模具边缘后以圆柱形分布。此种情况下,贯入压头使用这种方法,冲头的总弹性位移由两部分组成,可以得到杨氏模量计算公式如式(5-49)[320]:

$$E = \frac{p_m d}{\Delta h_e D}\left[H + \frac{d(L - H)}{D}\right] \tag{5-49}$$

式中,E为杨氏模量,Δh_e为压头的弹性位移,p_m为压头下应力的平均值,D为压头直径,d为模具直径,L为试样的高度,H为圆锥体的高度。Magnan和Ndiaye[274]建议使用45°作为圆锥体的开口角(假设接近材料的内摩擦角)。当持续加载至CBR=100%(p_m=6.9MPa,Δh_e=0.254cm),由试样尺寸(D=4.94cm,d=15.24cm,L=12.7cm,H=5.15cm)并结合式(5-49)可得出E=66.9MPa。

利用接触力学模型也可以建立CBR试验模型。事实上,CBR试验与冶金领域普遍采用的压痕试验类似,圆形压头压入弹性半空间体是一个非赫兹接触问题。Sneddon于1948年提出了其贯入过程和应力分布的理论解。压头对试件施加的平均压应力:

$$p_m = \frac{F}{\pi a^2} \tag{5-50}$$

平均压应力p_m是压头压力F和接触半径的函数。压头荷载、压入深度Δh_e和杨氏模量E之间的关系由式(5-51)给出:

$$F = 2aE^{*}\Delta h_{e} \tag{5-51}$$

压头下方的平均压力同样是泊松比 ν 的函数,由式(5-52)所示:

$$p_{m} = \frac{2E\Delta h_{e}}{\pi\alpha(1-\nu^{2})} \tag{5-52}$$

式(1-189)和式(1-190)提供了压头下应力分布 $\sigma_{z}(r)$ 及试件表面变形特征。式(1-189)表示圆柱冲头边缘处的应力集中。实际上,由于圆柱冲头具有明显棱角,因此垂直应力在 $r=a$ 处具有奇异性(即 σ_{z} 趋向于无穷大)。这意味着在圆柱体周边附近存在局部塑性变形(图5-25)。

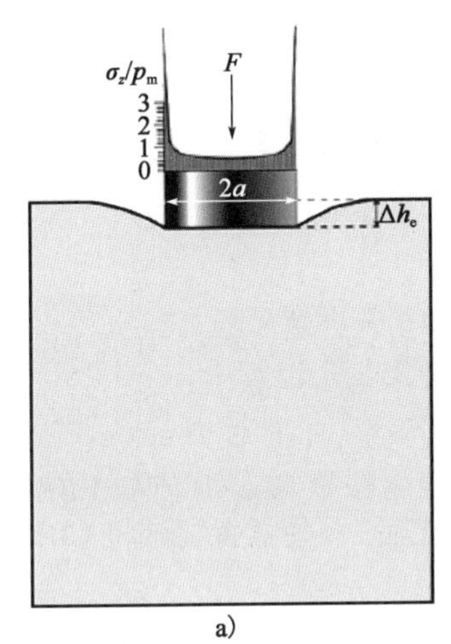

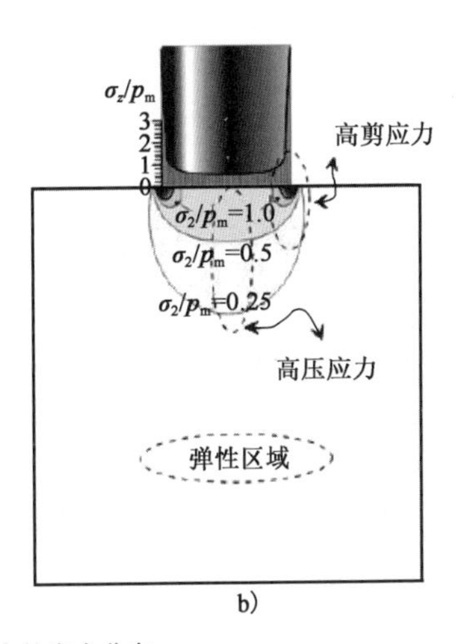

图5-25　CBR模具内的应力分布

利用式(5-52),可以计算杨氏模量。当 CBR = 100% 时,若冲头半径 $a=24.7\text{mm}$,压痕 $\Delta h_{e}=2.54\text{mm}$,平均应力 $p_{m}=6.9\text{MPa}$,设置泊松比 ν 为0.25,就可以算出 $E=98.8\text{MPa}$,CBR和杨氏模量之间的关系变为线性。

基于接触理论的分析仅适用于弹性变形的情况。当考虑其弹塑性行为时,上述分析方程变得更加复杂,并且必须包含诸如屈服应力和硬化机制之类的参数。

对于排水材料CBR试验过程的弹塑性分析:使用弹塑性模型可以算出CBR试件中的应力分布,结果与使用接触理论获得的应力分布相似[287]。实际上,当在CBR压缩过程中使用排水材料时,应力演变为机械行为的三个部分,分为三个区域,如图5-26所示,可以总结为以下三个方面:

(1)压缩应力使得帽子形屈服面扩张,弹性区域扩大。在弹塑性理论中,表征该区域力学特征的参数是超固结应力 p_{p} 和可压缩系数 λ。

(2)当采用摩尔-库伦准则时,在高剪切应力区域,其力学特征可以用黏聚力 c 和内摩擦角 φ 表征。

(3)弹性区域范围内,其应力-应变关系由杨氏模量 E 和泊松比 ν 确定。

文献[287]研究了每个弹塑性参数对CBR测试结果的影响。弹塑性模型中,对于弹性阶段,应力和应变之间的线性关系用杨氏模量 E 和泊松比 ν 表征;对塑性阶段,结合Drucker-Prager破坏准则,利用内聚力 c 和摩擦角 φ 表征。对于超固结状态,该模型用帽子形超固结应

力 p_p 表征,用于描述各向同性压缩屈服特性,并引入压缩系数 λ 表征屈服面移动过程中压缩特性的变化。

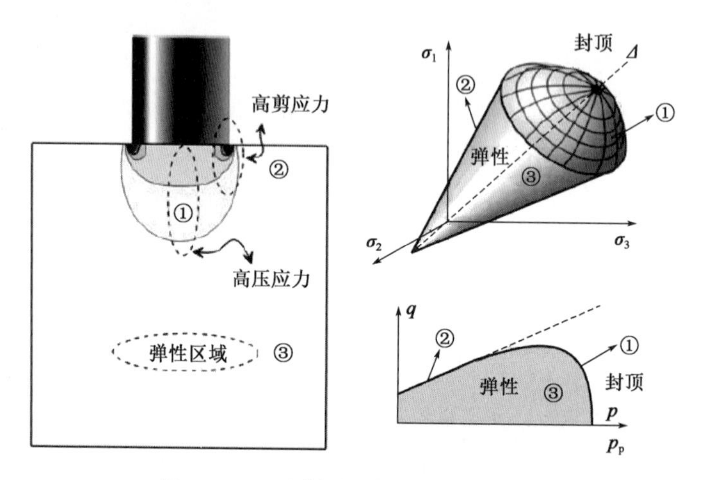

图 5-26 CBR 压缩过程中不同区域力学性能

表 5-3 给出了弹塑性模型中参数灵敏度分析的结果。可以看出:

(1)黏聚力 c 对 CBR 的影响较小,只有当 c 值足够大,才能对 Drucker-Prager 破坏准则产生足够的影响,进而影响 CBR 结果。另一方面,尽管内摩擦角 φ 取值与 CBR 结果关联性不大,但其相关性随着弹性模量的增加而增加。

(2)压缩中的屈服应力和可压缩性也会影响 CBR。在某些情况下,它们的影响甚至可能比杨氏模量更重要。值得注意的是,粒状材料中的可压缩性很大程度上取决于颗粒破碎的难易程度。颗粒破碎难易又取决于颗粒的形状、强度和粒度分布。

(3)杨氏模量 E 对 CBR 结果有重要影响。但如图 5-27 所示,杨氏模量对 CBR 的影响并不是线性的。

排水条件下不同力学参数对 CBR 结果的影响 表 5-3

参　　数	对 CBR 结果的影响	解　　释
黏聚力(c)	↓	只有高黏聚力值才能显著改变破坏准则和 CBR
压缩性指数(C_C 或 λ)	↑	压缩指数越高,CBR 值越低。这是粒子大小和形状的函数
摩擦角(φ)	↗	研究发现,摩擦角对高摩擦角的压实材料的影响很小,但低摩擦角和高模量的材料出现了显著的 CBR 值减少
可压缩的屈服应力(P_p)	↑	屈服应力在低值时与压缩系数高度相关,但其重要性随着其值的增加而降低。这是颗粒破碎和分裂以及颗粒重排的作用
杨氏模量(E)	↑↑	CBR 会随着弹性模量的变化而发生很大的变化,但在压缩过程中,在低屈服应力下不会发生这种变化

注:↑↑表示会大大增加 CBR 值的参数;↑表示会适当增加 CBR 值的参数;↗表示与 CBR 无关的参数;↓表示对 CBR 几乎没有影响的参数。

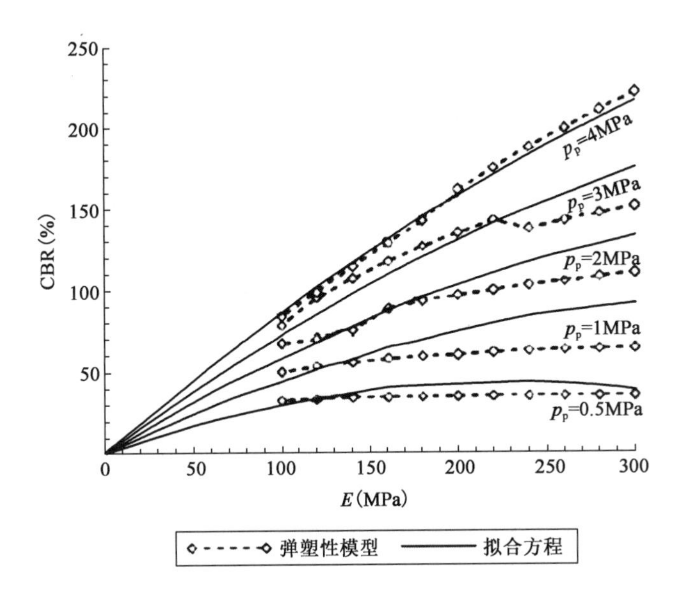

图 5-27 弹塑性模型($\lambda=0.1$)和式(5-53)得出的 E-CBR 关系曲线对比

分析弹塑性模型所得结果,可以得到杨氏模量与 CBR 之间的拟合关系式,主要参数包括固结应力 p_p 和压缩性系数 λ:

$$\text{CBR}(\%) = -1.3\times 10^{-9}\lambda^{0.236}E^2 + (0.002\ln p_p - 0.00086)E \tag{5-53}$$

其中,杨氏模量 E 和超固结平均应力 p_p 以 kPa 为单位。

图 5-27 比较了拟合方程式(5-53)与弹塑性模型的计算结果。但实际上很难直接利用式(5-53)估算杨氏模量,因为它包含 p_p 和 λ 两个参数。然而,图 5-27 所示曲线表明了 CBR 和杨氏模量之间的关系,该关系与材料的压缩性、抗剪强度等其他特性无关。

如图 5-28 所示,总结了目前最常用的杨氏模量与 CBR 之间换算方法:

(1)Magnan 和 Ndiaye 提出的关系理论[式(5-49)];

(2)通过使用接触理论获得两者关系[式(5-52)];

(3)由 Heukelom 和 Klomp[197]提出的 $E(\text{kPa}) = 10340\text{CBR}$;

(4)Nielson 等[311]提出利用经典土力学理论建立 E 与 CBR 关系,即 $E = 689.5\dfrac{0.75\pi a(1-\nu^2)}{1-2\nu}\text{CBR}$。当 $v=0.25$,$a=0.975$ 时,简化为 $E(\text{kPa}) = 1800\text{CBR}$。后来,Nielson 等[311]根据实测数据将方程中的常数从 1800 修改为 2150。

法国公用事业和公共事务专家中心(CEBTP-建筑和公共工程专业知识中心)的指南提出 $E(\text{kPa}) = 5000\text{CBR}$。

美国国家公路和运输官员协会(AASHTO)提出了一个非线性方程:$E(\text{MPa}) = 17.6\text{CBR}^{0.64}$[24]。

对于不排水条件的 CBR 试验弹塑性分析,Hight 和 Stevens[203]对饱和黏土的 CBR 结果进行了研究,指出 CBR 作为评估道路性能的相关指标存在严重缺陷。当然,道路性能取决于材料的刚度,但是 Hight 和 Stevens 进行的分析表明,CBR 结果相近的材料却具有非常不同的刚度。以下几点总结了文献[203]中有关硬质黏土和软质黏土中 CBR 结果。

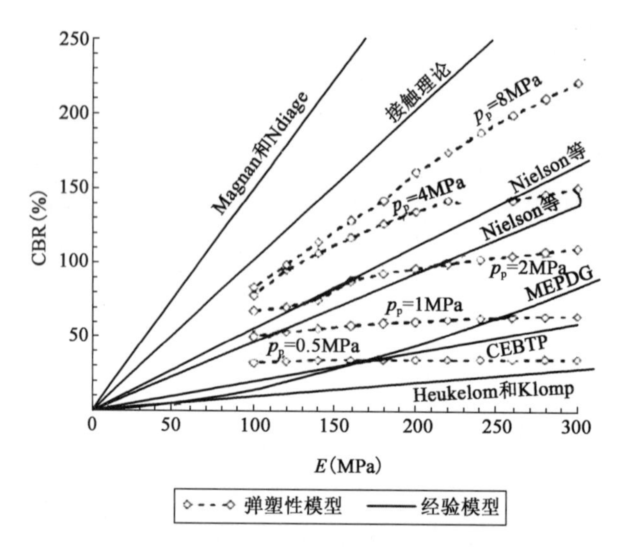

图 5-28　利用 CBR 推算杨氏模量与弹塑性模型计算结果对比

对于坚硬土体而言：

(1)CBR 仅取决于不排水抗剪切强度 c_u，而与刚度无关。在这种情况下，5mm 压入深度即可使材料达到剪切强度，压头下的平均应力接近黏土承载力理论值。Hight 和 Stevens[203] 提出了建议公式 $p_m=5.71c_u$ 和 $p_m=6.17c_u$。

(2)由于 CBR 仅反映抗剪强度，因此其值无法提供有关刚度的任何信息，在这种情况下，可以将 CBR 和 c_u 建立数学关系。

(3)Hight 和 Stevens[203] 指出，考虑到基质吸力的影响，低塑性黏土的 CBR 容易被低估。Fleureau 和 Kheirbek-Saoud 对此做过相应研究[154]。

对于中硬土体而言：

(1)压头的贯入并不能调动土体全部抗剪强度，因此，CBR 值仅反映了材料强度和刚度。

(2)强度和刚度对承载力贡献取决于压头压入深度，压入越深，承载比对不排水强度的依赖性越大。

(3)利用承载力计算的 CBR 值偏高。

总之，在任何情况下，构建 CBR 和刚度之间的关系都必须谨慎，材料的刚度最好是直接测得。

5.2.2　小变形情况下的刚度特性

岩土构筑物，包括道路和铁路路基、堤坝和地基等的服役性能受土体弹性性能影响很大。

当应变小于 10^{-5} 时称为小应变，目前有多种试验装置可以对土体小应变刚度进行测试，尤其是共振柱试验。目前，弯曲单元技术在土力学中得到了广泛的应用，因为它提供了可以有效评估小应变岩土材料刚度的方法。最常见的弯曲元件测试装置是由 Shirley 和 Hampton 开发的[368]。它通过测试剪切波的传播特征，可以进一步推算出土体剪切模量。G. Lings、Greening 等[263,301] 对此进行了改进，开发出了一种改进的弯曲测量装置，该装置可以同时测量剪切波和压缩波波速，从而可以实现用同一试样确定两个独立的弹性常数。如图 5-29 所示，在三轴仪顶盖和底板中安装有两个压电陶瓷换能器,可直接测量压缩波(P 波)和剪切波(S 波)。电脉冲激发上部原件产生由上到下的剪切波,与此同时,被电脉冲激发的下部原件产生由下到上的压缩波。

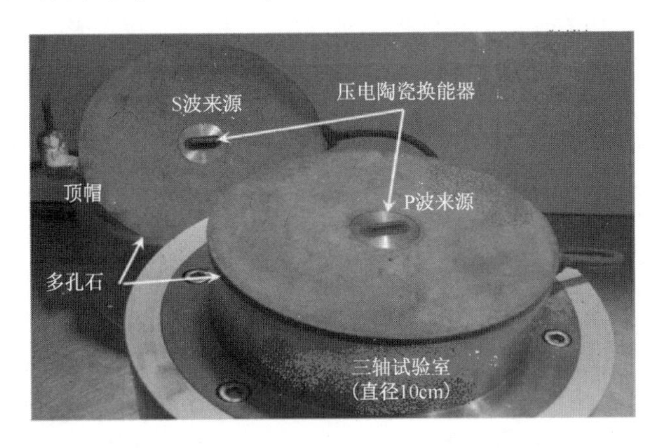

图 5-29　弯管机延伸元素

在无侧限调价下进行试样弹性特性测试经常会用到另一种设备——GrindoSonic 材料测试仪。该设备常用于黏结材料,例如混凝土。它利用塑料锤的打击在试样内产生短暂的瞬态振动波。该设备包含一个检测振动的检测器,通过改变锤击和检测器的位置来获得两个脉冲模式(扭转和弯曲)下试验弹性参数。利用基本共振频率推导出剪切波和压缩波波速。

如图 5-30 所示,利用改进的弯曲测量装置测得的杨氏模量和剪切模量随着净应力($\sigma_3 - u_a$)和基质吸力($u_a - u_w$)的增加而增加。这一规律与赫兹理论的分析结果完全一致。文献[301]详细介绍了非饱和材料在弹性压实阶段,基质吸力与应力水平之间的关系。

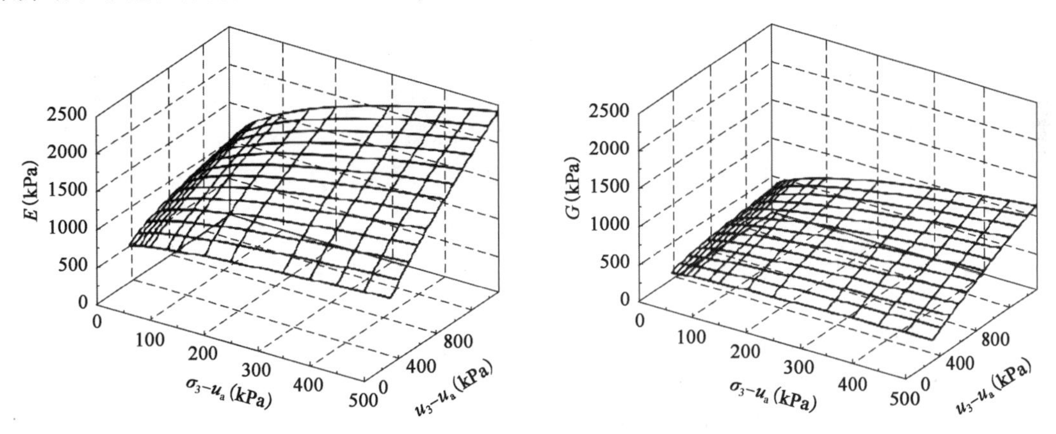

图 5-30　砂土和黏土混合料杨氏模量和剪切模量

5.2.3　大小应变的过渡阶段

对小应变向大应变的过渡阶段的研究多适用于单调加载情况,对循环加载条件并不适用。Homsi[207]建立了颗粒间细观接触特性与连续介质材料宏观力学行为之间的关系。在他的研究中,Homsi 利用高精度小应变三轴仪测试了直径 2mm 的玻璃珠的应力应变特性。如

图 5-31a)所示,随着轴向应变的增加,割线模量逐渐降低,玻璃珠样品的弹性极限应变约为 2×10^{-5}。Seed 等人[363]也得到了类似的结果。

当我们将土动力学相关理论应用到地震工程中,根据应变特点来确定杨氏模量和剪切模量也是非常有意义的。对于道路材料,杨氏模量的变化通常用应力来表示。对于此类方法,模量可由偏应力和平均应力 q/p 或八面体剪应力 τ_{oct}之间的关系获取。因此,弹性域在主应力平面上形成一个圆锥体,如图 5-31b)所示。根据单调加载三轴试验所得偏应力与轴向应变曲线,可以得到小应变时的割线模量。然而,为准确获取小应变数据,需要对三轴仪进行改进。

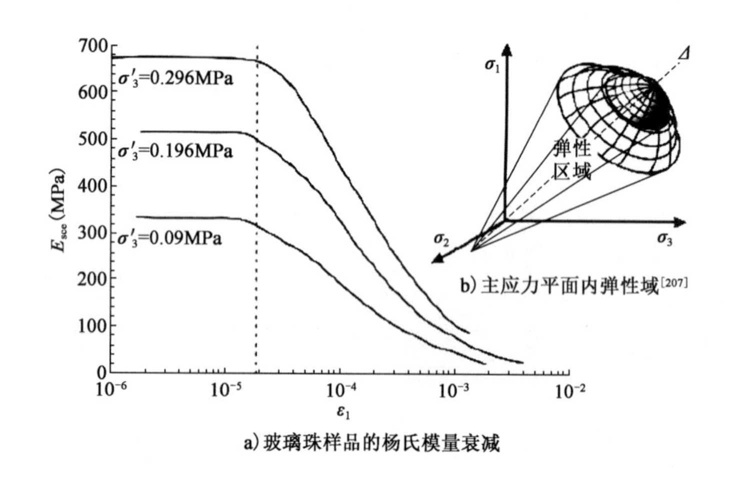

a)玻璃珠样品的杨氏模量衰减

b)主应力平面内弹性域[207]

图 5-31

(1)局部应变量测:局部应变的量测需要在试样中心区域放置精度更高的传感器。图 5-33a)所示为巴黎中央学校三轴仪,该设备安装有多个用于测量试样轴向应变的 LDT 传感器。通过使用图 5-33a)中所示的变形带,这些 LDT 传感器也可以获取径向应变数据。东京大学开发的 LDT 传感器具有可变形的铍青铜片,其上装有应变计,构成了完整的惠斯通电桥。也可参见文献[174]获取更多关于 LDT 测量的详细信息。

(2)内部荷载测量:将荷载传感器放置在压力室内,直接与样品接触,有效避免了各部件之间摩擦的影响。

将具有高进气压力的陶瓷垫片放置在样品底部,使得三轴仪可以用于非饱和试样的测试。这种陶瓷垫片也可以测量 0~50kPa 的负孔隙水压力($u_a=0$ 和 $u_w<0$),也可通过在样品顶部施加更高的压力来增加基质吸力。

如文献[107]所述,割线模量和高密度粒状材料的轴向应变关系曲线可以分为两部分:割线模量一直增长到峰值的剪缩部分和之后模量减小的剪缩部分(图 5-32)。

Coronado[106]探讨了压缩过程中围压对割线模量的影响。可以看出,偏应力与轴向应变的关系曲线呈凹形,割线模量随着应变的增加而增加[图 5-33b)]。实际上,杨氏模量取值与围压有关。不同围压情况下杨氏模量与轴向应变之间的关系曲线如图 5-33c)所示。当围压为零,随着轴向应变的增加,杨氏模量维持一段的恒定,之后逐渐增大至最大值并进入剪胀阶段。

对于较高围压下轴向加载的情况,杨氏模量从恒定值开始,逐渐减小至最小值,之后由剪缩转化为剪胀,杨氏模量增加至最大值。轴向应变为 10^{-5} 以内的三轴试验过程中,割线模量与围压呈线性关系,如图 5-33d)所示。

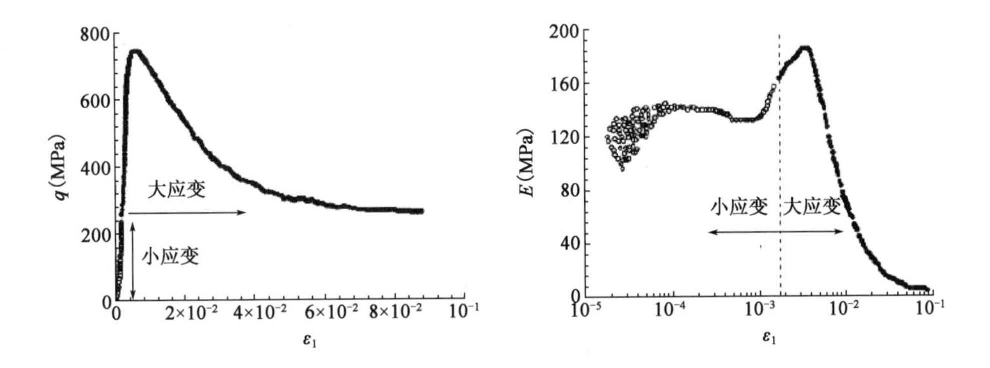

图 5-32　三轴试验过程中应力应变关系及相应的割线模量[106]

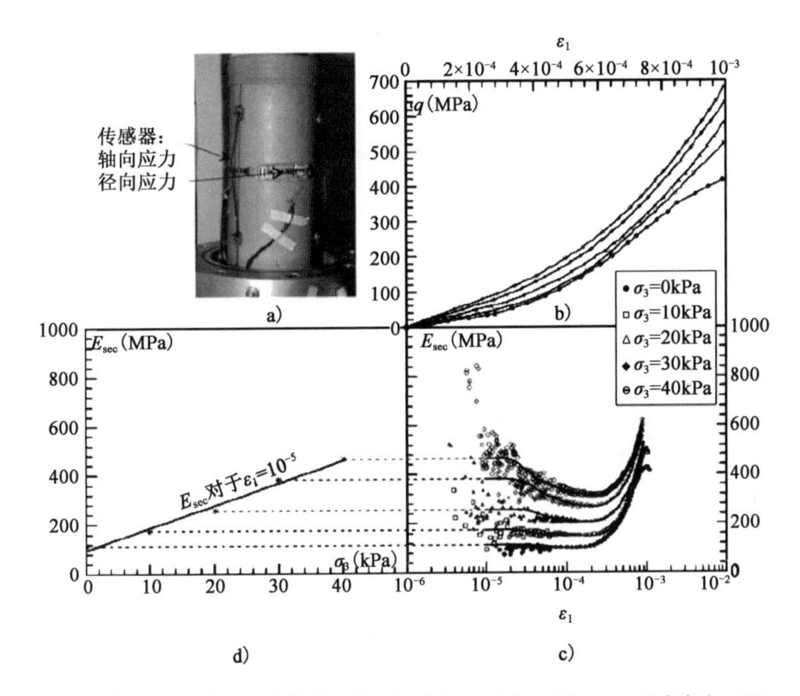

图 5-33　单调加载情况下割线模量(塑性指数为 3%,细粉含量为 10%,含水率为 2.8%)

5.2.4　循环加载试验

道路材料在循环荷载条件下的力学特性,是道路工程领域重要的研究课题。其中涉及岩土材料力学性能的研究,主要有两类方法:

(1)通过测试材料参数来调整本构模型,通常适用于所有加载路径。

(2)通过室内试验再现材料的现场应力路径,对材料的力学响应进行试验室测量。

道路材料力学性能的研究多采用第二种方法。因此，有必要首先了解汽车行驶过程中车轮对道路结构的施荷情况。如图 5-34 所示，对于图 5-34b）道路结构，当有移动车轮经过，利用 Burmister 模型可以得到道路结构单元受荷情况，具有如下特征：

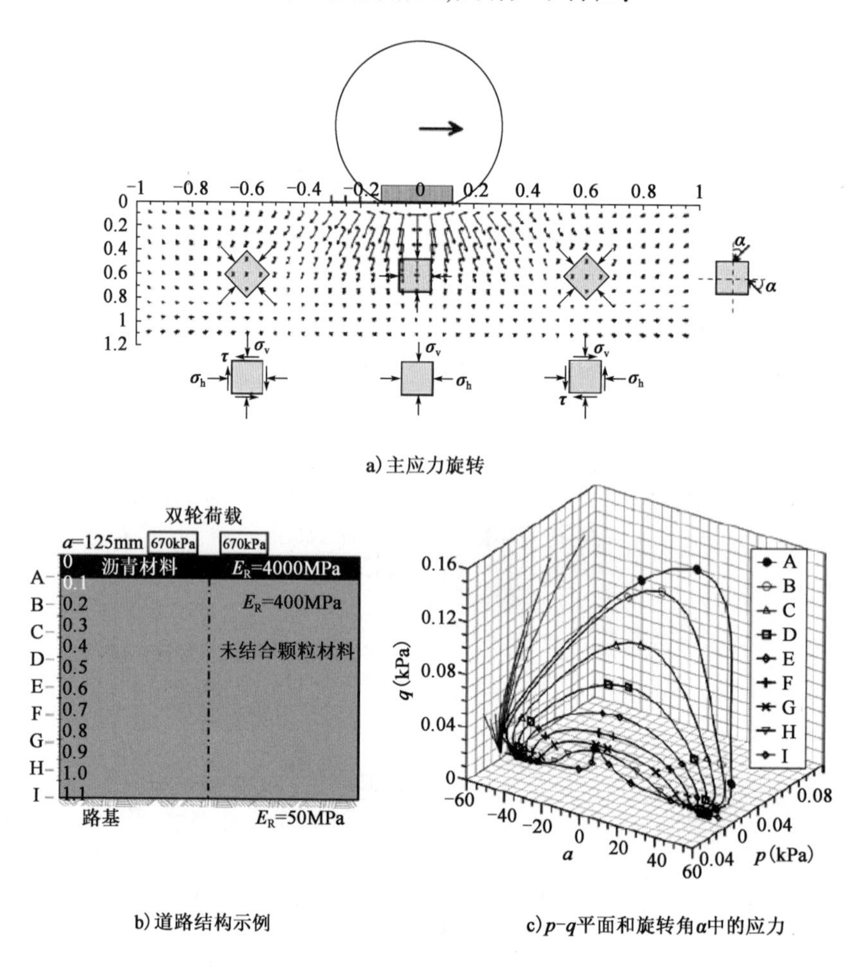

a）主应力旋转

b）道路结构示例

c）p-q平面和旋转角α中的应力

图 5-34　道路结构中的应力

（1）当车轮行驶至分析点正上方，垂直和水平应力从略大于零增加到最大值。

（2）剪应力也从接近零开始，随着车轮接近，逐渐增加至最大值，但由于对称性，当车轮位于分析点正上方时，剪应力减小到零。

（3）在 p-q 应力空间内，单元受力从零增加到最大值的速率，取决于分析单元的深度和第一层的厚度（图 5-34 中模型为沥青路面）。

（4）当车轮靠近时，剪应力和垂直应力的变化产生主应力的旋转，如图 5-34a）所示。该旋转量可由图 5-34c）中的角 α 表示，α 的计算公式为 $\alpha = \frac{1}{2}\tan^{-1}\frac{2\tau}{\sigma_v - \sigma_k}$。

图 5-35b）显示了路面结构不同位置处单元的应力路径特征。需要注意的是，平均应力 p 的值较低时，会出现较高的偏应力 q。这一现象表明对于沥青层来说，集料组分既需要有足够的刚度又需要有足够的强度；既需要较大的摩擦角，也需要通过水力或沥青黏结力来增加黏聚

力。此外,图 5-35b)中的某些应力路径中平均应力 p 显示为负值,这是由于计算模型中采用弹性假设引起的。

动三轴试验是测量道路材料弹塑性特性最有用的方法,三轴仪可以有效地模拟汽车行驶过程中道路特定结构层的应力路径。如图 5-35b)所示,应力路径从 p-q 平面的原点开始,近似直线发展。利用三轴装置再现这种应力路径要求需要随时控制围压的变化,欧洲标准 EN 13286-7A[图 5-35c)]对此有详细的说明。然而,由于控制围压技术的复杂性,三轴试验在恒定围压条件下也可以采用标准 EN 13286-7B 和 AASHTO T307 推荐的方法,如 5-35d)所示。

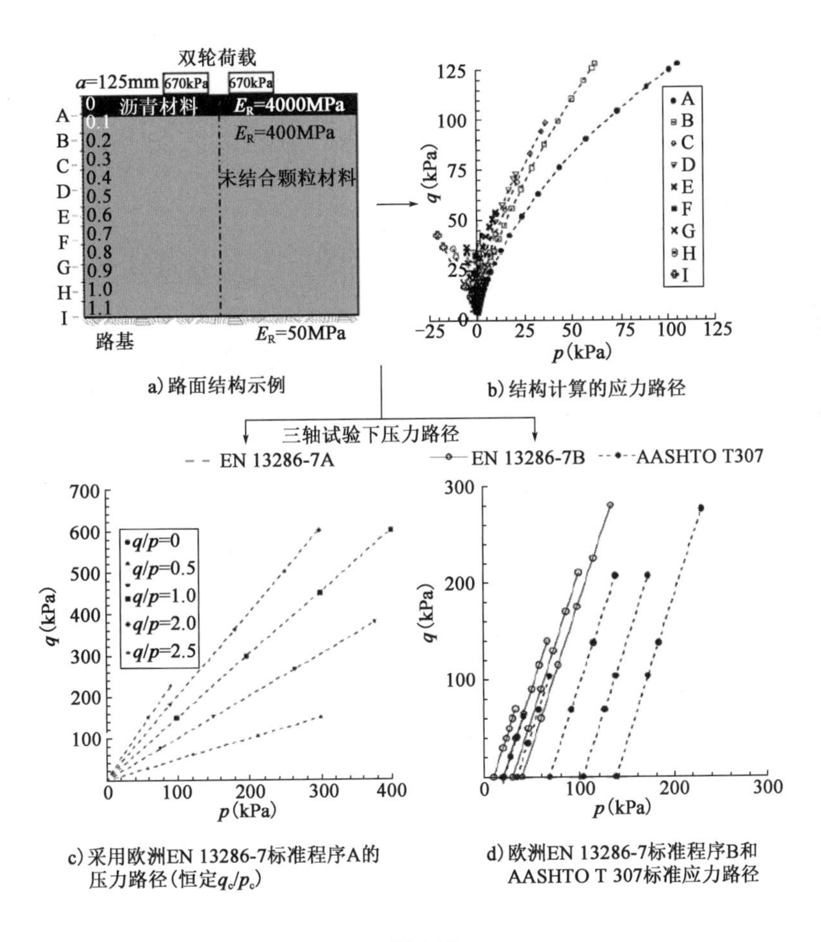

图 5-35

EN 13286-7B 和 AASHTO T307 标准包括两个阶段:

(1)第一阶段是对材料施加高水平的应力和 20000 个循环(对于 EN 标准)或 500 ~ 1000 个循环(对于 AASHTO 标准)。这一做法的目的是使材料的永久变形变得稳定,并使材料的弹性响应阶段稳定。

(2)第二阶段是通过一系列的循环加载(通常 100 次循环)在多种压力比条件下测试其弹性响应特征。

欧洲标准同样包括两个程序：

（1）程序 A 中围压可变：应力路径在前处理阶段应力路径从 p-q 坐标原点至最大围应力 $\sigma_{3c}=110\text{kPa}$，低应力水平时偏应力 $q_c=300\text{kPa}$，高应力水平时偏应力 $q_c=600\text{kPa}$。

（2）程序 B 围压恒定：在前处理阶段，最大恒定围压 $\sigma_{3c}=70\text{kPa}$，低应力水平时偏应力 $q_c=200\text{kPa}$，高应力水平时偏应力 $q_c=340\text{kPa}$。

图 5-35d）展示了 AASHTO T307 和 EN 13286-7 标准所得应力路径的对比。EN 标准要求材料具有更高的强度，以在低平均应力 p 时承受更高的偏应力 q。当沥青面层较薄时，EN 标准所得应力路径和计算所得应力路径一致。然而，对于这些极限荷载路径，测试时还需要考虑毛细现象的影响，例如在含水率为 2% 的情况下进行试验时。

前期准备阶段是为了模拟现实铺设过程中材料应力环境。20000 次循环加载保证材料弹性阶段性能稳定（图 5-36）。当按照 AASHTO 标准的建议仅使用 500～1000 次加载循环时，塑性应变的缺失则影响不大［图 5-36b）］。材料的弹性响应由其轴向和径向应变所定义（图 5-37）。模量可由割线公式计算：

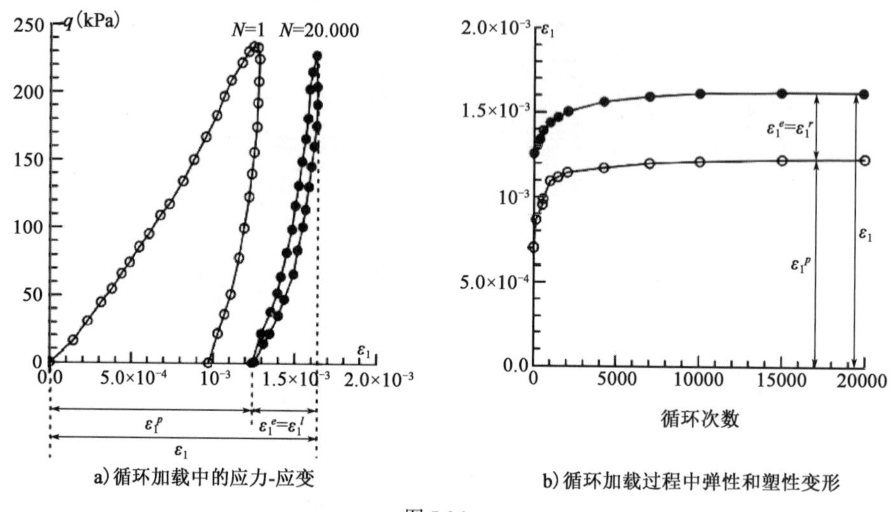

a）循环加载中的应力-应变

b）循环加载过程中弹性和塑性变形

图 5-36

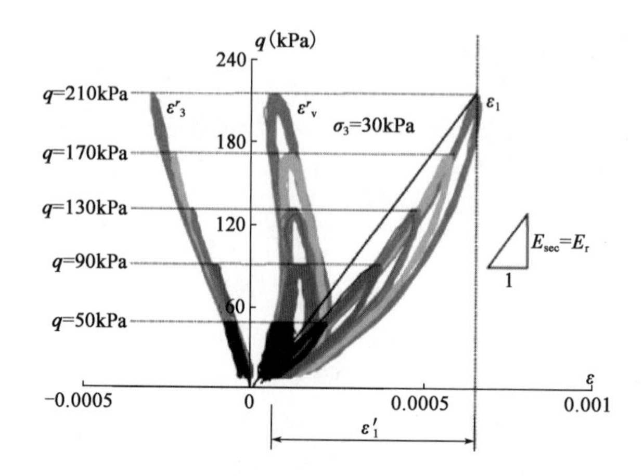

图 5-37　弹性阶段的应力应变特性持续 σ_3

$$E_r = \frac{q_c}{\varepsilon_1^r} \quad (杨氏弹性模量) \tag{5-54}$$

$$\nu_r = \frac{\varepsilon_3^r}{\varepsilon_1^r} \quad (泊松比) \tag{5-55}$$

$$K_r = \frac{p_c}{\varepsilon_v^r} \quad (体积变形模量) \tag{5-56}$$

式中,q_c 和 p_c 分别为循环加载偏应力和平均应力,ε_1^r、ε_3^r、ε_v^r 分别为弹性轴向、径向和体积应变。在道路材料领域,弹性割线模量通常指弹性模量。

图 5-38 比较了粒状材料在两个测试程序中呈现出的永久应变和弹性模量(恒定围压和恒定 q/p 路径)。

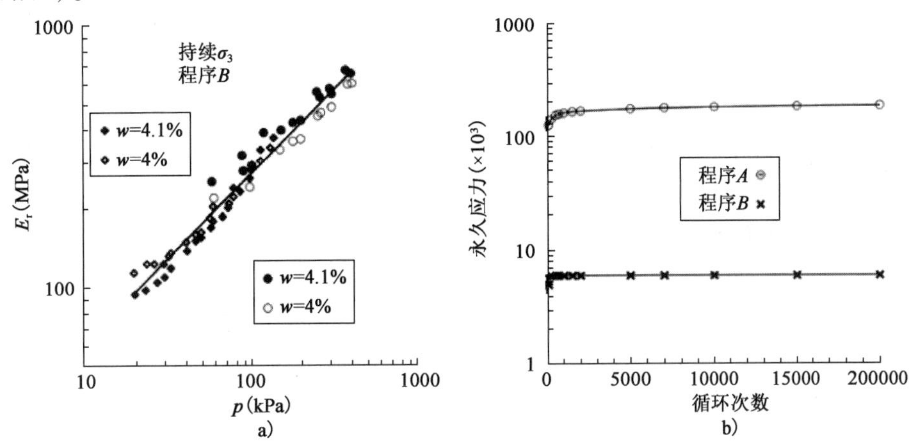

图 5-38　程序 A 和程序 B 所得粒状材料弹性模量和永久应变对比

图 5-38a)展示了使用两种程序所获得的弹性响应的结果,均可以用幂函数描述回弹模量 E_r 和平均正应力 p 关系。换句话说,材料的弹性性能与测试方法无关,因此程序 B 更简单,使用恒定围压更具有现实意义。然而,两种方法在前期循环预处理阶段所得永久应变存在很大差别,如图 5-38b)所示。

5.2.5　单调加载和循环加载对比

分析材料单调加载和循环加载响应差异是非常重要的。图 5-39 绘制了不同围压条件下经 20000 次循环处理后的割线模量曲线。其中,轴向应变 10^{-5}、10^{-4} 和 10^{-3} 对应的点用直线连接并叠加在这些曲线上;三轴循环试验得到的弹性模量用“循环”标记。

可以看出,应变 10^{-4} 时单调加载试验所得弹性模量与循环三轴试验得到的弹性模量具有良好的相关性。这一结果表明,可以在小应变的条件下利用单调加载的方法获取道路材料循环加载时的弹性模量[106]。

5.2.6　道路材料复杂力学特性

如图 5-34 所示,车辆动荷载会引起材料主应力场的连续旋转。在三维空间中,应力场用主应力(σ_1,σ_2,σ_3)及其方向描述。另外,应力场也可以用应力不变量(p,q)描述,或者用中间

应力参数 b 和主应力的旋转角 α 来描述。其中，$b=(\sigma_2-\sigma_3)/(\sigma_1-\sigma_3)$，$\alpha=1/2\tan^{-1}\dfrac{2\tau}{\sigma_1-\sigma_3}$。

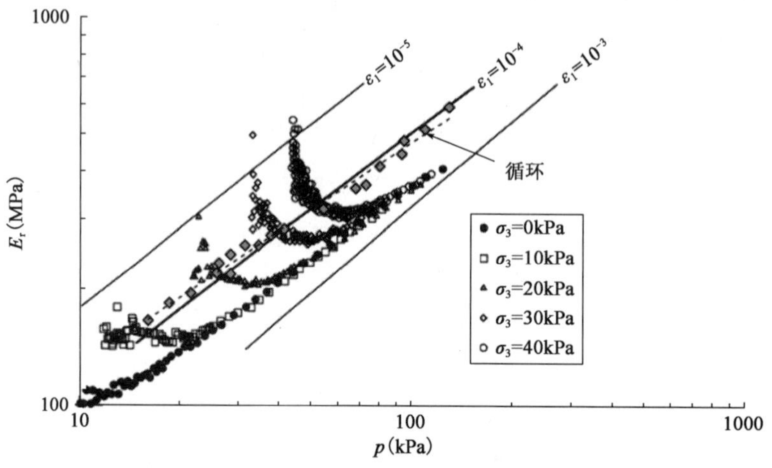

图 5-39　割线模量与单调、循环加载条件下平均应力的关系[106]

根据 Wong 和 Sayao 等[438,361]研究结果，主应力的连续旋转增加了剪切应变和体积应变的大小。然而，即使主应力旋转是目前材料本构理论研究的一个重要课题，目前仍没有可以实现主应力旋转加载条件的试验设备。

尽管主应力旋转对松散粒状材料的响应有明显影响，但常规三轴试验研究往往被忽略[401]。Saada 等[354]指出，三轴压缩试验（TC）和三轴拉伸试验（TE）的主应力分别为轴向和径向（$\alpha=0°$或者 $\alpha=90°$）；另一方面，在真三轴试验（TT）中，主应力的方向与施加的荷载保持一致。图 5-40 显示了使用不同测试设备在（b，α）平面上可以实现的应力路径。

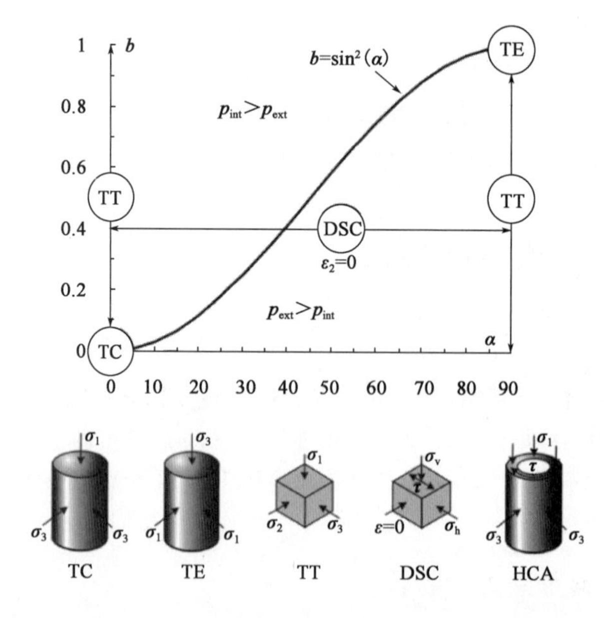

图 5-40　在（b，α）平面，不同试验设备所得应力路径

使用定向剪切试验（DSCs）或空心柱试验（HCAs）可以在一定程度上实现主应力的连续旋

转[28,93]。对 HCAs,可以通过改变圆柱体上的内外压力,较好地实现不同主应力方向、α 和不同中间主应力参数(α,b)的各种应力路径。

在过去的几十年中,大多数 HCAs 开发的都是小尺寸的设备,难以对道路常用无黏结颗粒材料(UGM)开展测试。这就需要设备能够容纳较大的试样尺寸,一个足够大的空心圆柱体以避免干扰应力分布,以及为了更好再现移动车轮产生的应力而变化的可变围压控制系统。

图 5-41 所示为洛杉矶安第斯大学大型空心柱试验设备,其中最大颗粒尺寸为 25mm。然而,在这种尺寸的空心柱中应用可变围压应力需要较大的围压室。另一种可以控制围压的方法是采用可变形环[80]。试样被钢圈限制,钢圈用滚珠轴承隔开以便钢圈自由旋转。这种方法可以大大减少扭转摩擦。

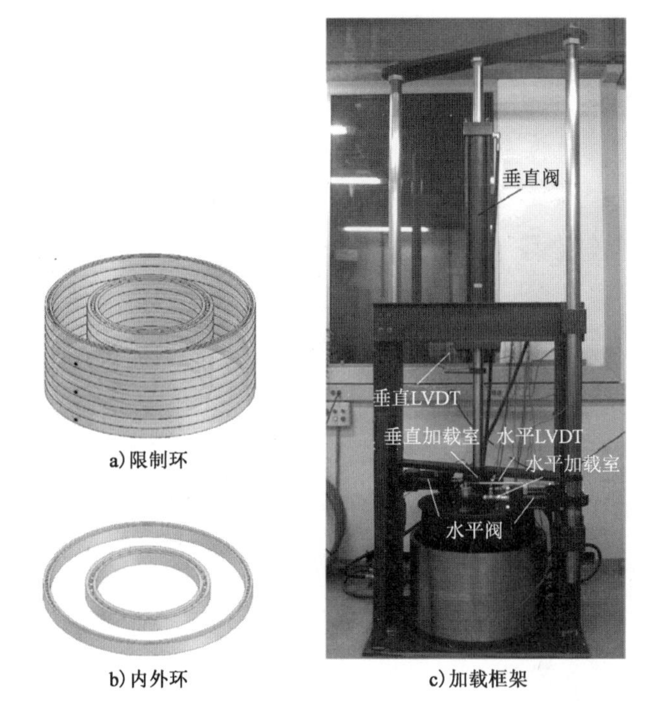

图 5-41 洛杉矶安第斯大学的大型空心柱试验系统[80]

(内半径 226.5mm,厚度 125mm,高度 500mm)

HCAs 允许垂直应力和剪切应力任意组合,对道路工程材料而言,首先需要选择一个尽可能接近车辆荷载的应力组合。

车辆荷载在道路结构内产生的应力与许多变量有关,包括车轮荷载、各结构层厚度、深度和道路结构不同层的刚度等。因此,用特定道路结构开展室内试验所得结果的推广价值有限。此时,可以利用布辛尼斯科解得到简化半无限空间中剪切应力与竖向应力关系。在点荷载 P 的情况下,应力状态由式(5-57)和式(5-58)描述(这里 σ_z 和 τ 是由一个作用在路表面的移动荷载产生的垂直应力和剪切应力)。在这些方程中,z,r,R 定义了计算应力点的位置,如图 5-42 所示。

$$\sigma_z = \frac{3P}{2\pi}\frac{z^3}{R^5} \tag{5-57}$$

$$\tau = \frac{3P}{2\pi}\frac{\rho z^3}{R^5} \tag{5-58}$$

Boussinesq 方法可以在计算应力时考虑主应力连续旋转的影响。对于 HCAs 中施加的垂直应力和剪切应力,垂直应力 σ_z 可以通过使用周期函数(例如正弦函数)来定义,剪切应力 τ 被定义为垂直应力的函数,利用式(5-58)确定。图 5-43 显示了当 $\sigma_z = \sigma_{z\max}|\sin(\omega t)|$(其中 ω 为角频率,t 为时间)时的垂直应力和剪切应力结果。

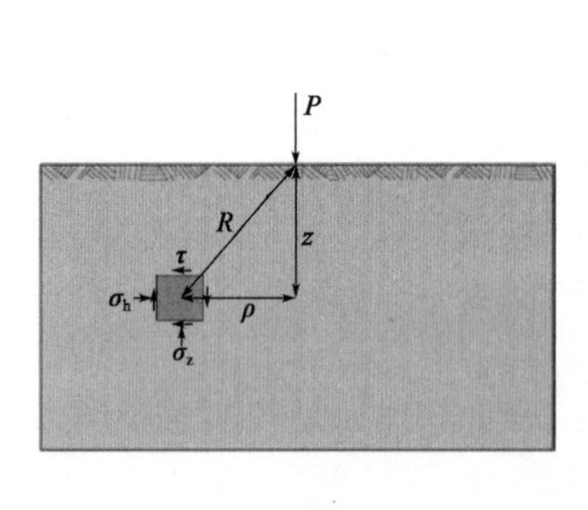

图 5-42 计算点的几何位置

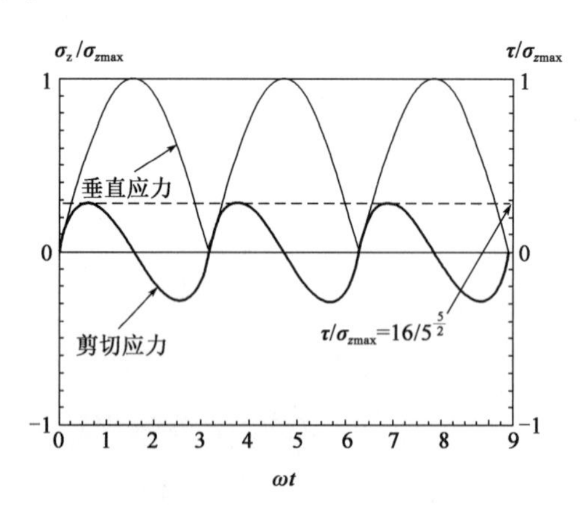

图 5-43 利用 Boussinesq 解得到动荷载产生的剪切应力和垂直应力

图 5-44 给出了 HCAs 循环加载过程中 p、q、α 平面上的应力路径,以及中间应力参数 b 与转角 α 的关系。包括具有矩形而非图 5-34c)所述钟形应力路径。尽管有这种差异,空心柱试验仍是目前可以较好模拟车辆荷载引起主应力连续旋转的试验设备。

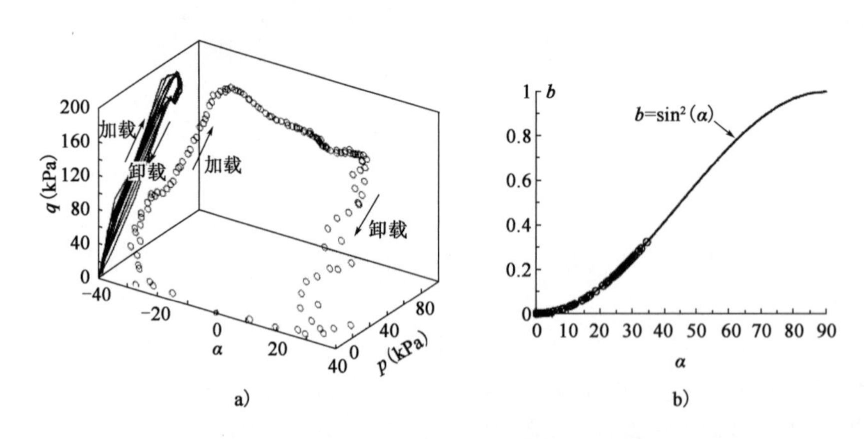

图 5-44 应力路径在 p、q、α 平面和参数 b 与 α 关系

由于剪切应力对部分颗粒产生挤压作用,加载后可以看到颗粒尺寸分布向较小颗粒演化,如图 5-45 所示。

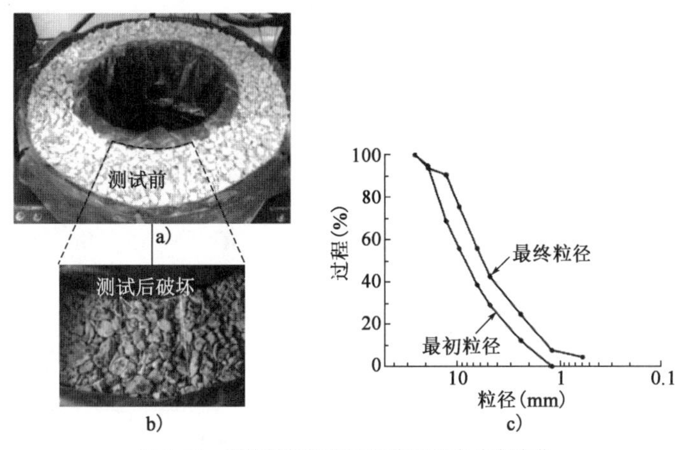

图 5-45　颗粒材料加载后破碎和粒度分布演化

5.3　道路材料的力学模型

20 世纪下半叶,基于纯经验方法的道路设计得到了广泛的应用,但这些方法的适用性有限。如今,通过数值或力学分析方法,可以将更多的材料应用到道路工程中。然而,这些新理论、新方法要求我们认识新材料的力学行为。

考虑到道路设计施工的最终目的是保证道路结构中所有材料均处于弹性域内,因此了解材料的弹性特性就至关重要。然而,完全揭示非束缚材料的弹性特征需要在非常小的应变($\varepsilon \leqslant 10^{-5}$)条件下开展研究,这将要求在实际道路结构层中非常厚。另一方面,道路结构也会承受超过其弹性极限的变形,并在每一个加载周期产生不可逆的积累塑性变形。因此,为了克服这两个相互矛盾的问题,研究道路结构永久变形特性是道路工程另一个重要课题。如图 5-46所示,对道路材料合理的力学描述,既需要表征其弹性响应特征 ε_r,也需要表征其塑性变形 ε_p 特征。

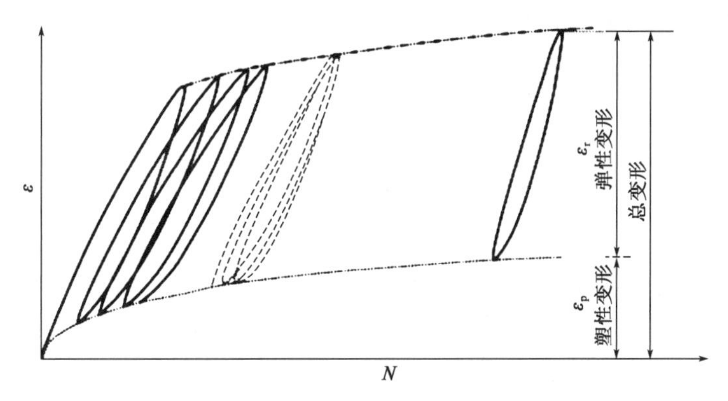

图 5-46　循环加载过程中弹、塑性变形及其演化规律[146]

5.3.1　弹性模型

根据第 5.1 节中微观力学和宏观力学之间的关联性分析(图 5-47),道路材料弹性模型主要包括以下几个状态变量:

(1)空隙率或密度;

(2)平均应力和偏应力;

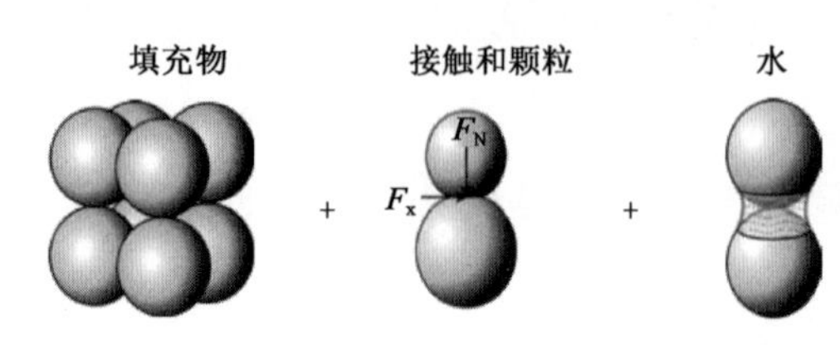

水平					
水平	微观		分散性 固相分散 连接度 各向异性	形状、光滑性 弹性系数强度	毛细管的形状
	宏观	材料参数	颗粒级配 球度或圆度	内摩擦角 球度或圆度 强度、耐磨性	保水曲线
		状态变量	孔隙比或干密度	平均应力和偏应力 应力历史	基质吸力 含水率

图 5-47　微观力学和宏观力学特性之间关联性示意图

(3)基质吸力和含水率。

早期对弹性模量的研究建立了与应力有关的方程,其中多是对试验数据的经验分析,它们大部分内容与赫兹模型类似。

第一个弹性方程是 Dunlap 在 1963 年提出的[141]。他认为弹性模量与围压应力 σ_3 有关,如式(5-59)所示:

$$E_r = k_1 p_a (\frac{\sigma_3}{p_a})^{k_2} \tag{5-59}$$

式中,k_1、k_2 为拟合系数,p_a 为参考压力(通常为大气压或 100kpa)。

1967 年,Monismith、Brown、Pell 和 Seed 等[292,69,364]将弹性模量与主应力 θ_b 相关联,提出了著名的 K-θ 模型。其中,θ_b 表示体模量 $\theta_b = \sigma_1 + \sigma_2 + \sigma_3$。

$$E_r = k_1 p_a (\frac{\theta_b}{p_a})^{k_2} \tag{5-60}$$

这些模型的主要缺点是,它们不考虑加载过程中产生的剪应力或应变。这些模型在描述低应变的颗粒材料是比较准确的,但由于细粒土在加载过程中会经历高应变,并导致刚度降低(如第 5.2.3 节所述),这些模型精度降低。针对此情况,Moossazadeh 和 Witczak[294]在 1981 年提出了偏应力模型 K-q。它使用循环偏应力 q_c 作为主要状态变量。

$$E_r = k_1 p_a (\frac{q_c}{p_a})^{k_2} \tag{5-61}$$

May 和 Witczak[282]考虑剪应力和围压的同时作用,对该模型进行了改进,如下:

$$E_r = k_1 p_a (\frac{\theta_b}{p_a})^{k_2} (\frac{q_c}{p_a})^{k_3} \tag{5-62}$$

后来,Uzan[404]提出使用八面体剪应力 τ_{oct} 来代替 k_1-k_3 模型。由于方程式仅限于表示剪切应力和围压应力的综合效应,这个名字有时会造成对模型的误解。

$$E_r = k_1 p_a \left(\frac{\theta_b}{p_a}\right)^{k_2} \left(\frac{\tau_{oct}}{p_a} + 1\right)^{k_3} \tag{5-63}$$

通过回归分析得到系数 k_1、k_2 和 k_3。这些系数与材料性质有关,具体如下:

(1)k_1 的分析见第5.1.1节。该系数与颗粒的弹性特征、材料的密度、孔隙比 e 和泊松比有关。由于 k_1 与材料的弹性模量成正比,故总是正的。

(2)k_2 描述了颗粒之间接触特性,如第5.1.1节所述。对于球形颗粒而言,其值为1/3,对于平面接触,其值为0.5。另一方面,当颗粒之间的接触有其他联结力或毛细桥时,系数 k_2 值减小;当联结力足够大时,k_2 取值可以减小到零。

(3)k_3 表示随着剪切应变或应力的增加,杨氏弹性模量减小。对于小应变(即低于真正的弹性极限)而言,这个系数为零或取成负值。这表明,增大剪应力会降低材料的刚度。

上述所有方程式均明确说明了密度或空隙率对系数 k_1 的影响。Tatsuoka 和 Gomes-Correia 的几篇文章提出了利用表5-2中给出的关系来考虑空隙率对颗粒材料的影响。他们还证明了杨氏弹性模量是加载方向上施加应力的函数[208,392,390,389,173]。因此,弹性模量取决于加载应力 $\sigma_v = q_c + \sigma_3$ 和空隙率 e,如式(5-64)所示:

$$E_{rv} = k_{E_v} p_a \frac{(2.17 - e)^2}{1 + e} \left(\frac{\sigma_v}{p_a}\right)^n \tag{5-64}$$

系数 n 为模型参数,其意义与 k_2 相似。

力学-经验路面设计指南(MEPDG 2004)[24]建议使用通用式(5-63)来估计最佳含水率下的弹性模量,然后使用以下公式修正($E_{r\text{-opt}}$)的值,以评估水在降低弹性模量方面的作用:

$$\log \frac{Er}{E_{r\text{-opt}}} = a + \frac{b - a}{1 + \exp\left[\ln\left(-\frac{b}{a}\right) + k_m (S_r - S_{r\text{-opt}})\right]} \tag{5-65}$$

式中,S_r 为饱和度,S_{r-opt} 为最佳含水率时的饱和程度(两者都是小数)。建议的参数值为:

(1)细粒土:$a = 0.5934$,$b = 0.4$,$k_m = 6.1324$。

(2)粗粒土 $a = 0.3123$,$b = 0.3$,$k_m = 6.8157$。

图5-48说明了式(5-65)给出的修正函数的形状。

然而,大量的研究表明,弹性模量和含水率之间的关系高度依赖于土体的类别,此外还必须考虑基质吸力的作用。因此,式(5-65)需要进一步完善。从理论上讲,水的作用取决于颗粒之间毛细管的压力(即基质吸力)和含量(即含水率)。

一些研究提出了杨氏弹性模量随含水率和土体基质吸力变化的估算公式。Han 和 Vanapally[186]将这些方程式归纳为以下三组:

(1)纯经验关系;

(2)基于有效应力原理的本构模型;

(3)应力和基质吸力作为自变量的本构模型。

表5-4给出了文献[186]中总结的一组经验公式,这些公式将弹性模量与基质吸力联系起来。

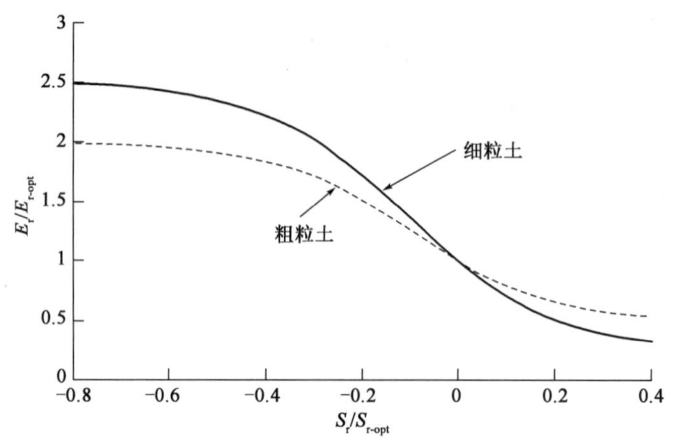

图 5-48 弹性模量的修正系数与饱和度之间的关系[20]

经 验 公 式 法[186]　　表 5-4

$E_r(\text{MPa}) = 1.35\times10^6(101.36-s)^{2.36}J_1^{3.25}\rho_d^{3.06}$	Johnson 等[219]	砂土
$E_r(\text{MPa}) = 14.1q_c^{0.782}s^{0.076}$	Parreira 和 Gonçalves[327]	A-7-6 号红黏土 $0 < s < 87500$kPa
$E_r(\text{MPa}) = 142 + 16.9s$	Cerratti[90]	A-7-6 号天然红黏土 $0 < s < 14$kPa
$E_r/E_{r_{sat}} = -5.61 + 4.54\log(s)$ $E_r/E_{r_{opt}} = -0.24 + 0.25\log(s)$	Sawangsuriya 等[360]	A4 和 A-7-6 号粗粒土 $0 < s < 10000$kPa
$E_r/E_{r_{opt}} = 0.385 + 0.267\log(s)$	Ba 等[33]	粗颗粒材料 $0 < s < 100$kPa

注：J_1 为第一应力不变量，单位是 kPa；q_c 为重复荷载的偏应力，单位是 kPa；ρ_d 为干密度，单位是 mg/m³；s 为基质吸力，单位是 kPa。

基于有效应力原理构建的本构方程使用了毕肖普提出的参数χ，并通过土体微观分析提出相关系数取值。例如，Biarez-Taibi 在 2009 年提出了式(5-44)以及 Khalili 和 Khabbaz 提出的下列经验公式[228]，即式(5-66)和式(5-67)：

$$\chi = \left(\frac{s}{s_b}\right)^{-0.55}，当\ s \geqslant s_b \tag{5-66}$$

$$\chi = 1，当\ s < s_b \tag{5-67}$$

式中，s_b 为进气压力。

另外，基于有效应力原理构建的本构方程考虑到室内试验测定的基质吸力存在偏差的情况，可采用 Hankel 孔隙压力参数 α、β 进行修正。表 5-5 总结了通过有效应力原理构建的方程组来计算弹性模量的方法。

经 验 公 式 总 结[186]　　表 5-5

$E_r = \frac{q_c}{k_1}\left(\frac{c\sigma_3 + s}{q_c}\right)^{k_2}$	Loach[265]	细粒土 $0 < s < 100$kPa
$\Delta E_r = k_1 k_2 \theta_b^{k_2-1}(\Delta\theta_{bT} + \Delta\theta_{bs})$	Jin 等[216]	粒状基层材料

续上表

$E_r = k_1 p_a (\frac{\theta_b - 3\theta f_S}{p_a})^{k_2} (\frac{\tau_{oct}}{p_a})^{k_3}$	Lytton[272]	粒状基层材料
$E_r = k_1 p_a (\frac{\theta_b/3 - u_a + \chi s}{p_a})^{k_2} (\frac{q_c}{p_a})^{k_3}$	Heath 等[194]	粒状基层材料
$E_r = k_1 (q_c + \chi s)^{k_2}$	Yang 等[442]	A-7-5 和 A-7-6 号细粒土 $0 < s < 1000$kPa
$E_r = k_1 p_a (\frac{\theta_b + \chi s}{p_a})^{k_2} (1 + \frac{\tau_{oct}}{p_a})^{k_3}$	Liang 等[262]	A-4 和 A-6 号细粒土 $150 < s < 380$kPa
$E_r = k_1 p_a (\frac{\theta_b + 3k_4 s\theta}{p_a})^{k_2} (1 + \frac{\tau_{oct}}{p_a})^{k_3}$	Oh 等[315]	细粒土和粗粒土
$E_r = k_1 p_a \left[\frac{\theta_b + 3f\theta(s_0 + \beta\frac{\theta_b}{3} + \alpha\tau_{oct})}{p_a}\right]^{k_2} (1 + \frac{\tau_{oct}}{p_a})^{k_3}$	Sahin 等[355]	粒状基层材料
$E_r = p_a k_1 (\frac{\sigma_v + p_{cap}}{p_a})^{k_2}$	Coronado 等[104]	粗粒土

注：K_1、K_2、k_1、k_2、k_3 和 k_4 均是模型参数；c 是压缩系数；ΔE_r 指弹性模量变化值；$\Delta\theta_{bs}$、$\Delta\theta_{bT}$ 指由于基质吸力和温度引起的 θ_b 的增加值；θ 是体积含水率；f 是饱和系数，$1 < f < 1/\theta$；u_a 是孔隙气压力；χ 指毕肖普有效应力参数；s_0 指初始基质吸力；σ_3 为侧限应力；p_{cap} 为式(5-44)中的毛细管压力；σ_v 为垂直应力；α、β 为 Henkel 孔隙水压力参数。

第三类方程考虑到基质吸力对弹性模量的影响，将应力和基质吸力视为独立变量。表5-6对此类方法进行了总结。

用基质吸力和应力作自变量的方程的总结[186]　　表5-6

$E_r = k\theta_b^{mb} + k_s s$	Oloo 和 Fredlund[318]	粗粒土
$E_r = k_2 + k_3(k_1 - \theta_b) + k_s s, k_1 > \theta_b$		细粒土
$E_r = k_2 + k_4(\theta_b - k_1) + k_s s, k_1 < \theta_b$		
$E_r = k_1 p_a (\frac{\theta_b - 3k_4}{p_a})^{k_2} (k_5 + \frac{\tau_{oct}}{p_a})^{k_3} + \alpha_1 s^{\beta 1}$	Gupta 等[179]	A-4 和 A-7-6 细粒土 $10 < s < 10000$kPa
$E_r = k_1 p_a (\frac{\theta_b}{p_a})^{k_2} (1 + \frac{\tau_{oct}}{p_a})^{k_3} + k_{us} p_a \Theta^k s$		
$E_r = k_1 p_a (\frac{\theta_b}{p_a})^{k_2} (k_4 + \frac{\tau_{oct}}{p_a})^{k_3} + \alpha_1 s^{\beta 1}$	Khoury 等[230]	A-4 到 A-7 细粒土 $0 < s < 6000$kPa
$E_r = k_1 p_a (1 + k_2 \frac{\sigma_v}{p_a}) (1 + \frac{s}{p_a})^{k_3} \frac{f(e)}{f(0.33)}$	Caicedo 等[78]	粗粒土 $10 < s < 300$kPa
$E_r = \left[k_1 p_a (\frac{\theta_b}{p_a})^{k_2} (1 + \frac{\tau_{oct}}{p_a}) + (s - s_0)(\frac{\theta_d}{\theta_s})^{\frac{1}{n}}\right] (\frac{\theta_d}{\theta_w})$	Khoury 等[229]	粉土

续上表

$E_r = k_1 p_a \left(\frac{\theta_{net} - 3\Delta u_{w-sat}}{p_a}\right)^{k_2} \left(1 + \frac{\tau_{oct}}{p_a}\right)^{k_3} \left(\frac{s_0 - \Delta s}{p_a} + 1\right)^{k_4}$	Cary 和 Zapata[85]	A-1-a, A-4, A-2-4 细粒土 $0 < s < 450\text{kPa}$
$E_r = E_{r0} \left(\frac{p}{p_r}\right)^{k_1} \left(1 + \frac{\tau c}{p_r}\right)^{k_2} \left(1 + \frac{s}{p}\right)^{k_3}$	Ng 等[310]	A-7-6 号路基土 $0 < s < 250\text{kPa}$
$E_r = k \left(\frac{\sigma_m}{p_a}\right)^{k_1} \left(\frac{\tau_{oct}}{\tau_{ref}}\right)^{k_2} \left(\frac{s}{p_a}\right)^{k_3} \left[\frac{DDR\left(1 - k_4 \frac{RCM}{100}\right)}{100}\right]^{k_5}$	Azam 等[31]	可回收粒料类材料 $0 < s < 10\text{kPa}$
$\frac{E_r - E_{r-sat}}{E_{r-opt} - E_{r-sat}} = \frac{s}{S_{opt}} \left(\frac{S_r}{S_{r-opt}}\right)^{\xi}$	Han 和 Vanapalli[185]	细粒土

注：k、k_s、k_{us}、$k_{1,2,3,4,5}$、α_1、β_1、K、ξ 为模型参数；e 为空隙比；$f(e) = (1.93 - e)^2/(1 + e)$；$\Theta = \theta/\theta_s$ 为标准体积含水率；θ_d 为干燥曲线上的体积含水率；θ_w 为润湿曲线上的体积含水率；n 为 Fredlund 和 Xing 构建的模型参数；$\theta_{net} = \theta_b - 3u_a$ 为净体积应力；$\theta_m = \theta_b/3$ 为平均应力；σ_v 为垂直应力；Δu_{w-sat}为饱和条件下孔隙水压力的增加量；Δs 为初始基质吸力产生的荷载造成基质吸力的变化值；$P = \theta_b/3u_a$ 为净平均应力；p_r 为参考应力 = 1kPa；q_c 为重复剪应力；E_0 为 $s = 0, p - u_a = p_r, q_c = p_r$ 时的弹性模量；DDR 为干密度比，单位为%；RCM 为可回收材料所占百分比，单位为%；τ_{ref}为参考剪应力；s_{opt}为在最佳含水率时的基质吸力。

5.3.2 弹性模量和泊松比模型

描述各向同性材料的力学性能需要两个弹性参数。前面介绍的方程只描述了弹性模量这一个参数，而另一个常数泊松比通常是假设的，这与材料实际的体应变和膨胀特性不相符合。

试验研究表明，除了弹性模量，泊松比也与应力有关，并受饱和度和基质吸力的影响，如图 5-49所示。

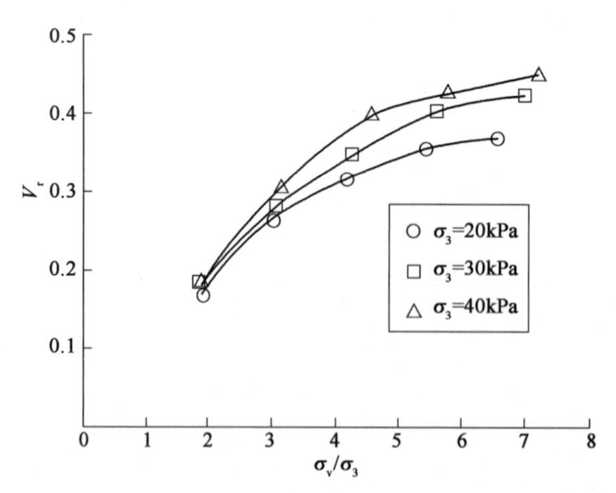

图 5-49　泊松比与垂直应力和围压比(σ_v/σ_3)之间的关系[105]

Boyce[65]提出了一种非线性弹性模型，该模型考虑了应力路径的影响。Boyce 的原始模型用体积压缩系数 K_r 和弹性剪切模量 G_r 表示：

$$K_r = \frac{\Delta p_c}{\Delta \varepsilon_{vr}}, G_r = \frac{\Delta q_c}{3\Delta \varepsilon_{qr}} \tag{5-68}$$

式中，Δq_c 和 Δp_c 为偏心应力和平均重复应力；$\Delta \varepsilon_{vr}$ 和 $\Delta \varepsilon_{qr}$ 为弹性体应变和剪切应变，定义如式(5-69)：

$$\Delta \varepsilon_{vr} = \Delta \varepsilon_{1r} + 2\Delta \varepsilon_{3r} = \frac{\Delta p_c}{K_r}, \Delta \varepsilon_{qr} = \frac{2}{3}(\Delta \varepsilon_{1r} - \Delta \varepsilon_{3r}) = \frac{\Delta q_c}{3G_r} \tag{5-69}$$

根据以下关系，模量 K_r 和 G_r 与应力相关：

$$K_r = \frac{\left(\frac{p_c}{p_a}\right)^{1-n}}{\frac{1}{K_a} - \frac{\beta}{K_a}\left(\frac{q_c}{p_c}\right)^2}, G_r = G_a\left(\frac{p_c}{p_a}\right)^{1-n} \tag{5-70}$$

式中，β 为与以下模型常数相关的变量：

$$\beta = (1-n)\frac{K_a}{6G_a} \tag{5-71}$$

体应变和剪切应变求得：

$$\varepsilon_{vr} = \frac{1}{K_a} \mathrm{P}_a^{1-n} P_c^n \left[1 - \beta\left(\frac{q_c}{p_c}\right)^2\right], \varepsilon_{qr} = \frac{1}{3G_a} P_a^{1-n} p_c^n \left(\frac{q_c}{p_c}\right) \tag{5-72}$$

使用连接弹性常数的关系可以得到以下弹性模量和弹性泊松比：

$$E_r = \frac{9G_a\left(\frac{p_c}{p_a}\right)^{1-n}}{3 + \frac{G_a}{K_a}\left[1 - \beta\left(\frac{q_c}{p_c}\right)^2\right]} \tag{5-73}$$

$$\upsilon_r = \frac{\frac{3}{2} - \frac{G_a}{K_a}\left[1 - \beta\left(\frac{q_c}{p_c}\right)^2\right]}{3 + \frac{G_a}{K_a}\left[1 - \beta\left(\frac{q_c}{p_c}\right)^2\right]} \tag{5-74}$$

Boyce 模型有 K_a、G_a 和 n 3 个参数，除了膨胀应变外，较好地描述了道路材料的体积应变和剪切性能。

Hornich 等[209]对 Boyce 模型进一步完善，将弹性势表达式中的主垂直应力乘以各向异性系数 γ_B 来修改 Boyce 模型中的弹性势表达式。p_c 和 q_c 的表达式按式(5-75)重新定义：

$$p_c^* = \frac{\gamma_B \sigma_1 + 2\sigma_3}{3}, q_c^* = \gamma_B \sigma_1 - \sigma_3 \quad (0 < \gamma_B < 1) \tag{5-75}$$

体积压缩系数和剪切模量的表达式类似于式(5-70)，但是其中 p_c 和 q_c 用 q_c^* 和 p_c^* 代替。体积应变和剪切应变可按式(5-76)和式(5-77)求得：

$$\varepsilon_{vr} = \frac{p_c^{*n}}{p_a^{n-1}}\left[\frac{\lambda_B + 2}{3K_a} + \frac{n-1}{18G_a}(\lambda_B + 2)\left(\frac{q_c^*}{p_c^*}\right)^2 + \frac{\lambda_B - 1}{3G_a}\left(\frac{q_c^*}{p_c^*}\right)\right] \tag{5-76}$$

$$\varepsilon_{qr} = \frac{2}{3}\frac{p_c^{*n}}{p_a^{n-1}}\left[\frac{\lambda_B - 1}{3K_a} + \frac{n-1}{18G_a}(\lambda_B - 1)\left(\frac{q_c^*}{p_c^*}\right)^2 + \frac{2\lambda_B + 1}{6G_a}\left(\frac{q_c^*}{p_c^*}\right)\right] \tag{5-77}$$

当 $\gamma_B = 1$ 时，材料是各向同性的，各向异性的程度随着 γ_B 的减小而增加，从而导致材料在垂直方向上有更大的硬度。在该模型中，垂直回弹模量 E_{rv} 和水平回弹模量 E_{rh} 通过以下方式联系起来：

$$\frac{E_{rh}}{E_{rv}} = \gamma_B^2 \tag{5-78}$$

如图 5-50 所示，这种各向异性模型显著提高了经受循环荷载材料的体应变和剪切应变的预测。模型和试验测量之间在膨胀区的一致性尤为显著[254]。

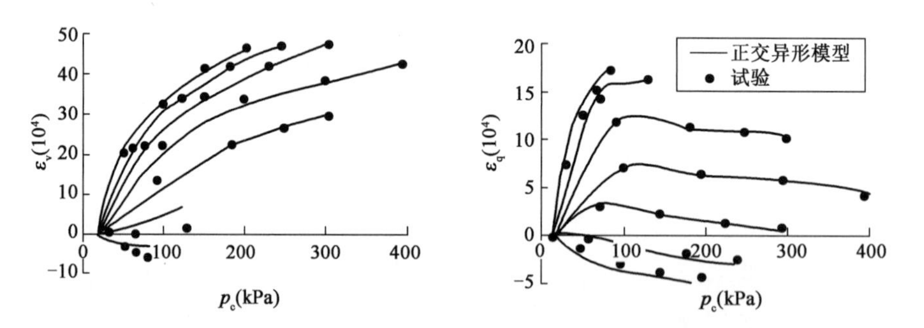

图 5-50　Boyce 正交各向异性模型的体应变和剪切应变理论值与试验结果对比[209]

当采用有效应力原理建模时，可以将水的影响纳入 Boyce 各向同性或各向异性模型[312]：

$$p_c^{*'} = (p_c^* - u_a) + \chi s, q_c^{*'} = q_c^* \tag{5-79}$$

5.3.3　循环荷载作用下的永久变形

道路材料弹性响应特性与道路结构上层的疲劳开裂直接相关，因而一直是道路工程研究的关注点。相比之下，道路材料在重复荷载作用下产生永久变形的相关研究则没那么充分。其中一个原因是测试的难度较大，在道路材料的弹性研究中，每个样本可以重复利用，而在道路材料的永久变形研究中，每一个样本仅能用一次，并且每次试验需要有足够的循环加载次数（通常超过 10^5 次）。

道路材料中塑性变形是由颗粒位移积累引起的，而压应力、剪切应力和接触面强度（与颗粒嵌挤、摩擦和吸力有关）均会导致颗粒间的位移。另外，如第 5.1.2 节所述，接触层间的塑性变形也会造成面层的宏观塑性应变。

依据应力水平和含水率，Werkmeister 等[425]指出永久变形演化的范围分为三个，如图 5-51 所示。其中：

（1）A 是塑性稳定区，在该区间范围内，塑性变形在有限次数的循环荷载作用下趋于稳定；

（2）B 是过渡区，在该区间范围内，永久应变会持续增加，但是增加的速率会减缓，最后不会达到完全稳定；

（3）C 是坍塌区，在该区间范围内，每一次加载的永久应变率先降低，之后增加，直到发生破坏。

通过重复加载试验的结果分析，利用永久变形对三个区间进行划分[424]：

范围 A：
$$\hat{\varepsilon}_p^{5000} - \hat{\varepsilon}_p^{3000} < 0.045 \times 10^{-3} \tag{5-80}$$

范围 B：
$$0.045 \times 10^{-3} < \hat{\varepsilon}_p^{5000} - \hat{\varepsilon}_p^{3000} < 0.4 \times 10^{-3} \tag{5-81}$$

范围 C：
$$\hat{\varepsilon}_p^{5000} - \hat{\varepsilon}_p^{3000} > 0.045 \times 10^{-3} \tag{5-82}$$

式中，$\hat{\varepsilon}_p^{5000}$ 和$\hat{\varepsilon}_p^{3000}$ 分别为 5000 次循环荷载作用下和 3000 次重复荷载作用下的累积永久应变。

在道路设计工作中需要将永久应变水平控制在 A 区间，若循环荷载作用次数较少，道路设计也可以采用永久应变水平在 B 区间的设计方案，而无论何种情况，均不应采纳永久应变水平在 C 区间的设计方案。

如图 5-52 所示，永久变形的增长速率取决于所施加的压应力和剪应力，因此，每个区间的边界由偏应力和平均应力共同确定。

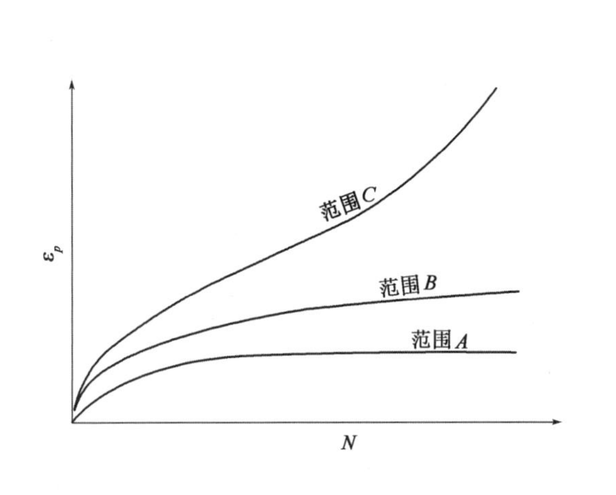

图 5-51　塑性应变规律示意图

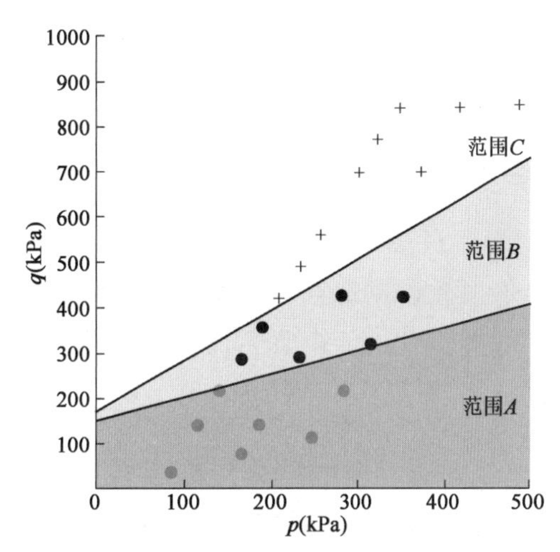

图 5-52　闪长岩颗粒材料在(p,q)平面上的区间划分[27]

如图 5-53 所示，基质吸力也是永久应变发展的重要因素，因此，排水是另一个关键问题。事实上，当道路材料不排水时，随着永久应变的发展，空隙率不断降低，从而导致饱和度增加和吸力的降低，最终导致材料剪切强度降低，永久应变增加。

根据动三轴试验的结果可以构建两种类型的模型，并利用这些模型来计算道路材料的永久变形：

(1)基于重复荷载大小和作用次数的经验公式；

(2)基于弹塑性理论构建的增量模型。

本书仅总结了部分经验模型，具体表达式如下所示[146]：

$$\hat{\varepsilon}_p(N) = f_1(N)f_2(p_c, q_c, \varepsilon_r) \tag{5-83}$$

式中，$\hat{\varepsilon}_p$ 为累积永久应变，N 为重复荷载作用次数，p_c 为平均应力，q_c 为偏心应力，ε_r 为弹性应变。

下面描述的四个模型均是利用重复荷载作用次数和应力水平来计算永久应变的。

从式(5-85)中给出的模型[400]来看，应力水平的影响可以用弹性应变 ε_r 来表示，荷载循环作用次数的影响可以用指数函数来表示。

$$\hat{\varepsilon}_{p}(N) = \varepsilon_{r}\varepsilon_{0}e^{-(\rho/N)^{\beta}} \tag{5-84}$$

式中，ε_0、ρ 和 β 为材料参数。

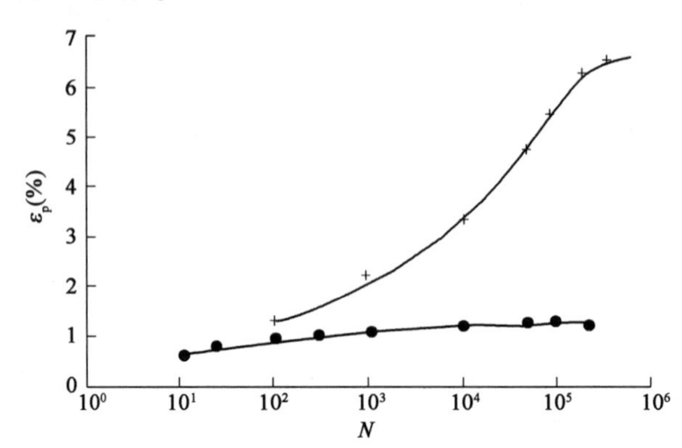

图 5-53　排水对塑性变形发展的影响[255]

Gidel 等[170]将应力状态和循环荷载作用次数结合在一起进行建模，其表达式如下所示：

$$\hat{\varepsilon}_{p}(N) = \varepsilon_{0}\left[1 - \left(\frac{N}{100}\right)^{-B}\right]\left(\frac{L_{C}}{p_{a}}\right)^{n}\left(M + \frac{s_{c}}{p_{c}} - \frac{q_{c}}{p_{c}}\right)^{-1} \tag{5-85}$$

式中，ε_0、B 和 n 为材料参数，p_c 为最大重复荷载，q_c 为最大重复偏心力，$L_c = \sqrt{p_c^2 + q_c^2}$，$M$ 为莫尔-库伦准则的斜率，s_c 为 p-q 平面中截距。

Korkiala-Tanttu 模型[235]使用幂函数考虑循环荷载作用次数，而应力水平的影响由剪应力比 R 给出，表达式如式(5-86)所示：

$$\hat{\varepsilon}_{p}(N) = CN^{b}\frac{R}{A - R} \tag{5-86}$$

式中，C、A 和 b 为材料参数。剪应力比为 $R = q_c/q_f$，q_f 是材料失效时的偏应力。当使用莫尔-库伦准则时 q_f 变成 $q_f = s_c + M_p$。

Rahman 和 Erlingsson 模型表达式如式(5-87)和式(5-88)所示：

$$\hat{\varepsilon}_{p}(N) = aN^{bS_f}S_f \tag{5-87}$$

$$S_f = \left(\frac{q_c}{p_a}\right)\left(\frac{p_c}{p_a}\right)^{-\alpha} \tag{5-88}$$

式中，a、b 和 α 为材料参数。

上述模型均是在恒定应力水平下构建的，即在不同应力水平下施加循环荷载。然而，这些模型可以通过多阶段试验来进行。例如，时间硬化模型[145]可以描述不同应力水平下产生的永久应变。图 5-54 描述了模拟塑性变形过程需要的三个步骤：

(1)计算初始应力状态下(p_{c1}，q_{c1})直到重复荷载最大作用次数下(N_1)的永久应变，$\hat{\varepsilon}_p(p_{c1},q_{c1},N_1)$。

(2)计算在相同永久应变时不同应力水平下的重复荷载作用次数，并以此来评价应力水平增加对永久应变发展的影响。当量重复荷载作用次数为 N^{eq}，因此 $\hat{\varepsilon}_p(p_{c1},q_{c1},N_1) = \hat{\varepsilon}_p(p_{c2},q_{c2},N^{eq})$。

(3)计算施加第二级应力而导致的永久应变增量。采用式(5-83)来计算永久应变增量，其中荷载重复作用次数可按$(N - N_1 + N^{eq})$给定。

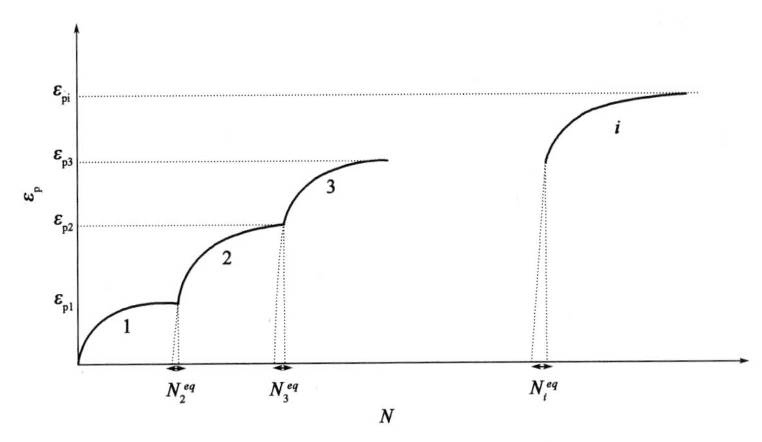

图5-54 时间硬化模型的示意图[146]

一般来说,应力水平发生改变,其表达式随之发生变化,过程如下:

$$\hat{\varepsilon}_p(N) = f_1(N - N_{i-1} + N^{eq})f_2(p_{ci}, q_{ci}, \varepsilon_r) \tag{5-89}$$

式中,N_{i-1}为第$(i-1)$阶段结束时的重复荷载作用次数,N_i^{eq}为应力水平为第i阶段与第$(i-1)$阶段具有相同永久变形时的重复荷载作用次数。

因此,当施加不同应力水平的重复荷载时,上述方程式可以转变为:

$$\hat{\varepsilon}_p(N) = \varepsilon_{ri}\varepsilon_0 e^{-[\rho/(N-N_{i-1}+N_i^{eq})]\beta} \quad \text{(Tseng 和 Lytton)} \tag{5-90}$$

$$\hat{\varepsilon}_p(N) = \varepsilon_0\left[1 - \left(\frac{N - N_{i-1} + N_i^{eq}}{100}\right)^{-B}\right]\left(\frac{L_{ci}}{p_a}\right)^n\left(M + \frac{s_c}{p_{ci}} - \frac{q_{ci}}{p_{ci}}\right)^{-1} \quad \text{(Gidel 等)} \tag{5-91}$$

$$\hat{\varepsilon}_p(N) = C\,(N - N_{i-1} + N_i^{eq})^b\,\frac{R_i}{A - R_i} \quad \text{(Korkiala 和 Tanttu)} \tag{5-92}$$

$$\hat{\varepsilon}_p(N) = a\,(N - N_{i-1} + N_i^{eq})^{bS_{fi}}S_{fl} \quad \text{(Rahman 和 Erlingsson)} \tag{5-93}$$

每一个模型的重复荷载作用次数N^{eq}可按式(5-94)~式(5-97)计算:

$$N_i^{eq} = \rho\left[-\ln\left(\frac{\hat{\varepsilon}_{pi-1}}{\varepsilon_0\varepsilon_{ri}}\right)\right]^{-1/\beta} \quad \text{(Tseng 和 Lytton)} \tag{5-94}$$

$$N_i^{eq} = 100\left[1 - \frac{\hat{\varepsilon}_{pi-1}}{\varepsilon_0}\left(\frac{L_{ci}}{p_a}\right)^{-n}\left(M + \frac{s_c}{p_{ci}} - \frac{q_{ci}}{p_{ci}}\right)^{-1}\right]^{-1/B} \quad \text{(Gidel 等)} \tag{5-95}$$

$$N_i^{eq} = \left[\frac{\hat{\varepsilon}_{pi-1}(A - R_i)}{CR_i}\right]^{1/b} \quad \text{(Korkiala 和 Tanttu)} \tag{5-96}$$

$$N_i^{eq} = \frac{\hat{\varepsilon}_{pi-1}}{aS_{fi}} \quad \text{(Rahman 和 Erlingsson)} \tag{5-97}$$

5.4 按地质力学法进行道路材料分级

道路施工每层应采用优质材料。在相关机构建议指导下，道路建筑材料应根据级配曲线、液限和塑性指数等指标进行分类。除此之外，还可以通过洛杉矶试验和德瓦尔试验测定筑路材料的磨耗值和亚甲蓝值。将筑路材料按这些指标进行分类之后，根据不同设计要求推荐相应的材料。

然而，以上分级方法并不能完全预测材料的性能。实际上，就像弹性模量和散粒材料抵抗永久应变的性能之间没有直接关系一样，基于试验测试指标的经验分级和力学性能之间并没有直接联系。

截至目前，在分析和路面设计方法的发展过程中，道路力学性能的研究已经取得了丰硕的成果，但是筑路材料的分级仍然依靠经验指标。力学性能的研究和按照经验分级之间的不匹配导致了材料选择方面的保守，降低了一些可行的、环保的和经济的非常规材料的选用。本节将介绍一种基于宏观力学性能而非经验指标对筑路材料进行分级的方法。

Paute 等[328]基于欧洲标准的重复三轴试验的结果分析提出了一种分级方法。这种分类的指标为回弹模量 E_{rc} 和轴向永久应变 ε_{pc}^{20000}，E_{rc} 可由重复荷载的参考值来确定，ε_{pc}^{20000} 在预处理阶段经 20000 次重复荷载作用后获得。这种分级方法采用 C_1（优秀）到 C_4（临界）以及不合格 5 个等级。其中 C_1 等级的材料最为优良，具有较高的硬度并且抵抗永久应变的性能较好。

图 5-55 将这种力学分级方法与基于洛杉矶磨耗试验和德瓦尔试验结果的经验分级方法进行了比较[103]。其中利用 4 种材料进行了比较：一种是由硬质石灰石颗粒制成的标准材料 M，另外三种是具有不同强度的正石英岩砂岩材料 SO、S 和 VH。在图 5-55 中，在经验分类法中，SO 材料硬度最小，性能最差，但是从力学的角度来看，SO 材料的性能最好。这一现象表明，经验分级法不足以预测路面结构中道路材料的实际性能。

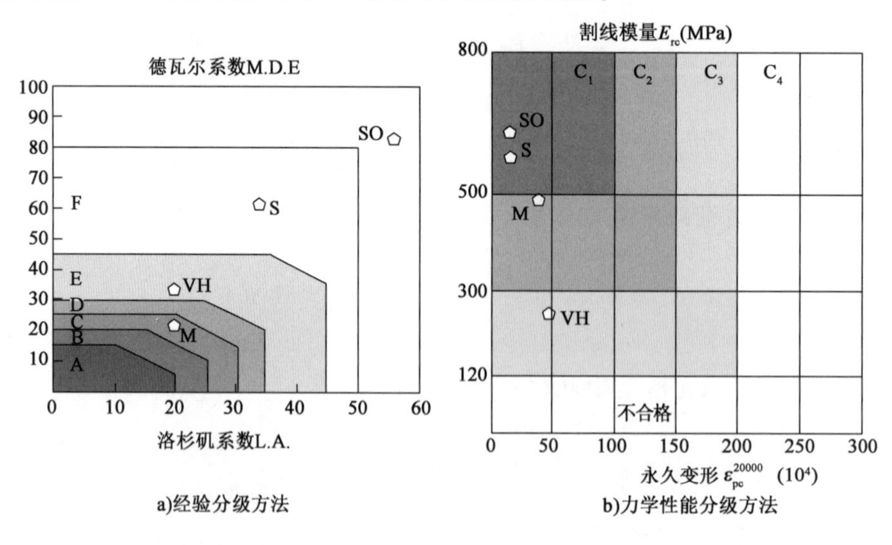

a)经验分级方法　　b)力学性能分级方法

图 5-55　在 $p = 133\text{kPa}$，$q = 280\text{kPa}$，$w = w_{opt} - 2\%$，$\rho_d = 0.97\rho_{d_{opt}}$ 时，4 种粗颗粒材料弹性模量和永久应变的测量结果进行分级

经验分级法的目的是间接估计水对筑路材料力学性能的影响。要估计水对筑路材料力学性能的影响可以直接采用力学性能分级方法进行评估，同时可以观察材料的力学性能对水影响的敏感性。图5-56表明经过20000次重复荷载作用后弹性模量和永久应变的变化取决于含水率，并在VH材料的含水率为3%～6%范围内对其力学性能进行评估。实际上，在相同的垂直应力作用下，由于土颗粒间形成的弯液面毛细张力的缘故，材料的模量增加，永久应变随着含水率的减少而减少。

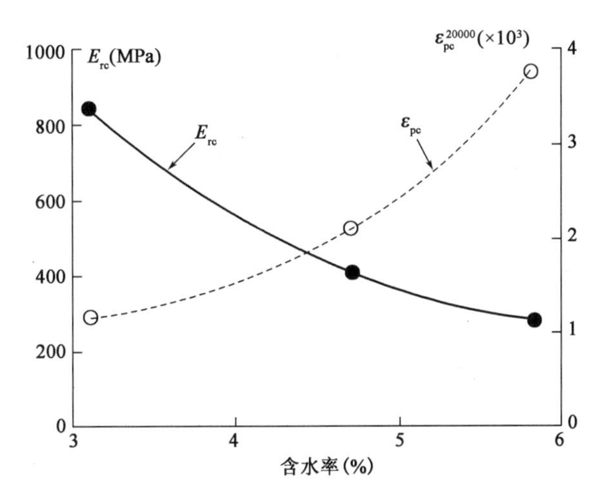

图5-56 三个硬质砂岩样本的弹性模量和永久应变随含水率的变化

由于模量随着含水率的增加而降低，永久应变随着含水率的增加而增加，材料的力学性能也可能随着含水率的增加而降低。图5-57展示了排名表中的结果。我们可以观察到，与硬质石灰石颗粒制成的标准材料相比，正石英岩风化砂岩遵循相同的趋势。可以明显看到，这种趋势取决于材料的地质来源。

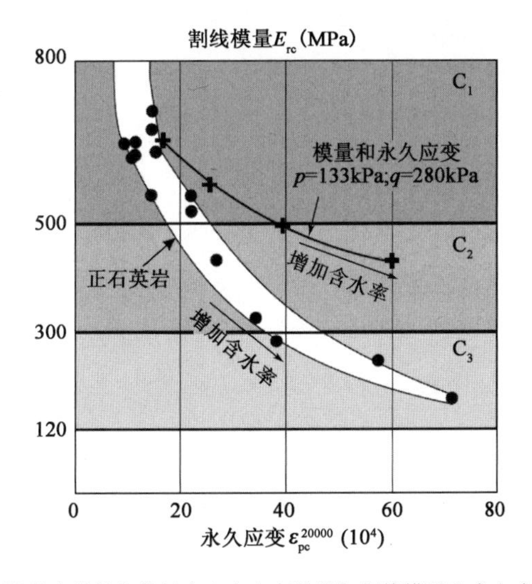

图5-57 随着力学性能分级表中含水率的增加割线模量和永久应变的变化

综上所述,在满足含水率和密度要求的范围内,利用经过20000次重复荷载作用后的模量和永久应变能够更好地评估路面材料的使用性能。另外,这种方法还可以对集料来源进行分级。对于道路工程常用材料而言,利用力学方法对强度低的材料进行分级就更为重要。因为,这些材料压实可能含有较高比例的细颗粒含量、塑性指数和亚甲蓝值,并可能表现出较高模量和较低的永久应变。然而,测试表明,这些材料的性能对含水率的变化非常敏感,含水率增加2%可能会显著降低其性能。因此,道路结构中需要严格控制路面排水,以限制道路在整个使用寿命周期内含水率的变化。

第6章 气候因素对路基的影响

6.1 温度对道路结构的影响

太阳是地面能量的主要来源,也是影响道路温度的主要变量,尤其是对道路面层。太阳对地球的辐射通量可高达1361 W/m^2。然而,如图6-1a)所示,在太阳能到达地面之前,大气会以比热或潜热的形式反射和吸收部分辐射。虽然太阳能光谱与黑体在5523 K时的光谱大致相同,但是太阳辐射光谱中某些波长的能量会由于热吸收而减少,如图6-1b)所示。

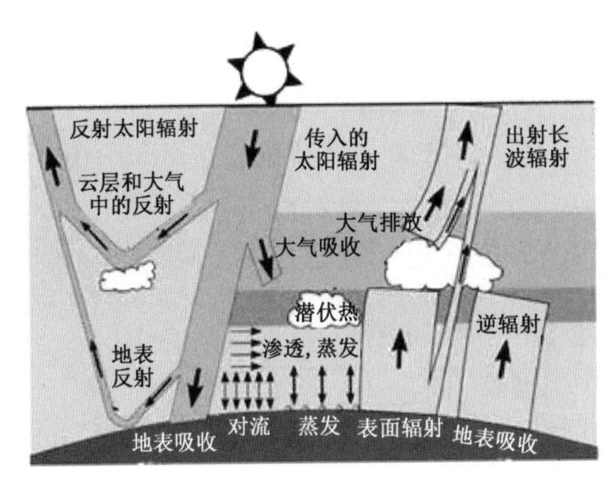

a)土壤表面的热传递示意图[231]

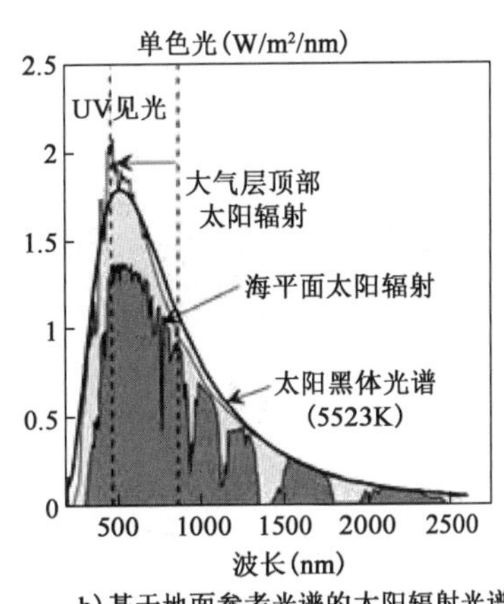

b)基于地面参考光谱的太阳辐射光谱

图6-1

如图6-2所示,地面和道路的温度由以下几个热力学过程决定:

(1)道路表面对太阳辐射的反射作用;

(2)剩余的太阳辐射使表面升温;

(3)路表升温后对周围的热辐射作用;

(4)路表面和与表层空气之间的热交换,当风速为零时,为热对流形式,而有风时则为平流形式;

(5)水也可以通过以下方式改变表面温度:雨水的热交换取决于雨滴的温度,蒸发需要潜热才能将液态水转化为蒸汽。

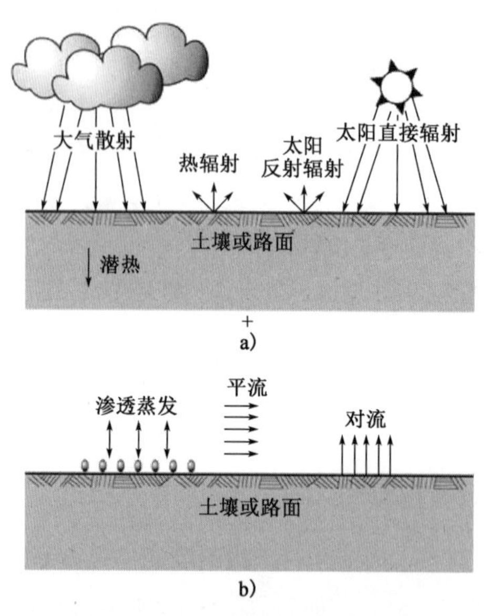

图 6-2　地面不同形式的热交换

为建立道路结构中温度分布模型,许多研究人员进行了研究工作,力学-经验路面设计指南(MEPDG)使用增强型综合气候模型(EICM)来预测路面温度[249]。该模型使用一维正向有限差分法求解热传递方程。以道路顶面作为边界条件,该模型考虑了辐射、对流、传导和潜热等因素,但是忽略了由于蒸腾作用、凝结和降水引起的热通量。

一些研究人员使用能量平衡方程来预测路面温度[195,445],本节重点介绍由 Yavuzturk 等[445]提出的方法。

显热通量是 q_{sens} 由热量平衡给出的。它表示流入地面或道路结构表面的净热量。当忽略雨水或蒸发与水的相互作用时,q_{sens} 是太阳辐射 q_{rad}、散热量 q_{th} 以及对流 q_{conv} 综合作用的结果。地面的显热通量必须与其所处的外部条件保持平衡,于是有:

$$q_{sens} = q_{rad} - q_{th} - q_{conv} \tag{6-1}$$

另一方面,显热通量还表示通过地面的热传导。q_{sens} 如式(2-113)所示的傅立叶定律所述。将 q_{sens} 进行傅立叶展开,当热传导为一维方向时有:

$$q_{sens} = -k_H \frac{dT}{dx} \tag{6-2}$$

式中,k_H 为地面的热导率,T 为温度,x 为通量方向。

当辐射到达地面时,它部分被吸收、部分被反射、部分被透射。可分别用吸收率 α,反射率 ρ_r 和透射率 τ 量化。此三部分的总和表示总能量,因此 $\alpha + \rho_r + \tau = 1$。考虑到只有不到 1mm 的不透明物体表层才会吸收辐射,表明辐射没有透射[238]。即 $\tau = 0, \alpha + \rho_r = 1$。

辐射被吸收或反射的比例取决于其波长 λ。对于单色辐射,吸收的热量 $q_{rad}(\lambda)$ 由以下方程式给出[238]:

$$q_{rad}(\lambda) = \alpha(\lambda) I(\lambda) \tag{6-3}$$

式中，$I(\lambda)$为单色辐照度，$\alpha(\lambda)$为单色吸收率的系数。由于太阳辐射具有较宽的波长光谱，因此可以通过在整个辐射光谱上对式(6-3)进行积分来获得总热通量，如式(6-4)所示：

$$q_{\mathrm{rad}}(\lambda)=\alpha(\lambda)I(\lambda) \tag{6-4}$$

而辐射引起的热通量可通过使用平均吸收系数 α 来获得，如式(6-5)所示：

$$q_{\mathrm{rad}}=\alpha I \tag{6-5}$$

平均吸收率系数 α 取决于发射源的辐射光谱和表面的单色吸收率：

$$\alpha=\frac{\int\alpha(\lambda)I(\lambda)\mathrm{d}\lambda}{I},I=\int I(\lambda)\mathrm{d}\lambda \tag{6-6}$$

当地面变暖时，一些热量会逸出。此时，辐射而产生的热通量由斯特藩-玻尔兹曼方程式给出：

$$q_{\mathrm{th}}=\varepsilon\sigma T_{\mathrm{s}}^{4} \tag{6-7}$$

式中，ε 为材料表面发射系数，σ 为斯特藩-玻尔兹曼常数，T_{s} 为物体表面的温度。根据基尔霍夫定律，在热平衡状态下，物体的吸收率和发射率相等。$\varepsilon(\lambda)=\alpha(\lambda)$。

当热量散发到大气中时，式(6-7)变为：

$$q_{\mathrm{th}}=\varepsilon\sigma(T_{\mathrm{s}}^{4}-T_{\mathrm{sky}}^{4}) \tag{6-8}$$

式中，T_{sky}为参照温度，一般取研究对象的表面温度，即路表温度。T_{sky}的值取决于大气条件。在寒冷和晴朗的天气条件下约为230K，而在温暖和多云的天气条件下约为285K[130]。T_{sky}可由式(6-9)计算：

$$T_{\mathrm{sky}}=T_{\mathrm{a}}[0.77+0.0038(T_{\mathrm{d}}-273.15)]^{0.25} \tag{6-9}$$

式中，T_{d} 为根据压力和空气相对湿度的特定条件得出的露点温度。

由于自由和强制对流而产生的热流是由于自身与周围的流体（在道路情况下为空气）之间的相互作用。这种情况下，热传递需要结合流体力学相关理论，自由对流和强制对流产生的热通量与自身表面的温度 T_{s} 和空气温度 T_{a} 之差成正比：

$$q_{\mathrm{conv}}=h_{\mathrm{c}}(T_{\mathrm{s}}-T_{\mathrm{a}}) \tag{6-10}$$

式中，对流系数 h_{c} 取决于努塞尔数 N_{u}[445]：

$$h_{\mathrm{c}}=\frac{N_{\mathrm{u}}k_{\mathrm{F}}}{L} \tag{6-11}$$

其中，k_{F} 为流体的导热系数，L 为物体的特征长度。努塞尔数是三个无量纲数字的函数，它们表征流动特性和热传递过程。对于自由对流，N_{u} 是瑞利数 R_{a} 的函数。这取决于流态是层流还是湍流，并受临界瑞利数 10^7 的限制：

$$N_{\mathrm{u}}=0.54R_{\mathrm{a}}^{\frac{1}{4}}\quad(10^{4}<R_{\mathrm{a}}<10^{7})\quad(\text{层流}) \tag{6-12}$$

$$N_{\mathrm{u}}=0.15R_{\mathrm{a}}^{\frac{1}{3}}\quad(10^{7}<R_{\mathrm{a}}<10^{11})\quad(\text{湍流}) \tag{6-13}$$

对于强制对流，N_{u}取决于雷诺数 R_{e} 和普朗特数 P_{r}的取值。在这种情况下，临界雷诺数约为 10^5，与 N_{u}的经验关系为[445]。

$$N_{\mathrm{u}}=0.664R_{\mathrm{e}}^{\frac{1}{2}}P_{\mathrm{r}}^{\frac{1}{3}}\quad(\text{层流}) \tag{6-14}$$

$$N_{\mathrm{u}}=0.037R_{\mathrm{e}}^{\frac{4}{5}}P_{\mathrm{r}}^{\frac{1}{3}}\quad(\text{湍流}) \tag{6-15}$$

无量纲的普朗特数 P_r是动量扩散率(运动黏度 ν)与空气中热扩散率 κ 之比。运动黏度是动态黏度 μ 和密度之比,热扩散率是导热系数 k_F除以比热、c_F和密度的乘积,于是有:

$$P_r = \frac{\nu}{\kappa} = \frac{\mu}{\rho}\frac{c_F\rho}{k_F} = \frac{c_F\mu}{k_F} \tag{6-16}$$

雷诺数 R_e为测量惯性力与黏性力的比值。式(6-17)给出了 R_e的定义。

$$R_e = \frac{VL}{\nu} = \frac{V_aL\rho}{\mu} \tag{6-17}$$

式中,V_a为流体的相对速度,L 为接触面积的特征长度(表征面积与周长之间的关系),ρ 为流体密度,μ 为流体的动态黏度。

瑞利数 R_a 主要用来判定热量传递的方式是热传导还是热传递。该无量纲数的取值取决于重力引起的加速度 g,热膨胀系数 β,运动黏度 ν,热扩散系数 κ,表面温度 T_s,静态温度(在大气过程中为 T_{sky})和特性长度 L:

$$R_a = \frac{g\beta}{\nu\kappa}(T_s - T_{sky})L^3 \tag{6-18}$$

在理想气体的情况下,热膨胀系数 β 等于 $1/T$。

上述方法适用于在水平板上的热交换。表 6-1 提供了确定对流系数 h_c的经验方法[183]。

对流系数 h_c 的经验模型[183] 表 6-1

方　程	模　型
$h_c = 698.24[0.00144T_{avg}^{0.3}V_a^{0.7} + 0.00097(T_s - T_a)^{0.3}]$	
$T_{avg} = (T_s + T_a)/2$	Vehrencamp
$0.8 < V_a < 8.5$m/s,$6.7℃ < T_s < 27℃$	Nicol
$h_c = 7.55 + 4.35V_a$	Kimura
$h_c = 1.824 + 6.22V_a$	Ashrae
$h_c = 18.6V_a^{0.605}$	
$h_c = 5.7 + 6.0V_a$	Sturrock
$h_c = 16.15V_a^{0.4}$	Loveday

注:h_c 是对流系数,单位为 W/m^2K;T_a 和 T_s 是空气和表面温度,单位为 K;V_α 是空气速度,单位为 m/s。

土体表面由于降雨和蒸发引起的热量交换可通过下述方法确定[445]。

$$q_{sens} = q_{rad} - q_{th} - q_{conv} - q_{rain} - q_{evap} \tag{6-19}$$

式中,q_{rain}为降雨显热,q_{evap}为蒸发潜热。q_{rain}可由式(6-20)确定:

$$q_{rain} = \frac{dm_{rain}}{dt}c_w(T_s - T_{rain}) \tag{6-20}$$

式中,m_{rain}为单位面积的降雨质量,T_{rain}为雨中水的温度,c_w为水的比热容。蒸发引起的潜热通量为:

$$q_{evap} = \frac{dm_{vap}}{dt}L_v \tag{6-21}$$

式中,L_v为蒸发潜热,m_{vap}为每单位面积蒸发的质量。

地球表面的辐射照度

我们在世界各地的不同地点收集了不同天气条件下辐射照度 I 的数据用以计算地球表面

的辐射照度。文献提供了可用于计算直射和漫射辐射照度的分析模型,包含两种类型的太阳辐射,其定义如下:

(1)直射辐射照度 I_b 表示太阳辐射以平行光形式到达地球表面,亦称为束辐射,如图6-3所示。

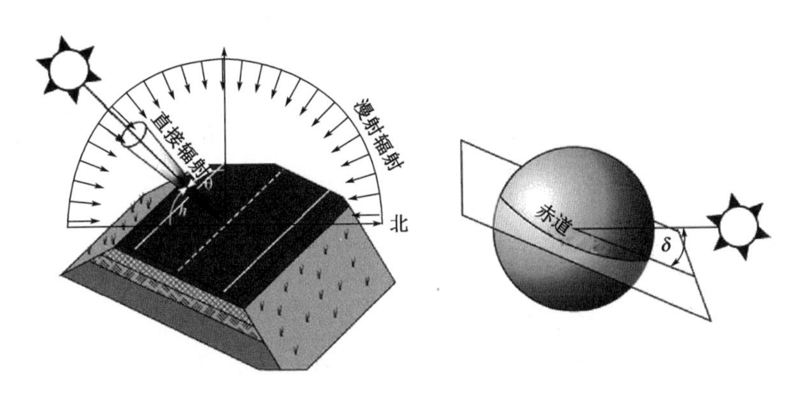

图6-3　太阳相对于地球表面特定位置的角度

(2)漫射辐射照度 I_d 表示太阳辐射经大气中的分子和粒子散射后到达地面的比例。

由图6-3可知,直辐射方向一致,漫辐射无规则的来自四面八方。因此,总辐射照度 I 变为:

$$I = I_b\cos\theta + I_d \tag{6-22}$$

式中,θ 为太阳直射的入射角。

当天空晴朗且太阳高度非常高时,直接辐射占总辐射的比例约为85%。漫辐射的比例会随着太阳高度的降低而增加,同时,云量和灰尘等杂质的存在也增加了漫射辐射的百分比。

直接辐射照度的计算基本上取决于太阳相对于地表的位置。图6-3从多个角度阐述了太阳与地球的相对位置:

(1)太阳高度角 h 是某地太阳光线与通过该地与地心相连的地表切面的夹角。

(2)太阳天顶角 θ 是太阳光线入射方向和天顶方向的夹角,$h+\theta=90°$。

(3)太阳赤纬角 δ 是地球赤道平面与太阳和地球中心的连线之间的夹角。从夏至的23.45°到冬至的−23.45°范围内移动,如图6-3b)所示。

不同时刻的辐射照度是不同的,某一天中太阳位置的信息可由太阳时角得出。时角 w[143] 如式(6-23)所示:

$$w = 15(12 - T_{sv}) \tag{6-23}$$

式中,T_{sv} 为该点的真太阳时,单位为h,可根据式(6-24)计算:

$$T_{sv} = T_l - \Delta T_l + D_{hg}/60 \tag{6-24}$$

式中,T_l 为当地时区的时间,ΔT_l 为该时区中参照点的本地时间与标准时间的时间差,D_{hg} 为该地点与该时区参照点的时间差(4min每经度)。

令地球上任意位置的纬度为 φ,则太阳天顶角的余弦为:

$$\cos\theta = \sin h = \sin\varphi\sin\delta + \cos\varphi\cos\delta\cos w \tag{6-25}$$

磁偏角 δ 为:

$$\delta = \left(\frac{180}{\pi}\right)(0.006918 - 0.399912\cos\Gamma + 0.070257\sin\Gamma - 0.006758\cos2\Gamma + 0.000907\sin2\Gamma - 0.002697\cos3\Gamma + 0.00148\sin3\Gamma) \tag{6-26}$$

地球在公转轨道上的位置是时刻变化的,计算直接辐射需要校正因子 E_0:

$$E_0 = 1.000110 + 0/034221\cos\Gamma + 0.001280\sin\Gamma + 0.000719\cos2\Gamma + 0.000077\sin2\Gamma \tag{6-27}$$

式(6-26)和式(6-27)中参数 Γ 表示地球在其轨道上的弧度角,计算公式为:

$$\Gamma = \frac{2\pi(d_n - 1)}{365} \tag{6-28}$$

式中,d_n为儒略日,1 月 1 日 $d_n=1$,12 月 31 日 $d_n=365$。

由太阳相对位置的几何参数的计算可知,直接辐射的法线分量变为:

$$I_b(t)\cos\theta = I_0 E_0 \sinh \tag{6-29}$$

式中,I_0 为太阳常数,即大气顶界垂直于太阳光线的面上所接受的太阳辐射通量密度,I_0 通常取人造卫星测得的数值 1367W/m^2。

式(6-29)完全基于几何因素,但获得地面辐射照度还需要以下附加因子:瑞利数和臭氧、气体和水衰减。这些衰减需要有关每层气体厚度的信息。但是,文献[143]中给出了一个近似的校正因子。因此,直接辐射照度为:

$$\begin{aligned} I_b(t)\cos\theta &= 0.798 I_0 E_0 e^{-0.13/\sinh}\sinh, \sinh > 0 \\ I_b(t)\cos\theta &= 0, \sinh < 0 \end{aligned} \tag{6-30}$$

值得注意的是,式(6-30)中给出的 $I_b(t)\cos\theta$ 值适用于晴天,因为云的存在会大大减少直接辐射照度。

漫射辐射照度近似值为[143]:

$$I_d(t) = 120 \times 0.798 e^{-1/(0.4511+\sinh)} \tag{6-31}$$

6.2 水对道路结构的影响

渗透和蒸发是水通过道路结构的两个关键过程。渗透是由大气与地面吸收雨水的能力之间的不平衡引起的,而蒸发是由于大气和地面释放蒸汽的能力之间的不平衡引起的。其他类型的水运动与这两个过程息息相关。当降雨强度超过地面吸收水分的能力而导致被蒸发水流量增加,就会出现径流。如图 6-4 所示,水在道路结构周围的运动是三维的,然而,通过对一维垂直流的简化分析,就可以了解主要环境变量对地下水流动的影响。

图 6-5 展示了不同一维水流条件下的孔隙水平衡压力。当地面被不透水的材料覆盖时,地面以下的压力与环境因素无关。因此,稳态水与地下水位达到静水平衡状态。此时,地下水位以上的孔隙水压力为负(即吸入压力),且与地下水位的垂直距离成正比,即 $u_w = -\gamma_w z$。

另一方面,当地表允许一定程度的水流动时,环境因素会导致水缺失或过剩,而在水的静压剖面则是相反的。这种不平衡将引起水向上或向下流动:

(1)如果由于蒸发而造成的不平衡持续存在,那么水会持续向上流动,直到地下水位处孔隙水压力为零,而在地面处孔隙水压高的非线性吸力剖面上达到新的平衡。

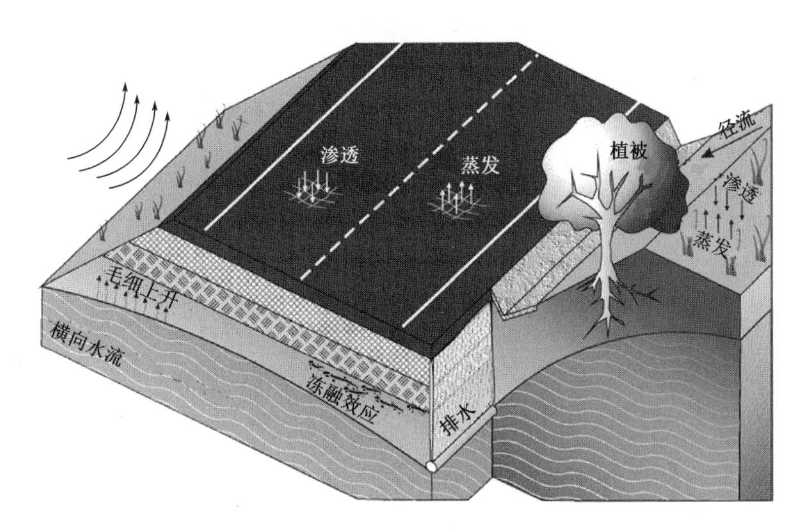

图6-4　道路结构周围水传输过程

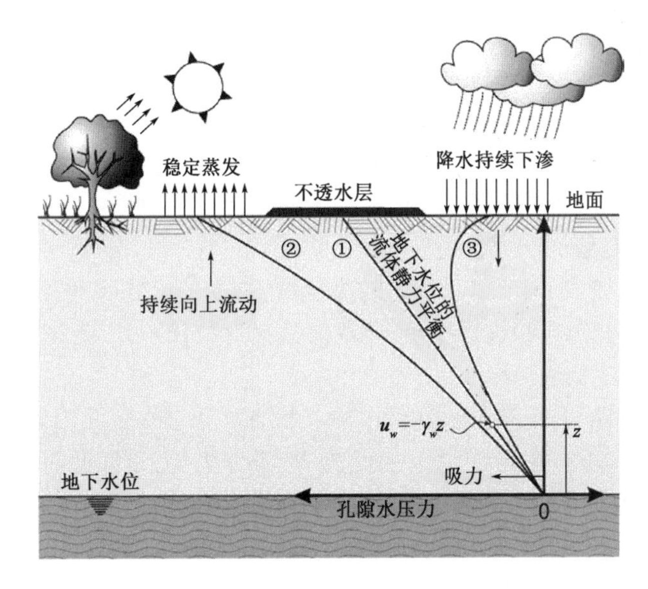

图6-5　不同水流条件下稳态孔隙水压力分布图

(2)如果不平衡是由降水过量造成的,那么水就会向下流动。当水的渗透持续存在时,孔隙水压力达到一个新的平衡,其特点是基质吸力较低。最终,在渗透率较低的地层接触面上,孔隙水压力可能变为正。

静水平衡导致一个剖面的含水率或饱和度与水保持曲线一致。在分层地基的情况下,由于每种材料都遵循自己的保水曲线,所以含水率剖面是不连续的。图6-6b)显示了一种由两类土体组成的地基持水情况。蒸发引起的水流也会改变含水率的静水剖面,使其向低含水率方向发展,而渗透引起的水流会使含水率增加,如图6-6a)和图6-6c)所示。

实际上,要达到蒸发或渗透稳定状态需要很长一段时间。由于天气条件多变,常见的问题是水流随气候向上还是向下流动的不稳定状态。因此,需要采用降水或蒸发特性作为地表或路面的边界条件来计算地下水分的演化。下面几节解释了基于天气条件获得边界条件的方法。

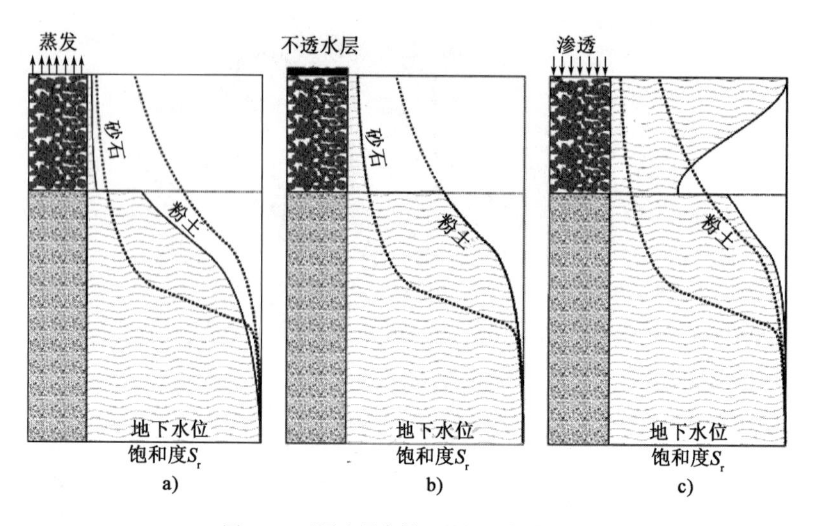

图 6-6　不同流量条件下的饱和度分布图

6.2.1　水的渗透

渗透过程中,水在多孔材料中的流速 q_w 由达西定律给出,该定律涉及水力传导系数和水势梯度。另外,渗透过程中渗透势为零,因为入渗水中含有溶质,雨水和入渗水的渗透压没有差别。这意味着渗透过程仅涉及了基质势和重力势。

图 6-7 描述了水渗透的几个阶段:

(1)在渗透的第一阶段,由于基质吸力较大,渗透初期的水势梯度较大。多孔材料的渗透率较低,但高水势梯度的影响起主导作用,导致渗透速度较快。之后,随着多孔材料表面变得更加湿润,表面的水流速会逐渐减小。

(2)在渗透的第二阶段,多孔材料达到水饱和状态。如果水在无阻碍的情况下垂直流动,则整个渗透层的孔隙水压力将变为零。因为它仅涉及重力势,所以此时的水势梯度为 $i = dz/dz = 1$。因此,渗透速度等于饱和导水率,即 $q_w = k_{w\text{-sat}}$。

(3)在渗透的最后阶段,水流可能会遇到一个或多个阻碍。通常,这些阻碍会在渗透率较低的层,这种情况不仅增加孔隙水压力,提高地下水位,还会将下渗量降低至零。

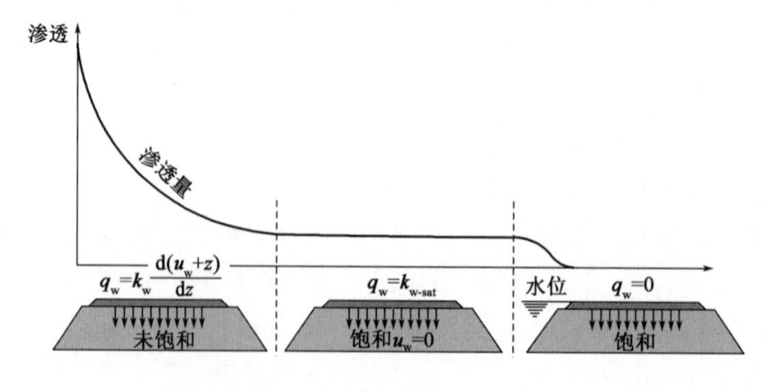

图 6-7　不同情况下水的渗透

通过求解第2.3.2节所述的一组方程,并在渗透的表面施加一层薄薄的水,可以计算出这三种状态下的水的流速。换句话说,表面施加的水压力 $u_w = 0$。

1)通过沥青材料层的均匀渗透

通过沥青层的渗透主要包括两个方面:贯穿整个层的均匀渗透和通过裂缝的局部渗透。

如前所述,在无阻碍的饱和状态下进行均匀渗透的水流速度与材料的饱和渗透率有关。沥青混合料层的饱和渗透率取决于混合料中空隙的比例以及混合料的级配。沥青的疏水性对水的渗透也有一定的影响,但由于积水、雨滴和交通的作用,其疏水性得到了一定的缓解[423]。

图6-8为Hewitt[198]对饱和水电导率的测量结果,它是通过依赖于空隙率体积 V 的相关性进行拟合的:

$$\log k_{\text{w-sat}} = 6.131\log V - 4.815 \quad (\mu\text{m/s}) \tag{6-32}$$

该方程的相关系数为 $r = 0.894$。Waters研究表明[423],当使用标准空隙率 NV 代替真实空隙率时,相关性会提高。

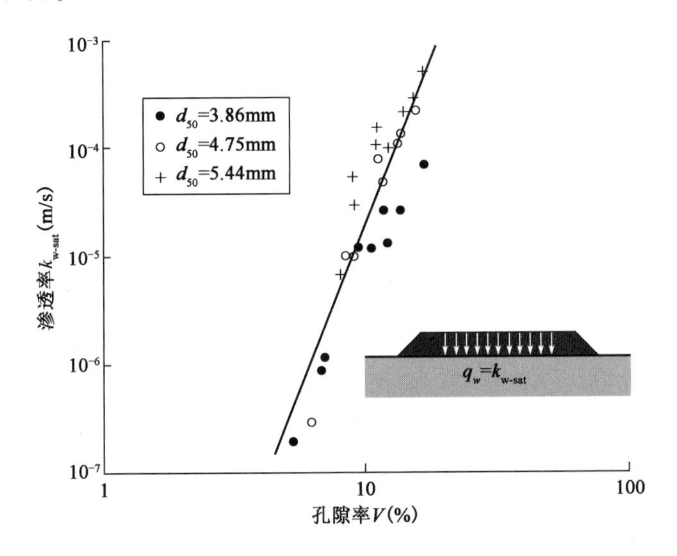

图6-8　空隙对沥青混合料渗透性的影响[198]

标准空隙率包括空隙比和混合料的级配,如式(6-33)所示:

$$NV = Vd_{50}/4.75 \tag{6-33}$$

式中,d_{50}(mm)为粒度分布曲线上通过率为50%对应的颗粒粒径。Waters使用标准空隙率,提出了相关系数 $r = 0.960$[423]。

$$\log k_{\text{w-sat}} = 5.469\log(NV) - 4.085 \quad (\text{um/s}) \tag{6-34}$$

Vardanega和Waters提出的另一个方法[414]与Waters的原始数据相关性较低($r = 0.86$),但使用了大量的数据($n = 467$):

$$k_{\text{w-sat}} = 0.46\left[\frac{2}{3}\frac{V(\%)}{100}d_{75}\right]^{3.7} \quad (\text{mm/s}) \tag{6-35}$$

式中,d_{75}(mm)为粒度分布曲线上通过率为75%对应的颗粒粒径。

Vardanega等[423,414]对水在沥青混合料的渗透难易程度进行排序,见表6-2。

基于渗透率的沥青混合料类别[423,414]　　表 6-2

渗透系数(mm/s)	类　别	特　性
$10^{-5} \sim 10^{-4}$	A1	渗透性极地
$10^{-4} \sim 10^{-3}$	A2	渗透性较低
$10^{-3} \sim 10^{-2}$	B	中等渗透性;在交通条件下部分水渗入
$10^{-2} \sim 10^{-1}$	C	透水;大量水进入道路结构
$10^{-1} \sim 1$	D	适度自由排水;在交通或雨滴的影响下自由渗透并可带走细粒材料
1 ~ 10	E	完全自由排水

2)沥青层裂缝处的局部渗透

对局部渗透分析需要考虑其几何特征,包括长度、宽度以及位置等。除此之外,还必须考虑流过道路表面的水膜厚度。

当考虑裂纹宽度和裂纹粗糙度等其他因素时,问题将更加复杂。但也可以通过一些简化方法估计通过裂缝的渗水量。Van Ganse[411]针对宽度为 w 的垂直裂缝,使用泊肃叶定律来估算流量:

$$\bar{\bar{q}} = \rho_w g \frac{w^3}{12\mu} i \tag{6-36}$$

式中,ρ_w 为水的密度,g 为重力加速度,μ 为水的动态黏度(也称为绝对黏度),i 为水力梯度。如前所述,对于无障碍物饱和状态下的流动,水力梯度为 1,则通过裂缝的流量为:

$$\bar{\bar{q}} = \rho_w g \frac{w^3}{12\mu} \tag{6-37}$$

以温度 20℃、裂纹宽度 $w = 0.02$cm 为例,动态黏度 $\mu = 0.0010005$Pα · s。因此,由式(6-37)可知,通过 1m 长裂缝截面的水流为 102[(cm^3/s)/m]。

值得注意的是,式(6-37)只适用于雷诺数小于临界值时的层流。对于宽度为 w 的裂缝,雷诺数为:

$$R_e = \frac{\rho_w^2 g}{6\mu^2} w^3 \tag{6-38}$$

例如,当温度为 10℃,雷诺数 $R_e = 9.55 \times 10^{11} w^3$($w$ 单位为 m)时,裂纹的临界雷诺数为 $R_{e\text{-cr}} = 300$[411]。因此,10℃时裂纹的最大宽度 $w < 0.07$cm。对于较大的裂纹,式(6-37)中宽度 w 的指数小于 3,且还需要考虑裂纹粗糙度的影响。

到达裂缝内的水量取决于裂缝在路面上的位置。图 6-9 展示了一个路面水平裂缝,它与纵向和横向的夹角分别为 α 和 β。下雨时,进入裂缝的水量会随着裂缝与水流的相对方向而发生变化。

如图 6-9a)所示,dA 区域的水量一部分流入了道路边界夹角为 φ 的裂缝。包含以下几种情况:

(1)$\varphi = \theta$ 时,裂纹的方向与水流的方向一致,面积 d$A = 0$,且雨水只能渗入,而不能直接流入。

(2)$\varphi = \theta \pm \pi/2$ 时,裂纹与水流方向正交,水可直接流入裂缝。

(3)$\varphi = \pi/2$ 时,裂纹为横向。

由于路面材料和路肩材料之间受荷的不同,大多数裂缝会出现在交界处。当道路纵坡为零($\alpha = 0$),降水量为 p 时,水流抵达边缘裂缝量为 $q_{\text{crack}} = B_{\text{p}}$。层流状态下,水流在厚度为 h 的薄层中平均速度 $\bar{v}$ 为:

$$\bar{v} = \frac{\rho_{\text{w}} g}{3\mu}\beta h^2 \text{ 和 } q_{\text{crack}} = h\bar{v} \tag{6-39}$$

因此,抵达裂缝的水层厚度为:

$$h = q_{\text{crack}}^{\frac{1}{3}} \left(\frac{\rho_{\text{w}} g}{3\mu}\beta\right)^{-\frac{1}{3}} \tag{6-40}$$

例如,若道路宽 10m,环境温度为 10°C,平均横向坡度为 2%,降水量 $p = 10^{-5}(\text{m}^2/\text{sm}^2)$,水流量 $q_{\text{crack}} = pB = 10^{-4}(\text{m}^2/\text{sm}^2)$。由式(6-39)和式(6-40)可知,水层厚度为 $h = 1.26 \times 10^{-3}$ m,平均速度 $\bar{v} = 7.94 \times 10^{-4}$ m/s。

通过计算上层水流(速度 $v_{\text{up}} = 1.5\bar{v}$)在重力作用下降至底层所需的长度,得到容纳整个水流所需的裂缝宽度[411],如图 6-9b)所示。w 的计算公式为:

$$w \geqslant 0.676\left(\frac{\rho_{\text{w}} g}{3\mu}\beta\right)^{\frac{1}{6}} q_{\text{crack}}^{\frac{5}{6}} \tag{6-41}$$

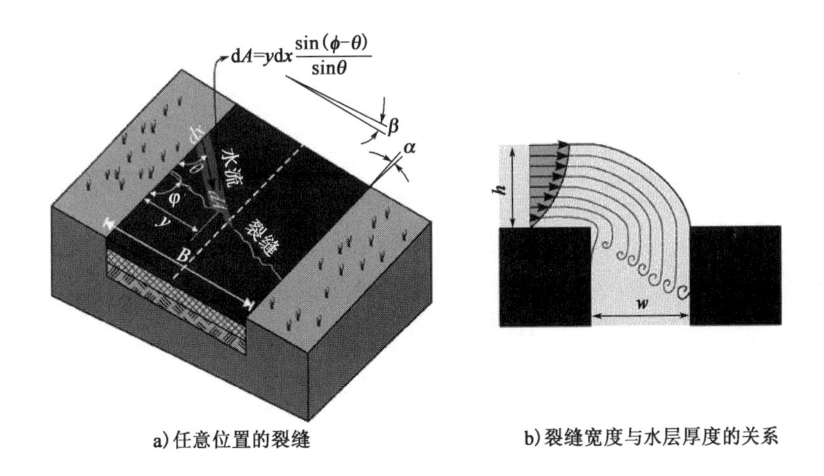

a)任意位置的裂缝　　b)裂缝宽度与水层厚度的关系

图 6-9

然而,与路面相接触的下层流水,在下沉时产生了一些湍流,并吸收了大量空气。考虑到这些因素的影响,Van Ganse 提出所需宽度的较大值 w[411]:

$$w^* \geqslant 0.845\left(\frac{\rho_{\text{w}} g}{3\mu}\beta\right) q_{\text{crack}}^{\frac{5}{6}} \tag{6-42}$$

当裂缝的实际宽度 w_{α} 小于需求宽度 w^* 时,经过裂缝的实际水流量 $q_{\text{crack-}\alpha}$ 会减小:

$$q_{\text{crack-a}} = q_{\text{crack}} 0.5\left(\frac{w_{\text{a}}}{w^*}\right)^2 \left(3 - \frac{w_{\text{a}}}{w^*}\right) \tag{6-43}$$

3)降水量与渗入之间的关系

对于特定的降雨量,路面的渗透能力与其周围环境之间的平衡如图6-10所示。分以下两种情况:

(1)当地表吸收水分的能力大于所有入渗的降雨量时,所有的降水都能入渗;

(2)当降雨量大于地表吸收水分的能力时,渗入的水量由渗透能力决定,未渗入的水将变成径流。

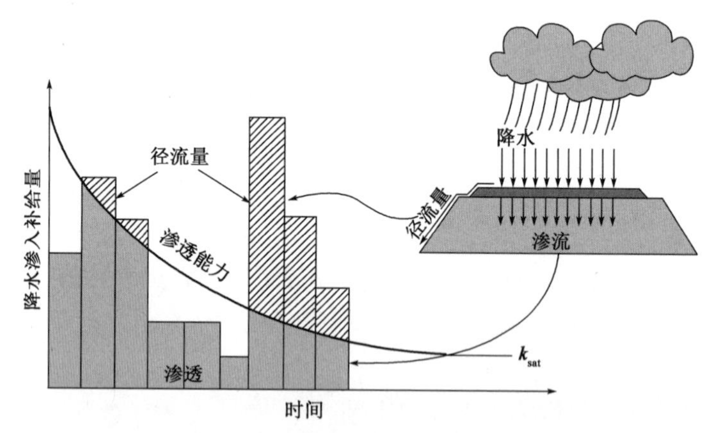

图6-10 根据表面的渗透能力评估渗透和径流

该分析同样适用于裂隙渗透,式(6-37)表示饱和状态下的渗透能力,降水引起的水流 p(p 与面积 dA 的乘积),如图6-9a)所示。

6.2.2 蒸发

如图6-11所示,根据蒸发过程中所包含的因素,可以区分出各种蒸发类型。潜在蒸发量是指充分供水下垫面(即充分湿润表面或开阔水体)蒸发/蒸腾到空气中的水量。潜在蒸发量的估算只考虑大气因素,实际蒸发量的计算必须考虑水分的有效性,蒸散作用的计算也必须考虑植物的影响。

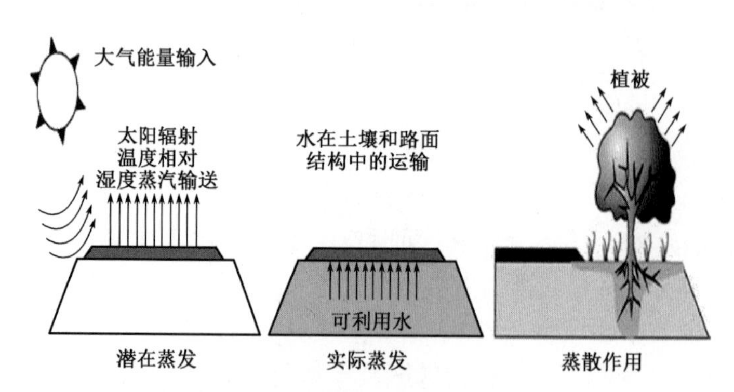

图6-11 蒸发的类型与涉及的变量

在排除植物的影响之前,需要考虑三个主要因素:能量输入对于提供蒸发潜热所需的能量至关重要;水分有效性控制着能够到达土壤表面或道路结构的水量;大气中水蒸气的输送对于维持蒸发能力是很重要的。

土壤的干燥过程可分为三个阶段[204]，如图 6-12 所示。

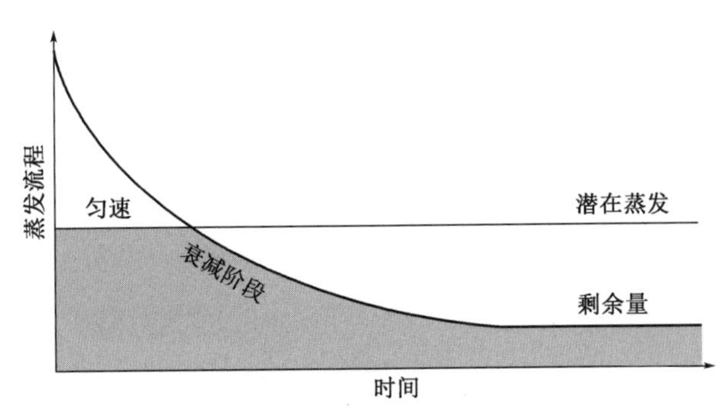

图 6-12　蒸发过程的不同阶段

第一阶段：土体以恒定的速率干燥，是土壤能够输送满足大气需要的所有水分，干燥过程完全由气象条件控制。

第二阶段：蒸发速率迅速下降到低于大气施加的潜在蒸发率。这是由于土壤中可提供给大气的水减少了。即从土壤底部流出的水比达到大气施加的潜在蒸发率所需要的要少。此阶段的持续时间比第一阶段要长得多。

第三阶段：因为表面干燥降低了水的传导性，导致蒸发率持续下降，所以水的流动主要以气相的形式发生。

评估潜在蒸发的方法有很多，其中最有用的方法是道尔顿的潜在蒸发定律、Penman 方程和 Bowen 比。第一个方法是约翰·道尔顿在 1802 年提出的，用于预测水体的蒸发率（即潜在蒸发率）。他提出蒸发率取决于蒸发表面的水汽压与该表面上方的空气的水汽压之差。这种蒸发速率也受到风带走蒸发的水分子的速率的影响。即道尔顿得出了蒸发率与水压力和风速的亏损成正比关系[120]，如式(6-44)所示：

$$E = f(u)(u_{vs}^{*} - u_{v}) \tag{6-44}$$

式中，E 为蒸发速率，表示单位时间内水的蒸发高度；u_{vs} 为水表面温度下的饱和蒸汽压；u_{v} 为空气中的蒸汽压；$f(u)$ 为平均风速 u 的函数。

道尔顿方程有数十种变化形式，每种都有其独特的常数和指数集，这些常数和指数是根据特定的蒸发试验经验校准的。大多具有以下形式[371]：

$$E = f(A_{s} + B_{s}u)(u_{vs}^{*} - u_{v}) \tag{6-45}$$

式中，A_{s} 和 B_{s} 为经验校准常数。

同样，水温的影响也包含在道尔顿的原始方程式中[61,371]：

$$E = f(A_{s} + B_{s}u)(u_{vs}^{*} - u_{v})[1 - C_{s}(T_{a} - T_{d})] \tag{6-46}$$

式中，C_{s} 为经验常数，T_{α} 为空气温度，T_{d} 为露点温度。

因为道尔顿方程需要估计 u_{vs}^{*}，所以它主要局限在要已知表面温度，为克服这一问题，Penman和 Bowen 比方法结合了不同的物理和经验关系，来获得潜在的蒸发。

1948 年，Penman[329] 提出了一个估算开阔水域、裸露地面和草地蒸发速率的方程。Penman 方程需要一套完整的气象数据，因此提出了几种简化方法[369,405,406]：

$$E = \frac{mR_{n} + 6.43\gamma(1 + 0.532u_{2})(1 - U_{w})u_{vsa}}{L_{v}(m + \gamma)} \tag{6-47}$$

式中,E 为潜在的蒸散速率(mm/d),由 $m = \mathrm{d}u_{\mathrm{v}}/\mathrm{d}T = 5336/T_{\mathrm{a}}^{2}\mathrm{e}^{8921.07} - 5336/T_{\mathrm{a}}$(单位为 mmHg/K),$m$ 为饱和蒸汽压曲线的斜率(kPa/K),R_{n} 为净辐射照度 MJ/(m^2 · d),$\gamma = 0.0016286P_{\mathrm{atm}}(\mathrm{kPa})/L_{\mathrm{v}}$,$\gamma$ 为湿度常数(kPa/K),u_2 为风速,w 为相对湿度,u_{vsa}为空气的饱和蒸汽压,L_{v} 为蒸发潜热(MJ/kg),T_{α} 为开尔文温度。

Bowen 比[64]使用能量平衡来估算蒸发。Bowen 比β、从空气传递到地面的热流量 q_{conv} 和蒸发引起的热流量 $q_{\mathrm{evap}} = L_{\mathrm{v}}E$ 之间的关系如下:

$$\beta = \frac{q_{\mathrm{conv}}}{L_{\mathrm{v}}E} \tag{6-48}$$

从空气中传递的热流可以用式(6-10)来计算,但 Bowen 比方法使用了式(6-49):

$$q_{\mathrm{conv}} = \rho_{\mathrm{a}}c_{\mathrm{p}}K_{\mathrm{h}}\frac{\partial T}{\partial z} \tag{6-49}$$

式中,ρ_{α} 为空气密度,c_{p} 为潮湿的空气在恒压下的比热容,K_{h} 为涡流热传递系数,$\partial T/\partial z$ 是空气在垂直方向上的平均温度梯度。

另一方面,靠近地面的蒸汽流量等于蒸发量:

$$E = \rho_{\mathrm{a}}K_{\mathrm{v}}\frac{\partial q_{\mathrm{sp}}}{\partial z} \tag{6-50}$$

式中,ρ_{α} 为空气的密度,K_{v} 为水蒸气的涡流传递系数,q_{sp}为平均比湿度($g_{\mathrm{vapor}}/g_{\mathrm{moist\ air}}$)。因为水蒸气的质量通常比干燥空气的质量低得多,所以式(6-50)中可以用式(2-16)中给出的混合比 r 代替比湿度。因此,大多数情况下,$q_{\mathrm{sp}} \approx r$。

由式(6-48)、式(6-48)和式(6-50)可得 Bowen 比为:

$$\beta = \frac{q_{\mathrm{conv}}}{L_{\mathrm{v}}E} = \frac{c_{\mathrm{p}}K_{\mathrm{h}}\dfrac{\partial T}{\partial z}}{L_{\mathrm{v}}K_{\mathrm{v}}\dfrac{\partial r}{\partial z}} \tag{6-51}$$

Bowen 比是一个无量纲因子,表示能量之间的关系。设 $K_{\mathrm{h}} = K_{\mathrm{v}}$,由 $c_{\mathrm{p}}/L_{\mathrm{v}} = 4.2 \times 10^{-4}$℃可得:

$$\beta = 4.2 \times 10^{-4}\frac{\Delta T}{\Delta r} \tag{6-52}$$

式(6-52)表明,Bowen 比β可以在实地测量的基础上计算温度梯度和蒸汽压梯度。

在估算出 Bowen 比后,根据式(6-19)中的能量平衡有:

$$q_{\mathrm{sens}} = q_{\mathrm{rad}} - q_{\mathrm{th}} - q_{\mathrm{conv}} - q_{\mathrm{evap}} = q_{\mathrm{rad}} - q_{\mathrm{th}} - q_{\mathrm{evap}}(\beta + 1) \tag{6-53}$$

则蒸发量变为:

$$q_{\mathrm{evap}} = L_{\mathrm{v}}E = \frac{q_{\mathrm{rad}} - q_{\mathrm{th}} - q_{\mathrm{sens}}}{1 + \beta} \tag{6-54}$$

在含水率丰富的条件下,鲍恩比在 0.1 ~ 0.3。这些数值表明,蒸发所涉及的能量是加热所涉及能量的 1 ~ 3 倍。因此,干燥的表面 Bowen 比较高。

6.3 热-水-力学模型在路面结构中的应用

Wilson[435]提出的模型有助于计算道路结构水热传递的热-流体力学问题。和大多数数值模型一样,该模型需要基于物质守恒定律、各相材料关系和边界条件求解一组微分方程。

6.3.1 守恒方程

该方法需要水、气体(大气)的质量和热量的守恒方程。考虑到水的流动既有液相又有气相,则水的质量守恒方程为:

$$\frac{\partial \theta_{w}}{\partial t}=\frac{1}{\rho_{w} g} \nabla(\nabla k_{w} \Psi)+\frac{\bar{u}_{a}+\bar{u}_{v}}{\bar{u}_{a}} \frac{1}{\rho_{w}} \nabla(\nabla D_{v} u_{v}) \tag{6-55}$$

式中,θ_{w} 为体积含水率,ρ_{w} 为水密度,g 为重力的加速度,k_{w} 为液态水的非饱和导水率,Ψ 为水势,u_{α} 和 u_{v} 为绝对大气压和蒸汽压,D_{v} 为气体通过多孔材料的分子扩散率,t 为时间。

大气质量的守恒方程为:

$$\frac{\partial m_{a}}{\partial t}=\nabla(\nabla D_{a} u_{a}) \tag{6-56}$$

式中,m_{α} 为控制体积内的空气质量,D_{α} 为多孔材料内空气的扩散系数。

考虑到液态水和水蒸气之间的相变,热量守恒方程为:

$$c_{H} \frac{\partial T}{\partial t}=\nabla(\nabla k_{H} T)-L_{v} \frac{\bar{u}_{a}+\bar{u}_{v}}{\bar{u}_{a}} \nabla(\nabla D_{v} u_{v}) \tag{6-57}$$

式中,c_{H} 为材料的比热容,T 为温度,L_{v} 为蒸发或凝结潜热,k_{H} 为材料的导热系数。

6.3.2 各相材料相互转化关系

解决水分和热传递问题所需的现象学关系包括水、蒸汽、气体和热的流动方程,以及表达各相之间关系的方程式(由保水曲线给出),本构关系表示应力-应变关系和理想气体定律。

Sheng 等[367]提出了 SFG 本构模型方程式为:

$$\frac{\partial v}{\partial t}=-\lambda_{vp} \frac{1}{\bar{p}+s} \frac{\partial \bar{p}}{\partial t}-\lambda_{vs} \frac{1}{\bar{p}+s} \frac{\partial s}{\partial t} \text{ 和 } \lambda_{vs}=\lambda_{vp} \frac{1+s_{sa}}{1+s} \tag{6-58}$$

式中,v 为材料的总体积($v=1+e$),e 为空隙比,λ_{vp}为在恒定吸力下的应力压缩系数,$\bar{p}$ 为净平均应力($p=p-u_{\alpha}$),s 为基质吸力,λ_{vs}为在恒定平均应力下吸力可压缩性的材料参数,s_{sa}为饱和时的基质吸力。

式(2-57)可用来表示不同空隙率下饱和度与基质吸力之间的关系。

表 2-4 中的方程都可以用来表示水的电导率。依据 Campbell[83],蒸汽的分子扩散率可以使用式(6-59)计算:

$$D_{v}=\left[(1-S_{r}) n\right]^{\frac{5}{3}}\left[\left(\frac{T}{273}\right)^{1.75} \frac{M_{v}}{R T}\right] \tag{6-59}$$

式中,n 为材料的孔隙率,M_{v} 为水蒸气的分子量(18.016kg/kmol),R 为通用气体常数(8.3145J/molK)。

Stoltz 等[380]使用了式(6-60)来评估气体在多孔材料中的扩散率:

$$D_{a}=\frac{K_{a} \rho_{a}}{\eta_{a}}, K_{a}=C_{KG1}\left[n(1-S_{r})\right]^{C_{KG2}} \tag{6-60}$$

式中,K_{α} 为气体电导率,ρ_{α} 为空气密度,η_{α} 为空气黏度,C_{KG1} 和 C_{KG2} 为从试验测试中获得

的拟合参数。

材料的导热系数可以使用第2.4节中描述的方法评估。

最后，由式(2-36)中的开尔文方程给出了液相的水势与气相的相对湿度之间的关系。

6.3.3 非等温条件下水和气流动方程

将上述守恒方程和唯象方程结合起来，可以得到三个独立的偏方程，它们可以用来计算道路结构内的水压力、孔隙气压力和温度的变化。这些方程的优势在于，当仅考虑一维相互作用时，它不需要动量守恒方程，因为垂直应力 σ_v 直接来自垂直地应力的计算。所得方程组为：

$$\begin{aligned}\frac{\partial u_w}{\partial t} &= \left(\frac{\beta_1-\beta_2}{\beta_1}\right)\frac{\partial u_a}{\partial t}-\frac{\beta_2}{\beta_1}\frac{\partial \sigma_v}{\partial t}-\frac{1}{\beta_1\rho_w g}\nabla(\nabla K_w\Psi)\\&\quad-\frac{\bar{u}_a+\bar{u}_v}{\bar{u}_a}\frac{1}{\beta_1\rho_w}\nabla(\nabla D_v u_v)\end{aligned}\tag{6-61}$$

$$\frac{\partial u_a}{\partial t}=-\frac{1}{\beta_3}\nabla(\nabla D_v u_a)-\frac{\beta_4}{\beta_3}\frac{\partial u_w}{\partial t}-\frac{\beta_5}{\beta_3}\frac{\partial \sigma_v}{\partial t}-\frac{\beta_6}{\beta_3}\frac{\partial T}{\partial t}\tag{6-62}$$

$$\frac{\partial T}{\partial t}=\frac{1}{C_s}\nabla(\nabla K_T T)-\frac{L_v}{C_s}\frac{\bar{u}_a+\bar{u}_v}{\bar{u}_a}\nabla(\nabla D_v u_v)\tag{6-63}$$

式中，$\beta_1\sim\beta_6$是由以下公式给出的局部非线性变量：

$$\beta_1=n\frac{\partial S_r}{\partial s}+\frac{\partial v}{\partial s}\left(n\frac{\partial S_r}{\partial v}+\frac{S_r}{V^2}\right),\beta_2=n\frac{\partial v}{\partial s}\left(n\frac{\partial S_r}{\partial v}+\frac{S_r}{V^2}\right)$$

$$\beta_3=(1-S_r)n\frac{M_{wa}}{RT}+\rho_a\left[(1-S_r)\frac{1}{v^2}-n\frac{\partial S_r}{\partial v}\right]\left[\frac{\partial v}{\partial s}-\frac{\partial v}{\partial(\sigma_v-u_a)}\right]$$

$$\beta_4=\frac{\partial v}{\partial s}\left[n\rho_a\frac{\partial S_r}{\partial v}-(1-S:r)\right],\beta_5=\frac{\partial v}{\partial(\sigma_v-u_a)}\left[(1-S_r)\rho_a-n\rho_a\frac{\partial S_r}{\partial v}\right]$$

$$\beta_6=-\frac{M_{wa}}{RT^2}$$

显式有限差分法(EFDM)是求解非等温条件下的水、空气和热流方程组[式(6-61)~式(6-63)]的有效方法。该方法计算简单，但需要较小的时间步长才能获得稳定的解，尤其在空间离散密度较大时，会影响求解算法的性能。

6.3.4 边界条件

将水、气和热的流动以及水势、气压和温度施加到地面或路面上需要边界条件。如第6.1节所述，由于热流取决于辐射 q_{rad}、对流 q_{conv} 和蒸发量 q_{evap}，因此需要对大气边界条件进行精细化处理，而渗透或蒸发产生的水文过程有两个阶段，每个阶段都具有势能或流量。降雨分为两个阶段：

(1)强降水会在地面上覆盖一层水膜，使边界条件变为表面孔隙水压力为零；

(2)在地表施加 $u_w=0$ 会造成一定的渗透量 q_{inf}，超过 q_{inf}的水会成为径流；

(3)当 $q_{rain}<q_{inf}$时，为中等降水，边界条件需要一个等于 q_{rain}的水流量。

第一阶段的蒸发是由大气条件控制的(即潜在蒸发)；但在第二阶段，地表的基质吸力必须与大气处于热力学平衡状态。因此：

在第一阶段中，根据道尔顿、Penman 或鲍恩的方法，水的流动可以用潜在蒸发方程来计算（详见第 6.2.2 节）。

在第二阶段中，空气中水蒸气在土壤附近及其上方附近空气中的比例是相同的。因此，由于这两个空间的温度不同，大气与土壤接触的空气的相对湿度也不同。第二阶段施加在土壤表面的吸力计算方法如下：

根据已知的相对湿度（U_w）和大气温度（T_a）使用式（2-12）、式（2-13）和式（2-16）计算混合比。

使用式(2-12)、式（2-13）和式（2-16）计算空气中的相对湿度，而温度可采用地表温度（T_s）；最后，利用式(2-36)中的开尔文方程和土壤中的相对湿度，以及气相计算土壤表面的基质吸力。

虽然在干燥过程中，前面的每一个边界条件都是可能的，但下面的分析可以用来选择合适的边界条件：先根据潜在蒸发方程获得的蒸发流量来确定水流量，再计算土壤表面的基质吸力。然后，通过施加水流获得的基质吸力与根据热力学平衡得到的基质吸力进行比较。如果通过施加水流计算的基质吸力高于基于热力学平衡的基质吸力，则意味着路表水流受土壤中水流的影响。此时，施加的边界条件取决于用热力学平衡估算的基质吸力。

6.4 基于综合湿度指数（*TMI*）的经验方法

基于实际降水和蒸发量来计算路面结构中的水流量比较复杂。事实上，之所以计算全年气候影响的难度增加，是因为解决非线性变量的扩散问题需要使用非常短的时间步长。Zapata等[447]提出了一种综合湿度指数（*TMI*）的经验方法。*TMI* 是由 C. W. Thornthwaite 于 1948 年引入的，用于对不同地理区域的气候条件进行分类。它是无量纲指标，范围在潮湿区域的 +100 到干旱区域的 -100 之间。

计算 *TMI* 需要估算场地内水平衡涉及的变量：降水量 P、潜在蒸散量 PE，储水量、损耗量 DF 和径流量 R。

潜在蒸发量的估算包括以下步骤：

（1）第 i 个月的热量指数评估：

$$h_i = (0.2T_i)^{1.514} \tag{6-64}$$

式中，T_i 为月平均温度，单位为℃。

（2）第 y 年的年热量指数 H_y 评估如式(6-65)：

$$H_y = \sum_{n=1}^{12} h_i \tag{6-65}$$

（3）第 i 个月的潜在蒸发量评估如式(6-61)：

$$PE_i = 1.6\left(\frac{10T_i}{H_y}\right)^a \quad (\text{cm}) \tag{6-66}$$

式中，$a = 6.75\times10^{-7}H_y^3 + 7.71\times10^{-5}H_y^2 + 0.017921H_y + 0.49239$

按月计算潜在蒸发量之后，*TMI* 在一年的过程中的 TMI_y，是由所有涉及此地的水平衡的变量的累积产生的，这些变量包括降水量，潜在的蒸散量 PE_y、存储水量、损耗量 DF_y 和径流

量 R_y：

$$TMI_y = \frac{100R_y - 60DF_y}{PE_y} \tag{6-67}$$

式(6-68)给出了 30 个 12h 工作日(仅包括白天几个小时)的 *TMI*。该指数可根据实际日照时间和月长进行修正潜在蒸发量，方法如下：

$$PE_{\text{i-corrected}} = PE_i \frac{D_i}{12}\frac{N_i}{30} \tag{6-68}$$

式中，D_i 和 N_i 分别为白天的日照时间和一个月的日照天数。

另一种评估 *TMI* 指数的模型为 TMI-ASU 模型[447]，由式(6-69)可得：

$$TMI = 75\left(\frac{P}{PE} - 1\right) + 10 \tag{6-69}$$

式中，P 为年降水量，PE 为调整后的潜在蒸散量。

Zapata 等估算了一个区域的综合湿度指数[447]，然后提出了估算路面结构中粒料类基层和路基材料平均基质吸力的经验公式。这些方程如式(6-70)和式(6-71)：

粒料类基层：

$$s(\text{kPa}) = \alpha + e^{[\beta + \gamma(TMI + 101)]} \tag{6-70}$$

路基材料：

$$s(\text{kPa}) = \alpha\{e^{[\beta/(TMI + \gamma)]} + \delta\} \tag{6-71}$$

调整参数取值由材料性能综合确定。可以使用筛号为 P_{200} 的物料量，也可以使用 P_{200} 与塑性指数 PI 之间的乘积。表 6-3 和表 6-4 列出了式(6-70)及其所需的调整参数集。中间值为 P_{200} 或 $P_{200}PI$ 的材料，可以对参数进行线性插值。

Zapata 等 2009 年提出的粒料类基层模型参数[447] 表 6-3

P_{200}	α	β	γ
0	3.649	3.338	-0.05046
2	4.196	2.741	-0.03824
4	5.285	3.473	-0.04004
6	6.877	4.402	-0.03726
8	8.621	5.379	-0.03836
10	12.180	6.646	-0.04688
12	15.590	7.599	-0.04904
14	20.202	8.154	-0.5164
16	23.564	8.283	-0.05218

Zapata 等 2009 年提出的路基材料模型参数[447]　　　表 6-4

P_{200}或$P_{200}PI$	α	β	γ	δ
$P_{200}=10$	0.300	419.07	133.45	15.00
$P_{200}=50, P_{200}PI \leqslant 0.5$	0.300	521.50	137.30	16.00
$P_{200}PI=5$	0.300	663.50	142.50	17.5
$P_{200}PI=10$	0.300	801.00	147.60	25.00
$P_{200}PI=20$	0.300	975.00	152.50	32.00
$P_{200}PI=50$	0.300	1171.20	157.50	27.80

表 6-4 包含以下约束条件：

(1)当 $P_{200}PI<0.5$ 时，$P_{200}PI$ 的默认值为 0.5；

(2)当 $P_{200}PI=0$ 时，该模型仅基于 P_{200}；

(3)当 $P_{200}PI>50\%$ 时，P_{200}的默认值为 50；

(4)当 $P_{200}PI \leqslant 50\%$ 时，仅使用基于 P_{200}模型计算基质吸力。

图 6-13 显示了式(6-70)在预测美国不同地点的颗粒状基层和路基基质吸力时所具有很高准确性[447]。

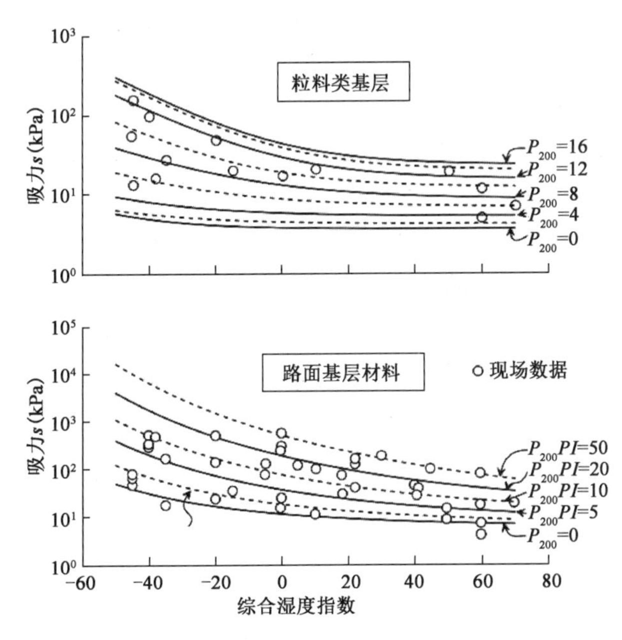

图 6-13　不同路基材料的综合湿度指数[447]

6.5　冻结作用

在寒冷地区，冬天温度会降到冰点以下。如果低于冰点的温度持续很长一段时间，冻结锋面就会渗透到路面结构内部。根据冰冻期的持续时间和强度，冻结锋面可能会穿透整个路面结构并进入路基。在这种情况下，路基土在冻结时会产生低温基质吸力。如第2.1.11节所述，低温基质吸力将水从未冻结的土壤移向冻结锋面迁移，有时会产生冰透镜体。

解冻期对于任何道路结构都是至关重要的，因为融化的冰会使土壤接近饱和和流动状态，从而使土壤失去承载能力和刚度。另一方面，冻土层可以在较深的土层中保持数天，并阻止融化的水垂直迁移。

路基土冻结过程中水分积聚导致的承载力损失严重程度，与以下三个主要因素有关：

(1)路基土的结冰敏感性取决于土的性质、粒度分布、密度和含水率等。

(2)冻结的强度和持续时间。人们发现，只有当冻结锋面传播速度足够慢，使水能够移动时，水才会在冻土中积累，超过冻结锋面一定的传播速度，易冻土壤才会表现出不受影响的状态。持续时间很长的低强度冻结期会比非常强烈但短暂的亚冰冻期造成的危害更大。

(3)冻结锋面的可用水量取决于周围未冻结区域的含水率和到地下水位的距离。因此，有效的排水可减少迁移到冻结锋面的水量。在极端情况下，置于低含水率和水迁移困难条件下的高度敏感土壤表现出强冻结性。

通过现场和室内试验，可确定地下水位位置对冻胀程度的影响。例如，1962—1963年，法国的冬季特别寒冷，对该国的道路造成了灾难性的影响。造成的冻害可分为三类，从完全没有冻害到完全被冻坏。图6-14显示了严冬之后调研结果。当地下水位深度低于50cm时，所有的损害都是严重的，但当地下水位深度大于2m时，严重损害的比例降至58.5%[77]。

英国运输和道路研究试验室(TRRL)对地下水位对土冻胀的影响进行了系列试验[115]。图6-15显示了从这些试验中得到的膨胀和冻结锋面的深度。地下水位为30cm时，溶胀量为80mm；地下水位为120cm时，溶胀量为7mm。

这些结果表明，在冻结天气来临之前，良好排水对路基土防冻的重要性。

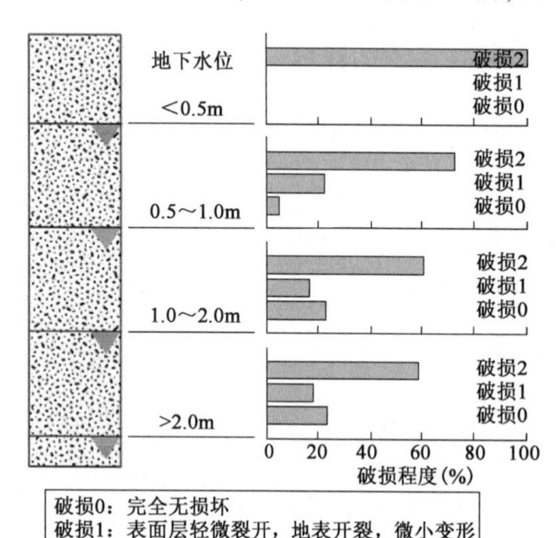

图6-14 地下水位的位置对冻害的影响

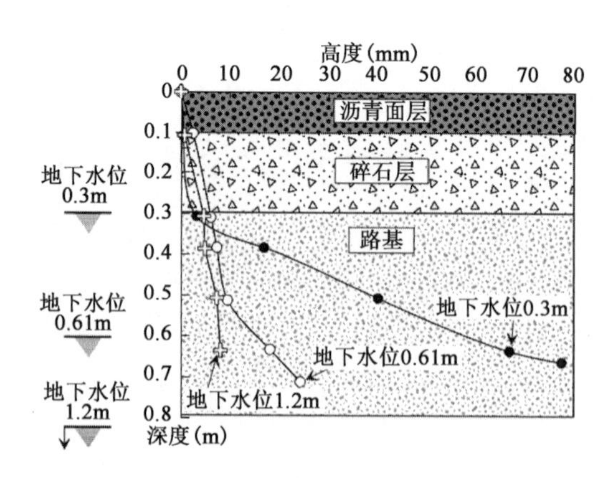

图6-15 地下水位位置对冻结和冻胀的影响[115]

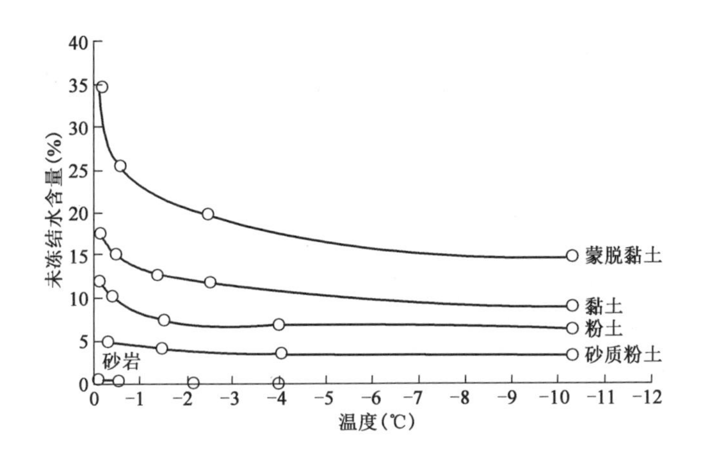

图6-16　不同土中的未冻结水含量[308]

6.5.1　冻融过程中道路内水的迁移机理

Williams 指出[434],对冻土膨胀机理的认知经历了几个阶段。第一种解释是土壤膨胀是由于冰晶积聚在冰冻锋面而引起的水蒸气迁移。1953 年,Nersesova 使用量热法证明了冻土中仍有一定量的未冻水[308],如图 6-16 所示。然而,在那个时期,水向冻土的迁移被认为是不可能的。

1966 年,Hoekstra[205]证明了冻结缘中的水积聚太多,无法仅用气体的迁移理论来解释。然后,Cary 和 Mayland 以及 Jame 和 Norum[86,212]观察到了水分在冻土中重新分布现象,并通过土颗粒周围存在的未冻结水的薄膜来解释这一结果,该薄膜允许水从未冻结土迁移至冻土。

如今,被广泛接受的解释是,将土的冻结过程视为快速去饱和过程,并建立冻土和非饱和土之间的联系[433,205,54,74]。实际上,在冻结过程中,土颗粒周围未冻结的水形成低温吸力,这就造成了与未冻结土中的水势差。这种势差导致水向冻结缘迁移,如图 6-17 所示。冻结缘中水的积累速率取决于土的冻结和未冻结区域中的水势梯度和水的电导率。水迁移的这种机制充分解释了不同土类型对冻结的敏感性的不同。表现在以下几个方面:

(1)对干净的砂而言,大多数水会在 0℃冻结,冻土中水的电导率几乎为零,水的蓄积不明显。因此,冻结敏感性很低。

(2)对粉土或细砂,一定量的未冻结水残留在冻土中,导致冻土的水电导率较大,从而使水迁移到冻结缘中并积累。因此,冻结敏感性高。

(3)对黏土,因为未冻结土的水传导性低,所以未冻结水的含量较大,但水的积累最小。因此,冻结敏感性低。

1)冻土与非饱和土之间的关系

目前,大量的试验结果表明,冻土和非饱和土之间具有较高的相似性[309,236,237,32]。特别重要的是,Caicedo 进行了粉土和细砂的冻结过程模型试验[74],该试验先经过毛细上升过程,然后进行冻结。

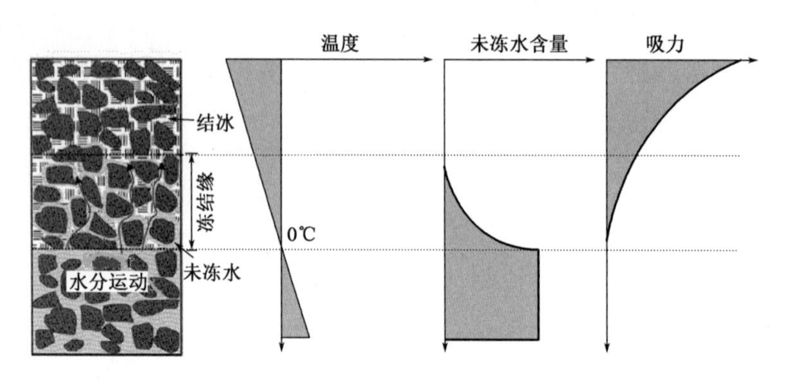

图 6-17　冻土中水的迁移

Caicedo[74]证实了第 2.1.11 节中描述的经典克劳修斯-克拉珀龙方程的有效性。Caicedo 将式(2-44)给出的基质吸力与用相对湿度传感器测量的冻土基质吸力进行了比较。图 6-18 说明了结果之间的良好一致性,特别是在基质吸力较高情况下。

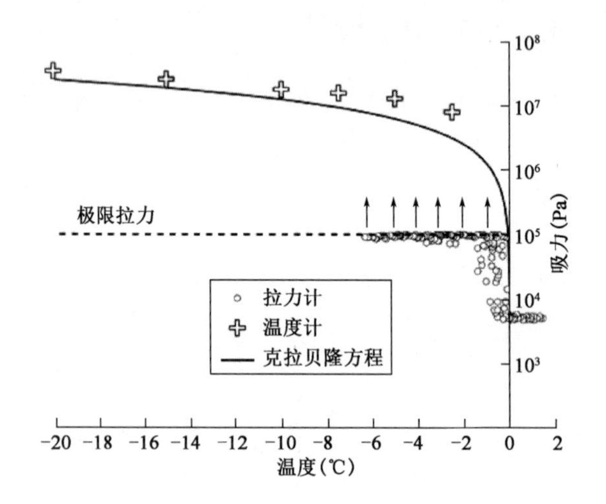

图 6-18　温度与负孔隙水压力之间的关系[74]

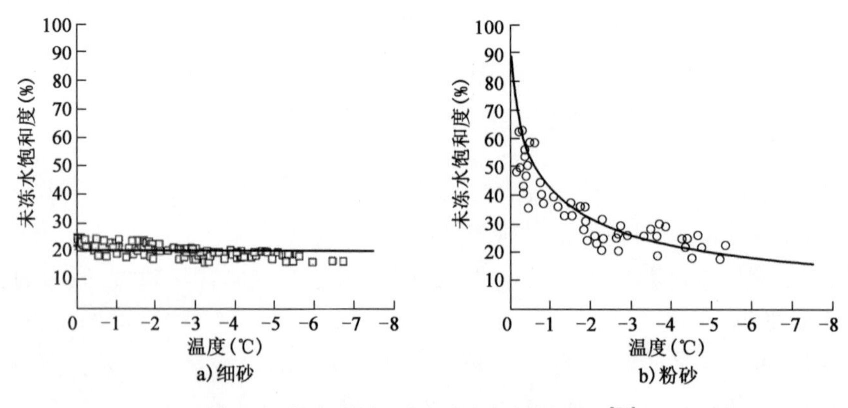

图 6-19　细砂、粉砂温度与未冻水含量的关系[74]

Caicedo 的试验[74]表明,细砂和粉砂的冻结过程有所不同。如图 6-19 所示,细砂含水率在冻结过程中降低速率较快,而粉砂中未冻水含量降低较为缓慢。将未冻水含量的测量值与用克拉西厄斯-克拉珀龙方程计算的低温吸力进行耦合,可以得到一条单调的保水曲线,可以描述冻土和非饱和土的未冻水含量与基质吸力之间的关系,如图 6-20 所示。

如图 6-21 所示,细沙和粉砂中未冻水量随温度的变化差异可以解释冻结在两种土内的发展过程。

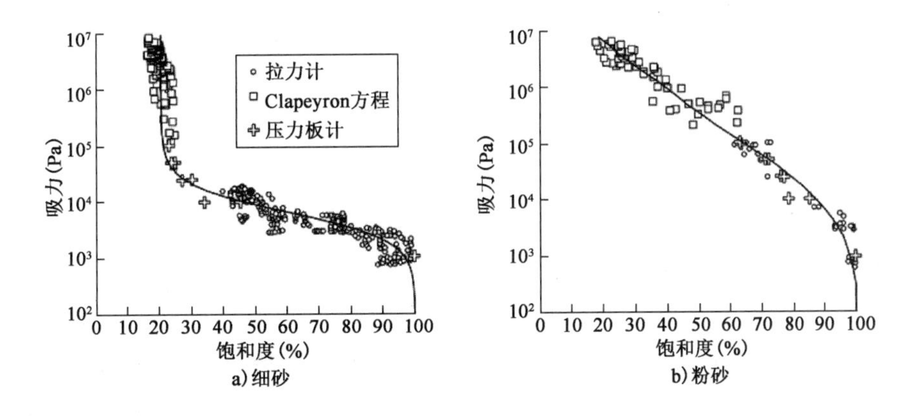

图 6-20 细砂和粉砂的未冻土和冻土的保水曲线[74]

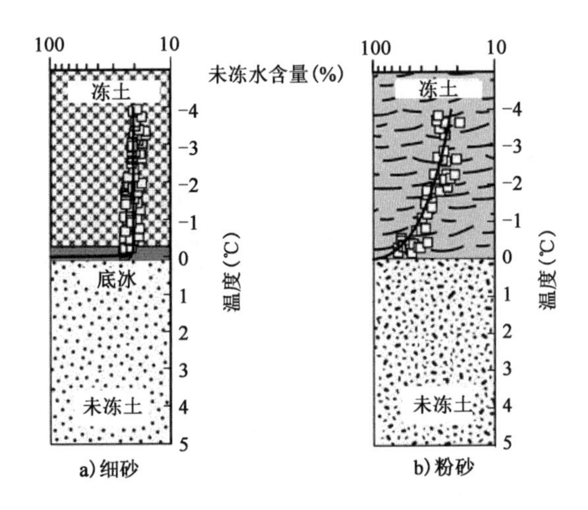

图 6-21 冻结过程与未冻水含量和温度的关系[74]

(1)细砂中的水冻结较迅速,冻结锋面静止不动的位置就会出现冰晶;

(2)淤泥中的水冻结较缓慢,因此冻土的特点是冰晶的分布更加均匀。

Williams[432]使用一种渗透压装置测量了冻结土的渗透率,该装置的两个储层都装有浸在恒温槽中包含水和乳糖的渗透溶液,储层之间压力差会产生水流,结果如图 6-22a)所示。另一方面,Robins[347]对冻土水电导率的测量表明,相同含水率的冻土水电导率与非饱和土水电导率相关,如图 6-22b)所示。

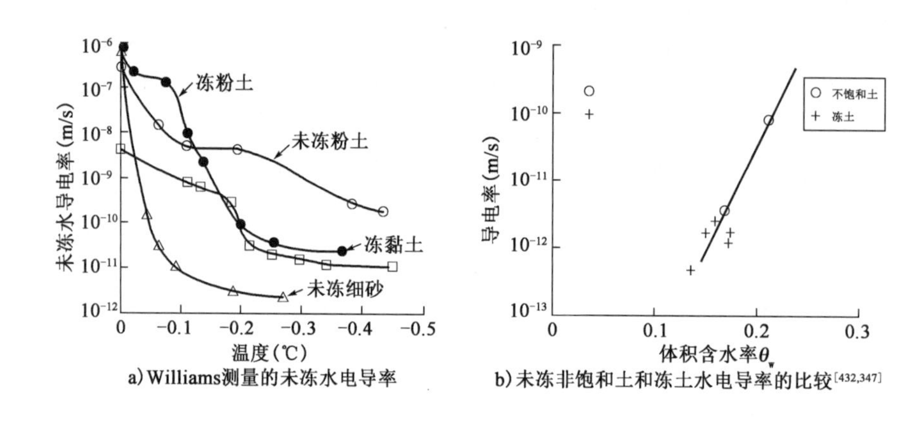

b)未冻非饱和土和冻土水电导率的比较[432,347]

图6-22

2)土壤冻融后的力学性能

冻融循环会增加土体的空隙率。如图6-23所示为Caicedo使用宽1m宽、深0.8m的物理模型所得结果[74]。图6-24说明了空隙率在垂直应力平面内的演变。空隙率在每个冻结周期内都会增加,特别是在超固结线的第二个冻结周期内增幅最大。在解冻过程中,空隙率再次到达该线,与压实后达到的初始密度相比,该过程最终导致土体松散。细砂中的冻融循环使空隙率的可逆性增大,因为空隙率的增加是通过融化过程中消失的冰晶来实现的。

冻结过程中含水率的增加和空隙率的增加导致了融化过程中弹性模量的降低。如图6-24a)所示,Simonsen等[370]测定了不同土弹性模量在冻融前减少20%~60%。另外,仅含0.5%细粒的粗砾砂的弹性模量在冻融后下降了约25%,而细砂的弹性模量下降了50%。

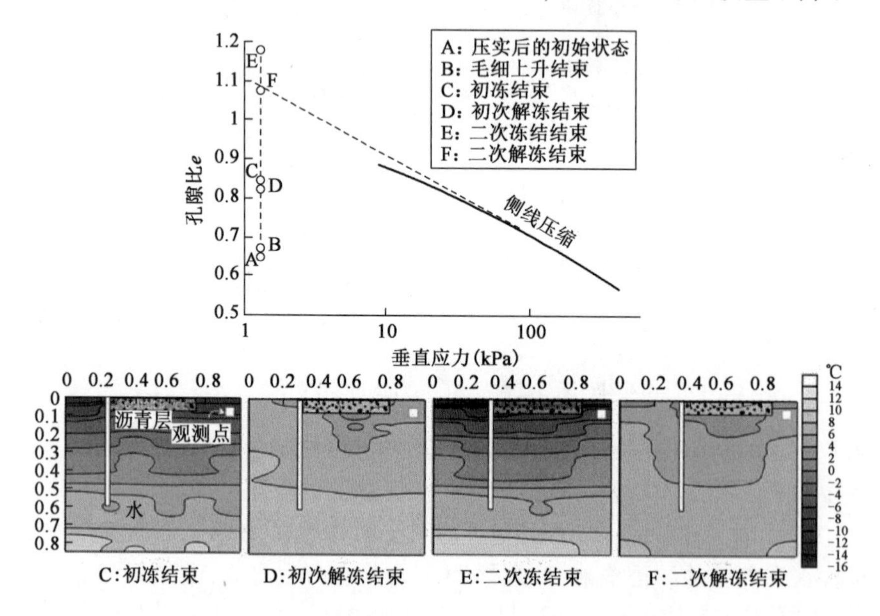

图6-23 粉砂在冻结和冻融循环过程中空隙率的变化[74]

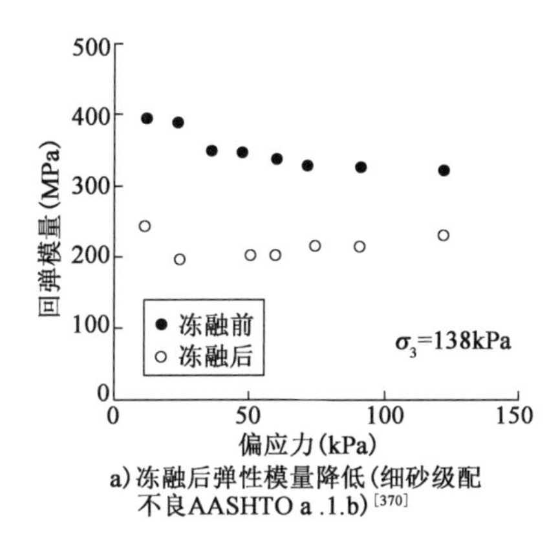

a)冻融后弹性模量降低(细砂级配不良AASHTO a .1.b)[370]

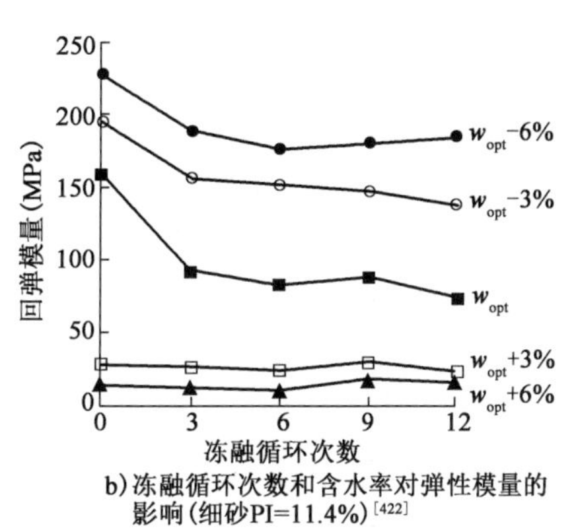

b)冻融循环次数和含水率对弹性模量的影响(细砂PI=11.4%)[422]

图 6-24

冻结前含水率和冻融循环次数对弹性模量的降低也有较大影响。Wang 等[422]发现,冻融循环次数的影响随着含水率的增加而减小,如图 6-24b)。他们认为,考虑到反复冻融循环的影响,对于最佳含水率的材料,弹性模量降低系数为 0.5 ~ 0.6;对于较干燥的材料,弹性模量的降低系数为 0.7 ~ 0.8。

然而,弹性模量的降低还与冻结速率和试样大小等因素有关。另一方面,冻结缘中的水含率增加会造成试样的不均匀性,从而使试验结果出现一定的随机性。

MEPDM[24]建议使用折减系数来评估材料在融化过程中的弹性模量 $E_{r\text{-thaw}}$。该折减系数取决于于冻结前弹性模量 $E_{r\text{-unfr}}$ 和最佳含水率下的弹性模量 $E_{r\text{-opt}}$ 两者中的较小值:

$$E_{r\text{-thaw}} = RF\min(E_{r\text{-unfr}}, E_{R\text{-opt}}) \tag{6-72}$$

折减系数 RF 取决于材料的冻结敏感性,其与粒度分布和可塑性指数 PI 有关,见表 6-5。

融化时弹性模量的折减系数[24]　　表 6-5

粗粒料 P200 < 50%				
粗粒分布	P_{200}(%)	$PI<12\%$	$12\%<PI<35\%$	$PI>35\%$
$P_4<50\%$	<6	0.85	—	—
	6 - 12	0.65	0.70	0.75
	>12	0.60	0.65	0.70
$P_4>50\%$	<6	0.75	—	—
	6 ~ 12	0.60	0.65	0.70
	>12	050	0.55	0.60
细粒	50 ~ 85	0.45	0.55	0.60
材料 P200 > 50%	>85	0.40	0.50	0.55
P_{200}是通过 200 号筛子的材料比例 P_4是通过 4 号筛的材料比例				

MEPDM 还表明,经过一定时间 T_R 的恢复期后,材料的弹性模量会恢复到原始值。根据材料类型的不同,弹性模量的恢复期不同,如下所示:

(1)对于 $P_{200}PI<0.1$ 的沙子和砾石,$T_R=90$d。

(2)对于 $0.1 < P_{200}PI < 10$ 的粉土和黏土,$T_R = 120d$。

(3)对于 $P_{200}PI > 10$ 的黏土,$T_R = 150d$。

对于冻结条件,MEPDM 建议的弹性模量值如下:

(1)对于粗粒材料,$E_{r\text{-frozen}} = 20700MPa$。

(2)对于细粉砂和粉砂,$E_{r\text{-frozen}} = 13800MPa$。

(3)对于黏土,$E_{r\text{-frozen}} = 6900MPa$。

6.5.2 冻胀敏感性标准

根据土体冻结的难易程度,可以将其简单地分为两大类:

一类是不易冻结土:土体结构和含水率在冻结过程中不会改变。然而,这些土在冻结时会由于水变成冰后体积增大而轻微膨胀。

另一类是易冻土:土体结构会发生变化,其含水率也会增加,最后会形成冰晶。

目前已有一些相对成熟的方法来判定土的冻胀敏感性。它们有些是依据土的固有物理力学特性(例如粒径、渗透性和吸力曲线),也有根据室内实测冻胀试验结果进行分类。

1)基于材料基本物理力学性能的判定方法

Casagrande[87]第一个提出评估冻胀敏感性的方法。此方法认为土体冻胀敏感性取决于粒径分布。其中,级配良好的标准是均匀系数 $d_{60}/d_{50} > 15$,且小于 20μm 的颗粒不到 3%。相对均匀材料的标准是 $d_{60}/d_{50} \leq 15$,且尺寸小于 20μm 的颗粒不到 10%。

1965 年,美国陆军工程兵团提出了一种基于统一土体类型和小于 0.02mm 的颗粒含量的排名方法[1],将道路材料冻结敏感程度分为四类,如表 6-6 和图 6-25 所示。

道路材料冻结敏感性判定标准[1] 表 6-6

第一组	土壤类型	小于 0.02mm 的颗粒比例	统一的土壤分类系统
F1	砾石土	3 ~ 10	GW,GP,GW-GM,GP-GM
F2	砂砾土	10 ~ 20 10 ~ 15	GM,GW-GM,GP-GM SW,SP,SM,SW-SM,SP-SM
	砾石土	>20	GM,GC
F3	砂粒(非常细的粉质砂粒除外)	>15	SM,SC
	黏土,PI >12	—	CL,CH
	所有淤泥	—	ML,MH
	细粉质粉砂	>15	SM
F4	黏土,PI <12	—	CL,CL-ML
	沥青黏土和其他	—	CL ML,CL,ML,SM,CL
	细级配条带状沉积物	—	CH,ML,CL,CH,ML AND SM

一些研究人员认为 Casagrande 方法过于严格且经济性较低,而美国陆军工程兵团提出的方法导致数据的极度分散。Brandl[66]认为这主要是由于没有考虑细组分矿物的影响。事实上,由于未冻结水的量很大程度上受矿物类型的影响,Brandl[66]据此提出了修正分类方法。

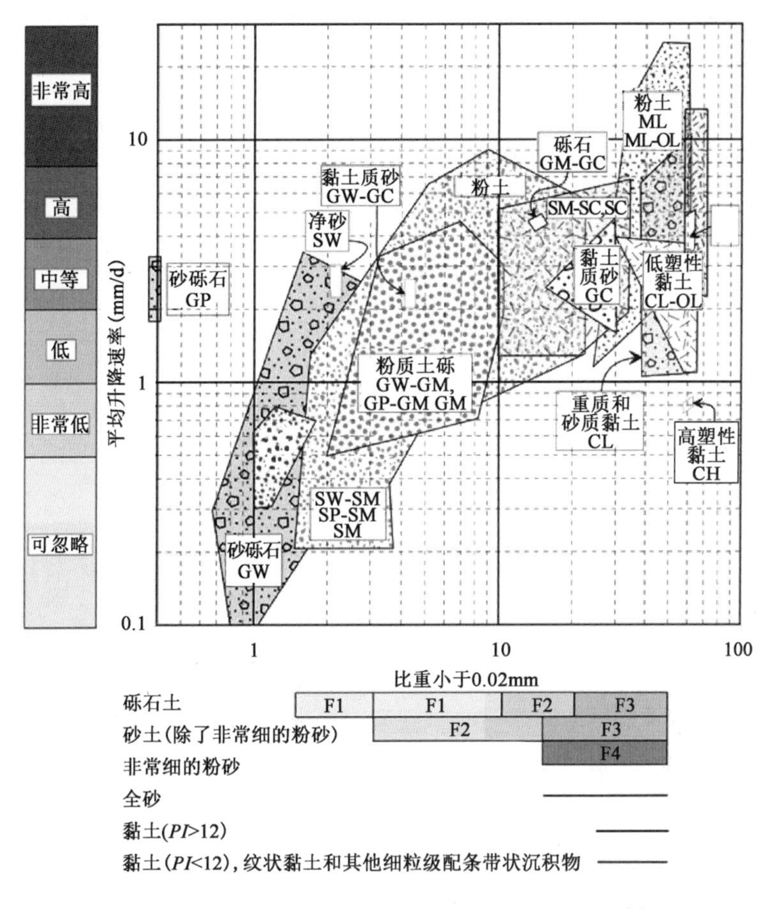

图6-25　根据美国陆军工程兵团标准的冻胀敏感性分析[1]

Brandl 在对含不同矿物成分的材料进行冻胀试验的基础上,提出了小于 0.02mm 的颗粒阈值,该阈值有时大于原始卡萨格兰德准则。如图 6-26 所示,Brandl 提出的矿物标准,比传统且严谨的 Casagrande 标准经济得多。

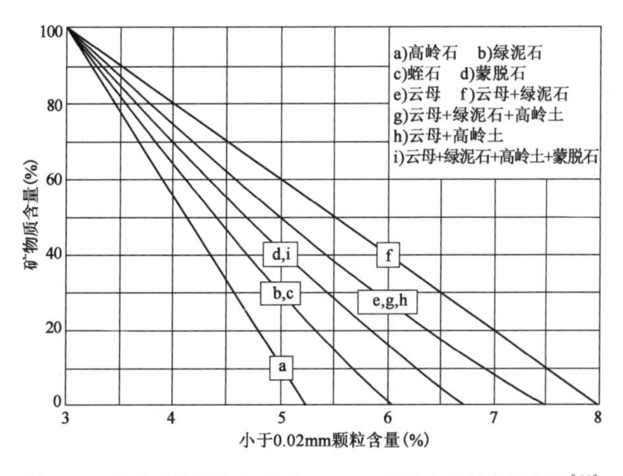

图6-26　基于矿物组分和小于 0.02mm 颗粒含量的分类方法[66]

当然,也有其他一些基于粒度级配曲线[26,92,374]的标准。图 6-27 显示了 Armstrong 和 Csathy为加拿大提出的判定标准[26]。

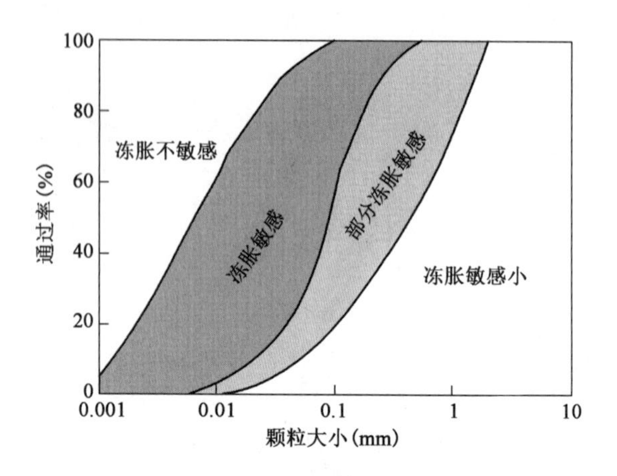

图 6-27　基于级配曲线的冻胀敏感性分析[26]

2)基于非饱和特性的判定方法

如前所述,冻胀作用可以解释为材料的快速去饱和。因此,将材料非饱和状态下的特性与冻胀敏感性联系起来是合理的。

Wisa 等[436]提出将水电导率与基质吸力联系起来以建立冻胀敏感性的方法。图 6-28a)所示为水电导率与基质吸力之间的关系曲线。该方法是在土体进气值时依据电导率和基质吸力的乘积 $k_w(AEV)\times s(AEV)$ 进行排序,见表 6-7。由于通常很难确定土的进气值,Wisa 等建议采用饱和度为 70% 的基质吸力作为进气值。

此外,Jones 和 Lomas[220]提出将英国冻胀试验与土水特征曲线相关联。他们选择用基质吸力 31kPa 所对应的体积含水率来判定冻胀敏感性。图 6-28b)为吸力为 31kPa 时,土体在 96h 后土体膨胀与体积含水率的关系。他们得出的结论是,基质吸力特征似乎比级配或液态水含量更能反映土体冻胀敏感性。

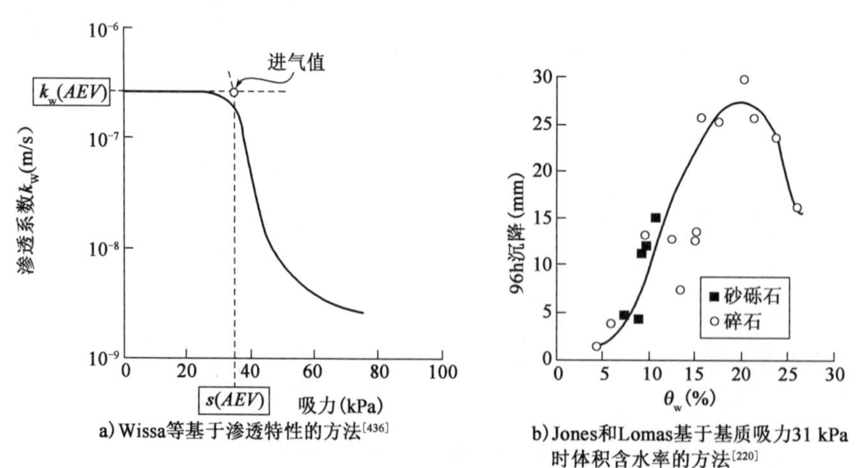

图 6-28　基于非饱和特性的冻胀敏感性分析

基于渗透系数和基质吸力的冻胀敏感性判定[436]　　表 6-7

冻胀敏感性	$k_w \times s(AEV) \times 10^7$[kPa·(m/s)]	冻胀敏感性	$k_w \times s(AEV) \times 10^7$[kPa·(m/s)]
非常高	>20	较低	0.2~1
较高	4~20	非常低	<0.2
一般	1~4		

3)评估冻胀敏感性室内试验方法

目前,不同国家领域已有一些用以评估道路材料冻胀敏感性的测试方法,但其方法比较相近,包括在圆柱形模具中将土体压实,使压实的试样与地下水位接触,然后把样品顶部的温度降至冰点或以下,同时将样品底部的温度保持为正值。此过程可能会导致水向冻结缘迁移,若发生迁移,该区域中的水积聚会使试样表面隆起,利用隆起的大小来评价冻胀敏感性。下面总结了部分国家目前采用的冻胀敏感性测试方法。

(1)美国寒带研究与工程试验室(CRREL)对直径152mm试件施加3.5kPa的垂直应力,测试试样在0℃的恒温条件下以13mm/d的渗透速率进行低温渗透试验。

(2)ASTM标准D5918建议对直径146mm、高度150mm的压实土样进行两次冻融循环。通过在土样顶部和底部逐步施加特定温度,将土样冻融。试验允许有水流过,也可以在没有自由水的情况下进行,并在试样顶部施加3.5kPa的应力。测试设备如图6-29所示。

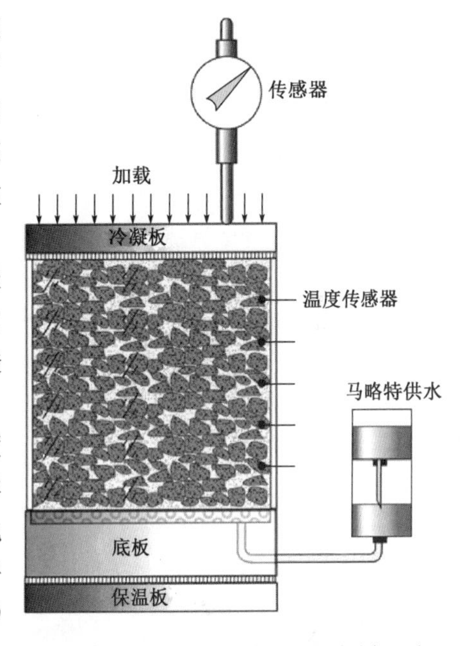

图6-29　ASTMD5918冻胀试验所需设备组成

(3)英国运输和道路研究试验所(TRRL)使用的试样直径为102mm,高度为152mm,在最佳含水率条件下进行振动压实。试验过程中试样表面温度为17℃,内部温度维持在4℃。

(4)法国道路和桥梁中心试验室(现称为IFSTTAR)使用的土样直径为70mm,高度为260mm,在最佳含水率条件下试样压实度为95%。施加在试样顶面的温度为5.7℃,而底部的温度为10℃。根据膨胀随时间演变的表征曲线来估计冻胀敏感性。

6.6　道路结构排水的基本原则

为防止道路结构损坏必须排空渗入的自由水,道路常见损坏类型包括:刚性路面基层冲刷与管涌、无黏结颗粒材料的剪切强度和刚度降低、沥青材料水损坏、路基的刚度和抗剪强度降低。进入道路结构的水主要有以下几个方面的来源:

(1)对于有裂隙材料和其他的高渗透性材料 $k_{w-sat}>10^{-6}$cm/s,通常假设50%的雨水会渗透到道路结构中。在这种情况下,可设计暴雨的重现期为10年。

(2)通过裂缝的局部渗透。

(3)融冰。对冻胀敏感的材料在冻结过程中会以冰晶的形式使水积聚。随着这些晶体的融化,含水率大幅增加,土体抗剪强度和刚度显著降低。另外,由于融化过程是从道路结构的顶部到底部逐渐发展的,因此,道路结构底部的土体可能会保持冻结状态,使垂直水流受阻。此时,需要注意增设水平排水设施。

(4)洪水。道路结构的意外进水可能导致排水功能丧失。如果浸水长时间持续,水会渗透到道路结构中。

(5)当道路一侧的地下水位高于另一侧时,水还会发生横向流动。

目前道路结构最常用的内部排水结构是由一个排水层组成,可收集来自路面的水,并将其引到一个充满颗粒状材料的沟槽中,从而收集渗入道路结构内部的水。通过设置土工合成材料,可以防止沟槽堵塞,沟槽底部设有排水管,最终将水排走。另一种系统结合了地面排水和地下排水,将水引入侧边的排水沟,如图 6-30 所示。边沟也可用于降低地下水位。

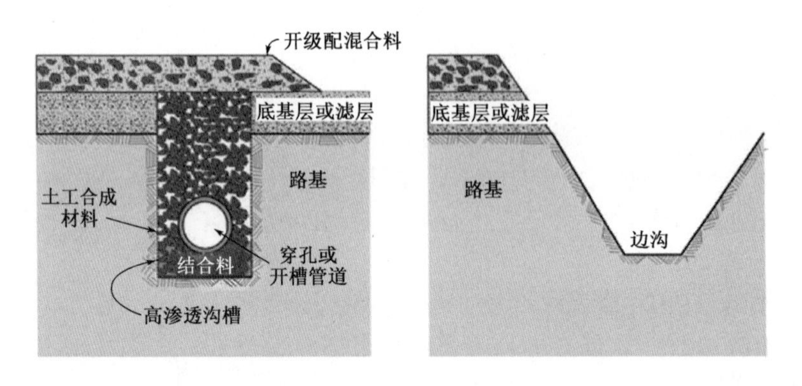

图 6-30　道路结构横向沟槽或边沟排水系统

边沟的深度及其相对于道路横截面的位置取决于该地区的岩土和水文特征,包括地下水位和冻胀条件等。交通量也是必须考虑的一个因素。图 6-31 展示了 Cedergren[89] 推荐的一些典型的道路内部排水系统。需要注意的是,在行车道和路肩之间容易形成裂缝,排水系统还必须考虑收集沿裂缝下渗的水。

不同情况下的排水系统,如图 6-31 所示。

(1)当路肩不支撑任何交通荷载时(如机场),可在道路边缘设置排水沟,如图 6-31a)所示。

(2)排出道路与路肩裂缝处渗水需要在路边设置排水沟,如图 6-31b)所示。

(3)随着交通量的增加,对道路边缘排水沟的保护要求增加,如图 6-31c)所示。

(4)当地下水位接近地表时,为了保持路面材料的力学性能,必须降低地下水位,且需要布置较深的排水沟槽,沟槽内填充选定的滤料,如图 6-31d)所示。

如图 6-31e)所示,适当加深沟槽也有利于保护道路免受冻胀损害。实际上,如果土体处于非饱和状态,冻结过程会使水流量减少。当天然地下水位靠近地表时,建议将地下水位控制在地表以下 1.0 ~ 1.5m。此时,要求排水沟深度加深 1.2 ~ 1.8m。

对于足够宽的道路(如分离式高速公路),也可以布置中央排水沟。

表 6-8 列出了关于在道路结构中设置地下排水系统的一些建议[24]。

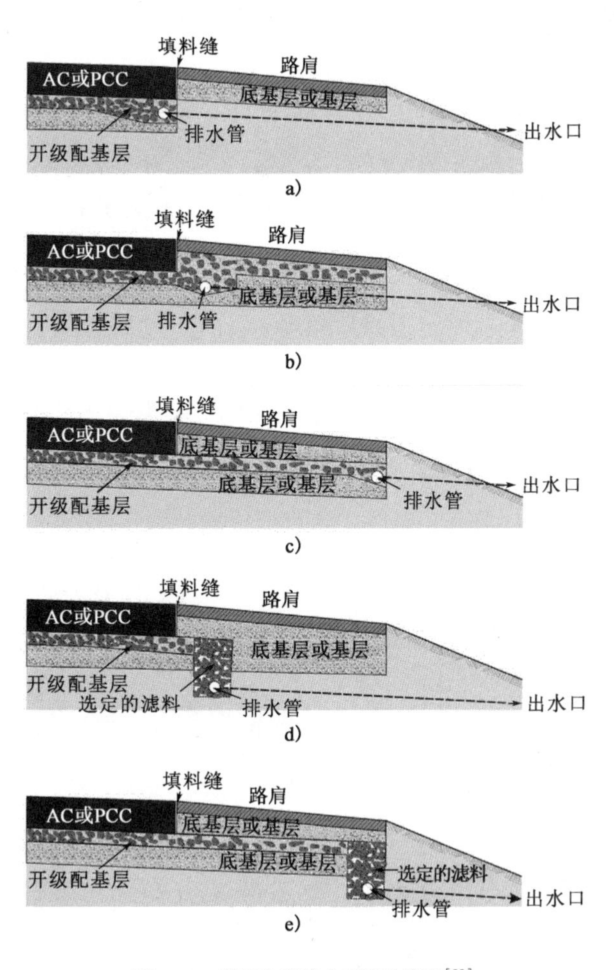

图6-31　道路内部排水系统的类型[89]

地下排水建议[24]　　　　表6-8

气候条件	设计年限20年内交通量(百万辆/d)								
	>12			2.5~12			<2.5		
	路基渗透系数 $K_{路基}$(m/d)								
	<3	3~30	>30	<3	3~30	>30	<3	3~30	>30
湿润冻结	R	R	F	R	R	F	F	NR	NR
湿润不冻结	R	R	F	R	F	F	F	NR	NR
干燥冻结	F	F	NR	F	F	NR	NR	NR	NR
干燥不冻结	F	NR	NR	NR	NR	NR	NR	NR	NR

注:R——建议适当设置排水;F——设置地下排水;NR——不需要设置排水。

6.6.1　排水材料

粒料必须具有足够的渗透性来促使水流动。粒度分布均匀且不含小于50μm颗粒的材料会产生大孔隙，从而保证足够的渗透性，同时也需要做好防止堵塞措施。通过设置具有以下特性的过滤层，可以防止细颗粒迁移至排水系统。

$$\frac{d_{15\text{-filter}}}{d_{85\text{-soil}}} \leqslant 5 \frac{d_{50\text{-filter}}}{d_{50\text{-soil}}} \leqslant 25 \tag{6-73}$$

式中，d_x 表示颗粒含量（以质量计）的粒径小于 x。自由水从土体内流入排水系统要求过滤料需要满足以下条件：

$$\frac{d_{15\text{-filter}}}{d_{15\text{-soil}}} \geqslant 5 \tag{6-74}$$

最后，要确保填充排水沟的粒状材料的渗水性，需要粒料级配较均匀。

$$\frac{d_{60}}{d_{10}} \leqslant 0.2 \tag{6-75}$$

6.6.2 通过排水层的水流

依据裘布依公式，位于不透水层上的排水层中水的水平速度 V_w，如式(6-76)所示：

$$V_w = -k_w \frac{dy}{dx} \tag{6-76}$$

式中，k_w 为水电导率，x 和 y 定义自由水面或上层滞水面的位置，如图 6-32 所示。

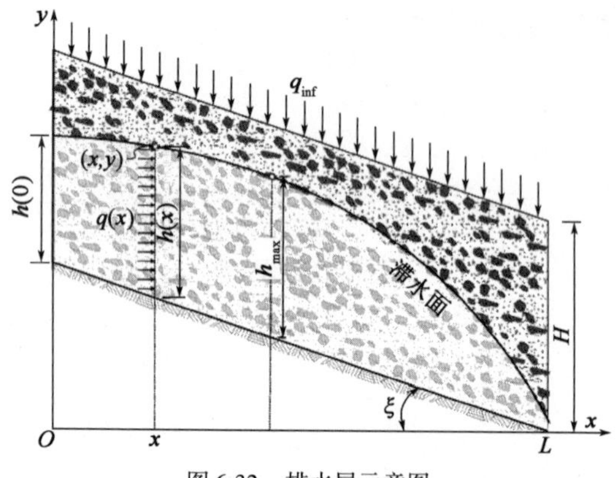

图 6-32 排水层示意图

该层底部的斜率是 $\xi>0$，则从排水层底部测得的自由面高度 $h(x)$ 为：

$$h(x) = y - \xi(L - x) \tag{6-77}$$

式中，L 为排水层的长度。

可得单位长度横截面上的水流量 $q(x)$ 为：

$$q(x) = h(x)V_w = -k_w h(x)\left[\frac{dh(x)}{dx} - \xi\right] \tag{6-78}$$

当下雨时，均匀渗透和局部渗透会导致水流量增加。对于均匀渗透，q_{inf} 为距离顶面 x 深度处水层中的水流量：

$$q_{\inf}x + k_{w}h(x)\left[\frac{dh(x)}{dx} - \xi\right] = 0 \tag{6-79}$$

式(6-79)的解需要两个变量 $h = ux$ 和 $r = u^2 - \xi u + q_{\inf}/k_w$。根据 $4q_{\inf}/k_w\xi^2$ 的值，有三种可能的解决方案：

$\frac{4q_{\inf}}{k_w\xi^2} > 1$:

$$x = L\left(\frac{q_{\inf}}{k_w}\right)^{\frac{1}{2}} r^{-\frac{1}{2}} e^{\frac{1}{m}\left[\arctan\left(-\frac{1}{m}\right) - \arctan\frac{2u-\xi}{\xi m}\right]} \tag{6-80}$$

式中，$m^2 = \frac{4q_{\inf}}{k_w\xi^2} - 1$。

$\frac{4q_{\inf}}{k_w\xi^2} = 1$:

$$x = L\left(\frac{q_{\inf}}{k_w}\right)^{\frac{1}{2}} \frac{2}{2u - \xi} e^{\left(\frac{2u}{2u-\xi}\right)} \tag{6-81}$$

$\frac{4q_{\inf}}{k_w\xi^2} < 1$:

$$x = L\left(\frac{q_{\inf}}{k_w}\right)^{\frac{1}{2}} r^{-\frac{1}{2}} \left(\frac{1+n}{1-n} \times \frac{1 - n - \frac{2u}{\xi}}{1 + n - \frac{2u}{\xi}}\right)^{\frac{1}{2n}} \tag{6-82}$$

式中，$n^2 = 1 - \frac{4q_{\inf}}{k_w\xi^2}$

流向排水层的上层滞水位置 $y(x)$ 可由 x 给出。其计算步骤如下：

(1)从表层零位置处开始，按增幅 u 递增；

(2)使用式(6-80)、式(6-81)或式(6-82)中的一个，计算每个 u 值对应的 x；

(3)计算自由水面的高度，$h = ux$；

(4)令 $y(x)$ 为 $y(x) = h(x) + \xi(L - x)$。

自由水面的最大高度决定了排水层的最小厚度。在式(6-80)中，最大高度对应 $dh/dx = 0$，因此 $u_{\max} = q_{\inf}/k\xi$。

将 $u_{\max}$ 的值代入式(6-80)中，可得 $h_{\max}$ 值：

$$h_{\max} = L\left(\frac{q_{\inf}}{k_w}\right)^{\frac{1}{2}} F, F = e^{\frac{1}{m}\left[\arctan\left(-\frac{1}{m}\right) - \arctan\frac{m^2-1}{2m}\right]} \tag{6-83}$$

最大排水能力即最大均匀渗透量 $q_{\max}$，该层在排水后仍能保持地表处于无水状态。因此，在这种情况下，自由水面的最大高度等于 H 层的厚度。结合式(6-83)，有：

$$q_{\max} = \frac{k_w H^2}{L^2 F^2} \tag{6-84}$$

式(6-79)假定路基不透水。当基层具有渗透性时，垂直水流 $k_{w\text{-}s}$ 会进入路基(假设水力坡度 $i = 1$)。在这种情况下，将 $q_{\inf}$ 替换为 $q_{net} = q_{\inf} - k_{w\text{-}s}$ 代入等式(6-80)～式(6-82)即可。

6.6.3 排水层毛细作用

当排水层中材料的进气值对应的水柱高度大于其厚度(即 $h_c > H$)时，水不会产生自由水面，排水层中仍然有一层滞留水。在这种情况下，由于材料之间吸力的差异，排水层中的积水可能会流入路基,使得路基长期处于潮湿环境中。此外,当排水层充满毛细作用所滞留的水时,少量来自表面的渗透水产生超静孔隙水压力,从而把细小颗粒泵出。

为防止排水层毛细现象的负面影响,需要使用进气值非常小的材料。一般建议毛细作用所致的饱和带高度小于1cm[410]。

式(6-85)可用于评价毛细作用引起的饱和带高度。Van Ganse 建议采用毛细管直径 $d = 0.6d_{50}$[410],从而有:

$$h_c = \frac{0.5}{d_{50}}(\text{cm}) \tag{6-85}$$

6.6.4 排水层设计

排水系统的水力设计必须考虑水源、排水路径的长度和坡度、渗透系数以及排水材料的毛细作用。设计一个排水层需要先估计一个渗透量 q_{inf} 时对应的排水层厚度 H。当忽略毛细作用时,排水层由以下五个参数表征:层厚 H、排水路径长度 L、基底坡度 ξ、水电导率 k_w,以及渗透量 q_{inf}。

根据道路的几何形状,可确定最大坡度 $\xi = (\alpha^2 + \beta^2)^{\frac{1}{2}}$两排水路径的长 $L = B\xi/\beta$。

式(6-84)可以用来确定 H 和 k_w。例如,当 q_{inf}/k_w 值较高时,系数 F 趋于 $F = 1$。因此,式(6-84)变为 $H^2 k_w = L^2 q_{\text{inf}}$。这表明,对于水电导率 k_w 的材料,应该选择厚度为 H 的排水层。表6-9根据水导电率和饱和带高度提供了确定透水层材料的参考方法[410]。

渗透系数、毛细饱和带高度参考值　　表6-9

材　料	d_{50}(cm)	k_w(cm/s) 孔隙率 $n = 0.4$	h_c(cm)
均匀细砂	0.01	2.5×10^{-3}	50
中砂	0.02	1×10^{-2}	25
粗砂	0.05	6.25×10^{-2}	10
碎石($1 < d < 3$mm)	0.2	1	2.8
碎石($4 < d < 8$mm)	0.6	9	0.8
碎石($8 < d < 12$mm)	1.0	25	0.5
碎石($12 < d < 16$mm)	1.4	49	0.37
碎石($16 < d < 22$mm)	1.8	81	0.27

第7章 道路无损检测和反演方法

7.1 无损检测

近50年来,国内外发展了多种道路结构无损检测方法。这些方法的基本思路是对道路结构施加荷载或电磁波,测量结构的响应。最常用的是通过施加与标准轴载类似的静荷载或动荷载,进行弯沉测量。作为补充,使用电磁波或应力波有助于评价道路结构内部不同层位的状态。

获取到道路结构响应数据后,可以使用正演或反演方法来推断道路各层的特性:

(1)正演方法是先建立道路各层结构模型,预测道路对特定荷载或电磁波的响应规律。

(2)反演方法是利用递归原理估计道路层的性能,并采用各类优化方法使估计值尽量逼近目标值。

以下各节将介绍目前道路结构性能评估常用的非破坏性检测方法。

7.1.1 基于弯沉的方法

弯沉方法是将荷载施加在路面上,并测量荷载点处的垂直位移。同时,在距离荷载点横向位置设置垂直位移监测点。可以使用的负载类型包括静态、稳态、谐波和脉冲(由冲击产生)等。

垂直位移直接可使用千分表或位移传感器进行测量。使用加速度计或地震检波器测量垂直加速度或速度,然后通过对信号进行二重或简单积分来计算垂直位移,如图7-1所示。

此外,也有一些更简单常用的方法来进行道路弯沉测试。

贝克曼梁法是用于测量道路结构弯沉值的最简单、最经济的方法之一[452]。如图7-1所示,利用配备千分表的轻型横梁,可以测量由卡车引起的变形。最初的贝克曼梁仪测量单点挠度,现在贝克曼梁试验多采用多点同时测量的方法。另一个改进是采用位移传感器和测量距卡车距离的传感器来代替千分表。这样更利于开展多点甚至是移动情况下弯沉的测量。这些改进方法得到的弯沉盆和曲率数据可用于道路结构反演分析。此外,还包括一些其他的改进方法,常用的有Lacroix弯沉仪、路面曲率仪和高速弯沉仪。

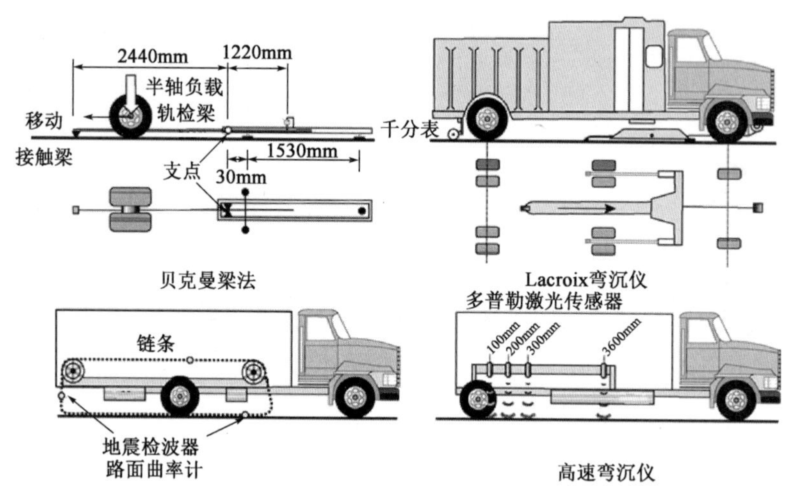

图 7-1　车轮荷载下用于测量变形的主要设备示意图

拉克鲁瓦弯沉仪是 1957 年在法国研制的一种自动贝克曼梁法。它已在欧洲和世界其他国家被广泛应用。测量过程包括三个步骤：第一，将梁的测量点放置在卡车后轴上两轮胎的中点；第二，卡车以恒定速度向前行驶并记录弯沉；第三，将梁移动到另一个测量点进行测量。一般情况下，拉克鲁瓦弯沉仪使用 6 ~ 10t 的后轴荷载，前进速度可以达到 8km/h。连续测量之间的距离为 5m。

路面曲率仪的工作速度为 18km/h，比拉克鲁瓦弯沉仪速度要快。其原理与弯沉仪类似，但需要使用装有检波器的链条来测量弯沉。链条位于卡车后轴两轮胎中点的前方 2.5m 和后方 1.5m 的路面上。通过对检波器记录的信号进行积分，可得到弯沉盆。

丹麦开发了一种高速弯沉仪（TSD），将位移检测器集成在半挂车 10t 的单轴上。TSD 具有四个多普勒激光传感器，当车以 80km/h 的速度行进时，可测量路面的竖向位移速度，将测量的路面速度与时间积分，得出弯沉值。

7.1.2　动态检测方法

1）振荡加载方法

振荡加载测量的是利用低频振荡荷载产生的垂直加速度或速度。通过加速度或速度信号进行积分得到垂直位移。采用振荡加载的振动装置有以下几种：

（1）WES-16 基普振动器是此类设备中较早的一批。该系统由美国陆军工程兵团在 20 世纪 50 年代中期开发，它使用一个电液系统将稳态荷载施加到位于路面上直径为 45cm 的钢板上。测量程序包括：先施加 70kN 的预荷载，然后施加频率范围为 5 ~ 100Hz、最高可达 130kN 的振荡荷载。用力传感器和一组地震检波检测器测量荷载和位移。尽管该设备性能很好，但由于其重量过大而未得到推广。

（2）Dynaflect 使用偏心旋转以 8Hz 的频率施加 4.5kN 的振动荷载，并叠加 8kN 的恒定荷载。在两个相距 0.5m 的钢质车轮上施加荷载，用 5 个检波器测量位移，一个检波器放在荷载的中点，另一个则放在荷载装置的对称轴上。

（3）Road Rater 使用液压振动器来施加荷载，其荷载大小变化可达 35kN，覆盖 6 ~ 60Hz 的频率范围。它使用45cm钢板作为装载区,并根据4个检波器记录的测量值计算出弯沉。一个位于装载区域的中心,另一个位于径向上,两者相距0.3m。

(4)得克萨斯大学奥斯汀分校开发的滚动动态弯沉仪(RDD)使用加载滚轮施加动态力。峰间载荷最高可达45kN,叠加在22.5kN的静负荷上。

2)瞬态加载方法

此类方法使用瞬态脉冲来近似模拟卡车移动时产生的荷载。图7-2为落锤式弯沉仪(FWD)构造。脉冲荷载通过下落的重锤施加。荷载大小通常由重锤的下降高度控制。荷载施加在直径为30cm的板上,该板上有一个由弹簧和橡胶制成的缓冲垫,可以用来调节加载板刚度,以确保所需的加载时间。通常,施加的荷载在4.45~156kN变化。脉冲荷载呈半正弦形状,加载时间在0.025~0.3s。放置在板上的重量传感器测量脉冲荷载,并可利用一组波检测器来估算弯沉。

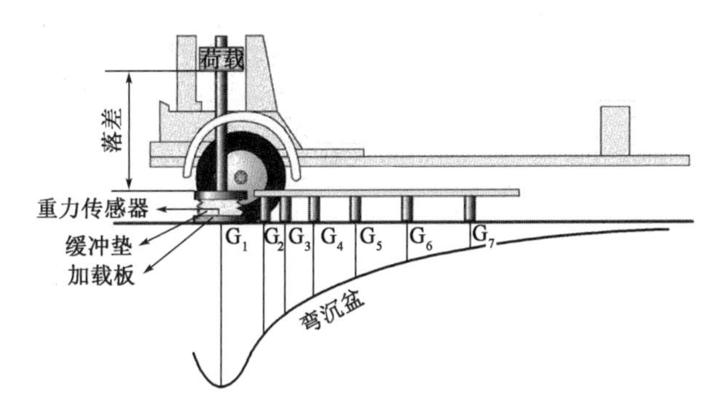

图7-2 落锤式弯沉仪FWD示意图

较轻版本的FWD(称为LFWD)可用于测量颗粒基层或路基弯沉,而较重版本的FWD(HWD)可用于机场工程的测量。

3)地震方法

材料中主要有两种类型的机械波:压缩波和剪切波。面波是剪切波的一种特殊情况,它对于描述多层材料非常有用,因为可以利用它的反射特性估算各层材料的厚度和刚度。

产生机械波最实用的技术是使用落锤或敲击锤。这两种方法均是用加速度计来测量位移,并获得与波类型相对应的弹性常数:压缩波的杨氏模量或表面波的剪切模量。然而,值得注意的是,由波速估算的弹性常数仅适用于低应变情况,该应变可能高于道路在服役期真实的弹性常数。针对此问题Nazarian和Alvarado[305]提出了一种校正方法。基于弹性波传播特性的方法常用的有:冲击-回弹波技术、脉冲速度法、基于表面波的方法[包括谐波荷载和表面波谱分析法(SASW)]。其中,冲击-回弹波和脉冲速度法使用体波,而SASW技术使用瑞利波。

冲击回弹波方法最初是为测试混凝土而开发的[171]。其原理是在路面上施加瞬时冲击荷载,同时使用加速度计测量由空隙和裂缝等不连续处产生的压缩波(图7-3)。然后,利用频域分析来获得共振回波频率,从而可以计算出回波的周期。

单层厚度与谐振频率f之间的关系为:

$$h = \frac{\beta c_{\mathrm{p}}}{f} \tag{7-1}$$

式中，h 为层厚，c_p 为压缩波速，β 为校正因子。

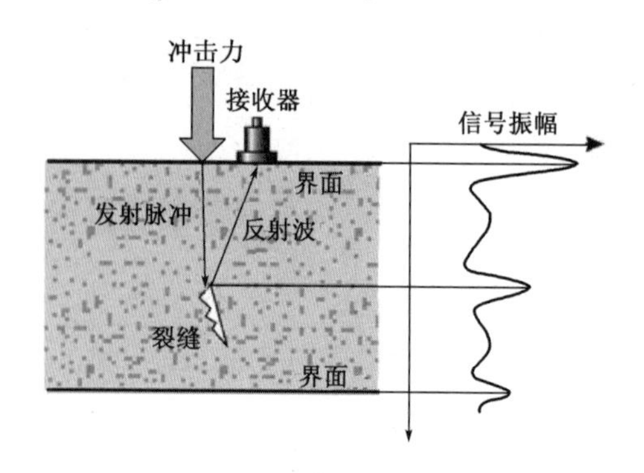

图 7-3　冲击回弹波试验示意图[171]

脉冲速度法通过将一组超声波发射器和接收器放置在已知距离处，并使用距离与时间之间的简单关系估算波速，来测量压缩波和剪切波的传播时间。图 7-4 展示了测试所需的击振器和接收器的布置。在计算波速后，杨氏模量和泊松比可用式(7-2)估算[171]：

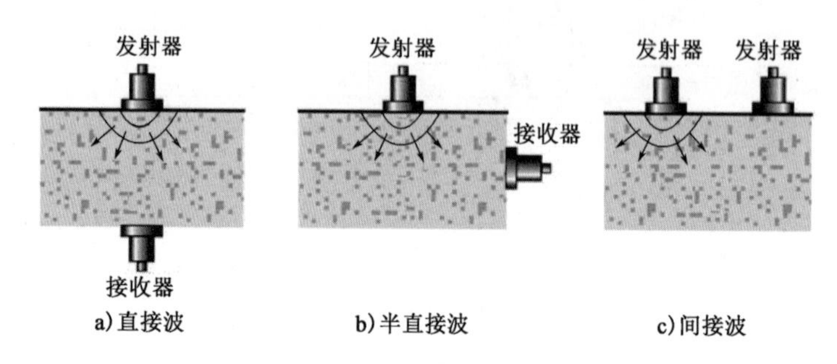

图 7-4　脉冲速度测试示意图

$$\frac{c_p}{c_s}=\sqrt{\frac{2(1-v)}{1-2v}}E=2\rho c_s^2(1+v) \tag{7-2}$$

式中，c_p 和 c_s 为压缩波和剪切波的速度，ν 为泊松比，E 为杨氏模量，ρ 为材料的密度。

4）基于瑞利波频散特征的方法

瑞利波具有如图 7-5 所示的独特的频散特征，短波在地表附近传播，而长波在较深的地层中传播。利用这一特性，可用于获取瑞利波在不同层的传播规律，进而确定材料的弹性特性。

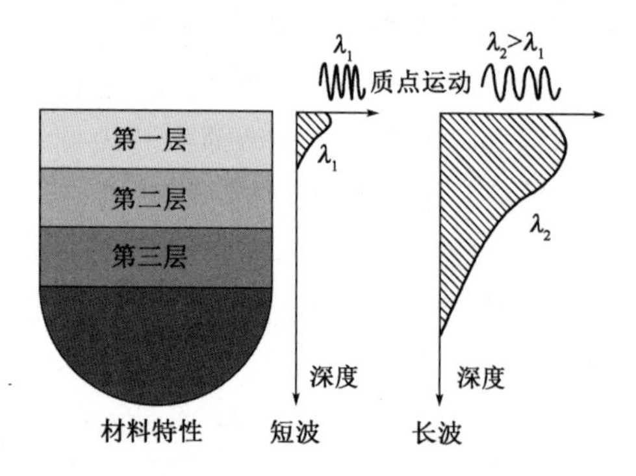

图 7-5　瑞利波的频散特性

瑞利波速的测量需要获取波长和频率参数。

一种方法是在地面上应用频率为 f 的谐波振荡，并测量接收器之间的相位角。重复此过程以覆盖所需的频率和波长范围。稳态瑞利波的分析方法由琼斯 Jones[221] 提出，1961 年法国 Ponts et Chaussees 实验室开发的 Goodman 振动器就使用了这种技术。

另一种方法是在地面上施加冲击，然后分析接收器记录的频域信号。该方法是 SASW 技术的基础，该技术由 Nazarian 等开发的地震路面分析仪

SPA 演变而来[306]，它可以获取层的厚度并测量其刚度。

稳态技术需要执行以下步骤：

(1)在地面上施加频率为 f 的振动。

(2)使用两个距振源距离不同的接收器测量瑞利波的速度，如图 7-6 所示。推荐距离：$\lambda/4 \leqslant d_1$ 和 $\lambda/16 \leqslant d_2 - d_1 \leqslant \lambda$。其中，$\lambda$ 是波长，d_1 和 d_2 是源与接收器之间的距离。

(3)相位差 $\varphi(f)$ 与任意选定频率的接收器之间的实耗时间的关系为 $t(f) = \varphi(f)/2\pi f$。

(4)若已知接收器之间的距离和传播时间，则可以计算出波速：$c_R = d_2 - d_1/2\pi f$。

(5)根据速度和频率计算波长：$\lambda = c_R/f$。

(6)利用剪切波和瑞利波速度之间的关系。例如，Roesset 等[348]提出：$v \geqslant 0.1$ 时，$c_s = (1.135 - 0.182)c_R$。

(7)获得剪切波的速度后，剪切模量为 $G_s = \sqrt{G/\rho}$。

传统的 SASW 方法利用快速傅立叶变换将加速度 $x_1(t)$ 和 $x_2(t)$ 的记录转换到频域中，转换后的函数为 $X_1(f)$ 和 $X_2(f)$。Stokoe 等[379]使用 SASW 方法计算出了相位角 φ：

$$\varphi = \arctan\left[\frac{Im(G_{X_1X_2})}{\mathrm{Re}(G_{X_1X_2})}\right] \tag{7-3}$$

式中，G_{xy} 为信号的交叉谱。

即使在浅层，只要脉冲波长的频率与期望的勘探深度相对应，并且包含足够的能量，SASW 方法也是可行的。图 7-7 展示了 Murill 等[302,300]将 SASW 方法的结果应用于压实材料制成的分层结构的一个例子。在这些模型中，波速与弯曲元试验得到的结果非常吻合。此外，利用 SASW 方法可以很好地识别层与层之间的边界。

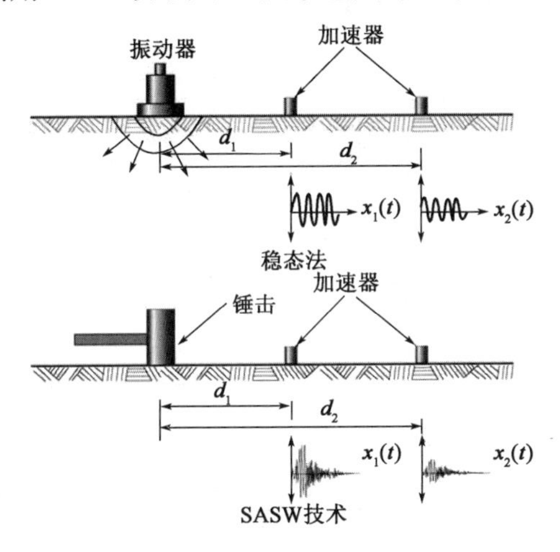

图 7-6　测量瑞利波源和加速度计的配置

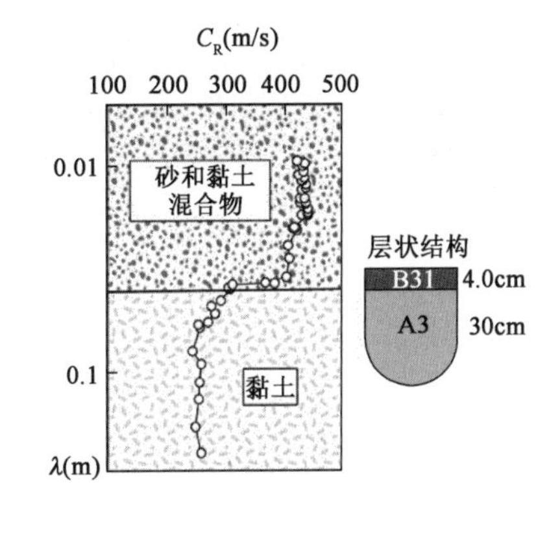

图 7-7　缩尺模型所得频散曲线[302]

目前，对传统 SASW 方法的改进方法主要有：

(1)表面波的多通道分析(MASW)：使用两个以上的接收器来改善频散曲线的计算。

(2)多通道仿真方法(MSOR)：使用一个固定的接收器和移动源(反之亦然)来获取数据集，然后将其用于仿真多通道数据。

7.2 基于电磁波的方法

道路的无损检测一般有两种类型的电磁波，即红外波和无线电波[171]。

7.2.1 红外热成像

该技术依赖于热量在道路结构内的传播特性。可以选太阳作为热源，利用红外摄像头进行探测，该摄像头可以捕获道路表面的热图像。如图 7-8 所示，地下不连续性，如裂缝、空隙和异质区域等，均会影响热传播，因此在热像图中会出现异常[275,319]。不过，由于风、阴天、云和湿度等野外条件均会引起测量误差，需要采取必要的纠正措施。

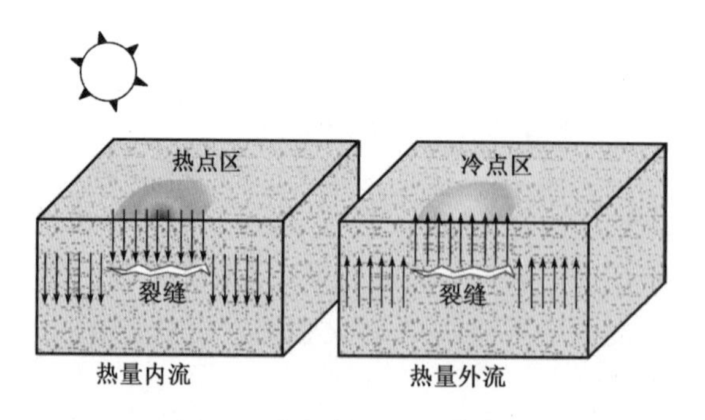

图 7-8　裂纹引起的热图像异常

7.2.2 探地雷达

探地雷达(GPR)利用无线电波探测道路结构的不连续性，包括地层厚度、空隙率、基岩深度、地下水位深度和冻结锋面等。此外，介电常数的测量还可以用来估计材料的力学性能、含水率和密度。地面探测常用的两种雷达天线包括：

(1)空气耦合天线：通常安装在距离路面 150 ~ 500mm 的高度，也可以安装在高速行驶的汽车上。

(2)地面耦合天线：要求与地面保持接触以减少地面反射，导致运行速度缓慢，一般较少用于道路性能评估。

穿透深度取决于电波的波长，高频天线提高了分辨率，但降低了穿透深度。对道路结构进行评估，穿透深度一般要求在 0.5 ~ 0.9m。

当天线在路面上移动时，电磁波会穿透道路结构并在介电特性的每个变化处发生反射。对多层结构而言，这些反射对应于每一层的边界，如图 7-9 所示。第 n 个界面的相对反射波振幅为[11]：

$$\frac{A_{\mathrm{n}}}{A_{\mathrm{inc}}}=\frac{\sqrt{\epsilon_{\mathrm{r,n}}}-\sqrt{\epsilon_{\mathrm{r,n+1}}}}{\sqrt{\epsilon_{\mathrm{r,n}}}+\sqrt{\epsilon_{\mathrm{r,n+1}}}}\left[\prod_{i=0}^{n-1}(1-\gamma_i^2)\right]\mathrm{e}^{-\eta_0\sum_{i=0}^{n}\frac{\sigma_i d_i}{\sqrt{\epsilon_{\mathrm{r},i}}}}\tag{7-4}$$

式中，n 为界面数，A_{n} 为第 n 层界面处的反射波振幅，A_{inc} 为探地雷达信号的振幅，$\epsilon_{\mathrm{r,n}}$ 为第 n 层的介电常数，σ_{n} 为第 n 层的电导率，γ_{i} 为第 i 层界面处的反射系数，η_0 是自由空间的波阻抗。

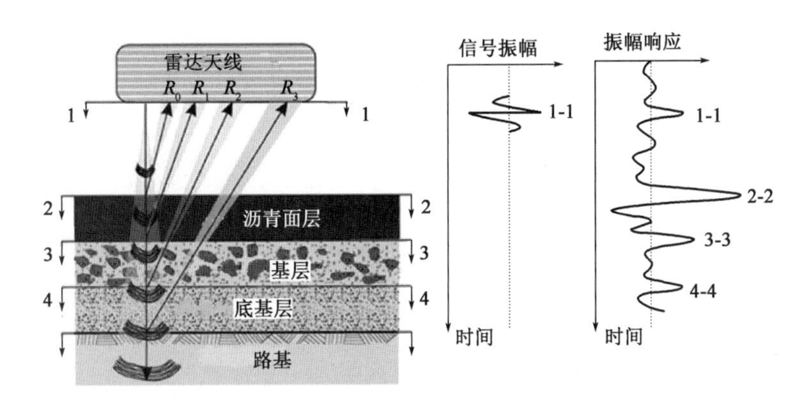

图7-9　入射GPR波的电磁波反射

估算入射波振幅的方法有很多,其中一种是在一个大的平面铜板上使用GPR[12,11],并且假定从板表面的反射与入射的GPR信号相等。

式(7-4)用于求得 $n=0$ 时的第一层介电常数。

$$\grave{o}_{r,1} = \left(\frac{1-\dfrac{A_0}{A_{inc}}}{1+\dfrac{A_0}{A_{inc}}}\right)^2 \tag{7-5}$$

通过选择合适的 n 值和前几层的介电常数,式(7-4)可用于后续各层。

第 i 层路面结构的厚度可用式(7-6)计算[11,267]:

$$d_i = \frac{ct_i}{2\sqrt{\epsilon_{r,i}}} \tag{7-6}$$

式中,d_i 为第 i 层的厚度,t_i 为电磁波通过第 i 层的双向传播时间,c 为自由空间中的光速(约等于1108m/s),$\epsilon_{r,i}$ 为第 i 层的介电常数。

尽管20年来GPR技术取得了巨大的进步,但该技术仍存在一些局限性。例如,需要具有一定经验才能使用,并且具有一定的主观性。此外,其识别具有相似介电特性的层之间界面的能力受到限制,并且盐或铁的存在会降低其穿透深度。

7.3　道路结构的正逆向分析

通常用路面弯沉来分析路面以下各层的特性,但必须先建立道路结构模型,然后进行正演算。正演模型可以是静态的,也可以是动态的,动态分析可以获取时域或频域特性。

7.3.1　正向分析

1)静态分析

布西内模型是一个极简化模型,其忽略道路结构存在分层现象的影响。半径为 a 的圆形区域,作用均匀压力 q 时,布西内模型给出了以下垂直应力、垂直应变和中心挠度的计算公式:

$$\sigma_z = q\left[1-\frac{z^3}{(a^2+z^2)^{\frac{3}{2}}}\right] \tag{7-7}$$

$$\delta_z = q\frac{1+\nu}{E}\left[(1-2\nu)+\frac{2\nu z}{(a^2+z^2)^{\frac{1}{2}}}-\frac{z^3}{(a^2+z^2)^{\frac{3}{2}}}\right] \tag{7-8}$$

$$w(0) = 2aq\frac{1-\nu^2}{E} \tag{7-9}$$

式中,E 为杨氏模量,ν 为泊松比。

中心挠度通过如下修改,可以得出距荷载中心径向距离 ρ 处的挠度:

$$w(\rho) = 2aq\frac{1-v^2}{E}f\left(\frac{a}{\rho}\right) \tag{7-10}$$

Ullidtz[403]建议使用关系式:$f(a/\rho) = a/\rho$。

第 1.9 节描述的伯米斯特模型可以用来计算具有理想黏结或完全无摩擦界面的多层结构的应变、应力和挠度。之后,该模型被进一步改进,可适用于诸如莫尔-库仑界面等材料[408]。

尽管伯米斯特的模型在道路工程中也有使用,但它也有不可忽视的局限性。作为一个静态模型,它忽略了惯性效应。此外,还忽略了材料的黏弹性和非线性行为,并且假定接触压力是恒定的。由于这些限制,直接使用伯米斯特的模型分析冲击荷载产生的挠度(例如 FWD 试验)时必须非常谨慎。

等效厚度方法(MET)将多层结构简化为半空间,可以用布西内方法进行分析。结构的惯性等效采用式(7-11):

$$I = \frac{lh^3E}{12(1-\nu^2)} = 常数 \tag{7-11}$$

式中,I 为任意长度,h 为层的厚度。

假设第二层的杨氏模量与第一层相同,则使用布西内的解得到第一层的应力和应变[图 7-10a)]。界面和第一层以下的应力和应变可根据该假设和导致厚度等效的假设共同计算得出[图 7-10b)]。

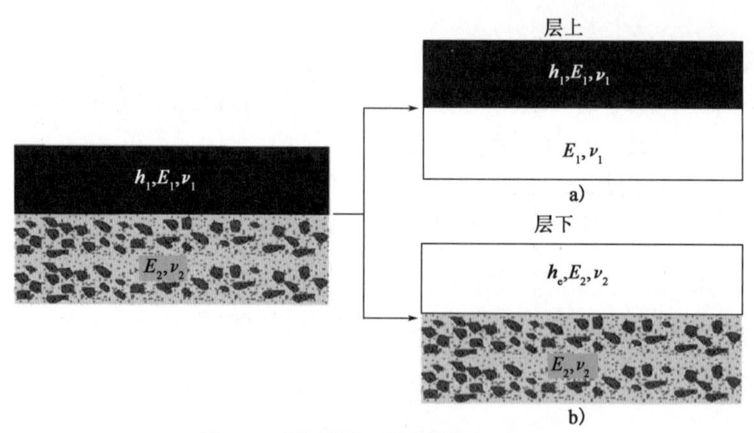

图 7-10　两层情况下的等效厚度(MET)

等效厚度由等效惯性得出:

$$\frac{lh_1^3E_1}{12(1-v_1^2)} = \frac{lh_e^3E_2}{12(1-v_2^2)} \tag{7-12}$$

假设两层的泊松比相同可得:

$$h_e = h_1 \sqrt[3]{\frac{E_1}{E_2}} \tag{7-13}$$

惯性等效允许将此方法推广到 n 层，此时等效厚度变为：

$$h_e = \sum_{i=1}^{n-1} f_{i-1} h_i \sqrt[3]{\frac{E_i}{E_n}} \tag{7-14}$$

式中，系数 f_{i-1} 为由 Ullidtz[403] 通过比较布西内模型和伯米斯特模型得到的。对于上层，Ullidtz[403] 建议在两层模型中系数 f_i 宜用 0.9，在多层模型中宜用 1.0，而更深的层宜用 0.8。

等效模型与伯米斯特模型具有相同的局限性。此外，为简化起见，要求杨氏模量随深度而减小（建议比为 2.0），且层的厚度需大于加载区域的半径。

有限差分法和有限元法等更高级的数值方法突破了伯米斯特模型的局限性，但其计算成本要高得多。

静态方法假定道路结构的每一层都有一组弹性常数，计算一个理论弯沉盆，然后将这个理论弯沉盆与现场测量值进行比较。然而，值得注意的是，像 FWD 那样的撞击所产生的挠度并不是同时发生的，如图 7-11 所示。使用静态模型来分析动态过程所产生的误差可以通过使用动态模型来克服，因此，建立合理的动态模型成为首先需要解决的问题。

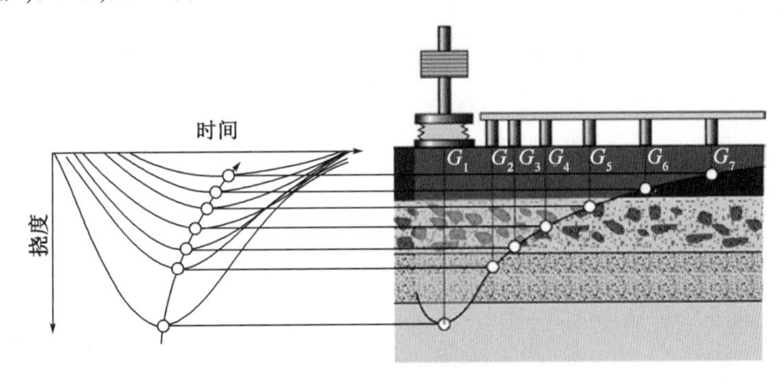

图 7-11　FWD 产生的变形示意图

2）动态方法

利用动态方法计算道路表面因冲击或动态荷载而产生的弯沉，其理论解可以在时域或频域中得出，已有文献提出了时域的解决方法[331]。路面结构在冲击荷载作用下的运动方程可以表示为：

$$M\ddot{u}(t) + C\dot{u}(t) + Ku(t) = P(t)[u(0) = 0, \dot{u}(t) = 0] \tag{7-15}$$

式中，M、C 和 K 分别为质量、阻尼和刚度矩阵，$u(t)$、$\dot{u}(t)$ 和 $\ddot{u}(t)$ 分别为位移、速度和加速度的向量，$P(t)$ 是来自 FWD 的脉冲荷载。

Benoit 等[331] 采用了显式纽马克算法，提出了二维轴对称模型的动态问题的求解方法，如式(7-16)所示：

$$(M + \frac{\Delta t}{2}C)\ddot{u}_{t+\Delta t} = P_{t+\Delta t} - C(\dot{u}_t + \frac{\Delta t}{2}\ddot{u}_t) - K(u_t + \Delta t\,\dot{u}_t + \frac{\Delta t^2}{2}\ddot{u}_t) \tag{7-16}$$

将有限元方法与谱分析相结合的谱元法（SEM）可用于动态分析。该方法利用傅立叶变换将时域信息传递到频域，在频域中得到各频率的刚度矩阵。使用有限元法获得波数（ω_n，k_m），并利用傅立叶逆变换再次获得时域信息。

一些文献均提供了在频域中描述求解所需的数学过程[156]。对于轴对称问题，基本关系是位移和力之间的关系[171]：

$$\begin{bmatrix} \hat{w}(\rho,z,\omega_n) \\ \hat{u}(\rho,z,\omega_n) \end{bmatrix} = \sum_m \hat{P}_{mn}\hat{G}(k_m,\omega_n,z)\begin{bmatrix} J_0(k_m,\rho) \\ J_1(k_m,\rho) \end{bmatrix} \tag{7-17}$$

式中，$\hat{\omega}$ 和 $\hat{u}$ 分别为垂直和水平位移，$\hat{P}$ 为荷载，$\hat{G}(k_m,\omega_n,z)$ 为深度 z、频率 ω_n 和波数 k_m 的传递函数，J_0 和 J_1 为第一种贝塞尔函数，阶次为 0 和 1。

对于多层系统，力和位移之间的关系如下：

$$\hat{K}(k_m,\omega_n)\hat{D}(\rho,z,\omega_n) = \hat{P}(k_m,\omega_n) \tag{7-18}$$

式中，$\hat{K}$ 为系统的刚度矩阵，$\hat{D}$ 为节点位移的矩阵，$\hat{P}$ 为外力的矢量。

频域法的主要优点是计算效率高。

7.3.2 反演方法

反演计算分析最重要的方法是基于数据库、迭代过程或人工神经网络（ANN）。数据库方法是将试验弯沉数据与之前计算的弯沉数据库进行比较。该方法的准确性取决于数据库的质量，且耗时较长。反演计算分析迭代方法包括单纯形等零阶方法、最速下降法和梯度下降法等遗传算法、海森矩阵法和自伴随状态法。这些方法均包含以下几个过程：

（1）根据现场数据和计算数据之间的误差定义目标函数，然后定义目标误差。

（2）为每层选择一组弹性常数。

（3）更新弹性常数集。

（4）重复该过程以将错误最小化。

人工神经网络试图利用计算机模拟人脑学习和记忆的能力。在这种情况下，"人工"指的是需要使用算法来处理学习过程中所需的大量计算。

人工神经网络是由许多并行运行的基本单元组成。他们的设计主要取决于单元之间的连接。基于反演传播学习算法的神经网络，主要利用误差的平方来使已知输出值与从网络得到的输出值之间的误差最小化。反向传播算法是目前用来训练人工神经网络（ANN）最常用且最有效的算法，它基于感知器算法，在训练中控制输入和输出集。网络的结构并不完全局限于待解决的问题。输入层和输出层的神经元数量取决于所研究问题所需的输入和输出的数量，而隐层的数量和神经元的数量则取决于设计者的标准。

人工神经网络在道路工程弯沉测试中的应用，其中的数据库多是通过整理加载设备在不同结构上产生的弯沉而创建的。通常情况下，柔性路面的道路结构被简化为三层：沥青层、颗粒层和路基层。采用反向传播训练算法设计的多层神经网络已被证明对柔性路面模量的反算是有效的。

训练过程有三个步骤：计算梯度及更新 ANN 的权重、验证和测试。在培训过程中，50% 的数据用于网络培训，25% 用于验证，25% 用于测试。当验证误差随着迭代次数的增加而增加时，训练过程结束。此时，分配给神经网络的最终权重对应于最小验证误差。

图 7-12 所示的 ANN 布置图是一个有 9 个输入的示例：各层的厚度，由 6 个弯沉给出的弯沉盆及其曲率半径确定。ANN 的输出是各层的模。隐藏的神经元与外界没有接触，因此输入

和输出都在系统内。

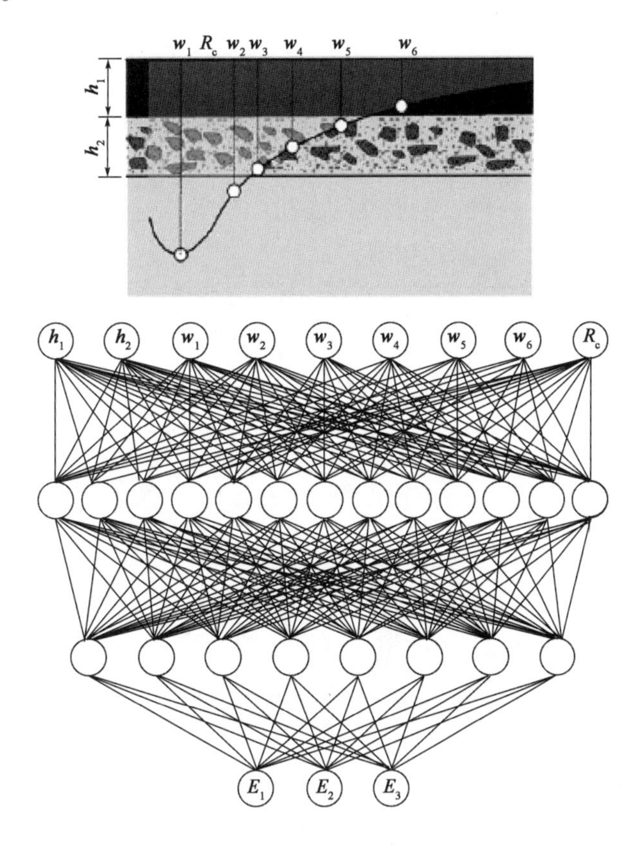

图 7-12　柔性路面结构模量反演 ANN 布置图

为了评估神经网络确定路面层杨氏模量的有效性，对一个神经网络中任意一个数据库进行测试，结果如图 7-13 所示。可以看出，由神经网络得到的输出数据与伯米斯特模型中的模量之间有较好的一致性。

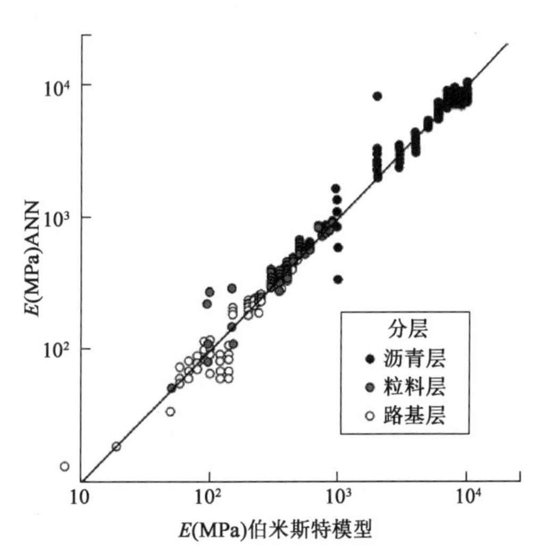

图 7-13　ANN 模量与伯米斯特模型使用的模量对比

7.4 连续压实控制和智能压实(CCC/IC)

振动压路机的主要功能是施加动态荷载以增加土工材料的密度。然而,振动压实的机理可以利用一些传感仪器而实现数据化,并结合一些振动分析软件,成为功能强大的动态荷载测试仪。

早在1979年,Thurner[398]介绍了在振动压路机中设置传感器的优势。并在1980年巴黎举行的第一届国际压实会议上做了较详细的报告[396,157,187,273]。早期研究表明,可以利用一次谐波加速度振幅和滚筒基频振幅之间的关系作为压实层刚度指标[427,428]。

这些研究现已成为连续压实控制(CCC)技术的基础。该技术也可与伺服滚筒一起使用,发展智能压实机械(Intelligent,IC)[427]。图7-14显示了CCC/IC系统主要组件[427]。

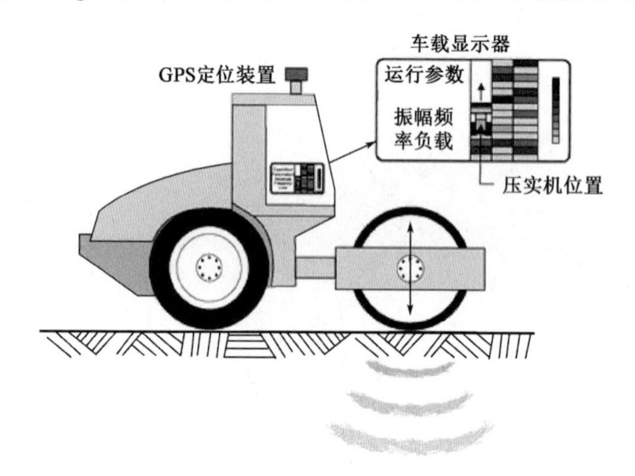

图7-14 连续压实控制和智能压实系统[427]

可以用以下几种方法来获取滚轮信息,并用于评估压实质量和压路机性能。这些方法涉及的主要参数包括[428,293]:①压实仪值(CMV)和共振仪值(RMV);②示波器值(OMV);③压实控制值(CCV);④钢轮的整体刚度(k_s);⑤Ω值(Ω);⑥振动模量(E_{vib});⑦机器功率(MDP)。

7.4.1 压实仪值(*CMV*)

压实仪值是一个无量纲参数,与谐波加速度振幅$A_{2\Omega}$与基频的加速度振幅A_Ω关系如下:

$$CMV = C\frac{A_{2\Omega}}{A_\Omega} \tag{7-19}$$

式中,$C=300$[357]。

通常将*CMV*量与压路机共振仪值(*RMV*)相结合(即连续接触、局部回升或跳跃)。事实上,当跳跃发生时,会出现次谐波振动。加速度信号的傅立叶变换如图7-15所示。为此,提出了由式(7-19)来计算共振仪值,识别跳跃特性。图7-16概述了钢轮行为及不同情况下的傅立叶变换。

$$RMV = C\frac{A_{0.5\Omega}}{A_\Omega} \tag{7-20}$$

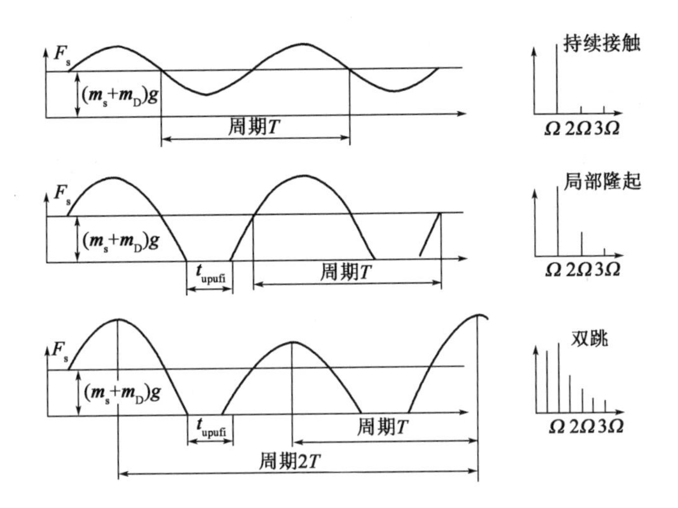

图 7-15 滚轮跳跃引起的次谐波振动示意图[67]

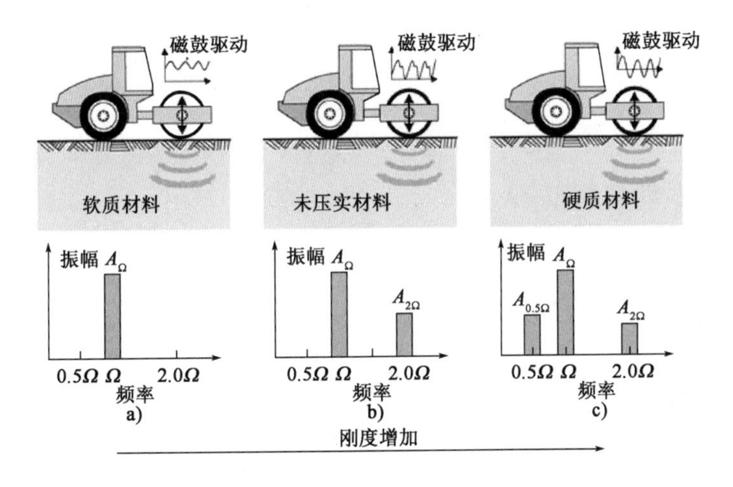

图 7-16 钢轮加速度信号傅立叶变换[396]

7.4.2 示波器值(*OMV*)

示波表值(*OMV*)是专门为振动钢轮设计的,它将滚筒中心测得的水平加速度信号与传递到压实层的水平力相关联,利用它可以确定材料水平方向的刚度信息[397]。

7.4.3 压实度控制值(*CCV*)

利用土体随着刚度增加钢轮振动加速度差异,James 等[362]提出利用多个频率下的加速度峰值来获得压实参数,如图 7-17 和式(7-21)所示。

$$CCV = \frac{A_{0.5\Omega} + A_{1.5\Omega} + A_{2.0\Omega} + A_{2.5\Omega} + A_{3.0\Omega}}{A_{0.5\Omega} + A_{\Omega}} \times 100 \tag{7-21}$$

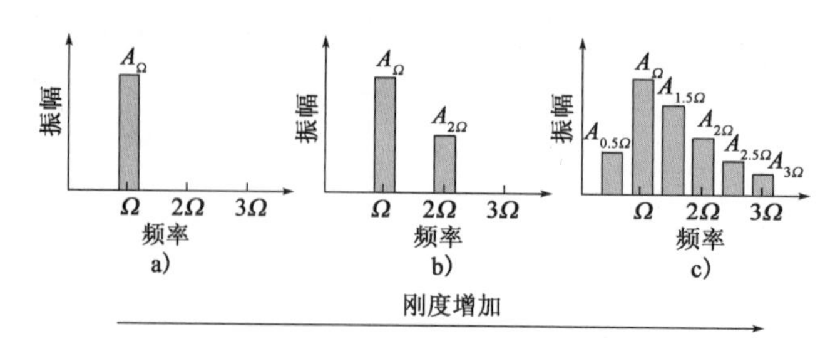

图 7-17　钢轮信号的加速度信号的傅立叶变换[362]

7.4.4　钢轮整体刚度(k_s)

钢轮整体刚度 k_s是根据第 3.2.4 节 Roland 等[21]建立的两自由度弹簧-阻尼模型得到的。为获得 k_s,必须首先获取加速度信号 $\ddot{z}_d(t)$,然后,通过两次积分计算钢轮位移 $z_d(t)$,从而计算出加速度信号和激励信号之间的相位角 δ_t。

式(7-22)给出了基于加速度的测量值和振动压路机的钢轮质量 m_d,振动压路机偏心质量 m_e,振动压路机质量偏心率 r_e,激励频率 f 和钢轮位移振幅 a_d[21]。

$$k_s = 4\pi^2 f^2 \left(\frac{m_d + m_e r_e \cos\delta_d}{a_d}\right) \tag{7-22}$$

7.4.5　钢轮振动角频率 Ω 值

Ω 值是一个表征压实度的参数,它基于压实过程中钢轮的力学平衡,提供了压实过程中施加到土体的能量信息,如图 7-18 所示。

力的平衡可用于计算土的反力 F_s,如式(7-23)所示:

$$F_s = -(m_d + m_e)\ddot{z}_d + (m_d + m_f)g + m_e r_e \Omega^2 \cos(\Omega t) \tag{7-23}$$

式中,m_f为钢轮分摊的压路机的质量,Ω 为振动的角频率($\Omega = 2\pi f$)。

利用获取的加速度值可以计算钢轮的位移,因此,可用反作用力和钢轮的位移来绘制力-位移曲线,如图 7-19 所示。

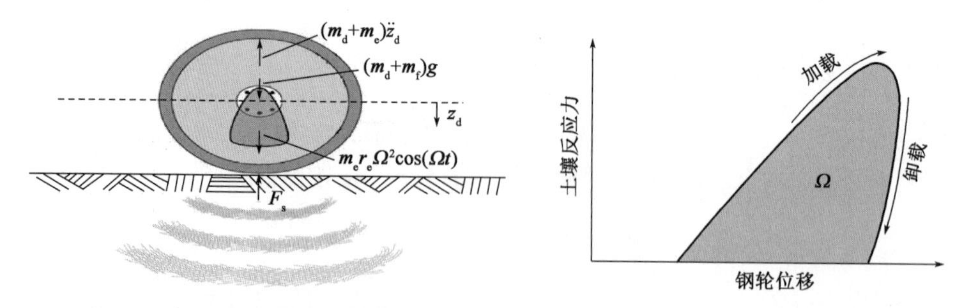

图 7-18　钢轮与土体竖直方向上的力学平衡　　图 7-19　振动轴的力-位移图

力-位移曲线下方的面积表示施加于土体上的能量,并通过使用式(7-24)[240]积分计算两个连续周期 $2T_E$ 的振动频率[21]:

$$Omega = \int_{2T_E} F_s z_d \mathrm{d}t \tag{7-24}$$

7.4.6 动弹性模量(E_{vib})

图7-20显示了土体刚度是如何随着压路机碾压次数的增加而增加的[155]。这些力-位移图可用于反算压实层的动弹性模量E_{vib}。

除计算k_s外,计算E_{vib}还需要使用式(7-23)来计算土体的反作用力F_s。

如第3.2.4节所述,钢轮-土可以解释为一个弹簧阻尼系统:

$$F_s = k_s z_d + d_d \dot{z}_d \tag{7-25}$$

式中,$\dot{z}_d$为钢轮速度,d_d为系统阻尼。

结合式(7-23)和式(7-25),可以计算出考虑阻尼时的k_s。唯一未知的参数是阻尼系数d_b,一般取0.2[21]。

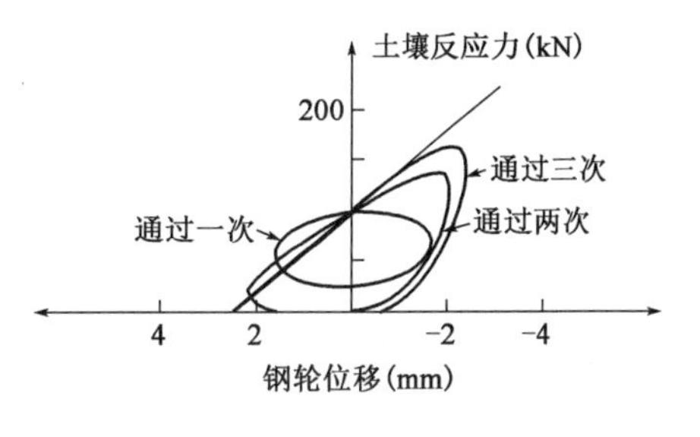

图7-20 随着压实次数的增加力-位移图的演变[155]

Krober等[239]在伦德伯格和赫兹理论的基础上,提出了弹性半空间上刚性圆柱的k_s与动弹模量E_{vib}之间的关系。这些关系已在第1.7.3节中介绍。

根据赫兹模型,圆柱的接触长度$2a$为:

$$2a = \sqrt{\frac{16}{\pi}\frac{R(1-\nu^2)}{E_{vib}}\frac{F_s}{L}} \tag{7-26}$$

然后,伦德伯格解给出压实层的位移z_d:

$$z_d = \frac{1-\nu^2}{E_{vib}}\frac{F_s}{L}\frac{2}{\pi}\left(1.8864 + \ln\frac{L}{2a}\right) \tag{7-27}$$

式(7-26)和式(7-27)给出了k_s和E_{vib}之间的关系如下:

$$k_s = \frac{E_{vib} L \pi}{2(1-\nu^2)\left[1.8864 + \ln\left(\frac{\pi L^3 E_{vib}}{16R(1-\nu^2)F_s}\right)\right]} \tag{7-28}$$

用式(7-28)求解E_{vib}需要不断迭代,一般将泊松比设置为0.25来求解。

7.4.7 机器驱动功率(*MDP*)

可利用机器驱动功率(*MDP*)车-地相互作用的概念来计算用于压实的功率[426]。当钢轮前进时,它不仅需要能量来压实,还需要能量来向前运动。向前运动的能量可以分解成不同的部分,例如用于加速的能量和用于克服斜坡上运动时的重力的能量。*MDP*的原理是从总能量消耗中减去所有移动所需的能量,只留下圆柱体在土壤中渗透所产生的能量。

根据车辆相互作用理论,克服运动阻力所需的能量取决于制动轮向前和向后穿透深度之间的差$z_{front} - z_{back}$,如图7-21所示。$z_{front} - z_{back}$表示由于压实引起的土壤塑性位移,机器驱动功率是一个很好的压实指标,可在静态或动态条件下使用。

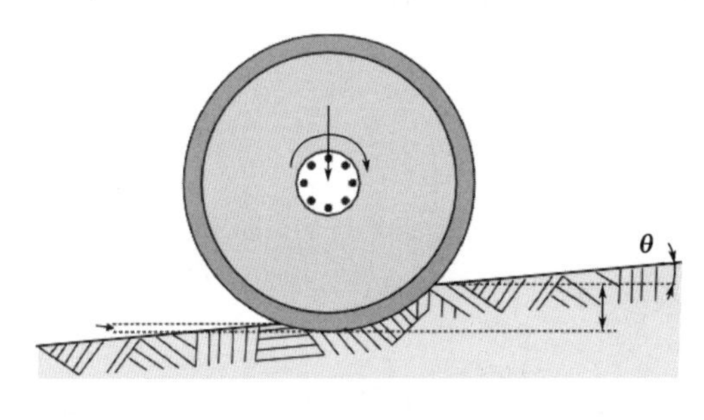

图7-21 钢轮前进对土体的压实作用

要计算 *MDP*,就必须从总功率消耗中减去爬坡所用的功率、加速压实机所用的功率以及机器的内部功率损失。考虑到整体能量平衡,机器驱动功率的计算公式为[293,426]:

$$MDP = P_g - W_c V_c \left(\sin\theta + \frac{a_c}{g} \right) - \left(m_{MDP} V_c + b_{MDP} \right) \tag{7-29}$$

式中,P_g 为移动机器所需的总功率,W_c 为钢轮的重量,a_c 和 V_c 为机器在前进方向上的加速度和速度,g 为重力加速度,θ 为地形的坡度角,m_{MDP} 和 b_{MDP} 为每台机器的校准参数特征。

校准参数是从已知压实度材料上的试验段获得的。由于 *MDP* 仅代表压实所涉及的功率,因此 *MDP* 的正值表示比试验段材料更软,而 *MDP* 的负值表示比试验段的材料具有更高的压实度。

7.4.8 模量与 CCC/IC 值之间的关系

Adam 和 Kopf[6] 使用弹簧-阻尼模型进行了数值模拟,该模型类似于第 3.2.4 节中给出的模型。他们分析了弹簧-阻尼系统中压实层的模量与通过连续压实控制测量可获得的几个变量的关系。当钢轮和土体连续接触以及局部隆起时,*CMV*、Omega、E_{vib} 和 k_s 与压实层模量之间存在明显的相关性,如图 7-22 所示。相反,当跳跃发生时,这些关系变得模糊,因为一个 CCC 值可能对应于多个模量值。这样会降低 CCC 参数在发生跳跃时的适用性。为避免跳跃的不利影响,一些设备厂家往往通过确定的 *RMV* 值,修改钢轮的振动特性,以避免双阶跃的发生。

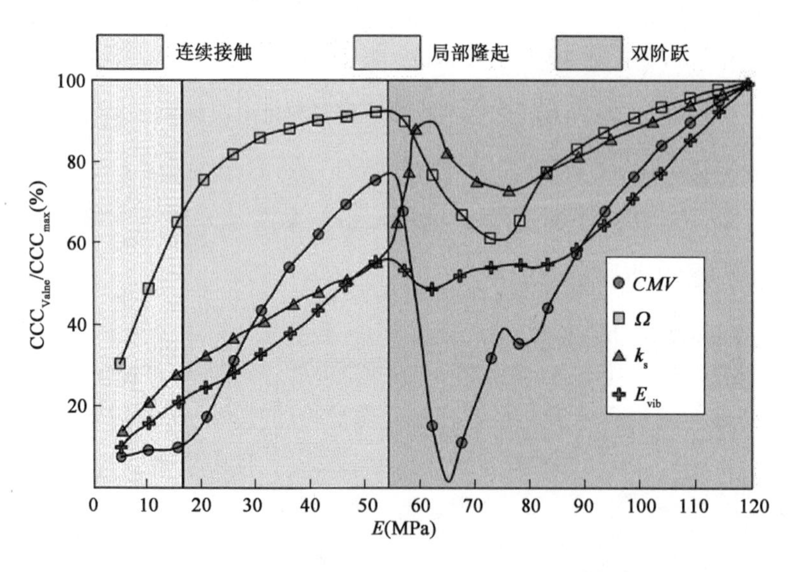

图 7-22 不同钢轮的模量与 CCC 测量值关系[6]

7.4.9 CCC 测量值与土力学的关联性

虽然一些学者开展了一些地质力学特性与 CCC 测量值之间的相关性研究[293],指出利用

CCC 参数与荷载板试验得到的模量相关性最好,其原因是荷载板试验所探测的深度与压路机受振动影响的深度相近。

图 7-23 展示了土体 *CMV* 反算的弹性模量与第二次荷载板试验 E_{v2} 所得模量之间的关系。

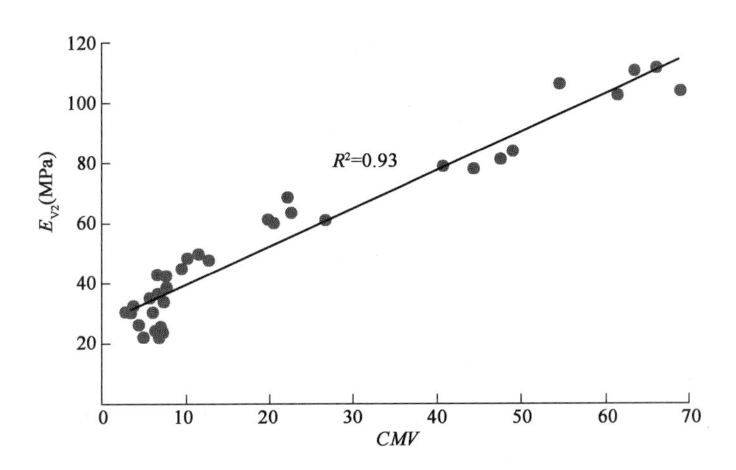

图 7-23　第二次荷载板试验所得模量与 *CMV* 之间关系[293]

Kröber 等[239]的结果被美国国家公路合作研究计划(NCHRP)[293]引用。在压实的早期阶段,E_{vib}和 E_{v1}之间的线性相关性很好,而当土体被完全压实,E_{vib}和 E_{v2}之间的线性相关性较好。Presig 等[335]也阐述了 k_s 与 E_{v1}和 E_{v2}之间具有良好的相关性。如图 7-24 所示,Presig 等研究发现,这些相关性在土体压实的最后阶段会更好,并认为 $E_{v1}/E_{v2}<3.5$。

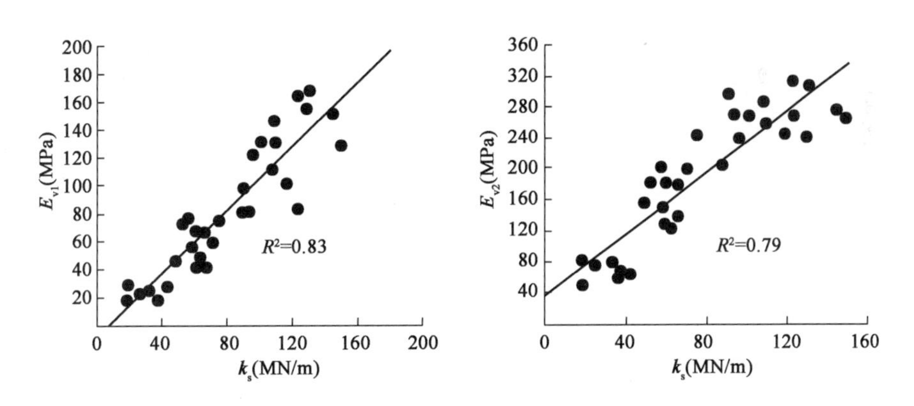

图 7-24　k_s 值与第一和第二次荷载板试验所得模量之间的关系[293]

另外,NCHRP[293]也指出 *MDP* 与地质力学变量之间具有良好相关性,包括干重度 γ_d、*CBR* 试验结果以及用轻型弯沉仪 E_{LWD}测得的杨氏模量之间的关系,如图 7-25 所示。

尽管一些参数之间存在良好的相关性,但也经常呈现出相关系数 $R^2<0.5$ 的情况。发生此类现象的原因包括支撑层的不均匀性、压实层在钢轮宽度上的岩土特性的可变性,以及压实机振动的可变性等。

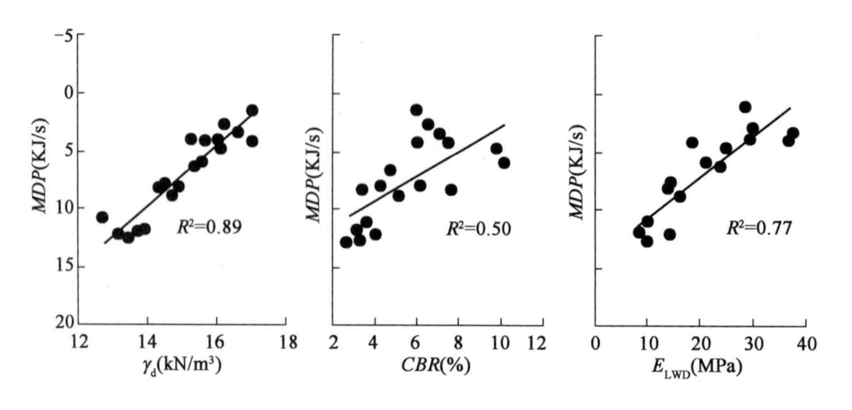

图 7-25 MDP 与土力学参数 γ_d、CBR 和 E_{LWD} 之间的关系[293]

7.4.10 基于 CCC 的质量控制

德国、奥地利、瑞士和瑞典的标准多采用了基于 CCC 测量的质量控制方法，该方法要求开展试验路段以确定可接受的最小值，并建立相关性参数。

NCHRP[293]提出利用 CCC 测量的三个选择方法，见表 7-1。

NCHRP 推荐取值方法[293]　　表 7-1

	1	2a	2b	3a	3b	3c
描述	监测 CCC 空间百分比变化	监测 CCC 测量值的变化百分比	按经验将 CCC 测量值与现场值关联	按经验将 CCC 测量值和试验性能关联	基于 CCC 测量值的压实曲线	按经验将 CCC 测量值和试验值关联
目标测量值	不需要	不需要	不需要	基于 CCC 测量值与现场测试的相关性	当 CCC 测量值的平均增幅低于校准范围 5% 的目标值	基于 CCC 测量值和实验测量值之间相关性的目标值
验收标准	在 CCC 测量值确定的最薄弱范围进行现场测试	在连续通过之间，达到平均 CCC 测量值变化的 5%	在连续的通过之间，达到 CCC 测量值 Δ% 的变化超过了被评估截面的定义百分比	达到超过一个预定义百分比范围评估的目标值		

1）方案 1

第一种方案是使用 CCC 来确定薄弱区，如图 7-26 所示。在这些区域进行现场试验，并定义一个可接受的最低标准。虽然这个方案貌似很容易实施，但当基层、压实层或压路机的振动特性有较大的可变性时，此方案可靠性将大大降低。

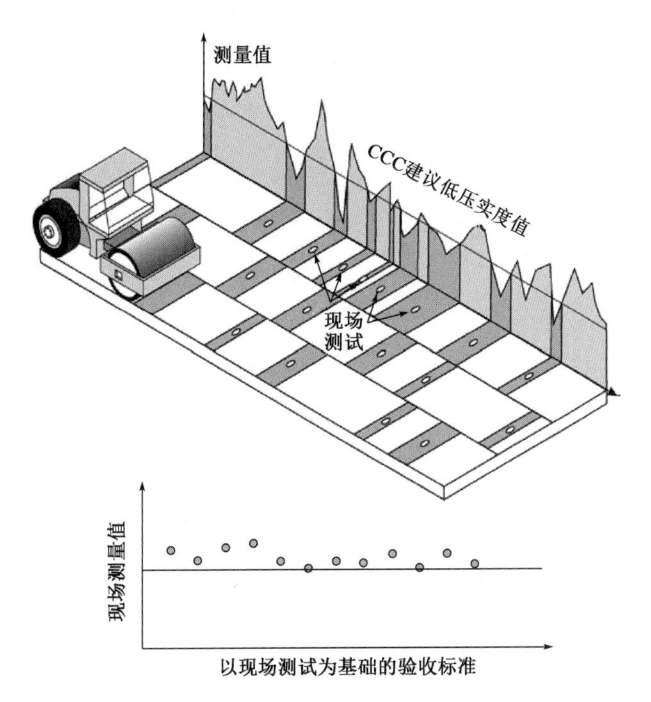

图 7-26　采用 CCC 参数进行质量控制方案 1 示意图[293]

2)方案 2

第二种方案是基于压实度增加时 CCC 测量值的增长率降低的现象(图 7-27)来进行分析确定。有两种可能:

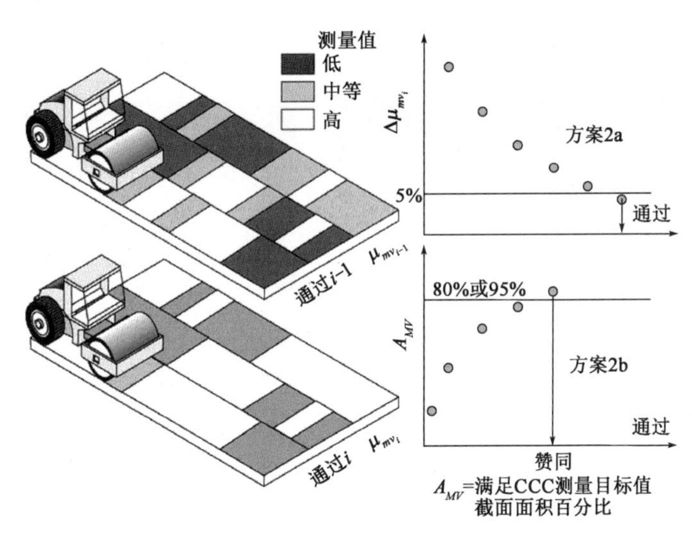

图 7-27　采用 CCC 参数进行质量控制方案 2 示意图[293]

(1)评估特定位置 CCC 的平均值,以定义最大可接受值。可利用式(7-30)计算:

$$\Delta\mu_{MV_i} = \left(\frac{\mu_{MV_i} - \mu_{MV_{i-1}}}{\mu_{MV_{i-1}}}\right) \times 100 < 5\% \tag{7-30}$$

式中，μ_{MV_i}为压路机通过第 i 个截面后 CCC 的平均值。

(2)另一种方法是利用式(7-31)计算每次测量值的增量，以确定实现 $\Delta MV\%$ 目标对应截面面积百分比。通常，达到目标 ΔMV 的最小面积约为指定截面面积的 80% 或 95% 。

$$\Delta MV_i = \left(\frac{MV_i - MV_{i-1}}{MV_{i-1}}\right) \times 100 \tag{7-31}$$

3)方案 3

对于第三种方案，包括三种方法。

方法一：分别在低、中、高三种压实度状态下进行校准，然后在特定点进行现场测试。现场测试的结果与 CCC 测量值(记为 MV)相结合，就可以建立任意土力学参数与 CCC 测量值之间的关系。若相关性系数大于 0.5($R^2 > 0.5$)。建议同时采取以下三种以上的措施来减少离散性：

(1)避免在高度变化的区域进行现场测试；

(2)在钢轮宽度的每个点上进行三次测量，并取这些测量的平均值；

(3)对测试点中大于 1m 的 CCC 测量值求平均值；

(4)对同一区域不同压实度的试验点重复以上步骤。

获得可靠的相关性之后，可以通过所需的置信度水平来定义 CCC 变量的目标值(称为 MV-TV)，如图 7-28 所示。

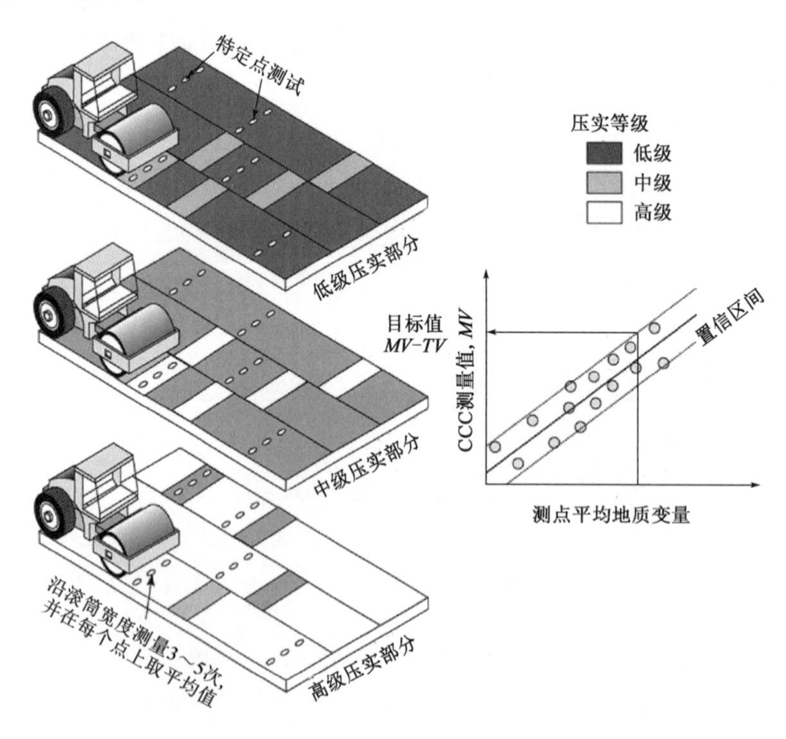

图 7-28　采用 CCC 测量进行质量控制示意图[293]

方法二与方案 2 类似,唯一不同的是定义不同压实次数下 μ_{MV} 和 ΔMV 演变的过程不同。如图 7-29 所示,在压实度 90% 的校准区域,达到 $\Delta MV < 5\%$ 时所需的压实次数定义为目标压实次数。

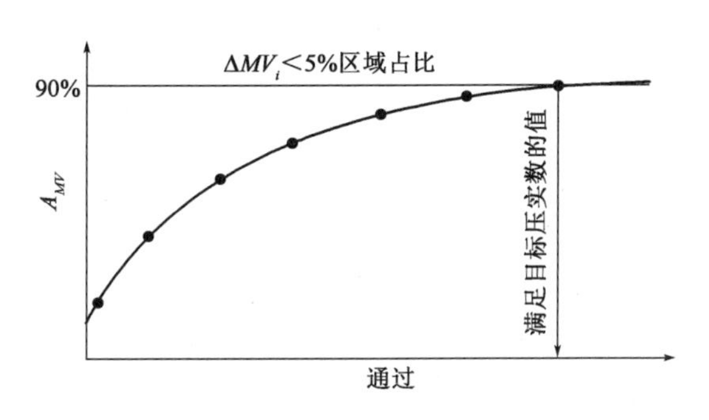

图 7-29　采用 CCC 测量进行质量控制的方案示意图[293]

方法三建立了室内试验测试结果与现场测试结果之间的相关性,如建立弹性模量和 CCC 值的关系。为此,在试验室中以不同的密度和含水率制备不同压实度的试样(一般情况下要求 $0 < \gamma_d/\gamma_{max} < 110\%$, $w - 4\% < w_{opt} < w + 4\%$)。然后分别开展室内试验。对应的,铺设不同含水率和压实度条件下的试验段,然后开展 CCC 试验。最后建立室内试验数据和试验段实测数据的线性拟合模型,如图 7-30 所示。

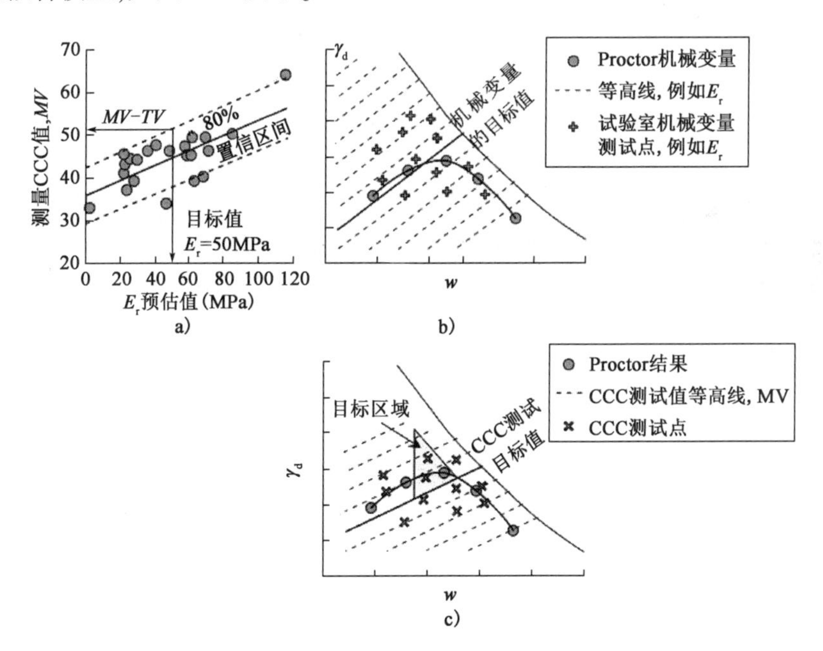

图 7-30　方案 3 采用 CCC 进行压实质量控制示意图[293]

参考文献

[1] U. S. Army Corps of Engineers. Pavement design for frost conditions. Technical Report TM 5-818-2, 1965.

[2] H Aboshi. An experimental investigation on the similitude in the one-dimensional consolidation of a soft clay including the secondary creep settlement. Proc. 8th ICSMFE, 1973, 4: 88, 1973.

[3] E Absi. Generalisation de la theorie de consolidation de terzaghi aucas d' un multicouche. In Annales de l ITBTP, number 211-212, 1965.

[4] Nidal H Abu-Hamdeh. Thermal properties of soils as affected by density and water content. Biosystems engineering, 86(1):97-102, 2003.

[5] D. Adam and R. Markiewicz. Geotechnics for roads, rail tracks and earth structures, chapter Compaction behavior and depth effects of the polygonal drum, pages 27-36. A. A. Balkema, Netherlands, 2001.

[6] Dietmar Adam and Friedrich Kopf. Theoretical analysis of dynamically loaded soil. na, 2000.

[7] George Biddell Airy. On the strains in the interior of beams. Philosophical transactions of the Royal Society of London, 153:49-79, 1863.

[8] GD Aitchison et al. Relationships of moisture stress and effective stress functions in unsaturated soils. Golden Jubilee of the International Society for Soil Mechanics and Foundation Engineering: Commemorative Volume, page 20, 1985.

[9] Keiiti Aki and Paul G Richards. Quantitati6e seismology: Theory and methods, 1980.

[10] Y Heck Akou, JV Kazai, A Hornych, P Odéon, and H Piau. Jm (1999). modelling of flexible pavements using the finite element method and a simplified approach. unbound granular materials-laboratory testing, in-situ testing and modelling. edited by a. gomes correia, technical university of lisbon. In Proceedings of an International Workshop on Modelling and Advanced Testing for Unbound Granular Materials Lisbon, pages 21-22, 1999.

[11] IL Al-Qadi and S Lahouar. Measuring layer thicknesses with gpr-theory to practice. Construction and building materials, 19(10):763-772, 2005.

[12] IL Al-Qadi, S Lahouar, and A Loulizi. In situ measurements of hot-mix asphalt dielectric properties. NDT & e International, 34(6):427-434, 2001.

[13] HGB Allersma. Optical analysis of stress and strain around a penetrating probe in a granular medium. Powders & Grains 2001, pages 85-88, 2001.

[14] Edoardo E Alonso, Antonio Lloret, and Enrique Romero. Rainfall induced deformations of road embankments. Italian Geotechnical Journal, 33(1):71-76, 1999.

[15] Eduardo E Alonso, Antonio Gens, Alejandro Josa, et al. Constitutive model for partially satu-

rated soils. Géotechnique, 40(3):405-430, 1990.

[16] Eduardo E Alonso, Jean-Michel Pereira, Jean Vaunat, and Sebastia Olivella. A microstructurally based effective stress for unsaturated soils. Géotechnique, 60(12):913-925, 2010.

[17] EE Alonso. Suction and moisture regimes in roadway bases and subgrades. In International symposium on subdrainage in roadway pavements and sub-grades, Granada, Spain, 11-13 November 1998, 1998.

[18] EE Alonso, A Josa, and A Gens. Modelling the behaviour of compacted soil upon wetting. Raúl Marsal Volume, SMMS, México, pages 207-223, 1992.

[19] EE Alonso, LA Oldecop, et al. Fundamentals of rockfill collapse. In Unsaturated soils for Asia. Proceedings of the Asian Conference on Unsaturated Soils, UNSAT-ASIA 2000, Singapore, 18-19 May, 2000, pages 3-13. AA Balkema, 2000.

[20] EE Alonso, NM Pinyol, and A Gens. Compacted soil behaviour: initial state, structure and constitutive modelling. Géotechnique, 63(6):463, 2013.

[21] Roland Anderegg and Kuno Kaufmann. Intelligent compaction with vibratory rollers: Feedback control systems in automatic compaction and compaction control. Transportation Research Record: Journal of the Transportation Research Board, (1868):124-134, 2004.

[22] P Ansell and SF Brown. A cyclic simple shear apparatus for dry granular materials. 1978.

[23] Gili Jose Antonio. Modelo microestructural para medios granulares no saturados. Universitat Politècnica de Catalunya, 1988.

[24] Ins ARA. Guide for mechanistic-empirical design of new and rehabilitated pavement structures,2004.

[25] Priyanath Ariyarathne and DS Liyanapathirana. Review of existing design methods for geosynthetic-reinforced pile-supported embankments. Soils and Foundations, 55(1):17-34, 2015.

[26] Malcolm D Armstrong and Thomas I Csathy. Frost design practice in canada-and discussion. Highway Research Record, (33), 1963.

[27] GK Arnold, AR Dawson, David Hughes, S Werkmeister, and D Robinson. Serviceability design of granular pavement materials. Proceedings of BCR2A, AA Balkema, Netherlands, pages 957-966, 2002.

[28] JRF Arthur, KS Chua, and T Dunstan. Induced anisotropy in a sand. Geotechnique, 27(1): 13-30, 1977.

[29] Akira Asaoka. Observational procedure of settlement prediction. Soils and foundations, 18 (4):87-101, 1978.

[30] D ASTM. 5298-03. Standard test method for measurement of soil potential (Suction) Using Filter Paper, 15:1312-1316, 1992.

[31] AM Azam, DA Cameron, and MM Rahman. Model for prediction of resilient modulus incorporating matric suction for recycled unbound granular materials. Canadian Geotechnical Journal, 50(11):1143-1158, 2013.

[32] Tezera F Azmatch, David C Sego, Lukas U Arenson, and Kevin W Biggar. New ice lens

initiation condition for frost heave in fine-grained soils. Cold Regions Science and Technology,82: 8-13, 2012.

[33] Makhaly Ba, Kongrat Nokkaew, Meissa Fall, and James M Tinjum. Effect of matric suction on resilient modulus of compacted aggregate base courses. Geotechnical and Geological Engineering,31(5):1497-1510, 2013.

[34] Jean Maurice Balay, Cécile Caron, and Patrick Lerat. Alize-lcpc airfield pavement, a new software for the rational design of airport pavement. In 2nd European Airport Pavement Workshop, page 11p, 2009.

[35] Vincent Balland and Paul A Arp. Modeling soil thermal conductivities over a wide range of conditions. Journal of Environmental Engineering and Science, 4(6):549-558, 2005.

[36] Jean-Pierre Bardet. Experimental soil mechanics. Prentice Hall Upper Saddle River, NJ, 1997.

[37] Reginald A Barron. Consolidation offine-grained soils by drain wells. Transactions of the ASCE, 113:718-742, 1948.

[38] D Barry-Macaulay, A Bouazza, B Wang, and RM Singh. Evaluation of soil thermal conductivity models. Canadian Geotechnical Journal, 52(11):1892-1900, 2015.

[39] Richard D Barskale and Samir Y Itani. Influence of aggregate shape on base behavior. Transportation Research Record, (1227), 1989.

[40] J Biarez and ENPC Anciens. General report. In International Conference on Compaction, Anciens ENPCEd, pages 13-26, 1980.

[41] J Biarez, J-M Fleureau, and S Kheirbek-Saoud. Validité dansun sol compacté. In 10th European Conference on Soil Mechanics and Foundation Engineering, volume 1, pages 15-18,1991.

[42] J Biarez, J-M Fleureau, and S Taibi. Mechanical constitutive model for unsaturated granular media made up by spheres. In 2th International Conference on Micromechanics of Granular Media, Birmingham, volume 1, pages 51-58, 1993.

[43] J Biarez, H Liu, and AE Taïbi S Gomes Correia. Stress-strain characteristics of soils interesting the serviceability of geotechnical structures. Proceedings of Pre-failure Deformation Characteristics of Geomaterials, 2:617-624, 1999.

[44] J Biarez and KWiendieck. Mecanique des sols-remarque sur lelasticite et lanisotropie des materiaux pulverulents. Comptes rendus hebdomadaires des seances de l academie des sciences,254(15):2712-+, 1962.

[45] Jean Biarez. Contribution à l' étude des propriétés mécaniques des sols et des matériaux pulvérulents. These de Doctorat es Sciences, Faculte des Sciences de Grenoble, 1962.

[46] Jean Biarez, Pierre-Yves Hicher, et al. Elementary mechanics of soil behaviour: saturated remoulded soils. AA Balkema, 1994.

[47] Katia Vanessa Bicalho, Dobroslav Znidarcic, and H Ko. Measurement of soil-water characteristic curves of quasi-saturated soils. In Proceedings of the international conference on soil

mechanics and geotechnical engineering, volume 16, page 1019. AA Balkema Publishers, 2005.

[48] Maurice A Biot. General theory of three-dimensional consolidation. Journal of applied physics, 12(2): 155-164, 1941.

[49] Alan W Bishop. The principle of effective stress. Teknisk ukeblad, 39:859-863, 1959.

[50] Alan W Bishop. The use of the slip circle in the stability analysis of slopes. In The Essence of Geotechnical Engineering: 60 years of Géotechnique, pages 223-233. Thomas Telford Publishing,2008.

[51] Alan W Bishop and GE Blight. Some aspects of effective stress in saturated and partly saturated soils. Geotechnique, 13(3):177-197, 1963.

[52] L Bjerrum and J Huder. Measurement of the permeability of compacted clays. In Proceedings of fourth international conference on soil mechanics and foundation engineering. London, pages 6-8, 1957.

[53] Ronald Blab and John T Harvey. Modeling measured 3d tire contact stresses in a viscoelastic fepavement model. International Journal of Geomechanics, 2(3):271-290, 2002.

[54] Patrick B Black and Allen R Tice. Comparison of soil freezing curve and soil water curve data for windsor sandy loam. Water Resources Research, 25(10):2205-2210, 1989.

[55] Matthieu Blanc, H Di Benedetto, and Samir Tiouani. Deformation characteristics of dry hostun sand with principal stress axes rotation. Soils and foundations, 51(4):749-760, 2011.

[56] J Blatz and J Graham. A system for controlled suction in triaxial tests. Géotechnique,50(4): 465-470, 2000.

[57] JA Blatz and J Graham. Elastic-plastic modelling of unsaturated soil using results from a new triaxial test with controlled suction. Géotechnique, 53(1):113-122, 2003.

[58] J Bohac, J Feda, and B Kuthan. Modelling of grain crushing and debonding. In Proceedings of the international conference on soil mechanics and geotechnical engineering, volume 1, pages 43-46. AA Balkema Publishers, 2001.

[59] MD Bolton, Y Nakata, and YP Cheng. Micro-and macro-mechanical behaviour of dem crushable materials. Géotechnique, 58(6):471-480, 2008.

[60] H Borowicka. Die druckausbreitung im halbraum bei linear zunehmendem elastizitätsmodul. Archive of Applied Mechanics, 14(2):75-82, 1943.

[61] Julius F Bosen. A formula for approximation of saturation vapor pressure over water. Monthly Weather Rev, 88(8):275-276, 1960.

[62] F Bourges, C Mieussens, G Pilot, J Puig, M Peignaud, D Queroy, and J Vautrain. Remblais et fondations sur sols compressibles. 1984.

[63] J Boussinesq. Équilibre délasticité dun sol isotrope sans pesanteur, supportant différents poids. CR Math. Acad. Sci. Paris, 86(86):1260-1263, 1878.

[64] Ira Sprague Bowen. The ratio of heat losses by conduction and by evaporation from any water surface. Physical review, 27(6):779, 1926.

[65] JR Boyce. A non linear model for the elastic behaviour of granular materials under repeated loading. In Proc. International symposium on soils under cyclic and transient loading, Swansea,1980.

[66] H Brandl. Freezing-thawing behavior of soils and other granular materials-influence of compaction. Geotechnics for Roads, Rail Tracks and Earth. AA Balkema, Rotterdam,The Netherlands,pages 141-164, 2001.

[67] Jean-Louis Briaud and Jeongbok Seo. Intelligent compaction: overview and research needs. Report to the Federal Highway Administration, 2003.

[68] Royal Harvard Brooks and Arthur Thomas Corey. Hydraulic properties of porous media and their relation to drainage design. Transactions of the ASAE, 7(1):26-0028, 1964.

[69] SF Brown and PS Pell. An experimental investigation of the stresses, strains and deflections in a layered pavement structure subjected to dynamic loads. In Intl Conf Struct Design Asphalt Pvmts, 1967.

[70] Wilfried Brutsaert. Some methods of calculating unsaturated permeability. Transactions of the ASAE, 10(3):400-0404, 1967.

[71] Edgar Buckingham. Studies on the movement of soil moisture. 1907.

[72] NeT Burdine et al. Relative permeability calculations from pore size distribution data. Journal of Petroleum Technology, 5(03):71-78, 1953.

[73] Donald M Burmister. The general theory of stresses and displacements in layered systems. i. Journal of applied physics, 16(2):89-94, 1945.

[74] B Caicedo. Physical modelling of freezing and thawing of unsaturated soils. Géotechnique,67(2):106-126, 2016.

[75] B Caicedo,A Cacique, C Contreras, and LE Vallejo. Experimental study of the strength and crushing of unsaturated spherical particles. In Proceedings 14th Pan-Am Geotechnical Conference Toronto, Canada, 2011.

[76] B Caicedo, JC Ulloa, and C Murillo. Preparation of unsaturated soils by oedometric compression. In Unsaturated Soils. Advances in Geo-Engineering: Proceedings of the 1st European Conference, E-UNSAT 2008, Durham, United Kingdom, 2-4 July 2008, page 135. CRC Press,2008.

[77] Bernardo Caicedo. Contribution à l'étude de la migration de l'eau dans les sols pendant le gel et le dégel. PhD thesis, Châtenay-Malabry, Ecole Centrale Paris, 1991.

[78] Bernardo Caicedo, Octavio Coronado, Jean Marie Fleureau, and A Gomes Correia. Resilient behaviour of non standard unbound granular materials. Road Materials and Pavement Design, 10(2):287-312, 2009.

[79] Bernardo Caicedo, Manuel Ocampo, and Luis Vallejo. Modelling comminution of granular materials using a linear packing model and markovian processes. Computers and Geotechnics, 2016.

[80] Bernardo Caicedo, Manuel Ocampo, Luis Vallejo, and Julieth Monroy. Hollow cylinder ap-

paratus for testing unbound granular materials of pavements. Road Materials and Pavement Design, 13(3): 455-479, 2012.

[81] Bernardo Caicedo, Julián Tristancho, Luc Thorel, and Serge Leroueil. Experimental and analytical framework for modelling soil compaction. Engineering Geology, 175:22-34, 2014.

[82] Bernardo Caicedo and Luis E Vallejo. Experimental study of the strength and crushing of unsaturated spherical particles. Unsaturated Soils: Research and Applications, pages 425-430, 2012.

[83] Gaylon S Campbell. Soil physics with BASIC: transport models for soil-plant systems, volume 14. Elsevier, 1985.

[84] Nabor Carrillo. Simple two and three dimensional case in the theory of consolidation of soils. Studies in Applied Mathematics, 21(1-4):1-5, 1942.

[85] Carlos E Cary and Claudia E Zapata. Resilient modulus for unsaturated unbound materials. Road Materials and Pavement Design, 12(3):615-638, 2011.

[86] JW Cary and HF Mayland. Salt and water movement in unsaturated frozen soil1. Soil Science Society of America Journal, 36(4):549-555, 1972.

[87] Arthur Casagrande. Discussion on frost heaving. In Proceedings, Highway Research Board, volume 11, pages 168-172, 1931.

[88] Giovanni Cascante and J Carlos Santamarina. Interparticle contact behavior and wave propagation. Journal of geotechnical engineering, 122(10):831-839, 1996.

[89] Harry R Cedergren. Drainage of highway and airfield pavements. John Wiley & Sons, 1974.

[90] Jorge Ceratti, Wai Yuk Gehling, and Washington Núñez. Seasonal variations of a subgrade soil resilient modulus in southern brazil. Transportation Research Record: Journal of the Transportation Research Board, (1874):165-173, 2004.

[91] Valentino Cerruti. Ricerche intorno all' equilibrio de' corpi elastici isotropi: memoria del Valentino Cerruti. Salviucci, 1882.

[92] Edwin J Chamberlain. Frost susceptibility of soil, review of index tests. Technical report, Cold Regions Research and Engineering Lab Hanover NH, 1981.

[93] FWK Chan and SF Brown. Significance of principal stress rotation in pavements. In Proceedings of the international conference on soil mechanics and foundation engineeringinternational society for soil mechanics and foundation engineering, volume 4, pages 1823-1823. AA Balkema, 1994.

[94] C Chávez and EE Alonso. A constitutive model for crushed granular aggregates which includes suction effects. Soils and Foundations, 43(4):215-227, 2003.

[95] C Chazallon, Pierre Hornych, and Saida Mouhoubi. Elastoplastic model for the long-term behavior modeling of unbound granular materials in flexible pavements. International Journal of Geomechanics, 6(4):279-289, 2006.

[96] Shaji Chempath, Lawrence R Pratt, and Michael E Paulaitis. Quasichemical theory with a soft cutoff. The Journal of chemical physics, 130(5):054113, 2009.

[97] YP Cheng, MD Bolton, and Y Nakata. Crushing and plastic deformation of soils simulated usingdem. Geotechnique, 54(2):131-141, 2004.

[98] YP Cheng, Y Nakata, and MD Bolton. Discrete element simulation of crushable soil. Geotechnique,53(7):633-641, 2003.

[99] Eo C Childs and N Collis-George. The permeability of porous materials. In Proceedings of the Royal Society of London A: Mathematical, Physical and Engineering Sciences, volume 201, pages 392-405. The Royal Society, 1950.

[100] Ir Tan Yean Chin. Embankment over soft clay-design and construction control. Geotechnical Engineering, 2005:1-15, 2005.

[101] Gye Chun Cho and J Carlos Santamarina. Unsaturated particulate materialsparticle-level studies. Journal of geotechnical and geoenvironmental engineering, 127(1):84-96, 2001.

[102] MR Coop. The influence of particle breakage and state on the behaviour of sands. Proceedings of the Int. Worshop on Soil Crushability, Yamaguchi, Japan, pages 19-57, 1999.

[103] Octavio Coronado, Bernardo Caicedo, Said Taibi, Antonio Gomes Correia, and Jean-Marie Fleureau. A macro geomechanical approach to rank nonstandard unbound granular materials for pavements. Engineering Geology, 119(1):64-73, 2011.

[104] Octavio Coronado, Bernardo Caicedo, Said Taibi, Antonio Gomes Correia, Hanène Souli, and Jean-Marie Fleureau. Effect of water content on the resilient behavior of non standard unbound granular materials. Transportation Geotechnics, 7:29-39, 2016.

[105] Octavio Coronado, Jean-Marie Fleureau, António GOMES Correia, and B Caicedo. Influence de la succion sur les propriétés de matériaux granulaires routiers. 57 e Congrès Canadien de Géotechnique, 2004.

[106] Octavio Coronado Garcia. Etude du comportement mécanique de matériaux granulaires compactés non saturés sous chargements cycliques. PhD thesis, Châtenay-Malabry, Ecole Centrale Paris, 2005.

[107] A Gomes Correia, L Anh Dan, J Koseki, and F Tatsuoka. Stress-strain behaviour of compacted geomaterials for pavements. In 16th International Conference on Soil Mechanics and Geotechnical Engineering, pages 1707-1710. Millpress, 2005.

[108] Marco Costanzi, Vincent Rouillard, and David Cebon. Effects of tyre contact pressure distribution on the deformation rates of pavements. In 19-th Symposium of the International Association for Vehicle System Dynamics, volume 44, pages 892-903, 2006.

[109] Jean Costet, Guy Sanglerat, J Biarez, and P Lebelle. Cours pratique de mécanique des sols. Dunod, 1969.

[110] Jean Côté and Jean-Marie Konrad. A generalized thermal conductivity model for soils and construction materials. Canadian Geotechnical Journal, 42(2):443-458, 2005.

[111] Jean Côté and Jean-Marie Konrad. Thermal conductivity of base-course materials. Canadian Geotechnical Journal, 42(1):61-78, 2005.

[112] CA Coulomb. An attempt to apply the rules of maxima and minima to several problems of

stability related to architecture. Mem. Acad. Roy. des Sciences, 3:38, 1776.

[113] Olivier COUSSY. Approche énergétique du comportement des sols non saturés. Mécanique des sols non saturé, pages 137-174, 2002.

[114] D Croney, JD Coleman, and WP Black. M. movement and distribution of water in soil in relation to highway design and performance. highway research board, spec. Technical report, Report,1958.

[115] David Croney and Paul Croney. The design and performance of road pavements. 1991.

[116] Misko Cubrinovski and Kenji Ishihara. Maximum and minimum void ratio characteristics of sands. Soils and foundations, 42(6):65-78, 2002.

[117] Kai Cui, Pauline Défossez, and Guy Richard. A new approach for modelling vertical stress distribution at the soil/tyre interface to predict the compaction of cultivated soils by using the plaxis code. Soil and Tillage Research, 95(1):277-287, 2007.

[118] YJ Cui and P Delage. Yielding and plastic behaviour of an unsaturated compacted silt. Géotechnique, 46(2):291-311, 1996.

[119] Peter A Cundall and Otto DL Strack. A discrete numerical model for granular assemblies. geotechnique, 29(1):47-65, 1979.

[120] J Dalton. On evaporation. essay iii in: Experimental essays on the constitution of mixed gases;on the force of steam or vapour from water or other liquids in different temperatures; both in a torrecellian vacuum and in air; on evaporation; and on the expansion of gases by heat. Mem. Proc. Lit. Phil. Soc. Manchester, 5(2):574-594, 1802.

[121] P Dantu. Contribution à l'étude mécanique et géométrique des milieux pulvérulents. Proc. 4th ICSMFE, London, 1957, 1957.

[122] Ali Daouadji, Pierre-Yves Hicher, and Afif Rahma. An elastoplastic model for granular materials taking into account grain breakage. European Journal of Mechanics-A/Solids, 20 (1):113-137, 2001.

[123] David J Dappolonia, Robert V Whitman, and E DAppolonia. Sand compaction with vibratory rollers. Journal of Soil Mechanics & Foundations Div, 92(SM5, Proc Paper 490), 1969.

[124] Henry Darcy. Les fontaines publique de la ville de dijon. Dalmont, Paris, 647, 1856.

[125] AR Dawson, NH Thom, and JL Paute. Mechanical characteristics of unbound granular materials as a function of condition. Gomes Correia, Balkema, Rotterdam, pages 35-44, 1996.

[126] M De Beer, C Fisher, and Fritz J Jooste. Determination of pneumatic tyre/pavement interface contact stresses under moving loads and some effects on pavements with thin asphalt surfacing layers. In Proceedings of the 8th International Conference on Asphalt Pavements, volume 1, pages 10-14, 1997.

[127] Morris De Beer, Colin Fisher, and Louw Kannemeyer. Towards the application of stress-in-motion (sim) results in pavement design and infrastructure protection. 2004.

[128] Gilson de FN Gitirana Jr and Delwyn G Fredlund. Soil-water characteristic curve equation

with independent properties. Journal of Geotechnical and Geoenvironmental Engineering, 130(2):209-212, 2004.

[129] Daniel A De Vries. Thermal properties of soils. Physics of plant environment, 1963.

[130] Pejman Keikhaei Dehdezi. Enhancing pavements for thermal applications. PhD thesis, University of Nottingham, 2012.

[131] P Delage, MD Howat, and YJ Cui. The relationship between suction and swelling properties in a heavily compacted unsaturated clay. Engineering geology, 50(1):31-48, 1998.

[132] P Delage, GPR Suraj De Silva, and T Vicol. Suction controlled testing of non saturated soils with an osmotic consolidometer. In 7th Int. Conf. Expansive Soils, pages 206-211, 1992.

[133] Pierre Delage, Martine Audiguier, Yu-Jun Cui, and Michael D Howat. Microstructure of a compacted silt. Canadian Geotechnical Journal, 33(1):150-158, 1996.

[134] Pierre Delage and Guy Lefebvre. Study of the structure of a sensitive champlain clay and of its evolution during consolidation. Canadian Geotechnical Journal, 21(1):21-35, 1984.

[135] Decagon Devices. Operators manual wp4 dewpoint potentiameter. Decagon Devices Inc., Pullman, WA, 2007.

[136] Sidney Diamond et al. Pore size distributions in clays. Clays and clay minerals, 18(1): 7-23,1970.

[137] Yi Dong, John S McCartney, and Ning Lu. Critical review of thermal conductivity models for unsaturated soils. Geotechnical and Geological Engineering, 33(2):207-221, 2015.

[138] A Drescher. An experimental investigation of flow rules for granular materials using optically sensitive glass particles. Géotechnique, 26(4):591-601, 1976.

[139] A Drescher and G De Josselin De Jong. Photoelastic verification of a mechanical model for the flow of a granular material. Journal of the Mechanics and Physics of Solids, 20(5): 337-340,1972.

[140] DC Drucker and W Prager. Soil mechanics and plasticity analysis of limit design, q. Appl. Math, 10, 1952.

[141] Wayne A Dunlap. A report on a mathematical model describing the deformation characteristics of granular materials. Texas A&M University, Texas Transportation Institute, 1963.

[142] A Duttine, H Di Benedetto, D Pham Van Bang, andA Ezaoui. Anisotropic small strain elastic properties of sands and mixture of sand-clay measured by dynamic and static methods. Soils and foundations, 47(3):457-472, 2007.

[143] Y El Mghouchi,A El Bouardi, Z Choulli, and T Ajzoul. New model to estimate and evaluate the solar radiation. International Journal of Sustainable Built Environment, 3(2):225-234, 2014.

[144] Roland Eötvös. Ueber den zusammenhang der oberflächenspannung der flüssigkeiten mit ihrem molecularvolumen. Annalen der Physik, 263(3):448-459, 1886.

[145] Sigurdur Erlingsson and Mohammad Rahman. Evaluation of permanent deformation characteristics of unbound granular materials by means of multistage repeated-load triaxial tests.

Transportation Research Record: Journal of the Transportation Research Board, (2369): 11-19, 2013.

[146] Sigurdur Erlingsson, Shafiqur Rahman, and Farhad Salour. Characteristic of unbound granular materials and subgrades based on multi stage rlt testing. Transportation Geotechnics, 13:28-42, 2017.

[147] V Escario. Terraplenes y pedraplenes. MOPU, Madrid, 1987.

[148] Omar T Farouki. Thermal properties of soils. Technical report, Cold Regions Research and Engineering Lab Hanover NH, 1981.

[149] Ben H Fatherree. The History of Geotechnical Engineering at the Waterways Experiment Station 1932-2000. US Army Engineer Research and Development Center, 2006.

[150] RG Fawcett and N Collis-George. A filter-paper method for determining the moisture characteristics of soil. Australian Journal of Experimental Agriculture, 7(25):162-167, 1967.

[151] Jaroslav Feda. Notes on the effect of grain crushing on the granular soil behaviour. Engineering geology, 63(1):93-98, 2002.

[152] Jean-Marie Fleureau, S Hadiwardoyo, and A Gomes Correia. Generalised effective stress analysis of strength and small strains behaviour of a silty sand, from dry to saturated state. Soils and Foundations, 43(4):21-33, 2003.

[153] Jean-Marie Fleureau, Jean-Claude Verbrugge, Pedro J Huergo, António Gomes Correia, and Siba Kheirbek-Saoud. Aspects of the behaviour of compacted clayey soils on drying and wetting paths. Canadian geotechnical journal, 39(6):1341-1357, 2002.

[154] JM Fleureau and S Kheirbek-Saoud. Strength of compacted soils in relation to the negative pore pressure. Revue française de géotechnique, 59:57-64, 1992.

[155] R Floss and HJ Kloubert. Newest developments in compaction technology. In Proceedings, European Workshop on Compaction of Granular Materials, 2000.

[156] RAFAEL Foinquinos, JM Roesset, and KH Stokoe. Response of pavement systems to dynamic loads imposed by non destructive tests. Transportation research record, 1504: 57, 1995.

[157] L. Forssblad. Compaction meter on vibrating rollers for improved compaction control. In International Conference on Compaction, volume 2, pages 541-546. Anciens ENPC, 1980.

[158] Joseph Fourier. Theorie analytique de la chaleur, par M. Fourier. Chez Firmin Didot, père et fils, 1822.

[159] Delwyn G Fredlund and Anqing Xing. Equations for the soil-water characteristic curve. Canadian geotechnical journal, 31(4):521-532, 1994.

[160] DG Fredlund, N Ro Morgenstern, and RA Widger. The shear strength of unsaturated soils. Canadian geotechnical journal, 15(3):313-321, 1978.

[161] DG Fredlund, Anqing Xing, and Shangyan Huang. Predicting the permeability function for unsaturated soils using the soil-water characteristic curve. Canadian Geotechnical Journal, 31(4): 533-546, 1994.

[162] NA Fröhlich. Druckverteilung im Baugrunde: mit besonderer Berücksichtigung der plastischen Erscheinungen. Springer-Verlag, 2013.

[163] Jean-Jacques Fry. Contribution à l'étude et à la pratique du compactage. PhD thesis, 1977.

[164] D Gallipoli, SJ Wheeler, and M Karstunen. Modelling the variation of degree of saturation in a deformable unsaturated soil. Géotechnique., 53(1):105-112, 2003.

[165] K Julian Gan and Delwyn G Fredlund. Multistage direct shear testing of unsaturated soils. 1988.

[166] WR Gardner. Calculation of capillary conductivity from pressure plate outflow data. Soil Science Society of America Journal, 20(3):317-320, 1956.

[167] WR Gardner. Representation of soil aggregate-size distribution by a logarithmic-normal distribution1,2. Soil Science Society of America Journal, 20(2):151-153, 1956.

[168] George Gazetas. Formulas and charts for impedances of surface and embedded foundations. Journal of geotechnical engineering, 117(9):1363-1381, 1991.

[169] RE Gibson. A theory of consolidation for soils exhibiting secondary compression. Norwegian Geotech. Inst. Publ., 41:1-41, 1961.

[170] Gunther Gidel, Pierre Hornych, D Breysse, A Denis, et al. A new approach for investigating the permanent deformation behaviour of unbound granular material using the repeated loading triaxial apparatus. Bulletin des laboratoires des Ponts et Chaussées, (233), 2001.

[171] Amit Goel and Animesh Das. Non destructive testing of asphalt pavements for structural condition evaluation: a state of the art. Non destructive Testing and Evaluation, 23(2):121-140,2008.

[172] SG Goh, H Rahardjo, and EC Leong. Modification of triaxial apparatus for permeability measurement of unsaturated soils. Soils and Foundations, 55(1):63-73, 2015.

[173] A Gomes Correia. Small strain stiffness under different isotropic and anisotropic stress conditions of two granular granite materials. Advanced Laboratory Stress-Strain Testing of Geomaterials, pages 209-216, 2001.

[174] Satoshi Goto, Funio Tatsuoka, Satoru Shibuya, Youseong Kim, and Takeshi Sato. A simple gauge for local small strain measurements in the laboratory. Soils and foundations, 31(1):169-180,1991.

[175] R Gourves. Application of the schneebli model in the study of micromechanics of granular media. Mechanics of materials, 16(1-2):125-131, 1993.

[176] R Gourves and F Mezghani. Micromécanique des milieux granulaires, approche expérimentale utilisant le modèle de schneebeli. REV FR GEOTECH, (42), 1988.

[177] Louis Caryl Graton and HJ Fraser. Systematic packing of spheres: with particular relation to porosity and permeability. The Journal of Geology, 43(8, Part 1):785-909, 1935.

[178] EL Greacen, GRWalker, and PG Cook. Evaluation of the filter paper method for measuring soil water suction. In International Conference on Measurement of Soil and Plan Water Status, pages 137-143, 1987.

[179] SC Gupta, A Ranaivoson, TB Edil, CH Benson, and A Sawangsuriya. Pavement design using unsaturated soil technology. report number: Mn. Technical report, RC-2007-11, Minnesota Department of Transportation, St. Paul, Minn, 2007.

[180] Y Gurtug and A Sridharan. Prediction of compaction characteristics of fine-grained soils. Geotechnique- London-, 52(10):761-763, 2002.

[181] P Habib. Nouvelles recherches en mécanique des sols. In Annales de lITBTP, volume 224, 1951.

[182] MM Hagerty, DR Hite, CR Ullrich, and DJ Hagerty. One-dimensional high-pressure compression of granular media. Journal of Geotechnical Engineering, 119(1):1-18, 1993.

[183] Matthew R Hall, Pejman Keikhaei Dehdezi, Andrew R Dawson, James Grenfell, and Riccardo Isola. Influence of the thermophysical properties of pavement materials on the evolution of temperature depth profiles in different climatic regions. Journal of Materials in Civil Engineering,24(1): 32-47, 2011.

[184] AP Hamblin. Filter-paper method for routine measurement of field water potential. Journal of Hydrology, 53(3-4):355-360, 1981.

[185] Zhong Han and Sai K Vanapalli. Model for predicting resilient modulus of unsaturated subgrade soil using soil-water characteristic curve. Canadian Geotechnical Journal, 52(10):1605-1619, 2015.

[186] Zhong Han and Sai K Vanapalli. State-of-the-art: Prediction of resilient modulus of unsaturated subgrade soils. International Journal of Geomechanics, 16(4):04015104, 2016.

[187] S. Hansbo and B. Pramborg. Compaction meter control. In International Conference on Compaction,Paris, volume 2, pages 559-564. Anciens ENPC, 1980.

[188] Bobby O Hardin. Crushing of soil particles. Journal of Geotechnical Engineering, 111(10): 1177-1192, 1985.

[189] Bobby O Hardin and FE Richart Jr. Elastic wave velocities in granular soils. Journal of Soil Mechanics & Foundations Div, 89(Proc. Paper 3407), 1963.

[190] MSA Hardy and D Cebon. Response of continuous pavements to moving dynamic loads. Journal of Engineering Mechanics, 119(9):1762-1780, 1993.

[191] Milton Edward Harr. Mechanics of particulate media. 1977.

[192] B Harrison and G Blight. The effect offilter paper and psychrometer calibration techniques on soil suction measurements. In Proceedings of the Second International Conference on Unsaturated Soils, volume 1, pages 362-367, 1998.

[193] JG Haynes and EJ Yoder. Effect of repated loading on gravel and crushed stone base course materials used in the aasho (american association of state highway officials) road test. Highway Research Record, (39), 1963.

[194] Andrew C Heath, Juan M Pestana, John T Harvey, and Manuel O Bejerano. Normalizing behavior of unsaturated granular pavement materials. Journal of Geotechnical and Geoenvironmental Engineering, 130(9):896-904, 2004.

[195] Åke Hermansson. Simulation model for calculating pavement temperatures including maximum temperature. Transportation Research Record: Journal of the Transportation Research Board, (1699):134-141, 2000.

[196] Heinrich Hertz. Über die berührung fester elastischer körper. Journal für die reine und angewandte Mathematik, 92:156-171, 1882.

[197] W Heukelom and AsJG Klomp. Dynamic testing as a means of controlling pavements during and after construction. In International conference on the structural design of asphalt pavements, volume 203, 1962.

[198] C Hewitt. A study of asphalt permeability, 1991.

[199] WJ Hewlett and MF Randolph. Analysis of piled embankments. In International Journal of Rock Mechanics and Mining Sciences and Geomechanics Abstracts, volume 25, pages 297-298. Elsevier Science, 1988.

[200] Andrew Heydinger, Qinglu Xie, Brian Randolph, and Jiwan Gupta. Analysis of resilient modulus of dense-and open-graded aggregates. Transportation Research Record: Journal of the Transportation Research Board, (1547):1-6, 1996.

[201] P Hicher, A Daouadji, and D Fedghouche. Elastoplastic modelling of the cyclic behaviour of granular materials. Unbound Granular Materials-Laboratory testing, In-situ testing and modelling, Gomes Correia, A. (Ed.), AA Balkema, Rotterdam, pages 161-168, 1999.

[202] Russell G Hicks and Carl L Monismith. Factors influencing the resilient response of granular materials. Highway research record, (345), 1971.

[203] DW Hight and MGH Stevens. An analysis of the california bearing ratio test in saturated clays. Geotechnique, 32(4):315-322, 1982.

[204] Daniel Hillel. Introduction to environmental soil physics. Elsevier, 2003.

[205] Pieter Hoekstra. Moisture movement in soils under temperature gradients with the cold-side temperature below freezing. Water Resources Research, 2(2):241-250, 1966.

[206] I Hoff, RS Nordal, and RS Nordal. Constitutive model for unbound granular materials based in hyperelasticity. Unbound Granular Materials-Laboratory Testing, In-situ Testing and Modelling, pages 187-196, 1999.

[207] Mahmoud Homsi. Contribution à l'étude des propriétés mécaniques des sols en petites déformations à l'essai triaxial. PhD thesis, 1986.

[208] Eqramul Hoque and Fumio Tatsuoka. Anisotropy in elastic deformation of granular materials. Soils and Foundations, 38(1):163-179, 1998.

[209] P Hornych, A Kazai, and JM Piau. Study of the resilient behaviour of unbound granular materials. Proc. BCRA, 98:1277-1287, 1998.

[210] Yang H Huang. Pavement design and analysis. Pearson/Prentice Hall, 2004.

[211] Toshio Iwasaki and Fumio Tatsuoka. Effects of grain size and grading on dynamic shear moduli of sands. Soils and Foundations, 17(3):19-35, 1977.

[212] Yih-Wu Jame and Donald I Norum. Heat and mass transfer in a freezing unsaturated porous

medium. Water Resources Research, 16(4):811-819, 1980.

[213] N Janbu. Earth pressure and bearing capacity calculations by generalized procedure of slices. In Proc. 4. Int. Conf. SMFE, London, volume 2, pages 207-212, 1957.

[214] Michel Jean. The non-smooth contact dynamics method. Computer methods in applied mechanics and engineering, 177(3-4):235-257, 1999.

[215] JE Jennings. A revised effective stress law for use in the prediction of the behaviour of unsaturated soils. Pore pressure and suction in soils, pages 26-30, 1961.

[216] Myung S Jin, K Wayne Lee, and William D Kovacs. Seasonal variation of resilient modulus of subgrade soils. Journal of Transportation Engineering, 120(4):603-616, 1994.

[217] Oistein Johansen. Thermal conductivity of soils. Technical report, Cold Regions Research and Engineering Lab Hanover NH, 1977.

[218] Kenneth Langstreth Johnson and Kenneth Langstreth Johnson. Contact mechanics. Cambridge university press, 1987.

[219] Thaddeus C Johnson, Richard L Berg, Edwin L Chamberlain, and David M Cole. Frost action predictive techniques for roads and airfields; a comprehensive survey of research findings. Technical report, Washington Univ Seattle Applied Physics Lab, 1986.

[220] RH Jones and KJ Lomas. A comparison of methods of assessing frost susceptibility. Bulletin of the International Association of Engineering Geology-Bulletin de l' Association Internationale de Géologie de l' Ingénieur, 29(1):387-391, 1984.

[221] Ronald Jones. In-situ measurement of the dynamic properties of soil by vibration methods. Geotechnique, 8(1):1-21, 1958.

[222] JG Joslin. Ohio' s typical moisture-density curves. In Symposium on Application of Soil Testingin Highway Design and Construction. ASTM International, 1959.

[223] Apiniti Jotisankasa, Andrew Ridley, and Matthew Coop. Collapse behavior of compacted silty clay in suction-monitored oedometer apparatus. Journal of Geotechnical and Geoenvironmental Engineering, 133(7):867-877, 2007.

[224] Alfreds R Jumikis. Soil mechanics. Van Nostrand, 1968.

[225] Gabriel Kassiff and Asher Ben Shalom. Experimental relationship between swell pressure and suction. Géotechnique, 21(3):245-255, 1971.

[226] Thomas Keller. A model for the prediction of the contact area and the distribution of vertical stress below agricultural tyres from readily available tyre parameters. Biosystems engineering,92(1): 85-96, 2005.

[227] Thomas Keller, Pauline Défossez, Peter Weisskopf, Johan Arvidsson, and Guy Richard. Soilflex: A model for prediction of soil stresses and soil compaction due to agricultural field traffic including a synthesis of analytical approaches. Soil and Tillage Research, 93(2): 391-411, 2007.

[228] N Khalili and MH Khabbaz. A unique relationship of chi for the determination of the shear strength of unsaturated soils. Geotechnique, 48(5), 1998.

[229] Charbel Khoury, Naji Khoury, and Gerald Miller. Effect of cyclic suction history (hydraulic hysteresis) on resilient modulus of unsaturated fine-grained soil. Transportation Research Record: Journal of the Transportation Research Board, (2232):68-75, 2011.

[230] Naji Khoury, Robert Brooks, and Charbel Khoury. Environmental influences on the engineering behavior of unsaturated undisturbed subgrade soils: effect of soil suctions on resilient modulus. International Journal of Geotechnical Engineering, 3(2):303-311, 2009.

[231] Jeffrey T Kiehl and Kevin E Trenberth. Earth's annual global mean energy budget. Bulletin of the American Meteorological Society, 78(2):197-208, 1997.

[232] Daniel J King, Abdelmalek Bouazza, Joel R Gniel, R Kerry Rowe, and Ha H Bui. Serviceability design for geosynthetic reinforced column supported embankments. Geotextiles and Geomembranes, 2017.

[233] A Klute. The determination of the hydraulic conductivity and diffusivity of unsaturated soils. Soil Science, 113(4):264-276, 1972.

[234] AWKoppejan. A formula combining the terzaghi load compression relationship and the buisman secular time effect. In Proc. 2nd Int. Conf. Soil Mech. And Found. Eng, volume 3, pages 32-38, 1948.

[235] L Korkiala-Tanttu. A new material model for permanent deformations in pavements. In Proceedings of the 7th Conference on Bearing Capacity of Roads and Airfields, Trondheim, Norway, 2005.

[236] Tomasz Kozlowski. A comprehensive method of determining the soil unfrozen water curves: 1. application of the term of convolution. Cold Regions Science and Technology, 36(1-3):71-79, 2003.

[237] Tomasz Kozlowski. A comprehensive method of determining the soil unfrozen water curves: 2. stages of the phase change process in frozen soil-water system. Cold regions science and technology, 36(1-3):81-92, 2003.

[238] Frank Kreith. Principles of heat transfer. International Textbook Company, 1962.

[239] W Kröber, R Floss, and W Wallrath. Dynamic soil stiffness as quality criterion for soil compaction. Geotechnics for roads, rail tracks and earth structures, pages 189-199, 2001.

[240] Wolfgang Krüber. Untersuchung der dynamischen Vorgänge bei der Vibrationsverdichtung von Böden. Lehrstuhl u. Prüfamt für Grundbau, Bodenmechanik u. Felsmechanik d. Techn. Univ., 1988.

[241] WC Krumbein and LL Sloss. Properties of sedimentary rocks. Stratigraphy and Sedimentation, pages 106-113, 1963.

[242] RJ Kunze, G Uehara, and K Graham. Factors important in the calculation of hydraulic conductivity. Soil Science Society of America Journal, 32(6):760-765, 1968.

[243] Charles C Ladd. Settlement analyses for cohesive soils. Massachusetts Inst. of Technology, Department of Civil Engineering, 1971.

[244] Charles C Ladd. Stability evaluation during staged construction. Journal of Geotechnical

Engineering, 117(4):540-615, 1991.

[245] Poul V Lade. Elasto-plastic stress-strain theory for cohesionless soil with curved yield surfaces. International Journal of Solids and Structures, 13(11):1019-1035, 1977.

[246] Poul V Lade, Jerry A Yamamuro, and Paul A Bopp. Significance of particle crushing in granular materials. Journal of Geotechnical Engineering, 122(4):309-316, 1996.

[247] T William Lambe. The structure of compacted clay. Journal of the Soil Mechanics and Foundations Division, ASCE, 84(SM2):1-34, 1958.

[248] T William Lambe and Robert V Whitman. Soil mechanics, series in soil engineering. Jhon Wiley & Sons, 1969.

[249] Gregg Larson and Barry J Dempsey. Enhanced integrated climatic model version 2.0. Technical report, Department of Civil and Environmental Engineering, 1997.

[250] Rolf Larsson. Basic behavior of scandinavian soft clays. In Swedish Geotechnical Institute, Proceedings, number Report No. 4 Proceeding, 1977.

[251] Evert C Lawton, Richard J Fragaszy, and James H Hardcastle. Collapse of compacted clayey sand. Journal of Geotechnical Engineering, 115(9):1252-1267, 1989.

[252] Da-Mang Lee. Angles of friction of granular fills. PhD thesis, University of Cambridge, 1992.

[253] Kenneth L Lee and Iraj Farhoomand. Compressibility and crushing of granular soil in anisotropic triaxial compression. Canadian geotechnical journal, 4(1):68-86, 1967.

[254] Fredrick Lekarp, Ulf Isacsson, and Andrew Dawson. State of the art. i: Resilient response of unbound aggregates. Journal of transportation engineering, 126(1):66-75, 2000.

[255] Fredrick Lekarp, Ulf Isacsson, and Andrew Dawson. State of the art. ii: Permanent strain response of unbound aggregates. Journal of transportation engineering, 126(1): 76-83, 2000.

[256] Eng Choon Leong, Liangcai He, and Harianto Rahardjo. Factors affecting the filter paper method for total and matric suction measurements. 2002.

[257] Eng Choon Leong and Harianto Rahardjo. Permeability functions for unsaturated soils. Journal of geotechnical and geoenvironmental engineering, 123(12):1118-1126, 1997.

[258] S Leroueil, PS de A Barbosa, H Rahardjo, DG Toll, EC Leong, et al. Combined effect of fabric, bonding and partial saturation on yielding of soils. In Unsaturated soils for Asia. Proceedings of the Asian Conference on Unsaturated Soils, UNSAT-Asia 2000, Singapore, 18-19 May, 2000., pages 527-532. AA Balkema, 2000.

[259] S Leroueil, JP Le Bihan, and R Bouchard. Remarks on the design of clay liners used in lagoons as hydraulic barriers. Canadian Geotechnical Journal, 29(3):512-515, 1992.

[260] S Leroueil and DW Hight. Compacted soils: From physics to hydraulic and mechanical behaviour. In Proceedings of the 1st Pan-American Conference on Unsaturated Soils (PanAmUNSAT' 13), pages 41-59, 2015.

[261] William Arthur Lewis. Investigation of the performance of pneumatic tyred rollers in the compaction of soil. 1959.

[262] Robert Y Liang, Samer Rababah, and Mohammad Khasawneh. Predicting moisture-dependent resilient modulus of cohesive soils using soil suction concept. Journal of Transportation Engineering, 134(1):34-40, 2008.

[263] ML Lings and PD Greening. A novel bender/extender element for soil testing. Géotechnique, 51(8):713-717, 2001.

[264] DCF Lo Presti, Michele Jamiolkowski, Oronzo Pallara, Viviana Pisciotta, and Salvatore Ture. Stress dependence of sand stiffness. 1995.

[265] Simon C Loach. Repeated loading of fine grained soils for pavement design. PhD thesis, University of Nottingham, 1987.

[266] Sebastian Lobo-Guerrero and Luis E Vallejo. Discrete element method analysis of railtrack ballast degradation during cyclic loading. Granular Matter, 8(3):195-204, 2006.

[267] Andreas Loizos and Christina Plati. Accuracy of pavement thicknesses estimation using different ground penetrating radar analysis approaches. NDT & e International, 40(2):147-157, 2007.

[268] Augustus Edward Hough Love. A treatise on the mathematical theory of elasticity, volume 1. Cambridge University Press, 2013.

[269] BK Low, SK Tang, and V Choa. Arching in piled embankments. Journal of Geotechnical Engineering, 120(11):1917-1938, 1994.

[270] Sen Lu, Tusheng Ren, Yuanshi Gong, and Robert Horton. An improved model for predicting soil thermal conductivity from water content at room temperature. Soil Science Society of America Journal, 71(1):8-14, 2007.

[271] G Lundberg. Elastische beruehrung zweier halbraeume. Forschung auf dem Gebiet des Ingenieurwesens A, 10(5):201-211, 1939.

[272] RL Lytton. Foundations and pavements on unsaturated soils. In Proceedings of The First International Conference On Unsaturated Soils/Unsat' 95/Paris/France/6- 8 September 1995. Volume 3, 1996.

[273] J. M. Machet. Compactor-mounted control devices. In International Conference on Compaction, volume 2, pages 577-581. Anciens ENPC, 1980.

[274] Jean-Pierre Magnan and Massamba Ndiaye. Determination and assessment of deformation moduli of compacted lateritic gravels, using soaked cbr tests. Transportation Geotechnics, 5:50-58, 2015.

[275] Joe Mahoney, Stephen Muench, Linda Pierce, Steven Read, Herb Jakob, and Robyn Moore. Construction-related temperature differentials in asphalt concrete pavement: Identification and assessment. Transportation Research Record: Journal of the Transportation Research Board, (1712):93-100, 2000.

[276] J Mandel and J Salençon. The bearing capacity of soils on a rock foundation/in french. InSoil Mech & Fdn Eng Conf Proc/Mexico/, 1969.

[277] Fernando AM Marinho and Orlando M Oliveira. Unconfined shear strength of compacted

unsaturated plastic soils. Proceedings of the Institution of Civil Engineers-Geotechnical Engineering, 165(2):97-106, 2012.

[278] TJ Marshall. A relation between permeability and size distribution of pores. European Journal of Soil Science, 9(1):1-8, 1958.

[279] Farimah Masrouri, Kátia V Bicalho, and Katsuyuki Kawai. Laboratory hydraulic testing in unsaturated soils. Geotechnical and Geological Engineering, 26(6):691-704, 2008.

[280] Minoru Matsuo and Kunio Kawamura. Diagram for construction control of embankment on soft ground. Soils and Foundations, 17(3):37-52, 1977.

[281] H Matsuoka and T Nakai. A new failure criterion for soils in three-dimensional stresses. Deformation and Failure of Granular Materials, pages 253-263, 1982.

[282] Richard W May and Matthew W Witczak. Effective granular modulus to model pavement responses. Transportation research record, 810:1-9, 1981.

[283] GR McDowell andA Amon. The application of weibull statistics to the fracture of soil particles. Soils and foundations, 40(5):133-141, 2000.

[284] Michael Patrick McGuire. Critical height and surface deformation of column-supported embankments. PhD thesis, Virginia Tech, 2011.

[285] CR McKee and AC Bumb. The importance of unsaturated flow parameters in designing a hazardous waste site. In Hazardous Waste and Environmental Emergencies, Hazardous Materials Control Research Institute National Conference, Houston, Tex, pages 12-14, 1984.

[286] CR McKee, AC Bumb, et al. Flow-testing coalbed methane production wells in the presence of water and gas. SPE formation Evaluation, 2(04):599-608, 1987.

[287] Cristhian Mendoza and Bernardo Caicedo. Elastoplastic framework of relationships between cbr and youngs modulus for granular material. Road Materials and Pavement Design, 0(0): 1-20, 2017.

[288] Cristhian Mendoza, William Ovalle, Bernardo Caicedo, and Inthuorn Sasanakul. A new testing device for characterizing anisotropic response of soils during compaction processes. Geotechnical Testing Journal, 40(5):883-890, 2017.

[289] G Mesri and A Castro. C α/c c concept and k 0 during secondary compression. Journal of Geotechnical Engineering, 113(3):230-247, 1987.

[290] Gholamreza Mesri. Coefficient of secondary compression. Journal of the Soil Mechanics and Foundations Division, 99(1):123-137.

[291] R v Mises. Mechanik der festen körper im plastisch-deformablen zustand. Nachrichten von der Gesellschaft der Wissenschaften zu Göttingen, Mathematisch-Physikalische Klasse, 1913:582- 592, 1913.

[292] Carl L Monismith, H Bolton Seed, FG Mitry, and C_K Chan. Predictions of pavement deflections from laboratory tests. In Second International Conference on the Structural Design of Asphalt Pavements University of Michigan, Ann Arbor, 1967.

[293] MA Mooney, RV Rinehart, NW Facas, OM Musimbi, DJ White, and PKR Vennapusa.

Nchrp report 676: Intelligent soil compaction systems. Transportation Research Board of the National Academies, Washington, DC, 2010.

[294] Jan Moossazadeh and Matthew W Witczak. Prediction of subgrade moduli for soil that exhibits nonlinear behavior. Transportation Research Record, (810), 1981.

[295] NR Morgenstern and V Eo Price. The analysis of the stability of general slip surfaces. Geotechnique, 15(1):79-93, 1965.

[296] Yechezkel Mualem. A new model for predicting the hydraulic conductivity of unsaturated porous media. Water resources research, 12(3):513-522, 1976.

[297] JJ Munoz, V De Gennaro, and E Delaure. Experimental determination of unsaturated hydraulic conductivity in compacted silt. In Unsaturated soils: advances in geo-engineering: proceedings of the 1st European Conference on Unsaturated Soils, E-UNSAT, pages 123-127, 2008.

[298] JA Muñoz-Castelblanco, Jean-Michel Pereira, Pierre Delage, and Yu-Jun Cui. Suction measurements on a natural unsaturated soil: a reappraisal of the filter paper method. In Unsaturated Soils-Proc. Fifth Int. Conf. on Unsaturated Soils, volume 1, pages 707-712. CRC Press, 2010.

[299] José Munoz-Castelblanco, Pierre Delage, Jean-Michel Pereira, and Yu-Jun Cui. Some aspects of the compression and collapse behaviour of an unsaturated natural loess. Géotechnique Letters, pages 1-6, 2011.

[300] Carol Murillo, Bernardo Caicedo, and Luc Thorel. A miniature falling weight device for nonintrusive characterization of soils in the centrifuge. Geotechnical Testing Journal, 32(5):465- 474, 2009.

[301] Carol Murillo, Mohammad Sharifipour, Bernardo Caicedo, Luc Thorel, and Christophe Dano. Elastic parameters of intermediate soils based on bender-extender elements pulse tests. Soils and foundations, 51(4):637-649, 2011.

[302] Carol Andrea Murillo, Luc Thorel, and Bernardo Caicedo. Spectral analysis of surface waves method to assess shear wave velocity within centrifuge models. Journal of Applied Geophysics, 68(2):135-145, 2009.

[303] HB Nagaraj, B Reesha, MV Sravan, and MR Suresh. Correlation of compaction characteristics of natural soils with modified plastic limit. Transportation Geotechnics, 2:65-77, 2015.

[304] V Navarro and EE Alonso. Secondary compression of clays as a local dehydration process. Géotechnique, 51(10):859-869, 2001.

[305] Soheil Nazarian and Gisel Alvarado. Impact of temperature gradient on modulus of asphaltic concrete layers. Journal of materials in civil engineering, 18(4):492-499, 2006.

[306] Soheil Nazarian, MR Baker, and K Crain. Developing and testing of a seismic pavement analyzer. Technical Rep. SHRP-H, 375, 1993.

[307] Soheil Nazarian, II Stokoe, H Kenneth, and WR Hudson. Use of spectral analysis of surface waves method for determination of moduli and thicknesses of pavement systems. Number

930. 1983.

[308] Z Nersesova. Calorimetric method for determining the ice content of soils (inrussian). InLaboratory Investigations of Frozen Soils, pages 77- 85. Izd-vo AN SSSR, Moscow, USSR, 1953.

[309] Greg P Newman and G Ward Wilson. Heat and mass transfer in unsaturated soils during freezing. Canadian Geotechnical Journal, 34(1):63-70, 1997.

[310] Charles Wang Wai Ng, Chao Zhou, Quan Yuan, and Jie Xu. Resilient modulus of unsaturated subgrade soil: experimental and theoretical investigations. Canadian Geotechnical Journal, 50(2):223-232, 2013.

[311] F Dwayne Nielson, Choosin Bhandhausavee, and Ko-Shing Yeb. Determination of modulus of soil reaction from standard soil tests. Highway Research Record, (284), 1969.

[312] Hossein Nowamooz, Cyrille Chazallon, Maria Ioana Arsenie, Pierre Hornych, and Farimah Masrouri. Unsaturated resilient behavior of a natural compacted sand. Computers and Geotechnics, 38(4):491-503, 2011.

[313] M Ocampo. Fracturamiento de partículas en materiales granulares sometidos a cargas cíclicas con rotación de esfuerzos. Universidad de Los Andes, Bogotá DC, 2009.

[314] Washington State Department of Transportation. Geotechnical design manual. Technical Report M 46-03. 11, 2015.

[315] Jeong Ho Oh, EG Fernando, C Holzschuher, and D Horhota. Comparison of resilient modulus values for florida flexible mechanistic-empirical pavement design. International Journal of Pavement Engineering, 13(5):472-484, 2012.

[316] Luciano A Oldecop and Eduardo Alonso Pérez de Agreda. A model for rockill compressibility. Géotechnique, 51(2):127-140, 2001.

[317] Luciano A Oldecop and Eduardo Alonso Pérez de Agreda. Suction effects on rockfill compressibility. Géotechnique, 53:289-292, 2003.

[318] S. Y. Oloo and D. G. Fredlund. The application of unsaturated soil mechanics theory to the design of pavements. In Proc. 5th Int. Conf. on the Bearing Capacity of Roads and Airfields, pages 1419-1428. Tapir Academic Press, 1998.

[319] Amr Oloufa, Hesham Mahgoub, and Hesham Ali. Infrared thermography for asphalt crack imaging and automated detection. Transportation Research Record: Journal of the Transportation Research Board, (1889):126-133, 2004.

[320] TO Opiyo. A mechanistic approach to Laterite-based pavements in transport and road engineering. PhD thesis, MSc Thesis). International Institute for Infrastructure, Hydraulics and Environment Engineering, Delft, the Netherlands, 1995.

[321] JO Osterberg. Influence values for vertical stresses in semi-infinite mass due to embankment loading. In Proceedings, Fourth International conference on soil mechanics an foundation engineering, London, volume 1, pages 393-396, 1957.

[322] TC Osullivan and RB King. Sliding contact stress field due to a spherical indenter on a

layered elastic half-space. Journal of tribology, 110(2):235-240, 1988.

[323] Ivan Fernando Otálvaro, Manoel Porfírio Cordão Neto, and Bernardo Caicedo. Compressibility and microstructure of compacted laterites. Transportation Geotechnics, 5:20-34, 2015.

[324] Artur Pais and Eduardo Kausel. Approximate formulas for dynamic stiffnesses of rigid foundations. Soil Dynamics and Earthquake Engineering, 7(4):213-227, 1988.

[325] Philippe Parcevaux. Étude microscopique et macrocoscopique du gonflement des sols argileux. PhD thesis, École Nationale Supérieure des Mines de Paris, 1980.

[326] Choon B Park, Richard D Miller, and Jianghai Xia. Multichannel analysis of surface waves. Geophysics, 64(3):800-808, 1999.

[327] Alexandre B Parreira, Ricardo F Gonçalves, et al. The influence of moisture content and soil suction on the resilient modulus of a lateritic subgrade soil. In ISRM International Symposium. International Society for Rock Mechanics, 2000.

[328] JL Paute, P Hornych, and JP Benaben. Comportement mécanique des graves non traitées. Bulletin de liaison des Laboratoires des Ponts et Chaussées, 190:27-38, 1994.

[329] Howard Latimer Penman. Natural evaporation from open water, bare soil and grass. In Proc. R. Soc. Lond. A, volume 193, pages 120-145. The Royal Society, 1948.

[330] YY Perera, CE Zapata, WN Houston, and SL Houston. Prediction of the soil-water characteristic curve based on grain-size-distribution and index properties. In Advances in Pavement Engineering, pages 1-12. 2005.

[331] Benoit Picoux, A El Ayadi, and Christophe Petit. Dynamic response of a flexible pavement submitted by impulsive loading. Soil Dynamics and Earthquake Engineering, 29(5):845-854, 2009.

[332] M. I. Pinard. Geotechnics for roads, rail tracks and earth structures, chapter Developments in compaction technology, pages 37-46. A. A. Balkema, Netherlands, 2001.

[333] Valentin Popov. Contact mechanics and friction: physical principles and applications. Springer Science & Business Media, 2010.

[334] Ludwig Prandtl. Uber die harte plastischer korper, nachrichten von der koniglichen gesellschaft der wissenschaften zu gottingen. Math. Phys. KI, 12:74-85, 1920.

[335] M Preisig, R Noesberger, M Caprez, P Ammann, and R Anderegg. Flaechendeckende verdichtungskontrolle (fdvk) mittels bodenmechanischer materialkenngroessen. 2006.

[336] Ralph R Proctor. Fundamental principles of soil compaction. Engineering News Record, 111(9): 245-248, 1933.

[337] RR Proctor. Field and laboratory verification of soil suitability. Engineering News-Record, 101(12):348-351, 1933.

[338] Lutfi Raad, George H Minassian, and Scott Gartin. Characterization of saturated granular bases under repeated loads. Number 1369. 1992.

[339] Farhang Radjai and Vincent Richefeu. Contact dynamics as a nonsmooth discrete element method. Mechanics of Materials, 41(6):715-728, 2009.

[340] Mohammad Shafiqur Rahman and Sigurdur Erlingsson. A model for predicting permanent deformation of unbound granular materials. Road Materials and Pavement Design, 16 (3): 653-673, 2015.

[341] Francois-Marie Raoult. Loi générale des tensions de vapeur des dissolvants. CR Hebd, Seances Acad. Sci, 104:1430-1433, 1887.

[342] B Riccardi and R Montanari. Indentation of metals by aflat-ended cylindrical punch. Materials Science and Engineering: A, 381(1):281-291, 2004.

[343] Lorenzo Adolph Richards. Capillary conduction of liquids through porous mediums. Physics, 1(5):318-333, 1931.

[344] Frank Edwin Richart, John Russell Hall, and Richard D Woods. Vibrations of soils and foundations. 1970.

[345] AM Ridley and JB Burland. A new instrument for the measurement of soil moisture suction. Géotechnique, 43(2):321-4, 1993.

[346] Andrew M Ridley. Discussion on laboratory filter paper suction measurements by sandra l. houston, william n. houston, and anne-marie wagner. 1995.

[347] Charles W Robbins. Hydraulic conductivity and moisture retention characteristics of southern idaho's silt loam soils. 1977.

[348] Jose M Roesset, Der-Wen Chang, II Stokoe, H Kenneth, and Marwan Aouad. Modulus and thickness of the pavement surface layer from sasw tests. Transportation Research Record, (1260), 1990.

[349] E Romero, Gabriele Della Vecchia, and Cristina Jommi. An insight into the water retention properties of compacted clayey soils. Géotechnique, 61(4):313-328, 2011.

[350] E Romero and J Vaunat. Retention curves of deformable clays. Experimental evidence and theoretical approaches in unsaturated soils, pages 91-106, 2000.

[351] Enrique Romero Morales. Characterisation and thermo-hydro-mechanical behaviour of unsaturated Boom clay: an experimental study. PhD thesis, Universitat Politècnica de Catalunya, 1999.

[352] BLAB Ronald. Introducing improved loading assumptions into analytical pavement models based on measured contact stresses of tires. In International Conference on Accelerated Pavement Testing, Reno, NV, 1999.

[353] PW Rowe. The influence of geological features of clay deposits on the design and performance of sand drains. Institution Civil Engineers J/UK/, 1968.

[354] AS Saada and FC Townsend. State of the art: laboratory strength testing of soils. Laboratory shear strength of soil, ASTM STP, 740:7-77, 1981.

[355] H Sahin, FGu, Y Tong, R Luo, and RL Lytton. Unsaturated soil mechanics in the design and performance of pavements. In 1st Pan-Am. Conf. on Unsaturated Soils. CRC Press, 2013.

[356] Iolli Salvatore, Modoni Giuseppe, Chiaro Gabriele, and Salvatore Erminio. Predictive correlations for the compaction of clean sands. Transportation Geotechnics, 4:38-49, 2015.

[357] AJ Sandström and CB Pettersson. Intelligent systems for qa/qc in soil compaction. In Proc. , 83rd Annual Transportation Research Board Meeting, pages 11-14, 2004.

[358] JA Santos and A Gomes Correia. Shear modulus of soils under cyclic loading at small and medium strain level. In 12th World Conference on Earthquake Engineering, Auckland, New Zealand. Paper, number 0530, 2000.

[359] Sarada K Sarma. Stability analysis of embankments and slopes. Journal of Geotechnical and Geoenvironmental Engineering, 105(ASCE 15068), 1979.

[360] Auckpath Sawangsuriya, Tuncer B Edil, and Peter J Bosscher. Modulus-suction-moisture relationship for compacted soils in postcompaction state. Journal of Geotechnical and Geoenvironmental Engineering, 135(10):1390-1403, 2009.

[361] ASF Sayao and YP Vaid. Deformations due to principal stress rotation. In Proceedings of the 12th International Conference on Soil Mechanics and Foundation Engineering, Session, volume27, pages 13-18, 1989.

[362] James A Scherocman, Stan Rakowski, and Kei Uchiyama. Intelligent compaction, does it exist? In Proceedings of The Annual Conference-Canadian Technical Asphalt Association, volume 52, page 373. Polyscience Publications; 1998, 2007.

[363] H Bolton Seed, Robert T Wong, IM Idriss, and Kohji Tokimatsu. Moduli and damping factors for dynamic analyses of cohesionless soils. Journal of Geotechnical Engineering, 112(11):1016-1032, 1986.

[364] HB Seed, FG Mitry, CL Monismith, and CK Chan. Prediction of flexible pavement deflections from laboratory repeated-load tests. NCHRP Report, (35), 1967.

[365] APS Selvadurai. On fröhlich's solution for boussinesq's problem. International Journal for Numerical and Analytical Methods in Geomechanics, 38(9):925-934, 2014.

[366] Ajay Kumar Sharma and KP Pandey. A review on contact area measurement of pneumatic tyre on rigid and deformable surfaces. Journal of Terramechanics, 33(5):253-264, 1996.

[367] Daichao Sheng, Antonio Gens, Delwyn G Fredlund, and Scott W Sloan. Unsaturated soils: from constitutive modelling to numerical algorithms. Computers and Geotechnics, 35(6): 810- 824, 2008.

[368] Donald J Shirley and Loyd D Hampton. Shear-wave measurements in laboratory sediments. The Journal of the Acoustical Society of America, 63(2):607-613, 1978.

[369] W James Shuttleworth. Evaporation. chapter 4 in handbook of hydrology, 1993.

[370] Erik Simonsen, Vincent C Janoo, and Ulf Isacsson. Resilient properties of unbound road materials during seasonal frost conditions. Journal of Cold Regions Engineering, 16(1): 28-50, 2002.

[371] VP Singh and CY Xu. Evaluation and generalization of 13 mass-transfer equations for determining free water evaporation. Hydrological Processes, 11(3):311-323, 1997.

[372] AW Skempton. The pore-pressure coefficients a and b. In Selected Papers on Soil Mechanics, pages 65-69. Thomas Telford Publishing, 1984.

[373] Joel Andrew Sloan. Column-supported embankments: full-scale tests and design recommendations. PhD thesis, Virginia Tech, 2011.

[374] E Slunga and S Saarelainen. Determination of frost-susceptibility of soil. In 12th International Conference on Soil Mechanics and Foundation Engineering, Rio de Janeiro, 1989.

[375] WO Smith, Paul D Foote, and PF Busang. Packing of homogeneous spheres. Physical Review, 34(9):1271, 1929.

[376] W Söhne. Druckverteilung im ackerboden und verformbarkeit des ackerbodens. Kolloid-Zeitschrift, 131(2):89-96, 1953.

[377] Dietrich Sonntag. Advancements in the field of hygrometry. Meteorologische Zeitschrift, 3(2):51-66, 1994.

[378] ASTM Standard. E104-02 (2012). Standard Practice for Maintaining Constant Relative Humidity by Means of Aqueous Solutions, pages 1417-1421.

[379] KH STOKOE II. Characterization of geotechnical sites by sasw method, in geophysical characterization of sites. ISSMFE Technical Committee# 10, 1994.

[380] Guillaume Stoltz, Jean-Pierre Gourc, and Laurent Oxarango. Liquid and gas permeabilities of unsaturated municipal solid waste under compression. Journal of contaminant hydrology, 118(1-2):27-42, 2010.

[381] J Suriol, A Gens, and EE Alonso. Behavior of compacted soils in suction-controlled oedometer. Proc 2nd int confunsat soils. Beijing: International Academic Publishers, pages 438-43, 1998.

[382] S Taibi, M Dumont, and JM Fleureau. Contrainte effective étendue aux sols non saturés effet des paramètres dinterfaces. 2009.

[383] Said Taibi, Katia Vanessa Bicalho, Chahira Sayad-Gaidi, and Jean-Marie Fleureau. Measurements of unsaturated hydraulic conductivity functions of two fine-grained materials. Soils and foundations, 49(2):181-191, 2009.

[384] ATarantino and S Tombolato. Boundary surfaces and yield loci in unsaturated compacted clay. et al., Proc. Unsaturated Soils Advances in Geo-Engineering, Taylor & Francis, pages 603-608, 2008.

[385] Alessandro Tarantino. A water retention model for deformable soils. Géotechnique, 59(9):751-762, 2009.

[386] Alessandro Tarantino and E De Col. Compaction behaviour of clay. Géotechnique, 58(3):199-213, 2008.

[387] Alessandro Tarantino and Luigi Mongiovì. Experimental procedures and cavitation mechanisms in tensiometer measurements. In Unsaturated Soil Concepts and Their Application in Geotechnical Practice, pages 189-210. Springer, 2001.

[388] Alessandro Tarantino and Sara Tombolato. Coupling of hydraulic and mechanical behaviour in unsaturated compacted clay. Géotechnique, 55(4):307-317, 2005.

[389] F Tatsuoka, M Ishihara, T Uchimura, and A Gomes-Correia. Non-linear resilient behaviour

of unbound granular materials predicted by the cross-anisotropic hypo-quasi-elasticity model. In Unbound Granular Materials, LAbotatory Testing I-Situ Testing and Modelling, pages 197- 204. Balkema, 2999.

[390] F Tatsuoka, RJ Jardine, Lo Presti, H Di Benedetto, and T Kodaka. 1999, characterising the prefailure deformation properties of geomaterials, theme lecture for the plenary session no. 1, proc. of xiv ic on smfe, hamburg, september 1997, 4, 2129-2164.

[391] Fumio TATSUOKA. Compaction characteristics and physical properties of compacted soil controlled by the degree of saturation. In Deformation Characteristics of Geomaterials: Proceedings of the 6th International Symposium on Deformation Characteristics of Geomaterials, ISBuenos Aires 2015, 15-18 November 2015, Buenos Aires, Argentina, volume 6, page 40. IOS Press, 2015.

[392] Fumio Tatsuoka and Yukihiro Kohata. Stiffness of hard soils and soft rocks in engineering applications. In Pre-Failure Deformation of Geomaterials. Proceedings of The International Symposium, 12-14 September 1994, Sapporo, Japan. 2 Vols, 1995.

[393] K von Terzaghi. Die berechnung der durchlassigkeitsziffer des tones aus dem verlauf der hydrodynamischen spannungserscheinungen. Sitzungsberichte der Akademie der Wissenschaften in Wien, Mathematisch-Naturwissenschaftliche Klasse, Abteilung IIa, 132:125-138, 1923.

[394] Karl Terzaghi. Theoretical soil mechanics. Chapman And Hali, Limited John Wiler And Sons, Inc; New York, 1944.

[395] C Thornton. Coefficient of restitution for collinear collisions of elastic-perfectly plastic spheres. Journal of Applied Mechanics, 64(2):383-386, 1997.

[396] H. Thurner and Sandstr ö m A. A new device for instant compaction control. In International Conference on Compaction, volume 2, pages 611-614. Anciens ENPC, 1980.

[397] Heinz Thurner. Continuous compaction control-specifications and experience. In Proceedings of XII IRF World Congress. Madrid, pages 951-955, 1993.

[398] Heinz F Thurner. Method and a device for ascertaining the degree of compaction of a bed of material with a vibratory compacting device. The Journal of the Acoustical Society of America, 65(5):1356-1357, 1979.

[399] H Tresca. Memoire sur l' écoulement des solides à de forte pressions. Acad. Sci. Paris, 2(1):59, 1864.

[400] Kuo-Hung Tseng and Robert L Lytton. Prediction of permanent deformation in flexible pavement materials. In Implication of aggregates in the design, construction, and performance of flexible pavements. ASTM International, 1989.

[401] E Tutumluer and U Seyhan. Stress path loading effects on granular material resilient response. Unbound granular materials: Laboratory testing, in-situ testing and modelling, pages 109-121, 1999.

[402] Erol Tutumluer and Marshall Thompson. Anisotropic modeling of granular bases in flexible

pavements. Transportation Research Record: Journal of the Transportation Research Board, (1577):18-26, 1997.

[403] Per Ullidtz and Kenneth R Peattie. Pavement analysis by programmable calculators. Transportation Engineering Journal of ASCE, 106(5):581-597, 1980.

[404] Jacob Uzan. Characterization of granular material. Transportation research record, 1022 (1):52-59, 1985.

[405] John D Valiantzas. Simplified versions for the penman evaporation equation using routine weather data. Journal of Hydrology, 331(3-4):690-702, 2006.

[406] John D Valiantzas. Simplified forms for the standardized fao-56 penman-monteith reference evapotranspiration using limited weather data. Journal of Hydrology, 505:13-23, 2013.

[407] Luis E Vallejo, Sebastian Lobo-Guerrero, and Kevin Hammer. Degradation of a granular base under a flexible pavement: Dem simulation. International Journal of Geomechanics, 6(6):435- 439, 2006.

[408] Frans J Van Cauwelaert, Don R Alexander, Thomas D White, and Walter R Barker. Multilayer elastic program for backcalculating layer moduli in pavement evaluation. In Non destructive testing of pavements and backcalculation of moduli. ASTM International, 1989.

[409] SJM van Van Eekelen, Adam Bezuijen, and AF Van Tol. Analysis and modification of the british standard bs8006 for the design of piled embankments. Geotextiles and Geomembranes, 29(3):345-359, 2011.

[410] R Van Ganse. Les dispositifs de drainage interne: criteres de dimensionnement hydraulique. In Symposium on road drainage, pages 236-254, 1978.

[411] RVan Ganse. Les infiltrations dans les chaussées: évaluations prévisionnelles. In Symposium on road drainage, pages 22-24, 1978.

[412] M Th Van Genuchten. A closed-form equation for predicting the hydraulic conductivity of unsaturated soils. Soil science society of America journal, 44(5):892-898, 1980.

[413] SK Vanapalli, DG Fredlund, DE Pufahl, and AW Clifton. Model for the prediction of shear strength with respect to soil suction. Canadian Geotechnical Journal, 33 (3): 379-392, 1996.

[414] PJ Vardanega and TJ Waters. Analysis of asphalt concrete permeability data using representative pore size. Journal of Materials in Civil Engineering, 23(2):169-176, 2011.

[415] G Verros, S Natsiavas, and C Papadimitriou. Design optimization of quarter-car models with passive and semi-active suspensions under random road excitation. Modal Analysis, 11 (5):581-606, 2005.

[416] Arnold Verruijt. An introduction to soil dynamics, volume 24. Springer Science & Business Media, 2009.

[417] T Vicol. Comportement hydraulique et mécanique dun limon non saturé. Application ala mod-Èlisation. These de Doctorat, cole Nationale des Ponts et ChaussÈes, Paris, France, 1990.

[418] ReimarVoss. Lagerungsdichte und Tragwerte von Böden bei Straßenbauten. Kirschbaum, 1961.

[419] Loc Vu-Quoc and Xiang Zhang. An elastoplastic contact force-displacement model in the normal direction: displacement-driven version. In Proceedings of the Royal Society of London A: Mathematical, Physical and Engineering Sciences, volume 455, pages 4013-4044. The Royal Society, 1999.

[420] Hakon Wadell. Volume, shape, and roundness of rock particles. The Journal of Geology, 40(5):443-451, 1932.

[421] Otis R Walton and Robert L Braun. Viscosity, granular-temperature, and stress calculations for shearing assemblies of inelastic, frictional disks. Journal of Rheology, 30(5):949-980, 1986.

[422] Weina Wang, Yu Qin, Mingxuan Lei, and Xilan Zhi. Effect of repeated freeze-thaw cycles on the resilient modulus for fine-grained subgrade soils with low plasticity index. Road Materials and Pavement Design, pages 1-14, 2017.

[423] TH Waters. A study of water infiltration through asphalt road surface materials. In International symposium on subdrainage in roadway pavements and subgrades, volume 1, pages 311-317, 1998.

[424] S Werkmeister. Permanent Deformation Behavior of Unbound Granular Materials. PhD thesis, University of Technology Dresden Germany, 2003.

[425] Sabine Werkmeister, Andrew Dawson, and Frohmut Wellner. Permanent deformation behavior of granular materials and the shakedown concept. Transportation Research Record: Journal of the Transportation Research Board, (1757):75-81, 2001.

[426] David J White, Edward J Jaselskis, Vernon R Schaefer, and E Thomas Cackler. Real-time compaction monitoring in cohesive soils from machine response. Transportation research record, (1936):173-180, 2005.

[427] David J White and Pavana KRVennapusa. A review of roller-integrated compaction monitoring technologies for earthworks. Earthworks Engineering Research Center (EERC), Department of Civil Construction and Environmental Engineering, Iowa State University, 2010.

[428] David J White, Pavana KR Vennapusa, and Heath H Gieselman. Field assessment and specification review for roller-integrated compaction monitoring technologies. Advances in Civil Engineering, 2011, 2011.

[429] O Wiener. Theory of reaction constants. Abhandl. Math. Phys. Klasse siichs, Akad. Wiss. Leipzig, (32):256-276, 1912.

[430] John Williams and CF Shaykewich. An evaluation of polyethylene glycol (peg) 6000 and peg 20000 in the osmotic control of soil water matric potential. Canadian Journal of Soil Science, 49(3):397-401, 1969.

[431] John A Williams and Rob S Dwyer-Joyce. Contact between solid surfaces. Modern tribology handbook, 1:121-162, 2001.

[432] Peter J Williams. The surface of the earth: an introduction to geotechnical science. Addison-Wesley Longman Ltd, 1982.

[433] Peter John Williams. Unfrozen water content of frozen soils and soil moisture suction. Geotechnique, 14(3):231-246, 1964.

[434] PJ Williams. Moisture migration in frozen soils. In Permafrost: Fourth International Conference. Final Proceedings, pages 64-66. Washington, DC National Academy Press, 1983.

[435] G Ward Wilson. Soil evaporative fluxes for geotechnical engineering problems. PhD thesis,1990.

[436] AEZ Wissa, RT Martin, and D Koutsoftas. Equipment for measuring the water permeability as a function of degree of saturation for frost susceptible soils. Technical report, Massachusetts Institute of Technology, Department of Civil Engineering, 1972.

[437] John P Wolf. Foundation vibration analysis using simple physical models. Pearson Education, 1994.

[438] RKS Wong and JRF Arthur. Sand sheared by stresses with cyclic variations in direction. Geotechnique, 36(2):215-226, 1986.

[439] David Muir Wood. Soil behaviour and critical state soil mechanics. Cambridge university press, 1990.

[440] Richard D Woods. Screening of surface waves in soils. Am Soc Civil Engr J Soil Mech, 1968.

[441] Shiming Wu, Donald H Gray, and FE Richart Jr. Capillary effects on dynamic modulus of sands and silts. Journal of Geotechnical Engineering, 1984.

[442] Shu-Rong Yang, Wei-Hsing Huang, and Yu-Tsung Tai. Variation of resilient modulus with soil suction for compacted subgrade soils. Transportation Research Record: Journal of the Transportation Research Board, (1913):99-106, 2005.

[443] Pedro Yap. A comparative study of the effect of truck tire types on road contact pressures. Technical report, SAE Technical Paper, 1988.

[444] Pedro Yap. Truck tire types and road contact pressures. In 2nd International Symposium on Heavy Vehicle Weights and Dimensions, Kelowna, British Columbia, 1989.

[445] Cenk Yavuzturk, Khaled Ksaibati, and AD Chiasson. Assessment of temperature fluctuations in asphalt pavements due to thermal environmental conditions using a two-dimensional, transient finite-difference approach. Journal of Materials in Civil Engineering, 17(4):465-475, 2005.

[446] TL Youd. Factors controlling maximum and minimum densities of sands. In Evaluation of relative density and its role in geotechnical projects involving cohesionless soils. ASTM International, 1973.

[447] Claudia Zapata, Yugantha Perera, and William Houston. Matric suction prediction model in new aashto mechanistic-empirical pavement design guide. Transportation Research Record: Journal of the Transportation Research Board, (2101):53-62, 2009.

[448] Moulay Zerhouni. Rôle de la pression interstitielle négative dans le comportement des sols: application au calcul des routes. PhD thesis, Châtenay-Malabry, Ecole Centrale Paris, 1991.

[449] Nan Zhang and Zhaoyu Wang. Review of soil thermal conductivity and predictive models. International Journal of Thermal Sciences, 117:172-183, 2017.

[450] Yan Zhuang and Xiaoyan Cui. Analysis and modification of the hewlett and randolph method. Proceedings of the Institution of Civil Engineers-Geotechnical Engineering, 168 (2):144-157, 2015.

[451] Jorge G Zornberg and John S McCartney. Centrifuge permeameter for unsaturated soils. i: Theoretical basis and experimental developments. Journal of Geotechnical and Geoenvironmental Engineering, 136(8):1051-1063, 2010.

[452] Ernest Zube and Raymond Forsyth. Flexible pavement maintenance requirements as determined by deflection measurement. Highway Research Record, (129), 1966.